软件开发微视频讲解大系

Android 开发从入门到精通
（项目案例版）

明日学院　编著

中国水利水电出版社
www.waterpub.com.cn

·北京·

内 容 提 要

《Android 开发从入门到精通（项目案例版）》从第一行代码开始，详尽讲述了 Android（安卓）开发入门、Android 进阶、Android 核心技术、Android 高级编程、Android 项目实战案例等内容。全书共 25 章，其中前 20 章主要介绍了 Android 开发入门基础知识、用户界面设计基础、UI 组件的应用、基本程序单元 Activity、Android 应用核心 Intent、Android 程序调试、Android 事件处理和手势、Action Bar 的使用、图形图像处理技术、多媒体应用开发、数据存储技术、Handler 消息处理、Service 应用、传感器应用、位置服务与地图应用、网络编程及 Internet 应用。所有重要知识点均结合实例讲解。最后 5 章通过欢乐写数字、锁屏背单词等 5 个具体的移动开发案例，完整展现了项目开发的全过程。

《Android 开发从入门到精通（项目案例版）》配备了极为丰富的学习资源，具体内容如下：
◎配套资源：232 节教学视频（可扫描二维码观看），总时长 33.6 小时，以及全书实例源代码。
◎附赠"开发资源库"，便于进行深度拓展和广度拓展。

　　※实例资源库：1093 个实例及源码解读　　※模块资源库：16 个典型模块完整开发过程展现
　　※项目资源库：15 个项目完整开发过程展现　　※能力测试题库：4 种程序员必备能力测试题库
　　※面试资源库：351 道常见 Java 面试真题

《Android 开发从入门到精通（项目案例版）》适作为 Android 编程入门者、Android 进阶者、应用型高校、培训机构的教材或参考书。

图书在版编目（CIP）数据

　Android开发从入门到精通 : 项目案例版 / 明日学院编著. -- 北京 : 中国水利水电出版社, 2017.9（2023.2重印）
　（软件开发微视频讲解大系）
　ISBN 978-7-5170-5774-1

　Ⅰ. ①A… Ⅱ. ①明… Ⅲ. ①移动终端－应用程序－程序设计 Ⅳ. ①TN929.53

中国版本图书馆CIP数据核字(2017)第210735号

书　　名	Android 开发从入门到精通（项目案例版） Android KAIFA CONG RUMEN DAO JINGTONG（XIANGMU ANLI BAN）
作　　者	明日学院　编著
出版发行	中国水利水电出版社 （北京市海淀区玉渊潭南路 1 号 D 座　100038） 网址：www.waterpub.com.cn E-mail：zhiboshangshu@163.com 电话：（010）62572966-2205/2266/2201（营销中心）
经　　售	北京科水图书销售有限公司 电话：（010）68545874、63202643 全国各地新华书店和相关出版物销售网点
排　　版	北京智博尚书文化传媒有限公司
印　　刷	三河市龙大印装有限公司
规　　格	203mm×260mm　16 开本　42.25 印张　1013 千字　1 插页
版　　次	2017 年 9 月第 1 版　2023 年 2 月第 11 次印刷
印　　数	33001—36000 册
定　　价	89.80 元

凡购买我社图书，如有缺页、倒页、脱页的，本社营销中心负责调换

版权所有·侵权必究

前 言

Preface

  Android 是 Google 公司发布的基于 Linux 内核、专门为移动设备开发的平台，其中包含操作系统、中间件、用户界面和应用软件等。Android 开发是指 Android 平台上软件应用的制作，随着 4G 时代的到来，手机应用日渐热门。所以如何进行手机开发，如何在手机上催生各种精彩应用，日渐成为整个手机应用产业关注的焦点。高需求加上 Android 平台的开放性特点，使越来越多的程序员加入到 Android 开发的领域中来。

  Android 使用 Java 作为主要程序开发语言，所以学习 Android 开发必须掌握一定的 Java 语言基础。读者可参考本书赠送的 Java 开发资源库辅助学习。

本书特点

> ➥ **结构合理，适合自学**

  本书定位以初学者为主，在内容安排上充分考虑到初学者的特点，内容由浅入深，循序渐进，能引领读者快速入门。

> ➥ **视频讲解，通俗易懂**

  为了提高学习效率，本书大部分章节都录制了教学视频。视频录制时采用模仿实际授课的形式，在各知识点的关键处给出解释、提醒和需注意事项，专业知识和经验的提炼，让你高效学习的同时，更多体会编程的乐趣。

> ➥ **实例丰富，一学就会**

  本书在介绍知识点时，辅以大量的实例或示例，并提供具体的设计过程和大量的图示，可帮助读者快速理解并掌握所学知识点。最后的 5 个大型综合案例，运用软件工程的设计思想和 Android 相关技术，让读者学习移动开发的实际过程。

> ➥ **栏目设置，精彩关键**

  根据需要并结合实际工作经验，作者在各章知识点的叙述中穿插了大量的"注意""说明""技巧""多学两招""试一试"等小栏目，让读者在学习过程中，快速理解相关知识点并引导读者动手，切实掌握相关技术的应用技巧。

本书显著特色

> 📖 **体验好**

  二维码扫一扫，随时随地看视频。书中大部分章节都提供了二维码，读者朋友可以通过手机微信扫一扫，随时随地看相关的教学视频。（若个别手机不能播放，请参考前言中的"本书学习资源列表及获取方式"下载后在电脑上观看）

📖 **资源多**

从配套到拓展，资源库一应俱全。本书提供了几乎覆盖全书的配套视频和源文件。还提供了开发资源库供读者拓展学习，具体包括：实例资源库、模块资源库、项目资源库、面试资源库、测试题库等，拓展视野、贴近实战，学习资源一网打尽！

📖 **案例多**

案例丰富详尽，边做边学更快捷。跟着大量案例去学习，边学边做，从做中学，学习可以更深入、更高效。

📖 **入门易**

遵循学习规律，入门实战相结合。编写模式采用基础知识+中小实例+实战案例，内容由浅入深，循序渐进，入门与实战相结合。

📖 **服务快**

提供在线服务，随时随地可交流。提供企业服务QQ、网站下载等多渠道贴心服务。

本书学习资源列表及获取方式

本书的学习资源十分丰富，全部资源如下：

📖 **配套资源**

（1）本书的配套同步视频共计 232 节，总时长 33.6 小时（可扫描二维码观看或通过下述方法下载）

（2）本书中小实例共计 271 个，综合案例共计 5 个（源代码可通过下述方法下载）

📖 **拓展学习资源（开发资源库）**

（1）实例资源库（典型实例 1093 个）

（2）模块资源库（典型模块 16 个）

（3）项目资源库（典型案例 15 个）

（4）面试资源库（面试真题 351 道）

（5）能力测试题库（能力测试题 4 种）

📖 **以上资源的获取及联系方式**（注意：本书不配带光盘，书中提到的所有资源均需通过以下方法下载后使用）

（1）读者朋友可以加入下面的微信公众号下载资源或咨询本书的任何问题。

（2）登录网站 xue.bookln.cn，输入书名，搜索到本书后下载。

（3）加入本书学习 QQ 群：825102078（请注意加群时的提示，并根据提示加入对应的群），咨询本书的有关问题。

本书读者

- 想全面学习 Android 开发技术的人员
- Android 开发爱好者
- 利用 Android 做开发的工程技术人员
- 社会培训班的学员
- 初、中级 Android 开发人员
- Android 专业开发人员
- 大中专院校的学生

致读者

本书由明日学院组织编写，主要编写人员有王璐、王国辉、李磊、王小科、贾景波、冯春龙、申小琦、张鑫、赵宁、周佳星、白宏健、何平、李菁菁、张博洋、杨柳、葛忠月、隋妍妍、赵颖、李春林、裴莹、刘媛媛、张云凯、吕玉翠、庞凤、孙巧辰、胡冬、梁英、周艳梅、房雪坤、江玉贞、高春艳、辛洪郁、刘杰、宋万勇、张宝华、杨丽、潘建羽、王博、房德山、宋晓鹤、高洪江、赛奎春、刘志铭等。

在编写本书的过程中，我们始终坚持"坚韧、创新、博学、笃行"的企业理念，以科学、严谨的态度，力求精益求精，但错误、疏漏之处在所难免，敬请广大读者批评指正。

最后，祝读者朋友在编程学习路上一帆风顺！

编　者

目 录

Preface

第 1 章 走进 Android 1
1.1 Android 简介 1
1.1.1 智能手机操作系统 1
1.1.2 Android 大事记 2
1.1.3 Android 特征 3
1.1.4 Android 系统架构 4
1.1.5 Android 应用领域 5
1.2 搭建 Android 开发环境 6
1.2.1 开发环境概述 6
1.2.2 JDK 的下载 7
1.2.3 JDK 的安装与配置 10
1.2.4 集成 Android 开发环境的下载与安装 13

第 2 章 第一个 Android 应用 24
视频讲解：62 分钟　实例：1 个
2.1 创建 Android 应用程序 24
2.2 Android 项目结构 27
2.2.1 manifests 节点 28
2.2.2 java 节点 29
2.2.3 res 节点 30
2.3 使用 Android 模拟器 33
2.3.1 创建 AVD 并启动 Android 模拟器 33
2.3.2 Android 模拟器的基本配置 37
2.4 运行 Android 应用 40
2.4.1 使用模拟器运行 Android 应用 40
2.4.2 连接手机运行 Android 应用 41

第 3 章 用户界面设计基础 45
视频讲解：208 分钟　实例：10 个
3.1 UI 设计相关的概念 45
3.1.1 View 45
3.1.2 ViewGroup 46
3.2 控制 UI 界面 48
3.2.1 使用 XML 布局文件控制 UI 界面 48
3.2.2 在 Java 代码中控制 UI 界面 51
3.2.3 使用 XML 和 Java 代码混合控制 UI 界面 53
3.2.4 开发自定义的 View 54
3.3 布局管理器 57
3.3.1 相对布局管理器 58
3.3.2 线性布局管理器 60
3.3.3 帧布局管理器 64
3.3.4 表格布局管理器 66
3.3.5 网格布局管理器 69
3.3.6 布局管理器的嵌套 72

第 4 章 基本 UI 组件 75
视频讲解：158 分钟　实例：9 个
4.1 文本类组件 75
4.1.1 文本框 75
4.1.2 编辑框 80
4.2 按钮类组件 82
4.2.1 普通按钮 83
4.2.2 图片按钮 87
4.2.3 单选按钮 90
4.2.4 复选框 95
4.3 日期时间类组件 99
4.3.1 日期选择器 99
4.3.2 时间选择器 101
4.3.3 计时器 102

第 5 章 高级 UI 组件 105
 📹 视频讲解：195 分钟　实例：10 个
5.1 进度条类组件 105
5.1.1 进度条 105
5.1.2 拖动条 109
5.1.3 星级评分条 112
5.2 图像类组件 115
5.2.1 图像视图 116
5.2.2 图像切换器 120
5.2.3 网格视图 124
5.3 列表类组件 127
5.3.1 下拉列表框 128
5.3.2 列表视图 131
5.4 通用组件 136
5.4.1 滚动视图 136
5.4.2 选项卡 140

第 6 章 基本程序单元 Activity 144
 📹 视频讲解：89 分钟　实例：4 个
6.1 Activity 概述 144
6.2 创建、配置、启动和关闭 Activity 146
6.2.1 创建 Activity 146
6.2.2 配置 Activity 146
6.2.3 启动和关闭 Activity 148
6.3 多个 Activity 的使用 151
6.3.1 使用 Bundle 在 Activity 之间交换数据 151
6.3.2 调用另一个 Activity 并返回结果 154
6.4 使用 Fragment 158
6.4.1 Fragment 的生命周期 159
6.4.2 创建 Fragment 160
6.4.3 在 Activity 中添加 Fragment 160

第 7 章 Android 应用核心 Intent 165
 📹 视频讲解：52 分钟　实例：3 个
7.1 初识 Intent 165
7.1.1 Intent 概述 165
7.1.2 Intent 的基本应用 166
7.2 Intent 对象的属性 167
7.2.1 Component name（组件名称） 167
7.2.2 Action（动作） 169
7.2.3 Data（数据） 172
7.2.4 Category（种类） 175
7.2.5 Extras（附加信息） 177
7.2.6 Flags（标志） 178
7.3 Intent 种类 180
7.3.1 显式 Intent 180
7.3.2 隐式 Intent 181
7.4 Intent 过滤器 182
7.4.1 配置<action>标记 182
7.4.2 配置<data>标记 183
7.4.3 配置<category>标记 183

第 8 章 Android 程序调试 187
 📹 视频讲解：53 分钟　实例：1 个
8.1 DDMS 工具使用 187
8.1.1 打开 DDMS 187
8.1.2 DDMS 常用功能详解 187
8.2 输出日志信息 192
8.2.1 Log.e()方法 193
8.2.2 Log.w()方法 193
8.2.3 Log.i()方法 193
8.2.4 Log.d()方法 193
8.2.5 Log.v()方法 194
8.3 程序调试 195
8.3.1 Android Studio 编辑器调试 195
8.3.2 Android Studio 调试器调试 196

第 9 章 Android 事件处理和手势 200
 📹 视频讲解：92 分钟　实例：6 个
9.1 事件处理概述 200
9.1.1 基于监听的事件处理 200
9.1.2 基于回调的事件处理 201
9.2 物理按键事件处理 201
9.3 触摸屏事件处理 204

目 录

- 9.3.1 单击事件 204
- 9.3.2 长按事件 205
- 9.3.3 触摸事件 206
- 9.3.4 单击事件与触摸事件的区别 ...208
- 9.4 手势 209
  - 9.4.1 手势检测 209
  - 9.4.2 手势添加 211

第 10 章 Android 应用的资源 215
📹 视频讲解：160 分钟　实例：7 个

- 10.1 字符串资源 215
  - 10.1.1 定义字符串资源文件 215
  - 10.1.2 使用字符串资源 216
- 10.2 颜色资源 217
  - 10.2.1 颜色值的定义 217
  - 10.2.2 定义颜色资源文件 217
  - 10.2.3 使用颜色资源 219
- 10.3 尺寸资源 219
  - 10.3.1 Android 支持的尺寸单位 ... 219
  - 10.3.2 定义尺寸资源文件 220
  - 10.3.3 使用尺寸资源 220
- 10.4 布局资源 222
- 10.5 数组资源 223
  - 10.5.1 定义数组资源文件 223
  - 10.5.2 使用数组资源 223
- 10.6 图像资源 225
  - 10.6.1 Drawable 资源 225
  - 10.6.2 mipmap 资源 230
- 10.7 主题和样式资源 231
  - 10.7.1 主题资源 231
  - 10.7.2 样式资源 233
- 10.8 菜单资源 235
  - 10.8.1 定义菜单资源文件 235
  - 10.8.2 使用菜单资源 236
- 10.9 Android 程序国际化 241

第 11 章 Action Bar 的使用 244
📹 视频讲解：66 分钟　实例：5 个

- 11.1 Action Bar 概述 244
- 11.2 Action Bar 基本应用 245
  - 11.2.1 显示和隐藏 Action Bar 245
  - 11.2.2 添加 Action Item 选项 247
  - 11.2.3 添加 Action View 249
  - 11.2.4 Action Bar 与 Tab 251
- 11.3 实现层级式导航 254
  - 11.3.1 启用程序图标导航 255
  - 11.3.2 配置父 Activity 255
  - 11.3.3 控制导航图标的显示 255

第 12 章 消息、通知、广播与闹钟 258
📹 视频讲解：84 分钟　实例：4 个

- 12.1 通过 Toast 显示消息提示框 258
- 12.2 使用 AlertDialog 实现对话框 259
- 12.3 使用 Notification 在状态栏上显示通知 265
- 12.4 使用 BroadcastReceiver 发送和接收广播 268
  - 12.4.1 BroadcastReceiver 简介 268
  - 12.4.2 BroadcastReceiver 应用 270
- 12.5 使用 AlarmManager 设置闹钟 272
  - 12.5.1 AlarmManager 简介 272
  - 12.5.2 设置一个简单的闹钟 273

第 13 章 图形图像处理技术 276
📹 视频讲解：94 分钟　实例：7 个

- 13.1 常用绘图类 276
  - 13.1.1 Paint 类 276
  - 13.1.2 Canvas 类 278
  - 13.1.3 Path 类 279
  - 13.1.4 Bitmap 类 280
  - 13.1.5 BitmapFactory 类 280
- 13.2 绘制 2D 图像 281
  - 13.2.1 绘制几何图形 281
  - 13.2.2 绘制文本 283
  - 13.2.3 绘制图片 284
  - 13.2.4 绘制路径 286
- 13.3 Android 中的动画 290
  - 13.3.1 实现逐帧动画 290
  - 13.3.2 实现补间动画 292

第 14 章 多媒体应用开发 299
🎬 视频讲解：125 分钟 实例：6 个
- 14.1 播放音频与视频 299
  - 14.1.1 使用 MediaPlayer 播放音频 299
  - 14.1.2 使用 SoundPool 播放音频 ... 303
  - 14.1.3 使用 VideoView 播放视频 ... 306
  - 14.1.4 使用 MediaPlayer 和 SurfaceView 播放视频 308
- 14.2 控制摄像头 312
  - 14.2.1 拍照 312
  - 14.2.2 录制视频 315
- 14.3 本章总结 320

第 15 章 数据存储技术 321
🎬 视频讲解：106 分钟 实例：5 个
- 15.1 SharedPreferences 存储 321
  - 15.1.1 获得 SharedPreferences 对象 322
  - 15.1.2 向 SharedPreferences 文件存储数据 322
  - 15.1.3 读取 SharedPreferences 文件中存储的数据 323
- 15.2 文件存储 325
  - 15.2.1 内部存储 326
  - 15.2.2 外部存储 329
- 15.3 数据库存储 331
  - 15.3.1 sqlite3 工具的使用 331
  - 15.3.2 使用代码操作数据库 333
- 15.4 使用 Content Provider 实现数据共享 340
  - 15.4.1 Content Provider 概述 340
  - 15.4.2 创建 Content Provider 341
  - 15.4.3 使用 Content Provider 344
- 15.5 本章总结 347

第 16 章 Handler 消息处理 348
🎬 视频讲解：45 分钟 实例：3 个
- 16.1 Handler 消息传递机制 348
  - 16.1.1 Handler 类简介 350
  - 16.1.2 Handler 类中的常用方法ֲ ... 350
- 16.2 Handler 与 Looper、MessageQueue 的关系 352
- 16.3 消息类（Message） 353
- 16.4 循环者（Looper） 355
- 16.5 本章总结 357

第 17 章 Service 应用 358
🎬 视频讲解：64 分钟 实例：2 个
- 17.1 Service 概述 358
  - 17.1.1 Service 的分类 359
  - 17.1.2 Service 的生命周期 359
- 17.2 Service 的基本用法 360
  - 17.2.1 创建与配置 Service 361
  - 17.2.2 启动和停止 Service 364
- 17.3 Bound Service 367
- 17.4 使用 IntentService 369

第 18 章 传感器应用 371
🎬 视频讲解：75 分钟 实例：4 个
- 18.1 Android 传感器概述 371
  - 18.1.1 Android 的常用传感器 372
  - 18.1.2 开发步骤 373
- 18.2 磁场传感器 377
- 18.3 加速度传感器 379
- 18.4 方向传感器 381
- 18.5 本章总结 385

第 19 章 位置服务与地图应用 386
🎬 视频讲解：72 分钟 实例：5 个
- 19.1 位置服务 386
  - 19.1.1 获取 LocationProvider 388
  - 19.1.2 获取定位信息 391
- 19.2 百度地图服务 394
  - 19.2.1 获得地图 API 密钥 394
  - 19.2.2 下载 SDK 开发包 399
  - 19.2.3 新建使用百度地图 API 的 Android 项目 400
  - 19.2.4 定位到"我的位置" 403

19.3	本章总结	406

第20章 网络编程及Internet应用 ... 407
实例：6个

20.1	通过HTTP访问网络	407
	20.1.1 发送GET请求	408
	20.1.2 发送POST请求	411
20.2	解析JSON格式数据	415
	20.2.1 JSON简介	415
	20.2.2 解析JSON数据	416
20.3	使用WebView显示网页	418
	20.3.1 使用WebView组件浏览网页	419
	20.3.2 使用WebView加载HTML代码	421
	20.3.3 让WebView支持JavaScript	423
20.4	本章总结	425

第21章 欢乐写数字 ... 426
视频讲解：97分钟　综合案例：1个

21.1	开发背景	426
21.2	系统功能设计	426
	21.2.1 系统功能结构	426
	21.2.2 业务流程图	427
21.3	创建项目	427
	21.3.1 系统开发环境要求	427
	21.3.2 系统文件夹组织结构	427
	21.3.3 创建新项目	428
21.4	启动界面设计	431
	21.4.1 启动界面布局	432
	21.4.2 实现启动界面的全屏显示	437
	21.4.3 启动界面向游戏主界面的跳转	440
21.5	游戏主界面设计	443
	21.5.1 游戏主界面布局	443
	21.5.2 实现游戏主界面全屏显示	448
	21.5.3 游戏主界面向选择数字界面的跳转	449
	21.5.4 游戏主界面向关于界面的跳转	450
	21.5.5 启动后自动播放背景音乐	452
	21.5.6 游戏背景音乐的开启与静音	453
	21.5.7 跳转界面时自动停止音乐	454
	21.5.8 返回游戏主界面时自动播放音乐	455
21.6	选择数字界面设计	456
	21.6.1 选择数字界面布局	456
	21.6.2 实现选择数字界面全屏显示	461
	21.6.3 设置背景音乐	463
21.7	数字1书写界面设计	464
	21.7.1 书写界面布局	465
	21.7.2 打开数字1的书写界面	467
	21.7.3 设置背景及默认图片	471
	21.7.4 实现数字1的书写功能	476
	21.7.5 实现书写过程中断时图片倒退显示	479
	21.7.6 播放数字儿歌	482
21.8	演示动画对话框设计	483
	21.8.1 创建演示动画布局文件	483
	21.8.2 创建演示逐帧动画文件	484
	21.8.3 创建自定义对话框	486
	21.8.4 播放演示动画	488
21.9	关于界面设计	490
	21.9.1 完成关于界面按钮和Logo的布局	490
	21.9.2 布局联系方式和版权	492
	21.9.3 实现关于界面全屏显示	494
	21.9.4 返回上一级界面	495
21.10	本章总结	496

第22章 锁屏背单词 ... 497
视频讲解：123分钟　综合案例：1个

22.1	开发背景	497
22.2	系统功能设计	497
	22.2.1 系统功能结构	497

22.2.2	业务流程图 497		23.2.1	系统功能结构 562
22.3	创建项目 498		23.2.2	业务流程 562
22.3.1	开发环境需求 498	23.3	本章目标 564
22.3.2	创建新项目 499	23.4	开发准备 565
22.3.3	导入图片资源 501		23.4.1	导入工具类等资源文件 565
22.3.4	导入数据库与语音资源 501		23.4.2	创建 MyDataHelper 数据
22.3.5	创建数据库 504			帮助类 565
22.3.6	创建数据库解析单词的	23.5	实现大雁飞翔的效果 566
	工具类 507		23.5.1	设置大雁的逐帧动画 567
22.4	锁屏界面设计 508		23.5.2	实现大雁飞翔的效果 567
22.4.1	绘制锁屏界面 509	23.6	实现蒲公英飘落的效果 570
22.4.2	声明控件 513		23.6.1	创建数据模型
22.4.3	初始化控件 514			DandelionModel 类 570
22.4.4	同步手机系统时间 519		23.6.2	创建 DandelionView 类 571
22.4.5	选择词义时的操作 521		23.6.3	初始化绘制数据 571
22.4.6	获取数据库文件 524		23.6.4	重写 SurfaceHolder 的回调
22.4.7	手势滑动事件 527			方法 573
22.4.8	配置 Manifest 权限 529		23.6.5	绘制降落的蒲公英 574
22.5	复习界面设计 530		23.6.6	实现飘落的效果 575
22.5.1	复习界面布局 530	23.7	实现花开的效果 576
22.5.2	实现复习界面功能 535		23.7.1	创建 Plant 类 577
22.6	设置界面设计 538		23.7.2	添加子控件 577
22.6.1	绘制开关按钮 538		23.7.3	测量控件并设置宽高 579
22.6.2	实现开关按钮的功能 540		23.7.4	摆放 Plant 中的子控件 581
22.6.3	设置界面布局 541		23.7.5	设置组合动画 584
22.6.4	实现设置界面功能 545		23.7.6	设置接口回调 589
22.7	主界面设计 550		23.7.7	设置用于控制动画效果的
22.7.1	自定义按钮样式 550			方法 589
22.7.2	绘制主界面布局 551		23.7.8	静待花开 590
22.7.3	创建 BaseApplication 对象 ... 554	23.8	实现背景颜色渐变的效果 593
22.7.4	声明 BaseApplication 554		23.8.1	创建属性动画 xml 文件 593
22.7.5	锁屏状态监听 555		23.8.2	设置背景渐变动画 594
22.7.6	实现主界面功能 557	23.9	其他主要功能的展示 595
22.8	本章总结 561		23.9.1	名人名言列表 595
第 23 章	静待花开 562		23.9.2	说明界面 595
	综合案例: 1 个		23.9.3	选择要分享的花 595
23.1	开发背景 562		23.9.4	种花界面花枯萎的效果 596
23.2	系统功能设计 562	23.10	本章总结 597

第 24 章 悦步运动 598
综合案例：1 个
- 24.1 开发背景 598
- 24.2 系统功能设计 598
  - 24.2.1 系统功能结构 598
  - 24.2.2 业务流程图 599
- 24.3 开发准备 600
- 24.4 计步功能的设计 602
  - 24.4.1 运动界面概述 602
  - 24.4.2 运动界面布局 602
  - 24.4.3 创建 SportFragment 类 605
  - 24.4.4 创建 SportFragment 的视图 606
  - 24.4.5 初始化数据 607
  - 24.4.6 初始化控件和设置控件 608
  - 24.4.7 获取天气预报网络资源 609
  - 24.4.8 获取计步步数 609
  - 24.4.9 显示数据 610
- 24.5 计步服务功能的设计 612
  - 24.5.1 声明变量 612
  - 24.5.2 初始化计步服务 613
  - 24.5.3 管理服务的生命周期 614
- 24.6 测试计步功能的设计 615
  - 24.6.1 测试界面的创建和布局的设置 615
  - 24.6.2 实现计步的功能 616
- 24.7 食物热量对照表设计 617
  - 24.7.1 食物热量对照表概述 617
  - 24.7.2 界面布局 618
  - 24.7.3 显示数据 619
- 24.8 其他主要功能的展示 623
  - 24.8.1 更改个人信息 624
  - 24.8.2 播放热身动画 624
  - 24.8.3 设置"我的计划" 624
  - 24.8.4 心率测试功能 624
- 24.9 本章总结 625

第 25 章 外勤助手 626
综合案例：1 个
- 25.1 开发背景 626
- 25.2 系统功能设计 626
  - 25.2.1 系统功能结构图 626
  - 25.2.2 业务流程图 627
- 25.3 系统开发必备 627
  - 25.3.1 开发环境要求 627
  - 25.3.2 后台服务器要求 627
  - 25.3.3 与后台 Java 服务器交互的主要接口 628
- 25.4 导航的定位与路线规划设计 629
  - 25.4.1 申请密钥 629
  - 25.4.2 下载 Android 地图 SDK 631
  - 25.4.3 导入 Jar 包 632
  - 25.4.4 绘制地图 632
  - 25.4.5 实现定位服务 632
  - 25.4.6 实现用户定位及路线规划 ... 635
- 25.5 考勤签到模块设计 638
  - 25.5.1 自定义签到日历控件 638
  - 25.5.2 初始化签到数据 643
  - 25.5.3 实现签到功能 644
  - 25.5.4 查询签到记录 647
- 25.6 任务上报模块设计 648
  - 25.6.1 任务上报模块概述 648
  - 25.6.2 任务上报功能的实现 648
  - 25.6.3 查询历史数据 650
- 25.7 业务分析模块设计 652
  - 25.7.1 使用饼状图分析订单数据 ... 652
  - 25.7.2 使用线形图分析业绩排名 ... 653
- 25.8 其他功能展示 655
  - 25.8.1 客户界面拨打电话功能 ... 655
  - 25.8.2 添加计划功能 656
  - 25.8.3 录音功能 657
  - 25.8.4 记录损耗费用支出明细 ... 657
- 25.9 本章总结 658

第 1 章　走进 Android

随着移动设备的不断普及与发展，相关软件的开发也越来越受到程序员的青睐。目前，移动开发领域以 Android 的发展最为迅猛，在短短几年时间里，就撼动了诺基亚 Symbian 的霸主地位。通过其在线市场，程序员不仅能向全世界贡献自己的程序，还可以通过销售获得不菲的收入。作为 Android 开发的起步，本章重点介绍了如何搭建 Android 开发环境以及模拟器的使用。

通过阅读本章，您可以：

- 了解智能手机操作系统以及 Android 的大事记
- 了解 Android 的特征和系统架构
- 了解 Android 的应用领域
- 了解 Android 开发环境的系统需求
- 掌握搭建 Android 开发环境的方法

1.1　Android 简介

1.1.1　智能手机操作系统

目前，智能手机上的操作系统主要包括 Android、iOS、Windows Mobile、Windows Phone、BlackBerry、Symbian、PalmOS 和 Linux，各操作系统占据的市场份额如图 1.1 所示。

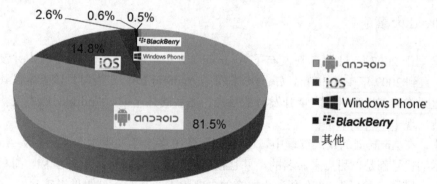

图 1.1　各智能手机操作系统的市场份额

下面将对主流的智能手机操作系统分别进行介绍。

1. Android

Android 是 Google（谷歌）公司发布的基于 Linux 内核的专门为移动设备开发的平台，其中包含了操作系统、中间件和核心应用等。Android 是一个完全免费的手机平台，使用它不需要授权费，可以完全订制。由于 Android 的底层使用开源的 Linux 操作系统，同时开放了应用程序开发工具，使所有程序开发人员都可以在统一的、开放的平台上进行开发，从而保证了 Android 应用程序的可移植性。

Android 使用 Java 作为主要程序开发语言，所以不少 Java 开发人员加入到此开发阵营，这无疑加快了 Android 队伍的发展速度。

2. iOS

iOS 是苹果公司开发的移动操作系统，主要应用在 iPhone、iPad、iPod touch 以及 Apple TV 等产品上。iOS 使用 Objective-C 和 Swift 作为程序开发语言，并且苹果公司提供了 SDK，为 iOS 应用程序开发、测试、运行和调试提供工具。

3. Windows

Windows 手机操作系统是微软公司推出的移动设备操作系统。开始时命名为 Windows Mobile。由于其界面类似于计算机中使用的 Windows 操作系统，所以用户操作起来比较容易上手。后来，微软公司又推出了 Windows Phone，它是微软公司于 2010 年 10 月微软推出的新一代移动操作系统。该系统与 Windows Mobile 有很大不同，它具有独特的"方格子"用户界面，并且增加了多点触控和动力感应功能，同时还集成了 Xbox Live 游戏和 Zune 音乐功能。现在，微软公司又推出了 Windows 10 Mobile，该系统是迄今为止最好的 Windows 手机操作系统。

4. BlackBerry

BlackBerry（黑莓）操作系统是由加拿大的 RIM 公司推出的与黑莓手机配套使用的系统，它提供了笔记本电脑、文字短信、互联网传真、网页浏览，以及其他无线信息服务功能。其中，最主要的特色就是支持电子邮件推送功能，邮件服务器主动将收到的邮件推送到用户的手持设备上，用户不必频繁地连接网络查看是否有新邮件。黑莓系统主要针对商务应用，具有很高的安全性和可靠性。

1.1.2 Android 大事记

Google 公司于 2007 年 11 月 5 日发布了 Android 1.0 手机操作系统，这个版本并没有赢得广泛的市场支持，直到 2009 年 4 月 30 日，Google 发布了 Android 1.5，在当时，该版本以其非常漂亮的用户界面和蓝牙连接支持吸引了大量开发者的目光。之后的几年中，Android 版本更新得较快，差不多每半年就出现一个新版本。

迄今为止，在 Android 的发展过程中，已经经历了 10 多个主要版本的变化，从 Android 1.5 开始，每个版本的代号都是以甜点来命名的，并且按照 26 个字母排序：纸杯蛋糕、甜甜圈、松饼、冻酸奶、姜饼、蜂巢……Android 迄今为止发布的主要版本及其发布时间见表 1-1。

表 1-1 Android 的主要版本及发布时间

版 本 号	别　　名	发 布 时 间
1.5	Cupcake（纸杯蛋糕）	2009 年 4 月 30 日
1.6	Donut（甜甜圈）	2009 年 9 月 15 日
2.0	Éclair（闪电泡芙）	2009 年 10 月 26 日
2.1	Éclair（闪电泡芙）	2010 年 1 月 10 日

（续表）

版　本　号	别　　　　名	发　布　时　间
2.2	Froyo（冻酸奶）	2010年5月20日
2.3	Gingerbread（姜饼）	2010年12月7日
3.0	Honeycomb（蜂巢）	2011年2月2日
4.0	Ice Cream Sandwich（冰激凌三明治）	2011年10月19日
4.1	Jelly Bean（果冻豆）	2012年6月28日
4.2	Jelly Bean（果冻豆）	2012年10月30日
4.3	Jelly Bean（果冻豆）	2013年7月25日
4.4	KitKat（奇巧巧克力）	2013年11月1日
5.0	Lollipop（棒棒糖）	2014年10月15日
6.0	Marshmallow（棉花糖）	2015年9月30日
7.0	Nougat（牛轧糖）	2016年8月22日

1.1.3　Android 特征

Android 作为一种开源操作系统，其在手机操作系统领域的市场占有率已经超过了 70%，是什么原因让 Android 操作系统如此受欢迎呢？本节将介绍 Android 的一些主要特性。

- 开放性

首先就是开放性，开放的平台允许任何移动终端厂商加入到 Android 联盟中来。显著的开放性可以使其拥有更多的开发者，随着用户和应用的日益丰富，一个崭新的平台很快走向成熟。

- 挣脱束缚

在过去很长的一段时间，特别是在欧美地区，手机应用往往受到运营商制约，使用什么功能接入什么网络，几乎都受到运营商的控制。自从 Android 上市，用户可以更加方便地连接网络，运营商的制约减少。

- 丰富的硬件

由于 Android 平台的开放性，所以有更多的移动设备厂商根据自己的情况推出了各式各样的 Android 移动设备，虽然在硬件上有一些差异，但是并不影响数据的同步与软件的兼容性。

- 不受任何限制的开发商

Android 平台提供给第三方开发商一个十分宽广、自由的环境，不会受到各种条条框框的阻挠。可想而知，这样会有多少新颖别致的软件诞生，但这也有其两面性，血腥、暴力、情色方面的程序和游戏如何控制正是留给 Android 的难题之一。

- 可以无缝结合 Google 应用

如今叱咤互联网的 Google 已经走过数十年历史，从搜索巨人到全面的互联网渗透，Google 服务如地图、邮件、搜索等已经成为连接用户和互联网的重要纽带，而 Android 平台手机将无缝结合这些优秀的 Google 服务。

1.1.4 Android 系统架构

Android 平台主要包括 Applications、Application Framework、Libraries、Android Runtime 和 Linux Kernel 几部分，如图 1.2 所示。

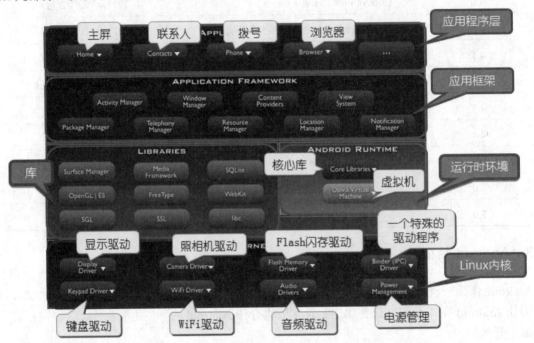

图 1.2 Android 平台架构

➢ Applications（应用程序）

Android 提供了一组应用程序，包括 Email 客户端、SMS 程序、日历、地图、浏览器、通讯录等。这部分程序均使用 Java 语言编写。

➢ Application Framework（应用程序框架）

无论是 Android 提供的应用程序，还是开发人员自己编写的应用程序，都需要使用 Application Framework（应用程序框架）。通过使用 Application Framework，不仅可以大幅度简化代码的编写，而且可以提高程序的复用性。

➢ Libraries（库）

Android 提供了一组 C/C++库，它们为平台的不同组件所使用。开发人员通过 Application Framework 来使用这些库所提供的不同功能。

➢ Android Runtime（Android 运行时）

Android 运行时包括核心库和 Dalvik 虚拟机两部分。核心库中提供了 Java 语言核心库中包含的大部分功能。虚拟机负责运行程序。Dalvik 虚拟机专门针对移动设备进行编写，不仅效率更高，而且占用内存更少。

➢ Linux Kernel（Linux 内核）

Android 平台使用 Linux 2.6 版内核提供的核心系统服务，包括安全管理、内存管理、进程管理等。

1.1.5　Android 应用领域

Android 作为移动设备开发的平台，不仅可以作为手机的操作系统，而且还可以作为可穿戴设备和 Android 电视等的操作系统。下面分别进行介绍。

1．Phones/Tablets（手机/平板电脑）

Phones/Tablets 是 Google 为智能手机/平板电脑打造的操作系统，如图 1.3 所示。它是一个完全免费的开放平台，允许第三方厂商加入和定制。目前，采用 Android 平台的手机厂商主要包括 Google Nexus、HTC、Samsung、LG、Sony、华为、联想、中兴等。

2．Android Wear（智能手表）

Android Wear 是 Google 为智能手表等可穿戴设备打造的智能平台。和 Android 一样，Android Wear 也是一个开放平台，它允许第三方厂商加入进来，生产各式各样的 Android Wear 兼容设备。目前主要是指智能手表，如图 1.4 所示。

PHONES　　　TABLETS
图 1.3　Android Phones/Tablets

ANDROID WEAR
图 1.4　Android Wear

3．Android TV（智能电视）

Android TV 是 Google 在 I/O 会议上宣布的一种名为谷歌电视（Google TV）的替代品，如图 1.5 所示。经过 Google 精心优化的 Android TV 支持 Google Now 语音输入和 D-Pad 遥控，甚至可以连接和匹配游戏手柄。另外，Android TV 完美集成 Google 服务于一体，尤其是 Google Play 上的多媒体内容。Google Play 中成千上万的电影、电视节目和音乐都是 Android TV 的基础内容。

4．Android Auto（智能车载）

Android Auto 是 Google 推出的专门为汽车所设计的 Android 功能，它需要连接 Android 手机使用。其旨在取代汽车制造商的原生车载系统来执行 Android 应用与服务，并访问和存取 Android 手机内容，如图 1.6 所示。

图 1.5　Android TV

图 1.6　Android Auto

1.2　搭建 Android 开发环境

1.2.1　开发环境概述

本节讲述使用 Android SDK 进行开发所必须的环境要求。对于硬件方面，要求 CPU 和内存尽量大。由于开发过程中需要反复重启模拟器，而每次重启都会消耗几分钟的时间（视机器配置而定），因此，使用高配置的机器能节约不少时间；在软件方面，需要有相应的开发环境、SDK 及开发工具。下面将分为以下两个方面进行介绍。

1．系统需求

要进行 Android 应用开发，需要有合适的系统环境。在表 1-2 中列出了进行 Android 开发所必须的系统环境需求。

表 1-2　进行 Android 开发所必须的系统环境需求

操作系统	要求		
	系统版本	内存	屏幕分辨率
Windows	Windows 8/7/Vista/2003（32 或 64 位)	最小 4GB，推荐 8GB	1280×800
Mac OS	Mac OS X 10.8.5 或更高	最小 4GB，推荐 8GB	1280×800
Linux	Linux GNOME 或 KDE（K 桌面环境）	最小 4GB，推荐 8GB	1280×800

2．软件需求

要进行 Android 应用开发，除了要有合适的系统环境，还需要有一些软件的支持。通常情况下，我们需要如图 1.7 所示的这些软件支持。

在进行 Android 应用开发时，首先需要有 JDK 7 或以上版本（推荐使用 JDK 7）和 Android SDK 的支持。之后还需要准备合适的开发工具，目前 Android 官网推荐的是使用 Android Studio 进行开发。

说明：

JDK 是 Java 开发工具包，包括运行 Java 程序所必须的 JRE 环境及开发过程中常用的库文件；Android SDK 是 Android 开发工具包，它包括了 Android 开发相关的 API。

第1章 走进Android

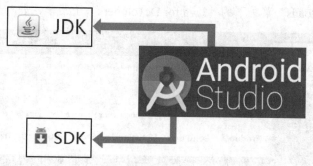

图1.7 进行Android应用开发所需的软件

1.2.2 JDK的下载

JDK原本是Sun公司的产品，不过由于Sun公司已经被Oracle收购，因此JDK需要到Oracle公司的官方网站（http://www.oracle.com/index.html）下载。目前最新的版本是JDK 8u66，下面将以JDK 8u66为例介绍下载JDK的方法，具体步骤如下。

✎ 说明：

JDK的官方网站经常更新，如果您在下载时遇到JDK版本更新，那么下载最新版本也是可以的，或者到资源包中复制我们已经为您下载好的JDK软件。

（1）打开浏览器，在地址栏中输入"http://www.oracle.com/index.html"，回车将打开Oracle的官方主页。将鼠标移动到Downloads菜单上，显示如图1.8所示的菜单。

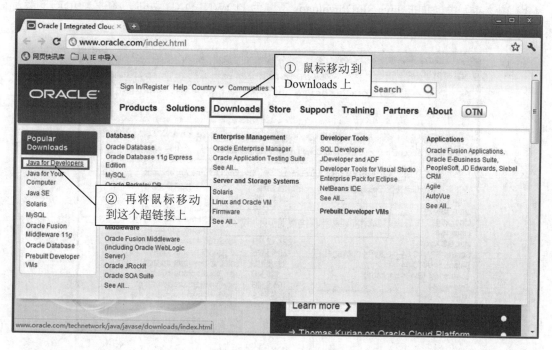

图1.8 Oracle官方主页

（2）选择"Downloads"菜单下的"Java for Developers"子菜单，进入到如图 1.9 所示的界面。

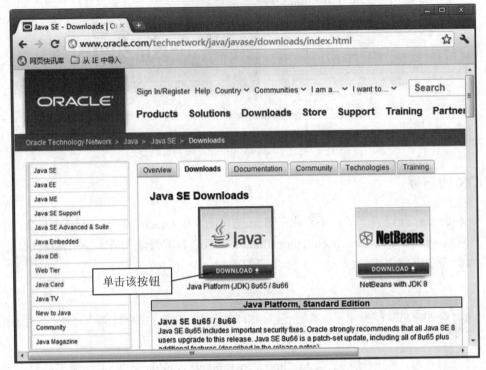

图 1.9　当前最新版本的 JDK 的下载位置

（3）在该界面中，单击 Java SE Downloads 下方的 DOWNLOAD 按钮，将进入 JDK 下载页面，在该页面中滚动到如图 1.10 所示的 8u66 版本所在的下载列表。

图 1.10　JDK 下载页面

（4）选中"Accept License Agreement"单选按钮，接受许可协议，并根据电脑硬件和系统而选择适当的版本进行下载，如图1.11所示。

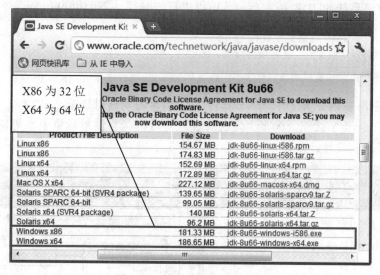

图1.11　接受许可协议并下载

✎ 说明：

> 如果您的系统是Windows 32位，那么下载jdk-8u66-windows-i586.exe；如果是Windows 64位的系统，那么下载jdk-8u66-windows-x64.exe；如果是其他系统，请根据自己的系统版本对应下载。如果想要查看系统是32位还是64位，可以在"计算机"图标上，单击鼠标右键，在弹出的快捷菜单中选择"属性"菜单项，将弹出如图1.12所示的对话框，在该对话框中可以看到当前的系统类型为64位操作系统。

图1.12　查看系统类型

1.2.3 JDK 的安装与配置

下载完适合自己系统的 JDK 版本后，就可以进行安装了。下面以 Windows 7 系统为例，讲解 JDK 的安装步骤。

> **注意：**
> 由于 JDK 版本不断更新，安装界面会有所不同。

（1）双击刚刚下载的安装文件，弹出如图 1.13 所示的欢迎对话框。

（2）单击"下一步"按钮，弹出"定制安装"对话框，在该对话框中，可以选择要安装的功能组件，这里选择默认设置，如图 1.14 所示。

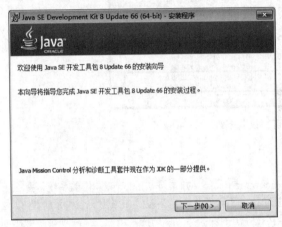

图 1.13 欢迎对话框

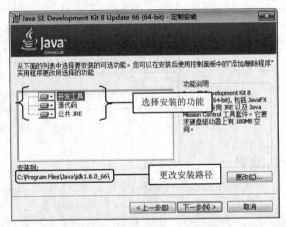

图 1.14 JDK "定制安装" 对话框

（3）单击"更改"按钮，弹出"更改文件夹"对话框，在该对话框中将 JDK 的安装路径更改为 C:\Java\jdk1.8.0_66\，如图 1.15 所示。单击"确定"按钮，将返回到"定制安装"对话框中。

> **注意：**
> 由于在 Windows 系统中，软件默认安装到 "Program Files" 文件夹中，这个路径中包含了一个空格，通常建议将 JDK 安装到没有空格的路径中。

（4）单击"下一步"按钮，开始安装 JDK。在安装过程中会弹出 JRE 的"目标文件夹"对话框，这里更改 JRE 的安装路径为 C:\Java\jre1.8.0_66\，如图 1.16 所示。

图 1.15 更改 JDK 的安装路径

> **说明：**
> JRE 全称为 Java Runtime Environment，它是 Java 运行环境，主要负责 Java 程序的运行。JDK 包含了 Java 程序开发所需要的编译、调试等工具，另外还包含了 JDK 的源代码。

> **注意：**
> 在更改 JRE 的安装路径时，选中 C:\java 目录后，需要在该文件夹中手动创建 jre1.8.0_66 文件夹，不能直接安装到 JDK 的安装路径下。

（5）单击"下一步"按钮，安装向导会继续完成安装进程。安装完成后，将弹出如图 1.17 所示的对话框，单击"关闭"按钮即可。

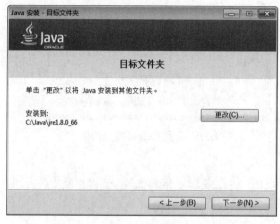

图 1.16　JRE 安装路径

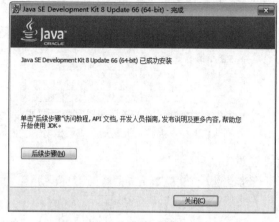

图 1.17　JDK 安装完成对话框

安装完 JDK 以后，还需要在系统的环境变量中进行配置。具体方法如下：

（1）在"开始"菜单的"计算机"图标上单击鼠标右键，在弹出的快捷菜单中选择"属性"命令，在弹出的"属性"对话框左侧单击"高级系统设置"超链接，将出现如图 1.18 所示的"系统属性"对话框。

（2）单击"环境变量"按钮，弹出"环境变量"对话框，如图 1.19 所示，单击"系统变量"栏中的"新建"按钮，创建新的系统变量。

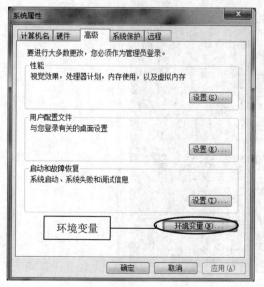

图 1.18　"系统属性"对话框

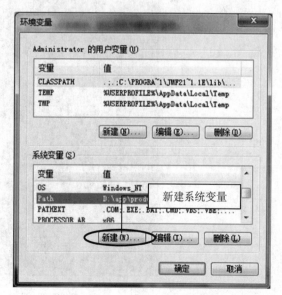

图 1.19　"环境变量"对话框

（3）弹出"新建系统变量"对话框，分别输入变量名"JAVA_HOME"和变量值（即 JDK 的安装路径）。其中变量值是笔者的 JDK 安装路径，读者需要根据自己的计算机环境进行修改（尽量采用复制的方法，以免写错安装路径），如图 1.20 所示。单击"确定"按钮，关闭"新建系统变量"对话框。

（4）在图 1.19 所示的"环境变量"对话框中双击 Path 变量对其进行修改，在原变量值最前端添加";%JAVA_HOME%\bin;"变量值（注意：最后的";"不要丢掉，它用于分隔不同的变量值），如图 1.21 所示。单击"确定"按钮完成环境变量的设置。

图 1.20 "新建系统变量"对话框

图 1.21 设置 Path 环境变量值

📢 注意：

不能删除系统变量 Path 中的原有变量值，并且"%JAVA_HOME%\bin"与原有变量值之间用英文半角的";"号分隔，否则会产生错误。

（5）JDK 安装成功之后必须确认环境配置是否正确。在 Windows 系统中测试 JDK 环境需要选择"开始"/"运行"命令（没有"运行"命令可以按〈Windows+R〉组合键），然后在"运行"对话框中输入 cmd 并单击"确定"按钮启动控制台。在控制台中输入 javac 命令，按〈Enter〉键，将输出如图 1.22 所示的 JDK 的编译器信息，其中包括修改命令的语法和参数选项等信息。这说明 JDK 环境搭建成功。

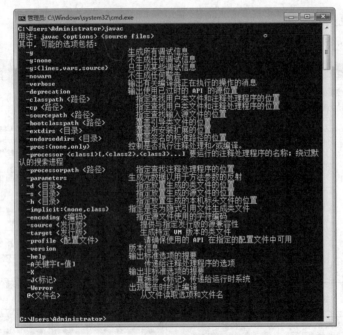

图 1.22 JDK 的编译器信息

1.2.4 集成 Android 开发环境的下载与安装

通常情况下，为了提高开发效率，需要使用相应的开发工具。在 Android 发布初期，推荐使用的开发工具是 Eclipse。2015 年 Android Studio 正式版推出，标志着 Google 公司推荐的 Android 开发工具已从 Eclipse 改为 Android Studio。而且在 Android 的官方网站中，也提供了集成 Android 开发环境的工具包。在该工具包中，不仅包含了开发工具 Android Studio，还包括最新版本的 Android SDK。下载并安装该工具包后，就可以成功地搭建好 Android 的开发环境。

✎ 说明：

> Android Studio 是基于 IntelliJ IDEA 的 Android 开发环境。实际上，IntelliJ IDEA 是一款非常优秀的 Java IDE 工具，只是由于它是一款商业工具软件，而且技术文档少之又少，所以应用并不是很广泛。现在，Google 在 IntelliJ IDEA 的基础上推出的 Android Studio 则是完全免费的，同时又有 Google 的技术，相信 Android Studio 一定会成为开发 Android 应用的最佳工具。

1. 集成 Android 开发环境的下载

集成 Android 开发环境的下载步骤如下。

（1）打开浏览器（例如 Google Chrome），进入 Android 官方主页，地址是"http://www.android.com/"，如图 1.23 所示。

图 1.23　Android 官方主页

📢 注意：

> 官网如有打不开的情况下，可直接到资源包中复制我们已经为您下载好的工具包，或者使用国内的代理 IP。

（2）将页面滚动到屏幕的最底部，单击 For developers 右侧的倒置三角符号，将显示包括多个菜单项的子菜单，如图 1.24 所示。

图 1.24 For developers 菜单

（3）单击 Android SDK 菜单项，将进入到 Android Studio 下载页面，在这个页面中，可以下载 Android SDK Tools 和最新版本的 Android Studio，如图 1.25 所示。

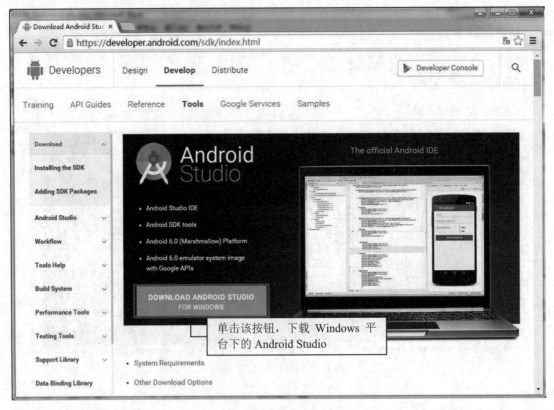

图 1.25 Android Studio 下载页面

（4）在该页面中默认提供了 Windows 平台下的 Android Studio 下载按钮。单击"DOWNLOAD ANDROID STUDIO FOR WINDOWS"按钮，将进入到如图 1.26 所示的页面。

第 1 章 走进 Android

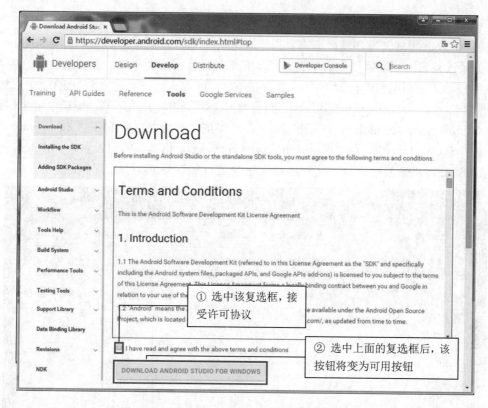

图 1.26　Android Studio 下载时接受许可协议页面

（5）选中图 1.26 所示的复选框后，下面的 DOWNLOAD ANDROID STUDIO FOR WINDOWS 按钮将变为可用按钮，单击该按钮，开始下载文件，如图 1.27 所示。

图 1.27　Android Studio 下载页面

（6）下载完成后，将得到一个名称为 android-studio-bundle-141.2456560-windows.exe 的安装文件。

15

2. 集成 Android 开发环境的安装

在安装 Android 集成开发环境前，需要先检测电脑的 BIOS 中 Intel Virtualization Technology 是否启用。如果没有启用，则需要先启用它。具体方法是：重新启动电脑，在开机时按下进入 BIOS 配置环境的按键（不同电脑的按键不同，如果不确定可以搜索一下）进入到 BIOS 中，然后选择 Security 选项卡，接下来选中 Virtualization 项（如图 1.28 所示），并按下 Enter 键进入到该项，设置 Intel（R）Virtualization Technology 为可用状态（在选中的默认值 DISABLED 上按下 Enter 键，在出现的值中选择 Enabled），如图 1.29 所示。如果该页面有多项，将其他的也设置为 Enabled，按下 F10 保存并退出 BIOS，重新启动系统。此时再安装 Intel 硬件加速器就不会出现错误了。

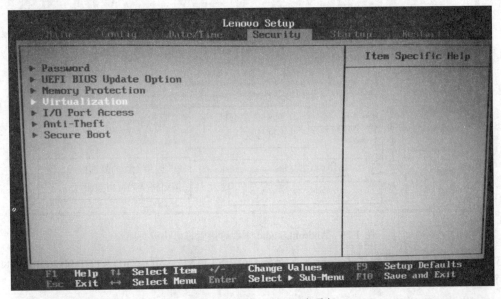

图 1.28 BIOS 的 Security 选项卡

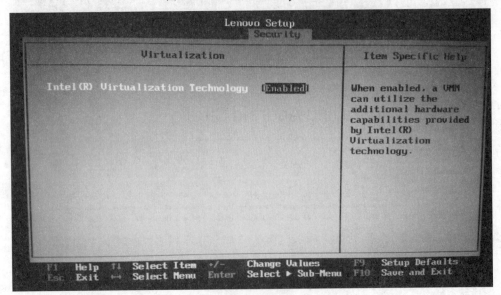

图 1.29 BIOS 的 Virtualization 项

> **说明：**
> 每台电脑的 BIOS 版本不同，开启（Intel（R）Virtualization Technology）状态的位置会有所变化，请根据自己电脑 BIOS 版本找到相应的开启位置。

集成 Android 开发环境的安装步骤如下。

（1）双击下载得到的安装文件 android-studio-bundle-141.2456560-windows.exe，将显示如图 1.30 所示的加载进度框。

（2）加载完成后，将进入到如图 1.31 所示的安装欢迎对话框。

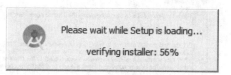

图 1.30　加载进度框

> **说明：**
> 如果以前安装过旧版本的 Android Studio，将弹出卸载旧版本对话框，在该对话框中取消"Uninstall the previous version"复选框（表示保留旧版本）的勾选状态，如图 1.32 所示。然后单击 Next 按钮，将打开如图 1.31 所示的欢迎安装页面。

图 1.31　欢迎安装页面

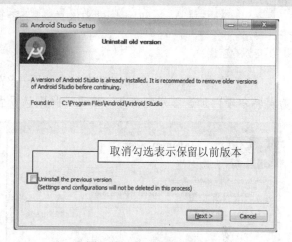

图 1.32　是否卸载旧版本

（3）在如图 1.31 所示的欢迎安装页面中，单击 Next 按钮，将打开选择安装组件对话框，在该对话框中采用默认设置，如图 1.33 所示。

（4）单击"Next"按钮，将打开如图 1.34 所示的接受 Android SDK 的许可协议对话框，单击 I Agree 按钮，接受许可协议。然后又弹出一个如图 1.35 所示的接受英特尔硬件加速器的许可协议对话框，单击"IAgree"按钮，同样接受许可协议。

（5）将进入到配置安装路径对话框，在该对话框中，指定 Android Studio 的安装路径（如 F:\Android\Android Studio），以及 Android SDK 的安装路径（例如 F:\Android\sdk），如图 1.36 所示。

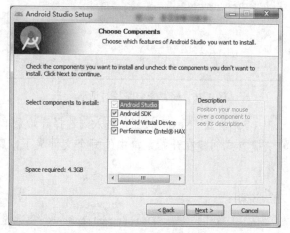

图 1.33　选择安装组件对话框

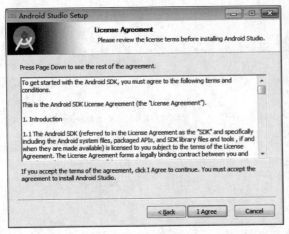
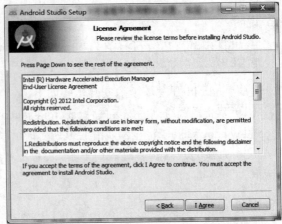

图 1.34　接受 Android SDK 的许可协议对话框　　　　图 1.35　接受英特尔硬件加速器的许可协议对话框

注意：

在配置 Android Studio 和 Android SDK 的安装路径时，均需要指定一个独立的文件夹。另外，在配置 SDK 安装路径时，不能包含?、%、*、:、|、"、<、>、!、;、空格等字符，而在配置 Android Studio 的安装路径时，则可以有空格。

（6）单击"Next"按钮，将进入到如图 1.37 所示的配置模拟器对话框，该对话框主要是用于为英特尔硬件加速器分配内存，这里选择默认设置。

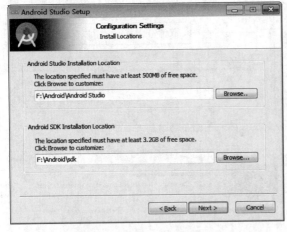
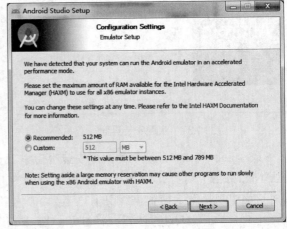

图 1.36　配置安装路径对话框　　　　　　　　图 1.37　配置模拟器对话框

（7）单击"Next"按钮，进入到选择开始菜单文件夹对话框。在该对话框中，选择 Android Studio 的快捷方式创建在开始菜单中的哪个文件夹下，默认为新创建的 Android Studio 文件夹，如图 1.38 所示。

说明：

在图 1.38 中，勾选"Do not create shortcuts"复选框，将不创建快捷方式。

（8）单击"Install"按钮，将显示如图 1.39 所示的安装进度对话框，此时需要等待一段时间。

第1章 走进Android

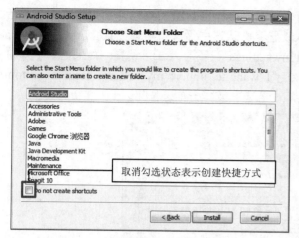

图1.38 选择开始菜单文件夹对话框

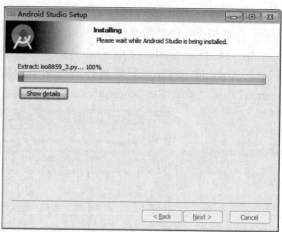

图1.39 安装进度对话框

注意：

在安装过程中如果弹出如图1.40所示的Intel硬件加速器安装失败提示框，可以单击"确定"按钮继续执行下面的全部步骤，否则执行完第（13）步就可以完成集成Android开发环境的安装。

（9）安装完成后，将显示如图1.41所示的安装完成对话框。单击"Next"按钮，弹出如图1.42所示的对话框。在该对话框中，直接单击Finish按钮完成Android Studio的安装，并且开启Android Studio。

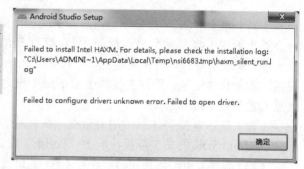

图1.40 Intel硬件加速器失败提示框

说明：

在图1.42所示的对话框中，也可以先取消Start Android Studio复选框的勾选状态，然后单击Finish按钮，完成Android Studio的安装。

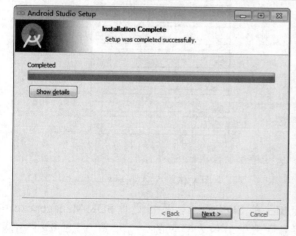

图1.41 安装成功对话框

图1.42 安装完成对话框

（10）启动 Android Studio，首先显示闪屏窗口，然后会弹出如图1.43所示的对话框，该对话框用于指定是否从以前版本的 Android Studio 导入设置。默认选中第二个单选按钮"I do not have a previous version of Studio or I do not want to import my settings"，不导入任何设置；如果电脑中以前安装过 Android Studio，可以选择第一个单选按钮"I want to import my settings from a custom location"，从以前版本的 Android Studio 导入设置，这里选中第二个单选按钮。

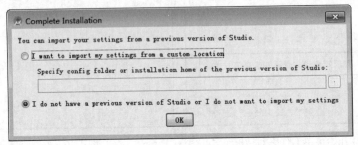

图1.43　询问是否导入设置对话框

（11）单击"OK"按钮，继续启动 Android Studio，此时会弹出如图1.44所示的对话框，该对话框用于询问是否设置代理，如果您有有效的代理地址，可以单击"Setup Proxy"按钮，添加代理地址，否则直接单击 Cancel（取消）按钮。这里直接单击 Cancel 按钮。

（12）显示如图1.45所示的对话框，在该对话框中，将显示 Android SDK 的安装路径，单击"Finish"按钮。

图1.44　询问是否设置代理

（13）显示如图1.46所示的欢迎对话框，这时就表示 Android Studio 已经安装完毕，并且启动成功。

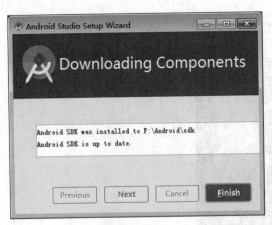

图1.45　显示已经安装的 Android SDK 路径

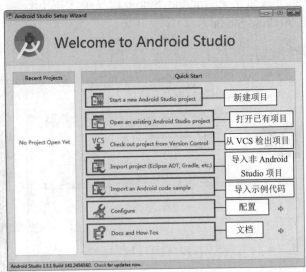

图1.46　欢迎对话框

（14）关闭 Android Stuio，找到安装到本地电脑上的 SDK 目录，双击更新 SDK Manager.exe，打开 Android SDK 管理器。在 Android SDK 管理器中取消其他安装包的勾选状态，只勾选 Extras 节点下的"Intel x86 Emulator Accelerator (HAXM installer)"复选框，如图1.47所示。

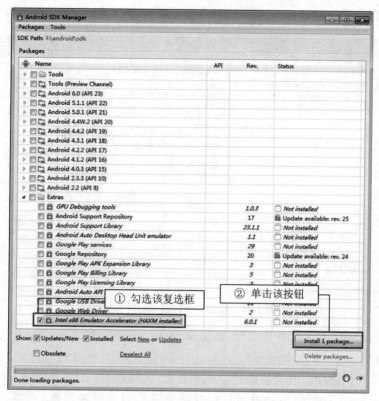

图 1.47　选中要在线下载的安装包

✎ 说明：

① 如果连接互联网后，访问 Android 官网加载可用更新失败，那么需要选择 Tools\Options 菜单项，在打开的"Android SDK Manager – Settings"对话框中配置国内的代理 IP，然后再重新启动 Android SDK Manager。
② 如果想要下载其他版本的 Android SDK，可以在图 1.47 中勾选相应版本的 Android SDK 安装包。

（15）单击"Install 1 package..."按钮，将打开如图 1.48 所示的接受协议的对话框。

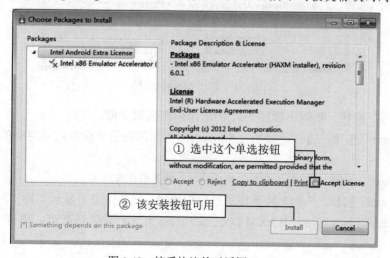

图 1.48　接受协议的对话框（一）

（16）选中"Accept License"单选按钮，下面的 Install 按钮将变为可用状态，如图 1.49 所示。

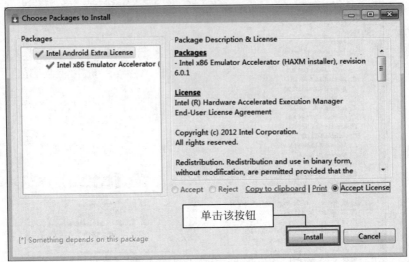

图 1.49　接受协议的对话框（二）

（17）单击"Install"按钮，将返回到 Android Manager SDK 对话框，开始在线下载。下载完成后，关闭 Android Manager SDK 对话框。

（18）重新进入到 SDK 的安装路径，依次打开 extras\intel\Hardware_Accelerated_Execution_Manager 目录，然后双击 intelhaxm-android.exe 文件安装 Intel 硬件加速器。安装 Intel 硬件加速器的具体步骤如下：

① 双击 intelhaxm-android.exe 文件安装 Intel 硬件加速器，如果电脑中已经安装过 Intel 硬件加速器，将弹出如图 1.50 所示的对话框，提示是否删除旧版本安装新版本。

图 1.50　是否安装新的版本

② 单击"Yes"按钮，将弹出如图 1.51 的所示的欢迎对话框。

③ 单击"Next"按钮，将打开如图 1.52 所示的为加速器划分内存加速空间的对话框，这里选择默认 1024MB。

④ 单击"Next"按钮，将显示如图 1.53 所示的确认对话框。

⑤ 单击"Install"按钮，开始安装英特尔硬件加速器。安装完成后显示如图 1.54 所示的对话框，在该对话框中，取消 Launch Intel HAXM Documentation 复选框的勾选状态，单击"Finish"按钮即安装完成。

第1章 走进 Android

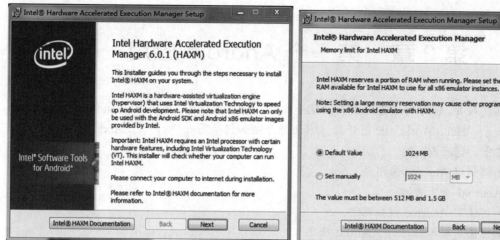

图 1.51　安装 Intel 硬件加速器欢迎对话框

图 1.52　为加速器划分内存加速空间的对话框

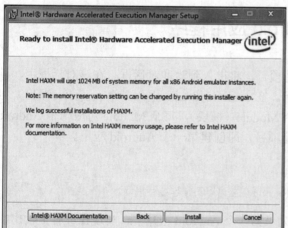

图 1.53　确认对话框

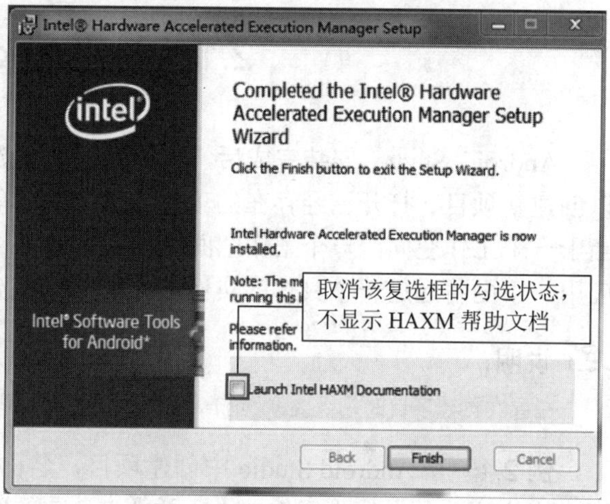

图 1.54　安装完成对话框

取消该复选框的勾选状态，不显示 HAXM 帮助文档

第 2 章 第一个 Android 应用

作为程序开发人员，学习新语言的第一步就是输出"Hello World"。学习 Android 开发也不例外，我们也是从第一个"Hello World"应用开始。下面将介绍如何编写并运行一个 Android 应用。

通过阅读本章，您可以：

- 掌握如何创建 Android 应用
- 了解 Android 项目结构
- 掌握如何使用 Android 模拟器
- 掌握如何使用模拟器运行 Android 应用
- 掌握如何连接手机运行 Android 应用

2.1 创建 Android 应用程序

Android Studio 安装完成后，如果还没有创建项目，将进入到欢迎对话框。在该对话框中，可以创建新项目、打开已经存在的项目、导入项目等。在 Android Studio 中，一个 project（项目）相当于一个工作空间，一个工作空间中可以包含多个 Module（模块），每个 Module 对应一个 Android 应用。下面将通过一个具体的实例来介绍如何创建项目，即创建第一个 Android 应用。

说明：

在首次创建项目时，需要联网加载数据，所以此时需要保证电脑可以正常连接互联网。

例 2.1 在 Android Studio 中创建项目，名称为"第一个 Android 应用"，实现在屏幕上输出文字"Hello World"。（**实例位置：资源包\code\02\APP**）

（1）在 Android Studio 的欢迎对话框中，单击"Start a new Android Studio project"按钮，进入到 Create New Project 对话框中。在该对话框中的 Application name 文本框中输入应用程序名称（例如"第一个 Android 应用"），在 Company Domain 文本框中输入公司域名（例如 mingrisoft.com），将自动生成相应的 Package name，并且默认为不可修改状态。如果想要修改，可以单击 Package name 右侧的 Edit 超链接，使其变为可编辑状态，然后输入想要的包名（例如 com.mingrisoft），单击 Done 按钮即可。在 Project Location 文本框中输入项目保存的位置（如 F:\android_studio\AndroidStudio Projects），如图 2.1 所示。

注意：

① 设置 Package name 时，不能使用中文（如 com.明日科技）和空格，或者单纯的数字（如 com.mr.03），并且也不能以"."结束，否则项目将不能创建。
② 设置 Project location 时，不能使用中文（如 com.明日科技）和空格，否则项目将不能创建。

（2）单击"Next"按钮，将进入到选择目标设备对话框。在该对话框中，首先选中 Phone and Tablet 复选框，然后在 Minimum SDK 下拉列表框中选择最小 SDK 版本，默认为 API 15，即 Android 4.0.3，如图 2.2 所示。

第 2 章 第一个 Android 应用

图 2.1 创建新项目对话框

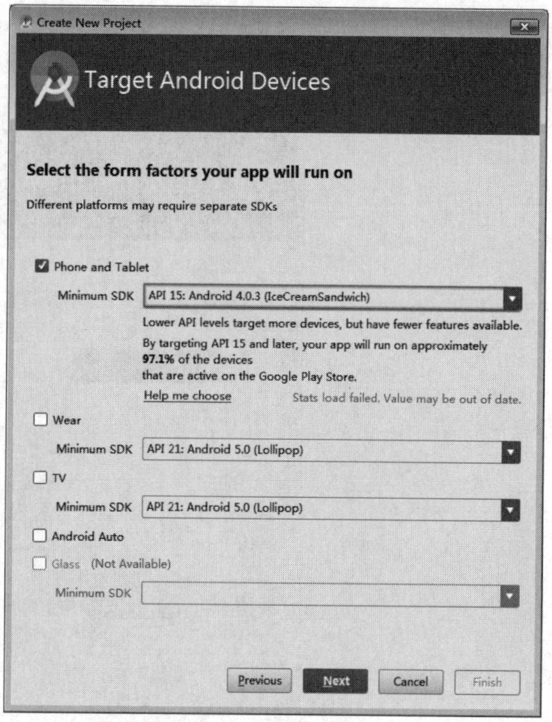

图 2.2 选择目标设备对话框

注意：

> Minimum SDK 用于指定应用程序运行时，所需设备的最低 SDK 版本。如果所用设备低于这个版本，那么应用程序将不能在该设备上运行，所以这里一般设置得要比所用的 SDK 版本低。

（3）单击"Next"按钮，将进入到选择创建 Activity 类型对话框。在该对话框中，将列出一些用于创建 Activity 的模板，我们可以根据需要进行选择，也可以选择不创建 Activity（即选择 Add No Activity）。这里我们选择创建一个空白的 Activity，即 Empty Activity，如图 2.3 所示。

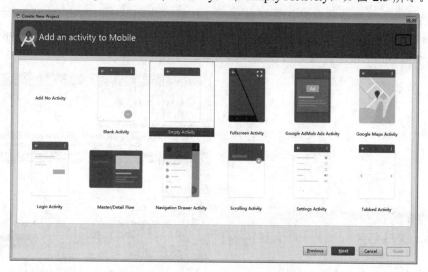

图 2.3 选择创建 Activity 的类型

25

（4）单击"Next"按钮，将进入到自定义 Activity 对话框。在该对话框中，可以设置自动创建的 Activity 的类名和布局文件名称，这里采用默认设置，如图 2.4 所示。

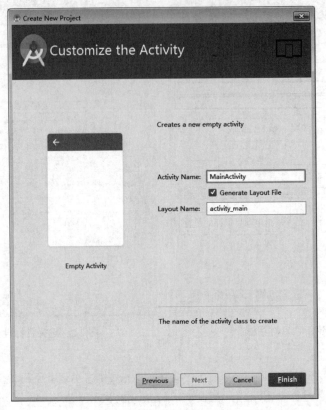

图 2.4　自定义 Activity

（5）单击"Finish"按钮，将显示如图 2.5 所示的创建编译进度对话框，创建编译完成后，该对话框自动消失，同时打开该项目。

（6）默认情况下，启动项目时，会弹出如图 2.6 所示的小贴士，单击"Close"按钮关闭，即可进入到 Android Studio 的主页，同时打开创建好的项目，默认显示 MainActivity.java 文件的内容，选中 activity_main.xml 选项卡，显示布局文件的内容，如图 2.7 所示。

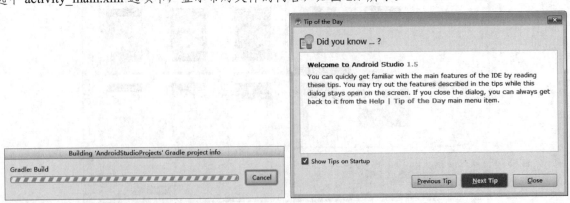

图 2.5　创建编译进度对话框　　　　　　图 2.6　小贴士对话框

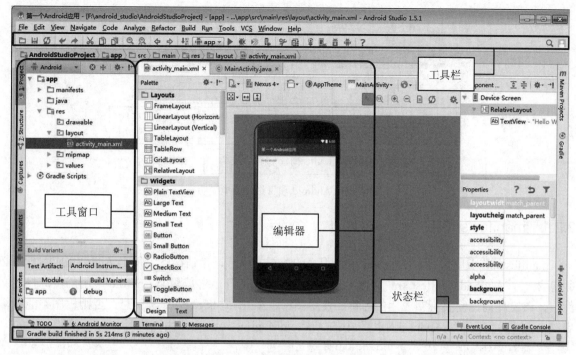

图 2.7 Android Studio 的主页

✍ 说明：

在使用 Android Studio 创建第一个项目时，默认创建一个名称为 app 的 Module（一个 Module 就是一个 Android 应用），如图 2.8 所示。

图 2.8 默认创建的 Module

2.2 Android 项目结构

默认情况下，在 Android Studio 中创建 Android 项目后，将默认生成如图 2.7 中黑线圈起来部分所示的项目结构。在 Android Studio 中，提供了如图 2.9 所示的多种项目结构类型。其中，最常用的是 Android 和 Project。由于 Android 项目结构类型是创建项目后默认采用的，所以这里我们就使用这种结构类型。

采用 Android 项目结构时，各个子节点的作用如图 2.10 所示。

下面再对一些常用的节点进行详细介绍。

图 2.9 Android Studio 提供的项目结构类型

扫一扫，看视频

27

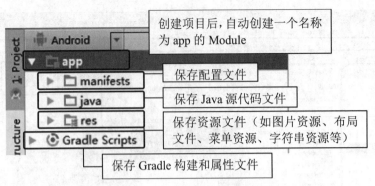

图 2.10　Android 项目结构类型说明

2.2.1　manifests 节点

　　manifests 节点用于显示 Android 应用程序的配置文件。通常情况下，每个 Android 应用程序必须包含一个 AndroidManifest.xml 文件，位于 manifests 节点下。它是整个 Android 应用的全局描述文件。在该文件内，需要标明应用的名称、使用图标、Activity 和 Service 等信息，否则程序不能正常启动。例如，"第一个 Android 应用"中的 AndroidManifest.xml 文件代码如下。

```xml
<?xml version="1.0" encoding="utf-8"?>
<manifest xmlns:android="http://schemas.android.com/apk/res/android"
    package="com.mingrisoft">
    <application
        android:allowBackup="true"
        android:icon="@mipmap/ic_launcher"
        android:label="@string/app_name"
        android:supportsRtl="true"
        android:theme="@style/AppTheme">
        <activity android:name=".MainActivity">
            <intent-filter>
                <action android:name="android.intent.action.MAIN" />
                <category android:name="android.intent.category.LAUNCHER" />
            </intent-filter>
        </activity>
    </application>
</manifest>
```

AndroidManifest.xml 文件中的重要元素及说明见表 2-1。

📢 注意：

在 Android 程序中，每一个 Activity 都需要在 AndroidManifest.xml 文件中有一个对应的<activity>标记。

表 2-1　AndroidManifest.xml 文件中的重要元素及说明

元素	说明
manifest	根节点，描述了 package 中所有的内容

(续表)

元素	说明
xmlns:android	包含命名空间的声明，其属性值为 http://schemas.android.com/apk/res/android，表示 Android 中的各种标准属性能在该 xml 文件中使用，它提供了大部分元素中的数据
package	声明应用程序包
application	包含 package 中 application 级别组件声明的根节点，一个 manifest 中可以包含零个或者一个该元素
android:icon	应用程序图标
android:label	应用程序标签，即为应用程序指定名称
android:theme	应用程序采用的主题，例如，Android Studio 创建的项目默认采用@style/AppTheme
activity	与用户交互的主要工具，它是用户打开一个应用程序的初始页面
intent-filter	配置 Intent 过滤器
action	组件支持的 Intent Action
category	组件支持的 Intent Category，这里通常用来指定应用程序默认启动的 Activity

2.2.2　java 节点

java 节点用于显示包含了 Android 程序的所有包及源文件（.java），例如，2.1 节的"第一个 Android 应用"项目的 java 节点展开效果如图 2.11 所示。

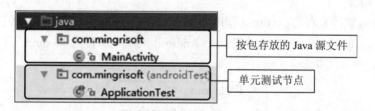

图 2.11　java 节点

默认生成的 MainActivity.java 文件的关键代码如下。

```
package com.mingrisoft;                              //指定包
import android.support.v7.app.AppCompatActivity;     //导入 Support v7 库中的 AppCompatActivity 类
import android.os.Bundle;                            //导入 Bundle 类
public class MainActivity extends AppCompatActivity {
//该方法在创建 Activity 时被回调，用于对该 Activity 执行初始化
    @Override
    protected void onCreate(Bundle savedInstanceState) {
        super.onCreate(savedInstanceState);
        setContentView(R.layout.activity_main);
```

        }
}

从上面的代码可以看出，Android Studio 创建的 MainActivity 类默认继承自 AppCompatActivity 类（继承自 AppCompatActivity 类的 Activity 将带有 Action Bar），并且在该类中重写了 Activity 类中的 onCreate 方法，在 onCreate 方法中通过 setContentView(R.layout.activity_main) 设置当前的 Activity 要显示的布局文件。

> **说明：**
> 这里使用 R.layout.activity_main 来获取 layout 目录中的 activity_main.xml 布局文件。这是因为，在 Android 程序中，每个资源都会在 R.java 文件中生成一个索引，而通过这个索引，开发人员可以很方便地调用 Android 程序中的资源文件。

> **注意：**
> 应用 Android Studio 创建的项目，R.java 文件位于新创建应用的<应用名称>\build\generated\source\r\debug\<包路径>目录下。R.java 文件是只读文件，开发人员不能对其进行修改，当 res 包中资源发生变化时，该文件会自动修改。

2.2.3 res 节点

该节点用来显示保存在 res 目录下的资源文件，当 res 目录中的文件发生变化时，R 文件会自动修改。在 res 目录中还包括一些子包，下面将对这些子目录进行详细说明。

- drawable 子目录

drawable 子目录通常用来保存图片资源（如 PNG\JPEG\GIF 图片、9-Patch 图片或者 Shape 资源文件等）。

- layout 子目录

layout 子目录主要用来存储 Android 程序中的布局文件，在创建 Android 程序时，会默认生成一个 activity_main.xml 布局文件。例如，"第一个 Android 应用"项目的 layout 子目录的结构如图 2.12 所示。

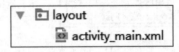

图 2.12　layout 子目录的结构

在 Android Stuido 中打开的 activity_main.xml 布局文件的代码如图 2.13 所示。

> **说明：**
> 在 Android Studio 中看见的代码之所以与源文件中的代码不一样，是因为 Android Studio 为方便用户看到具体的数值，直接将保存在 src\main\res\values 目录下的 dimens.xml 尺寸资源文件中定义的尺寸变量的值显示出来的结果。关于尺寸资源的使用将在第 10 章进行详细介绍。

activity_main.xml 布局文件中的重要元素及说明见表 2-2。

第 2 章　第一个 Android 应用

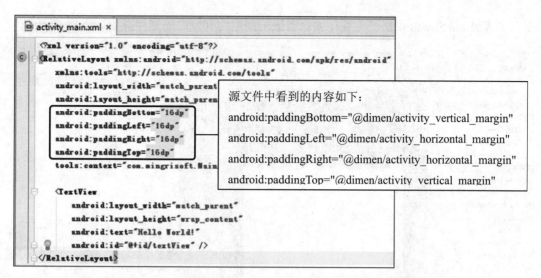

图 2.13　在 Android Stuido 中打开的 activity_main.xml 文件的代码

表 2-2　activity_main.xml 布局文件中的重要元素及说明

元　　素	说　　明
RelativeLayout	布局管理器
xmlns:android	包含命名空间的声明，其属性值为 http://schemas.android.com/apk/res/android，表示 Android 中的各种标准属性能在该 xml 文件中使用，它提供了大部分元素中的数据，该属性一定不能省略
xmlns:tools	指定布局的默认工具
android:layout_width	指定当前视图在屏幕上所占的宽度
android:layout_height	指定当前视图在屏幕上所占的高度
TextView	文本框组件，用来显示文本
android:text	文本框组件显示的文本

✍ 技巧：

开发人员在指定各个元素的属性值时，可以按下<Ctrl+Alt + Space>快捷键来显示帮助列表，然后在帮助列表中选择系统提供的值，如图 2.14 所示。

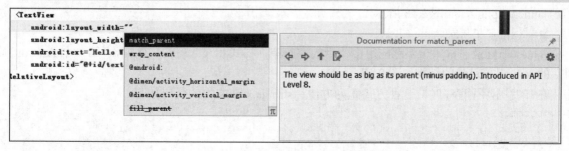

图 2.14　按下<Ctrl+Alt + Space>显示帮助列表

31

另外，Android Studio 提供了可视化编辑器来辅助用户开发布局文件，如图 2.15 所示。

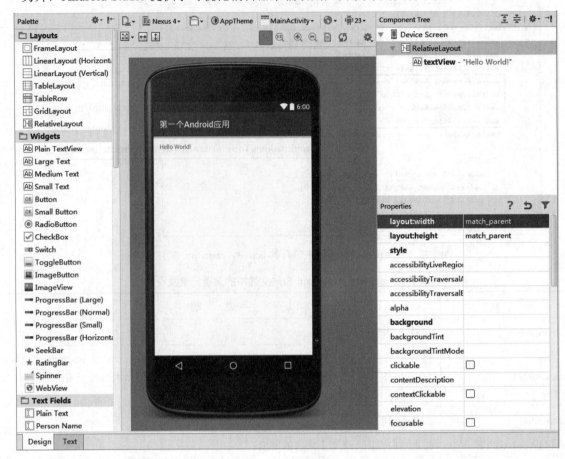

图 2.15　布局编辑器

➢ mipmap 子目录

mipmap 子目录用于保存项目中应用的启动图标。为了保证良好的用户体验，需要为不同的分辨率提供不同的图片，并且分别存放在不同的目录中。通常情况下，Android Studio 会自动创建 mipmap-xxxhdpi（超超超高）、mipmap-xxhdpi（超超高）、mipmap-xhdpi（超高）、mipmap-hdpi（高）和 mipmap-mdpi（中）等 5 个目录，分别用于存放超超超高分辨率图片、超超高分辨率图片、超高分辨率图片、高分辨率图片和中分辨率图片。并且会自动创建对应于 5 种分辨率的启动图标文件（ic_launcher.png），如图 2.16 所示。

➢ values 子目录

values 子目录通常用于保存应用中使用的字符串、样式和尺寸资源。例如，"第一个 Android 应用"的 values 子目录的结构如图 2.17 所示。

在开发国际化程序时，这种方式尤为方便。strings.xml 文件的代码如下。

```
<resources>
    <string name="app_name">第一个 Android 应用</string>
</resources>
```

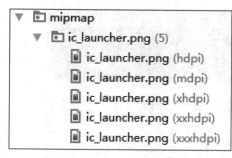
图 2.16　mipmap 子目录

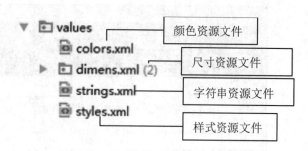
图 2.17　values 子目录的结构

> **说明：**
> 关于如何实现国际化程序，将在本书的 10.9 节进行详细介绍。

2.3　使用 Android 模拟器

Android 模拟器是 Google 官方提供的一款运行 Android 程序的虚拟机，可以模拟手机、平板电脑等设备。作为 Android 开发人员，不管你有没有基于 Android 操作系统的设备，都需要在 Android 模拟器上测试自己开发的 Android 程序。

2.3.1　创建 AVD 并启动 Android 模拟器

扫一扫，看视频

由于启动 Android 模拟器需要配置 AVD，所以在运行 Android 程序之前，首先需要创建 AVD。创建 AVD 并启动 Android 模拟器的步骤如下：

> **说明：**
> AVD 是 Android Virtual Device 的简称。通过它可以对 Android 模拟器进行自定义的配置，能够配置 Android 模拟器的硬件列表、模拟器的外观、支持的 Android 系统版本、附加 SDK 库和存储设置等。开发人员配置好 AVD 以后，就可以按照这些配置来模拟真实的设备。

（1）单击 Android Studio 工具栏上 图标，显示 AVD 管理器对话框，如图 2.18 所示。

（2）单击"Create Virtual Device..."按钮，将弹出"Select Hardware"对话框。在该对话框中，选择想要模拟的设备。例如，我们要模拟 3.2 寸 HVGA 的设备，那么可以选择"3.2" HVGA slider(ADP1)"，如图 2.19 所示。

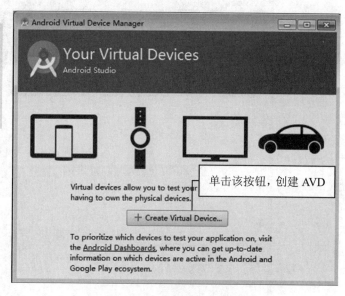
图 2.18　AVD 管理器对话框

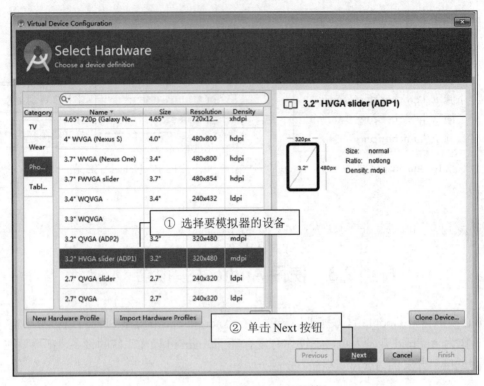

图 2.19　Select Hardmare 对话框

（3）单击"Next"按钮，将弹出选择系统镜像对话框。在该对话框中，列出了已经下载好的系统镜像，大家可以根据自己的需要进行选择。默认情况下，只包括一个 ABI 为 x86 的系统镜像，如图 2.20 所示，这里选择它即可。

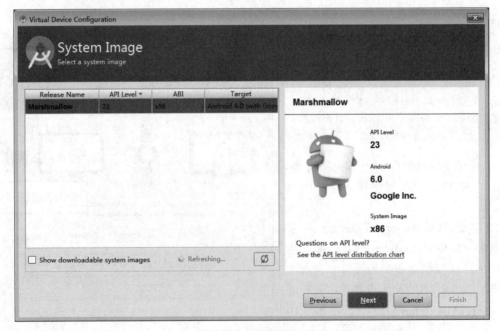

图 2.20　选择系统镜像对话框

✎ 说明:

对于可选择的系统镜像,还可以在 SDK Manager 中在线下载其他的。下载后再选择系统镜像时需要注意:如果所用电脑为 32 位系统,那么只能选择 armeabi-v7a 或者 x86 的 ABI;而如果为 64 位系统,则除了可以选择 armeabi-v7a 或者 x86,还可以选择 x86_64 的。

(4)单击"Next"按钮,将弹出验证配置对话框。在该对话框的 AVD Name 文本框中输入 AVD 名称,这里设置为 AVD,其他采用默认设置,如图 2.21 所示。

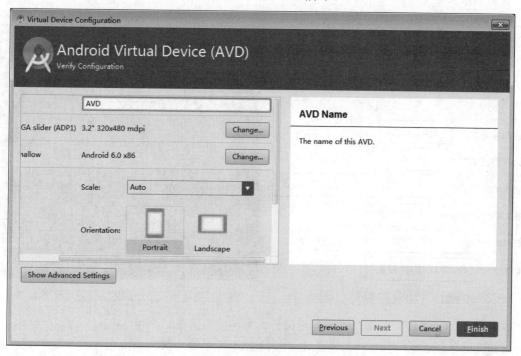

图 2.21 验证配置对话框

(5)单击"Finish"按钮,完成 AVD 的创建。AVD 创建完成后,将显示在 AVD Manager 中,如图 2.22 所示。

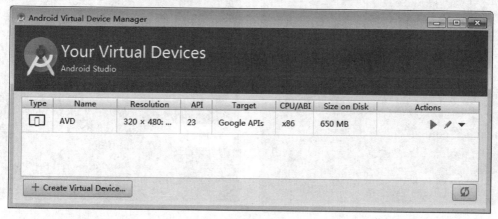

图 2.22 创建完成的 AVD

> **说明：**
> 在图 2.22 所示的 AVD Manager 中，单击▶按钮，可以启动 AVD；单击✎按钮，可以编辑当前 AVD 的配置信息；单击▼按钮，将弹出如图 2.23 所示的快捷菜单，通过该菜单可以实现查看 AVD 的详细配置、删除 AVD 或者停止已经启动的模拟器等操作；单击 + Create Virtual Device... 按钮，可以再创建新的 AVD。

（6）单击▶按钮，即可启动 AVD。第一次启动将显示如图 2.24 所示的欢迎页面。在该页面中，提示了我们自定义背景墙纸的方法。

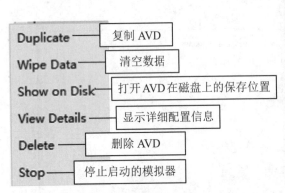

图 2.23　AVD 快捷菜单

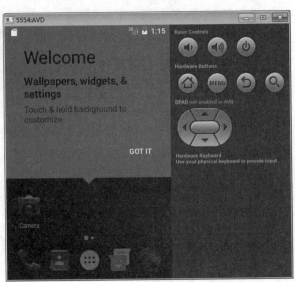

图 2.24　第一次启动时的欢迎页面

（7）单击"GOT IT"按钮，进入到模拟器的主屏，如图 2.25 所示。

（8）以后再启动该模拟器时，将会显示如图 2.26 所示的效果。

图 2.25　模拟器的主屏

图 2.26　处于锁屏状态的模拟器

（9）从图 2.26 可以看到，Android 模拟器默认启动后处于锁定状态，在屏幕上向上拖动直到小锁头变大并且颜色变为纯白色时（如图 2.27 所示）停止滑动，即可解除 Android 模拟器的锁定。

图 2.27　解除 Android 模拟器的锁定状态

✎ 说明：
模拟器启动以后，只需要将模拟器窗口关闭即可停止模拟器。

2.3.2　Android 模拟器的基本配置

扫一扫，看视频

Android 模拟器作为一种基于 Android 操作系统的虚拟设备，它同基于 Android 操作系统的手机或者平板电脑等设备一样，可以自定义设置。本节将通过语言和日期时间等常用的设置初步接触 Android 模拟器。

1. 设置语言

Android 模拟器启动后，默认的语言是英语。为了更方便中国区用户的使用，可以将其默认语言设置为中文，具体设置步骤如下：

📢 注意：
Android 模拟器的语言可以根据个人所在地域自行设置，比如设置为中文（繁体）、Canda（加拿大）等各种语言。

（1）打开 Android 模拟器并解除锁定，如图 2.28 所示。
（2）单击 Android 主屏最底端的中间按钮，进入 Android 应用程序界面，找到 Settings 图标按钮，如图 2.29 所示。

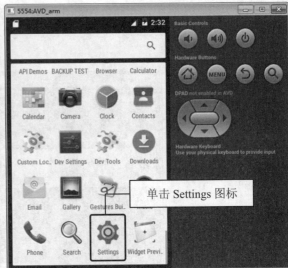

图 2.28　Android 模拟器主屏　　　　　图 2.29　Android 应用程序界面

（3）单击"Settings"图标，进入 Android 模拟器的设置界面。在 Android 模拟器的设置界面中向上拖动，找到并选择"Language & input"，如图 2.30 所示。

（4）在打开的列表中选择"Language"，如图 2.31 所示。

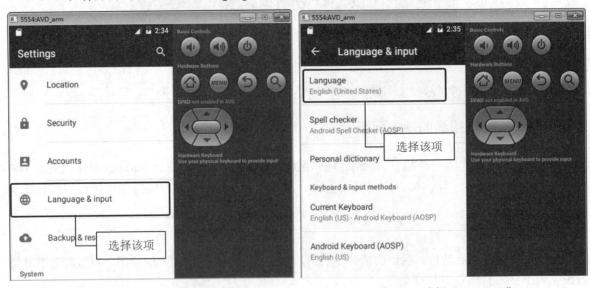

图 2.30　选择"Language & input"　　　　　图 2.31　选择"Language"

（5）进入语言选择列表界面，如图 2.32 所示。在列表中找到"中文（简体）"列表项，选中该列表项，即可将 Android 模拟器的默认语言设置为中文。

（6）将默认语言设置为中文（简体）后，返回到 Android 应用程序主界面，效果如图 2.33 所示。

图 2.32 语言选择列表界面

图 2.33 设置中文后的 Android 应用程序界面

2．设置日期时间

Android 模拟器启动后，默认时间为格林威治（子午线）标准时间（GMT），这里介绍如何将默认时间设置为中国标准时间，具体步骤如下：

（1）打开 Android 模拟器，进入其设置界面，选择"日期和时间"列表项，如图 2.34 所示。

（2）进入"日期和时间"界面，在该界面中，首先将"自动确定时区"开关按钮设置为关状态，如图 2.35 所示，然后单击"选择时区"列表项。

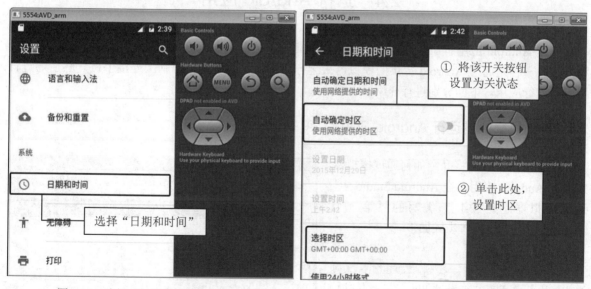

图 2.34 选择"日期和时间"列表项　　　　图 2.35 "日期和时间"界面

（3）进入"日期和时间——选择时区"界面，在该界面中选择"中国标准时间"列表项，如图 2.36 所示。

（4）在图2.35所示的"日期和时间"界面，用户还可以通过选中该界面中的"使用24小时格式"开关按钮来设置时间格式为24小时格式。设置该按钮为开状态后，"日期和时间"界面将转换为如图2.37所示的效果。

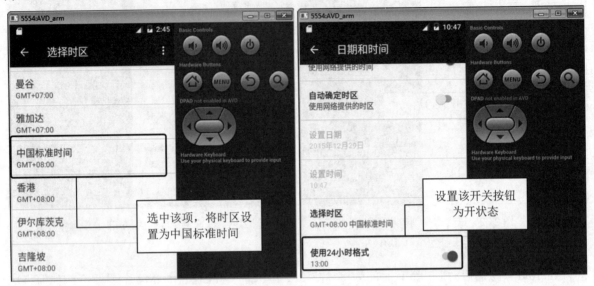

图2.36 "日期和时间——选择时区"界面　　　图2.37 使用24小时格式

通过以上步骤，即可完成Android模拟器的日期和时间设置。

2.4 运行Android应用

创建Android应用程序后，还需要运行查看其显示结果。要运行Android应用程序，可以有两种方法：一种是通过Android提供的模拟器来运行应用；另一种是在电脑上连接手机，然后通过该手机来运行应用。下面分别进行介绍。

2.4.1 使用模拟器运行Android应用

在本节中，我们将介绍如何通过模拟器来运行Android应用。在Android Studio中，通过模拟器运行2.1节编写的"第一个Android应用"的具体步骤如下：

（1）启动模拟器。

（2）在工具栏中，找到 app 下拉列表框，然后单击要运行的应用（这里为app），再单击右侧的▶按钮，将弹出如图2.38所示的选择设备对话框。

（3）启动完毕后，在模拟器中将显示刚

图2.38 选择设备对话框

刚创建的应用，运行效果如图 2.39 所示。

图 2.39　应用程序的运行效果

2.4.2　连接手机运行 Android 应用

在上一节中我们已经介绍了如何通过模拟器来运行 Android 应用，下面我们将介绍通过手机来运行程序。通过手机来运行 2.1 节编写的"第一个 Android 应用"的具体步骤如下。

（1）将 Android 系统的手机连接到电脑上，通常情况下需先在电脑上安装"应用宝"或者"电脑管家"，这里以应用宝为例进行介绍。如果电脑中安装了应用宝，将手机连接到电脑上时，会自动弹出如图 2.40 所示的"请选择你要连接的设备"窗口，在该窗口中，选择当前要连接的手机。由于当前连接的手机为三星 Note 3，所以这里单击左侧的第一个手机图片（即上方标有"Samsung 设备"的手机图片）。

（2）如果是第一次使用该

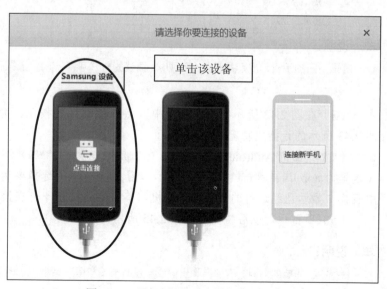

图 2.40　"请选择你要连接的设备"窗口

手机连接电脑，可能会弹出安装驱动程序进度条，安装成功后，在手机上将显示如图 2.41 所示的"请在手机上授权电脑管理手机"对话框。

同时，在手机上将显示如图 2.42 所示的是否允许 USB 调试的对话框；如果不是第一次连接，那么会直接显示如图 2.43 所示的"请在手机上授权电脑管理手机"对话框，并且在手机上显示如图 2.42 所示的对话框。

图 2.41 "请在手机上授权电脑管理手机"窗口

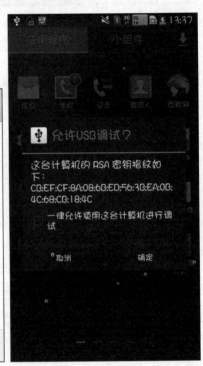

图 2.42 手机中显示的是否允许 USB 调试的对话框

说明：

对于不同的手机，显示的是否允许 USB 调试的方式可能不同，大家只要根据自己的手机提示进行选择就可以了。

（3）在图 2.42 所示的手机界面中，点击"确定"按钮，允许 USB 调试，在电脑中将显示如图 2.43 所示的连接成功窗口。

（4）返回到 Android Studio 中，在工具栏中找到 app 下拉列表框，然后单击要运行的项目（这里为 app），再单击▶按钮，将显示如图 2.44 所示的选择要运行的设备对话框。在该对话中，选中表格中显示已经运行的设备三星手机，单击 OK 按钮即可在该手机上运行该应用。

（5）项目运行以后将显示如图 2.45 所示的效果。

说明：

根据手机品牌的不同，有的会弹出该应用没有申请权限对话框。这时只需单击确定，即可运行本程序。

图 2.43 连接成功窗口

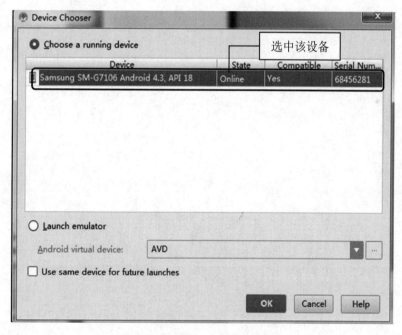

图 2.44 选择要运行的设备对话框

图 2.45　应用的运行效果

第 3 章 用户界面设计基础

通过前面的学习,相信读者已经对 Android 有了一定的了解。本章将学习 Android 开发中一项很重要的内容——用户界面设计。Android 提供了多种控制 UI 界面的方法、布局方式,以及大量功能丰富的 UI 组件,通过这些组件,可以像搭积木一样,开发出优秀的用户界面。

通过阅读本章,您可以:

- ❯ 掌握 UI 设计的相关概念
- ❯ 掌握控制 UI 界面的 4 种方法
- ❯ 掌握相对、线性、帧、表格和网格布局管理器的应用

3.1 UI 设计相关的概念

我们要开发的 Android 应用是运行在手机或者平板电脑上的程序,这些程序给用户的第一印象就是用户界面,也就是 User Interface,简称 UI。在 Android 中,进行用户界面设计可以称为 UI 设计。在进行 UI 设计时,经常会用到 View 和 ViewGroup。对于初识 Android 的人来说,一般不好理解。下面将对这两个概念进行详细介绍。

3.1.1 View

View 在 Android 中可以理解为视图。它占据屏幕上的一块矩形区域,负责提供组件绘制和事件处理的方法。例如,如果把 Android 界面比喻成窗户,那么每块玻璃都是一个 view,如图 3.1 所示。View 类是所有的 UI 组件(如第 2 章创建的实例"第一个 Android 应用"中使用的 TextView 就是 UI 组件)的基类。

说明:

View 类位于 android.view 包中;文本框组件 TextView 是 View 类的子类,位于 android.widget 包中。

在 Android 中,View 类及其子类的相关属性,既可以在 XML 布局文件中进行设置,也可以通过成员方法在 Java 代码中动态设置。View 类常用的属性及对应的方法见表 3-1。

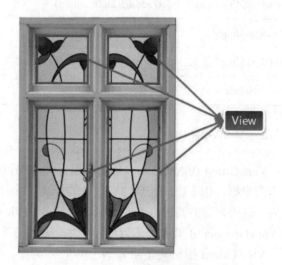

图 3.1 View 示意图

表 3-1　View 类支持的常用 XML 属性及对应的方法

XML 属性	方　　法	描　　述
android:background	setBackgroundResource(int)	设置背景，其属性值为 Drawable 资源或者颜色值
android:clickable	setClickable(boolean)	设置是否响应单击事件，其属性值为 boolean 型的 true 或者 false
android:elevation	setElevation(float)	Android API 21 新添加的，用于设置 z 轴深度，其属性值为带单位的有效浮点数
android:focusable	setFocusable(boolean)	设置是否可以获取焦点，其属性值为 boolean 型的 true 或者 false
android:id	setId(int)	设置组件的唯一标识符 ID，可以通过 findViewById() 方法获取
android:longClickable	setLongClickable(boolean)	设置是否响应长单击事件，其属性值为 boolean 型的 true 或者 false
android:minHeight	setMinimumHeight(int)	设置最小高度，其属性值为带单位的整数
android:minWidth	setMinimumWidth(int)	设置最小宽度，其属性值为带单位的整数
android:onClick		设置单击事件触发的方法
android:padding	setPaddingRelative(int,int,int,int)	设置 4 个边的内边距
android:paddingBottom	setPaddingRelative(int,int,int,int)	设置底边的内边距
android:paddingEnd	setPaddingRelative(int,int,int,int)	设置右边的内边距
android:paddingLeft	setPadding(int,int,int,int)	设置左边的内边距
android:paddingRight	setPadding(int,int,int,int)	设置右边的内边距
android:paddingStart	setPaddingRelative(int,int,int,int)	设置左边的内边距
android:paddingTop	setPaddingRelative(int,int,int,int)	设置顶边的内边距
android:visibility	setVisibility(int)	设置 View 的可见性

3.1.2 ViewGroup

ViewGroup 在 Android 中代表容器。如果仍以之前的窗户为例进行比喻，那么 ViewGroup 就相当于窗户框，用于控制玻璃的安放，如图 3.2 所示。ViewGroup 类继承自 View 类，它是 View 类的扩展，是用来容纳其他组件的容器。但是由于 ViewGroup 是一个抽象类，所以在实际应用中通常使用 ViewGroup 的子类来作为容器，例如，将在 3.3 节详细介绍的布局管理器。

ViewGroup 控制其子组件的分布时（例如，设置子组件的内边距、宽度和高度等），还经常依赖于 ViewGroup.LayoutParams 和 ViewGroup.MarginLayoutParams 两个内部类，下面分别进行介绍。

➢ ViewGroup.LayoutParams 类

ViewGroup.LayoutParams 类封装了布局的位置、高和宽等信息。它支持 android:layout_height 和 android:layout_width 两个 XML 属性，它们的属性值，可以使用精确的数值，也可以使用 FILL_PARENT（表示与父容器相同）、MATCH_PARENT（表示与父容器相同，需要 API 8 或以上版本才支持）或者 WRAP_CONTENT（表示包裹其自身的内容）指定。

➢ ViewGroup.MarginLayoutParams 类

ViewGroup.MarginLayoutParams 类用于控制其子组件的外边距。它支持的常用属性见表 3-2。

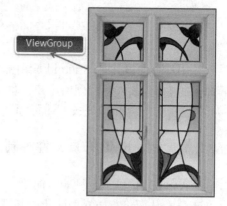

图 3.2 ViewGroup 示意图

表 3-2 ViewGroup.MarginLayoutParams 类支持的常用 XML 属性

XML 属性	描述
android:layout_marginBottom	设置底外边距
android:layout_marginEnd	该属性为 Android 4.2 新增加的属性，用于设置右外边距
android:layout_marginLeft	设置左外边距
android:layout_marginRight	设置右外边距
android:layout_marginStart	该属性为 Android 4.2 新增加的属性，用于设置左外边距
android:layout_marginTop	设置顶外边距

在 Android 中，所有的 UI 界面都是由 View 类、ViewGroup 类及其子类组合而成的。在 ViewGroup 类中，除了可以包含普通的 View 类外，还可以再次包含 ViewGroup 类。实际上，这使用了 Composite（组合）设计模式。View 类和 ViewGroup 类的层次结构如图 3.3 所示。

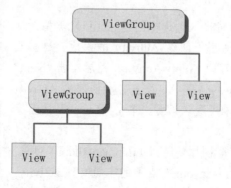

图 3.3 Android UI 组件的层次结构

3.2 控制 UI 界面

用户界面设计是 Android 应用开发的一项重要内容。在进行用户界面设计时，首先需要了解页面中的 UI 元素如何呈现给用户，也就是采用何种控制 UI 界面的方法呈现给用户。Android 提供了 4 种控制 UI 界面的方法，下面分别进行介绍。

3.2.1 使用 XML 布局文件控制 UI 界面

Android 提供了一种非常简单、方便的方法用于控制 UI 界面，该方法采用 XML 文件来进行界面布局，从而将布局界面的代码和逻辑控制的 Java 代码分离开来，使程序的结构更加清晰、明了。

使用 XML 布局文件控制 UI 界面可以分为以下两个关键步骤。

（1）在 Android 应用的 res\layout 目录下创建 XML 布局文件，该布局文件的名称可以采用任何符合 Java 命名规则的文件名。

（2）在 Activity 中使用以下 Java 代码显示 XML 文件中布局的内容。

```
setContentView(R.layout.activity_main);
```

在上面的代码中，activity_main 是 XML 布局文件的文件名。

通过上面的步骤就可轻松实现布局并显示 UI 界面的功能。下面通过一个具体的例子来演示如何使用 XML 布局文件控制 UI 界面。

例 3.1 使用 XML 布局文件实现游戏的开始界面，如图 3.4 所示。（实例位置：资源包\code\03\3.1）

（1）在 Android Studio 中，打开一个已经存在的项目，然后在主菜单中选择 File→New→New Module 菜单项，将打开新建模块对话框，如图 3.5 所示。在该对话框中选择"Phone & Tablet Module"项，创建针对手机或平板电脑的应用。

（2）单击"Next"按钮，将进入到配置新模块对话框，在该对话框中指定应用名称、模块名称、包名和最小 SDK 版本等信息，如图 3.6 所示。

（3）单击"Next"按钮，将进入到选择创建 Activity 类型对话框，在该对话框中，将列出一些用于创建 Activity 的模板。这里我们选择创建一个空白的 Activity，即 Empty Activity。然后单击"Next"按钮，在进入的自定义 Activity 对话框中，设置自动创建的 Activity 的类名和布局文件名称，这里采用默认设置，单击"Finish"按钮完成 Module 的创建。

（4）把名称为 bg.png 的背景图片复制到（mipmap-xhdpi）目录。

（5）修改新建 Module 的 res/layout 节点下的布局文件 activity_main.xml，将默认创建的相对布局管理器<RelativeLayout>修改为帧布局管理器<FrameLayout>，并且为其设置背景，然后修改默认添加的 TextView 组件，用于实现在窗体的正中间位置显示开始游戏按钮。修改后的代码如下：

图 3.4 实现游戏的开始界面

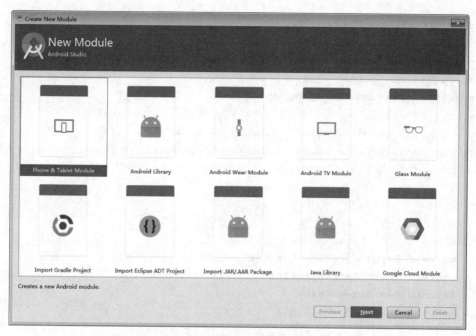

图 3.5 新建模块对话框

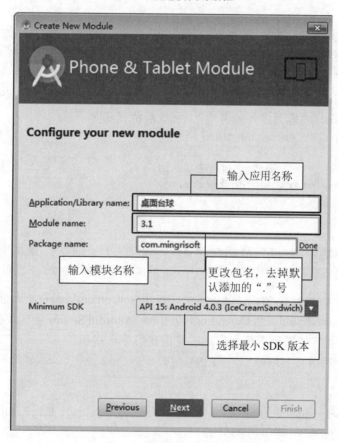

图 3.6 配置新的 Module

```xml
<FrameLayout xmlns:android="http://schemas.android.com/apk/res/android"
    xmlns:tools="http://schemas.android.com/tools"
    android:layout_width="match_parent"
    android:layout_height="match_parent"
    android:background="@mipmap/bg"
    android:paddingBottom="@dimen/activity_vertical_margin"
    android:paddingLeft="@dimen/activity_horizontal_margin"
    android:paddingRight="@dimen/activity_horizontal_margin"
    android:paddingTop="@dimen/activity_vertical_margin"
    tools:context="com.mingrisoft.MainActivity" >
    <TextView
        android:layout_width="wrap_content"
        android:layout_height="wrap_content"
        android:layout_gravity="center"
        android:text="@string/start"
        android:textSize="18sp"
        android:textColor="#115572" />
</FrameLayout>
```

说明：

在布局文件 activity_main 中，通过设置布局管理器的 android:background 属性，可以为窗体设置背景图片；使用 android:layout_gravity="center" 可以让该组件在帧布局中居中显示；android:textSize 属性用于设置字体大小；android:textColor 属性用于设置文字的颜色。

（6）修改 res/values 节点下的 strings.xml 文件，并且在该文件中添加一个用于定义开始按钮内容的常量，名称为 start，内容为"开始游戏"。修改后的代码如下：

```xml
<?xml version="1.0" encoding="utf-8"?>
<resources>
    <string name="app_name">桌面台球</string>
    <string name="start">开始游戏</string>
</resources>
```

说明：

strings.xml 文件用于定义程序中应用的字符串常量。其中，每一个 <string> 子元素都可以定义一个字符串常量，常量名称由 name 属性指定，常量内容写在起始标记 <string> 和结束标记 </string> 之间。

（7）在主活动中，也就是 MainActivity 中，应用 setContentView() 方法指定活动应用的布局文件。不过，在应用 Android Studio 创建 Android 应用时，Android Studio 会自动在主活动的 onCreate() 方法中添加以下代码指定使用的布局文件，不需要我们手动添加。

```
setContentView(R.layout.activity_main);
```

说明：

由于目前还没有学习 Android 中的基本 UI 组件，所以这里的"开始游戏"按钮先使用文本框组件代替。在实际应用开发时，通常采用按钮组件实现。

3.2.2 在 Java 代码中控制 UI 界面

在 Android 中，支持像 Java Swing 那样完全通过代码控制 UI 界面。也就是所有的 UI 组件都通过 new 关键字创建出来，然后将这些 UI 组件添加到布局管理器中，从而实现用户界面。

在代码中控制 UI 界面可以分为以下 3 个关键步骤。

（1）创建布局管理器，例如，帧布局管理器、表格布局管理器、线性布局管理器、相对布局管理器和网格布局管理器等，并且设置布局管理器的属性。例如，为布局管理器设置背景图片等。

（2）创建具体的组件，例如，TextView、ImageView、EditText 和 Button 等任何 Android 提供的组件，并且设置组件的布局和属性。

（3）将创建的组件添加到布局管理器中。

下面我们将通过一个具体的例子来演示如何使用 Java 代码控制 UI 界面。

例 3.2 在 Android Studio 中创建一个新的 Module，名称为 3.2，完全通过代码实现游戏的进入界面，如图 3.7 所示。（**实例位置：资源包\code\03\3.2**）

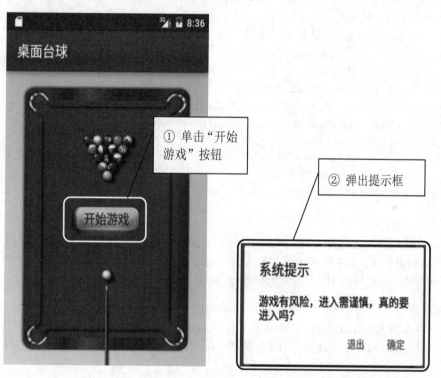

图 3.7 通过代码布局游戏开始界面

（1）在新创建的 Module 中，打开 java/com.mingrisoft 节点下的 MainActivity.java 文件，然后将默认生成的下面这行代码删除。

```
setContentView(R.layout.main);
```

（2）在 MainActivity 的 onCreate()方法的上方声明一个 TextView 组件 text1。关键代码如下：

```
public TextView text1;
```

> **说明：**
> 在输入代码 public TextView 后，按下快捷键〈Ctrl+Enter〉，将显示如图 3.8 所示的提示框，单击 Import class 导入 TextView 类。

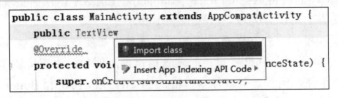

图 3.8　导入类的提示框

（3）在 MainActivity 的 onCreate()方法中，创建一个帧布局管理器，并为该布局管理器设置背景。关键代码如下：

```
FrameLayout frameLayout = new FrameLayout(this); // 创建帧布局管理器
frameLayout.setBackgroundResource(R.mipmap.bg);  // 设置背景
setContentView(frameLayout);                     // 设置在 Activity 中显示 frameLayout
```

（4）实例化 text1 组件，设置其显示文字、文字大小、颜色和布局。具体代码如下：

```
text1 = new TextView(this);
text1.setText("开始游戏");                                 //设置显示文字
text1.setTextSize(TypedValue.COMPLEX_UNIT_SP, 18); //设置文字大小,单位为SP(缩放像素)
text1.setTextColor(Color.rgb(17, 85, 114));            //设置文字的颜色
FrameLayout .LayoutParams params = new FrameLayout .LayoutParams(
    ViewGroup.LayoutParams.WRAP_CONTENT,
    ViewGroup.LayoutParams.WRAP_CONTENT);              //创建保存布局参数的对象
params.gravity = Gravity.CENTER;                       //设置居中显示
text1.setLayoutParams(params);                         //设置布局参数
```

> **说明：**
> 在通过 setTextSize()方法设置 TextView 的文字大小时，可以指定使用的单位。在上面的代码中，int 型的常量 TypedValue.COMPLEX_UNIT_SP 表示单位是可缩放像素。如果要设置单位是像素，可以使用常量 TypedValue.COMPLEX_UNIT_PX，这些常量可以在 Android 官方提供的 API 中找到。

（5）实现单击"开始游戏"文本框时，显示询问对话框。具体方法是：为 text1 组件添加单击事件监听器，并在重写的 onClick()方法中显示询问对话框。关键代码如下：

```
text1.setOnClickListener(new OnClickListener() {        //为text1添加单击事件监听器
  @Override
  public void onClick(View v) {
        new AlertDialog.Builder(MainActivity.this).setTitle("系统提示")//设置对话框的
                                                                       标题
        .setMessage("游戏有风险,进入需谨慎,真的要进入吗?")//设置对话框的显示内容
        .setPositiveButton("确定",                       //为确定按钮添加单击事件
            new DialogInterface.OnClickListener() {
                @Override
                public void onClick(DialogInterface dialog, int which) {
                    Log.i("桌面台球", "进入游戏");        //输出消息日志
```

```
            }
        }).setNegativeButton("退出",                  //为取消按钮添加单击事件
            new DialogInterface.OnClickListener() {
                @Override
                public void onClick(DialogInterface dialog,int which) {
                    Log.i("桌面台球", "退出游戏");     //输出消息日志
                    finish();                        //结束游戏
                }
            }).show();                               //显示对话框
    }
});
```

✎ **说明：**

如果想要实现同实例 3.1 相同的效果，那么步骤（5）可以省略。

（6）将文本框组件 text1 添加到布局管理器中，具体代码如下：
```
frameLayout.addView(text1);                         //将 text1 添加到布局管理器中
```

✎ **说明：**

完全通过代码控制 UI 界面，虽然该方法比较灵活，但是其开发过程比较烦琐，而且使得各模块之间的依赖性提高，进而降低了代码的重用性，因此不推荐采用这种方式控制 UI 界面。

3.2.3 使用 XML 和 Java 代码混合控制 UI 界面

扫一扫，看视频

完全通过 XML 布局文件控制 UI 界面，虽然实现比较方便、快捷，但是有失灵活；而完全通过 Java 代码控制 UI 界面，虽然比较灵活，但是开发过程比较烦琐。鉴于这两种方法的优缺点，下面来看另一种控制 UI 界面的方法，即使用 XML 和 Java 代码混合控制 UI 界面。

使用 XML 和 Java 代码混合控制 UI 界面，习惯上把变化小、行为比较固定的组件放在 XML 布局文件中，把变化较多、行为控制比较复杂的组件交给 Java 代码来管理。下面通过一个具体的实例来演示如何使用 XML 和 Java 代码混合控制 UI 界面。

例 3.3 在 Android Studio 中创建一个 Module，名称为 3.3，通过 XML 和 Java 代码实现 QQ 相册照片列表页面，如图 3.9 所示。（**实例位置：资源包\code\03\3.3**）

（1）修改新建 Module 的 res\layout 节点下的布局文件 activity_main.xml，将默认添加的相对布局管理器修改为网格布局管理器，并将默认创建的<TextView>组件删除，然后为该网格布局管理器设置 android:id 属性，以及按水平方向排列，再设置该网格布局管理器包括 3 行 4 列。修改后的代码如下：

图 3.9 实现 QQ 相册照片列表页面

扫一扫，看视频

```xml
<?xml version="1.0" encoding="utf-8"?>
<GridLayout xmlns:android="http://schemas.android.com/apk/res/android"
    xmlns:tools="http://schemas.android.com/tools"
    android:id="@+id/layout"
    android:layout_width="match_parent"
    android:layout_height="match_parent"
    android:paddingBottom="@dimen/activity_vertical_margin"
    android:paddingLeft="@dimen/activity_horizontal_margin"
    android:paddingRight="@dimen/activity_horizontal_margin"
    android:paddingTop="@dimen/activity_vertical_margin"
    android:orientation="horizontal"
    android:rowCount="3"
    android:columnCount="4"
    tools:context="com.mingrisoft.MainActivity">
</GridLayout>
```

（2）在 MainActivity 中，声明 img 和 imagePath 两个成员变量，其中，img 是一个 ImageView 类型的一维数组，用于保存 ImageView 组件；imagePath 是一个 int 型的一维数组，用于保存要访问的图片资源。关键代码如下：

```java
private ImageView[] img=new ImageView[12];           //声明一个保存 ImageView 组件的数组
private int[] imagePath=new int[]{
        R.mipmap.img01,R.mipmap.img02,R.mipmap.img03,R.mipmap.img04,
R.mipmap.img05,R.mipmap.img06,R.mipmap.img07,R.mipmap.img08,
R.mipmap.img09,R.mipmap.img10,R.mipmap.img11,R.mipmap.img12
    };                                               //声明并初始化一个保存访问图片的数组
```

（3）在 MainActivity 的 onCreate()方法中，首先获取在 XML 布局文件中创建的网格布局管理器，然后通过一个 for 循环创建 12 个显示图片的 ImageView 组件，并将其添加到布局管理器中。关键代码如下：

```java
GridLayout layout=(GridLayout)findViewById(R.id.layout);//获取 XML 文件中定义的网格布局管理器
for(int i=0;i<imagePath.length;i++){
    img[i]=new ImageView(MainActivity.this);       //创建一个 ImageView 组件
    img[i].setImageResource(imagePath[i]);         //为 ImageView 组件指定要显示的图片
    img[i].setPadding(2, 2,2, 2);                  //设置 ImageView 组件的内边距
    //设置图片的宽度和高度
    ViewGroup.LayoutParams params=new ViewGroup.LayoutParams(116,68);
    img[i].setLayoutParams(params);                //为 ImageView 组件设置布局参数
    layout.addView(img[i]);                        //将 ImageView 组件添加到布局管理器中
}
```

说明：

使用快捷键〈Ctrl+F11〉可以实现模拟器的横屏和竖屏切换。

扫一扫，看视频

3.2.4 开发自定义的 View

一般情况下，开发 Android 应用程序的 UI 界面都不直接使用 View 类和 ViewGroup 类，而是使用这两个类的子类。例如，要显示一个图片，就可以使用 View 类的子类 ImageView。虽然 Android

提供了很多继承了 View 类的 UI 组件,但是在实际开发时,还会出现不足以满足程序需要的情况。这时,我们就可以通过继承 View 类来开发自己的组件。开发自定义的 View 组件大致分为以下 3 个步骤。

(1)创建一个继承 android.view.View 类的 View 类,并且重写构造方法。

🔊 注意:

在自定义的 View 类中,至少需要重写一个构造方法。

(2)根据需要重写其他的方法。被重写的方法可以通过下面的方法找到。

在代码中单击鼠标右键,在弹出的快捷菜单中选择 Generate 菜单项,将打开如图 3.10 所示的快捷菜单。在该菜单中选择"Override Methods"菜单项,将打开如图 3.11 所示的覆盖或实现的方法对话框,在该对话框的列表中显示出了可以被重写的方法。我们只需要选中要重写方法前面的复选框,并单击"OK"按钮,Android Studio 将自动重写指定的方法。通常情况下,不需要重写全部的方法。

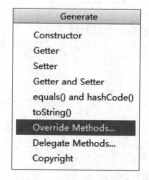

图 3.10 生成快捷菜单

图 3.11 覆盖或实现的方法对话框

(3)在项目的活动中,创建并实例化自定义 View 类,并将其添加到布局管理器中。

下面我们通过一个具体的实例,来演示如何开发自定义的 View。

例 3.4 在 Android Studio 中创建一个 Module,名称为 3.4,通过自定义 View 组件实现跟随手指的小兔子,如图 3.12 所示。(实例位置:资源包\code\03\3.4)

(1)修改新建 Module 的 res/layout 节点下的布局文件 activity_main.xml,将默认

图 3.12 跟随手指的小兔子

扫一扫,看视频

创建的相对布局管理器<RelativeLayout>修改为帧布局管理器<FrameLayout>，并且设置其背景和 id 属性，然后将<TextView>组件删除。修改后的代码如下：

```xml
<FrameLayout xmlns:android="http://schemas.android.com/apk/res/android"
    xmlns:tools="http://schemas.android.com/tools"
    android:layout_width="match_parent"
    android:layout_height="match_parent"
    android:background="@mipmap/background"
    android:id="@+id/mylayout"
    android:paddingBottom="@dimen/activity_vertical_margin"
    android:paddingLeft="@dimen/activity_horizontal_margin"
    android:paddingRight="@dimen/activity_horizontal_margin"
    android:paddingTop="@dimen/activity_vertical_margin"
    tools:context="com.mingrisoft.MainActivity" >
</FrameLayout>
```

（2）在com.mingrisoft包中新建一个名称为RabbitView的Java类，该类继承自android.view.View类，重写带一个参数Context的构造方法和onDraw()方法。其中，在构造方法中设置兔子的默认显示位置，在onDraw()方法中根据图片绘制小兔子。RabbitView类的关键代码如下：

```java
public class RabbitView extends View {
    public float bitmapX;                              //兔子显示位置的X坐标
    public float bitmapY;                              //兔子显示位置的Y坐标
    public RabbitView(Context context) {               //重写构造方法
        super(context);
        bitmapX = 290;                                 //设置兔子的默认显示位置的X坐标
        bitmapY = 130;                                 //设置兔子的默认显示位置的Y坐标
    }
    @Override
    protected void onDraw(Canvas canvas) {
        super.onDraw(canvas);
        Paint paint = new Paint();                     //创建并实例化Paint的对象
        Bitmap bitmap = BitmapFactory.decodeResource(this.getResources(),
                R.mipmap.rabbit);                      //根据图片生成位图对象
        canvas.drawBitmap(bitmap, bitmapX, bitmapY, paint);    //绘制小兔子
        if (bitmap.isRecycled()) {                     //判断图片是否回收
            bitmap.recycle();                          //强制回收图片
        }
    }
}
```

（3）在主活动的 onCreate()方法中，首先获取帧布局管理器，并实例化小兔子对象 rabbit，然后为 rabbit 添加触摸事件监听器，在重写的触摸事件中设置 rabbit 的显示位置，并重绘 rabbit 组件，最后将 rabbit 添加到布局管理器中。关键代码如下：

```java
FrameLayout frameLayout=(FrameLayout)findViewById(R.id.mylayout);  //获取帧布局管理器
final RabbitView rabbit=new RabbitView(this);          //创建并实例化RabbitView类
//为小兔子添加触摸事件监听
rabbit.setOnTouchListener(new OnTouchListener() {

    @Override
```

```
public boolean onTouch(View v, MotionEvent event) {
    rabbit.bitmapX=event.getX();               //设置小兔子显示位置的X坐标
    rabbit.bitmapY=event.getY();               //设置小兔子显示位置的Y坐标
    rabbit.invalidate();                       //重绘rabbit组件
    return true;
    }
});
frameLayout.addView(rabbit);                   //将rabbit添加到布局管理器中
```

扫一扫，看视频

3.3 布局管理器

在 Android 中，每个组件在窗体中都有具体的位置和大小，在窗体中摆放各种组件时，很难进行判断。不过，使用 Android 布局管理器可以很方便地控制各组件的位置和大小。Android 提供了以下 5 种布局管理器。

- 相对布局管理器（RelativeLayout）：通过相对定位的方式来控制组件的摆放位置。
- 线性布局管理器（LinearLayout）：是指在垂直或水平方向依次摆放组件。
- 帧布局管理器（FrameLayout）：没有任何定位方式，所有的组件都会摆放在容器的左上角，逐个覆盖。
- 表格布局管理器（TableLayout）：使用表格的方式按行、列来摆放组件。
- 绝对布局管理器（AbsoluteLayout）：通过绝对定位（x、y 坐标）的方式来控制组件的摆放位置。

其中，绝对布局在 Android 2.0 中被标记为已过期，不过可以使用帧布局或相对布局替代。另外，在 Android 4.0 版本以后，又提供了一个新的布局管理器，网格布局管理器（GridLayout），通过它可以实现跨行或跨列摆放组件。

Android 提供的布局管理器均直接或间接地继承自 ViewGroup，如图 3.13 所示。因此，所有的布局管理器都可以作为容器使用，我们可以向布局管理器中添加多个 UI 组件。当然，也可以将一个或多个布局管理器嵌套到其他的布局管理中，在本章的 3.3.6 节将对布局管理器的嵌套进行介绍。

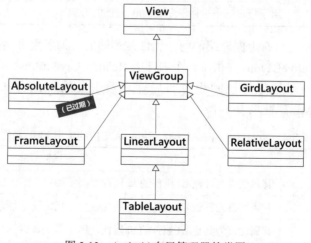

图 3.13 Android 布局管理器的类图

3.3.1 相对布局管理器

扫一扫，看视频

相对布局管理器通过相对定位的方式让组件出现在布局的任何位置。例如，图 3.14 所示的界面就是采用相对布局管理器来进行布局的，其中先放置组件 A，然后放置组件 B，让其位于组件 A 的下方，再放置组件 C，让其位于组件 A 的下方，并且位于组件 B 的右侧。

在 Android 中，可以在 XML 布局文件中定义相对布局管理器，也可以使用 Java 代码来创建。推荐使用在 XML 布局文件中定义相对布局管理器。在 XML 布局文件中，定义相对布局管理器可以使用<RelativeLayout>标记，其基本的语法格式如下：

```
<RelativeLayout xmlns:android="http://schemas.
android.com/apk/res/android"
属性列表
>
</RelativeLayout>
```

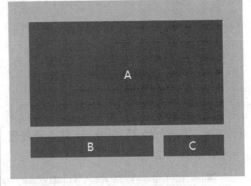

图 3.14 相对布局管理器示意图

在上面的语法中，<RelativeLayout>为起始标记；</RelativeLayout>为结束标记。在起始标记中的 xmlns:android 为设置 XML 命名空间的属性，其属性值为固定写法。

✍ 说明：

> 在 Android 中，无论是创建哪一种布局管理器都有两种，一种是在 XML 布局文件中定义，另一种是使用 Java 代码来创建。推荐使用的是在 XML 布局文件中定义。所以在本书中将只介绍如何在 XML 布局文件中创建这一种方法。

RelativeLayout 支持的常用 XML 属性见表 3-3。

表 3-3 RelativeLayout 支持的常用 XML 属性

XML 属性	描述
android:gravity	用于设置布局管理器中各子组件的对齐方式
android:ignoreGravity	用于指定哪个组件不受 gravity 属性的影响

在相对布局管理器中，只有上面介绍的两个属性是不够的。为了更好地控制该布局管理器中各子组件的布局分布，RelativeLayout 提供了一个内部类 RelativeLayout.LayoutParams，通过该类提供的大量 XML 属性，可以很好地控制相对布局管理器中各组件的分布方式。RelativeLayout.LayoutParams 支持的 XML 属性见表 3-4。

表 3-4 RelativeLayout.LayoutParams 支持的常用 XML 属性

XML 属性	描述
android:layout_above	其属性值为其他 UI 组件的 id 属性，用于指定该组件位于哪个组件的上方
android:layout_alignBottom	其属性值为其他 UI 组件的 id 属性，用于指定该组件与哪个组件的下边界对齐
android:layout_alignLeft	其属性值为其他 UI 组件的 id 属性，用于指定该组件与哪个组件的左边界对齐

（续表）

XML 属性	描 述
android:layout_alignParentBottom	其属性值为 boolean 值，用于指定该组件是否与布局管理器底端对齐
android:layout_alignParentLeft	其属性值为 boolean 值，用于指定该组件是否与布局管理器左边对齐
android:layout_alignParentRight	其属性值为 boolean 值，用于指定该组件是否与布局管理器右边对齐
android:layout_alignParentTop	其属性值为 boolean 值，用于指定该组件是否与布局管理器顶端对齐
android:layout_alignRight	其属性值为其他 UI 组件的 id 属性，用于指定该组件与哪个组件的右边界对齐
android:layout_alignTop	其属性值为其他 UI 组件的 id 属性，用于指定该组件与哪个组件的上边界对齐
android:layout_below	其属性值为其他 UI 组件的 id 属性，用于指定该组件位于哪个组件的下方
android:layout_centerHorizontal	其属性值为 boolean 值，用于指定该组件是否位于布局管理器水平居中的位置
android:layout_centerInParent	其属性值为 boolean 值，用于指定该组件是否位于布局管理器的中央位置
android:layout_centerVertical	其属性值为 boolean 值，用于指定该组件是否位于布局管理器垂直居中的位置
android:layout_toLeftOf	其属性值为其他 UI 组件的 id 属性，用于指定该组件位于哪个组件的左侧
android:layout_toRightOf	其属性值为其他 UI 组件的 id 属性，用于指定该组件位于哪个组件的右侧

下面给出一个在程序中使用相对布局的实例。

例 3.5 在 Android Studio 中创建一个 Module，名称为 3.5，应用相对布局实现软件更新提示页面，如图 3.15 所示。（**实例位置：资源包\code\03\3.5**）

修改新建 Module 的 res/layout 目录下的布局文件 activity_main.xml，把背景图片复制到（mipmap-xhdpi）目录中。为默认添加的相对布局管理器（RelativeLayout）设置背景，然后设置默认添加的文本框（TextView）居中显示，并且为其设置 ID 和要显示的文字。最后在该布局管理器中，添加两个 Button，并设置它们的显示位置及对齐方式。修改后的代码如下：

图 3.15 软件更新提示页面

扫一扫，看视频

```
<RelativeLayout xmlns:android="http://schemas.android.com/apk/res/android"
    xmlns:tools="http://schemas.android.com/tools"
    android:layout_width="match_parent"
    android:layout_height="match_parent"
    android:paddingBottom="@dimen/activity_vertical_margin"
    android:paddingLeft="@dimen/activity_horizontal_margin"
    android:paddingRight="@dimen/activity_horizontal_margin"
    android:paddingTop="@dimen/activity_vertical_margin"
    android:background="@mipmap/bg"
```

```xml
    tools:context="com.mingrisoft.MainActivity" >
<!-- 添加一个居中显示的文本视图 textView1 -->
 <TextView android:text="发现有 Widget 的新版本，您想现在就安装吗？"
  android:id="@+id/textView1"
  android:layout_height="wrap_content"
  android:layout_width="wrap_content"
  android:layout_centerInParent="true"
/>
<!-- 添加一个按钮 button2，该按钮与 textView1 的右边界对齐 -->
 <Button
  android:text="以后再说"
  android:id="@+id/button2"
  android:layout_height="wrap_content"
  android:layout_width="wrap_content"
  android:layout_alignRight="@id/textView1"
  android:layout_below="@id/textView1"
/>
<!-- 添加一个在 button2 左侧显示的按钮 button1 -->
 <Button
  android:text="现在更新"
  android:id="@+id/button1"
  android:layout_height="wrap_content"
  android:layout_width="wrap_content"
  android:layout_below="@id/textView1"
  android:layout_toLeftOf="@id/button2"
  />
</RelativeLayout>
```

> **说明：**
> 在上面的代码中，将提示文本组件 textView1 设置为在屏幕中央显示，然后设置"以后再说"按钮 button2 在 textView1 的下方居右边界对齐，最后设置"现在更新"按钮 button1 在"以后再说"按钮的左侧显示。

扫一扫，看视频

3.3.2 线性布局管理器

线性布局管理器是将放入其中的组件按照垂直或水平方向来布局，也就是控制放入其中的组件横向排列或纵向排列。其中，纵向排列的称为垂直线性布局管理器，如图 3.16 所示；横向排列的称为水平线性布局管理器，如图 3.17 所示。在垂直线性布局管理器中，每一行中只能放一个组件，而在水平线性布局管理器中，每一列只能放一个组件。另外 Android 的线性布局管理器中的组件不会换行，当组件一个挨着一个排列到窗体的边缘后，剩下的组件将不会被显示出来。

> **说明：**
> 在线性布局中，排列方式由 android:orientation 属性来控制，对齐方式由 android:gravity 属性来控制。

线性布局可以使用线性布局管理器实现。在 XML 布局文件中定义线性布局管理器，需要使用 <LinearLayout> 标记，其基本的语法格式如下：

图 3.16　垂直线性布局管理器　　　　　图 3.17　水平线性布局管理器

```
<LinearLayout xmlns:android="http://schemas.android.com/apk/res/android"
    属性列表
>
</LinearLayout>
```

1．LinearLayout 的常用属性

LinearLayout 支持的常用 XML 属性见表 3-5。

表 3-5　LinearLayout 支持的常用 XML 属性

XML 属性	描　　述
android:orientation	用于设置布局管理器内组件的排列方式，其可选值为 horizontal 和 vertical，默认值为 vertical。其中，horizontal 表示水平排列，vertical 表示垂直排列
android:gravity	android:gravity 属性用于设置布局管理器内组件的显示位置，其可选值包括 top、bottom、left、right、center_vertical、fill_vertical、center_horizontal、fill_horizontal、center、fill、clip_vertical 和 clip_horizontal。这些属性值也可以同时指定，各属性值之间用竖线隔开（竖线前后不能有空格）。例如要指定组件靠右下角对齐，可以使用属性值 right|bottom
android:layout_width	用于设置该组件的基本宽度，其可选值有 fill_parent、match_parent 和 wrap_content，其中 fill_parent 表示该组件的宽度与父容器的宽度相同；match_parent 与 fill_parent 的作用完全相同，从 Android 2.2 开始推荐使用；wrap_content 表示该组件的宽度恰好能包裹它的内容
android:layout_height	用于设置该组件的基本高度，其可选值有 fill_parent、match_parent 和 wrap_content，其中 fill_parent 表示该组件的高度与父容器的高度相同；match_parent 与 fill_parent 的作用完全相同，从 Android 2.2 开始推荐使用；wrap_content 表示该组件的高度恰好能包裹它的内容
android:id	用于为当前组件指定一个 id 属性，在 Java 代码中可以应用该属性单独引用这个组件。为组件指定 id 属性后，在 R.java 文件中，会自动派生一个对应的属性，在 Java 代码中，可以通过 findViewById()方法来获取它

(续表)

XML 属性	描 述
android:background	用于为该组件设置背景。可以是背景图片，也可以是背景颜色。为组件指定背景图片时，可以将准备好的背景图片复制到 drawable 目录下，然后使用下面的代码进行设置： android:background="@drawable/background" 如果想指定背景颜色，可以使用颜色值，例如，要想指定背景颜色为白色，可以使用下面的代码： android:background="#FFFFFFFF"

> **说明：**
> android:layout_width 和 android:layout_height 属性是 ViewGroup.LayoutParams 所支持的 XML 属性。对于其他的布局管理器同样适用。

> **注意：**
> 在水平线性布局管理器中，子组件的 android:layout_width 属性值通常不设置为 match_parent 或 fill_parent。因为如果这样设置，在该布局管理器中一行将只能显示一个组件。在垂直线性布局管理器中，android:layout_height 属性值通常不设置为 match_parent 或 fill_parent。因为如果这样设置，在该布局管理器中一列将只能显示一个组件。

2．子组件在 LinearLayout 中的常用属性

在 LinearLayout 中放置的子组件，还经常用到表 3-6 中的两个属性。

表 3-6 LinearLayout 子组件的常用 XML 属性

XML 属性	描 述
android:layout_gravity	用于设置组件在其父容器中的位置。它的属性值与 android:gravity 属性相同，也是 top、bottom、left、right、center_vertical、fill_vertical、center_horizontal、fill_horizontal、center、fill、clip_vertical 和 clip_horizontal。这些属性值也可以同时指定，各属性值之间用竖线隔开，但竖线前后一定不能有空格
android:layout_weight	用于设置组件所占的权重，即用于设置组件占父容器剩余空间的比例。该属性的默认值为 0，表示需要显示多大的视图就占据多大的屏幕空间。当设置一个高于零的值时，则将父容器的剩余空间分割，分割的大小取决于每个组件的 layout_weight 属性值。例如，在一个 320*480 的屏幕中，放置一个水平的线性布局管理器，并且在该布局管理器中放置两个组件，并且这两个组件的 android:layout_weight 属性值都设置为 1，那么，每个组件将分配到父容器的 1/2 的剩余空间。如图 3.18 所示

> **注意：**
> 在线性布局管理器的定义中，使用 android:layout_gravity 属性设置放入其中的组件的摆放位置不起作用，要想实现这一功能，需要使用 android:gravity 属性。

下面给出一个在程序中使用线性布局的实例。

例 3.6 在 Android Studio 中创建一个 Module，名称为 3.6，实现登录微信页面，如图 3.19 所示。（实例位置：资源包\code\03\3.6）

扫一扫，看视频

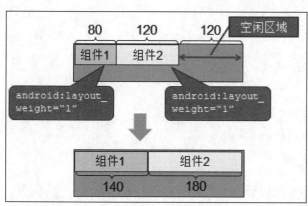

图 3.18　android:layout_weight 属性示意图

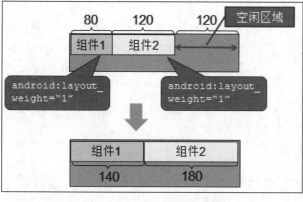

图 3.19　登录微信界面

（1）修改新建 Module 的 res/layout 目录下的布局文件 activity_main.xml，将默认添加的相对布局管理器修改为线性布局管理器 LinearLayout，然后将其设置为垂直线性布局管理器。修改后的代码如下：

```
<LinearLayout xmlns:android="http://schemas.android.com/apk/res/android"
    xmlns:tools="http://schemas.android.com/tools"
    android:orientation="vertical"
    android:layout_width="match_parent"
    android:layout_height="match_parent"
    android:paddingBottom="@dimen/activity_vertical_ margin"
    android:paddingLeft="@dimen/activity_horizont- al_margin"
    android:paddingRight="@dimen/activity_horizont- al_margin"
    android:paddingTop="@dimen/activity_vertical_ margin"
    tools:context="mingrisoft.com.MainActivity">
</LinearLayout>
```

（2）将名称为 zhanghao.png 和 mima.png 的图片复制到（mipmap-xxhdpi）目录中，并且在线性布局管理器中添加两个 EditText 组件，用于输入账号和密码；然后添加一个登录按钮，并且在登录按钮下面再添加一个 TextView，用来填写登录遇到的问题。关键代码如下：

```
<!--第1行-->
<EditText
    android:layout_width="match_parent"
    android:layout_height="wrap_content"
    android:paddingBottom="20dp"
    android:hint="QQ号/微信号/Email"
    android:drawableLeft="@mipmap/zhanghao"
    />
<!--第2行-->
```

```xml
<EditText
    android:layout_width="match_parent"
    android:layout_height="wrap_content"
    android:paddingBottom="20dp"
    android:hint="密码"
    android:drawableLeft="@mipmap/mima"
    />
<!--第3行-->
<Button
    android:layout_width="match_parent"
    android:layout_height="wrap_content"
    android:text="登录"
    android:textColor="#FFFFFF"
    android:background="#FF009688"/>
<!--第4行-->
<TextView
    android:layout_width="match_parent"
    android:layout_height="wrap_content"
    android:text="登录遇到问题?"
    android:gravity="center_horizontal"
    android:paddingTop="20dp"/>
```

说明：

关于 EditText（编辑框）、TextView（文本框）和 Button（按钮）的详细介绍请参照第4章，这里知道这样用即可。

（3）改变默认的主题为深色 ActionBar 主题。打开 AndroidManifest.xml 文件，将其中的 <application> 标记的 android:theme 属性值 "@style/AppTheme" 修改为 "@style/Theme.AppCompat.Light.DarkActionBar"。修改后的 android:theme 属性的代码如下：

```
android:theme="@style/Theme.AppCompat.Light.DarkActionBar"
```

3.3.3 帧布局管理器

在帧布局管理器中，每加入一个组件，都将创建一个空白的区域，通常称为一帧，这些帧都会被放置在屏幕的左上角，即帧布局是从屏幕的左上角（0,0）坐标点开始布局。多个组件层叠排序，后面的组件覆盖前面的组件，如图 3.20 所示。

在 XML 布局文件中定义帧布局管理器，可以使用 <FrameLayout> 标记，其基本的语法格式如下：

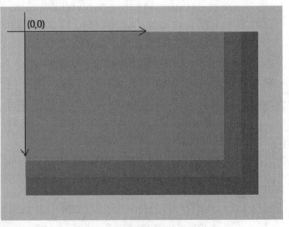

图 3.20　帧布局管理器

```
< FrameLayout xmlns:android="http://schemas.android.com/apk/res/android"
```

属性列表
>
</FrameLayout>

FrameLayout 支持的常用 XML 属性见表 3-7。

表 3-7　FrameLayout 支持的常用 XML 属性

XML 属性	描　　述
android:foreground	设置该帧布局容器的前景图像
android:foregroundGravity	定义绘制前景图像的 gravity 属性，即前景图像显示的位置

下面给出一个在程序中使用帧布局的实例。

例 3.7　在 Android Studio 中创建一个 Module，名称为 3.7，应用帧布局居中显示层叠的正方形，如图 3.21 所示。（实例位置：资源包\code\03\3.7）

修改新建 Module 的 res/layout 目录下的布局文件 activity_main.xml，将默认添加的布局代码删除，然后添加一个 FrameLayout 帧布局管理器，并且为其设置背景和前景图像，以及前景图像显示的位置；之后再将前景图像文件 mr.png 复制到 mipmap-hdpi 目录下，最后在该布局管理器中，添加 3 个居中显示的 TextView 组件，并且为其指定不同的颜色和大小，用于更好的体现层叠效果。修改后的代码如下：

图 3.21　应用帧布局居中显示层叠的正方形

```
<FrameLayout xmlns:android="http://schemas.android.com/apk/res/android"
    xmlns:tools="http://schemas.android.com/tools"
    android:layout_width="match_parent"
    android:layout_height="match_parent"
    android:foreground="@mipmap/mr"
    android:foregroundGravity="bottom|right"
    android:paddingBottom="@dimen/activity_vertical_margin"
    android:paddingLeft="@dimen/activity_horizontal_margin"
    android:paddingRight="@dimen/activity_horizontal_margin"
    android:paddingTop="@dimen/activity_vertical_margin"
    tools:context="com.mingrisoft.MainActivity" >
    <!-- 添加居中显示的蓝色背景的 TextView，将显示在最下层 -->
    <TextView
        android:id="@+id/textView1"
        android:layout_width="280dp"
        android:layout_height="280dp"
```

```
            android:layout_gravity="center"
            android:background="#FF0000FF"
            android:textColor="#FFFFFF"
            android:text="蓝色背景的 TextView" />
    <!-- 添加居中显示的天蓝色背景的 TextView,将显示在中间层 -->
    <TextView
            android:id="@+id/textView2"
            android:layout_width="230dp"
            android:layout_height="230dp"
            android:layout_gravity="center"
            android:background="#FF0077FF"
            android:textColor="#FFFFFF"
            android:text="天蓝色背景的 TextView" />
    <!-- 添加居中显示的水蓝色背景的 TextView,将显示在最上层 -->
    <TextView
            android:id="@+id/textView3"
            android:layout_width="180dp"
            android:layout_height="180dp"
            android:layout_gravity="center"
            android:background="#FF00B4FF"
            android:textColor="#FFFFFF"
            android:text="水蓝色背景的 TextView" />
</FrameLayout>
```

☞ 说明:

帧布局经常应用在游戏开发中,用于显示自定义的视图。例如,在3.2.4节的例3.4中,实现跟随手指的小兔子时就应用了帧布局。

扫一扫,看视频

3.3.4 表格布局管理器

表格布局管理器与常见的表格类似,它以行、列的形式来管理放入其中的 UI 组件,如图 3.22 所示。表格布局管理器使用<TableLayout>标记定义,在表格布局管理器中,可以添加多个 <TableRow>标记,每个<TableRow>标记占用一行。由于<TableRow>标记也是容器,所以在该标记中还可添加其他组件,在<TableRow>标记中,每添加一个组件,表格就会增加一列。在表格布局管理器中,列可以被隐藏;也可以被设置为伸展的,从而填充可利用的屏幕空间;还可以设置为强制收缩,直到表格匹配屏幕大小。

图 3.22 表格布局管理器

☞ 说明:

如果在表格布局中,直接向<TableLayout>中添加 UI 组件,那么这个组件将独占一行。

在 XML 布局文件中定义表格布局管理器的基本语法格式如下：

```
<TableLayout xmlns:android="http://schemas.android.com/apk/res/android"
属性列表
>
    <TableRow 属性列表> 需要添加的 UI 组件 </TableRow>
    多个<TableRow>
</TableLayout>
```

TableLayout 继承了 LinearLayout，因此它完全支持 LinearLayout 所支持的全部 XML 属性。此外，TableLayout 还支持表 3-8 的 XML 属性。

表 3-8 TableLayout 支持的 XML 属性

XML 属性	描述
android:collapseColumns	设置需要被隐藏的列的列序号（序号从 0 开始），多个列序号之间用逗号","分隔
android:shrinkColumns	设置允许被收缩的列的列序号（序号从 0 开始），多个列序号之间用逗号","分隔
android:stretchColumns	设置允许被拉伸的列的列序号（序号从 0 开始），多个列序号之间用逗号","分隔

下面给出一个在程序中使用表格布局的实例。

例 3.8 在 Android Studio 中创建一个 Module，名称为 3.8，应用表格布局实现喜马拉雅的用户登录页面，如图 3.23 所示。（**实例位置：资源包\code\03\3.8**）

修改新建 Module 的 res/layout 目录下的布局文件 activity_main.xml，将默认添加的布局代码删除；然后添加一个 TableLayout 表格布局管理器，并且在该布局管理器中，添加一个背景图片，将需要的背景图片复制到 mipmap-xhdpi 当中；然后添加 4 个 TableRow 表格行，接下来再在每个表格行中添加相关的图片组件，最后设置表格的第 1 列和第 4 列允许被拉伸。修改后的代码如下：

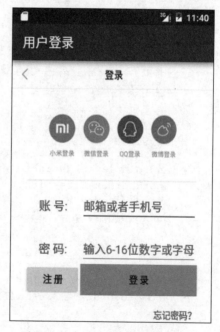

图 3.23 应用表格布局实现喜马拉雅的用户登录页面

```
<TableLayout xmlns:android="http://schemas.android.com/apk/res/android"
    xmlns:tools="http://schemas.android.com/tools"
    android:layout_width="match_parent"
    android:layout_height="match_parent"
    android:background="@mipmap/biaoge"
    android:stretchColumns="0,3"
    tools:context="mingrisoft.com.MainActivity">

    <!--第1行-->
    <TableRow
```

```xml
        android:layout_width="wrap_content"
        android:layout_height="wrap_content"
        android:paddingTop="200dp"
        >
        <TextView />
        <TextView
            android:layout_width="wrap_content"
            android:layout_height="wrap_content"
            android:textSize="18sp"
            android:text="账 号:"
            android:gravity="center_horizontal"
            />
        <EditText
            android:layout_width="match_parent"
            android:layout_height="wrap_content"
            android:hint="邮箱或者手机号"
            />
        <TextView />
    </TableRow>
    <!--第2行-->
    <TableRow
        android:layout_width="wrap_content"
        android:layout_height="wrap_content"
        android:paddingTop="20dp"
        >
        <TextView />
        <TextView
            android:layout_width="wrap_content"
            android:layout_height="wrap_content"
            android:textSize="18sp"
            android:text="密 码:"
            android:gravity="center_horizontal"
            />
        <EditText
            android:layout_width="wrap_content"
            android:layout_height="wrap_content"
            android:hint="输入 6-16 位数字或字母"
            />
        <TextView />
    </TableRow>
    <!--第3行-->
    <TableRow
        android:layout_width="wrap_content"
        android:layout_height="wrap_content">
        <TextView />
        <Button
            android:layout_width="wrap_content"
            android:layout_height="wrap_content"
            android:text="注 册"
            />
```

```
    <Button
        android:layout_width="wrap_content"
        android:layout_height="wrap_content"
        android:background="#FF8247"
        android:text="登 录"/>
    <TextView />
</TableRow>
<!--第4行-->
<TableRow
    android:layout_width="wrap_content"
    android:layout_height="wrap_content"
    android:paddingTop="20dp"
    >
    <TextView />
    <TextView />
    <TextView
        android:text="忘记密码?"
        android:textColor="#FF4500"
        android:gravity="right"
        />
    <TextView />
</TableRow>
</TableLayout>
```

📝 **说明：**

在本实例中，添加了 6 个<TextView />，并且设置对应列允许拉伸，这是为了让用户登录表单在水平方向上居中显示而设置的。

3.3.5 网格布局管理器

网格布局管理器是在 Android 4.0 版本中提出的，使用 GridLayout 表示。在网格布局管理器中，屏幕被虚拟的细线划分成行、列和单元格，每个单元格放置一个组件，并且这个组件也可以跨行或跨列摆放，如图 3.24 所示。

扫一扫，看视频

📝 **说明：**

网格布局管理器与表格布局有些类似，都可以以行、列的形式管理放入其中的组件，但是它们之间最大的不同就是网格布局管理器可以跨行显示组件，而表格布局管理器则不能。

图 3.24 网格布局管理器示意图

在 XML 布局文件中，定义网格布局管理器可以使用<GridLayout>标记，其基本的语法格式如下：

```
< GridLayout xmlns:android="http://schemas.android.com/apk/res/android"
属性列表
```

```
>
</GridLayout >
```

GridLayout 支持的常用 XML 属性见表 3-9。

表 3-9 GridLayout 支持的常用 XML 属性

XML 属性	描述
android:columnCount	用于指定网格的最大列数
android:orientation	用于没有为放入其中的组件分配行和列时,指定其排列方式。其属性值为 horizontal 表示水平排列;为 vertical 表示垂直排列
android:rowCount	用于指定网格的最大行数
android:useDefaultMargins	用于指定是否使用默认的边距。其属性值设置为 true 时,表示使用;为 false 时,表示不使用
android:alignmentMode	用于指定该布局管理器采用的对齐模式。其属性值为 alignBounds 时,表示对齐边界;值为 alignMargins 时,表示对齐边距,默认值为 alignMargins
android:rowOrderPreserved	用于设置行边界显示的顺序和行索引的顺序是否相同。其属性值为 true 表示相同,为 false 表示不相同
android:columnOrderPreserved	用于设置列边界显示的顺序和列索引的顺序是否相同。其属性值为 true 表示相同,为 false 表示不相同

为了控制网格布局管理器中各子组件的布局分布,网格布局管理器提供了 GridLayout.LayoutParams 内部类,在该类中提供了表 3-10 所示的 XML 属性,来控制网格布局管理器中各子组件的布局分布。

表 3-10 GridLayout.LayoutParams 支持的常用 XML 属性

XML 属性	描述
android:layout_column	用于指定该子组件位置网格的第几列
android:layout_columnSpan	用于指定该子组件横向跨几列(索引从 0 开始)
android:layout_columnWeight	用于指定该子组件在水平方向上的权重,即该组件分配水平剩余空间的比例
android:layout_gravity	用于指定该子组件采用什么方式占据该网格的空间,其可选值有:top(放置在顶部)、bottom(放置在底部)、left(放置在左侧)、right(放置在右侧)、center_vertical(垂直居中)、fill_vertical(垂直填满)、center_horizontal(水平居中)、fill_horizontal(水平填满)、center(放置在中间)、fill(填满)、clip_vertical(垂直剪切)、clip_horizontal(水平剪切)、start(放置在开始位置)、end(放置在结束位置)
android:layout_row	用于指定该子组件位于网格的第几行(索引从 0 开始)
android:layout_rowSpan	用于指定该子组件纵向跨几行
android:layout_rowWeight	用于指定该子组件在垂直方向上的权重,即该组件分配垂直剩余空间的比例

说明:

在网格布局管理器中,如果想让某个组件跨行或跨列,那么需要先通过 android:layout_columnSpan 或者 android:layout_rowSpan 设置跨越的行或列数,然后再设置其 layout_gravity 属性为 fill,表示该组件填满跨越的行或者列。

例 3.9 在 Android Studio 中创建一个 Module，名称为 3.9，实现 QQ 聊天信息列表页面的布局，如图 3.25 所示。图中的横线和竖线是为方便理解网格布局添加的，实际运行结果中并不存在这些线条。（实例位置：资源包\code\03\3.9）

扫一扫，看视频

（1）修改新建 Module 的 res/layout 目录下的布局文件 activity_main.xml，将默认添加的相对布局管理器修改为网格布局管理器，并且将默认添加的文本框组件删除，将需要的图片复制到 mipmap-mdpi 文件夹中，然后为该网格布局设置背景，以及列数。修改后的代码如下：

```xml
<GridLayout xmlns:android="http://schemas.android.com/apk/res/android"
    xmlns:tools="http://schemas.android.com/tools"
    android:layout_width="match_parent"
    android:layout_height="match_parent"
    android:paddingBottom="@dimen/activity_vertical_margin"
    android:paddingLeft="@dimen/activity_horizontal_margin"
    android:paddingRight="@dimen/activity_horizontal_margin"
    android:paddingTop="@dimen/activity_vertical_margin"
    android:background="@mipmap/bg"
    android:columnCount="6"
    tools:context="com.mingrisoft.MainActivity" >
</GridLayout>
```

图 3.25 手机 QQ 聊天信息列表

（2）添加第 1 行要显示的信息和头像，这里需要两个图像视图组件（ImageView），其中第 1 个 ImageView 用于显示聊天信息，占 4 个单元格，从第 2 列开始，居右放置；第 2 个 ImageView 用于显示头像，占一个单元格，位于第 6 列。具体代码如下：

```xml
<ImageView
    android:id="@+id/imageView1"
    android:src="@mipmap/a1"
    android:layout_gravity="end"
    android:layout_columnSpan="4"
    android:layout_column="1"
    android:layout_row="0"
    android:layout_marginRight="5dp"
    android:layout_marginBottom="20dp"
    />
<ImageView
    android:id="@+id/imageView2"
    android:src="@mipmap/ico2"
    android:layout_column="5"
    android:layout_row="0"
    />
```

📖 **代码注解：**

① 第 4 行代码，用于设置组件居右放置。
② 第 5 行代码，用于设置组件占 4 个单元格的位置。
③ 第 6 行代码，用于指定组件放置在第 2 列。
④ 第 7 行代码，用于指定组件放置在第 1 行。
⑤ 第 14 行代码，用于指定组件放置在第 6 列。

（3）添加第 2 行要显示的信息和头像，这里也需要两个图像视图组件（ImageView），其中第 1 个 ImageView 用于显示头像，位于第 2 行的第 2 列；第 2 个 ImageView 用于显示聊天信息，位于第 2 行头像组件的下一列。具体代码如下：

```
<ImageView
    android:id="@+id/imageView3"
    android:src="@mipmap/ico1"
    android:layout_column="0"
    android:layout_row="1"
    />
<ImageView
    android:id="@+id/imageView4"
    android:src="@mipmap/b1"
    android:layout_row="1"
    android:layout_marginBottom="20dp"
    />
```

（4）按照步骤（2）和步骤（3）的方法再添加两行聊天信息。

✎ **说明：**

网格布局管理器和表格布局管理器的主要区别如下：
① 网格布局管理器可以跨行或者跨列，但是表格布局管理器只能跨列；
② 网格布局管理器可以实现一行占满后超出容器的组件将自动换行，而表格布局管理器超出容器的组件将不会被显示。

扫一扫，看视频

3.3.6 布局管理器的嵌套

在进行用户界面设计时，很多时候只通过一种布局管理器很难实现想要的界面效果，这时就得将多种布局管理器混合使用，即布局管理器的嵌套。在实现布局管理器的嵌套时，需要记住以下几点原则。

- 根布局管理器必须包含 xmlns 属性。
- 在一个布局文件中，最多只能有一个根布局管理器，如果需要有多个，还需要使用一个根布局管理器将它们括起来。
- 不能嵌套太深，如果嵌套太深，则会影响性能，主要体现在降低页面的加载速度方面。

例 3.10　在 Android Studio 中创建一个 Module，名称为 3.10，实现微信朋友圈界面，如图 3.26 所示。（**实例位置：资源包**

图 3.26　微信朋友圈页面

扫一扫，看视频

code\03\3.10）

（1）修改新建 Module 的 res/layout 节点下的布局文件 activity_main.xml，将默认添加的布局代码修改为垂直线性布局管理器，并且删除上、下、左、右内边距的设置代码，然后将默认添加的文本框组件删除。

```xml
<LinearLayout xmlns:android="http://schemas.android.com/apk/res/android"
    xmlns:tools="http://schemas.android.com/tools"
    android:layout_width="match_parent"
    android:layout_height="match_parent"
    android:orientation="vertical"
    tools:context="com.mingrisoft.MainActivity" >
</LinearLayout>
```

（2）在步骤（1）中添加的垂直线性布局管理器中，添加一个用于显示第 1 条朋友圈信息的相对布局管理器，然后在该布局管理器中添加一个显示头像的图像视图组件（ImageView），让它与父容器左对齐。具体代码如下：

```xml
<RelativeLayout
    android:layout_width="match_parent"
    android:layout_height="wrap_content"
    android:layout_margin="10dp" >
    <ImageView
        android:id="@+id/ico1"
        android:layout_width="wrap_content"
        android:layout_height="wrap_content"
        android:layout_alignParentLeft="true"
        android:layout_margin="10dp"
        android:src="@mipmap/v_ico1" />
</RelativeLayout>
```

（3）在步骤（2）中添加的相对布局管理器中，头像 ImageView 组件的右侧添加 3 个文本框组件，分别用于显示发布人、内容和时间。具体代码如下：

```xml
<TextView
    android:id="@+id/name1"
    android:layout_width="wrap_content"
    android:layout_height="wrap_content"
    android:layout_marginTop="10dp"
    android:layout_toRightOf="@+id/ico1"
    android:text="雪绒花"
    android:textColor="#576B95" />
<TextView
    android:id="@+id/content1"
    android:layout_width="wrap_content"
    android:layout_height="wrap_content"
    android:layout_below="@id/name1"
    android:layout_marginBottom="5dp"
    android:layout_marginTop="5dp"
    android:layout_toRightOf="@+id/ico1"
    android:minLines="3"
    android:text="祝我的亲人、朋友们新年快乐！" />
<TextView
```

```
        android:id="@+id/time1"
        android:layout_width="wrap_content"
        android:layout_height="wrap_content"
    android:layout_below="@id/content1"
    android:layout_marginTop="3dp"
    android:layout_toRightOf="@id/ico1"
    android:text="昨天"
    android:textColor="#9A9A9A" />
```

（4）在内容文本框的下方，与父窗口右对齐的位置添加一个 ImageView 组件，用于显示评论图标。具体代码如下：

```
<ImageView
    android:id="@+id/comment1"
    android:layout_width="wrap_content"
    android:layout_height="wrap_content"
    android:layout_alignParentRight="true"
    android:layout_below="@id/content1"
    android:src="@mipmap/comment" />
```

（5）在相对布局管理器的外面，线性布局管理器里面添加一个 ImageView 组件，显示一个分隔线。具体代码如下：

```
<ImageView
    android:layout_width="match_parent"
    android:layout_height="wrap_content"
    android:background="@mipmap/line" />
```

（6）按照步骤（2）到步骤（4）的方法再添加显示第 2 条朋友圈信息的代码。

第 4 章 基本 UI 组件

组件是 Android 程序设计的基本组成单位，通过使用组件可以高效地开发 Android 应用程序。所以熟练掌握组件的使用是合理、有效地进行 Android 程序开发的重要前提。本章将对 Android 中提供的基本组件进行详细介绍。

通过阅读本章，您可以：

- 掌握常用文本框和编辑框的使用方法
- 掌握普通按钮和图片按钮的使用方法
- 掌握单选按钮和复选按钮的使用方法
- 掌握日期、时间选择器和计时器的基本应用

4.1 文本类组件

Android 中提供了一些与文本显示、输入相关的组件，通过这些组件可以显示或输入文字。其中，用于显示文本的组件为文本框组件，使用 TextView 类表示；用于编辑文本的组件为编辑框组件，使用 EditText 类表示。这两个组件最大的区别是 TextView 不允许用户编辑文本内容，EditText 则允许用户编辑文本内容。它们的继承关系如图 4.1 所示。

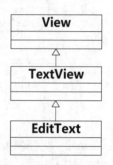

图 4.1 文本类组件继承关系图

从图 4.1 中可以看出：TextView 组件继承自 View，而 EditText 组件又继承自 TextView 组件。下面将对这两个组件分别进行介绍。

4.1.1 文本框

在 Android 手机应用中，文本框应用十分广泛。比如，我们在使用 QQ 时，看到的聊天信息列表页面（如图 4.2 所示），以及在使用手机淘宝时，查看物流详细信息的物流详情页面（如图 4.3 所示）。它主要用于在页面中显示文本信息。

✎ **说明：**

在图 4.2 和图 4.3 中用圆角矩形框圈起的均为文本框显示的内容。

在 Android 中，可以使用两种方法向屏幕中添加文本框：一种是通过在 XML 布局文件中使用 <TextView> 标记添加；另一种是在 Java 文件中，通过 new 关键字创建。推荐采用第一种方法，也就是通过<TextView>标记在 XML 布局文件中添加文本框，其基本的语法格式如下：

```
<TextView
属性列表
>
</TextView>
```

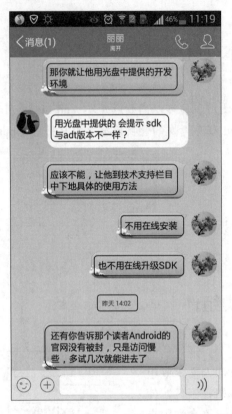
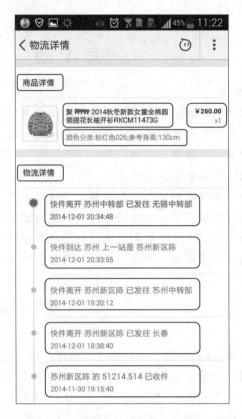

图 4.2　手机 QQ 聊天信息列表页面　　　图 4.3　手机淘宝中查看物流详情页面

✎ 说明：

> 在 Android 中，无论是创建哪一种 UI 组件都有两种方法，一种是在 XML 布局文件中定义，另一种是使用 Java 代码来创建。Android 官网中推荐使用的是在 XML 布局文件中定义。所以在本书中将只介绍如何在 XML 布局文件中创建这一种方法。

TextView 支持的常用 XML 属性见表 4-1。

表 4-1　TextView 支持的 XML 属性

XML 属性	描　述
android:autoLink	用于指定是否将指定格式的文本转换为可单击的超链接形式，其属性值有 none、web、email、phone、map 和 all
android:drawableBottom	用于在文本框内文本的底端绘制指定图像，该图像可以是放在 res\mipmap 目录下的图片，通过"@mipmap/文件名（不包括文件的扩展名）"设置
android:drawableLeft	用于在文本框内文本的左侧绘制指定图像，该图像可以是放在 res\mipmap 目录下的图片，通过"@mipmap/文件名（不包括文件的扩展名）"设置
android:drawableStart	在 Android 4.2 中新增的属性，用于在文本框内文本的左侧绘制指定图像，该图像可以是放在 res\mipmap 目录下的图片，通过"@mipmap/文件名（不包括文件的扩展名）"设置

（续表）

XML 属性	描述
android:drawableRight	用于在文本框内文本的右侧绘制指定图像，该图像可以是放在 res\mipmap 目录下的图片，通过"@mipmap/文件名（不包括文件的扩展名）"设置
android:drawableEnd	在 Android 4.2 中新增的属性，用于在文本框内文本的右侧绘制指定图像，该图像可以是放在 res\mipmap 目录下的图片，通过"@mipmap/文件名（不包括文件的扩展名）"设置
android:drawableTop	用于在文本框内文本的顶端绘制指定图像，该图像可以是放在 res\mipmap 目录下的图片，通过"@mipmap/文件名（不包括文件的扩展名）"设置
android:gravity	用于设置文本框内文本的对齐方式，可选值有 top、bottom、left、right、center_vertical、fill_vertical、center_horizontal、fill_horizontal、center、fill、clip_vertical 和 clip_horizontal 等。这些属性值也可以同时指定，各属性值之间用竖线隔开。例如，要指定组件靠右下角对齐，可以使用属性值 right|bottom
android:hint	用于设置当文本框中文本内容为空时，默认显示的提示文本
android:inputType	用于指定当前文本框显示内容的文本类型，其可选值有 textPassword、textEmailAddress、phone 和 date 等，可以同时指定多个，使用"|"分隔
android:singleLine	用于指定该文本框是否为单行模式，其属性值为 true 或 false。为 true 表示该文本框不会换行，当文本框中的文本超过一行时，其超出的部分将被省略，同时在结尾处添加"…"
android:text	用于指定该文本框中显示的文本内容，可以直接在该属性值中指定，也可以通过在 strings.xml 文件中定义文本常量的方式指定
android:textColor	用于设置文本框内文本的颜色，其属性值可以是#rgb、#argb、#rrggbb 或#aarrggbb 格式指定的颜色值
android:textSize	用于设置文本框内文本的字体大小，其属性由代表大小的数值和单位组成，其单位可以是 dp、px、pt、sp 和 in 等
android:width	用于指定文本框的宽度，其单位可以是 dp、px、pt、sp 和 in 等
android:height	用于指定文本框的高度，其单位可以是 dp、px、pt、sp 和 in 等

✍ 说明：

在表 4-1 中，只给出了 TextView 组件常用的部分属性，关于该组件的其他属性，可以参阅 Android 官方提供的 API 文档。在下载 SDK 时，如果已经下载 Android API 文档，那么可以在已经下载好的 SDK 文件夹下找到（docs 文件夹中的内容即为 API 文档），否则需要自行下载。下载完成后，打开 Android API 文档主页（index.html），在 Develop/ Reference 中左侧的 Android APIs 列表中，单击 android.widget 节点，在下方找到 TextView 类并单击，在右侧就可以看到该类的相关介绍，其中 XML Attributes 表格中列出的就是该类的全部属性。

例如：在屏幕中添加一个文本框，显示文字为"奋斗就是每一天都很难，可一年比一年容易。不奋斗就是每一天都很容易，可一年比一年难。"，代码如下：

```
<TextView
    android:layout_width="wrap_content"
    android:layout_height="wrap_content"
    android:text="奋斗就是每一天都很难，可一年比一年容易。不奋斗就是每一天都很容易，可一年比一年难。"
```

```
android:id="@+id/textView" />
```

在模拟器中运行上面这段代码,将显示如图4.4所示的运行结果。

对于文本框组件,默认为多行文本框,也可以设置为单行文本框。只需要将android:singleLine属性设置为ture就可以显示为单行文本框,例如,上面的多行文本框设置"android:singleLine="true""属性后,将显示如图4.5所示的单行文本框。

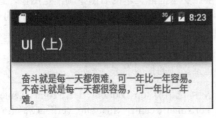
图4.4 添加一个文本框

图4.5 添加单行文本框

下面将通过一个具体的实例演示文本框的具体应用。

例4.1 在Android Studio中创建一个Module,名称为4.1,在布局文件中实现一个手机QQ聊天信息列表,如图4.6所示。(**实例位置:资源包\code\04\4.1**)

(1)修改新建项目的res/layout目录下的布局文件activity_main.xml,将默认添加的布局代码修改为网格布局,并且将默认添加的文本框组件删除,然后将需要的图片复制到drawable目录下,并且为该网格布局设置背景,以及列数。修改后的代码如下:

```xml
<GridLayout xmlns:android="http://schemas.android.com/apk/res/android"
    xmlns:tools="http://schemas.android.com/tools"
    android:layout_width="match_parent"
    android:layout_height="match_parent"
    android:paddingBottom="@dimen/activity_vertical_margin"
    android:paddingLeft="@dimen/activity_horizontal_margin"
    android:paddingRight="@dimen/activity_horizontal_margin"
    android:paddingTop="@dimen/activity_vertical_margin"
    android:background="@drawable/bg"
    android:columnCount="6"
    tools:context="com.mingrisoft.MainActivity" >
</GridLayout>
```

图4.6 手机QQ聊天信息列表

 说明:

在为显示聊天信息的文本框设置背景时,需要使用9-Patch图片,这样可以实现自动拉伸,关于9-Patch图在后面章节会有详细介绍。

(2)添加第1行要显示的文本框(用于显示聊天信息)和图像视图(用于显示头像)。这里需要设置文本框中要显示的文字、背景图片、文字颜色、文字大小等。另外,为了让文本框自动换行,还需要设置它的最大宽度。具体代码如下:

```xml
<TextView
    android:id="@+id/textView1"
    android:layout_width="wrap_content"
    android:layout_height="wrap_content"
    android:background="@drawable/bg_textview"
    android:maxWidth="180dp"
    android:text="你好呀，好久不见了！最近忙什么呢？"
    android:textSize="14sp"
    android:textColor="#16476B"
    android:layout_gravity="end"
    android:layout_columnSpan="4"
    android:layout_column="1"
    android:layout_row="0"
    android:layout_marginRight="5dp"
    android:layout_marginBottom="20dp"
    />
<ImageView
    android:id="@+id/ico1"
    android:layout_column="5"
    android:layout_columnSpan="1"
    android:layout_gravity="top"
    android:src="@drawable/ico2"
    android:layout_row="0" />
```

📖 **代码注解：**

① 第 5 行到第 9 行代码，用于设置文字的显示效果。
② 第 10 行到第 13 行、第 19 行到第 22 行代码，是进行网格布局时所应用的，不属于 TextView 的常用属性。
③ 第 17 行到第 23 行代码，用于添加一个显示 QQ 头像的图像视图。

（3）添加第 2 行要显示的图像视图（用于显示头像）和文本框（用于显示聊天信息）。这里也需要设置文本框要显示的文字、背景图片、文字颜色、文字大小，以及最大宽度。与第 1 行不同的是，这里需要在第 2 列显示头像，从第 3 列开始显示聊天内容文本。具体代码如下：

```xml
<ImageView
    android:id="@+id/ico2"
    android:layout_column="1"
    android:layout_gravity="top"
    android:layout_row="1"
    android:src="@drawable/ico1"/>
<TextView
    android:id="@+id/textView2"
    android:layout_width="wrap_content"
    android:layout_height="wrap_content"
    android:background="@drawable/bg_textview2"
    android:maxWidth="180dp"
    android:text="最近在做一个手机应用项目，时间有点紧，所以就很少上QQ"
    android:textColor="#FFFFFF"
    android:textSize="14sp"
    android:layout_marginBottom="20dp"
    android:layout_row="1"
    />
```

（4）按照步骤（2）和步骤（3）的方法再添加两行聊天信息。

4.1.2 编辑框

扫一扫,看视频

在 Android 手机应用中,编辑框组件的应用非常普遍。例如,聚划算 APP 的账号登录页面(如图 4.7 所示),以及微信的发送朋友圈信息页面(如图 4.8 所示)。

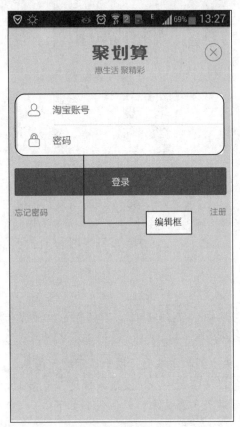

图 4.7　聚划算客户端账号登录页面　　　　图 4.8　微信发送朋友圈消息页面

通过<EditText>标记在 XML 布局文件中添加编辑框的基本语法格式如下:

```
<EditText
属性列表
>
</EditText>
```

由于 EditText 类是 TextView 的子类,所以表 4-1 中列出的 TextView 支持的 XML 属性同样适用于 EditText 组件。需要特别注意的是,在 EditText 组件中,android:inputType 属性可以控制输入框的显示类型。例如,要添加一个密码框,可以将 android:inputType 属性设置为 textPassword。

✍ 技巧:

在 Android Studio 中,打开布局文件,通过 Design 视图,可以在可视化界面中通过拖曳的方式添加编辑框组件。编辑框组件位于 Palette 面板的 Text Fields 栏目中,并且在该栏目中还列出了不同类型的输入框,如 Password 密码框、Password(Numeric)数字密码框和 Phone 输入电话号码的编辑框等,只需要将其拖曳到布局文件中即可。

在屏幕中添加编辑框后，还需要获取编辑框中输入的内容，这可以通过编辑框组件提供的 getText()方法实现。使用该方法时，先要获取到编辑框组件，然后再调用 getText()方法。例如，要获取布局文件中添加的 id 属性为 login 的编辑框的内容，可以通过以下代码实现：

```
EditText login=(EditText)findViewById(R.id.login);
String loginText=login.getText().toString();
```

下面给出一个关于编辑框的实例。

例 4.2 在 Android Studio 中创建一个 Module，名称为 4.2，实现布局手机 QQ 空间说说页面，如图 4.9 所示。（**实例位置：资源包\code\04\4.2**）

（1）修改新建项目的 res/layout 目录下的布局文件 activity_main.xml，将默认添加的相对布局管理器修改为垂直的线性布局管理器，并且将默认添加的文本框组件删除，将所需要的图片复制到 mipmap-mdpi 文件夹中。具体代码如下：

图 4.9 布局手机 QQ 空间说说页面

扫一扫，看视频

```xml
<LinearLayout xmlns:android="http://schemas.android.com/apk/res/android"
    xmlns:tools="http://schemas.android.com/tools"
    android:layout_width="match_parent"
    android:layout_height="match_parent"
    android:orientation="vertical"
    android:paddingBottom="@dimen/activity_vertical_margin"
    android:paddingLeft="@dimen/activity_horizontal_margin"
    android:paddingRight="@dimen/activity_horizontal_margin"
    android:paddingTop="@dimen/activity_vertical_margin"
    android:background="#EAEAEA"
    tools:context="com.mingrisoft.MainActivity" >
</LinearLayout>
```

（2）在线性布局管理器中，添加一个编辑框组件用于输入说说内容。设置其 android:inputType 属性值为 textMultiLine 表示该编辑框为多行编辑框，提示文本为"说点什么吧..."，顶对齐，白色背景，内边距为 5dp，底外边距为 10dp。具体代码如下：

```xml
<!-- 添加写说编辑框 -->
<EditText
    android:id="@+id/editText1"
    android:layout_width="match_parent"
    android:layout_height="wrap_content"
    android:lines="6"
    android:hint="说点什么吧..."
    android:padding="5dp"
    android:background="#FFFFFF"
    android:gravity="top"
```

```
            android:layout_marginBottom="10dp"
            android:inputType="textMultiLine" >
</EditText>
```

（3）添加一个用于设置添加照片栏目的文本框组件。设置该文本框的显示文本为"添加照片"，在起始位置绘制一个图标，图标与文字的间距为8dp，垂直居中对齐，白色背景，文字颜色为灰色。具体代码如下：

```
<!-- 设置添加照片栏目 -->
<TextView
        android:id="@+id/textView1"
        android:layout_width="match_parent"
        android:layout_height="wrap_content"
        android:drawableLeft="@mipmap/addpicture"
        android:text="添加照片"
        android:drawablePadding="8dp"
        android:gravity="center_vertical"
        android:padding="8dp"
        android:background="#FFFFFF"
        android:textColor="#767676"
        />
```

（4）添加一个用于设置底部分享的文本框组件，该文本框只绘制一个图像就可以了。

```
<!-- 设置底部分享栏目 -->
<TextView
        android:id="@+id/textView2"
        android:layout_width="match_parent"
        android:layout_height="wrap_content"
        android:drawableLeft="@mipmap/bottom"
        />
```

说明：

实际上，在屏幕中添加图片还可以使用图像组件（ImageView）来实现，在后面的章节中我们将介绍。

4.2 按钮类组件

在Android中，提供了一些按钮类的组件，主要包括普通按钮、图片按钮、单选按钮和复选框。其中，普通按钮使用Button类表示，用于触发一个指定的事件；图片按钮使用ImageButton类表示，也用于触发一个指定的事件，只不过该按钮将以图像来表现；单选按钮使用RadioButton类表示；复选框使用CheckBox类表示。这两个组件最大的区别是：一组RadioButton中，只能有一个被选中；而一组CheckBox中，则可以同时选中多个。按钮类组件的继承关系如图4.10所示。

从图4.10中可以看出：Button组件继承自TextView，而ImageButton组件继承自ImageView组件，所以这两个组件在添加上是不同的，但是作用是一样的，都可以触发一个事件；RadioButton和CheckBox都间接继承自Button，都可以直接使用Button支持的属性和方法，所不同的是它们都比Button多了可选中的功能。下面将对4个按钮类组件分别进行介绍。

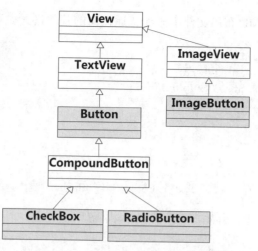

图 4.10 按钮类组件继承关系图

4.2.1 普通按钮

在 Android 手机应用中，按钮应用十分广泛。比如，我们在玩全民飞机大战游戏时，看到的选择登录方式界面（如图 4.11 所示）中的"与微信好友玩"和"与 QQ 好友玩"按钮；在玩开心消消乐游戏时，看到的授权并登录页面（如图 4.12 所示）中的"授权并登录"按钮。

扫一扫，看视频

图 4.11 全民飞机大战的选择登录方式界面

图 4.12 开心消消乐的授权并登录按钮

通过<Button>标记在 XML 布局文件中添加普通按钮的基本格式如下：

```
<Button
    android:id="@+id/ID 号"
    android:layout_height="wrap_content"
    android:layout_width="wrap_content"
    android:text="显示文本"
>
</Button>
```

☞ 说明：

由于 Button 是 TextView 的子类，所以 TextView 支持的属性 Button 都是支持的。

例如：在屏幕中添加一个"开始游戏"按钮，代码如下：

```
<Button
    android:id="@+id/start"
    android:layout_width="wrap_content"
    android:layout_height="wrap_content"
    android:text="开始游戏" />
```

在模拟器中运行上面这段代码，将显示如图 4.13 所示的运行结果。

在屏幕上添加按钮后，还需要为按钮添加单击事件监听器，才能让按钮发挥其特有的用途。Android 提供了两种为按钮添加单击事件监听器的方法。

一种是在 Java 代码中完成。例如，在 Activity 的 onCreate() 方法中添加如下代码：

图 4.13　添加一个"开始游戏"按钮

```
import android.view.View.OnClickListener;
import android.widget.Button;

Button login=(Button)findViewById(R.id.login);    //通过 ID 获取布局文件中添加的按钮
login.setOnClickListener(new OnClickListener() {  //为按钮添加单击事件监听器

    @Override
    public void onClick(View v) {
        //编写要执行的动作代码
    }
});
```

☞ 说明：

监听器类似于安防系统中安装的红外线报警器。安装了红外线报警器后，当有物体阻断红外线光束时，就会自动报警。同理，当我们为组件设置监听器后，如果有动作触发该监听器，就执行监听器中编写的代码。例如，为按钮设置一个单击事件监听器，那么单击这个按钮时，就会触发这个监听器，从而执行一些操作（如弹出一个对话框）。

另一种是在 Activity 中编写一个包含 View 类型参数的方法，并且将要触发的动作代码放在该方法中，然后在布局文件中通过 android:onClick 属性指定对应的方法名实现。例如，在 Activity 中编写一个名为 myClick() 的方法。关键代码如下：

```
public void myClick(View view){
    //编写要执行的动作代码
}
```

就可以在布局文件中通过 android:onClick="myClick" 语句为按钮添加单击事件监听器。

下面将通过一个具体的实例来介绍如何添加普通按钮,并通过两种方法为按钮添加单击事件监听器。

例 4.3 在 Android Studio 中创建一个 Module,名称为 4.3,实现开心消消乐的"授权并登录"按钮,如图 4.14 所示。单击"授权并登录"按钮,将显示如图 4.15 所示的消息提示框。(**实例位置:资源包\code\04\4.3**)

扫一扫,看视频

图 4.14 开心消消乐的授权并登录按钮　　图 4.15 消息提示框

(1)在 res/drawable 节点上单击鼠标右键,在弹出的快捷菜单中选中 new→Drawable Resource File 菜单项。在打开的"新建资源文件"对话框中,输入文件名称 shape,单击 OK 按钮,创建 Shape 资源文件,然后删除默认生成的源代码,在该资源文件中绘制圆角矩形,并设置文字与按钮边界的间距。关键代码如下:

```
<shape xmlns:android="http://schemas.android.com/apk/res/android"
    android:shape="rectangle">
    <!-- 设置填充的颜色为蓝色 -->
    <solid android:color="#1FBAF3"/>
    <!-- 设置 4 个角的弧形半径 -->
    <corners android:radius="5dp"/>
    <!-- 设置文字与按钮边界的间隔 -->
    <padding
        android:left="15dp"
        android:right="15dp"
```

```xml
            android:top="10dp"
            android:bottom="10dp"
        />
</shape>
```

（2）在默认生成的布局文件 activity_main.xml 中，将默认添加的相对布局管理器修改为垂直的线性布局管理器。关键代码如下：

```xml
<LinearLayout xmlns:android="http://schemas.android.com/apk/res/android"
    xmlns:tools="http://schemas.android.com/tools"
    android:layout_width="match_parent"
    android:layout_height="match_parent"
    android:orientation="vertical"
    android:background="#EFEFF4"
    android:paddingBottom="@dimen/activity_vertical_margin"
    android:paddingLeft="@dimen/activity_horizontal_margin"
    android:paddingRight="@dimen/activity_horizontal_margin"
    android:paddingTop="@dimen/activity_vertical_margin"
    tools:context="com.mingrisoft.MainActivity" >
</LinearLayout>
```

（3）在布局文件 activity_main.xml 中，添加授权信息背景图片，并且将需要的图片复制到 drawable 文件夹内。关键代码如下：

```xml
<ImageView
    android:id="@+id/imageView1"
    android:layout_width="wrap_content"
    android:layout_height="wrap_content"
    android:scaleType="fitStart"
    android:src="@drawable/top" />
```

（4）在布局文件 activity_main.xml 中，添加一个按钮组件，并且设置其 android:background 属性值为步骤（1）中定义的 Shape 资源。关键代码如下：

```xml
<Button
    android:id="@+id/button1"
    android:layout_width="match_parent"
    android:layout_height="wrap_content"
    android:background="@drawable/shape"
    android:textColor="#FFFFFF"
    android:text="授权并登录" />
```

说明：

由于想要设计按钮上的文字为白色，这样可以让界面更加美观，所以需要设置 android:textColor 属性值为 #FFFFFF。

（5）在屏幕上添加按钮后，还需要为按钮添加单击事件监听器，才能让按钮发挥其特有的用途。在主活动 MainActivity 的 onCreate()方法中，首先获取布局文件中添加的按钮，然后为其设置单击事件监听器，并且在重写的 onClick()方法中弹出消息提示框。具体的代码如下：

```java
public class MainActivity extends AppCompatActivity {
    @Override
    protected void onCreate(Bundle savedInstanceState) {
        super.onCreate(savedInstanceState);
```

```
setContentView(R.layout.activity_main);
Button button= (Button) findViewById(R.id.button1);   //通过 ID 获取布局按钮
//为按钮添加单击事件监听器
button.setOnClickListener(new View.OnClickListener() {
    @Override
    public void onClick(View v) {
        Toast.makeText(MainActivity.this,
            "您已授权登录开心消消乐",Toast.LENGTH_SHORT).show();
    }
});
    }
}
```

4.2.2 图片按钮

扫一扫，看视频

在 Android 手机应用中，图片按钮应用也很常见。比如，我们在玩开心消消乐游戏时，看到的开始游戏界面（如图 4.16 所示）中的"开始游戏"和"切换账号"按钮，以及在全民飞机大战游戏时，看到的破纪录页面（如图 4.17 所示）中的"确定"、"炫耀一下"和查看奖励明细的按钮。

图 4.16　开心消消乐的开始游戏界面　　　　图 4.17　全民飞机大战的破纪录页面

图片按钮与普通按钮的使用方法基本相同，只不过图片按钮使用<ImageButton>标记定义，并且可以为其指定 android:src 属性，用于设置要显示的图片。在布局文件中添加图片按钮的基本语法格式如下：

```
<ImageButton
    android:id="@+id/ID 号"
    android:layout_height="wrap_content"
    android:layout_width="wrap_content"
    android:src="@mipmap/图片文件名"
    android:scaleType="缩放方式"
>
</ImageButton>
```

重要属性说明：

- android:src 属性：用于指定按钮上显示的图片。
- android:scaleType 属性：用于指定图片的缩放方式。其属性值见表 4-2。

表 4-2　android:scaleType 属性的属性值说明

属性值	描　　述
matrix	使用 matrix 方式进行缩放
fitXY	对图片横向、纵向独立缩放，使得该图片完全适应于该 ImageButton，图片的纵横比可能会改变
fitStart	保持纵横比缩放图片，直到该图片能完全显示在 ImageButton 中，缩放完成后该图片放在 ImageButton 的左上角
fitCenter	保持纵横比缩放图片，直到该图片能完全显示在 ImageButton 中，缩放完成后该图片放在 ImageButton 的中央
fitEnd	保持纵横比缩放图片，直到该图片能完全显示在 ImageButton 中，缩放完成后该图片放在 ImageButton 的右下角
center	把图像放在 ImageButton 的中间，但不进行任何缩放
centerCrop	保持纵横比缩放图片，使得图片能完全覆盖 ImageButton
centerInside	保持纵横比缩放图片，使得 ImageButton 能完全显示该图片

例如，在屏幕中添加一个代表播放的图片按钮，代码如下：

```
<ImageButton
    android:id="@+id/play"
    android:layout_width="wrap_content"
    android:layout_height="wrap_content"
    android:src="@mipmap/play"
    >
</ImageButton>
```

在模拟器中运行上面这段代码，将显示如图 4.18 所示的运行结果。

图 4.18　添加一个播放按钮

📝 说明：

如果在添加图片按钮时，不为其设置 android:background 属性，那么作为按钮的图片将显示在一个灰色的按钮上，也就是说图片按钮将带有一个灰色的立体边框。不过这时的图片按钮将会随着用户的动作而改变。一旦为其设置了 android:background 属性后，它将不会随着用户的动作而改变。如果要让其随着用户的动作而改变，就需要使用 StateListDrawable 资源来对其进行设置。

同普通按钮一样，也需要为图片按钮添加单击事件监听器，具体添加方法同普通按钮，这里不再赘述。

下面我们通过一个具体的实例，来演示图片按钮的使用。

例 4.4　在 Android Studio 中创建一个 Module，名称为 4.4，实现开心消消乐开始游戏页面中的开始游戏和切换账号按钮，如图 4.19 所示。单击"开始游戏"按钮，将显示如图 4.20 所示的消息提示框。（**实例位置：资源包\code\04\4.4**）

扫一扫，看视频

图 4.19　开心消消乐的开始游戏和切换账号按钮　　图 4.20　单击"开始游戏"按钮显示的消息提示框

（1）修改新建项目的 res/layout 目录下的布局文件 activity_main.xml，将默认添加的相对布局管理器修改为垂直的线性布局管理器，并且将默认添加的文本框组件删除。

（2）设置线性布局管理器的背景为复制到 mipmap 目录下的开心消消乐的背景图，并且设置底部居中对齐，以及底边距为 20dp，关键代码如下：

```
android:background="@mipmap/bg"
android:gravity="bottom|center_horizontal"
android:paddingBottom="20dp"
```

（3）在线性布局管理器中，添加两个图片按钮，分别为开始游戏按钮和切换账号按钮。主要是通过 android:src 属性设置图片，以及通过 android:background 属性设置背景透明，具体代码如下：

```xml
<ImageButton
    android:id="@+id/start"
    android:layout_width="wrap_content"
    android:layout_height="wrap_content"
    android:background="#0000"
    android:src="@mipmap/bt_start"
/>
```

```xml
<ImageButton
    android:id="@+id/switch1"
    android:layout_width="wrap_content"
    android:background="#0000"
    android:src="@mipmap/bt_switch"
    android:layout_marginTop="10dp"
     />
```

> **注意：**
> 在设置组件 ID 时，不能使用 Java 关键字。例如上面代码中，就不能把 ID 属性值设置为@+id/switch，否则将出现资源名不能使用 Java 关键字（Resource name cannot be a Java keyword …）的错误。

（4）打开主活动 MainActivity.java 文件，修改默认生成的代码，让 MainActivity 直接继承 Activity，并导入 android.app.Activity 类，然后在 onCreate()方法中添加设置全屏的代码。修改后的具体代码如下：

```java
public class MainActivity extends Activity {

    @Override
    protected void onCreate(Bundle savedInstanceState) {
        super.onCreate(savedInstanceState);
        setContentView(R.layout.activity_main);
        getWindow().setFlags(WindowManager.LayoutParams.FLAG_FULLSCREEN,
        WindowManager.LayoutParams.FLAG_FULLSCREEN);
    }
}
```

（5）在主活动 MainActivity 的 onCreate()方法中，为"开始游戏"图片按钮添加单击事件监听器，在重写的 onClick()方法中弹出相应的消息提示框。关键代码如下：

```java
ImageButton st= (ImageButton) findViewById(R.id.start); //通过 ID 获取布局开始游戏图片按钮
//为开始游戏图片按钮添加单击事件监听器
st.setOnClickListener(new View.OnClickListener() {
    @Override
    public void onClick(View v) {
        Toast.makeText(MainActivity.this,"您单击了开始游戏按钮",Toast.LENGTH_SHORT).show();
    }
});
```

（6）按照步骤（5）的方法为"切换账号"图片按钮添加单击事件监听器，具体代码请参见资源包。

扫一扫，看视频

4.2.3 单选按钮

在默认情况下，单选按钮显示为一个圆形图标，并且在该图标旁边放置一些说明性文字。在程序中，一般将多个单选按钮放置在按钮组中，使这些单选按钮表现出某种功能，当用户选中某个单选按钮后，按钮组中的其他按钮将被自动取消选中状态。在 Android 手机应用中，单选按钮应用也十分广泛。例如，在使用陌陌社交工具注册新用户填写基本资料时，填写基本资料界面中的选择性别单选按钮（如图 4.21 所示），以及如图 4.22 所示的显示智力问答题的备选答案的单选按钮。

图 4.21　陌陌的注册界面

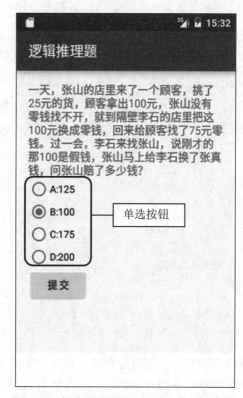
图 4.22　智力问答题的备选答案的单选按钮

通过<RadioButton>在 XML 布局文件中添加单选按钮的基本语法格式如下：

```
<RadioButton
        android:text="显示文本"
        android:id="@+id/ID 号"
        android:checked="true|false"
        android:layout_width="wrap_content"
        android:layout_height="wrap_content"
>
</RadioButton>
```

RadioButton 组件的 android:checked 属性用于指定选中状态，其属性值为 true 时，表示选中；属性值为 false 时，表示取消选中，默认为 false。

通常情况下，RadioButton 组件需要与 RadioGroup 组件一起使用，组成一个单选按钮组。在 XML 布局文件中，添加 RadioGroup 组件的基本格式如下：

```
<RadioGroup
        android:id="@+id/radioGroup1"
        android:orientation="horizontal"
        android:layout_width="wrap_content"
        android:layout_height="wrap_content">
    <!-- 添加多个 RadioGroup 组件 -->
</RadioGroup>
```

例如，在页面中添加一个选择性别的单选按钮组和一个提交按钮，可以使用下面的代码。

```xml
<RadioGroup
    android:id="@+id/radioGroup1"
    android:orientation="horizontal"
    android:layout_width="wrap_content"
    android:layout_height="wrap_content">
    <RadioButton
        android:layout_height="wrap_content"
        android:id="@+id/radio0"
        android:text="男"
        android:layout_width="wrap_content"
        android:checked="true"/>
    <RadioButton
        android:layout_height="wrap_content"
        android:id="@+id/radio1"
        android:text="女"
        android:layout_width="wrap_content"/>
</RadioGroup>
<Button android:text="提交"
    android:id="@+id/button1"
    android:layout_width="wrap_content"
    android:layout_height="wrap_content">
</Button>
```

在模拟器中运行上面这段代码，将显示如图4.23所示的运行结果。

在屏幕中添加单选按钮组后，还需要获取单选按钮组中选中项的值，通常存在以下两种情况。

➥ 在改变单选按钮组的值时获取

在改变单选按钮组的值时获取选中的单选按钮的值，首先需要获取单选按钮组，然后为其添加OnCheckedChangeListener，并在其 onCheckedChanged()方法中根据参数 checkedId 获取被选中的单选按钮，并通过其 getText()方法获取该单选按钮对应的值。例如，要获取 id 属性为 radioGroup1 的单选按钮组的值，可以通过下面的代码实现。

图4.23　添加一个单选按钮组和一个提交按钮

```java
RadioGroup sex=(RadioGroup)findViewById(R.id.radioGroup1);
sex.setOnCheckedChangeListener(new OnCheckedChangeListener() {

    @Override
    public void onCheckedChanged(RadioGroup group, int checkedId) {
        RadioButton r=(RadioButton)findViewById(checkedId);
        r.getText();                //获取被选中的单选按钮的值
    }
});
```

➥ 单击其他按钮时获取

单击其他按钮时获取选中项的值，首先需要在该按钮的单击事件监听器的onClick()方法中，通过 for 循环语句遍历当前单选按钮组，并根据被遍历到的单选按钮的 isChecked()方法判断该按钮是否被选中,当被选中时,通过单选按钮的 getText()方法获取对应的值。例如,要在单击"提交"按钮时,获取 id 属性为 radioGroup1 的单选按钮组的值,可以通过下面的代码实现。

```
final RadioGroup sex=(RadioGroup)findViewById(R.id.radioGroup1);
Button button=(Button)findViewById(R.id.button1);        //获取一个提交按钮
button.setOnClickListener(new OnClickListener() {

    @Override
    public void onClick(View v) {
        for(int i=0;i<sex.getChildCount();i++){
            RadioButton r=(RadioButton)sex.getChildAt(i);   //根据索引值获取单选按钮
            if(r.isChecked()){                              //判断单选按钮是否被选中
                r.getText();                                //获取被选中的单选按钮的值
                break;                                      //跳出 for 循环
            }
        }
    }
});
```

下面通过一个具体的实例演示单选按钮的具体应用。

例 4.5　在 Android Studio 中创建一个 Module,名称为 4.5,实现在屏幕上添加逻辑推理题,要求通过单选按钮组显示备选答案,如图 4.24 所示。(**实例位置:资源包\code\04\4.5**)

扫一扫,看视频

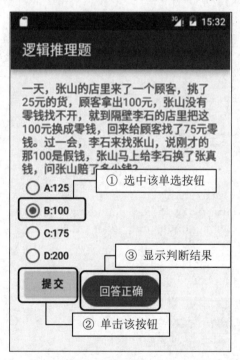

图 4.24　逻辑推理题的单选按钮组

(1)修改新建项目的 res\layout 目录下的布局文件 activity_main.xml,将默认添加的相对布局管理器修改为垂直线性布局管理器,并且设置默认添加的 TextView 组件显示问题,然后添加一个包含 4 个单选按钮的单选按钮组和一个提交按钮。关键代码如下:

```xml
<!--逻辑问题-->
<TextView
    android:layout_width="wrap_content"
    android:layout_height="wrap_content"
    android:text="一天,张山的店里来了一个顾客,挑了25元的货,顾客拿出100元,张山没有零钱找不开,就到隔壁李石的店里把这100元换成零钱,回来给顾客找了75元零钱。过一会,李石来找张山,说刚才的那100是假钱,张山马上给李石换了张真钱,问张山赔了多少钱?"
    android:textSize="16sp" />
<!--单选按钮组-->
<RadioGroup
    android:id="@+id/rg"
    android:layout_width="wrap_content"
    android:layout_height="wrap_content">
    <!--单选按钮A-->
    <RadioButton
        android:id="@+id/rb_a"
        android:layout_width="wrap_content"
        android:layout_height="wrap_content"
        android:text="A:125" />
    <!--单选按钮B-->
    <RadioButton
        android:id="@+id/rb_b"
        android:layout_width="wrap_content"
        android:layout_height="wrap_content"
        android:text="B:100" />
    <!--单选按钮C-->
    <RadioButton
        android:id="@+id/rb_c"
        android:layout_width="wrap_content"
        android:layout_height="wrap_content"
        android:text="C:175" />
    <!--单选按钮D-->
    <RadioButton
        android:id="@+id/rb_d"
        android:layout_width="wrap_content"
        android:layout_height="wrap_content"
        android:text="D:200" />
</RadioGroup>
<!--提交按钮-->
<Button
    android:id="@+id/bt"
    android:layout_width="wrap_content"
    android:layout_height="wrap_content"
    android:text="提 交" />
```

（2）在主活问 MainActivity 的 onCreate()方法中，获取提交按钮并为其添加单击事件监听器。在按钮的单击事件监听器的 onClick()方法中，通过 for 循环语句遍历当前单选按钮组，并根据被遍历到的单选按钮的 isChecked()方法判断该按钮是否被选中。当被选中时，通过单选按钮的 getText()方法获取对应的值，并且将获取的值与正确答案的值进行比较，如果相同，则提示"回答正确"，否则给出解析及正确答案。关键代码如下：

```java
public class MainActivity extends AppCompatActivity {
    Button bt;                                              //定义提交按钮
    RadioGroup rg;                                          //定义单选按钮组
    @Override
    protected void onCreate(Bundle savedInstanceState) {
        super.onCreate(savedInstanceState);
        setContentView(R.layout.activity_main);
        bt = (Button) findViewById(R.id.bt);                //通过ID获取布局提交按钮
        rg = (RadioGroup) findViewById(R.id.rg);            //通过ID获取布局单选按钮组
        bt.setOnClickListener(new View.OnClickListener() {  //为提交按钮设置单击事件
                                                            //  监听器

            @Override
            public void onClick(View v) {
                for (int i = 0; i < rg.getChildCount(); i++) {
                    RadioButton radioButton = (RadioButton) rg.getChildAt(i);
                                                            //根据索引值获取单选按钮
                    if (radioButton.isChecked()) {          //判断单选按钮是否
                                                            //  被选中
                        if (radioButton.getText().equals("B:100")) { //判断答案是否正确
                            Toast.makeText(MainActivity.this,
                                    "回答正确", Toast.LENGTH_LONG).show();
                        } else {
                            //错误消息提示框
                            AlertDialog.Builder builder = new AlertDialog.Builder(MainActivity.this);
                            builder.setMessage("回答错误,下面请看解析:当张山换完零钱之后, " +
                                    "给了顾客75还有价值25元的商品,自己还剩下了25元。这时, " +
                                    "李石来找张山要钱,张山把自己剩下的相当于是李石的25元给了李石, " +
                                    "另外自己掏了75元。这样张山赔了一个25元的商品和75元的人民币, " +
                                    "总共价值100元。");
                            builder.setPositiveButton("确定", null).show();
                                                            //单击确定消失
                        }
                        break;                              //跳出for循环
                    }
                }
            }
        });
    }
}
```

4.2.4 复选框

在默认情况下，复选框显示为一个方块图标，并且在该图标旁边放置一些说明性文字。与单选按钮唯一不同的是，复选框可以进行多选设置，每一个复选框都提供"选中"和"不选中"两种状态。在Android手机应用中，复选框组件的应用也十分广泛。例如，在全民飞机大战游戏中，通过微信登录游戏时显示的授予权限界面（如图4.25所示），在该页面中将通过复选框显示已经授予的

扫一扫，看视频

权限；亚马逊手机客户端的用户登录页面中，是否显示密码的复选框（如图 4.26 所示）。

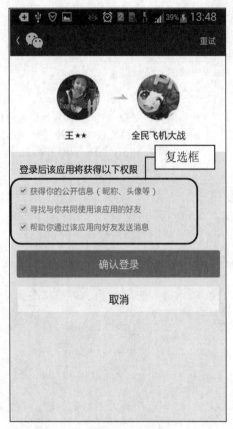

图 4.25　全民飞机大战授予权限界面

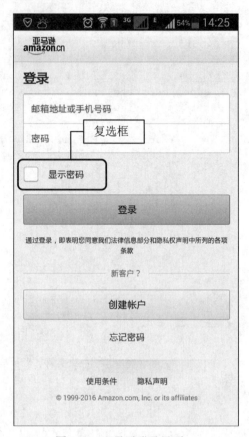

图 4.26　亚马逊登录界面

通过<CheckBox>在 XML 布局文件中添加复选框的基本语法格式如下：

```
<CheckBox android:text="显示文本"
    android:id="@+id/ID 号"
    android:layout_width="wrap_content"
    android:layout_height="wrap_content"
>
</CheckBox>
```

由于使用复选框可以选中多项，所以为了确定用户是否选择了某一项，还需要为每一个选项添加事件监听器。例如，要为 id 为 like1 的复选框添加状态改变事件监听器，可以使用下面的代码：

```
final CheckBox like1=(CheckBox)findViewById(R.id.like1);   //根据id属性获取复选框
like1.setOnCheckedChangeListener(new OnCheckedChangeListener() {

    @Override
    public void onCheckedChanged(CompoundButton buttonView, boolean isChecked) {
        if(like1.isChecked()){        //判断该复选框是否被选中
            like1.getText();          //获取选中项的值
        }
    }
});
```

例 4.6　在 Android Studio 中创建一个 Module，名称为 4.6，实现通过微信登录游戏时显示的授予权限界面，并获取选择的值，如图 4.27 所示。选中全部复选框，单击"确认登录"按钮，将弹出如图 4.28 所示的消息提示框。（实例位置：资源包\code\04\4.6）

图 4.27　飞机大战授权界面　　　　图 4.28　获取的复选框的值

（1）修改新建项目的 res\layout 目录下的布局文件 activity_main.xml，将默认添加的相对布局管理器修改为垂直线性布局管理器，将需要的图片复制到 mipmap-mdpi 目录中。在该布局管理器中添加一个 ImageView 组件、一个 TextView、3 个复选框和两个普通按钮。关键代码如下：

```xml
<ImageView
    android:layout_width="match_parent"
    android:layout_height="wrap_content"
    android:src="@mipmap/feiji_top"
/>
<TextView
    android:layout_width="wrap_content"
    android:layout_height="wrap_content"
    android:text="登录后该应用将获得以下权限"
    android:textSize="14sp"  />
<CheckBox
    android:id="@+id/checkbox1"
    android:layout_width="wrap_content"
    android:layout_height="wrap_content"
    android:text="获得你的公开信息（昵称、头像等）"
    android:checked="true"
    android:textSize="12sp"
    android:textColor="#BDBDBD"/>
```

```xml
<CheckBox
    android:id="@+id/checkbox2"
    android:layout_width="wrap_content"
    android:layout_height="wrap_content"
    android:text="寻找与你共同使用该应用的好友"
    android:checked="true"
    android:textSize="12sp"
    android:textColor="#BDBDBD"/>
<CheckBox
    android:id="@+id/checkbox3"
    android:layout_width="wrap_content"
    android:layout_height="wrap_content"
    android:text="帮助你通过该应用向好友发送消息"
    android:checked="true"
    android:textSize="12sp"
    android:textColor="#BDBDBD"/>
<Button
    android:id="@+id/btn_login"
    android:layout_width="match_parent"
    android:layout_height="wrap_content"
    android:background="#009688"
    android:text="确认登录"/>
<Button
    android:layout_marginTop="20dp"
    android:layout_width="match_parent"
    android:layout_height="wrap_content"
    android:background="#FFFFFF"
    android:text="取消"/>
```

（2）在主活动 MainActivity 中，创建 4 个成员变量，用于表示登录按钮和复选框。关键代码如下：

```java
Button btn_login;                                        //定义登录按钮
CheckBox checkBox1, checkBox2, checkBox3;    //定义复选框
```

（3）在主活动 MainActivity 的 onCreate()方法中获取布局文件中添加的 3 个复选框和一个确认登录按钮。关键代码如下：

```java
btn_login = (Button) findViewById(R.id.btn_login);       //通过ID获取确认登录按钮
checkBox1 = (CheckBox) findViewById(R.id.checkbox1);     //通过ID获取复选框1
checkBox2 = (CheckBox) findViewById(R.id.checkbox2);     //通过ID获取复选框2
checkBox3 = (CheckBox) findViewById(R.id.checkbox3);     //通过ID获取复选框3
```

（4）获取"确认登录"按钮，并为该按钮添加单击事件监听器。在该事件监听器的 onClick()方法中通过 if 语句获取被选中的复选框的值，并通过一个提示信息框显示。具体代码如下：

```java
btn_login.setOnClickListener(new View.OnClickListener() {   //为确认登录按钮
    @Override
    public void onClick(View v) {
        String checked = "";                                //保存选中的值
        if (checkBox1.isChecked()) {                        //当第一个复选框被选中
            checked += checkBox1.getText().toString() ;     //输出第一个复选框内信息
        }
        if (checkBox2.isChecked()) {                                //当第二个复选框被选中
```

```
            checked += checkBox2.getText().toString() ;    //输出第二个复选框内信息
        }
        if (checkBox3.isChecked()) {                        //当第三个复选框被选中
            checked += checkBox3.getText().toString() ;    //输出第三个复选框内信息
        }
        //显示被选中复选框对应的信息
        Toast.makeText(MainActivity.this, checked, Toast.LENGTH_LONG).show();
    }
});
```

4.3　日期时间类组件

在 Android 中，提供了一些与日期和时间相关的组件，常用的组件有日期选择器、时间选择器和计时器等。其中，日期选择器使用 DatePicker 类表示；时间选择器使用 TimePicker 类表示；计时器使用 Chronometer 类表示。日期时间类组件的继承关系如图 4.29 所示。

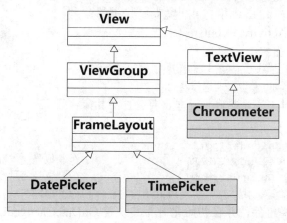

图 4.29　日期时间类组件的继承关系图

从图 4.29 中可以看出：DatePicker 和 TimePicker 都继承自 FrameLayout，所以它们可以显示层叠的内容，并且能够实现拖动等动画效果，而 Chronometer 继承自 TextView 组件，属于文本类组件，只能显示文本。所以它们的显现方式是不一样的。

4.3.1　日期选择器

为了让用户能够选择日期，Android 提供了日期选择器（如图 4.30 所示），对应的组件为 DatePicker。该组件使用比较简单，可以在 Android Studio 的可视化界面设计器中选择对应的组件，并拖曳到布局文件中。为了可以在程序中获取用户选择的日期，还需要为 DatePicker 组件添加事件监听器 OnDateChangedListener。

下面通过一个具体的实例来说明日期选择器的具体用法。

图 4.30　日期选择器

例 4.7 在 Android Studio 中创建一个 Module，名称为 4.7，在屏幕中添加日期选择器，并实现在改变日期时，通过消息提示框显示改变后的日期，如图 4.31 所示。（实例位置：资源包\code\04\4.7）

（1）在新建项目的布局文件 activity_main.xml 中，将默认添加的相对布局管理器修改为垂直线性布局管理器，并且将默认添加的 TextView 组件删除，然后添加日期选择器。关键代码如下：

```xml
<DatePicker
    android:id="@+id/datePicker"
    android:layout_width="match_parent"
    android:layout_height="match_parent">
</DatePicker>
```

（2）在主活动 MainActivity 的中定义 4 个成员变量，分别为年、月、日和日期选择器对象。关键代码如下：

```java
int year,month,day;            //定义年，月，日
DatePicker datePicker;         //定义日期选择器
```

（3）在主活动 MainActivity 的 onCreate()方法中，获取日期选择组件。具体代码如下：

```java
datePicker= (DatePicker) findViewById(R.id.datePicker); //通过 ID 获取日期选择器
```

（4）创建一个日历对象，并获取当前年、月、日。具体代码如下：

图 4.31　应用日期选择器选择日期

```java
Calendar calendar=Calendar.getInstance();
year=calendar.get(Calendar.YEAR);              //获取当前年份
month=calendar.get(Calendar.MONTH);            //获取当前月份
day=calendar.get(Calendar.DAY_OF_MONTH);       //获取当前日
```

（5）初始化日期选择组件，并在初始化时为其设置 OnDateChangedListener 事件监听器。具体代码如下：

```java
//初始化日期选择器，并在初始化时指定监听器
datepicker.init(year, month, day, new DatePicker.OnDateChangedListener() {
        @Override
        public void onDateChanged(DatePicker arg0,int year,int month,int day){
            MainActivity.this.year=year;       //改变 year 属性的值
            MainActivity.this.month=month;     //改变 month 属性的值
            MainActivity.this.day=day;         //改变 day 属性的值
            show(year,month,day);              //通过消息框显示日期和时间
        }
});
```

（6）编写 show()方法，用于通过消息框显示选择的日期。具体代码如下：

```java
private void show(int year, int monthOfYear, int dayOfMonth) {
        String str=year+"年"+monthOfYear+1+"月"+dayOfMonth+"日";//获取选择器设置的日期
        Toast.makeText(MainActivity.this,str,Toast.LENGTH_SHORT).show();  //将选择的日期显示出来
    }
}
```

第 4 章 基本 UI 组件

注意：
由于通过 DatePicker 对象获取到的月份是 0~11 月，而不是 1~12 月，所以需要将获取的结果加 1，才能代表真正的月份。

4.3.2 时间选择器

扫一扫，看视频

为了让用户能够选择时间，Android 提供了时间选择器（如图 4.32 所示），对应的组件为 TimePicker。该组件使用起来比较简单，同样，也可以通过拖曳的方式添加到布局文件中。为了可以在程序中获取用户选择的时间，还需要为 TimePicker 组件添加事件监听器 OnTimeChangedListener。

下面通过一个具体的实例来说明时间选择器的具体用法。

例 4.8 在 Android Studio 中创建一个 Module，名称为 4.8，在屏幕中添加时间选择器，并实现在改变时间的时候，通过消息提示框显示改变后的时间，如图 4.33 所示。（**实例位置：资源包\code\04\4.8**）

图 4.32 时间选择器

图 4.33 应用时间选择器选择时间

（1）在新建项目的布局文件 activity_main.xml 中，将默认添加的相对布局管理器修改为垂直线性布局管理器，并且将默认添加的 TextView 组件删除，然后添加时间选择器。关键代码如下：

```
<TimePicker
    android:id="@+id/timePicker"
    android:layout_width="match_parent"
    android:layout_height="match_parent">
</TimePicker>
```

（2）在主活动 MainActivity 中定义 3 个成员变量，分别为时间选择器对象、小时和分钟。关键代码如下：

```
TimePicker timePicker;                    //定义时间选择器
int hour,minute;                          //定义小时和分钟
```

（3）在主活动 MainActivity 的 onCreate()方法中，获取时间选择组件，并将时间选择组件设置为 24 小时制式显示。具体代码如下：

```
timePicker= (TimePicker) findViewById(R.id.timePicker);
timePicker.setIs24HourView(true);
```

（4）创建一个时间对象，并获取当前小时、分钟。具体代码如下：

```
Calendar calendar=Calendar.getInstance();
hour=calendar.get(Calendar.HOUR_OF_DAY);              //获取当前小时
minute=calendar.get(Calendar.MINUTE);                 //获取当前分钟
```

（5）初始化日期选择组件，并在初始化时为其设置 setOnTimeChangedListener 事件监听器。具体代码如下：

```
timePicker.setOnTimeChangedListener(new TimePicker.OnTimeChangedListener() {
    @Override
    public void onTimeChanged(TimePicker view, int hourOfDay, int minute) {
        MainActivity.this.hour=hourOfDay;             //改变小时后的参数
        MainActivity.this.minute=minute;              //改变分钟后的参数
        show(hourOfDay,minute);                       //通过消息框显示选择的时间
    }
});
```

（6）编写 show()方法，用于通过消息框显示选择的时间。具体代码如下：

```
private void show(int hourOfDay, int minute) {
    String str=hourOfDay+"时"+minute+"分";            //获取选择器设置的时间
    Toast.makeText(MainActivity.this,str,Toast.LENGTH_SHORT).show();
                                                      //显示消息提示框
}
```

4.3.3 计时器

计时器（Chronometer）组件用于显示一串文本，该文本为从某个时间开始，到现在一共过去了多长时间。由于该组件继承自 TextView，所以它以文本的形式显示内容。在 Android 手机应用中，计时器组件常用在定时器或者秒表应用中。例如，手机中的秒表（如图 4.34 所示），以及开心消消乐的某一关的倒计时功能（如图 4.35 所示）等都应用了计时器组件。

通过<Chronometer>标记在 XML 布局文件中添加计时器的基本语法格式如下：

```
<Chronometer
    android:id="@+id/chronometer"
    android:layout_width="wrap_content"
    android:layout_height="wrap_content"
    android:format="%s"
    />
```

其中，android:format 属性用于指定显示时间的格式，其属性值可以设置为%s，表示显示 MM:SS 或者 H:MM:SS 格式的时间。

图 4.34　秒表

图 4.35　开心消消乐某一关的倒计时

图 4.36　显示计时器

实际上，在使用 Chronometer 组件时，通常需要使用以下 5 个方法。

- setBase()：用于设置计时器的起始时间。
- setFormat()：用于设置显示时间的格式。
- start()：用于指定开始计时。
- stop()：用于指定停止计时。
- setOnChronometerTickListener()：用于为计时器绑定事件监听器，当计时器改变时触发该监听器。

下面通过一个具体的实例来说明计时器的用法。

例 4.9　在 Android Studio 中创建一个 Module，名称为 4.9，实现仿开心消消乐某一关的 60 秒计时功能，如图 4.36 所示。（**实例位置：资源包\code\04\4.9**）

（1）在新建项目的布局文件 activity_main.xml 中，将默认添加的 TextView 组件删除，然后添加 id 属性为 ch 的计时器组件，将需要的图片复制到 mipmap-mdpi 目录中。关键代码如下：

```xml
<Chronometer
    android:id="@+id/ch"
    android:layout_width="wrap_content"
    android:layout_height="wrap_content"
    android:textColor="#FFFF00"
    android:layout_marginRight="8dp"
    android:layout_marginTop="10dp"
    android:layout_alignParentTop="true"
    android:layout_alignParentRight="true" />
```

（2）打开主活动 MainActivity.java 文件，修改默认生成的代码，让 MainActivity 直接继承 Activity，并导入 android.app.Activity 类，然后在 onCreate()方法的上面声明一个计时器对象，再在 onCreate()方法中添加设置全屏的代码。修改后的具体代码如下：

```java
public class MainActivity extends Activity {
    Chronometer ch;                    //定义计时器
    @Override
    protected void onCreate(Bundle savedInstanceState) {
        super.onCreate(savedInstanceState);
        setContentView(R.layout.activity_main);
        getWindow().setFlags(WindowManager.LayoutParams.FLAG_FULLSCREEN,
        WindowManager.LayoutParams.FLAG_FULLSCREEN);
    }
}
```

（3）在主活动 MainActivity 的 onCreate()方法中获取计时器组件，并设置起始时间、显示时间的格式、开启计时器，以及为其添加监听器。具体代码如下：

```java
ch = (Chronometer) findViewById(R.id.ch);         //获取计时器组件
ch.setBase(SystemClock.elapsedRealtime());        //设置起始时间
ch.setFormat("%s");                                //设置显示时间格式
ch.start();                                        //开启计时器
//添加监听器
ch.setOnChronometerTickListener(new Chronometer.OnChronometerTickListener() {
    @Override
    public void onChronometerTick(Chronometer chronometer) {
        //判断时间计时达到60秒时
        if (SystemClock.elapsedRealtime() - ch.getBase() >= 60000) {
            ch.stop();                             //停止计时器
        }

    }
});
```

第 5 章　高级 UI 组件

在前一章中已经学习了 Android 提供的基本 UI 组件，本章将学习 Android 提供的高级 UI 组件。通过阅读本章，您可以：

➥ 掌握进度条类组件的基本应用
➥ 掌握图像类组件的应用
➥ 掌握列表类组件的基本应用
➥ 掌握滚动视图的基本应用
➥ 掌握选项卡的使用方法

5.1　进度条类组件

在 Android 中，提供了进度条、拖动条和星级评分条等进度条类组件。其中，用于显示某个耗时操作完成的百分比的组件称为进度条组件，使用 ProgressBar 表示；同进度条类似，允许用户通过拖动滑块来改变值的组件称为拖动条组件，使用 SeekBar 表示；同样也是允许用户通过拖动来改变进度，但是使用星星图案表示进度的组件称为星级评分条，使用 RatingBar 表示。它们的继承关系如图 5.1 所示。

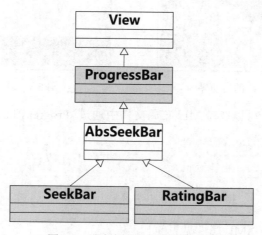

图 5.1　进度条类组件继承关系图

从图 5.1 中可以看出：ProgressBar 组件继承自 View，而 SeekBar 和 RatingBar 组件又间接继承自 ProgressBar 组件。所以对于 ProgressBar 的属性，同样适用于 SeekBar 和 RatingBar 组件。下面将对这 3 个组件分别进行介绍。

5.1.1　进度条

当一个应用在后台执行时，前台界面不会有任何信息，这时用户根本不知道程序是否在执行以及执行进度等,因此需要使用进度条来提示程序执行的进度。在 Android 中,提供了两种进度条:一种是水平进度条;另一种是圆形进度条。例如,开心消消乐的启动页面中的进度条(如图 5.2 所示)为水平进度条,而一键清理大师的垃圾清理界面的进度条(如图 5.3 所示)为圆形进度条。

图 5.2 开心消消乐的启动界面

图 5.3 垃圾清理界面

在屏幕中添加进度条,可以在 XML 布局文件中通过<ProgressBar>标记添加,基本语法格式如下:

```
<ProgressBar
属性列表
>
</ProgressBar>
```

ProgressBar 组件支持的 XML 属性见表 5-1。

表 5-1 ProgressBar 支持的 XML 属性

XML 属性	描 述
android:max	用于设置进度条的最大值
android:progress	用于指定进度条已完成的进度值
android:progressDrawable	用于设置进度条轨道的绘制形式

除了表 5-1 中介绍的属性外，进度条组件还提供了下面两个常用方法用于操作进度。

- setProgress(int progress)方法：用于设置进度完成的百分比。
- incrementProgressBy(int diff)方法：用于设置进度条的进度增加或减少。当参数值为正数时，表示进度增加；为负数时，表示进度减少。

下面给出一个关于在屏幕中使用进度条的实例。

例 5.1 在 Android Studio 中创建一个 Module，名称为 5.1，实现类似开心消消乐启动界面的水平进度条，如图 5.4 所示。（**实例位置：资源包\code\05\5.1**）

（1）修改新建 Module 的 res/layout 目录下的布局文件 activity_main.xml，将默认添加的 TextView 组件删除，然后添加一个水平进度条，并且将名称为 xxll.jpg 的背景图片复制到 mipmap-mdpi 目录中。修改后的代码如下：

扫一扫，看视频

图 5.4　开心消消乐启动界面的水平进度条

```xml
<RelativeLayout xmlns:android="http://schemas.android.com/apk/res/android"
    xmlns:tools="http://schemas.android.com/tools"
    android:layout_width="match_parent"
    android:layout_height="match_parent"
    android:background="@mipmap/xxll"
    android:paddingBottom="@dimen/activity_vertical_margin"
    android:paddingLeft="@dimen/activity_horizontal_margin"
    android:paddingRight="@dimen/activity_horizontal_margin"
    android:paddingTop="@dimen/activity_vertical_margin"
    tools:context="com.mingrisoft.MainActivity">
    <!-- 水平进度条 -->
    <ProgressBar
        android:id="@+id/progressBar1"
        style="@android:style/Widget.ProgressBar.Horizontal"
        android:layout_width="match_parent"
        android:layout_height="25dp"
        android:layout_alignParentBottom="true"
        android:layout_alignParentLeft="true"
        android:layout_alignParentStart="true"
        android:layout_marginBottom="60dp"
        android:max="100" />
</RelativeLayout>
```

说明：

在上面的代码中，通过 android:max 属性设置水平进度条的最大进度值；通过 style 属性可以为 ProgressBar 指定风格，常用的 style 属性值见表 5-2。

表 5-2　ProgressBar 的 style 属性的可选值

XML 属性	描述
?android:attr/progressBarStyleHorizontal	细水平长条进度条
?android:attr/progressBarStyleLarge	大圆形进度条
?android:attr/progressBarStyleSmall	小圆形进度条
@android:style/Widget.ProgressBar.Large	大跳跃、旋转画面的进度条
@android:style/Widget.ProgressBar.Small	小跳跃、旋转画面的进度条
@android:style/Widget.ProgressBar.Horizontal	粗水平长条进度条

（2）打开主活动 MainActivity.java 文件，修改默认生成的代码，让 MainActivity 直接继承 Activity，并导入 android.app.Activity 类，然后在 onCreate()方法中添加设置当前 Activity 全屏的代码。修改后的具体代码如下：

```java
public class MainActivity extends Activity {
    @Override
    protected void onCreate(Bundle savedInstanceState) {
        super.onCreate(savedInstanceState);
        setContentView(R.layout.activity_main);
        getWindow().setFlags(WindowManager.LayoutParams.FLAG_FULLSCREEN,
        WindowManager.LayoutParams.FLAG_FULLSCREEN);   //设置全屏显示
    }
}
```

（3）在主活动 MainActivity 中，定义一个 ProgressBar 类的对象（用于表示水平进度条），一个 int 型的变量（用于表示完成进度）和一个处理消息的 Handler 类的对象。具体代码如下：

```java
private ProgressBar horizonP;          //水平进度条
private int mProgressStatus = 0;       //完成进度
private Handler mHandler;              //声明一个用于处理消息的 Handler 类的对象
```

（4）在主活动的 onCreate()方法中，首先获取水平进度条，然后通过匿名内部类实例化处理消息的 Handler 类（位于 android.os 包中）的对象，并重写其 handleMessage()方法，实现当耗时操作没有完成时更新进度，否则设置进度条不显示。关键代码如下：

```java
horizonP = (ProgressBar) findViewById(R.id.progressBar1);  //获取水平进度条
    mHandler = new Handler() {
        @Override
        public void handleMessage(Message msg) {
            if (msg.what == 0x111) {
                horizonP.setProgress(mProgressStatus);      //更新进度
            } else {
                Toast.makeText(MainActivity.this, "耗时操作已经完成", Toast.LENGTH_SHORT).show();
                horizonP.setVisibility(View.GONE);//设置进度条不显示，并且不占用空间
            }
        }
    };
```

> **说明：**
> 在上面的代码中，0x111 为自定义的消息代码，通过它可以区分消息，以便进行不同的处理。

（5）开启一个线程，用于模拟一个耗时操作。在该线程中，调用 sendMessage()方法发送处理消息。具体代码如下：

```
new Thread(new Runnable() {
        public void run() {
            while (true) {              //循环获取耗时操作完成的百分比，直到耗时操作结束
                mProgressStatus = doWork();     //获取耗时操作完成的百分比
                Message m = new Message();      //创建并实例化一个消息对象
                if (mProgressStatus < 100) {    //当完成进度不到100时表示耗时任务未完成
                    m.what = 0x111;             //设置代表耗时操作未完成的消息代码
                    mHandler.sendMessage(m);    //发送信息
                } else {                        //当完成进度到达100时表示耗时操作完成
                    m.what = 0x110;             //设置代表耗时操作已经完成的消息代码
                    mHandler.sendMessage(m);    //发送消息
                    break;                      //退出循环
                }
            }
        }
        //模拟一个耗时操作
        private int doWork() {
            mProgressStatus += Math.random() * 10;  //改变完成进度
            try {
                Thread.sleep(200);              //线程休眠200毫秒
            } catch (InterruptedException e) {
                e.printStackTrace();            //输出异常信息
            }
            return mProgressStatus;             //返回新的进度
        }
}).start();                                     //开启一个线程
```

> **说明：**
> 关于线程的内容将在第17章中详细介绍。

5.1.2 拖动条

拖动条与进度条类似，所不同的是，拖动条允许用户拖动滑块来改变值，通常用于实现对某种数值的调节。例如，美图秀秀中的调整相片亮度的界面（如图5.5所示），以及在一键清理大师的设置界面中设置延迟时间和摇晃灵敏度的拖动条（如图5.6所示）。

在 Android 中，如果想在屏幕中添加拖动条，可以在 XML 布局文件中通过<SeekBar>标记添加，基本语法格式如下：

```
<SeekBar
android:layout_height="wrap_content"
android:id="@+id/seekBar1"
android:layout_width="match_parent">
</SeekBar>
```

扫一扫，看视频

图 5.5 调整相片亮度界面

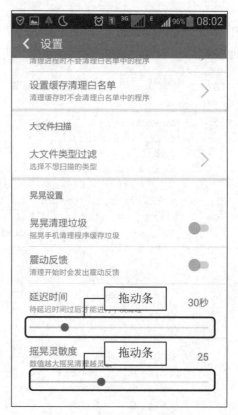

图 5.6 一键清理大师的设置界面

SeekBar 组件允许用户改变拖动滑块的外观,这可以使用 android:thumb 属性实现,该属性的属性值为一个 Drawable 对象,该 Drawable 对象将作为自定义滑块。

由于拖动条可以被用户控制,所以需要为其添加 OnSeekBarChangeListener 监听器,基本代码如下:

```
seekbar.setOnSeekBarChangeListener(new OnSeekBarChangeListener() {
  @Override
  public void onStopTrackingTouch(SeekBar seekBar) {
      //要执行的代码
  }
  @Override
  public void onStartTrackingTouch(SeekBar seekBar) {
      //要执行的代码
  }
  @Override
  public void onProgressChanged(SeekBar seekBar, int progress,
          boolean fromUser) {
      //其他要执行的代码
  }
});
```

说明：

在上面的代码中，onProgressChanged()方法中的参数 progress 表示当前进度，也就是拖动条的值。

下面通过一个具体的实例说明拖动条的应用。

例 5.2 在 Android Studio 中创建一个 Module，名称为 5.2，实现美图秀秀图片的透明度拖动条，并为其添加 OnSeekBar-ChangeListener 监听器，如图 5.7 所示。（**实例位置：资源包\code\05\5.2**）

图 5.7 图片透明度拖动条

 说明：

在创建例 5.2 的 Module 时，需要将最小 API 版本设置为 17。

（1）修改新建 Module 的 res/layout 目录下的布局文件 activity_main.xml，将默认添加的相对布局管理器修改为垂直线性布局管理器，并将默认添加的 TextView 组件删除。先添加一个 ImageView，然后添加一个拖动条，并指定拖动条的当前值和最大值，最后再添加一个 ImageView，并且将需要的图片复制到 mipmap-mdpi 文件夹中。修改后的代码如下：

```xml
<LinearLayout xmlns:android="http://schemas.android.com/apk/res/android"
    xmlns:tools="http://schemas.android.com/tools"
    android:orientation="vertical"
    android:layout_width="match_parent"
    android:layout_height="match_parent"
    android:paddingBottom="@dimen/activity_vertical_margin"
    android:paddingLeft="@dimen/activity_horizontal_margin"
    android:paddingRight="@dimen/activity_horizontal_margin"
    android:paddingTop="@dimen/activity_vertical_margin"
    tools:context="com.mingrisoft.MainActivity">
    <!-- 设置一张山水图片-->
    <ImageView
        android:id="@+id/image"
        android:layout_width="match_parent"
        android:layout_height="250dp"
        android:src="@mipmap/lijiang"/>
    <!-- 定义一个拖动条 -->
    <SeekBar
        android:id="@+id/seekbar"
        android:layout_width="match_parent"
        android:layout_height="wrap_content"
        android:max="255"
        android:progress="255"
        />
    <!--属性图片 -->
    <ImageView
```

```
            android:layout_width="match_parent"
            android:layout_height="wrap_content"
            android:scaleType="fitXY"
            android:src="@mipmap/meitu"/>
</LinearLayout>
```

（2）在主活动 MainActivity 中，定义一个 SeekBar 类的对象，定义一个用于表示拖动条，定义一个 ImageView 图片。具体代码如下：

```
private ImageView image;              //定义图片
private SeekBar seekBar;              //定义拖动条
```

（3）在主活动的 onCreate()方法中，首先获取布局文件中添加的图片和拖动条，然后为拖动条添加 OnSeekBarChangeListener 事件监听器，在 onProgressChanged()方法中动态改变图片的透明度。具体代码如下：

```
image = (ImageView) findViewById(R.id.image);    //获取图片
seekBar = (SeekBar) findViewById(R.id.seekbar);  //获取拖动条
//为拖动条设置监听事件
seekBar.setOnSeekBarChangeListener(new SeekBar.OnSeekBarChangeListener() {
    // 当拖动条的滑块位置发生改变时触发该方法
    @Override
    public void onProgressChanged(SeekBar arg0, int progress,
                                  boolean fromUser) {
        // 动态改变图片的透明度
        image.setImageAlpha(progress);
    }
    @Override
    public void onStartTrackingTouch(SeekBar bar) {
    }
    @Override
    public void onStopTrackingTouch(SeekBar bar) {
    }
});
```

（4）打开 AndroidManifest.xml 文件，将其中的<application>标记的 android:theme 属性值"@style/AppTheme"修改为"@style/Theme.AppCompat"。修改后的 android:theme 属性的代码如下：

```
android:theme="@style/Theme.AppCompat"
```

扫一扫，看视频

5.1.3 星级评分条

星级评分条与拖动条类似，都允许用户通过拖动的方式来改变进度，所不同的是，星级评分条是通过星星图案来表示进度的。通常情况下，使用星级评分条表示对某一事物的支持度或对某种服务的满意程度等。例如，淘宝的发表评价界面中对卖家的好评度，如图 5.8 所示，就是通过星级评分条实现的。另外，百度外卖的添加评价界面也应用了星级评分条，如图 5.9 所示。

在 Android 中，如果想在屏幕中添加星级评分条，可以在 XML 布局文件中通过<RatingBar>标记添加，基本语法格式如下：

```
<RatingBar
    属性列表
>
</RatingBar>
```

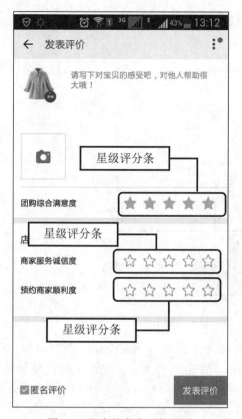

图5.8 淘宝的发表评价界面

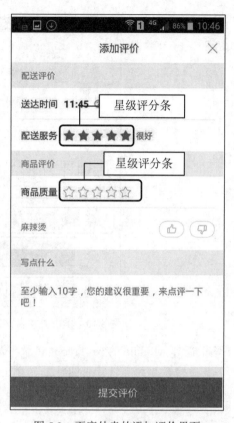

图5.9 百度外卖的添加评价界面

RatingBar 组件支持的 XML 属性见表 5-3。

表 5-3 RatingBar 支持的 XML 属性

XML 属性	描 述
android:isIndicator	用于指定该星级评分条是否允许用户改变，true 为不允许改变
android:numStars	用于指定该星级评分条总共有多少个星
android:rating	用于指定该星级评分条默认的星级
android:stepSize	用于指定每次最少需要改变多少个星级，默认为 0.5 个

除了表 5-3 中介绍的属性外，星级评分条还提供了以下 3 个比较常用的方法。

- getRating()：用于获取等级，表示选中了几颗星。
- getStepSize()：用于获取每次最少要改变多少个星级。
- getProgress()：用于获取进度，获取到的进度值为 getRating()方法返回值与 getStepSize()方法返回值之商。

下面通过一个具体的实例来说明星级评分条的应用。

例 5.3 在 Android Studio 中创建一个 Module，名称为 5.3，实现手机淘宝评价页面的星级评分条，如图 5.10 所示。（实例位置：资源包\code\05\5.3）

扫一扫，看视频

图5.10 单击"发表评价"按钮显示选择了几颗星

（1）修改新建 Module 的 res/layout 目录下的布局文件 activity_main.xml，然后添加一个星级评分条和一个普通按钮，并且将背景图片复制到 mipmap-mdpi 文件夹中。修改后的代码如下：

```
<RelativeLayout xmlns:android="http://schemas.android.com/apk/res/android"
    xmlns:tools="http://schemas.android.com/tools"
    android:layout_width="match_parent"
    android:layout_height="match_parent"
    android:background="@mipmap/xing1"
    android:paddingBottom="@dimen/activity_vertical_margin"
    android:paddingLeft="@dimen/activity_horizontal_margin"
    android:paddingRight="@dimen/activity_horizontal_margin"
    android:paddingTop="@dimen/activity_vertical_margin"
    tools:context="com.mingrisoft.MainActivity">
<!-- 店铺评分-->
<TextView
    android:id="@+id/textView"
    android:layout_width="wrap_content"
    android:layout_height="wrap_content"
    android:text="店铺评分"
    android:textSize="20sp"
    android:layout_above="@+id/btn"
    android:layout_marginBottom="130dp"/>
<!-- 星级评分条 -->
<RatingBar
    android:id="@+id/ratingBar1"
    android:layout_width="wrap_content"
    android:layout_height="wrap_content"
    android:numStars="5"
    android:rating="0"
    android:layout_above="@+id/btn"
```

```xml
        android:layout_marginBottom="60dp"/>
    <!--发表评价-->
    <Button
        android:id="@+id/btn"
        android:layout_width="wrap_content"
        android:layout_height="wrap_content"
        android:layout_alignParentBottom="true"
        android:layout_alignParentRight="true"
        android:background="#FF5000"
        android:text="发表评价" />
</RelativeLayout>
```

（2）打开主活动 MainActivity.java 文件，修改默认生成的代码，让 MainActivity 直接继承 Activity，并导入 android.app.Activity 类，然后定义一个 RatingBar 类的对象，用于表示星级评分条。修改后的具体代码如下：

```java
public class MainActivity extends Activity {
    private RatingBar ratingbar;      //星级评分条
    @Override
    protected void onCreate(Bundle savedInstanceState) {
        super.onCreate(savedInstanceState);
        setContentView(R.layout.activity_main);
```

（3）在主活动的 onCreate()方法中，首先获取布局文件中添加的星级评分条，然后获取提交按钮，并为其添加单击事件监听器。在重写的 onClick()事件中，获取进度、等级和每次最少要改变多少个星级并显示到日志中，同时通过消息提示框显示获得的星的个数。关键代码如下：

```java
        ratingbar = (RatingBar) findViewById(R.id.ratingBar1);   //获取星级评分条
        Button button=(Button)findViewById(R.id.btn);            //获取"提交"按钮
        button.setOnClickListener(new View.OnClickListener() {
            @Override
            public void onClick(View v) {
                int result = ratingbar.getProgress();       //获取进度
                float rating = ratingbar.getRating();       //获取等级
                float step = ratingbar.getStepSize();       //获取每次最少要改变多少个星级
                Log.i("星级评分条","step="+step+" result="+result+" rating="+rating);
                Toast.makeText(MainActivity.this, "你得到了" + rating + "颗星", Toast.LENGTH_SHORT).show();
            }
        });
```

5.2 图像类组件

在 Android 中，提供了比较丰富的图像类组件。其中，用于显示图像的组件称为图像视图组件，使用 ImageView 表示；用于在图片切换时添加动画效果的组件称为图像切换器，使用 ImageSwitcher 表示；用于按照行、列的方式来显示多个元素（如图片、文字等）的组件称为网格视图，使用 GridView 表示。它们的继承关系如图 5.11 所示。

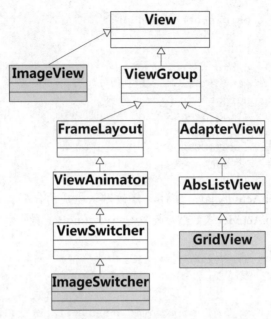

图 5.11 图像类组件继承关系图

从图 5.11 中可以看出：ImageView 组件继承自 View，所以它主要用于呈现图像；ImageSwitcher 组件间接继承自 FrameLayout 组件，所以 ImageSwitcher 可以实现动画效果；GridView 组件间接继承自 AdapterView 组件，所以可以包括多个列表项，并且可以通过合适的方式显示。下面将对这三个组件分别进行介绍。

📝 说明：

AdapterView 是一个抽象基类，它继承自 ViewGroup，属于容器，可以包括多个列表项，并且可以通过合适的方式显示。在指定多个列表项时，使用 Adapter 对象提供。

5.2.1 图像视图

图像视图（ImageView），用于在屏幕中显示任何 Drawable 对象，通常用来显示图片。例如，美图秀秀的美化图片界面中显示的图片（如图 5.12 所示），以及有道词典的主界面中的图片（如图 5.13 所示）。

📝 说明：

在使用 ImageView 组件显示图像时，通常需要将要显示的图片放置在 res/drawable 或者 res/mipmap 目录中。

在布局文件中添加图像视图，可以使用<ImageView>标记来实现，具体的语法格式如下：

```
<ImageView
属性列表
>
</ImageView>
```

ImageView 支持的常用 XML 属性见表 5-4。

图 5.12　美图秀秀美化图片界面

图 5.13　有道词典的主界面

表 5-4　ImageView 支持的 XML 属性

XML 属性	描　　述
android:adjustViewBounds	用于设置 ImageView 是否调整自己的边界来保持所显示图片的长宽比
android:maxHeight	设置 ImageView 的最大高度，需要设置 android:adjustViewBounds 属性值为 true，否则不起作用
android:maxWidth	设置 ImageView 的最大宽度，需要设置 android:adjustViewBounds 属性值为 true，否则不起作用
android:scaleType	用于设置所显示的图片如何缩放或移动以适应 ImageView 的大小，其属性值可以是： ➥ matrix（使用 matrix 方式进行缩放） ➥ fitXY（对图片横向、纵向独立缩放，使得该图片完全适应于该 ImageView，图片的纵横比可能会改变） ➥ fitStart（保持纵横比缩放图片，直到该图片能完全显示在 ImageView 中，缩放完成后该图片放在 ImageView 的左上角） ➥ fitCenter（保持纵横比缩放图片，直到该图片能完全显示在 ImageView 中，缩放完成后该图片放在 ImageView 的中央） ➥ fitEnd（保持纵横比缩放图片，直到该图片能完全显示在 ImageView 中，缩放完成后该图片放在 ImageView 的右下角） ➥ center（把图像放在 ImageView 的中间，但不进行任何缩放） ➥ centerCrop（保持纵横比缩放图片，以使得图片能完全覆盖 ImageView）或 centerInside（保持纵横比缩放图片，以使得 ImageView 能完全显示该图片）

(续表)

XML 属性	描述
android:src	用于设置 ImageView 所显示的 Drawable 对象的 ID，例如，设置显示保存在 res/drawable 目录下的名称为 flower.jpg 的图片，可以将属性值设置为 android:src="@drawable/flower"
android:tint	用于为图片着色，其属性值可以是#rgb、#argb、#rrggbb 或 #aarrggbb 表示的颜色值

> **说明：**
> 在表 5-4 中，只给出了 ImageView 组件常用的部分属性，关于该组件的其他属性，可以参阅 Android 官方提供的 API 文档。

扫一扫，看视频

下面给出一个关于 ImageView 组件的实例。

例 5.4 在 Android Studio 中创建一个 Module，名称为 5.4，实现应用 ImageView 组件显示图像，如图 5.14 所示。（**实例位置：资源包\code\05\5.4**）

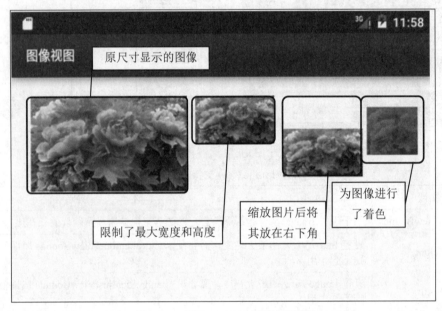

图 5.14 应用 ImageView 显示图像

（1）修改新建 Module 的 res/layout 目录下的布局文件 activity_main.xml，将默认添加的相对布局管理器修改为水平线性布局管理器，并将默认添加的 TextView 组件删除，然后在该线性布局管理器中添加一个 ImageView 组件，用于按图片的原始尺寸显示图像，并且将背景图片复制到 mipmap（mdpi）文件夹中。修改后的代码如下：

```xml
<LinearLayout xmlns:android="http://schemas.android.com/apk/res/android"
    xmlns:tools="http://schemas.android.com/tools"
    android:orientation="horizontal"
    android:layout_width="match_parent"
    android:layout_height="match_parent"
    android:paddingBottom="@dimen/activity_vertical_margin"
```

```xml
    android:paddingLeft="@dimen/activity_horizontal_margin"
    android:paddingRight="@dimen/activity_horizontal_margin"
    android:paddingTop="@dimen/activity_vertical_margin"
    tools:context="com.mingrisoft.MainActivity">
<!--原尺寸显示的图像-->
    <ImageView
        android:src="@mipmap/flower"
        android:id="@+id/imageView1"
        android:layout_margin="5dp"
        android:layout_height="wrap_content"
        android:layout_width="wrap_content"/>
</LinearLayout>
```

（2）在线性布局管理器中，添加一个 ImageView 组件，并设置该组件的最大高度和宽度。具体代码如下：

```xml
<!-- 限制最大宽度和高度-->
<ImageView
    android:src="@mipmap/flower"
    android:id="@+id/imageView2"
    android:maxWidth="90dp"
    android:maxHeight="90dp"
    android:adjustViewBounds="true"
    android:layout_margin="5dp"
    android:layout_height="wrap_content"
    android:layout_width="wrap_content"/>
```

（3）添加一个 ImageView 组件，实现保持纵横比缩放图片，直到该图片能完全显示在 ImageView 组件中，并让该图片显示在 ImageView 组件的右下角。具体代码如下：

```xml
<!-- 缩放图片后将其放在右下角-->
<ImageView
    android:src="@mipmap/flower"
    android:id="@+id/imageView3"
    android:scaleType="fitEnd"
    android:layout_margin="5dp"
    android:layout_height="90dp"
    android:layout_width="90dp"/>
```

（4）添加一个 ImageView 组件，实现为显示在 ImageView 组件中的图像着色的功能，这里设置的是半透明的红色。具体代码如下：

```xml
<!-- 为图片进行着色-->
<ImageView
    android:src="@mipmap/flower"
    android:id="@+id/imageView4"
    android:tint="#77ff0000"
    android:layout_height="90dp"
    android:layout_width="90dp"/>
```

（5）打开 AndroidManifest.xml 文件，将其中的<activity>标记的 android:name=".MainActivity" 代码后添加一行新的代码 android:screenOrientation="landscape"。修改后的代码如下：

```
<activity android:name=".MainActivity"
          android:screenOrientation="landscape">
```

5.2.2 图像切换器

图像切换器（ImageSwitcher），用于实现带动画效果的图片切换功能。例如，手机相册中滑动查看相片的功能（如图 5.15 所示），以及蘑菇街中的挑选图片界面（如图 5.16 所示）。

图 5.15　手机相册滑动查看相片界面

图 5.16　蘑菇街中的挑选图片界面

在使用 ImageSwitcher 时，必须通过它的 setFactory()方法为 ImageSwitcher 类设置一个 ViewFactory，用于将显示的图片和父窗口区分开。对于 setFactory()方法的参数，需要通过实例化 ViewSwitcher.ViewFactory 接口的实现类来指定。在创建 ViewSwitcher.ViewFactory 接口的实现类时，需要重写 makeView()方法，用于创建显示图片的 ImageView。makeView()方法将返回一个显示图片的 ImageView。另外，在使用图像切换器时，还有一个方法非常重要，那就是 setImageResource() 方法，该方法用于指定要在 ImageSwitcher 中显示的图片资源。

下面通过一个具体的实例来说明图像切换器的用法。

例 5.5　在 Android Studio 中创建一个 Module，名称为 5.5，实现类似手机相册的滑动查看相片功能，如图 5.17 所示。（**实例位置：资源包\code\05\5.5**）

图 5.17 类似手机相册的滑动查看相片功能

（1）修改新建 Module 的 res/layout 目录下的布局文件 activity_main.xml，将默认添加的 TextView 组件删除，然后添加一个图像切换器 ImageSwitcher。修改后的代码如下：

```xml
<?xml version="1.0" encoding="utf-8"?>
<RelativeLayout xmlns:android="http://schemas.android.com/apk/res/android"
    xmlns:tools="http://schemas.android.com/tools"
    android:layout_width="match_parent"
    android:layout_height="match_parent"
    android:paddingBottom="@dimen/activity_vertical_margin"
    android:paddingLeft="@dimen/activity_horizontal_margin"
    android:paddingRight="@dimen/activity_horizontal_margin"
    android:paddingTop="@dimen/activity_vertical_margin"
    tools:context="com.mingrisoft.MainActivity">
<!--图像切换器-->
<ImageSwitcher
    android:id="@+id/imageswitcher"
    android:layout_width="match_parent"
    android:layout_height="match_parent">
</ImageSwitcher>
</RelativeLayout>
```

（2）打开主活动 MainActivity.java 文件，修改默认生成的代码，让 MainActivity 直接继承 Activity，并导入 android.app.Activity 类，然后在 onCreate()方法中添加设置全屏的代码。修改后的具体代码如下：

```java
public class MainActivity extends Activity {

    @Override
```

```java
protected void onCreate(Bundle savedInstanceState) {
    super.onCreate(savedInstanceState);
    setContentView(R.layout.activity_main);
    getWindow().setFlags(WindowManager.LayoutParams.FLAG_FULLSCREEN,
    WindowManager.LayoutParams.FLAG_FULLSCREEN);    //设置全屏显示
}
}
```

（3）在主活动的 onCreate()方法的上方，首先声明并初始化一个保存要显示图像 id 的数组，再声明一个图像切换器的对象，然后声明一个保存当前显示图像索引的变量，最后声明手指按下和抬起时的 X 坐标。具体代码如下：

```java
private int[] arrayPictures = new int[]{R.mipmap.img01, R.mipmap.img02,
R.mipmap.img03,
        R.mipmap.img04, R.mipmap.img05, R.mipmap.img06,
        R.mipmap.img07, R.mipmap.img08, R.mipmap.img09,
};// 声明并初始化一个保存要显示图像 ID 的数组
private ImageSwitcher imageSwitcher; // 声明一个图像切换器对象
//要显示的图片在图片数组中的 Index
private int pictutureIndex;
//左右滑动时手指按下的 X 坐标
private float touchDownX;
//左右滑动时手指抬起的 X 坐标
private float touchUpX;
```

（4）在主活动的 onCreate()方法中，首先获取布局文件中添加的图像切换器，然后为其设置一个 ImageSwitcher.ViewFactory，并重写 makeView()方法，最后为图像切换器设置默认显示的图像。关键代码如下：

```java
imageSwitcher = (ImageSwitcher) findViewById(R.id.imageswitcher);    //获取图像切换器
//为 ImageSwicher 设置 Factory，用来为 ImageSwicher 制造 ImageView
imageSwitcher.setFactory(new ViewSwitcher.ViewFactory() {
    @Override
    public View makeView() {
        ImageView imageView = new ImageView(MainActivity.this);    //实例化一个 ImageView
                                                                    类的对象
        imageView.setImageResource(arrayPictures[pictutureIndex]);    //根据 id 加载默
                                                                       认显示图片
        return imageView;    // 返回 imageView 对象
    }
});
```

说明：

在上面的代码中，使用 ImageSwitcher 类的父类 ViewAnimator 的 setInAnimation()方法和 setOutAnimation()方法为图像切换器设置动画效果；调用其父类 ViewSwitcher 的 setFactory()方法指定视图切换工厂，其参数为 ViewSwitcher.ViewFactory 类型的对象。

（5）为 imageSwitcher 创建一个触摸事件，首先获得左右滑动按下和抬起的 X 坐标。关键代码如下：

```java
imageSwitcher.setOnTouchListener(new View.OnTouchListener() {
    @Override
```

```java
    public boolean onTouch(View v, MotionEvent event) {
        if (event.getAction() == MotionEvent.ACTION_DOWN) {
            //取得左右滑动时手指按下的X坐标
            touchDownX = event.getX();
            return true;
        } else if (event.getAction() == MotionEvent.ACTION_UP) {
            //取得左右滑动时手指抬起的X坐标
            touchUpX = event.getX();
            return true;
        }
        return false;
    }
});
```

（6）在左右滑动时手指抬起后，判断当手势从左向右滑动时，设置图片切换的动画为左进右出。具体代码如下：

```java
//从左往右，看下一张
if (touchUpX - touchDownX > 100) {
    //取得当前要显示的图片的index
    pictutureIndex = pictutureIndex == 0 ? arrayPictures.length - 1 : pictutureIndex - 1;
    //设置图片切换的动画
    imageSwitcher.setInAnimation(AnimationUtils.loadAnimation(MainActivity.this, R.anim.slide_in_left));
    imageSwitcher.setOutAnimation(AnimationUtils.loadAnimation(MainActivity.this, R.anim.slide_out_right));
    //设置当前要显示的图片
    imageSwitcher.setImageResource(arrayPictures[pictutureIndex]);
}
```

注意：
上面的代码需要放置在步骤5的第10行代码的下面。

（7）判断当手势从右向左滑动时，设置图片切换的动画为右进左出。具体代码如下：

```java
else if (touchDownX - touchUpX > 100) {
    //取得当前要显示的图片index
    pictutureIndex = pictutureIndex == arrayPictures.length - 1 ? 0 : pictutureIndex + 1;
    //设置切换动画
    imageSwitcher.setOutAnimation(AnimationUtils.loadAnimation(MainActivity.this, R.anim.slide_out_left));
    imageSwitcher.setInAnimation(AnimationUtils.loadAnimation(MainActivity.this, R.anim.slide_in_right));
    //设置要显示的图片
    imageSwitcher.setImageResource(arrayPictures[pictutureIndex]);
}
```

（8）打开 AndroidManifest.xml 文件，将其中的<application>标记的 android:theme 属性值"@style/AppTheme"修改为"@style/Theme.AppCompat"。修改后的 android:theme 属性的代码如下：

```
android:theme="@style/Theme.AppCompat"
```

5.2.3 网格视图

网格视图（GridView）是按照行、列分布的方式来显示多个组件，通常用于显示图片或图标等。例如，QQ相册相片预览界面（如图5.18所示），以及口袋购物浏览商品界面（如图5.19所示）。

图5.18　QQ相册相片预览界面

图5.19　口袋购物浏览商品界面

在使用网格视图时，需要在屏幕上添加GridView组件，通常在XML布局文件中使用<GridView>标记实现，其基本语法如下：

```
<GridView
    属性列表
>
</GridView>
```

GridView组件支持的XML属性见表5-5。

表5-5　GridView 支持的 XML 属性

XML 属性	描　　述
android:columnWidth	用于设置列的宽度
android:gravity	用于设置对齐方式
android:horizontalSpacing	用于设置各元素之间的水平间距
android:numColumns	用于设置列数，其属性值通常为大于1的值，如果只有1列，那么最好使用ListView实现

(续表)

XML 属性	描述
android:stretchMode	用于设置拉伸模式，其中属性值可以是 none（不拉伸）、spacingWidth（仅拉伸元素之间的间距）、columnWidth（仅拉伸表格元素本身）或 spacingWidthUniform（表格元素本身、元素之间的间距一起拉伸）
android:verticalSpacing	用于设置各元素之间的垂直间距

在使用 GridView 组件时，通常使用 Adapter 类为 GridView 组件提供数据。

Adapter 类是一个接口，代表适配器对象。它是组件与数据之间的桥梁，通过它可以处理数据并将其绑定到相应的组件上。它的常用实现类包括以下几个。

- ArrayAdapter：数组适配器，通常用于将数组的多个值包装成多个列表项，只能显示一行文字。
- SmipleAdapter：简单适配器，通常用于将 List 集合的多个值包装成多个列表项。可以自定义各种效果，功能强大。
- SmipleCursorAdapter：与 SmipleAdapter 类似，只不过它需将 Cursor（数据库的游标对象）的字段与组件 ID 对应，从而实现将数据库的内容以列表形式展示出来。
- BaseAdapter：是一个抽象类，继承它需要实现较多的方法，通常它可以对各列表项进行最大限度的定制，也具有很高的灵活性。

下面通过一个具体的实例演示如何通过 BaseAdapter 适配器指定内容的方式创建 GridView。

例 5.6 在 Android Studio 中创建一个 Module，名称为 5.6，实现手机 QQ 相册页面，如图 5.20 所示。（**实例位置：资源包\code\05\5.6**）

图 5.20 通过 GridView 实现手机 QQ 相册页面

（1）修改新建 Module 的 res/layout 目录下的布局文件 activity_main.xml，将默认添加相对布局管理器修改为垂直线性布局管理器，然后在 TextView 组件上面添加一个 ImageViewid，最后在 ImageView 下面添加 ID 为 gridView 的 GridView 组件，并设置其列数为自动排列。修改后的代码如下：

```xml
<LinearLayout xmlns:android="http://schemas.android.com/apk/res/android"
    xmlns:tools="http://schemas.android.com/tools"
    android:layout_width="match_parent"
    android:layout_height="match_parent"
    android:orientation="vertical"
    tools:context="com.mingrisoft.MainActivity">
<!--标题栏-->
    <ImageView
        android:layout_width="match_parent"
        android:layout_height="wrap_content"
        android:src="@mipmap/qqxiang" />
<!--年月日-->
```

```xml
<TextView
    android:layout_width="match_parent"
    android:layout_height="wrap_content"
    android:paddingBottom="10dp"
    android:paddingTop="10dp"
    android:text="2016年1月19号" />
<!--网格布局-->
<GridView
    android:id="@+id/gridView"
    android:layout_width="match_parent"
    android:layout_height="match_parent"
    android:columnWidth="100dp"
    android:gravity="center"
    android:numColumns="auto_fit"
    android:stretchMode="columnWidth"
    android:verticalSpacing="5dp">

</GridView>
</LinearLayout>
```

（2）打开主活动 MainActivity.java 文件，修改默认生成的代码，让 MainActivity 直接继承 Activity，并导入 android.app.Activity 类，然后在该类中创建一个用于保存图片资源 id 的数组。修改后的关键代码如下：

```java
public class MainActivity extends Activity {
//显示的图片数组
    private Integer[] picture = {R.mipmap.img01, R.mipmap.img02, R.mipmap.img03,
        R.mipmap.img04, R.mipmap.img05, R.mipmap.img06, R.mipmap.img07,
        R.mipmap.img08, R.mipmap.img09, R.mipmap.img10, R.mipmap.img11,
        R.mipmap.img12,};
}
```

（3）在 MainActivity 中，创建一个 ImageAdapter 图片适配器。在该适配器中，首先创建一个新的 ImageView，然后将图片通过适配器加载到新的 ImageView 中。具体代码如下：

```java
//创建 ImageAdapter
public class ImageAdapter extends BaseAdapter{
    private Context mContext;    //定义上下文
    public ImageAdapter(Context c){
        mContext=c;
    }
    @Override
    public int getCount() {
        return picture.length;//图片数组的长度
    }
    @Override
    public Object getItem(int position) {
        return null;
    }
    @Override
    public long getItemId(int position) {
        return 0;
    }
    @Override
    public View getView(int position, View convertView, ViewGroup parent) {
        ImageView imageView;
```

```
    if(convertView==null){              //判断传过来的值是否为空
        imageView=new ImageView(mContext);    //创建 ImageView 组件
        imageView.setLayoutParams(new GridView.LayoutParams(100, 90));
                                              //为组件设置宽高
        imageView.setScaleType(ImageView.ScaleType.CENTER_CROP);
                                              //选择图片铺设方式
    }else{
        imageView= (ImageView) convertView;
    }
    imageView.setImageResource(picture[position]);   //将获取图片放到
                                                      ImageView 组件中
    return imageView;                     //返回 ImageView
}
```

（4）在主活动的 onCreate()方法中，获取布局文件中添加的 GridView 组件，并且为其设置适配器。关键代码如下：

```
GridView gridView= (GridView) findViewById(R.id.gridView);//获取布局文件中的 GridView
                                                          组件
gridView.setAdapter(new ImageAdapter(this));        //调用 ImageAdapter
```

（5）打开 AndroidManifest.xml 文件，将其中<application>标记的 android:theme 属性值 "@style/AppTheme" 修改为 "@style/Theme.AppCompat.Light.DarkActionBar"。修改后的 android: theme 属性的代码如下：

```
android:theme="@style/Theme.AppCompat.Light.DarkActionBar"
```

5.3 列表类组件

在 Android 中，提供了两种列表类组件：一种是下拉列表框，通常用于弹出一个下拉菜单供用户选择，使用 Spinner 表示；另一种是列表视图，通常用于实现在一个窗口中只显示一个列表，使用 ListView 表示。它们的继承关系如图 5.21 所示。

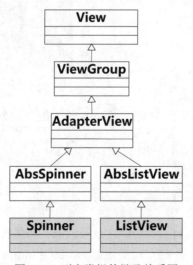

图 5.21 列表类组件继承关系图

从图 5.21 中可以看出：Spinner 和 ListView 组件都间接继承自 ViewGroup，所以它们都属于容器类组件。由于它们又间接继承自 AdapterView，所以它们都可以采用合适的方式显示多个列表项。下面将对这两个组件分别进行介绍。

扫一扫，看视频

5.3.1 下拉列表框

Android 中提供的下拉列表框（Spinner），通常用于提供一系列可选的列表项供用户选择，从而方便用户。例如，豆瓣网的搜索界面中的选择搜索类型的下拉列表框（如图 5.22 所示），以及手机相册的选择相片显示方式的下拉列表框（如图 5.23 所示）。

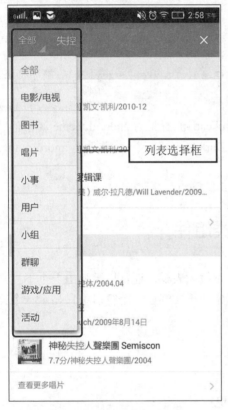

图 5.22　豆瓣网的搜索界面

图 5.23　手机相册的相片显示方式界面

在 Android 中，在 XML 布局文件中通过<Spinner>添加下拉列表框的基本语法格式如下：

```
<Spinner
android:entries="@array/数组名称"
android:prompt="@string/info"
其他属性
>
</Spinner>
```

其中，android:entries 为可选属性，用于指定列表项，如果在布局文件中不指定该属性，可以在 Java 代码中通过为其指定适配器的方式指定；android:prompt 属性也是可选属性，用于指定下拉列表框的标题。

第 5 章 高级 UI 组件

✍ 说明：

在 Android 5.0 中，当应用采用默认的主题（Theme.Holo）时，设置 android:prompt 属性看不到具体的效果，如果采用 Theme.Black，就可以在弹出的下拉列表框中显示该标题。

通常情况下，如果下拉列表框中要显示的列表项是可知的，那么可将其保存在数组资源文件中，然后通过数组资源来为下拉列表框指定列表项。这样，就可以在不编写 Java 代码的情况下实现一个下拉列表框。

下面将通过一个具体的实例来说明如何在不编写 Java 代码的情况下，在屏幕中添加下拉列表框。

例 5.7　在 Android Studio 中创建一个 Module，名称为 5.7，实现豆瓣网搜索下拉列表，如图 5.24 所示，并获取列表选择框的选择项的值，如图 5.25 所示。（**实例位置：资源包\code\05\5.7**）

扫一扫，看视频

图 5.24　豆瓣网搜索下拉列表　　　　　　　　图 5.25　显示选择的结果

（1）修改新建 Module 的 res/layout 目录下的布局文件 activity_main.xml，将默认添加相对布局管理器修改为水平线性布局管理器。在布局文件中添加一个 <spinner> 标记，并为其指定 android:entries 属性，最后添加一个 EditText 组件，将需要的背景图片复制到 mipmap（mdpi）文件夹中。具体代码如下：

```
<LinearLayout xmlns:android="http://schemas.android.com/apk/res/android"
    xmlns:tools="http://schemas.android.com/tools"
    android:orientation="horizontal"
    android:layout_width="match_parent"
    android:layout_height="match_parent"
    android:background="@mipmap/xila"
tools:context="com.mingrisoft.MainActivity">
```

```xml
<!--列表选择框-->
<Spinner
    android:id="@+id/spinner"
    android:entries="@array/ctype"
    android:layout_width="wrap_content"
    android:layout_height="50dp">
</Spinner>
<!--搜索文本框-->
    <EditText
        android:layout_width="wrap_content"
        android:layout_height="wrap_content"
        android:text="搜索"
        android:textColor="#F8F8FF"/>
</LinearLayout>
```

（2）编写用于指定列表项的数组资源文件，并将其保存在res\values目录中，这里将其命名为arrays.xml，在该文件中添加一个字符串数组，名称为ctype。具体代码如下：

```xml
<?xml version="1.0" encoding="utf-8"?>
<resources>
<string-array name="ctype">
    <item>全部</item>
    <item>电影/电视</item>
    <item>图书</item>
    <item>唱片</item>
    <item>小事</item>
    <item>用户</item>
    <item>小组</item>
    <item>群聊</item>
    <item>游戏/应用</item>
    <item>活动</item>
</string-array>
</resources>
```

（3）打开主活动 MainActivity.java 文件，修改默认生成的代码，让 MainActivity 直接继承 Activity，并导入 android.app.Activity 类。修改后的关键代码如下：

```java
import android.app.Activity;
public class MainActivity extends Activity {
}
```

（4）打开 AndroidManifest.xml 文件，将其中的<application>标记的 android:theme 属性值 "@style/AppTheme" 修改为 "@style/Theme.AppCompat.Light.DarkActionBar"。修改后的 android:theme 属性的代码如下：

```
android:theme="@style/Theme.AppCompat.Light.DarkActionBar"
```

（5）添加列表选择框后，如果需要在用户选择不同的列表项后，执行相应的处理，则可以为该下拉列表框添加 OnItemSelectedListener 事件监听器。例如，为 spinner 添加选择列表项事件监听器，通过 getItemAtPosition()方法获取选中的值，然后用 Toast.makeText()方法将获取的值显示出来。可以使用下面的代码：

```java
Spinner spinner = (Spinner) findViewById(R.id.spinner);    //获取下拉列表
//为下拉列表创建监听事件
spinner.setOnItemSelectedListener(new AdapterView.OnItemSelectedListener() {
    @Override
    public void onItemSelected(AdapterView<?> parent, View view, int position, long id) {
        String result = parent.getItemAtPosition(position).toString();    //获取选择项的值
        Toast.makeText(MainActivity.this,result,Toast.LENGTH_SHORT).show();    //显示被选中的值

    }

    @Override
    public void onNothingSelected(AdapterView<?> parent) {

    }
});
```

在使用下拉列表框时,如果不在布局文件中直接为其指定要显示的列表项,也可以通过为其指定适配器的方式指定。下面以例5.7为例介绍通过指定适配器的方式指定列表项的方法。

为下拉列表框指定适配器,通常分为以下3个步骤。

(1)创建一个适配器对象,通常使用ArrayAdapter类。首先需要创建一个一维的字符串数组,用于保存要显示的列表项,然后使用ArrayAdapter类的构造方法ArrayAdapter(Context context, int textViewResourceId, T[] objects)实例化一个ArrayAdapter类的实例。具体代码如下:

```java
String[] ctype=new String[]{"全部","电影/电视","图书","唱片","小事","用户","小组","群聊","游戏/应用","活动"};
ArrayAdapter<String> adapter=new ArrayAdapter<String>(this,android.R.layout.simple_spinner_item,ctype);
```

(2)为适配器设置列表框下拉时的选项样式。具体代码如下:

```java
//为适配器设置列表框下拉时的选项样式
adapter.setDropDownViewResource(android.R.layout.simple_spinner_dropdown_item);
```

(3)将适配器与选择列表框关联。具体代码如下:

```java
spinner.setAdapter(adapter);                //将适配器与选择列表框关联
```

在屏幕上添加下拉列表框后,可以使用下拉列表框的getSelectedItem()方法获取下拉列表框的选中值。例如,要获取图5.25所示下拉列表框选中项的值,可以使用下面的代码:

```java
Spinner spinner = (Spinner) findViewById(R.id.spinner1);
spinner.getSelectedItem();
```

5.3.2 列表视图

列表视图(ListView)是Android中最常用的一种视图组件,它以垂直列表的形式列出需要显示的列表项。例如,微信通讯录界面中的联系人列表(如图5.26所示),以及QQ的图片浏览设置界面(如图5.27所示)。

在Android中,可以通过在XML布局文件中使用<ListView>标记添加列表视图,其基本语法格式如下:

扫一扫,看视频

```
<ListView
属性列表
>
</ListView>
```

图 5.26 微信通讯录界面

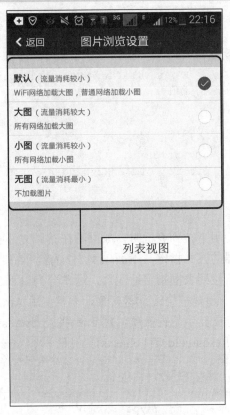

图 5.27 QQ 的图片浏览设置界面

ListView 支持的常用 XML 属性见表 5-6。

表 5-6 ListView 支持的 XML 属性

XML 属性	描 述
android:divider	用于为列表视图设置分隔条,既可以用颜色分隔,也可以用 Drawable 资源分隔
android:dividerHeight	用于设置分隔条的高度
android:entries	用于通过数组资源为 ListView 指定列表项
android:footerDividersEnabled	用于设置是否在 footer View(底部视图)之前绘制分隔条,默认值为 true,设置为 false 时,表示不绘制。使用该属性时,需要通过 ListView 组件提供的 addFooterView()方法为 ListView 设置 footer View
android:headerDividersEnabled	用于设置是否在 header View(头部视图)之后绘制分隔条,默认值为 true,设置为 false 时,表示不绘制。使用该属性时,需要通过 ListView 组件提供的 addHeaderView()方法为 ListView 设置 header View

例如，在布局文件中添加一个列表视图，并通过数组资源为其设置列表项。具体代码如下：

```
<ListView android:id="@+id/listView1"
    android:entries="@array/ctype"
    android:layout_height="wrap_content"
    android:layout_width="match_parent"/>
```

在上面的代码中，使用了名称为 ctype 的数组资源。因此，需要在 res\values 目录中创建一个定义数组资源的 XML 文件 arrays.xml，并在该文件中添加名称为 ctype 的字符串数组。关键代码如下：

```
<resources>
    <string-array name="ctype">
     <item>情景模式</item>
     …         <!-- 省略了其他项的代码 -->
     <item>连接功能</item>
    </string-array>
</resources>
```

运行上面的代码，将显示如图 5.28 所示的列表视图。

在使用列表视图时，重要的是如何设置选项内容。同 Spinner 下拉列表框一样，如果没有在布局文件中为 ListView 指定要显示的列表项，也可以通过为其设置 Adapter 来指定需要显示的列表项。通过 Adapter 来为 ListView 指定要显示的列表项，可以分为以下两个步骤。

（1）创建 Adapter 对象。对于纯文字的列表项，通常使用 ArrayAdapter 对象。创建 ArrayAdapter 对象通常可以有两种方式：一种是通过数组资源文件创建；另一种是通过在 Java 文件中使用字符串数组创建。这与 5.3.1 节 Spinner 下拉列表框中介绍的创建 ArrayAdapter 对象基本相同，所不同的就是在创建该对象时，指定列表项的外观形式。在 Android API 中默认提供了一些用于设置外观形式的布局文件，通过这些布局文件，可以很方便地指定 ListView 的外观形式。常用的布局文件有以下几个。

- simple_list_item_1：每个列表项都是一个普通的文本。
- simple_list_item_2：每个列表项都是一个普通的文本（字体略大）。
- simple_list_item_checked：每个列表项都有一个已选中的列表项。
- simple_list_item_multiple_choice：每个列表项都是带复选框的文本。
- simple_list_item_single_choice：每个列表项都是带单选按钮的文本。

图 5.28　在布局文件中添加的列表视图

（2）将创建的适配器对象与 ListView 相关联，可以通过 ListView 对象的 setAdapter()方法实现，具体代码如下：

```
listView.setAdapter(adapter);                    //将适配器与 ListView 关联
```

下面通过一个具体的实例演示通过适配器指定列表项来创建 ListView。

例 5.8　在 Android Studio 中创建一个 Module，名称为 5.8，通过列表视图实现微信通讯录朋友列表，如图 5.29 所示。（**实例位置：资源包\code\05\5.8**）

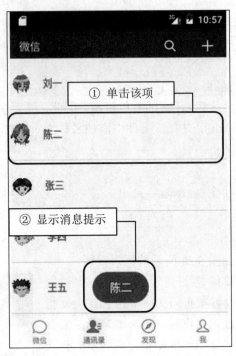

图 5.29 微信通讯录朋友列表

（1）修改新建 Module 的 res/layout 目录下的布局文件 activity_main.xml，将默认添加的相对布局管理器修改为垂直线性布局管理器，删除内边距，并将默认添加的 TextView 组件删除。将第一个位置和最后的位置分别创建一个 ImageView，并且在中间的位置添加一个 ListView 组件，将需要的图片复制到 mipmap（mdpi）文件夹中。添加 ListView 组件的布局代码如下：

```xml
<LinearLayout xmlns:android="http://schemas.android.com/apk/res/android"
    xmlns:tools="http://schemas.android.com/tools"
    android:orientation="vertical"
    android:layout_width="match_parent"
    android:layout_height="match_parent"
tools:context="com.mingrisoft.MainActivity">
<!-- 标题栏-->
<ImageView
    android:layout_width="match_parent"
    android:layout_height="wrap_content"
    android:src="@mipmap/wei_top"
/>
<!-- 列表视图-->
    <ListView
        android:id="@+id/listview"
        android:layout_width="match_parent"
        android:layout_height="370dp">

</ListView>
<!--下标题选择框-->
    <ImageView
```

```xml
        android:layout_width="match_parent"
        android:layout_height="wrap_content"
        android:src="@mipmap/wei_down"/>

</LinearLayout>
```

(2)在新建项目 res\layout 目录下单击鼠标右键,新建一个 XML(Layout XML File),命名为 main,用来存放图片和名称。具体代码如下:

```xml
<LinearLayout xmlns:android="http://schemas.android.com/apk/res/android"
    android:orientation="horizontal"
    android:layout_width="match_parent"
android:layout_height="match_parent">
<!-- 存放头像-->
    <ImageView
        android:id="@+id/image"
        android:paddingRight="10dp"
        android:paddingTop="20dp"
        android:paddingBottom="20dp"
        android:adjustViewBounds="true"
        android:maxWidth="72dp"
        android:maxHeight="72dp"
        android:layout_height="wrap_content"
        android:layout_width="wrap_content"/>
<!-- 存放名字-->
    <TextView
        android:layout_width="wrap_content"
        android:layout_height="wrap_content"
        android:padding="10dp"
        android:layout_gravity="center"
        android:id="@+id/title"
        />
</LinearLayout>
```

(3)打开主活动 MainActivity.java 文件,修改默认生成的代码,让 MainActivity 直接继承 Activity,并导入 android.app.Activity 类。

(4)在主活动的 onCreate()方法中,先获取布局文件中添加的 ListView,然后定义一个图片数组一个名字数组。关键代码如下:

```java
ListView listview = (ListView) findViewById(R.id.listview); // 获取列表视图
int[] imageId = new int[]{R.mipmap.img01, R.mipmap.img02, R.mipmap.img03,
            R.mipmap.img04, R.mipmap.img05, R.mipmap.img06,
            R.mipmap.img07, R.mipmap.img08, R.mipmap.img09,
}; // 定义并初始化保存图片 id 的数组
String[] title = new String[]{"刘一", "陈二", "张三", "李四", "王五",
            "赵六", "孙七", "周八", "吴九"}; // 定义并初始化保存列表项文字的数组
```

(5)创建一个 List 集合,通过 for 循环将图片 id 和列表项文字放到 Map 中,并添加到 list 集合中。具体代码如下:

```java
    List<Map<String, Object>> listItems = new ArrayList<Map<String, Object>>();
                                                        //创建一个 list 集合
    // 通过 for 循环将图片 id 和列表项文字放到 Map 中,并添加到 list 集合中
```

```
for (int i = 0; i < imageId.length; i++) {
    Map<String, Object> map = new HashMap<String, Object>(); //实例化Map
                                                             对象
    map.put("image", imageId[i]);
    map.put("名字", title[i]);
    listItems.add(map); // 将 map 对象添加到 List 集合中
}
```

(6)创建 SimpleAdapter 适配器,并且将适配器与 ListView 关联,为 ListView 创建监听事件,然后通过 getItemAtPosition()方法获取选中的值,最后通过 Toast.makeText()方法将获取的值显示出来。具体代码如下:

```
SimpleAdapter adapter = new SimpleAdapter(this, listItems,
        R.layout.main, new String[] { "名字", "image" }, new int[] {
        R.id.title, R.id.image }); // 创建 SimpleAdapter
listview.setAdapter(adapter); // 将适配器与 ListView 关联
listview.setOnItemClickListener(new AdapterView.OnItemClickListener() {
    @Override
    public void onItemClick(AdapterView<?> parent, View view, int position, long id) {
        //获取选择项的值
        Map<String, Object> map = ( Map<String, Object> )parent.getItemAtPosition(position);
        Toast.makeText(MainActivity.this,map.get("名字").toString(),Toast.LENGTH_SHORT).show();
    }
});
```

(7)打开 AndroidManifest.xml 文件,将其中的<application>标记的 android:theme 属性值 "@style/AppTheme" 修改为 "@style/Theme.AppCompat.Light.DarkActionBar"。修改后的 android: theme 属性的代码如下:

```
android:theme="@style/Theme.AppCompat.Light.DarkActionBar"
```

5.4 通 用 组 件

在 Android 中,提供了用于为其他组件添加滚动条的滚动视图,使用 ScrollView 表示。另外,还提供了选项卡,它主要涉及 3 个组件,分别为 TabHost、TabWidget 和 FrameLayout。其中,TabHost 表示承载选项卡的容器;TabWidget 表示显示选项卡栏,主要用于当用户选择一个选项卡时,向父容器对象 TabHost 发送一个消息,通知 TabHost 切换到对应的页面;FrameLayout 是用于指定选项卡内容的。下面将分别进行介绍。

5.4.1 滚动视图

扫一扫,看视频

在默认情况下,当窗体中的内容比较多,而一屏显示不下时,超出的部分将不能被用户看到。因为 Android 的布局管理器本身没有提供滚动屏幕的功能。如果要让其滚动,就需要使用滚动视图(ScrollView),这样用户可以通过滚动屏幕查看完整的内容。例如,今日头条的新闻界面就应用了滚动视图（如图 5.30 所示），以及 QQ 的聊天窗口也应用了滚动视图（如图 5.31 所示）。

图 5.30　今日头条的新闻界面

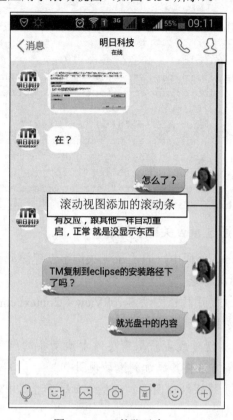

图 5.31　QQ 的聊天窗口

　　滚动视图是 android.widget.FrameLayout（帧布局管理器）的子类。因此，在滚动视图中，可以添加任何想要放入其中的组件。但是，一个滚动视图中只能放置一个组件。如果想要放置多个，可以在滚动视图中放置一个布局管理器，再将要放置的其他多个组件放置到该布局管理器中。在滚动视图中，使用比较多的是线性布局管理器。

> **说明：**
> 滚动视图 ScrollView 只支持垂直滚动。如果想要实现水平滚动条，可以使用水平滚动视图（HorizontalScrollView）来实现。

　　在 Android 中，可以使用两种方法向屏幕中添加滚动视图：一种是通过在 XML 布局文件中使用<ScrollView>标记添加；另一种是在 Java 文件中，通过 new 关键字创建。下面分别进行介绍。

1．在 XML 布局文件中添加

　　在 XML 布局文件中添加滚动视图，比较简单，只需要在要添加滚动条的组件外面使用下面的布局代码添加即可。

```
<ScrollView
    android:id="@+id/scrollView1"
    android:layout_width="match_parent"
    android:layout_height="wrap_content" >
```

```
    <!-- 要添加滚动条的组件 -->
</ScrollView>
```
例如，要为一个显示公司简介的 TextView 文本框添加滚动条，可以使用下面的代码。
```
<ScrollView
    android:id="@+id/scrollView1"
    android:layout_width="match_parent"
    android:layout_height="wrap_content" >
    <TextView
        android:id="@+id/textView1"
        android:layout_width="match_parent"
        android:layout_height="match_parent"
        android:textSize="20sp"
        android:text="@string/content" />
</ScrollView>
```

2．通过 new 关键字创建

在 Java 代码中，通过 new 关键字创建滚动视图需要经过以下 3 个步骤。

（1）使用构造方法 ScrollView（Context context）创建一个滚动视图。

（2）创建或者获取需要添加滚动条的组件，并应用 addView()方法将其添加到滚动视图中。

（3）将滚动视图添加到整个布局管理器中，用于显示该滚动视图。

下面通过一个具体的实例来介绍如何通过 new 关键字创建滚动视图。

例 5.9 在 Android Studio 中创建一个 Module，名称为 5.9，实现为编程词典目录添加垂直滚动条，如图 5.32 所示。（实例位置：资源包\code\05\5.9）

（1）在 res\values\Strings.xml 文件中，添加一个名称为 cidian 的字符串资源。关键代码如下：

图 5.32　为编程词典目录添加垂直滚动

扫一扫，看视频

```
<resources>
    <string name="app_name">词典目录滚动视图</string>
    <string name="cidian">Java Web 编程词典（个人版）主干目录
入门训练营\n
  第1部分　从零开始\n
    第1课　第 1 课　搭建开发环境\n
      第1讲　课堂讲解\n
      第2讲　照猫画虎——基本功训练\n
      第3讲　情景应用——拓展与实践\n
    第2课　第 2 课　JSP 中的 Java 程序\n
      第4讲　课堂讲解\n
      第5讲　照猫画虎——基本功训练\n
      第6讲　情景应用——拓展与实践\n
```

            第 3 课   第 3 课   HTML 语言与 CSS 样式\n
            第 7 讲   课堂讲解\n
            第 8 讲   照猫画虎——基本功训练\n
            第 9 讲   情景应用——拓展与实践\n
            第 4 课   第 4 课   JavaScript 脚本语言\n
            第 10 讲   课堂讲解\n
            第 11 讲   照猫画虎——基本功训练\n
            第 12 讲   情景应用——拓展与实践\n
            第 5 课   第 5 课   掌握 JSP 语法\n
            第 13 讲   课堂讲解\n
            第 14 讲   照猫画虎——基本功训练\n
            第 15 讲   情景应用——拓展与实践\n
            第 6 课   第 6 课   使用 JSP 内置对象\n
            第 16 讲   课堂讲解\n
            第 17 讲   照猫画虎——基本功训练\n
            第 18 讲   情景应用——拓展与实践\n</string>
</resources>

（2）修改新建 Module 的 res/layout 目录下的布局文件 activity_main.xml，将默认添加的相对布局管理器修改为垂直线性布局管理器，为其设置 id，并且将默认添加的 TextView 组件删除。修改后的代码如下：

```xml
<LinearLayout
    xmlns:android="http://schemas.android.com/apk/res/android"
    xmlns:tools="http://schemas.android.com/tools"
    android:id="@+id/ll"
    android:orientation="vertical"
    android:layout_width="match_parent"
    android:layout_height="match_parent"
    android:paddingBottom="@dimen/activity_vertical_margin"
    android:paddingLeft="@dimen/activity_horizontal_margin"
    android:paddingRight="@dimen/activity_horizontal_margin"
    android:paddingTop="@dimen/activity_vertical_margin"
    tools:context="com.example.administrator.myapplication.MainActivity">
</LinearLayout>
```

（3）在 MainActivity 类的 onCreate()方法中，首先获取布局文件中添加的线性布局管理器（linearLayout），再创建一个滚动视图（scrollView）和一个新的布局管理器（linearLayout2），在默认布局管理器中添加滚动视图组件，然后在滚动视图中添加新创建的布局管理器。具体代码如下：

```java
public class MainActivity extends AppCompatActivity {
    //定义 linearLayout 为默认布局管理器，linearLayout2 为新建布局管理器
    LinearLayout linearLayout, linearLayout2;
    ScrollView scrollView;                                    //定义滚动视图组件
    @Override
    protected void onCreate(Bundle savedInstanceState) {
        super.onCreate(savedInstanceState);
        setContentView(R.layout.activity_main);
        linearLayout = (LinearLayout) findViewById(R.id.ll);//获取布局管理器
        linearLayout2 = new LinearLayout(MainActivity.this);//创建一个新的布局管理器
        linearLayout2.setOrientation(LinearLayout.VERTICAL);//设置为纵向排列
        scrollView = new ScrollView(MainActivity.this);      //创建滚动视图组件
```

```
        linearLayout.addView(scrollView);              //默认布局中添加滚动视图组件
        scrollView.addView(linearLayout2);             //滚动视图组件中添加新建布局
    }
}
```

（4）在 MainActivity 类的 onCreate()方法中创建 ImageView 对象和 TextView 对象，分别用于存放词典图片和文本目录，最后将这两个对象添加到新的布局管理器（linearLayout2）中。具体代码如下：

```
ImageView imageView = new ImageView(MainActivity.this);     //创建 ImageView 组件
imageView.setImageResource(R.mipmap.cidian);                //ImagView 添加图片
TextView textView = new TextView(MainActivity.this);        //创建 TextView 组件
textView.setText(R.string.cidian);                          //为 TextView 添加文字
linearLayout2.addView(imageView);                           //新建布局中添加 ImageView 组件
linearLayout2.addView(textView);                            //新建布局中添加 TextView 组件
```

✎ 说明：

默认情况下滚动条不显示，向上拖动后方可显示，停止拖动后滚动条消失。

扫一扫，看视频

5.4.2 选项卡

选项卡用于实现一个多标签页的用户界面，通过它可以将一个复杂的对话框分割成若干个标签页，实现对信息的分类显示和管理。使用该组件不仅可以使界面简洁大方，还可以有效地减少窗体的个数。例如，微信的表情商店界面（如图 5.33 所示），以及百度贴吧的进吧界面（如图 5.34 所示）。

图 5.33　微信的表情商店界面　　　　　图 5.34　百度贴吧的进吧界面

在 Android 中使用选项卡，不能通过某一个具体的组件在 XML 布局文件中添加。通常需要按照以下步骤来实现。

（1）在布局文件中添加实现选项卡所需的 TabHost、TabWidget 和 FrameLayout 组件。

（2）编写各标签页中要显示内容所对应的 XML 布局文件。

（3）在 Activity 中，获取并初始化 TabHost 组件。

（4）为 TabHost 对象添加标签页。

下面通过一个具体的实例来说明选项卡的应用。

例 5.10 在 Android Studio 中创建一个 Module，名称为 5.10，实现模拟微信表情商店的选项卡，如图 5.35 所示。（**实例位置：资源包\code\05\5.10**）

（1）修改新建 Module 的 res/layout 目录下的布局文件 activity_main.xml，将默认添加的相对布局管理器删除，然后添加实现选项卡所需的 TabHost、TabWidget 和 FrameLayout 组件。具体的步骤是：首先添加一个 TabHost 组件，然后在该组件中添加线性布局管理器，并且在该布局管理器中添加一个作为标签组的 TabWidget 和一个作为标签内容的 FrameLayout 组件，最后删除内边距。在 XML 布局文件中添加选项卡的基本代码如下：

图 5.35 模拟微信表情商店的选项卡

```xml
<?xml version="1.0" encoding="utf-8"?>
<TabHost
    xmlns:android="http://schemas.android.com/apk/res/android"
    xmlns:tools="http://schemas.android.com/tools"
    android:id="@android:id/tabhost"
    android:layout_width="match_parent"
    android:layout_height="match_parent"
    tools:context="com.mingrisoft.MainActivity">
    <LinearLayout
        android:orientation="vertical"
        android:layout_width="match_parent"
        android:layout_height="match_parent">
        <TabWidget
            android:id="@android:id/tabs"
            android:layout_width="match_parent"
            android:layout_height="wrap_content"/>
        <FrameLayout
            android:id="@android:id/tabcontent"
            android:layout_width="match_parent"
            android:layout_height="match_parent">
        </FrameLayout>
    </LinearLayout>
</TabHost>
```

✍ 说明：

在应用 XML 布局文件添加选项卡时，必须使用系统的 id 来为各组件指定 id 属性，否则将出现异常。

（2）编写各标签页中要显示内容对应的 XML 布局文件。编写一个 XML 布局文件，名称为 tab1.xml，用于指定第一个标签页中要显示的内容。具体代码如下：

```xml
<LinearLayout xmlns:android="http://schemas.android.com/apk/res/android"
        android:id="@+id/linearlayout1"
        android:orientation="vertical"
        android:layout_width="match_parent"
        android:layout_height="match_parent">
    <ImageView
        android:layout_width="match_parent"
        android:layout_height="match_parent"
        android:src="@mipmap/biaoqing_left"/>
</LinearLayout>
```

（3）编写第二个 XML 布局文件，名称为 tab2.xml，用于指定第二个标签页中要显示的内容。具体代码如下：

```xml
<FrameLayout xmlns:android="http://schemas.android.com/apk/res/android"
        android:id="@+id/framelayout"
        android:layout_width="match_parent"
        android:layout_height="match_parent">
    <LinearLayout
        android:id="@+id/linearlayout2"
        android:layout_width="match_parent"
        android:layout_height="match_parent">
        <ImageView
            android:layout_width="match_parent"
            android:layout_height="match_parent"
            android:src="@mipmap/biaoqing_right"/>
    </LinearLayout>
</FrameLayout>
```

✍ 说明：

在本实例中，除了需要编写名称为 tab1.xml 的布局文件外，还需要编写名称为 tab2.xml 的布局文件，用于指定第二个标签页中要显示的内容。

（4）在 Activity 中，获取并初始化 TabHost 组件。关键代码如下：

```java
public class MainActivity extends Activity {
    private TabHost tabHost;                              //声明 TabHost 组件的对象
    @Override
    protected void onCreate(Bundle savedInstanceState) {
        super.onCreate(savedInstanceState);
        setContentView(R.layout.activity_main);
        tabHost=(TabHost)findViewById(android.R.id.tabhost);   //获取 TabHost 对象
        tabHost.setup();                                  //初始化 TabHost 组件
```

（5）为 TabHost 对象添加标签页，这里共添加了两个标签页，一个用于精选表情，另一个用于投稿表情。关键代码如下：

```
LayoutInflater inflater = LayoutInflater.from(this);//声明并实例化一个LayoutInflater
                                                      对象
    inflater.inflate(R.layout.tab1, tabHost.getTabContentView());
    inflater.inflate(R.layout.tab2,tabHost.getTabContentView());
    tabHost.addTab(tabHost.newTabSpec("tab1")
        .setIndicator("精选表情")
        .setContent(R.id.linearlayout1));      //添加第一个标签页
    tabHost.addTab(tabHost.newTabSpec("tab2")
    .setIndicator("投稿表情")
    .setContent(R.id.framelayout)) ;           //添加第二个标签页
```

第 6 章 基本程序单元 Activity

在前面介绍的实例中已经应用过 Activity，但那些实例中的所有操作都是在一个 Activity 中进行的。在实际的应用开发中，经常需要包含多个 Activity，而且这些 Activity 之间可以相互跳转或传递数据。本章将对 Activity 进行详细介绍。

通过阅读本章，您可以：

- 了解 Activity 及其生命周期
- 掌握创建、配置、启动和关闭 Activity 的方法
- 掌握如何使用 Bundle 在 Activity 之间交换数据
- 掌握如何调用另一个 Activity 并返回结果
- 掌握创建 Fragment 的方法
- 掌握在 Activity 中添加 Fragment 的两种方法

6.1 Activity 概述

在 Android 应用中，提供了 4 大基本组件，分别是 Activity、Service、BroadcastReceiver 和 ContentProvider。而 Activity 是 Android 应用最常见的组件之一。Activity 的中文意思是活动。在 Android 中，Activity 代表手机或者平板电脑中的一屏，它提供了和用户交互的可视化界面。在一个 Activity 中，可以添加很多组件，这些组件负责具体的功能。

在一个 Android 应用中，可以有多个 Activity。这些 Activity 组成了 Activity 栈（Stack），当前活动的 Activity 位于栈顶，之前的 Activity 被压入下面，成为非活动 Activity，等待是否可能被恢复为活动状态。在 Activity 的生命周期中，有 4 个重要状态，见表 6-1。

表 6-1 Activity 的 4 个重要状态

状 态	描 述
运行状态	当前的 Activity，位于 Activity 栈顶，用户可见，并且可以获得焦点
暂停状态	失去焦点的 Activity，仍然可见，但是在内存低的情况下，不能被系统 killed（杀死）
停止状态	该 Activity 被其他 Activity 所覆盖，不可见，但是它仍然保存所有的状态和信息。当内存低的情况下，它将会被系统 killed（杀死）
销毁状态	该 Activity 结束，或 Activity 所在的虚拟器进程结束

在了解了 Activity 的 4 个重要状态后，我们来看图 6.1（参照 Android 官方文档），该图显示了一个 Activity 的各种重要状态，以及相关的回调方法。

在图 6.1 中，用矩形方块表示的内容为可以被回调的方法，而带底色的椭圆形则表示 Activity 的重要状态。从该图可以看出，在一个 Activity 的生命周期中有一些方法会被系统回调，这些方法的名称及其描述见表 6-2。

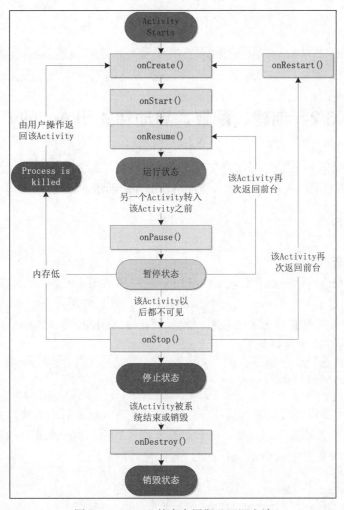

图 6.1 Activity 的生命周期及回调方法

表 6-2 Activity 生命周期中的回调方法

方法名	描述
onCreate()	在创建 Activity 时被回调。该方法是最常见的方法，在 Android Studio 中创建 Android 项目时，会自动创建一个 Activity，在该 Activity 中，默认重写了 onCreate(Bundle savedInstanceState)方法，用于对该 Activity 执行初始化
onStart()	启动 Activity 时被回调，也就是当一个 Activity 变为可见时被回调
onResume()	当 Activity 由暂停状态恢复为活动状态时调用。调用该方法后，该 Activity 位于 Activity 栈的栈顶。该方法总是在 onPause()方法以后执行
onPause()	暂停 Activity 时被回调。该方法需要被非常快速地执行，因为直到该方法执行完毕后，下一个 Activity 才能被恢复。在该方法中，通常用于持久保存数据。例如，当我们正在玩游戏时，突然来了一个电话，这时就可以在该方法中将游戏状态持久保存起来
onRestart()	重新启动 Activity 时被回调，该方法总是在 onStart()方法以后执行
onStop()	停止 Activity 时被回调
onDestroy()	销毁 Activity 时被回调

📝 **说明：**

在 Activity 中，可以根据程序的需要来重写相应的方法。通常情况下，onCreate()和 onPause()方法是最常用的，经常需要重写这两个方法。

6.2 创建、配置、启动和关闭 Activity

在 Android 中，Activity 提供了与用户交互的可视化界面。在使用 Activity 时，需要先对其进行创建和配置，然后才可以启动或关闭 Activity。下面将详细介绍创建、配置、启动和关闭 Activity 的方法。

6.2.1 创建 Activity

创建 Activity 的基本步骤如下。

（1）创建一个 Activity，一般是继承 android.app 包中的 Activity 类，不过在不同的应用场景下，也可以继承 Activity 的子类。例如，在一个 Activity 中，只想实现一个列表，就可以让该 Activity 继承 ListActivity；如果只想实现选项卡效果，就可以让该 Activity 继承 TabActivity。创建一个名为 MyActivity 的 Activity。具体代码如下：

```
import android.app.Activity;
public class MyActivity extends Activity {
}
```

（2）重写需要的回调方法。通常情况下，都需要重写 onCreate()方法，并且在该方法中调用 setContentView()方法设置要显示的页面。例如，在步骤（1）创建的 Activity 中，重写 onCreate()方法，并且设置要显示的页面为 activity_my.xml。具体代码如下：

```
@Override
public void onCreate(Bundle savedInstanceState) {
    super.onCreate(savedInstanceState);
    setContentView(R.layout.activity_my);
}
```

另外，使用 Android Studio 也可以很方便地创建 Activity，步骤如下：

（1）在 Module 的包名（如 com.mingrisoft）节点上，单击鼠标右键，然后依次选择 "New" → "Activity" → "Empty Activity"，如图 6.2 所示。

（2）单击 "Empty Activity" 选项，这样就创建了一个空的 Activity，在弹出的对话框中修改 Activity 的名称，如图 6.3 所示。

（3）单击 "Finish" 按钮即可创建一个空的 Activity，然后就可以在该类中重写需要的回调方法。

6.2.2 配置 Activity

使用 Android Studio 向导创建 Activity 后，会自动在 AndroidManifest.xml 文件中配置该 Activity。如果没有在 AndroidManifest.xml 文件中配置，而又在程序中启动了该 Activity，那么将抛出如图 6.4 所示的异常信息。

第 6 章 基本程序单元 Activity

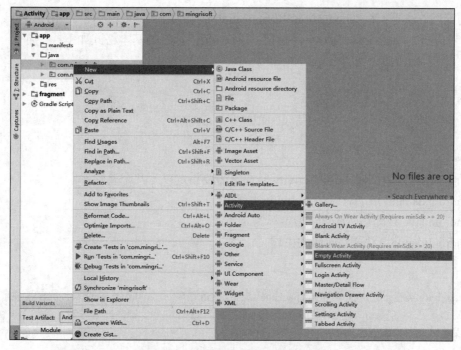

图 6.2 选择"Empty Activity"选项

图 6.3 修改创建的 Activity 名称

```
02-23 10:41:17.279 8046-8046/com.mingrisoft E/AndroidRuntime: FATAL EXCEPTION: main
                                              Process: com.mingrisoft, PID: 8046
                                              java.lang.RuntimeException: Unable to start activity
ComponentInfo{com.mingrisoft/com.mingrisoft.MainActivity}: android.content.ActivityNotFoundException: Unable to find explicit
activity class {com.mingrisoft/com.mingrisoft.DetailActivity}; have you declared this activity in your AndroidManifest.xml?
```

图 6.4 LogCat 面板中抛出的异常信息

147

具体的配置方法是：在<application></application>标记中添加<activity></activity>标记实现（每个 Activity 对应一个<activity></activity>标记）。<activity>标记的基本格式如下：

```
<activity
    android:name="实现类"
    android:label="说明性文字"
    android:theme="要应用的主题"
    ...
>
...
</activity>
```

从上面格式中可以看出，配置 Activity 时通常需要指定以下几个属性：

- android:name：指定对应的 Activity 实现类。
- android:label：为该 Activity 指定标签。
- android:theme：设置要应用的主题。

✍ 说明：

如果该 Activity 类在<manifest>标记的 package 属性指定的包中，则 android:name 属性的属性值可以直接写类名，也可以是".类名"的形式；如果在 package 属性指定包的子包中，则属性值需要设置为".子包序列.类名"或者是完整的类名（包括包路径）。

在 AndroidManifest.xml 文件中配置名称为 DetailActivity 的 Activity，该类保存在<manifest>标记指定的包中。关键代码如下：

```
<activity
    android:name=".DetailActivity"
    android:label="详细"
    >
</activity>
```

6.2.3 启动和关闭 Activity

扫一扫，看视频

1. 启动 Activity

启动 Activity 分为以下两种情况。

- 在一个 Android 应用中，只有一个 Activity 时，那么只需要在 AndroidManifest.xml 文件中对其进行配置，并且将其设置为程序的入口。这样，当运行该项目时，将自动启动该 Activity。
- 在一个 Android 应用中，存在多个 Activity 时，需要应用 startActivity()方法来启动需要的 Activity。startActivity()方法的语法格式如下：

```
public void startActivity (Intent intent)
```

该方法没有返回值，只有一个 Intent 类型的入口参数，Intent 是 Android 应用中各组件之间的通信方式，一个 Activity 通过 Intent 来表达自己的"意图"。在创建 Intent 对象时，需要指定想要被启动的 Activity。

✍ 说明：

关于 Intent 的详细介绍请参见本书的第 7 章。

例如，要启动一个名称为 DetailActivity 的 Activity，可以使用下面的代码：

```
Intent intent = new Intent(MainActivity.this,DetailActivity.class);
startActivity(intent);
```

2．关闭 Activity

在 Android 中，如果想要关闭当前的 Activity，可以使用 Activity 类提供的 finish()方法。finish()方法的语法格式如下：

```
public void finish ()
```

该方法的使用比较简单，既没有入口参数，也没有返回值，只需要在 Activity 中相应的事件中调用该方法即可。例如，想要在单击按钮时关闭该 Activity，可以使用下面的代码：

```
Button button1 = (Button)findViewById(R.id.button1);
button1.setOnClickListener(new View.OnClickListener() {

    @Override
    public void onClick(View v) {
        finish();                          //关闭当前 Activity

    }
});
```

✎ 说明：

如果当前的 Activity 不是主活动，那么执行 finish()方法后，将返回到调用它的那个 Activity；否则，将返回到主屏幕中。

下面通过一个具体的实例来演示如何启动和关闭 Activity。

例 6.1 在 Android Studio 中创建一个 Module，名称为 6.1，模拟喜马拉雅登录界面实现忘记密码页面跳转功能。要求创建两个 Activity，如图 6.5 所示，在第一个 Activity 中单击"忘记密码"，进入到第二个 Activity 中，如图 6.6 所示，单击"关闭"按钮，关闭当前的 Activity，返回到第一个 Activity 中。（**实例位置：资源包\code\06\6.1**）

图 6.5 用户登录页面

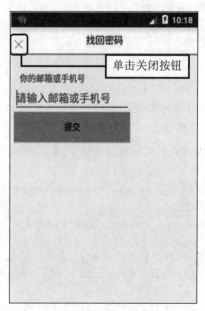

图 6.6 找回密码页面

（1）修改新建项目的 res\layout 目录下的布局文件 activity_main.xml，将默认添加的相对布局管理器修改为表格布局管理器，并且将内边距删除。在该布局管理器中，添加一个背景图片，然后添加 4 个 TableRow 表格行，接下来在每个表格行中添加相关的组件，最后设置表格的第 1 列和第 4 列允许被拉伸。由于此处的布局代码比较简单，这里不再给出，具体代码请参见资源包。

（2）创建一个名称为 PasswordActivity 的 Activity，并且设置它的布局文件为 activity_password.xml。

（3）修改 res\layout 目录中的 activity_password.xml 布局文件。首先将默认添加的相对布局管理器修改为垂直线性布局管理器，并删除内边距，然后为布局管理器设置背景图片，并在该布局管理器中添加一个 ImageButton 组件（用于显示关闭按钮），接下来再在关闭按钮下面添加一个 TextView 组件（用于显示提示文字），并且在该提示文字下面添加一个 EditText 组件（用于填写邮箱或账号），最后再添加一个 Button 组件（用于提交信息）。

（4）打开 PasswordActivity.java 文件，让 PasswordActivity 直接继承 Activity，并且在 onCreate() 方法中，首先获取 "×" 按钮，然后为该图片按钮添加单击事件监听器，在重写的 onClick() 方法中调用 finish() 方法，关闭当前 Activity。具体代码如下：

```java
public class PasswordActivity extends Activity {
    @Override
    protected void onCreate(Bundle savedInstanceState) {
        super.onCreate(savedInstanceState);
        setContentView(R.layout.activity_password);
        ImageButton close = (ImageButton) findViewById(R.id.close);   //获取布局文件
                                                                      中的关闭按钮
        close.setOnClickListener(new View.OnClickListener() {   //为关闭按钮创建监听事件
            @Override
            public void onClick(View v) {
                finish();                                       //关闭当前Activity
            }
        });
    }
}
```

（5）打开默认创建的主活动 MainActivity，然后让 MainActivity 直接继承 Activity。在 onCreate() 方法中获取 "忘记密码" 文字，并为其添加单击事件监听器。在重写的 onClick() 方法中，创建一个 PasswordActivity 所对应的 Intent 对象，并调用 startActivity() 方法，启动 PasswordActivity。具体代码如下：

```java
public class MainActivity extends Activity {
    @Override
    protected void onCreate(Bundle savedInstanceState) {
        super.onCreate(savedInstanceState);
        setContentView(R.layout.activity_main);
        TextView password = (TextView) findViewById(R.id.wang_mima);//获取布局文件中
                                                                    的忘记密码
        password.setOnClickListener(new View.OnClickListener() {   //为忘记密码创建单
                                                                    击监听事件
```

```
            @Override
            public void onClick(View v) {
                //创建 Intent 对象
                Intent intent = new Intent(MainActivity.this, PasswordActivity.class);
                startActivity(intent);                          //启动 PasswordActivity
            }
        });
    }
}
```

6.3 多个 Activity 的使用

在 Android 应用中，经常会有多个 Activity，而这些 Activity 之间又经常需要交换数据。下面就来介绍如何使用 Bundle 在 Activity 之间交换数据，以及如何调用另一个 Activity 并返回结果。

6.3.1 使用 Bundle 在 Activity 之间交换数据

扫一扫，看视频

当在一个 Activity 中启动另一个 Activity 时，经常需要传递一些数据。这时就可以通过 Intent 来实现，因为 Intent 通常被称为是两个 Activity 之间的信使，通过将要传递的数据保存在 Intent 中，就可以将其传递到另一个 Activity 中了。在 Android 中，可以将要保存的数据存放在 Bundle 对象中，然后通过 Intent 提供的 putExtras()方法将要携带的数据保存到 Intent 中。通过 Intent 传递数据的示意图如图 6.7 所示。

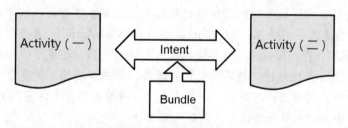

图 6.7　通过 Intent 传递数据

✎ **说明：**

> Bundle 是一个 key-value（键-值）对的组合，用于保存要携带的数据包。这些数据可以是 boolean、byte、int、long、float、double 和 String 等基本类型或者对应的数组，也可以是对象或者对象数组。如果是对象或者对象数组时，必须实现 Serializable 或者 Parcelable 接口。

下面通过一个具体的实例介绍如何使用 Bundle 在 Activity 之间交换数据。

例 6.2　在 Android Studio 中创建一个 Module，名称为 6.2，模拟淘宝的填写并显示收货地址的功能。如图 6.8 所示，在第一个 Activity 中填写收货地址，并在单击"保存"按钮后，如图 6.9 所示，在启动的第二个 Activity 上显示填写好的收货地址。（**实例位置：资源包\code\06\6.2**）

图 6.8　填写收货地址信息界面　　　　图 6.9　显示收货地址信息界面

✍ 说明：

在运行本实例时，由于需要输入中文，所以需要为模拟器安装中文输入法。

（1）修改新建项目的 res\layout 目录下的布局文件 activity_main.xml，在默认的布局管理器中添加一个 ImageView 组件，用于存放导航条图片，然后在下面添加用于输入地址信息的 6 个编辑框以及一个"保存"按钮。由于此处的布局代码比较简单，这里不再给出，具体代码可以参见光盘。

（2）打开默认创建的主活动 MainActivity，然后让 MainActivity 直接继承 Activity，并且在 onCreate()方法中获取"保存"按钮，并为其添加单击事件监听器。在重写的 onClick()方法中，首先获取输入的地区、街道、详细地址、姓名、电话和邮编，并保存到相应的变量中，然后判断输入信息是否为空，如果为空，则给出消息提示，如果不为空，将输入的信息保存到 Bundle 中，并启动一个新的 Activity 显示输入的收货地址信息。具体代码如下：

```java
public class MainActivity extends Activity {
    @Override
    protected void onCreate(Bundle savedInstanceState) {
        super.onCreate(savedInstanceState);
        setContentView(R.layout.activity_main);
        Button btn = (Button) findViewById(R.id.btn);  //获取保存按钮
        btn.setOnClickListener(new View.OnClickListener() {   //为按钮添加单击监听事件
            @Override
            public void onClick(View v) {
                //获取输入的所在地区
                String site1 = ((EditText) findViewById(R.id.et_site1)).getText().toString();
                //获取输入的所在街道
                String site2 = ((EditText) findViewById(R.id.et_site2)).getText().toString();
```

```
                //获取输入的详细地址
                String site3 = ((EditText) findViewById(R.id.et_site3)).getText().
toString();
                //获取输入的用户信息
                String name = ((EditText) findViewById(R.id.et_name)).getText().
toString();
                //获取输入的手机号码
                String phone = ((EditText) findViewById(R.id.et_phone)).getText().
toString();
                //获取输入的邮箱
                String email= ((EditText) findViewById(R.id.et_email)).getText().
toString();
                if (!"".equals(site1) && !"".equals(site2) && !"".equals(site3)&&
                        !"".equals(name) && !"".equals(phone) &&!"".equals(email) ) {
                    //将输入的信息保存到Bundle中,通过Intent传递到另一个Activity中并显示
                    Intent intent = new Intent(MainActivity.this, AddressActivity.
class);
                    //创建并实例化一个Bundle对象
                    Bundle bundle = new Bundle();
                    bundle.putCharSequence("name", name);          //保存姓名
                    bundle.putCharSequence("phone", phone);         //保存手机号码
                    bundle.putCharSequence("site1", site1);         //保存所在地区信息
                    bundle.putCharSequence("site2", site2);         //保存所在街道信息
                    bundle.putCharSequence("site3", site3);         //保存详细地址信息
                    intent.putExtras(bundle);       //将Bundle对象添加到Intent对象中
                    startActivity(intent);          //启动Activity
                }else {
                    Toast.makeText(MainActivity.this,"请将收货地址填写完整! ",Toast.
LENGTH_SHORT).show();
                }
            }
        });
    }
}
```

说明:

在上面的代码中,加粗的代码用于创建 Intent 对象,并将要传递的用户信息通过 Bundle 对象添加到该 Intent 对象中。

(3)在工具窗口中的 6.2 节点上单击鼠标右键,在弹出的快捷菜单中选择"New"→"Activity"→"Empty Activity"菜单项,然后在弹出的自定义 Actvivity 对话框中修改 Activity 的名称为 AddressActivity,单击"完成"按钮,创建一个 AddressActivity,并且自动创建一个名称为 activity_address.xml 的布局文件。

(4)修改 res\layout 目录中的 activity_address.xml 布局文件,在默认的布局管理器中添加一个 ImageView 组件,用于存放导航条图片,然后添加 3 个 TextView 组件,分别用于显示姓名、电话和地址。由于此处的布局代码比较简单,这里不再给出,具体代码可参考下载的资源包的相关案例。

(5)打开 AddressActivity.java,然后让 AddressActivity 直接继承 Activity。在 onCreate()方法中,

首先获取 Intent 对象，以及传递的数据包，然后将传递过来的姓名、电话和地址显示到对应的 TextView 组件中。关键代码如下：

```java
public class AddressActivity extends Activity {
    @Override
    protected void onCreate(Bundle savedInstanceState) {
        super.onCreate(savedInstanceState);
        setContentView(R.layout.activity_address);
        Intent intent = getIntent();                                //获取 Intent 对象
        Bundle bundle = intent.getExtras();                         //获取传递的 Bundle 信息
        TextView name = (TextView) findViewById(R.id.name);         //获取显示姓名的 TextView 组件
        name.setText(bundle.getString("name"));//获取输入的姓名并显示到 TextView 组件中
        TextView phone = (TextView) findViewById(R.id.phone);       //获取显示手机号码的 TextView 组件
        phone.setText(bundle.getString("phone"));   //获取输入的电话号码并显示到 TextView 组件中
        TextView site = (TextView) findViewById(R.id.site);         //获取显示地址的 TextView 组件
        //获取输入的地址并显示到 TextView 组件中
        site.setText(+bundle.getString("site1") + bundle.getString("site2") + bundle.get("site3"));
    }
}
```

✎ 说明：

在上面的代码中，加粗的代码用于获取通过 Intent 对象传递的用户信息。

扫一扫，看视频

6.3.2 调用另一个 Activity 并返回结果

在 Android 应用开发时，有时需要在一个 Activity 中调用另一个 Activity，当用户在第二个 Activity 中选择完成后，程序自动返回到第一个 Activity 中，第一个 Activity 能够获取并显示用户在第二个 Activity 中选择的结果。例如，用户在修改信息的时候可以对头像进行修改，在修改头像的时候首先需要调用选择头像的界面，效果如图 6.10 所示。在进行选择之后会自动返回到修改信息界面，并显示用户选择的新头像，效果如图 6.11 所示。

要实现这种功能，也可以通过 Intent 和 Bundle 来实现。与在两个 Acitivty 之间交换数据不同的是，此处需要使用 startActivityForResult()方法来启动另一个 Activity。调用 startActivityForResult()方法启动 Activity 后，关闭新启动的 Activity 时，可以将选择的结果返回到原 Activity 中。startActivityForResult()方法的语法格式如下：

```java
public void startActivityForResult (Intent intent, int requestCode)
```

该方法将以指定的请求码启动 Activity，并且程序将会获取新启动的 Activity 返回的结果（通过重写 onActivityResult()方法来获取）。requestCode 参数代表了启动 Activity 的请求码，该请求码的值由开发者根据业务自行设置，用于标识请求来源。

下面通过一个具体的实例介绍如何调用另一个 Activity 并返回结果。

第6章 基本程序单元Activity

图6.10 选择头像界面

图6.11 显示选择后的头像界面

例6.3 在Android Studio中创建一个Module，名称为6.3，模拟喜马拉雅FM选择头像功能。要求实现选择头像页面单击"选择头像"按钮，如图6.12所示，打开新的Activity选择头像后，如图6.13所示，将选择的头像返回到原Activity中。（**实例位置：资源包\code\06\6.3**）

图6.12 选择头像界面

图6.13 喜马拉雅FM选择头像的界面

（1）修改新建项目的 res\layout 目录下的布局文件 activity_main.xml，将默认添加的相对布局管理器修改为垂直线性布局管理器。在该布局管理器中，添加一个背景图片，将需要的背景图片复制到 drawable-mdpi 中，并将默认添加的 TextView 组件和内边距代码删除，然后添加一个 ImageView 组件，让这个组件水平居中，最后在 ImageView 组件下方添加一个 Button 按钮组件。

（2）打开默认创建的主活动 MainActivity，然后让 MainActivity 直接继承 Activity。在 onCreate() 方法中，获取"选择头像"按钮，并为其添加单击事件监听器。在重写的 onClick() 方法中，创建一个要启动的 Activity 对应的 Intent 对象，并应用 startActivityForResult() 方法启动指定的 Activity，等待返回结果。具体代码如下：

```
Button button= (Button) findViewById(R.id.btn);           //获取选择头像按钮
    button.setOnClickListener(new View.OnClickListener() {  //为按钮创建单击事件
        @Override
        public void onClick(View v) {
            //创建 Intent 对象
            Intent intent=new Intent(MainActivity.this,HeadActivity.class);
            startActivityForResult(intent, 0x11);           //启动 intent 对应的 Activity
        }
    });
```

（3）创建一个新的 Activity，名称为 HeadActivity，对应的布局文件为 activity_head.xml。

（4）在 res\layout 目录中找到名称为 activity_head.xml 的文件，将内边距删除，并且在该布局文件中添加一个 GridView 组件，用于显示可选择的头像列表。关键代码如下：

```
<GridView
    android:id="@+id/gridView"
    android:layout_width="match_parent"
    android:layout_height="match_parent"
    android:layout_marginTop="10dp"
    android:horizontalSpacing="3dp"
    android:verticalSpacing="3dp"
    android:numColumns="4">
</GridView>
```

（5）打开 HeadActivity.java，让 HeadActivity 直接继承 Activity，并且重写 onCreate() 方法。然后在重写的 onCreate() 方法的上方定义一个保存要显示头像 ID 的一维数组。关键代码如下：

```
public int[] imageId = new int[]{R.drawable.touxiang1, R.drawable.touxiang2,
        R.drawable.touxiang3, R.drawable.touxiang4, R.drawable.touxiang5
    };                                          // 定义并初始化保存头像 ID 的数组
```

（6）在重写的 onCreate() 方法中获取 GridView 组件，并创建一个与之关联的 BaseAdapter 适配器。关键代码如下：

```
GridView gridview = (GridView) findViewById(R.id.gridView); //获取 GridView 组件
    BaseAdapter adapter=new BaseAdapter() {
        @Override
        public View getView(int position, View convertView, ViewGroup parent) {
            ImageView imageview;                            //声明 ImageView 的对象
            if(convertView==null){
                imageview=new ImageView(HeadActivity.this); //实例化 ImageView
                                                            的对象
                /*************设置图像的宽度和高度******************/
                imageview.setAdjustViewBounds(true);
                imageview.setMaxWidth(158);
                imageview.setMaxHeight(150);
                /*************************************************/
```

```
                imageview.setPadding(5, 5, 5, 5);          //设置 ImageView 的内边距
            }else{
                imageview=(ImageView)convertView;
            }
            imageview.setImageResource(imageId[position]);   //为 ImageView 设置
                                                             //  要显示的图片
            return imageview; //返回 ImageView
        }
        /*
         * 功能：获得当前选项的 ID
         */
        @Override
        public long getItemId(int position) {
            return position;
        }
        /*
         * 功能：获得当前选项
         */
        @Override
        public Object getItem(int position) {
            return position;
        }
        /*
         * 获得数量
         */
        @Override
        public int getCount() {
            return imageId.length;
        }
    };
    gridview.setAdapter(adapter);
```

（7）为 GridView 添加 OnItemClickListener 事件监听器。在重写的 onItemClick()方法中，首先获取 Intent 对象，然后创建一个要传递的数据包，并将选中的头像 ID 保存到该数据包中，再将要传递的数据包保存到 Intent 中，并设置返回的结果码及返回的 Activity，最后关闭当前 Activity。关键代码如下：

```
gridview.setOnItemClickListener(new AdapterView.OnItemClickListener() {
        @Override
        public void onItemClick(AdapterView<?> parent, View view, int position,
long id) {
            Intent intent = getIntent();                    //获取 Intent 对象
            Bundle bundle = new Bundle();                   //实例化要传递的数据包
            bundle.putInt("imageId", imageId[position]);    // 显示选中的图片
            intent.putExtras(bundle);       //将数据包保存到 intent 中
            setResult(0x11, intent);        //设置返回的结果码，并返回调用该 Activity 的
                                            //                      Activity
            finish();                       //关闭当前 Activity
        }
});
```

（8）重新打开 MainActivity，在该类中重写 onActivityResult()方法。在该方法中，需要判断 requestCode 请求码和 resultCode 结果码是否与预先设置的相同，如果相同，则获取传递的数据包，从该数据包中获取选择的头像 ID 并显示。具体代码如下：

```
@Override
    protected void onActivityResult(int requestCode, int resultCode, Intent data) {
        super.onActivityResult(requestCode, resultCode, data);
        if(requestCode==0x11 && resultCode==0x11){    //判断是否为待处理的结果
            Bundle bundle=data.getExtras();           //获取传递的数据包
            int imageId=bundle.getInt("imageId");     //获取选择的头像 ID
            //获取布局文件中添加的 ImageView 组件
            ImageView iv=(ImageView)findViewById(R.id.imageView);
            iv.setImageResource(imageId);             //显示选择的头像
        }
    }
```

6.4 使用 Fragment

Fragment 是 Android 3.0 新增的概念,其中文意思是碎片,它与 Activity 十分相似,用来在一个 Activity 中描述一些行为或一部分用户界面。使用多个 Fragment 可以在一个单独的 Activity 中建立多个 UI 面板,也可以在多个 Activity 中重用 Fragment。例如,微信主界面就相当于一个 Activity,在这个 Activity 中,包含多个 Fragment,其主界面可以在"微信""通讯录""发现"(如图 6.14 所示)和"我"(如图 6.15 所示)4 个功能界面之间切换,每一个功能界面就相当于一个 Fragment。

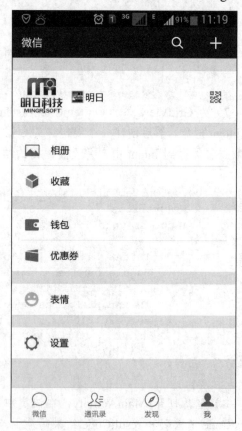

图 6.14 "发现"功能界面　　　　　　　　图 6.15 "我"功能界面

6.4.1 Fragment 的生命周期

和 Activity 一样，Fragment 也有自己的生命周期。一个 Fragment 必须被嵌入到一个 Activity 中，它的生命周期直接受其所属的宿主 Activity 的生命周期影响。例如，当 Activity 被暂停时，其中的所有 Fragment 也被暂停；当 Activity 被销毁时，所有隶属于它的 Fragment 也将被销毁。然而，当一个 Activity 正在运行时（处于 resumed 状态），我们可以单独地对每一个 Fragment 进行操作，如添加或删除等。Fragment 完整的生命周期如图 6.16 所示。

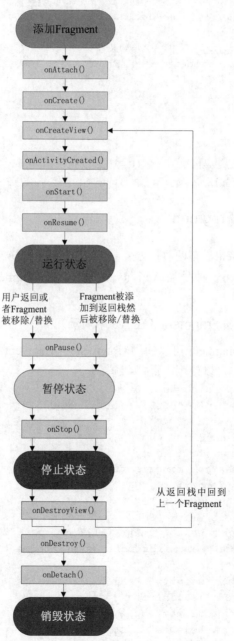

图 6.16　Fragment 的生命周期示意图

6.4.2 创建 Fragment

要创建一个 Fragment，必须创建一个 Fragment 的子类，或者继承自另一个已经存在的 Fragment 的子类。例如，要创建一个名称为 NewsFragment 的 Fragment，并重写 onCreateView()方法，可以使用下面的代码：

```java
public class NewsFragment extends Fragment {
    @Nullable
    @Override
    public View onCreateView(LayoutInflater inflater, ViewGroup container, Bundle savedInstanceState) {
        //从布局文件 news.xml 加载一个布局文件
        View v = inflater.inflate(R.layout.news, container, false);
        return v;
    }
}
```

扫一扫，看视频

> 说明：
> 当系统首次调用 Fragment 时，如果想绘制一个 UI 界面，那么在 Fragment 中必须重写 onCreateView()方法返回一个 View；如果 Fragment 没有 UI 界面，可以返回 null。

6.4.3 在 Activity 中添加 Fragment

向 Activity 中添加 Fragment，有两种方法：一种是直接在布局文件中添加，将 Fragment 作为 Activity 整个布局的一部分；另一种是当 Activity 运行时，将 Fragment 放入 Activity 布局中。下面分别进行介绍。

1. 直接在布局文件中添加 Fragment（在 AS 中演示）

直接在布局文件中添加 Fragment 可以使用<fragment></fragment>标记实现。例如，要在一个布局文件中添加两个 Fragment，可以使用下面的代码：

```xml
<?xml version="1.0" encoding="utf-8"?>
<LinearLayout xmlns:android="http://schemas.android.com/apk/res/android"
    android:layout_width="fill_parent"
    android:layout_height="fill_parent"
    android:orientation="horizontal" >
<fragment android:name="com.mingrisoft.ListFragment"
        android:id="@+id/list"
        android:layout_weight="1"
        android:layout_width="0dp"
        android:layout_height="match_parent" />
 <fragment android:name="com.mingrisoft.DetailFragment"
        android:id="@+id/detail"
        android:layout_weight="2"
        android:layout_marginLeft="20dp"
        android:layout_width="0dp"
        android:layout_height="match_parent" />
</LinearLayout>
```

说明：

在<fragment></fragment>标记中，android:name 属性用于指定要添加的 Fragment。

2. 当 Activity 运行时添加 Fragment

当 Activity 运行时，也可以将 Fragment 添加到 Activity 的布局中，实现方法是：获取一个 FragmentTransaction 的实例，然后使用 add()方法添加一个 Fragment，add()方法的第一个参数是 Fragment 要放入的 ViewGroup（由 Resource ID 指定），第二个参数是需要添加的 Fragment，最后为了使改变生效，还必须调用 commit()方法提交事务。例如，要在 Activity 运行时添加一个名称为 DetailFragment 的 Fragment，可以使用下面的代码：

```
DetailFragment details = new DetailFragment();   //实例化 DetailFragment 的对象
FragmentTransaction ft = getFragmentManager()
                        .beginTransaction();//获得一个 FragmentTransaction 的实例
ft.add(android.R.id.content, details);           //添加一个显示详细内容的 Fragment
ft.commit();                                     //提交事务
```

Fragment 比较强大的功能之一就是可以合并两个 Activity，从而让这两个 Activity 在一个屏幕上显示。如图 6.17 所示（参照 Android 官方文档），左边的两个图分别代表两个 Activity，右边的图表示包括两个 Fragment 的 Activity，其中第一个 Fragment 的内容是 Activity A，第二个 Fragment 的内容是 Activity B。

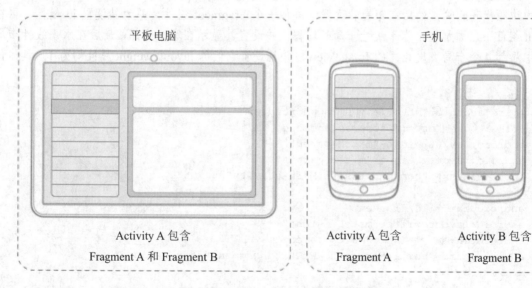

图 6.17　使用 Fragment 合并两个 Activity

下面通过一个具体的实例介绍 Fragment 在实际 APP 中的应用。

例 6.4　在 Android Studio 中创建一个 Module，名称为 6.4，实现模拟微信界面中的 Tab 标签切换功能，如图 6.18 所示。（**实例位置：资源包\code\06\6.4**）

图 6.18　模拟微信界面

（1）修改新建项目的 res\layout 目录下的布局文件 activity_main.xml，将默认添加的 TextView 组件和内边距代码删除，然后在布局管理器中添加一个 Fragment 组件，并为其设置 id 属性。再在 Fragment 组件下方添加一个水平线性布局管理器，并设置其显示在容器底部，最后在水平线性布局管理器中添加 4 个布局宽度相同的 ImageView，并且设置它们的 layout_weight 属性均为 1。具体代码如下：

```xml
<RelativeLayout
    xmlns:android="http://schemas.android.com/apk/res/android"
    xmlns:tools="http://schemas.android.com/tools"
    android:layout_width="match_parent"
    android:layout_height="match_parent"
    tools:context="com.mingrisoft.MainActivity">
<fragment
    android:id="@+id/fragment"
    android:layout_width="match_parent"
    android:layout_height="match_parent"
    android:name="com.mingrisoft. WeChat_Fragment"/>
<LinearLayout
    android:layout_alignParentBottom="true"
    android:orientation="horizontal"
    android:layout_width="match_parent"
    android:layout_height="wrap_content">
<ImageView
    android:id="@+id/image1"
    android:layout_width="wrap_content"
    android:layout_weight="1"
    android:layout_height="50dp"
```

```
            android:src="@drawable/bottom_1"/>
        <ImageView
            android:id="@+id/image2"
            android:layout_width="wrap_content"
            android:layout_weight="1"
            android:layout_height="50dp"
            android:src="@drawable/bottom_2"/>
        <ImageView
            android:id="@+id/image3"
            android:layout_width="wrap_content"
            android:layout_weight="1"
            android:layout_height="50dp"
            android:src="@drawable/bottom_3"/>
        <ImageView
            android:id="@+id/image4"
            android:layout_width="wrap_content"
            android:layout_weight="1"
            android:layout_height="50dp"
            android:src="@drawable/bottom_4"/>
    </LinearLayout>
</RelativeLayout>
```

（2）在 res\layout 目录下创建一个名称为 wechat_fragment.xml 的布局文件，并且将默认创建的线性布局管理器修改为相对布局管理器，然后在该部局文件中添加一个 ImageView 组件，用于存放要显示的图片。

（3）在工具窗口中的 6.4/java 节点的第一个 com.mingrisoft 包中，创建一个名称为 WeChat_Fragment.java 的类，让这个类继承 Fragment 类，并且重写 onCreateView() 方法，然后为 WeChatFragment 添加 wechat_fragment.xml 布局文件。具体代码如下：

```
public class WeChat_Fragment extends Fragment {
    @Nullable
    @Override
    public View onCreateView(LayoutInflater inflater, ViewGroup container, Bundle savedInstanceState) {
        View view=inflater.inflate(R.layout.wechat_fragment,null);
        return view;
    }
}
```

📖 说明：

按照步骤（2）和步骤（3）的方法，再创建 3 个 Fragment 类和 3 个对应的布局文件，分别用于实现"通讯录"、"发现"和"我"3 个界面。

（4）打开默认创建的 MainActivity，让 MainActivity 直接继承 Activity，获取布局文件中的 4 张 Tab 标签图片，并且为每一个图片设置单击事件监听器，然后通过 switch 判断点击哪张导航图片，并创建相应的 Fragment 替换原有的 Fragment。具体代码如下：

```
public class MainActivity extends Activity {
    @Override
    protected void onCreate(Bundle savedInstanceState) {
```

```java
        super.onCreate(savedInstanceState);
        setContentView(R.layout.activity_main);
    //获取布局文件的第 1 个导航图片
        ImageView imageView1 = (ImageView) findViewById(R.id.image1);
    //获取布局文件的第 2 个导航图片
        ImageView imageView2 = (ImageView) findViewById(R.id.image2);
    //获取布局文件的第 3 个导航图片
        ImageView imageView3 = (ImageView) findViewById(R.id.image3);
        ImageView imageView4 = (ImageView) findViewById(R.id.image4);
    //获取布局文件的第 4 个导航图片
        imageView1.setOnClickListener(l);     //为第 1 个导航图片添加单击事件
        imageView2.setOnClickListener(l);     //为第 2 个导航图片添加单击事件
        imageView3.setOnClickListener(l);     //为第 3 个导航图片添加单击事件
        imageView4.setOnClickListener(l);     //为第 4 个导航图片添加单击事件
}
//创建单击事件监听器
View.OnClickListener l = new View.OnClickListener() {
    @Override
    public void onClick(View v) {
        FragmentManager fm = getFragmentManager();      //获取 Fragment
        FragmentTransaction ft = fm.beginTransaction();//开启一个事务
        Fragment f = null;                              //为 Fragment 初始化
        switch (v.getId()) {     //通过获取点击的 id 判断点击了哪张图片
            case R.id.image1:
                f = new WeChat_Fragment();     //创建第 1 个 Fragment
                break;
            case R.id.image2:
                f = new Message_Fragment();    //创建第 2 个 Fragment
                break;
            case R.id.image3:
                f = new Find_Fragment();       //创建第 3 个 Fragment
                break;
            case R.id.image4:
                f = new Me_Fragment();         //创建第 4 个 Fragment
                break;
            default:
                break;
        }
        ft.replace(R.id.fragment, f);          //替换 Fragment
        ft.commit();                            //提交事务
    }
};
}
```

第 7 章　Android 应用核心 Intent

扫一扫，看视频

一个 Android 程序由多个组件组成，各个组件之间使用 Intent 进行通信。Intent 对象中包含组件名称、动作、数据等内容。根据 Intent 中的内容，Android 系统可以启动需要的组件。

通过阅读本章，您可以：
- 了解 Intent 的作用
- 掌握 Intent 的基本应用
- 掌握 Intent 对象的属性
- 掌握显式 Intent 和隐式 Intent 的应用
- 掌握 Intent 过滤器的应用

7.1　初识 Intent

扫一扫，看视频

Intent 的中文翻译就是"意图"的意思，它是 Android 程序中传输数据的核心对象。在 Android 官方文档中，对 Intent 的定义是执行某操作的一个抽象描述。它可以开启新的 Activity，也可以发送广播消息，或者开启 Service 服务。下面将对 Intent 以及 Intnet 的基本应用分别进行介绍。

7.1.1　Intent 概述

一个 Android 程序主要是由 Activity、Service 和 BroadcastReceiver 3 种组件组成，这 3 种组件是独立的，它们之间可以互相调用、协调工作，最终组成一个真正的 Android 程序。这些组件之间的通信主要由 Intent 协助完成。Intent 负责对应用中一次操作的 Action（动作）、Action 涉及的 Data（数据）、Extras（附加数据）进行描述，Android 则根据 Intent 的描述，负责找到对应的组件，将 Intent 传递给调用的组件，并完成组件的调用。因此，Intent 在这里起着媒体中介的作用，专门提供组件间互相调用的相关信息，实现调用者与被调用者之间的解耦。

例如，在一个联系人列表界面（假设对应的 Activity 为 ListActivity）中，如图 7.1 所示，当单击联系人 Mr 后，会打开该联系人的详细信息界面（假设对应的 Activity 为 DetailActivity），如图 7.2 所示。

为了实现这个目的，ListActivity 需要构建一个 Intent，这个 Intent 用于告诉系统，需要完成"查看"动作，而此动作对应的查看对象是"某联系人"；然后调用 startActivity(Intent intent)方法，并将构造的 Intent 传入，系统会根据此 Intent 中的描述，在 AndroidManifest.xml 文件中找到满足此 Intent 要求的 Activity（即 DetailActivity）；最后，DetailActivity 会根据此 Intent 中的描述，执行相应的操作，如图 7.3 所示。

图 7.1　联系人列表界面（ListActivity）　　　　图 7.2　联系人详细信息界面（DetailActivity）

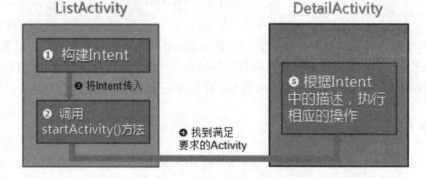

图 7.3　Intent 的作用

7.1.2　Intent 的基本应用

Intent 是一个可以从另一个应用程序请求动作的消息处理对象。它可以实现组件间的通信，通常情况下，有以下 3 种基本应用。

- 开启 Activity

通过将一个 Intent 对象传递给 startActivity()方法，可以启动一个新的 Activity，并且还可以携带一些必要的数据。另外，也可以将 Intnet 对象传递给 startActivityForRestult()方法，这样，在需要获取返回结果时，就可以在调用它的 Activity 的 onActivityResult()方法中接收返回结果了。

- 开启 Service

通过将一个 Intent 对象传递给 startService()方法，可以启动一个 Service 来完成一次性操作（如下载文件），或者传递一个新的指令给正在运行的 Service。另外，将一个 Intent 对象传递给 bindService()方法，则可以建立调用组件和目标服务之间的连接。

- 传递 Broadcast（广播）

通过任何一个广播方法（如 sendBroadcast()、sendOrderedBroadcast()或 sendStickyBroadcast()方

法等），都可以将广播传递给所有感兴趣的广播接收者。

上一章我们已经介绍了如何使用 Intent 来启动 Activity，关于如何使用 Intent 来启动另外两种组件会在后面的章节中进行介绍。

📝 说明：

> Android 程序会自动查找合适的 Activity、Service 或者 BroadcastReceiver 来响应 Intent（意图），如果初始化这些消息的系统之间没有重叠，那么 BroadcastReceiver 意图只会传递给广播接收者，而不会传递 Activity 或 Service。

7.2　Intent 对象的属性

一个 Intent 对象实质上是一组被捆绑的信息，它可以是对 Intent 有兴趣的组件的信息（如要执行的动作和要作用的数据），也可以是 Android 系统感兴趣的信息（如处理 Intent 组件的分类信息和如何启动目标活动的指令等）。本节将对 Intent 对象的主要属性进行讲解。Intent 对象主要包含 Component name、Action、Category、Data、Extras 和 Flags 6 种属性，这些属性的主要作用见表 7-1。

表 7-1　Intent 对象的属性及其作用

属　　性	作　　用
Component name	指定为处理 Intent 对象的组件名称
Action	Intent 要完成的一个动作
Category	用来对执行动作的类别进行描述
Data	向 Action 提供要操作的数据
Extras	向 Intent 组件添加附加信息
Flags	指示 Android 程序如何去启动一个 Activity

7.2.1　Component name（组件名称）

Component name 属性用来设置 Intent 对象的组件名称，它的属性值是一个 ComponentName 对象，要创建一个 ComponentName，需要指定包名和类名——这就可以唯一的确定一个组件类，这样应用程序就可以根据给定的组件类去启动特定的组件。

Component name 是可选的，如果设置了，Intent 对象会被发送给指定类的实例；如果没有设置，Android 使用 Intent 中的其他信息来定位合适的目标组件。Component name 可以通过 setComponent()、setClass()或 setClassName()方法设置，并通过 getComponent()方法读取。下面分别对上面提到的几个方法进行介绍。

扫一扫，看视频

▶ setComponent()方法

setComponent()方法用来为 Intent 设置组件，其语法格式如下：

```
public Intent setComponent(ComponentName component)
```
　　▷ component：要设置的组件名称。
　　▷ 返回值：Intent 对象。

在使用 setComponent()方法时，需要先创建 android.content.ComponentName 对象，该对象常用的构造方法有以下两种。

```
ComponentName(Context context, Class<?> cls)
```

或者

```
ComponentName(String pkg, String cls)
```

其中，context 是 Context（上下文）对象，可以使用"当前 Activity 名.this"指定；第 1 个 cls 用于指定要打开的 Activity 的 class 对象；pkg 用于指定包名；第 2 个 cls 用于指定要启动的 Activity 的完整类名（包括包名）。

例如，要创建启动 DetailActivity 的 Intent 对象，可以使用下面的代码。

```
Intent intent=new Intent();
ComponentName componentName=new ComponentName(MainActivity.this,DetailActivity.class);
intent.setComponent(componentName);
```

也可以使用下面的代码实现。

```
Intent intent=new Intent();
ComponentName componentName=new ComponentName("com.mingrisoft",
                                              "com.mingrisoft.DetailActivity");
intent.setComponent(componentName);
```

➤ setClass()方法

setClass()方法用来为 Intent 设置要打开的 Activity 类，其语法格式如下：

```
public Intent setClass (Context packageContext, Class<?> cls)
```

- packageContext：Context（上下文）对象，可以使用"当前 Activity 名.this"指定。
- cls：要打开的 Activity 的 class 对象。
- 返回值：Intent 对象。

例如，指定要打开类名为 DetailActivity 的 Activity，可以使用下面的代码：

```
Intent intent=new Intent();
intent.setClass(this, DetailActivity.class);
```

➤ setClassName()方法

setClassName()方法用来为 Intent 设置要打开的 Activity 名称，其语法格式如下：

```
public Intent setClassName (Context packageContext, String className)
```

- packageContext：Context（上下文）对象，可以使用"当前 Activity 名.this"指定。
- className：要打开的 Activity 的完整类名（包括包名）。
- 返回值：Intent 对象。

例如，指定要打开的 Activity 名称为 com.mingrisoft 包中的 DetailActivity，可以使用下面的代码。

```
Intent intent=new Intent();
intent.setClassName(MainActivity.this, "com.mingrisoft.DetailActivity");
```

➤ getComponent()方法

getComponent()方法用来获取与 Intent 相关的组件，其语法格式如下：

```
public ComponentName getComponent()
```

返回值：与 Intent 相关的组件名称。通过它可以获取 Intent 对象对应的包名和类名。

例如，获取当前 Intent 对象的组件名称，并且通过它获取该 Intent 对象对应的包名和类名，可以使用下面的代码。

```
ComponentName componentName=getIntent().getComponent();
Log.i("MainActivity","包名："+componentName.getPackageName()+
      "类名："+componentName.getShortClassName());
```

上面的代码执行后，将在 LogCat 面板中输出如图 7.4 所示的包名和类名。

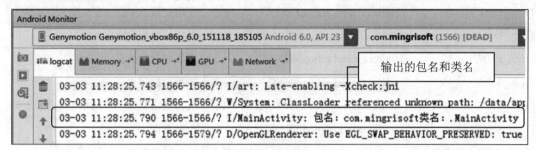

图 7.4　获取到的包名和类名

7.2.2　Action（动作）

Action 属性用来指定将要执行的动作。它很大程度上决定了 Intent 如何构建，特别是后面将要介绍的 Data（数据）和 Extras（附加）属性。它们的关系就像一个方法名决定了参数和返回值一样，正是由于这个原因，所以应该尽可能明确指定动作，并紧密关联到其他 Intent 字段。也就是说，应该定义组件能够处理的 Intent 对象的整个协议，而不仅仅是单独的定义一个 Action 属性。在 Intent 类中，定义了一系列 action 常量，其目标组件包括 Activity 和 Broadcast 两类。下面分别进行介绍。

1．标准 Activity 动作

表 7-2 中列出了当前 Intent 类中定义的用于启动 Activity 的标准动作（通常使用 Context.startActivity()方法启动）。其中，最常用的是 ACTION_MAIN 和 ACTION_EDIT。

表 7-2　标准 Activity 动作说明

常　　量	对应字符串	说　　明
ACTION_MAIN	android.intent.action.MAIN	作为初始的 Activity 启动，没有数据输入输出
ACTION_VIEW	android.intent.action.VIEW	将数据显示给用户
ACTION_ATTACH_DATA	android.intent.action.ATTACH_DATA	用于指示一些数据应该附属于其他地方
ACTION_EDIT	android.intent.action.EDIT	将数据显示给用户用于编辑
ACTION_PICK	android.intent.action.PICK	从数据中选择一项，并返回该项
ACTION_CHOOSER	android.intent.action.CHOOSER	显示一个 Activity 选择器
ACTION_GET_CONTENT	android.intent.action.GET_CONTENT	允许用户选择特定类型的数据并将其返回
ACTION_DIAL	android.intent.action.DIAL	使用提供的数字拨打电话
ACTION_CALL	android.intent.action.CALL	使用提供的数据给某人拨打电话
ACTION_SEND	android.intent.action.SEND	向某人发送消息，接收者未指定
ACTION_SENDTO	android.intent.action.SENDTO	向某人发送消息，接收者已指定

（续表）

常　量	对应字符串	说　明
ACTION_ANSWER	android.intent.action.ANSWER	接听电话
ACTION_INSERT	android.intent.action.INSERT	在给定容器中插入空白项
ACTION_DELETE	android.intent.action.DELETE	从容器中删除给定数据
ACTION_RUN	android.intent.action.RUN	无条件运行数据
ACTION_SYNC	android.intent.action.SYNC	执行数据同步
ACTION_PICK_ACTIVITY	android.intent.action.PICK_ACTIVITY	选择给定 Intent 的 Activity，返回选择的类
ACTION_SEARCH	android.intent.action.SEARCH	执行查询
ACTION_WEB_SEARCH	android.intent.action.WEB_SEARCH	执行联机查询
ACTION_FACTORY_TEST	android.intent.action.FACTORY_TEST	工厂测试的主入口点

✍ 说明：

关于表 7-2 内容的详细说明请参考 API 文档中 Intent 类的说明。

2．标准广播动作

表 7-3 中列出了当前 Intent 类中定义的用于接收广播的标准动作（通常使用 Context.Register-Receiver()方法或者使用配置文件中的<receiver>标签）。

表 7-3　标准广播动作说明

常　量	对应字符串	说　明
ACTION_TIME_TICK	android.intent.action.TIME_TICK	每分钟通知一次当前时间改变
ACTION_TIME_CHANGED	android.intent.action.TIME_CHANGED	通知时间被修改
ACTION_TIMEZONE_CHANGED	android.intent.action.TIMEZONE_CHANGED	通知时区被修改
ACTION_BOOT_COMPLETED	android.intent.action.BOOT_COMPLETED	在系统启动完成后，发出一次通知
ACTION_PACKAGE_ADDED	android.intent.action.PACKAGE_ADDED	通知新应用程序包已经安装到设备上
ACTION_PACKAGE_CHANGED	android.intent.action.PACKAGE_CHANGED	通知已经安装的应用程序包已经被修改
ACTION_PACKAGE_REMOVED	android.intent.action.PACKAGE_REMOVED	通知从设备中删除应用程序包
ACTION_PACKAGE_RESTARTED	android.intent.action.PACKAGE_RESTARTED	通知用户重启应用程序包，其所有进程都被关闭
ACTION_PACKAGE_DATA_CLEARED	android.intent.action.PACKAGE_DATA_CLEARED	通知用户清空应用程序包中的数据
ACTION_UID_REMOVED	android.intent.action.UID_REMOVED	通知从系统中删除用户 ID 值
ACTION_BATTERY_CHANGED	android.intent.action.BATTERY_CHANGED	包含充电状态、等级和其他电池信息的广播

（续表）

常　　量	对应字符串	说　　明
ACTION_POWER_CONNECTED	android.intent.action.POWER_CONNECTED	通知设备已经连接外置电源
ACTION_POWER_DISCONNE-CTED	android.intent.action.POWER_DISCO-NNECTED	通知设备已经移除外置电源
ACTION_SHUTDOWN	android.intent.action.SHUTDOWN	通知设备已经关闭

✍ 说明：

关于表 7-3 内容详细说明请参考 API 文档中 Intent 类的说明。

除了预定义的 Action，开发人员还可以自定义 Action 字符串来启动应用程序中的组件。这些新定义的字符串一定要用该应用程序的包名作为前缀，例如 "com.mingrisoft.action.DETAIL"。

一个 Intent 对象的 Action 通过 setAction()方法设置，通过 getAction()方法读取。下面分别对 setAction()方法和 getAction()方法进行介绍。

➤ setAction()方法

setAction()方法用来为 Intent 设置动作，其语法格式如下：

```
public Intent setAction(String action)
```

 ✧ action：要设置的 Action 名称，通常设置为 Android API 提供的 Action 常量。
 ✧ 返回值：Intent 对象。

例如，在要启动的 DetailActivity 中，定义一个静态常量 ACTION_DETAIL，内容为自定义的 Action 字符串，代码如下：

```
static final String ACTION_DETAIL = "com.mingrisoft.action.DETAIL";
```

在启动 DetailActivity 时，可以通过以下代码设置 Action。

```
Intent intent=new Intent();
intent.setAction(DetailActivity.ACTION_DETAIL);
```

这时，还需要在 AndroidManifest.xml 文件中为要启动的 Activity 配置<intent-filter>标记，并且为其设置<action>子标记，在<action>子标记中设置 android:name 属性值为自定义的 Action 字符串（包括包名）。另外，要使一个 action 能够正常运行，还必须添加<category>子标记，可以设置它的 android:name 属性值为 android.intent.category.DEFAULT。关键代码如下：

```
<intent-filter >
    <action android:name="com.mingrisoft.action.DETAIL"/>
    <category android:name="android.intent.category.DEFAULT"/>
</intent-filter>
```

➤ getAction()方法

getAction()方法用来获取 Intent 的 Action 名称，其语法格式如下：

```
public String getAction ()
```

返回值：String 字符串，表示 Intent 的 Action 名称。

例如，要向 LogCat 面板中输出 Intent 对象的 Action 名称，可以使用下面的代码。

```
Log.i("MainActivity",intent.getAction());
```

7.2.3 Data（数据）

Data 属性通常用于向 Action 提供要操作的数据。它可以是一个 URI 对象，通常情况下包括数据的 URI 和 MIME 类型，不同的 Action 有不同的数据规格，其采用"数据类型:数据"的格式。例如，一些常用的数据规格见表 7-4。

表 7-4 Action 与 Data 的数据关联

操作类型	Data 格式	示例
浏览网页	http://网页地址	http://www.mingrisoft.com
拨打电话	tel:电话号码	tel:043187654321
发送短信	smsto:短信接收号码	smsto:13666666666
查找 SD 卡文件	file:///sdcard/目录或文件	file:///sdcard/Download/ly.jpg
显示地图	geo:坐标,坐标	geo:36.236966,-26.995866
联系人信息	content://联系人信息	content://com.android.contacts/contacts/1

> **说明：**
> 当匹配一个 Intent 到一个能够处理数据的组件时，明确其数据类型（它的 MIME 类型）和 URI 很重要。例如，一个能够显示图像数据的组件，不应该被调用去播放一个音频文件。

在多数情况下，数据类型能够从 URI 中推测，特别是 content:URIs，它表示位于设备上的数据且被内容提供者（Content Provider）控制。但是，类型还能够显式地设置，具体的方法有以下几个。

▶ setData()方法

setData()方法用来为 Intent 设置 URI 数据，其语法格式如下：

```
public Intent setData (Uri data)
```

- data：要设置的数据的 URI。
- 返回值：Intent 对象。

例如，要设置数据为联系人信息中 id 为 1 的联系人数据，可以使用下面的代码。

```
intent.setData(Uri.parse("content://com.android.contacts/contacts/1"));
```

▶ setType()方法

setType()方法用来为 Intent 设置数据的 MIME 类型，其语法格式如下：

```
public Intent setType (String type)
```

- type：要设置的数据的 MIME 类型。例如，要设置类型为图片，可以指定为 image/*；要设置类型为视频，可以指定为 video/*。
- 返回值：Intent 对象。

例如，设置数据类型为图片，可以使用下面的代码。

```
intent.setType("image/*");
```

▶ setDataAndType()方法

setDataAndType()方法用来为 Intent 设置数据及其 MIME 类型，其语法格式如下：

```
public Intent setDataAndType(Uri data, String type)
```

- data：要设置的数据的 URI。
- type：要设置的数据的 MIME 类型。

➷ 返回值：Intent 对象。

例如，指定数据为 SDCard 上的 pictures 目录下的 img01.png 图片，可以使用下面的代码。

```
Uri uri=Uri.fromFile(new File(Environment.getExternalStorageDirectory().getPath()+
"/pictures/img01.png"));
intent.setDataAndType(uri, "image/*");
```

读取数据时通常使用以下两个方法。

➷ getData()方法

getData()方法用来获取与 Intent 相关的数据，其语法格式如下：

```
public Uri getData ()
```

返回值：URI 类型，表示获取与 Intent 相关数据的 URI。

例如，要获取当前 Intent 对象的数据，可以使用下面的代码。

```
Uri uri = intent.getData();
```

➷ getType()方法

getType()方法用来获取与 Intent 相关的数据的 MIME 类型，其语法格式如下：

```
public String getType ()
```

返回值：String 字符串，表示获取到的 MIME 类型。

例如，要获取当前 Intent 对象的数据类型，可以使用下面的代码。

```
String type = intent.getType();
```

下面通过一个具体的实例演示 Action 和 Data 属性的具体应用。

例 7.1 在 Android Studio 中创建一个 Module，名称为 7.1，使用 Intent 实现拨打电话，如图 7.5 所示，单击拨打电话按钮将显示如图 7.6 所示画面。在图 7.5 中单击发送短信按钮将显示如图 7.7 所示画面。（**实例位置：资源包\code\07\7.1**）

（1）修改新建项目的 res/layout 目录下的布局文件 activity_main.xml，在默认添加的相对布局管理器中添加 4 个用于显示公司信息的文本框，然后添加两个 ImageButton 组件，分别为"拨打电话"按钮和"发送短信"按钮。由于此处的布局代码比较简单，这里不再给出，具体代码可参考下载的资源包中的相关实例。

（2）修改 MainActivity.java 文件，让 MainActivity 直接继承 Activity。在 OnCreate()方法中，设置全屏显示，然后在获取的布局文件中添加两个 ImageButton 组件，并为它们设置单击事件监听器。代码如下：

图 7.5　主 Activity 界面

```
public class MainActivity extends AppCompatActivity {
    @Override
    protected void onCreate(Bundle savedInstanceState) {
        super.onCreate(savedInstanceState);
        setContentView(R.layout.activity_main);
        ImageButton imageButton = (ImageButton) findViewById(R.id.imageButton_phone);
```

```
                                                    //获取电话图片按钮
    ImageButton imageButton1 = (ImageButton) findViewById(R.id.imageButton_sms);
                                                    //获取短信图片按钮
    imageButton.setOnClickListener(listener);   //为电话图片按钮设置单击事件
    imageButton1.setOnClickListener(listener);//为短信图片按钮设置单击事件
    }
}
```

图 7.6　拨打电话

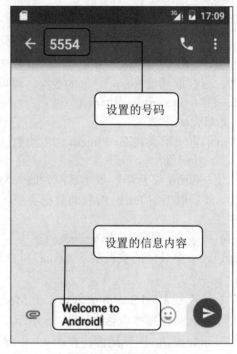

图 7.7　发送信息

（3）上面的代码中用到了 Listener 对象，该对象为 OnClickListener 类型，因此，在 Activity 中创建该对象，并重写其 OnClick()方法。在该方法中，通过判断单击按钮的 id，分别为两个 ImageButton 组件设置拨打电话和发送短信的 Action 及 Data。代码如下：

```
//创建监听事件对象
View.OnClickListener l = new View.OnClickListener() {
    @Override
    public void onClick(View v) {
        Intent intent = new Intent();   //创建 Intent 对象
        switch (v.getId()) {            //根据 ImageButton 组件的 id 进行判断
            case R.id.imageButton_phone:             //如果是电话图片按钮
                intent.setAction(intent.ACTION_DIAL);    //调用拨号面板
                intent.setData(Uri.parse("tel:13800138000"));   //设置要拨打的号码
                startActivity(intent); //启动 Activity
                break;
            case R.id.imageButton_sms:               //如果是短信图片按钮
                intent.setAction(intent.ACTION_SENDTO);    //调用发送短信息
                intent.setData(Uri.parse("smsto:5554"));   //设置要发送的号码
                intent.putExtra("sms_body", "Welcome to Android!");  //设置要发送的
                                                                      信息内容
```

```
            startActivity(intent);                    //启动 Activity
        }
    }
};
```

（4）在 AndroidManifest.xml 文件中，设置允许该应用拨打电话和发送短信的权限。代码如下：
```
<uses-permission android:name="android.permission.CALL_PHONE"/>
<uses-permission android:name="android.permission.SEND_SMS"/>
```

7.2.4　Category（种类）

除了 Component name、Action 和 Data 属性以外，Intent 中还提供了 Category 属性，它用来对执行动作的类别进行描述，开发人员可以在一个 Intent 对象中指定任意数量的 Category。常用的 Category 常量见表 7-5 所示。

扫一扫，看视频

表 7-5　标准 Category 说明

常　　量	对应字符串	说　　明
CATEGORY_DEFAULT	android.intent.category.DEFAULT	将 Activity 作为默认动作选项
CATEGORY_BROWSABLE	android.intent.category.BROWSABLE	让 Activity 能够安全地从浏览器中调用
CATEGORY_TAB	android.intent.category.TAB	将 Activity 作为 TabActivity 的选项卡
CATEGORY_ALTERNATIVE	android.intent.category.ALTERNATIVE	将 Activity 作为用户正在查看数据的备用动作
CATEGORY_SELECTED_ALTERNATIVE	android.intent.category.SELECTED_ALTERNATIVE	将 Activity 作为用户当前选择数据的备用动作
CATEGORY_LAUNCHER	android.intent.category.LAUNCHER	让 Activity 在顶层启动器中显示
CATEGORY_INFO	android.intent.category.INFO	用于提供 Activity 所在包的信息
CATEGORY_HOME	android.intent.category.HOME	用于返回 Home Activity（系统桌面）
CATEGORY_PREFERENCE	android.intent.category.PREFERENCE	让 Activity 作为一个偏好面板
CATEGORY_TEST	android.intent.category.TEST	用于测试
CATEGORY_CAR_DOCK	android.intent.category.CAR_DOCK	用于在设备插入到 car dock 时运行 Activity
CATEGORY_DESK_DOCK	android.intent.category.DESK_DOCK	用于在设备插入到 desk dock 时运行 Activity
CATEGORY_LE_DESK_DOCK	android.intent.category.LE_DESK_DOCK	用于在设备插入到模拟 dock（低端）时运行 Activity
CATEGORY_HE_DESK_DOCK	android.intent.category.HE_DESK_DOCK	用于在设备插入到数字 dock（高端）时运行 Activity
CATEGORY_CAR_MODE	android.intent.category.CAR_MODE	指定 Activity 可以用于汽车环境
CATEGORY_APP_MARKET	android.intent.category.APP_MARKET	让 Activity 允许用户浏览和下载新应用

> **说明：**
> 关于表 7-5 内容的详细说明请参考 API 文档中 Intent 类的说明。

在 Android 程序开发中，可以使用 addCategory()方法添加一个种类到 Intent 对象中，使用 removeCategory()方法删除一个之前添加的 Category，使用 getCategories()方法获取 Intent 对象中的所有 Category。下面分别对上面提到的几个方法进行介绍。

- addCategory()方法

addCategory()方法用来为 Intent 添加种类信息，其语法格式如下：
```
public Intent addCategory (String category)
```
- category：要添加的种类信息，通常用 Android API 中提供的种类常量表示。
- 返回值：Intent 对象。

例如，要设置 Category 为系统桌面，可以使用下面的代码。
```
Intent intent=new Intent();
intent.setAction(Intent.ACTION_MAIN);
intent.addCategory("android.intent.category.HOME");
```

- removeCategory()方法

removeCategory()方法用来从 Intent 中删除指定的种类信息，其语法格式如下：
```
public void removeCategory(String category)
```
category：要删除的种类信息。

例如，要移除设置为系统桌面的种类信息，可以使用下面的代码。
```
intent.removeCategory("android.intent.category.HOME");
```

- getCategories()方法

getCategories()方法用来获取所有与 Intent 相关的种类信息，其语法格式如下：
```
public Set<String> getCategories ()
```
返回值：字符串类型的泛型数组，表示所有与 Intent 相关的种类信息。

例如，要获取所有与 Intent 相关的 Category 信息，可以使用下面的代码。
```
Set<String> categories=intent.getCategories();
```

例 7.2 在 Android Studio 中创建一个 Module，名称为 7.2，使用 Intent 模拟关闭谷歌地图返回系统桌面，如图 7.8 所示的应用主界面，单击"关闭"按钮，将返回到如图 7.9 所示的系统桌面。（实例位置：资源包\code\07\7.2）

（1）修改新建项目的 res/layout 目录下的布局文件 activity_main.xml，删除内边距，为布局管理器添加背景，将默认添加的文本框组件删除，然后添加一个 ImageButton，并且设置它的 ID 和显示的图片，将 ImageView 组件设置为对齐容器底部，设置与底部之间的距离为 75dp。

（2）打开 MainActivity，让 MainActivity 直接继承 Activity，在重写的 onCreate()方法中设置全屏显示，获取布局文件中添加的 ImageButton 组件，并为它设置单击事件监听器。在重写的 onClick()方法中，创建一个 Intent 对象，并且设置它的 Action 和 Category 属性。关键代码如下：
```
public class MainActivity extends Activity {
    @Override
    protected void onCreate(Bundle savedInstanceState) {
        super.onCreate(savedInstanceState);
```

```
setContentView(R.layout.activity_main);
//设置全屏显示
getWindow().setFlags(WindowManager.LayoutParams.FLAG_FULLSCREEN,
    WindowManager.LayoutParams.FLAG_FULLSCREEN);
ImageButton imageButton= (ImageButton) findViewById(R.id.imageButton1);
                                                        //获取 ImageButton 组件
//为 ImageButton 组件设置单击事件监听器
imageButton.setOnClickListener(new View.OnClickListener() {
    @Override
    public void onClick(View v) {
        Intent intent = new Intent();    //创建 Intent 对象
        intent.setAction(intent.ACTION_MAIN);   //设置 action 动作属性
        intent.addCategory(intent.CATEGORY_HOME);  //设置 category 种类属性
        startActivity(intent);  //启动 Activity
    }
});
}
```

图 7.8 应用界面

图 7.9 系统桌面

7.2.5 Extras（附加信息）

Extras 属性用于向 Intent 组件添加附加信息，通常采用键值对的形式保存附加信息。Intent 对象中有一系列的 putXXX()方法用于添加各种附加数据，一系列的 getXXX()方法用于读取数据，这些方法与 Bundle 对象的方法类似。通常情况下，会将附加信息作为一个 Bundle 对象，然后使用 putExtras()方法和 getExtras()方法添加和读取。下面分别对 putExtras()方法和 getExtras()方法进行介绍。

➘ putExtras()方法

putExtras()方法用来为 Intent 添加附加信息，其语法格式如下：

```
public Intent putExtras (Bundle extras)
```

  ↪ extras：保存附加信息的 Bundle 对象。
  ↪ 返回值：Intent 对象。

例如，创建一个 Bundle 对象，保存名称信息，并通过 putExtras()方法添加到 Intent 对象中，可以使用下面的代码：

```
Bundle bundle=new Bundle();                    //创建 Bundle 对象
bundle.putCharSequence("name", "mr");          //保存名称信息
intent.putExtras(bundle);                      //添加到 Intent 对象中
```

➘ getExtras()方法

getExtras()方法用来获取 Intent 中的附加信息，其语法格式如下：

```
public Bundle getExtras ()
```

返回值：Bundle 对象，用来存储获取到的 Intent 附加信息。

例如，获取保存到 Bundle 对象中的名称信息，可以使用下面的代码。

```
Intent intent=getIntent();                              //获取 Intent 对象
Bundle bundle=intent.getExtras();                       //获取保存附加信息的 Bundle 对象
Log.i("DetailActivity",bundle.getString("name"));       //获取名称信息
```

✍ 技巧：

utExtras()方法和 getExtras()方法通常用来在多个 Activity 之间传值。

7.2.6 Flags（标志）

Flags 属性主要用来指示 Android 程序如何去启动一个 Activity（例如，Activity 属于哪个 Task）以及启动后如何处理（例如，它是否属于近期的 Activity 列表），所有的标志都定义在 Intent 类中。

✍ 说明：

Task 是一组以栈的模式聚集到一起的 Activity 组件的集合。

常用的标志常量见表 7-6。

表 7-6 Intent 类的常用标志常量

常　　量	说　　明
FLAG_GRANT_READ_URI_PERMISSION	对 Intent 数据具有读取权限
FLAG_GRANT_WRITE_URI_PERMISSION	对 Intent 数据具有写入权限
FLAG_ACTIVITY_CLEAR_TOP	如果在当前 Task 中有要启动的 Activity，那么把该 Activity 之前的所有 Activity 都关掉，并把该 Activity 置前以避免创建 Activity 的实例

(续表)

常 量	说 明
FLAG_ACTIVITY_CLEAR_WHEN_TASK_RESET	将在 Task 的 Activity Stack 中设置一个还原点,当 Task 恢复时,需要清理 Activity
FLAG_ACTIVITY_EXCLUDE_FROM_RECENTS	新的 Activity 不会在最近启动的 Activity 的列表中保存
FLAG_ACTIVITY_FORWARD_RESULT	如果这个 Intent 用于从一个存在的 Activity 启动一个新的 Activity,那么,这个作为答复目标的 Activity 将会传到新的 Activity 中。这种方式下,新的 Activity 可以调用 setResult(int),并且这个结果值将发送给作为答复目标的 Activity
FLAG_ACTIVITY_LAUNCHED_FROM_HISTORY	这个标志一般不由应用程序代码设置,如果这个 Activity 是从历史记录里启动的(按 HOME 键),那么系统会自动设定
FLAG_ACTIVITY_MULTIPLE_TASK	与 FLAG_ACTIVITY_NEW_TASK 结合使用,使用时,新的 Task 总是会启动来处理 Intent,而不管是否已经有一个 Task 可以处理相同的事情
FLAG_ACTIVITY_NEW_TASK	系统会检查当前所有已创建的 Task 中是否有需要启动的 Activity 的 Task,如果有,则在该 Task 上创建 Activity;如果没有,则新建具有该 Activity 属性的 Task,并在该新建的 Task 上创建 Activity
FLAG_ACTIVITY_NO_HISTORY	新的 Activity 将不在历史 Stack 中保留,用户一旦离开它,这个 Activity 自动关闭
FLAG_ACTIVITY_NO_USER_ACTION	当作为新启动的 Activity 进入前台时,这个标志将在 Activity 暂停之前阻止从最前方的 Activity 回调的 onUserLeaveHint()

说明:

Intent 类有很多标志常量,表 7-6 只是给出了常用的一些标志常量,关于 Intent 类的其他标志常量,可以参考 Android 官方帮助文档中的 Intent 类。

注意:

由于默认的系统不包含图形 Task 管理功能,因此,尽量不要使用 FLAG_ACTIVITY_MULTIPLE_TASK 标识,除非能够提供给用户一种方式——可以返回到已经启动的 Task。

在 Android 程序开发中,可以使用 setFlags()方法和 addFlags()方法添加一个标志到 Intent 对象中,使用 getFlags()方法获取 Intent 对象中的所有标志。下面分别对上面提到的几个方法进行介绍。

➤ setFlags()方法

setFlags()方法用来为 Intent 设置标志,多次使用会将之前的替换掉。其语法格式如下:

```
public Intent setFlags (int flags)
```

☼ flags:要设置的标志,通常用 Android API 中提供的标志常量(见表 7-6)表示。
☼ 返回值:Intent 对象。

例如,要设置新的 Activity 不在历史 Stack 中保留,用户一旦离开它,这个 Activity 自动关闭,可以使用下面的代码。

```
intent.setFlags(Intent.FLAG_ACTIVITY_NO_HISTORY);
```
➢ addFlags()方法

addFlags()方法用来为Intent添加标志，多次使用将会添加多个标志。其语法格式如下：
```
public Intent addFlags (int flags)
```
➢ flags：要添加的标志，通常用Android API中提供的标志常量表示。
➢ 返回值：Intent对象。

例如，要设置在新的Task里启动Activity，可以使用下面的代码。
```
intent.addFlags(Intent.FLAG_ACTIVITY_NEW_TASK);
```
➢ getFlags()方法

getFlags()方法用来获取Intent的标志，其语法格式如下：
```
public int getFlags()
```
返回值：int类型数据，表示获取到的标志。

例如，要获取Intent中保存的标志并在LogCat面板中输出，可以使用下面的代码。
```
Log.i("标志",String.valueOf(intent.getFlags()));
```

扫一扫，看视频

7.3 Intent种类

Intent可以分成显式Intent和隐式Intent两种，下面分别进行介绍。

7.3.1 显式Intent

显式Intent是指在创建Intent对象时就指定接收者（如Activity、Service或者BroadcastReceiver）。因为我们明确知道要启动的Activity或者Service的类名称。由于Service我们还没有介绍，所以这里将以Activity为例介绍如何使用显式Intent。

在启动Activity时，必须在Intent中指明要启动的Activity所在的类。通常情况下，在一个Android项目中，如果只有一个Activity，那么只需要在AndroidManifest.xml文件中配置，并且将其设置为程序的入口。这样，当运行该项目时，将自动启动该Activity。否则，需要应用Intent和startActivity()方法来启动需要的Activity，即通过显式Intent来启动，具体步骤如下。

（1）创建Intent对象，可以使用下面的语法格式。
```
Intent intent = new Intent(Context packageContext, Class<?> cls)
```
➢ intent：用于指定对象名称；
➢ packageContext：用于指定一个启动Activity的上下文对象，可以使用Activity名.this（如MainActivity.this）来指定；
➢ cls：用于指定要启动的Activity所在的类，可以使用Activity名.calss（如DetailActivity.class）来指定。

✍ 说明：

Intent位于android.content包中，在使用Intent时，需要应用下面的语句导入该类：import android.content.Intent;

例如，创建一个启动DetailActivity的Intent对象，可以使用下面的代码。

```
Intent intent=new Intent(MainActivity.this,DetailActivity.calss);
```
（2）应用 startActivity()方法来启动 Activity。startActivity()方法的语法格式如下：
```
public void startActivity (Intent intent)
```
该方法没有返回值，只有一个 Intent 类型的入口参数，该 Intent 对象为步骤（1）中创建的 Intent 对象。

📝 说明：

由于在第 6 章中启动 Activity 采用的都是显式 Intent，所以这里不再举例说明。

7.3.2 隐式 Intent

隐式 Intent 是指在创建 Intent 对象时不指定具体的接收者，而是定义要执行的 Action、Category 和 Data，然后让 Android 系统根据相应的匹配机制找到要启动的 Activity。例如，在 Activity A 中隐式启动 Activity B 需要经过如图 7.10 所示的过程。

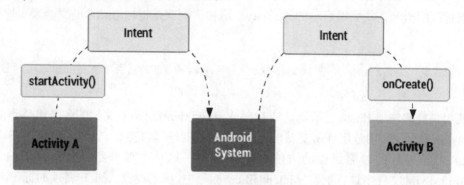

图 7.10　隐式 Intent 示意图

📝 说明：

从图 7.10 可以看出，在 Activity A 中，创建一个设置了 Action 的 Intent 对象，并且把它传递到 startActivity() 中，然后 Android 系统将搜索所有的应用程序来匹配这个 Intent，当找到匹配后，系统将通过传递 Intent 到 onCreate() 方法来启动匹配的 Activity B。

使用隐式 Intent 启动 Activity 时，需要为 Intent 对象定义 Action、Category 和 Data 属性，然后再调用 startActivity() 方法来启动匹配的 Activity。

例如，我们需要在自己的应用程序中展示一个网页，就可以直接调用系统的浏览器打开这个网页即可，而不必再编写一个浏览器。这时，可以使用下面的语句实现。

```
Intent intent = new Intent();                                //创建 Intent 对象
intent.setAction(Intent.ACTION_VIEW);                        //为 Intent 设置动作
intent.setData(Uri.parse("http://www.mingribook.com"));      //为 Intent 设置数据
startActivity(intent);                                       //将 Intent 传递给 Activity
```
也可以使用下面的语句实现。
```
Intent intent = new Intent(Intent.ACTION_VIEW,
             Uri.parse("http://www.mingribook.com"));    //创建 Intent 对象
startActivity(intent);                                   //将 Intent 传递给 Activity
```

- Intent.ACTION_VIEW：为 Intent 的 action，表示需要执行的动作。Android 系统支持的标准 action 字符串常量如表 7.2 所示。
- Uri.parse()方法：用于把字符串解释为 URI 对象，表示需要传递的数据。

在执行上面的代码时，系统首先根据 Intent.ACTION_VIEW 得知需要启动具备浏览功能的 Activity，但是，具体的浏览内容还需要根据第二个参数的数据类型来判断。这里面提供的是 Web 地址，所以将使用内置的浏览器显示。

> **说明：**
> 在 7.2 节中介绍的两个实例采用的都是隐式 Intent，所以这里就不再举例说明了。

7.4 Intent 过滤器

使用隐式 Intent 启动 Activity 时，并没有在 Intent 中指明 Activity 所在的类。因此，Android 系统要根据某种匹配机制，找到要启动的 Activity。这种机制就是根据 Intent 过滤器来实现的。

> **说明：**
> Intent 过滤器是一种根据 Intent 中的 Action、Data 和 Category 等属性对适合接收该 Intent 的组件进行匹配和筛选的机制。

为了使组件能够注册 Intent 过滤器，通常在 AndroidManifest.xml 文件的各个组件声明标记中，使用<intent-filter>标记声明该组件所支持的动作、数据和种类等信息。当然，也可以在程序代码中使用 Intent 对象提供的对应属性的方法来进行设置。这里主要介绍通过<intent-filter>标记在 AndroidManifest.xml 文件中进行配置。<intent-filter>标记中,用于设置 Action 属性的标记为<action>；用于设置 Data 属性的标记为<data>；用于设置 Category 属性的标记为<category>。下面将对这几个标记进行详细介绍。

7.4.1 配置<action>标记

<action>标记用于指定组件所能响应的动作，以字符串形式表示，通常由 Java 类名和包的完全限定名组成。<action>标记的语法格式如下：

```
<action android:name="string" />
```

其中，string 为字符串，可以是表 7-2 中的"对应字符串"列的内容，但不能直接使用类常量。例如，要设置其作为初始启动 Activity（对应常量为 ACTION_MAIN），需要将其指定为 android.intent.action.MAIN。代码如下：

```
<action android:name="android.intent.action.MAIN"/>
```

除了使用标准的 Action 常量外，还可以自定义 action 的名字。但为了确保名字的唯一性，一定要用该应用程序的包名作为前缀。例如，要设置名字为 DETAIL，可以使用下面的代码。

```
<action android:name="com.mingrisoft.action.DETAIL "/>
```

7.4.2 配置<data>标记

<data>标记用于向 Action 提供要操作的数据。它可以是一个 URI 对象或者数据类型（MIME 媒体类型）。其中，URI 可以分成 scheme（协议或服务方式）、host（主机）、port（端口）、path（路径）等，它们的组成格式如下：

```
<scheme>://<host>:<port>/<path>
```

例如，下面的 URI：

```
content://com.example.project:200/folder/subfolder/etc
```

其中，content 是 scheme；com.example.project 是 host；200 是 port；folder/subfolder/etc 是 path。host 和 port 一起组成了 URI 授权，如果 host 没有指定，则忽略 port。这些属性都是可选的，但是相互之间并非完全独立。如果授权有效，则 scheme 必须指定。如果 path 有效，则 scheme 和授权必须指定。

<data>标记的语法格式如下：

```
<data android:scheme="string"
    android:host="string"
    android:port="string"
    android:path="string"
    android:mimeType="string" />
```

- android:scheme：用于指定所需要的特定协议；
- android:host：用于指定一个有效的主机名；
- android:port：用于指定主机的有效端口号；
- android:path：用于指定有效的 URI 路径名；
- android:mimeType：用于指定组件能处理的数据类型，支持使用 "*" 通配符来包含子类型（如 image/*或者 audio/*）。在过滤器中，该属性比较常用。

例如，要设置数据类型为 JPG 图片，可以使用下面的代码。

```
<data android:mimeType="image/jpeg"/>
```

7.4.3 配置<category>标记

<category>标记用于指定以何种方式去执行 Intent 请求的动作。<category>标记的语法格式如下：

```
<category android:name="string" />
```

其中，string 为字符串，可以是表 7-5 中的"对应字符串"列的内容，但不能直接使用类常量。例如，要设置其作为用于测试的 Activity（对应常量为 CATEGORY_TEST），需要将其指定为 android.intent.category.TEST。代码如下：

```
<action android:name="android.intent.category.TEST"/>
```

除了使用标准的 Category 常量外，还可以自定义 Category 的名字。为了确保名字的唯一性，一定要用该应用程序的包名作为前缀。例如，要设置名字为 DETAIL，可以使用下面的代码。

```
<action android:name="com.mingrisoft.category.DETAIL"/>
```

下面通过一个具体的实例说明 Intent 过滤器的具体应用。

例 7.3 在 Android Studio 中创建一个 Module，名称为 7.3。在 Activity 中使用包含预定义动作的隐式 Intent 启动另外一个 Activity，如图 7.11 所示的主界面。单击"查看大图"按钮，显示如

图 7.12 所示的选择打开方式界面,选择"Intent 过滤器"跳转到第二个 Activity,显示完整图片。(实例位置:资源包\code\07\7.3)

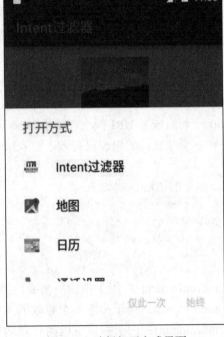

图 7.11　主界面　　　　　　　　图 7.12　选择打开方式界面

（1）修改新建项目的 res/layout 目录下的布局文件 activity_main.xml,将默认添加的文本框组件删除,添加一个 ImageView 组件(用于显示小图)和一个 Button 组件(单击查看大图)。由于此处的布局代码比较简单,这里不再给出,具体代码可以参见资源包。

（2）编写 MainActivity 类,让 MainActivity 直接继承 Activity,在 onCreate()方法中设置全屏显示,获得布局文件中的 Button 组件并为其增加单击事件监听器。在监听器中传递包含动作的隐式 Intent,其代码如下:

```java
public class MainActivity extends Activity {
    @Override
    protected void onCreate(Bundle savedInstanceState) {
        super.onCreate(savedInstanceState);
        setContentView(R.layout.activity_main);
        //设置全屏显示
        getWindow().setFlags(WindowManager.LayoutParams.FLAG_FULLSCREEN,
                WindowManager.LayoutParams.FLAG_FULLSCREEN);
        Button button= (Button) findViewById(R.id.btn);           //获取按钮组件
        //为按钮创建单击事件
        button.setOnClickListener(new View.OnClickListener() {
            @Override
            public void onClick(View v) {
                Intent intent=new Intent();  //创建 Intent 对象
```

```
            intent.setAction(intent.ACTION_VIEW);  //为 Intent 设置动作
            startActivity(intent);  //启动 Activity
        }
    });
    }
}
```

📢 **注意**：

在上面的代码中,并没有指定将 Intent 对象传递给哪个 Activity。

(3) 创建 ContactsActivity 类, 让 ContactsActivity 直接继承 Activity, 并且在 onCreate()方法中设置全屏显示。

(4) 在 res\layout 目录中找到名称为 activity_contacts.xml 的文件, 删除内边距, 将默认添加的文本框组件删除, 然后添加一个 ImageView, 设置图片。关键代码如下:

```xml
<RelativeLayout
    xmlns:android="http://schemas.android.com/apk/res/android"
    xmlns:tools="http://schemas.android.com/tools"
    android:layout_width="match_parent"
    android:layout_height="match_parent"
    tools:context="com.mingrisoft.Main2Activity">
<ImageView
    android:id="@+id/image1"
    android:layout_width="match_parent"
    android:layout_height="match_parent"
    android:src="@mipmap/beijing2"/>
</RelativeLayout>
```

(5) 编写 AndroidManifest.xml 文件, 为两个 Activity 设置不同的 Intent 过滤器。其代码如下:

```xml
<manifest
    package="com.mingrisoft"
    xmlns:android="http://schemas.android.com/apk/res/android">
    <application
        android:allowBackup="true"
        android:icon="@mipmap/ic_launcher"
        android:label="@string/app_name"
        android:supportsRtl="true"
        android:theme="@style/AppTheme">
        <activity android:name=".MainActivity">
            <intent-filter>
                <action android:name="android.intent.action.MAIN"/>
                <category android:name="android.intent.category.LAUNCHER"/>
            </intent-filter>
        </activity>
        <activity android:name=".ContactsActivity">
            <intent-filter>
```

```xml
            <action android:name="android.intent.action.VIEW"/>
            <category android:name="android.intent.category.DEFAULT"/>
        </intent-filter>
    </activity>
   </application>
</manifest>
```

📝 **说明：**

由于有多种匹配 ACTION_VIEW 的方式，因此需要用户进行选择。

第 8 章 Android 程序调试

开发 Android 程序时,不仅要注意程序代码的准确性与合理性,还要处理程序中可能出现的异常情况。Android SDK 中提供了 Log 类来获取程序的日志信息。另外,还提供了 LogCat 管理器,用来查看程序运行的日志信息及错误日志。本章将详细讲解如何对 Android 程序进行调试及 DDMS 工具的使用方法。

通过阅读本章,您可以:

- 掌握 DDMS 工具的使用
- 掌握应用 Log 类输出日志信息的几种方法
- 掌握 Android Studio 编辑器中常用的调试方法
- 掌握如何使用 Android Studio 调试器进行程序调试

8.1 DDMS 工具使用

DDMS(全称为 Dalvik Debug Monitor Service),是 Android 开发环境中的 Dalvik 虚拟机调试监控服务。在应用开发时,经常使用它来调试程序。可以进行的操作有:查看指定进程中正在运行的线程信息、内存信息、内存分配信息,为测试设备截屏、LogCat 日志信息、模拟电话呼叫和模拟发送短信等。DDMS 功能非常强大,对于 Android 开发者来说,它是一个非常好的工具。下面将详细介绍 Android DDMS 工具的具体使用方法。

8.1.1 打开 DDMS

打开 Android Studio,在工具栏中单击 ![] 按钮,将打开 DDMS 工具。由于 DDMS 工具主要是用于监控虚拟机的,所以在打开 DDMS 之前,通常需要先启动一个 Dalvik 虚拟机(启动模拟器或者连接手机)。例如,启动模拟器后,看到的 DDMS 工具窗口如图 8.1 所示。

8.1.2 DDMS 常用功能详解

1. 日志查看器(LogCat)

在应用开发调试过程中,经常需要查看日志信息,通过日志可以了解程序的执行情况,以及出现的异常信息。在 DDMS 的底部,单击 LogCat 选项卡,即可打开日志查看器,通过它可以查看和过滤日志信息的输出。

2. 线程查看器(Threads)

在应用开发调试过程中,有时会出现死锁或者信号量卡死的情况,对于这种情况,单看代码很难定位到出现问题的原因。这时就可以借助 DDMS 中的线程查看器来查看线程的运行情况。通常情况下，我们可以通过线程的状态（Stauts）来确定出现问题的线程。一般情况下，当某个线程的 Stauts 变为 Monitor 状态时（即正在等待获取一个监听锁时），就需要特别留意它，并结合刷新查看它的执行情况，再结合代码找出问题的原因。

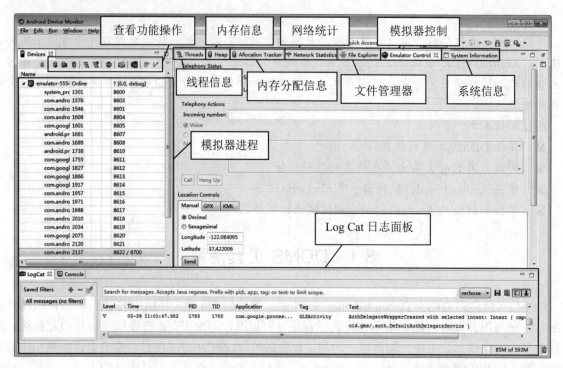

图 8.1 DDMS 工具窗口

在 Android Studio 工具中，使用模拟器运行程序后，打开 DDMS 工具窗口。选择模拟器 APP 进程区域中想要查询的一个 APP 进程，然后单击上方查看功能中的 按钮更新线程信息，最后单击右侧的线程信息面板。查看线程信息如图 8.2 所示。

📝 说明：

一个模拟器进程就是一个 APP 应用，根据进程最前面的包名选择想要查询的 APP 进程。

3．堆内存查看器（Heap）

在进行手机应用开发时，如有不慎，可能造成内存泄露，从而导致系统运行变慢或应用程序崩溃。为此，DDMS 工具提供了一个内存检测工具即 Heap。通过它可以检测一个正在运行的 App 应用的内存变化，从而检测出某个应用是否存在内存泄露的可能。

在 Android Studio 工具中，使用模拟器运行程序后，打开 DDMS 工具窗口。选择模拟器 APP 进程区域中想要查询的一个 APP 进程，然后单击上方查看功能中的 按钮更新堆内存信息，接着单击右侧的堆内存信息面板，单击 Cause GC 按钮更新堆内存信息，最后在下面的列表中选择显示的类型。查看堆内存信息如图 8.3 所示。

第 8 章 Android 程序调试

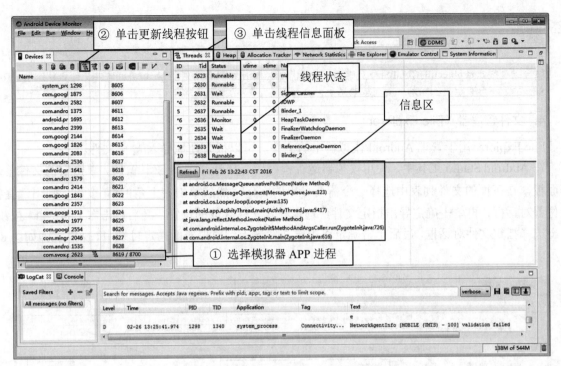

图 8.2　查看线程信息

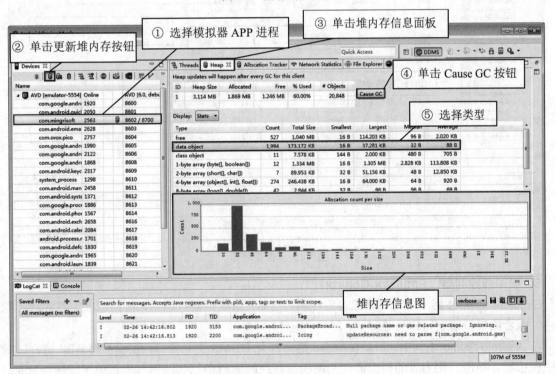

图 8.3　查看堆内存信息

说明：

一般情况下，可以通过数据对象（data object）来判断内存是否泄露。当我们进入某个 APP，并不断操作，然后仔细观察 data object 的 Total Size 列的值。当我们每次单击 Cause GC 按钮进行垃圾回收并更新堆状态后，Total Size 的值不会有明显的回落，反而越来越大，这时该应用就可能存在内存泄露。

4．文件管理器（File Explorer）

File Explorer 用于管理 Android 模拟器中的文件，可以很方便地导入/导出文件。

在 Android Studio 工具中，使用模拟器运行程序后，打开 DDMS 工具窗口。单击右侧文件管理器面板，在下面的文件列表中选择一个需要导出的文件，然后单击右上角的 按钮，弹出选择指定位置对话框，再单击确定导出指定文件；选择导入文件存放的位置，之后单击右上角的 按钮，弹出选择指定文件对话框，最后单击确定将指定文件导入到模拟器的指定目录中。操作步骤如图 8.4 所示。

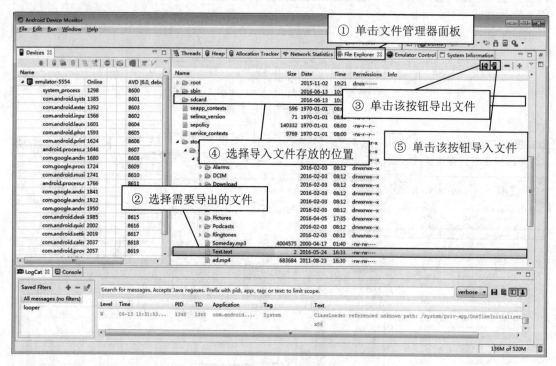

图 8.4　文件管理器

5．模拟器控制器（Emulator Control）

Emulator Control 用于实现对模拟器的控制。例如，给模拟器打电话，根据选项模拟各种不同的网络，或者给模拟器发短信息等。

在 Android Studio 工具中，启动模拟器，然后打开 DDMS 工具窗口。在模拟器 APP 进程区域中选中模拟器，单击右侧上方的模拟器控制面板，在控制面板中默认选中打电话单选按钮（Voice）。在 Incoming number 文本框中输入一个虚拟拨打给模拟器的号码，单击"Call"按钮，模拟器显示如图 8.5 所示，选中单选按钮 SMS，在 Message 文本框中输入发送给模拟器的文本信息，单击"send"

按钮发送短信给模拟器，模拟器显示如图 8.6 所示。操作步骤如图 8.7 所示。

> **说明：**
> 向模拟器发短信息时，文本框内不能填写中文，因为模拟器无法识别。

图 8.5　给模拟器打电话

图 8.6　给模拟器发短信

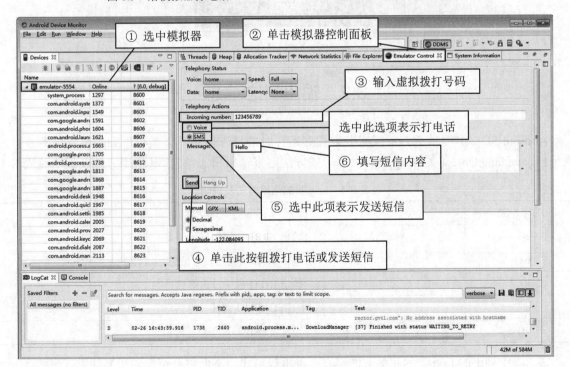

图 8.7　模拟器控制

6. 屏幕截取（Screen Capture）

Screen Capture 用于实现对 Dalvik 虚拟机运行界面的屏幕截取。例如，在 Android Studio 工具中，启动模拟器，然后打开 DDMS 工具窗口。在模拟器 APP 进程区域中选中模拟器，单击查看功能操作区域的 按钮，将弹出如图 8.8 所示的截图窗口，单击"Save"按钮将图片保存在指定位置。

图 8.8　屏幕截取

8.2　输出日志信息

Android SDK 中提供了 Log 类来获取程序运行时的日志信息，该类位于 android.util 包中，它继承自 java.lang.Object 类。Log 类提供了一些方法用来输出日志信息，其常用方法及说明见表 8-1。

表 8-1　Log 类的常用方法及说明

方　　法	说　　明
e()	输出 ERROR 错误日志信息
w()	输出 WARN 警告日志信息
i()	输出 INFO 程序日志信息
d()	输出 DEBUG 调试日志信息
v()	输出 VERBOSE 冗余日志信息

表 8-1 中列出的 Log 类的相关方法都有多种重载形式，下面将介绍经常用到的重载形式。

8.2.1 Log.e()方法

Log.e()方法用来输出 ERROR 错误日志信息。开发人员经常用到的重载形式语法如下:
```
public static int e (String tag, String msg)
```
- tag: String 字符串,用来为日志信息指定标签,它通常指定为可能出现错误的类或者 Activity 的名称。
- msg: String 字符串,表示要输出的字符串信息。

✐ 说明:

ERROR 错误日志在 DDMS 的 LogCat 面板中使用红颜色的文字表示。

8.2.2 Log.w()方法

Log.w()方法用来输出 WARN 警告日志信息。开发人员经常用到的重载形式语法如下:
```
public static int w (String tag, String msg)
```
- tag: String 字符串,用来为日志信息指定标签,它通常指定为可能出现警告的类或者 Activity 的名称。
- msg: String 字符串,表示要输出的字符串信息。

✐ 说明:

WARN 警告日志在 DDMS 的 LogCat 面板中使用橘黄色的文字表示。

8.2.3 Log.i()方法

Log.i()方法用来输出 INFO 程序日志信息。开发人员经常用到的重载形式语法如下:
```
public static int i (String tag, String msg)
```
- tag: String 字符串,用来为日志信息指定标签,它通常指定为类或者 Activity 的名称。
- msg: String 字符串,表示要输出的字符串信息。

✐ 说明:

INFO 程序日志在 DDMS 的 LogCat 面板中使用绿色的文字表示。

8.2.4 Log.d()方法

Log.d()方法用来输出 DEBUG 调试日志信息。开发人员经常用到的重载形式语法如下:
```
public static int d (String tag, String msg)
```
- tag: String 字符串,用来为日志信息指定标签,它通常指定为可能出现 Debug 的类或者 Activity 的名称。
- msg: String 字符串,表示要输出的字符串信息。

✐ 说明:

DEBUG 调试日志在 DDMS 的 LogCat 面板中使用蓝色的文字表示。

8.2.5　Log.v()方法

Log.v()方法用来输出 VERBOSE 冗余日志信息。开发人员经常用到的重载形式语法如下：
```
public static int v (String tag, String msg)
```
- tag：String 字符串，用来为日志信息指定标签，它通常指定为可能出现冗余的类或者 Activity 的名称。
- msg：String 字符串，表示要输出的字符串信息。

✍ 说明：

VERBOSE 冗余日志在 DDMS 的 LogCat 面板中使用黑色的文字表示。

下面通过一个具体的实例演示 Log 类常用方法的使用。

例 8.1　在 Android Studio 中创建 Android 项目模块，名称为 8.1，实现在 Android 程序中使用日志 API 方法输出警告日志信息的功能。在 LogCat 视图中看到的结果如图 8.9 所示。（**实例位置：资源包\code\08\8.1**）

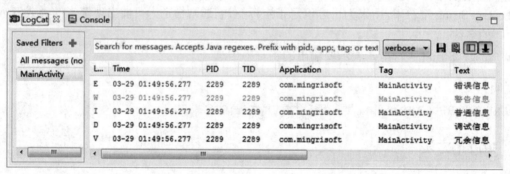

图 8.9　使用日志 API 方法输出日志信息

（1）打开 MainActivity，让 MainActivity 直接继承 Activity。创建一个 String 类型 TAG，为其指定名称 MainActivity。在重写的 onCreate()方法中，使用日志 API 方法输出错误、警告、普通、调试和冗余日志信息。代码如下：

```java
public class MainActivity extends Activity {
    private static String TAG = "MainActivity";
    @Override
    protected void onCreate(Bundle savedInstanceState) {
        super.onCreate(savedInstanceState);
        setContentView(R.layout.activity_main);
        Log.e(TAG, "错误信息");
        Log.w(TAG, "警告信息");
        Log.i(TAG, "普通信息");
        Log.d(TAG, "调试信息");
        Log.v(TAG, "冗余信息");
    }
}
```

（2）单击 按钮打开 DDMS 工具。单击 LogCat 日志面板中的 按钮，填写过滤器名称（Filter Name）和日志标记名称（by Log Tag）均为 MainActivity。通过 LogCat 过滤器准确查找日志信息。

8.3 程序调试

在程序开发过程中，开发者会不断体会到程序调试的重要性。为验证 Android 的运行状况，人们会经常在某个方法调用的开始和结束位置分别使用 Log.i()方法输出信息，并根据这些信息判断程序执行状况。这是一种非常古老的程序调试方法，而且经常导致程序代码混乱。下面将介绍几种使用 Android 常用的调试工具来调试 Android 应用程序的方法。

8.3.1 Android Studio 编辑器调试

扫一扫，看视频

在使用 Android Studio 开发 Android 应用时，使用的编辑器不但能够为开发者提供代码编写、辅助提示和实时编译等常用功能，而且还能够对 Java 源代码进行快捷修改、重构和语法纠错等高级操作。通过 Android Studio 编辑器，我们可以很方便地找到一些语法错误，并根据提示快速修正，非常方便。下面对 Android Studio 编辑器提供的调试功能进行介绍。

1. 代码下方的红色波浪线

在出现错误的代码下方，会显示红色的波浪线，将鼠标光标移动到红色波浪线上，将显示提示报错的原因，如图 8.10 所示。同时此行代码左侧将显示 💡 图标，单击该图标的三角号，将显示可用的快速修正错误的提示框如图 8.11 所示，单击具体的方法，可快速修正错误，也可以通过快捷键〈Alt+Enter〉显示快速修正错误提示框。

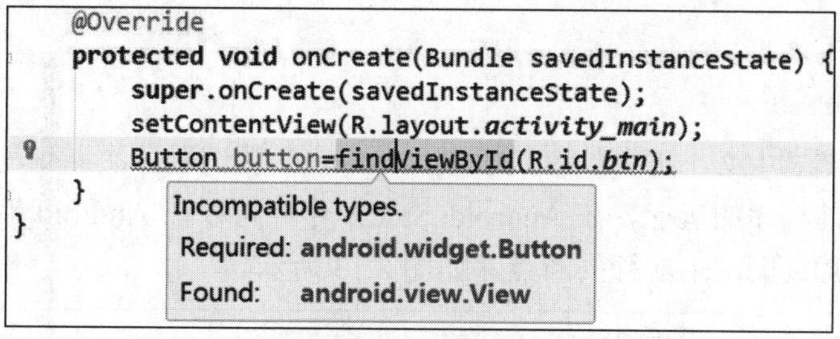

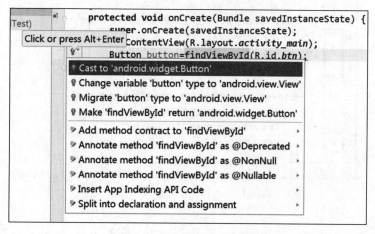

图 8.10 提示报错的原因

图 8.11 提示快速修正的方法

2. 编辑器窗口右上角的❶标记

它的作用是提示开发者该文档的某个位置存在错误，将鼠标光标移动到该图标上，将显示具体的错误个数，如图 8.12 所示。

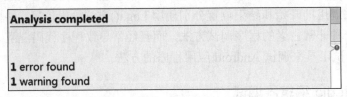

图 8.12　显示具体的错误个数

3. 编辑器窗口右侧的—标记

在编辑器右侧空白位置可以看到一个或者多个红色的矩形框，它指明了错误所在行的大致位置。如果代码量非常大，可以单击这个红色矩形块，快速定位错误所在行，以及错误信息等。

8.3.2　Android Studio 调试器调试

本节将介绍使用 Android Studio 内置的 Android 调试器调试 Android 程序的方法，使用该调试器可以设置程序的断点、实现程序单步执行、在调试过程中查看变量和表达式的值等调试操作，这样可以避免在程序中编写大量的 Log.i() 方法输出调试信息。

使用 Android Studio 的 Android 调试器需要先设置程序断点，然后使用单步调试分别执行程序代码的每一行。

1. 断点

设置断点是程序调试中必不可少的有效手段，Android 调试器每次遇到程序断点时都会将当前线程挂起，即暂停当前程序的运行。在 Android Studio 中，可以在 Android 编辑器中单击显示代码行号的位置，即可添加或删除当前行的断点，如图 8.13 所示。

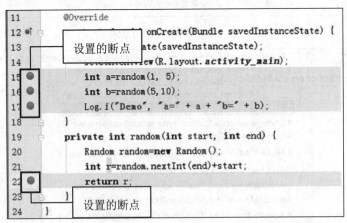

图 8.13　选择"切换断点"命令

技巧：

在 Android Studio 的编辑器中，默认不显示行号，在代码左侧的灰色区域中单击鼠标右键，在弹出的快捷菜单中选择 Show Line Numbers 菜单项，即可显示行号。

2. 简单调试

为程序设置断点后，单击工具栏上的 ![] 按钮，将在 Android Studio 的底部显示调试面板，如图 8.14 所示。

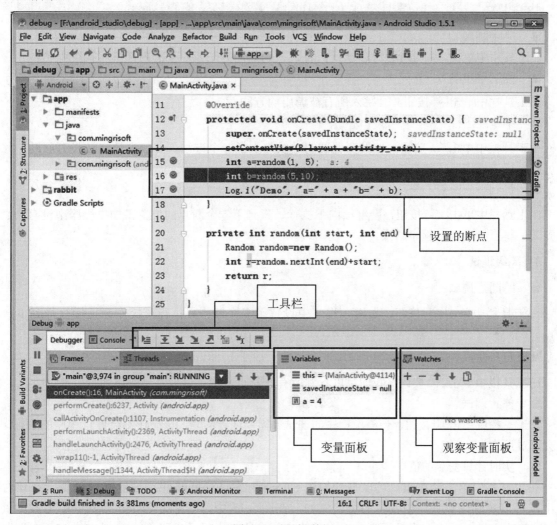

图 8.14 调试面板

说明：

在调试面板中，Variables 面板用于显示程序运行时涉及变量的值，并且在某变量上单击鼠标右键，在弹出的快捷菜单中选择"Set Values..."菜单项，可以为该变量设置新的值。如果程序中变量过多，在该面板中不方便查看，可以在右侧的 Watches 面板中单击 ➕ 按钮，输入要查看的变量，并按下〈Enter〉键，将在下方显示该变量的值。如果不想显示某个变量的值，也可以选中该变量，然后单击 ➖ 按钮，即可从列表中删除该变量的查看。

在调试面板中，可以通过工具栏上的按钮执行相应的调试操作，如单步跳过、单步跳入等。常用的调试操作有以下几个。

- 单步跳过

在工具栏中单击 ![] 按钮或按 F8 键，将执行单步跳过操作，即运行单独的一行程序代码，但是不进入调用方法的内部，然后跳到下一个可执行点。

> **说明：**
> 不停地执行单步跳过操作，会每次执行一行程序代码，直到程序结束或等待用户操作。

- 单步跳入

在工具栏中单击 ![] 按钮或按 F7 键，将跳入到调用方法或对象的内部单步执行程序。

- 强制单步跳入

在工具栏中单击 ![] 按钮，会跳入所有被调用的方法。

- 单步跳出

在工具栏中单击 ![] 按钮，如果在调试的时候跳入了一个方法，并觉得该方法没有问题，此时就可以执行该操作跳出该方法，返回到该方法被调用处的下一行代码。

- 跳到下一断点

在工具栏中单击 ![] 按钮，会继续向下执行，直到下一个断点的位置。如果程序中没有断点或者异常，将直接运行到程序结束。

3. 高级调试

- 跨断点调试

在工具栏中单击 ![] 按钮，如果在程序中设置了多个断点，执行该操作会直接执行到下一个断点。

- 查看断点

在工具栏中单击 ![] 按钮，我们可以看到所有的断点，也可以设置一些属性。

- 停止调试

在工具栏中单击 ![] 按钮，会停止程序的调试。需要注意的是，该操作不会停止程序的运行，而是会跳过所有调试。

- 实时计算变量的值

在工具栏中单击 ![] 按钮，可以打开如图 8.15 所示的 Evaluate Expression 对话框，在该对话框中，可以实时计算程序中变量的值。例如，在图 8.15 中，在 Expression 列表框中输入变量名 b，并按下〈Enter〉键，将显示变量 b 的值为 1，就是在执行了代码"int b=random(5,10);"以后的结果。

> **说明：**
> 在 Evaluate Expression 对话框中，也可以计算表达式的值。例如，在图 8.15 的 Expression 列表框中输入"a+b"，并按下〈Enter 键〉，将显示表达式"a+b"的值。

第 8 章 Android 程序调试

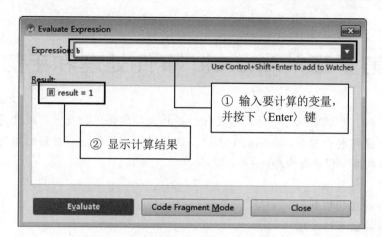

图 8.15 Evaluate Expression 对话框

第 9 章　Android 事件处理和手势

用户在使用手机、平板电脑时，总是通过各种操作来与软件进行交互，较常见的方式包括物理按键操作、触摸屏操作和手势等。在 Android 中，这些操作都将转换为对应的事件进行处理，本章就对 Android 中的事件处理进行介绍。

通过阅读本章，您可以：

- 了解事件处理的机制
- 掌握物理按键事件处理
- 掌握触摸屏事件处理
- 掌握手势的检测与添加

9.1　事件处理概述

现在的图形界面应用程序，都是通过事件来实现人机交互的。事件就是用户对图形界面的操作。在 Android 手机和平板电脑上，主要包括物理按键事件和触摸屏事件两大类。物理按键事件包括按下、抬起和长按等；触摸事件包括按下、抬起、滑动和双击等。

在 Android 组件中，提供了事件处理的相关方法。例如，在 View 类中，提供了 onTouchEvent() 方法，我们可以重写该方法来处理触摸事件。这种方式主要适用于重写组件的场景。但是，仅仅通过重写这个方法来完成事件处理是不够的。为此，Android 为我们提供了使用 setOnTouchListener() 方法为组件设置监听器来处理触摸事件，这在日常开发中十分常用。

在 Android 中提供了两种方式的事件处理：一种是基于监听的事件处理；另一种是基于回调的事件处理。下面分别进行介绍。

9.1.1　基于监听的事件处理

实现基于监听的事件处理，主要做法就是为 Android 的 UI 组件绑定特定的事件监听器。在事件监听的处理模型中，主要有以下 3 类对象。

- Event Source（事件源）：即产生事件的来源，通常是各种组件，例如，按钮、窗口和菜单等。
- Event（事件）：事件中封装了 UI 组件上发生的特定事件的具体信息，如果监听器需要获取 UI 组件上所发生事件的相关信息，一般通过 Event 对象来传递。
- Event Listener（事件监听器）：监听事件源所发生的事件，并对不同的事件做出相应的响应。

事件处理流程示意图如图 9.1 所示。

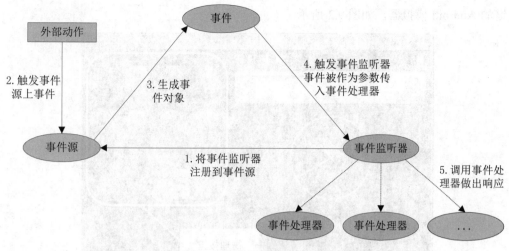

图 9.1　事件处理流程示意图

9.1.2　基于回调的事件处理

实现基于回调的事件处理，主要做法就是重写 Android 组件特定的回调方法，或者重写 Activity 的回调方法。从代码实现的角度来看，基于回调的事件处理模型更加简单。为了使用回调机制来处理 GUI 组件上所发生的事件，需要为该组件提供对应的事件处理方法，可以通过继承 GUI 组件类，并重写该类的事件处理方法来实现。

为了实现回调机制的事件处理，Android 为所有 GUI 组件都提供了一些事件处理的回调方法。例如，在 View 类中就包含了一些事件处理的回调方法，这些方法见表 9-1。

表 9-1　View 类中事件处理的回调方法

方　　法	说　　明
boolean onKeyDown(int keyCode, KeyEvent event)	当用户在该组件上按下某个按键时触发
boolean onKeyLongPress(int keyCode, KeyEvent event)	当用户在该组件上长按某个按键时触发
boolean onKeyShortcut(int keyCode, KeyEvent event)	当一个键盘快捷键事件发生时触发
boolean onKeyUp(int keyCode, KeyEvent event)	当用户在该组件上松开某个按键时触发
boolean onTouchEvent (MotionEvent event)	当用户在该组件上触发触摸屏事件时触发
boolean onTrackballEvent(MotionEvent event)	当用户在该组件上触发轨迹球事件时触发

一般来说，基于回调的事件处理方式可用于处理一些通用性的事件，事件处理的代码会比较简洁。但对于某些特定的事件，无法采用基于回调的事件处理方式实现时，就只能采用基于监听的事件处理方式了。

9.2　物理按键事件处理

对于一个标准的 Android 设备，包含了多个能够触发事件的物理按键。例如，我们使用的带有物理按键的 Android 模拟器，如图 9.2 所示。

图 9.2 带有物理按键的 Android 模拟器

📝 说明：

图 9.2 所示模拟器的 Skin 使用内置的 HVGA。

Android 设备各个可用的物理按键能够触发的事件及其说明见表 9-2。

表 9-2 Android 设备可用物理按键及其触发事件

物理按键	KeyEvent	说明
电源键	KEYCODE_POWER	启动或唤醒设备，将界面切换到锁定的屏幕
返回键	KEYCODE_BACK	返回到前一个界面
菜单键	KEYCODE_MENU	显示当前应用的可用菜单
Home 键	KEYCODE_HOME	返回到 Home 界面
查找键	KEYCODE_SEARCH	在当前应用中启动搜索
音量键	KEYCODE_VOLUME_UP KEYCODE_VOLUME_DOWN	控制当前上下文音量，如音乐播放器、手机铃声、通话音量等
方向键	KEYCODE_DPAD_CENTER KEYCODE_DPAD_UP KEYCODE_DPAD_DOWN KEYCODE_DPAD_LEFT KEYCODE_DPAD_RIGHT	某些设备中包含方向键，用于移动光标等

在 Android 中处理物理按键事件时，常用的回调方法有以下 3 个。

- onKeyUp()：当用户松开某个按键时触发该方法。
- onKeyDown()：当用户按下（未松开）某个按键时触发该方法。
- onKeyLongPress()：当用户长按某个按键时触发该方法。

例 9.1 在 Android Studio 中创建一个 Module，名称为 9.1，模拟连续两次按下"返回键"时退出地图应用，如图 9.3 所示。（**实例位置：资源包\code\09\9.1**）

图 9.3 再按一次"返回键"退出地图应用

（1）修改新建项目的 res/layout 目录下的布局文件 activity_main.xml，将内边距与默认添加的 TextView 组件删除，为布局管理器添加背景图片。

（2）修改默认创建的 MainActivity，让 MainActivity 直接继承 Activity，并重写 onKeyDown() 方法来拦截用户单击返回键事件。关键代码如下：

```java
public class MainActivity extends Activity {
    private long exitTime = 0;         //退出时间变量值
    @Override
    protected void onCreate(Bundle savedInstanceState) {
        super.onCreate(savedInstanceState);
        setContentView(R.layout.activity_main);
    }
    @Override
    public boolean onKeyDown(int keyCode, KeyEvent event) {
        if (keyCode == KeyEvent.KEYCODE_BACK) {
            exit();
            return true;              //拦截返回键
        }
        return super.onKeyDown(keyCode, event);
```

    }
}
```

（3）在 MainActivity 中，创建退出方法 exit()，在该方法中判断按键时间差是否大于两秒，如果大于，则弹出消息提示，否则退出当前应用。具体代码如下：

```
public void exit() {
    if ((System.currentTimeMillis() - exitTime) > 2000) {     //计算按键时间差是否大于两秒
        Toast.makeText(getApplicationContext(),"再按一次退出程序", Toast.LENGTH_SHORT).show();
        exitTime = System.currentTimeMillis();
    } else {
        finish();
        System.exit(0);                     //销毁强制退出
    }
}
```

9.3 触摸屏事件处理

目前，主流的 Android 手机、平板电脑都以较大的屏幕取代了外置键盘，很多操作都是通过触摸屏幕来实现的。其中，常用的触摸屏事件主要包括单击事件、长按事件和触摸事件等。下面分别进行介绍。

扫一扫，看视频

9.3.1 单击事件

在手机应用中，经常需要实现在屏幕中单击某个按钮或组件执行一些操作。这时就可以通过单击事件来完成。在处理单击事件时，可以通过为组件添加单击事件监听器的方法来实现。Android 为组件提供了 setOnClickListener()方法，用于为组件设置单击事件监听器。该方法的参数是一个 View.OnClickListener 接口的实现类对象。View.OnClickListener 接口的定义如下：

```
public static interface View.OnClickListener{
  public void onClick(View v);
}
```

从上面的接口的定义中可以看出，在实现 View.OnClickListener 接口时，需要重写 onClick()方法。当单击事件触发后，将调用 onClick()方法执行具体的事件处理操作。

例如，要为名称为 button1 的按钮添加一个单击事件监听器，并且实现在单击该按钮时弹出消息提示框，显示"单击了按钮"，可以通过下面的代码实现。

```
Button button1=new Button(this);
button1.setOnClickListener(new View.OnClickListener() {
    @Override
    public void onClick(View v) {
        Toast.makeText(MainActivity.this, "单击了按钮", Toast.LENGTH_SHORT).show();
    }
});
```
```

9.3.2 长按事件

在 Android 中还提供了长按事件的处理操作。长按事件与单击事件不同，该事件需要长按某一个组件 2 秒之后才会触发。在处理长按事件时，可以通过为组件添加长按事件监听器的方法来实现。Android 为组件提供了 setOnLongClickListener ()方法，用于为组件设置长按事件监听器。该方法的参数是一个 View.OnLongClickListener 接口的实现类对象。View.OnLongClickListener 接口的定义如下：

```
public static interface View.OnLongClickListener{
  public boolean onLongClick(View v);
}
```

从上面的接口的定义中可以看出，在实现 View.OnLongClickListener 接口时，需要重写 onLongClick()方法。当长按事件触发后，将调用 onLongClick()方法执行具体的事件处理操作。

例 9.2 在 Android Studio 中创建一个 Module，名称为 9.2，模拟微信实现长按朋友圈图片功能，如图 9.4 所示。（**实例位置：资源包\code\09\9.2**）

（1）修改新建项目的 res/layout 目录下的布局文件 activity_main.xml，将默认生成的相对布局管理器修改为垂直线性布局管理器，删除内边距，将默认添加的 TextView 组件删除，然后添加 3 个 ImageView 组件用于放置图片。

（2）修改 MainActivity 类，让 MainActivity 直接继承 Activity。使用 findViewById()方法获得布局文件中定义长按的图片，并为其增加 OnLongClickListener 事件监听器，然后重写 onCreateContextMenu()方法，为菜单添加选项值。最后将长按事件注册到菜单中，打开菜单。代码如下：

图 9.4 显示长按图片显示菜单

```
public class MainActivity extends Activity {
    @Override
    protected void onCreate(Bundle savedInstanceState) {
        super.onCreate(savedInstanceState);
        setContentView(R.layout.activity_main);
        ImageView imageView = (ImageView) findViewById(R.id.imageView);
                                                                    //获取图片组件
        imageView.setOnLongClickListener(new View.OnLongClickListener() {
                                                                    //创建长按监听事件
            @Override
            public boolean onLongClick(View v) {
                registerForContextMenu(v); //将长按事件注册菜单中
```

```
                openContextMenu(v);    //打开菜单
                return false;
            }
        });
    }
    @Override
    public void onCreateContextMenu(ContextMenu menu, View v, ContextMenu.Context-
MenuInfo menuInfo) {    //创建菜单
        super.onCreateContextMenu(menu, v, menuInfo);
        menu.add("收藏");//为菜单添加参数
        menu.add("举报");
    }
}
```

（3）打开 AndroidManifest.xml 文件，修改<application>标记的 android:theme 属性。修改后的代码如下：

```
android:theme="@style/Theme.AppCompat.Light.DarkActionBar"
```

9.3.3 触摸事件

扫一扫，看视频

触摸事件就是指当用户触摸屏幕之后产生的一种事件，当用户在屏幕上划过时，可以通过触摸事件获取用户当前的坐标。在处理触摸事件时，可以通过为组件添加触摸事件监听器的方法来实现。Android 为组件提供了 setOnTouchListener()方法，用于为组件设置触摸事件监听器。该方法的参数是一个 View.OnTouchListener 接口的实现类对象。View.OnTouchListener 接口的定义如下：

```
public interface View.OnTouchListener{
  public abstract boolean onTouch(View v, MotionEvent event);
}
```

从上面的接口的定义中可以看出，在实现 View.OnTouchListener 接口时，需要重写 onTouch()方法。当触摸事件触发后，将调用 onTouch()方法执行具体的事件处理操作，同时会产生一个 MotionEvent 事件类的对象，通过该对象可以获取用户当前的 X 坐标和 Y 坐标。

例 9.3　在 Android Studio 中创建一个 Module，名称为 9.3，实现通过用户触摸屏幕来帮助企鹅戴好帽子，如图 9.5 所示。（实例位置：资源包\code\09\9.3）

（1）修改新建项目的 res/layout 目录下的布局文件 activity_main.xml，删除内边距，为默认创建的相对布局管理器设置其背景和 id 属性,然后将 TextView 组件删除。

（2）在 com.mingrisoft 包中新建一个名称为 HatView 的 Java 类，该类继承自 android.view.View 类，重写带一个参数 Context 的构造方法和 onDraw()方法。其中，在构造方法中设置帽子的默认显示位置，在 onDraw()方法中根据图片绘制帽子。HatView 类的关键代码如下：

图 9.5　帮助企鹅戴好帽子

```java
public class HatView extends View {
    public float bitmapX; // 帽子显示位置的X坐标
    public float bitmapY; // 帽子显示位置的Y坐标
    public HatView(Context context) {// 重写构造方法
        super(context);
        bitmapX = 65; // 设置帽子的默认显示位置的X坐标
        bitmapY = 0; // 设置帽子的默认显示位置的Y坐标
    }
    @Override
    protected void onDraw(Canvas canvas) {
        super.onDraw(canvas);
        Paint paint = new Paint(); // 创建Paint对象
        //根据图片生成位图对象
        Bitmap bitmap = BitmapFactory.decodeResource(this.getResources(), R.drawable.hat);
        canvas.drawBitmap(bitmap, bitmapX, bitmapY, paint); // 绘制帽子
        if (bitmap.isRecycled()) { // 判断图片是否回收
            bitmap.recycle(); // 强制回收图片
        }
    }
}
```

（3）修改MainActivity类，让MainActivity直接继承Activity。在onCreate()方法中，首先获取相对布局管理器，并实例化帽子对象hat，然后为hat添加触摸事件监听器，在重写的触摸事件中设置hat的显示位置，并重绘hat组件，最后将hat添加到布局管理器中。关键代码如下：

```java
public class MainActivity extends Activity {
    @Override
    protected void onCreate(Bundle savedInstanceState) {
        super.onCreate(savedInstanceState);
        setContentView(R.layout.activity_main);
        //获取相对局管理器
        RelativeLayout relativeLayout = (RelativeLayout) findViewById(R.id.relative-Layout);
        final HatView hat = new HatView(MainActivity.this); //创建并实例化HatView类
        // 为帽子添加触摸事件监听
        hat.setOnTouchListener(new View.OnTouchListener() {
            @Override
            public boolean onTouch(View v, MotionEvent event) {
                hat.bitmapX = event.getX()-80;     //设置帽子显示位置的X坐标
                hat.bitmapY = event.getY()-50;     //设置帽子显示位置的Y坐标
                hat.invalidate();                  //重绘hat组件
                return true;
            }
        });
        relativeLayout.addView(hat);               //将hat添加到布局管理器中
    }
}
```

9.3.4 单击事件与触摸事件的区别

针对屏幕上的一个 View 组件，Android 如何区分应当触发 onTouch 事件，还是 onClick 事件呢？在 Android 中，一次用户操作可以被不同的 View 按次序分别处理，并将完全响应了用户的一次 UI 操作称之为消耗了该事件（consume）。那么 Android 是按什么次序将事件传递的？又在什么情况下判定为消耗了该事件？下面通过一个具体的实例进行说明。

例 9.4 在 Android Studio 中创建一个 Module，名称为 9.4，单击事件与触摸事件的区别，单击按钮将会在 LogCat 视图中看到如图 9.6 所示的结果。（实例位置：资源包\code\09\9.4）

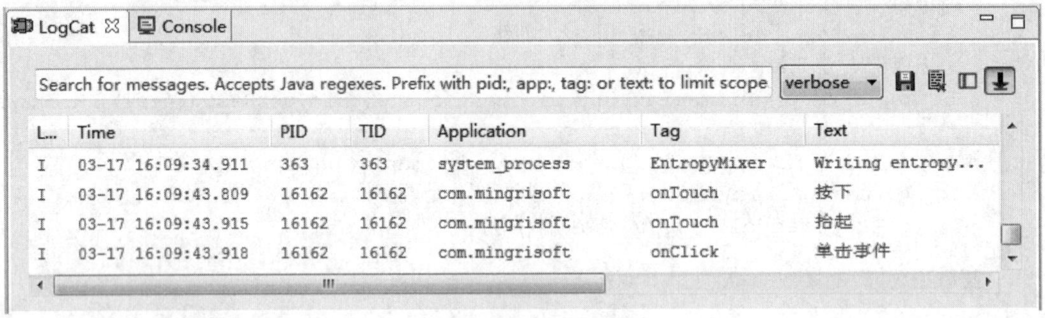

图 9.6 显示执行顺序

（1）修改新建项目的 res/layout 目录下的布局文件 activity_main.xml，将默认添加的 TextView 组件删除，并且添加一个 Button 按钮，同时为其设置 id 属性。

（2）修改 MainActivity 类，让 MainActivity 直接继承 Activity。在 onCreate()方法中，使用 findViewById()方法获得布局文件中定义的按钮，并且为按钮添加单击事件监听器，通过 Log.i()方法输出 onClick，单击事件。然后为按钮添加触摸事件，通过判断方式输出手指是按下还是抬起。具体代码如下：

```java
public class MainActivity extends Activity {
    @Override
    protected void onCreate(Bundle savedInstanceState) {
        super.onCreate(savedInstanceState);
        setContentView(R.layout.activity_main);
        Button button= (Button) findViewById(R.id.btn);
        //为按钮添加单击事件监听器
        button.setOnClickListener(new View.OnClickListener() {
            @Override
            public void onClick(View v) {
                Log.i("onClick","单击事件");
            }
        });
        //为按钮添加触摸事件监听器
        button.setOnTouchListener(new View.OnTouchListener() {
            @Override
            public boolean onTouch(View v, MotionEvent event) {
                if (event.getAction()==MotionEvent.ACTION_DOWN){//表示手指按下时
                    Log.i("onTouch","按下");
                }else if (event.getAction()==MotionEvent.ACTION_UP){    //表示手指
```

```
                    Log.i("onTouch","抬起");                                    抬起时
                }
                return false;              //表示未消耗掉这个事件
            }
        });
    }
}
```

📝 **说明：**

当触摸事件监听器返回值为真时，说明消耗掉了这个事件，将不再执行单击事件。

9.4 手 势

前面介绍的触摸事件比较简单，下面介绍一下如何在 Android 中创建和识别手势。目前有很多款手机都支持手写输入，其原理就是根据用户输入的内容，在预先定义的词库中查找最佳的匹配项供用户选择。在 Android 中，也需要先定义类似的词库。

手势是指用户手指或触摸笔在屏幕上的连续触碰行为。例如，在屏幕上从左到右或从上到下划出的一个动作就是手势。Android 对两种手势行为都提供了支持：一种是 Android 系统提供的手势检测，并为手势检测提供了相应的监听器；另一种是 Android 允许开发者添加手势，并提供了相应的 API 识别用户手势。

9.4.1 手势检测

Android 为手势检测提供了一个 GestureDetector 类，该类代表了一个手势检测器。创建 GestureDetector 时，需要传入一个 GestureDetector.OnGestureListener 实例。GestureDetector.OnGesture-Listener 代表一个监听器，负责对用户的手势行为提供响应。GestureDetector.OnGestureListener 中包含的事件处理方法见表 9-3。

表 9-3 GestureDetector.OnGestureListener 中的事件处理方法

方　　法	说　　明
boolean onDown(MotionEvent e)	当触摸事件按下时触发
boolean onFling(MotionEvent e1, MotionEvent e2, float velocityX, float velocityY)	当用户手指在触摸屏上"拖过"时触发，其中，velocityX、velocityY 代表"拖过"动作在横向、纵向上的速度
abstract void onLongPress(MotionEvent e)	当用户手指在触摸屏上长按时触发
boolean onScroll(MotionEvent e1, MotionEvent e2, float distanceX, float distanceY)	当用户手指在触摸屏上"滚动"时触发
void onShowPress(MotionEvent e)	当用户手指在触摸屏上按下，并且未移动和松开时触发
boolean onSingleTapUp(MotionEvent e)	当用户手指在触摸屏上的轻击事件发生时触发

使用 Android 的手势检测只需要以下两个步骤。

（1）创建一个 GestureDetector 对象。创建该对象时必须实现一个 GestureDetector.OnGestureListener 监听器实例。

（2）为应用程序的 Activity 的 TouchEvent 事件绑定监听器，在事件处理中指定把 Activity 上的 TouchEvent 事件交给 GestureDetector 处理。这样 GestureDetector 就会检测是否触发了特定的手势动作。

例 9.5 在 Android Studio 中创建一个 Module，名称为 9.5，通过手势实现类似手机相册的查看相片功能，如图 9.7 所示。（实例位置：资源包\code\09\9.5）

（1）修改新建项目的 res/layout 目录下的布局文件 activity_main.xml，将默认添加的 TextView 组件删除，然后添加一个 ViewFlipper 组件，并设置其 ID 属性为 flipper，最后在 res 目录下创建动画资源文件夹 anim，用于保存动画资源文件。

（2）修改 MainActivity 类，让它实现 GestureDetector.OnGestureListener 接口，并且重写 onFling()和 onTouchEvent()方法。然后定义一个 ViewFlipper 类的对象、一个 GestureDetector 类的对象、一个 Animation[]动画数组、一个 int 型变量 distance（用于指定两点之间最小的距离），最后定义一个图片资源数组。具体代码如下：

图 9.7　显示滑动查看相片

```java
public class MainActivity extends AppCompatActivity implements GestureDetector.OnGestureListener {
    ViewFlipper flipper;  //定义ViewFlipper
    GestureDetector detector;  //定义手势检测器
    Animation[] animation = new Animation[4];//定义动画数组，为ViewFlipper指定切换动画
    final int distance = 50;  //定义手势动作两点之间最小距离
    //定义图片数组
    private int[] images = new int[]{R.drawable.img01, R.drawable.img02, R.drawable.img03,
            R.drawable.img04, R.drawable.img05, R.drawable.img06, R.drawable.img07, R.drawable.img08,
            R.drawable.img09,
    };
}
```

（3）在 onCreate()方法中创建手势检测器，然后获取 ViewFlipper，再通过 for()循环加载图片数组中的图片，最后进行初始化动画数组。具体代码如下：

```java
@Override
protected void onCreate(Bundle savedInstanceState) {
    super.onCreate(savedInstanceState);
    setContentView(R.layout.activity_main);
    detector = new GestureDetector(this, this);  //创建手势检测器
    flipper = (ViewFlipper) findViewById(R.id.flipper);  //获取ViewFlipper
    for (int i = 0; i < images.length; i++) {
```

```java
        ImageView imageView = new ImageView(this);
        imageView.setImageResource(images[i]);
        flipper.addView(imageView);   //加载图片
    }
    //初始化动画数组
    animation[0] = AnimationUtils.loadAnimation(this, R.anim.slide_in_left);
    animation[1] = AnimationUtils.loadAnimation(this, R.anim.slide_out_left);
    animation[2] = AnimationUtils.loadAnimation(this, R.anim.slide_in_right);
    animation[3] = AnimationUtils.loadAnimation(this, R.anim.slide_out_right);
}
```

（4）在 onFling()方法中通过触摸事件的 X 坐标判断是向左滑动还是向右滑动，并且为其设置动画。最后创建 onTouchEvent()方法，将该 Activity 上的触摸事件交给 GestureDetector 处理。具体代码如下：

```java
@Override
public boolean onFling(MotionEvent e1, MotionEvent e2, float velocityX, float velocityY) {
    /*
    如果第一个触点事件的 X 坐标到第二个触点事件的 X 坐标的距离超过 distance 就是从右向左滑动
     */
    if (e1.getX() - e2.getX() > distance) {
        //为 flipper 设置切换的动画效果
        flipper.setInAnimation(animation[2]);
        flipper.setOutAnimation(animation[1]);
        flipper.showPrevious();
        return true;
        /*
        如果第二个触点事件的 X 坐标到第一个触点事件的 X 坐标的距离超过 distance 就是从左向右滑动
         */
    } else if (e2.getX() - e1.getX() > distance) {
        //为 flipper 设置切换的动画
        flipper.setInAnimation(animation[0]);
        flipper.setOutAnimation(animation[3]);
        flipper.showNext();
        return true;
    }
    return false;
}
@Override
public boolean onTouchEvent(MotionEvent event) {
    //将该 Activity 上的触碰事件交给 GestureDetector 处理
    return detector.onTouchEvent(event);
}
```

9.4.2 手势添加

Android 除了提供手势检测之外，还允许应用程序把用户手势添加到指定文件中，当用户再次画出该手势时，系统即可识别该手势。

1. 手势的创建

下面请读者运行自己的模拟器，进入到应用程序界面，如图 9.8 所示。然后单击 Gestures Builder 应用的图标，如图 9.9 所示。

图 9.8 应用程序界面

图 9.9 Gestures Builder 程序界面

在图 9.9 中，单击"Add gesture"按钮将打开增加手势界面，在 Name 栏中输入该手势所代表的内容，在 Name 栏下方画出对应的手势，如图 9.10 所示，单击"Done"按钮完成手势的增加。

按照上以步骤继续增加英文字母 e、l、o 所对应的手势，如图 9.11 所示。

图 9.10 增加手势界面

图 9.11 显示当前已经存在的手势

2. 手势的导出

在创建完手势后，需要将保存手势的文件导出，以便在自己开发的应用程序中使用，图9.11下方的提示信息就是手势文件所保存的位置。打开 Android Studio 并切换到 DDMS 视图。在 File Explorer 中找到\storage\10F5-0D13\gestures 文件，如图 9.12 所示。将该文件导出，使用默认名称。

3. 手势的识别

例 9.6 在 Android Studio 中创建一个 Module，名称为 9.6，模拟微信手写输入，实现识别用户输入手势的功能，如图 9.13 所示，在手势绘制完成后，信息将显示在编辑框中，如图 9.14 所示。（**实例位置：资源包\code\09\9.6**）

图 9.12　导出保存手势的文件

图 9.13　用户绘制的手势

图 9.14　手势对应的信息

（1）在 res 文件夹中创建子文件夹，名称为 raw。将前面导出的手势文件复制到该文件夹中。

（2）修改新建项目的 res\layout 目录下的布局文件 activity_main.xml，删除内边距，然后为布局管理器设置背景图片，将默认添加的 TextView 组件删除，并且添加一个用于显示结果的编辑框和一个用于接收用户手势的 GuestOverlayView 组件。关键代码如下：

```
<EditText
    android:id="@+id/editText"
    android:layout_width="200dp"
    android:layout_height="wrap_content"
    android:layout_marginLeft="40dp"
    android:layout_marginTop="190dp"/>
<android.gesture.GestureOverlayView
    android:id="@+id/gesture"
    android:layout_width="320dp"
```

```xml
    android:layout_height="180dp"
    android:layout_alignParentBottom="true"
    android:gestureStrokeType="multiple"
    >
</android.gesture.GestureOverlayView>
```

（3）修改 MainActivity 类，让它实现 GestureOverlayView.OnGesturePerformedListener 接口。在 onCreate()方法中，加载 raw 文件夹中的手势文件，如果加载失败退出应用，否则获得布局文件中定义的 GestureOverlayView 组件，并且设置其手势颜色和淡出屏幕的间隔时间。然后为手势添加事件监听器，最后在重写的 onGesturePerformed()方法的实现中获得最佳匹配进行显示。代码如下：

```java
public class MainActivity extends Activity implements GestureOverlayView.OnGesturePerformedListener {
    private GestureLibrary library;
    private EditText editText;
    @Override
    protected void onCreate(Bundle savedInstanceState) {
        super.onCreate(savedInstanceState);
        setContentView(R.layout.activity_main);
        library = GestureLibraries.fromRawResource(
                (MainActivity.this, R.raw.gestures);         //加载手势文件
        editText = (EditText) findViewById(R.id.editText);   //获取编辑框
        if (!library.load()) {                                //如果加载失败则退出
            finish();
        }
        GestureOverlayView gestureOverlayView = (GestureOverlayView) findViewById(R.id.gesture);
        gestureOverlayView.setGestureColor(Color.BLACK);
        gestureOverlayView.setFadeOffset(1000);
        gestureOverlayView.addOnGesturePerformedListener(this);//增加事件监听器
    }
    @Override
    public void onGesturePerformed(GestureOverlayView overlay, Gesture gesture) {
        ArrayList<Prediction> gestures = library.recognize(gesture);//获得全部预测结果
        int index = 0;              //保存当前预测的索引号
        double score = 0.0;         //保存当前预测的得分
        for (int i = 0; i < gestures.size(); i++) {      //获得最佳匹配结果
            Prediction result = gestures.get(i);         //获得一个预测结果
            if (result.score > score) {
                index = i;
                score = result.score;
            }
        }
        String text = editText.getText().toString();     //获得编辑框中已经包含的文本
        text += gestures.get(index).name;                //获得最佳匹配
        editText.setText(text);// 更新编辑框
    }
}
```

（4）打开 AndroidManifest.xml 文件，修改<application>标记的 android:theme 属性值。修改后的 android:theme 属性的代码如下：

```xml
android:theme="@style/Theme.AppCompat.Light.DarkActionBar"
```

第 10 章　Android 应用的资源

扫一扫，看视频

Android 中的资源是指可以在代码中使用的外部文件，这些文件作为应用程序的一部分被编译到应用程序中。在 Android 中，各种资源都被保存到 Android 应用的 res 目录下对应的子目录中，这些资源既可以在 Java 文件中使用，也可以在其他 XML 资源中使用。在 Android 中，利用这些资源可以为程序开发提供很多方便，使用资源不但有利于对程序进行修改，而且还可以非常方便地实现程序国际化。本章将对 Android 中的资源进行详细介绍。

通过阅读本章，您可以：

- 掌握字符串资源、颜色资源和尺寸资源文件的定义及使用
- 掌握布局资源
- 掌握数组资源文件的定义及使用
- 掌握图像资源的使用
- 掌握样式和主题资源的使用
- 掌握如何通过菜单资源定义上下文菜单和选项菜单
- 掌握如何对 Android 程序进行国际化

10.1　字符串资源

扫一扫，看视频

在 Android 中，当需要使用大量的字符串（string）作为提示信息时，可以将这些字符串声明在资源文件中，从而实现程序的可配置性。下面对字符串资源进行详细介绍。

10.1.1　定义字符串资源文件

扫一扫，看视频

字符串资源文件位于 res\values 目录下。在使用 Android Studio 创建 Android 应用时，values 目录下会自动创建字符串资源文件 strings.xml（默认），该文件的基本结构如图 10.1 所示。

```
<resources>
    <string name="app_name">MyDemo</string>
</resources>
```

图 10.1　strings.xml 文件的基本结构

由图 10.1 所示，在 strings.xml 文件中，根元素是<resources> </resources>标记，在该元素中，使用<string></string>标记定义各字符串资源。其中， <string>标记的 name 属性用于指定字符串的名称，在<string>和</string>中间添加的内容为字符串资源的内容。

例如，在 strings.xml 资源文件中添加一个名称为 introduce 的字符串，内容是公司简介。具体代码如下：

```
<resources>
    <string name="app_name">MyDemo</string>
```

```
    <string name="introduce">明日科技有限公司是一家以计算机软件为核心的高科技企业，
       多年来始终致力于行业管理软件开发、数字化出版物制作、
       计算机网络系统综合应用以及行业电子商务网站开发等领域。</string>
</resources>
```

另外，我们还可以创建新的字符串资源文件，具体方法如下。

（1）在 values 文件夹上单击鼠标右键，在弹出的快捷菜单中依次选择 New→XML→Values XML file 菜单项，将弹出创建资源文件的对话框，如图 10.2 所示。

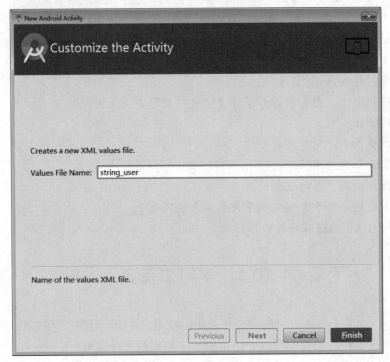

图 10.2　创建资源文件

（2）在文本框中输入自定义的资源文件的名称（如 string_user），单击"Finish"按钮，即可创建一个空的资源文件。代码结构如图 10.3 所示。

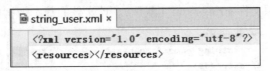

图 10.3　新创建的资源文件的代码结构

（3）在<resources> </resources>标记中使用<string></string>标记来创建字符串资源。

10.1.2　使用字符串资源

定义字符串资源后，就可以在 Java 或 XML 文件中使用该字符串资源了。

▶ 在 Java 文件中使用字符串资源的语法格式如下：

```
[<package>.]R.string.字符串名
```

例如,在 MainActivity 中,要获取名称为 introduce 的字符串,可以使用下面的代码:
getResources().getString(**R.string.introduce**)

↘ 在 XML 文件中使用字符串资源的基本语法格式如下:
@[<package>:]string/字符串名

例如,在定义 TextView 组件时,通过字符串资源设置 android:text 属性值的代码如下:
```
<TextView
    android:layout_width=" wrap_content"
    android:layout_height="wrap_content"
    android:text="@string/introduce" />
```

10.2 颜色资源

颜色(color)资源也是进行 Android 应用开发时比较常用的资源,它通常用于设置文字、背景的颜色等。下面将对颜色资源进行详细介绍。

10.2.1 颜色值的定义

在 Android 中,颜色值通过 RGB(红、绿、蓝)三原色和一个透明度(Alpha)值表示。它必须以"#"开头,后面接 Alpha-Red-Green-Blue 形式的内容。其中,Alpha 值可以省略,如果省略,表示颜色默认是完全不透明的。通常情况下,颜色值使用表 10-1 所示的 4 种形式之一。

表 10-1 Android 支持的颜色值及其描述

颜色格式	描 述	例 如
#RGB	使用红、绿、蓝三原色的值来表示颜色,其中,红、绿和蓝采用 0~f 来表示	要表示红色,可以使用#f00
#ARGB	使用透明度以及红、绿、蓝三原色来表示颜色,其中,透明度、红、绿和蓝均采用 0~f 来表示	要表示半透明的红色,可以使用#6f00
#RRGGBB	使用红、绿、蓝三原色的值来表示颜色,与#RGB 不同的是,这里的红、绿和蓝使用 00~ff 来表示	要表示蓝色,可以使用#0000ff
#AARRGGBB	使用透明度以及红、绿、蓝三原色来表示颜色,其中,透明度、红、绿和蓝均采用 00~ff 来表示	要表示半透明的绿色,可以使用#6600ff00

📝 说明:

在表示透明度时,0 表示完全透明,f 表示完全不透明。

10.2.2 定义颜色资源文件

颜色资源文件位于 res\values 目录下。在使用 Android Studio 创建 Android 项目时,values 目录下会自动创建默认的颜色资源文件 colors.xml,该文件的基本结构如图 10.4 所示。

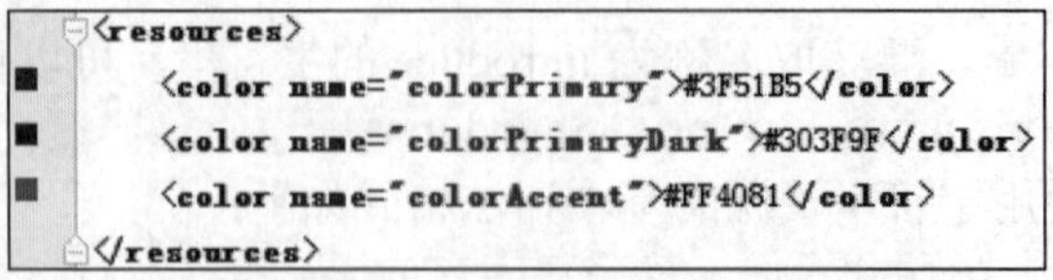

```
<resources>
    <color name="colorPrimary">#3F51B5</color>
    <color name="colorPrimaryDark">#303F9F</color>
    <color name="colorAccent">#FF4081</color>
</resources>
```

图 10.4　colors.xml 文件的基本结构

由图 10.4 所示，在 colors.xml 文件中，根元素是<resources></resources>标记，在该元素中，使用<color></color>标记定义各颜色资源。其中，name 属性用于指定颜色资源的名称，在<color>和</color>标记中间添加颜色值。

例如，在 colors.xml 资源文件中添加 4 个颜色资源，其中第 1 个名称为 title，颜色值采用#AARRGGBB 格式；第 2 个名称为 title1，颜色值采用#ARGB 格式；第 3 个名称为 content，颜色值采用#RRGGBB 格式；第 4 个名称为 content1，颜色值采用#RGB 格式。关键代码如下：

```
<color name="title">#66ff0000</color>
<color name="title1">#6f00</color>
<color name="content">#ff0000</color>
<color name="content1">#f00</color>
```

✍ 说明：

第 1 个和第 2 个资源都表示半透明的红色；第 3 个和第 4 个资源都表示完全不透明的红色。

另外，我们还可以创建新的颜色资源文件，具体方法同 10.1.1 节中介绍的创建新的字符串资源类似，只是设置的文件名不同，这里不再赘述。

由图 10.4 可以看出，每一行<color></color>标记的左侧都有一个小色块。如果有不想要的颜色值，可以单击小色块，在打开的对话框中选择想要的颜色，如图 10.5 所示。

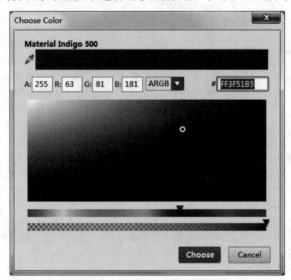

图 10.5　"选择颜色"对话框

在这个对话框中，我们可以调出自己想要的颜色。选定颜色之后单击"Choose"按钮即可完成选择颜色的操作。

10.2.3 使用颜色资源

定义颜色资源后,就可以在 Java 或 XML 文件中使用该颜色资源了。

➢ 在 Java 文件中使用颜色资源的语法格式如下:

```
[<package>.]R.color.颜色资源名
```

例如,在 MainActivity 中,通过颜色资源为 TextView 组件设置文字颜色,可以使用下面的代码:

```
TextView tv=(TextView)findViewById(R.id.title);
tv.setTextColor(getResources().getColor(R.color.title));
```

➢ 在 XML 文件中使用颜色资源的基本语法格式如下:

```
@[<package>:]color/颜色资源名
```

例如,在定义 TextView 组件时,通过颜色资源为其指定 android:textColor 属性,即设置组件内文字的颜色。代码如下:

```
<TextView
    android:layout_width=" wrap_content "
    android:layout_height="wrap_content"
android:textColor="@color/title" />
```

10.3 尺 寸 资 源

扫一扫,看视频

尺寸(dimen)资源也是进行 Android 应用开发时比较常用的资源,它通常用于设置文字的大小、组件的间距等。下面对尺寸资源进行详细介绍。

10.3.1 Android 支持的尺寸单位

在 Android 中,支持的尺寸单位及其描述见表 10-2。

表 10-2 Android 支持的尺寸单位及其描述

尺 寸 单 位	描　　　述	适　用　于
dip 或 dp(设置独立像素)	一种基于屏幕密度的抽象单位	屏幕的清晰度
sp(比例像素)	主要用于处理字体的大小,可以根据用字体大小首选项进行缩放	字体大小
px(Pixels,像素)	每个 px 对应屏幕上的一个点	屏幕横向、纵向的像素个数
pt(points,磅)	屏幕物理长度单位,1 磅为 1/72 英寸	设置字体大小(不常用)
in(Inches,英寸)	标准长度单位。每英寸等于 2.54 厘米	屏幕对角线长度
mm(Millimeters,毫米)	屏幕物理长度单位	屏幕物理长度

在这几种尺寸单位中,比较常用的是 dp 和 sp。下面分别介绍这两种尺寸单位。

➢ dp

在屏幕密度为 160dpi(每英寸 160 点)的显示器上,1dp=1px。随着屏幕密度的改变,dp 与 px 的换算也会发生改变。例如,在屏幕密度为 320dpi 的显示器上,1dp=2px。

→ sp

与 dp 类似，该尺寸单位主要用于字体显示，它可以根据用户对字体大小的首选项进行缩放。因此，字体大小使用 sp 单位可以确保文字按照用户选择的大小显示。

10.3.2 定义尺寸资源文件

尺寸资源文件位于 res\values 目录下。在使用 Android Studio 创建 Android 项目时，values 目录下会自动创建默认的尺寸资源文件 dimens.xml，该文件的基本结构如图 10.6 所示。

```
<resources>
    <!-- Default screen margins, per the Android Design guidelines. -->
    <dimen name="activity_horizontal_margin">16dp</dimen>
    <dimen name="activity_vertical_margin">16dp</dimen>
    <dimen name="fab_margin">16dp</dimen>
</resources>
```

图 10.6 dimens.xml 文件的基本结构

由图 10.6 所示，在 dimens.xml 文件中，根元素是<resources></resources>标记，在该元素中，使用<dimen></dimen>标记定义各尺寸资源。其中，name 属性用于指定尺寸资源的名称，在<dimen>和</dimen>标记中间定义一个尺寸常量。

例如，在 dimens.xml 资源文件中添加两个尺寸资源，其中一个名称为 title，尺寸值是 24sp；另一个名称为 content，尺寸值是 14dp。关键代码如下：

```
<dimen name="title">24sp</dimen>
<dimen name="content">14dp</dimen>
```

另外，我们还可以创建新的尺寸资源文件，具体方法同 10.1.1 节中介绍的创建新的字符串资源类似，这里不再赘述。

10.3.3 使用尺寸资源

定义尺寸资源后，就可以在 Java 或 XML 文件中使用该尺寸资源了。

→ 在 Java 文件中使用尺寸资源的语法格式如下：

```
[<package>.]R.color.尺寸资源名
```

例如，在 MainActivity 中，通过尺寸资源为 TextView 组件设置文字大小，可以使用下面的代码：

```
TextView tv=(TextView)findViewById(R.id.title);
tv.setTextSize(getResources().getDimension(R.dimen.title));
```

→ 在 XML 文件中使用尺寸资源的基本语法格式如下：

```
@[<package>:]dimen/尺寸资源名
```

例如，在定义 TextView 组件时，通过尺寸资源为其指定 android: textSize 属性，即设置组件内文字的大小。代码如下：

```
<TextView
    android:layout_width=" wrap_content "
    android:layout_height="wrap_content"
android:textSize="@dimen/content" />
```

下面通过一个具体的实例来演示字符串、颜色和尺寸资源的应用。

例 10.1 在 Android Studio 中创建一个 Module，名称为 10.1，实现一个 Windows Phone 的"方格子"界面。要求通过字符串资源、颜色资源和尺寸资源设置文字及其颜色和大小等，如图 10.7 所示。（**实例位置：资源包\code\10\10.1**）

（1）修改默认创建的布局文件 activity_main.xml，将默认添加的相对布局管理器修改为垂直线性布局管理器，并将上边距和下边距修改为 80dp，然后在该线性布局管理器中再添加 3 个水平线性布局管理器，设置它们的 android:layout_weight 属性均为 1，接下来在每个水平线性布局管理器中添加 3 个文本框组件，并且也设置它们的 android:layout_weight 属性均为 1。

（2）在默认创建的尺寸资源文件 dimens.xml 中添加两个尺寸资源，一个指定文字的大小，另一个用于指定文本框的外边距。具体代码如下：

```
<dimen name="wordsize">18sp</dimen>
<dimen name="margin">5dp</dimen>
```

图 10.7　Windows Phone 的"方格子"界面

（3）为第 2 个和第 3 个水平线性布局管理器设置顶外边距，使用定义的尺寸资源 margin。具体代码如下：

```
android:layout_marginTop="@dimen/margin"
```

（4）为 ID 为 textView2、textView3、textView5、textView6、textView8 和 textView9 的文本框设置左外边距，使用定义的尺寸资源 margin。具体代码如下：

```
android:layout_marginLeft="@dimen/margin"
```

（5）使用尺寸资源 wordsize 为每个文本框设置文字大小。具体代码如下。

```
android:textSize="@dimen/wordsize"
```

（6）在默认创建的颜色资源文件 colors.xml 中，在该文件中添加一个名称为 wordcolor 的颜色资源，设置它的颜色值为不透明的白色，然后添加 9 个名称为 textView1 至 textView9 的背景颜色资源，并且设置颜色值为透明。具体代码如下：

```
<color name="wordcolor">#FFFFFF</color>
<color name="textView1">#BBE24A83</color>
<color name="textView2">#BB318AD6</color>
<color name="textView3">#BBD73943</color>
<color name="textView4">#BBE69A08</color>
<color name="textView5">#BBBD9663</color>
<color name="textView6">#BBD45ABC</color>
<color name="textView7">#BB4AA6D6</color>
<color name="textView8">#BB8064D2</color>
<color name="textView9">#BBF7A81E</color>
```

（7）为每个文本框设置背景颜色。具体代码如下：

```
android:background="@color/textView1"
```

（8）在默认创建的字符串资源文件 strings.xml 中，在该文件中添加名称为 textView1 至 textView9 的字符串资源。具体代码如下：

```
<string name="textView1">微信</string>
```

```xml
<string name="textView2">通讯录</string>
<string name="textView3">QQ</string>
<string name="textView4">相机</string>
<string name="textView5">时钟</string>
<string name="textView6">备忘录</string>
<string name="textView7">音乐</string>
<string name="textView8">互联网</string>
<string name="textView9">邮件</string>
```

说明：

在 Android 的资源文件中，需要使用 " " 表示空格。

（9）使用步骤（8）中定义的字符串资源为每个文本框设置文字。例如，为第一个文本框设置使用字符串资源 textView1，可以使用下面的代码。

```
android:text="@string/textView1"
```

（10）为每个文本框设置文字颜色为颜色资源 wordcolor 的值。具体代码如下：

```
android:textColor="@color/wordcolor"
```

（11）打开默认创建的 MainActivity，让 MainActivity 直接继承 Activity。

10.4 布局资源

布局（layout）资源是 Android 中最常用的一种资源，从第一个 Android 应用开始，我们就已经在使用布局资源了，而且在 3.3 节中已经详细介绍了各种布局管理器的应用。因此，这里不再详细介绍布局管理器的知识，只对如何使用布局资源进行简单归纳。

在 Android 中，将布局资源文件放置在 res\layout 目录下，布局资源文件的根元素通常为各种布局管理器，在该布局管理器中，放置各种 View 组件或是嵌套的其他布局管理器。例如，在应用 Android Studio 创建一个 Android 应用时，默认创建的布局资源文件 activity_main.xml 中，就是一个相对布局管理器，其中包含一个 TextView 组件。

布局文件创建完成后，可以在 Java 代码或 XML 文件中使用。在 Java 代码中，可以通过下面的语法格式访问布局文件：

```
[<package>.]R.layout.<文件名>
```

例如，在 MainActivity 的 onCreate()方法中，可以通过下面的代码指定该 Activity 应用的布局文件为 main.xml。

```
setContentView(R.layout.main);
```

在 XML 文件中，可以通过下面的语法格式访问布局资源文件：

```
@[<package>:]layout.文件名
```

例如，如果要在一个布局文件 main.xml 中包含另一个布局文件 image.xml，可以在 main.xml 文件中使用下面的代码：

```xml
<include layout="@layout/image" />
```

10.5 数组资源

同 Java 一样，Android 中也允许使用数组（array）。但是在 Android 中，不推荐在 Java 文件中定义数组，而是推荐使用数组资源文件来定义数组。下面对数组资源进行详细介绍。

10.5.1 定义数组资源文件

数组资源文件需要放置在 res\values 目录下。在使用 Android Studio 创建 Android 项目后，并没有在 values 目录下自动创建数组资源文件，开发者需要手动创建（例如 arrays.xml）。定义数组时 XML 资源文件的根元素是<resources></resources>标记，在该元素中，包括以下 3 个子元素。

- <array>子元素：用于定义普通类型的数组。
- <integer-array>子元素：用于定义整数数组。
- <string-array>子元素：用于定义字符串数组。

无论使用上面 3 个子元素中的哪一个，都可以在子元素的起始标记中使用 name 属性定义数组名称，并且在子元素的起始标记和结束标记中间使用<item></item>标记定义数组元素。

例如，要定义一个名称为 listitem.xml 的数组资源文件，并在该文件中添加一个名称为 listItem、包括 3 个数组元素的字符串数组，可以使用下面的代码：

```xml
<?xml version="1.0" encoding="utf-8"?>
<resources>
    <string-array name="listItem">
        <item>账号管理</item>
        <item>手机号码</item>
        <item>辅助功能</item>
    </string-array>
</resources>
```

10.5.2 使用数组资源

定义数组资源后，就可以在 Java 或 XML 文件中使用该数组资源了。

- 在 Java 文件中使用数组资源的语法格式如下：

```
[<package>.]R.array.数组名
```

例如，在 MainActivity 中，要获取名称为 listItem 的字符串数组，可以使用下面的代码：

```
String[] arr=getResources().getStringArray(R.array.listItem);
```

- 在 XML 文件中使用数组资源的基本语法格式如下：

```
@[<package>:]array/数组名
```

例如，在定义 ListView 组件时，通过字符串数组资源为其指定 android:entries 属性的代码如下：

```xml
<ListView
    android:id="@+id/listView1"
    android:entries="@array/listItem"
    android:layout_width="match_parent"
```

```
        android:layout_height="wrap_content" >
</ListView>
```

例 10.2 在 Android Studio 中创建一个 Module，名称为 10.2，实现一个 Windows Phone 的"方格子"界面。修改例 10.1，通过数组资源方式将文字添加到"方格子"中，如图 10.8 所示。（**实例位置：资源包\code\10\10.2**）

（1）将例 10.1 的布局代码与资源代码复制到例 10.2，然后将 textView1 至 textView9 所有的背景和文字删除。

（2）在 res/values 目录中，创建一个名称为 arrays.xml 的数组资源文件，在该文件中添加两个数组。一个是整型数组，用于定义背景颜色；另一个是字符串数组，用于定义文本框上显示的文字。关键代码如下：

```xml
<resources>
    <integer-array name="bgcolor">
        <item>0xBBE24A83</item>
        <item>0xBB318AD6</item>
        …            <!-- 此处省略了其他颜色值的代码 -->
        <item>0xBBF7A81E</item>
    </integer-array>
    <string-array name="word">
        <item>微信</item>
        <item>通讯录</item>
        …            <!-- 此处省略了其他显示文字的代码 -->
        <item>互联网</item>
        <item>邮件</item>
    </string-array>
</resources>
```

图 10.8 Windows Phone 的"方格子"界面

（3）打开默认创建的 MainActivity，让 MainActivity 直接继承 Acyivity，然后定义一个用于保存文本框组件 ID 的数组。具体代码如下：

```java
int[] tvid={R.id.textView1,R.id.textView2,R.id.textView3,R.id.textView4,R.id.textView5,
        R.id.textView6,R.id.textView7,R.id.textView8,R.id.textView9};   //文本框组件 ID
```

（4）在 onCreate()方法中，首先获取保存在数组资源文件中的两个数组资源，然后通过循环为每个文本框设置背景颜色和显示文字。具体代码如下：

```java
int[] color=getResources().getIntArray(R.array.bgcolor);      //获取保存背景颜色的数组
String[] word=getResources().getStringArray(R.array.word);   //获取保存显示文字的数组
//通过循环为每个文本框设置背景颜色和显示文字
for(int i=0;i<9;i++){
    TextView tv=(TextView)findViewById(tvid[i]);              //获取文本框组件对象
    tv.setBackgroundColor(color[ i]);                         //设置背景颜色
    tv.setText(word[i]);                                       //设置显示文字
}
```

10.6 图像资源

10.6.1 Drawable 资源

Drawable 资源是 Android 应用中使用最广泛、最灵活的资源。它不仅可以直接使用图片作为资源，而且可以使用 XML 文件作为资源。只要一个 XML 文件可以被系统编译成 Drawable 子类的对象，那么该 XML 文件就可以作为 Drawable 资源。

📝 **说明：**

> Drawable 资源保存在 res\drawable 目录中。实际上，为了适应不同屏幕分辨率，通常情况下将其保存在 res\drawable-mdpi、res\drawable-hdpi、res\drawable-xhdpi 目录下，这几个目录需要用户手动创建。其中，res\drawable-mdpi 保存的是中等分辨率的图片；res\drawable-hdpi 保存的是高分辨率的图片；res\drawable-xhdpi 保存的是超高分辨率的图片。

1．图片资源

在 Android 中，不仅可以将扩展名为.png、.jpg 和.gif 的普通图片作为图片资源，而且可以将扩展名为.9.png 的 9-Patch 图片作为图片资源。扩展名为.png、.jpg 和.gif 的普通图片较常见，它们通常是通过绘图软件完成的。下面来对扩展名为.9.png 的 9-Patch 图片进行简要介绍。

9-Patch 图片是一种被特殊处理过的 png 图片，通常用作背景。与普通图片不同的是，使用 9-Patch 图片作为屏幕或按钮的背景时，当屏幕尺寸或者按钮大小改变时，图片可自动缩放，效果不会失真。例如，在制作聊天界面的时候，如果使用.png、.jpg 等普通格式的图片作为收发消息的背景图，那么图片被拉伸后就会出现变形或失真，这样效果就会非常差，而使用 9-Patch 图片就可以完美地解决这个问题。

9-Patch 图片是使用 Android SDK 中提供的工具 Draw 9-patch 生成的，该工具位于 Android SDK 安装目录下的 tools 目录中，双击 draw9patch.bat 即可打开该工具。使用该工具可以生成一个能够伸缩的标准 PNG 图像，Android 会自动调整大小来容纳显示的内容。

通过 Draw 9-patch 生成扩展名为.9.png 的图片的具体步骤如下。

（1）打开 Draw 9-patch，选择工具栏中的 File/Open 9-patch 命令，如图 10.9 所示。

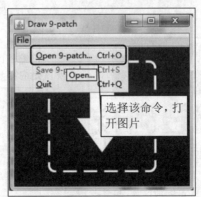

图 10.9 启动 Draw 9-patch 工具

（2）在"打开"对话框中选择要生成 9-Patch 图片的原始图片，这里选择名称为 mrbiao.png

的图片。打开后的效果如图10.10所示。

图10.10　打开的原始图片

✍ 说明：

在图片的四周多了一圈一个像素的可操作区域，在该可操作区域上单击，可以绘制一个像素的黑线，水平方向黑线与垂直方向黑线的交集为可缩放区域。在已经绘制的黑线上单击鼠标右键（或者按下Shift键后单击），可以清除已经绘制的内容。

（3）在打开的图片上定义如图10.11所示的可缩放区域和内容显示区域。

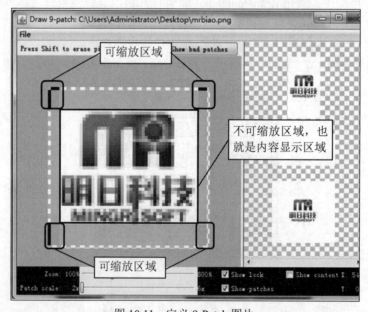

图10.11　定义9-Patch图片

（4）选择菜单栏中的 File/Save 9-patch 命令，保存 9-Patch 图片，这里将其命名为 mrbiao.9.png。

（5）生成扩展名为 .9.png 的图片后，就可以将其作为图片资源使用了。如图 10.12 所示，就是在模拟器中使用 9-Patch 图片和普通 PNG 图像作为按钮背景时的效果。

图 10.12　普通 PNG 图片与 9-Patch 图片的对比

在了解了如何制作 9-Patch 图片后，下面来介绍如何使用图片资源。在使用图片资源时，首先将准备好的图片放置在 res\drawable-xxx 目录中，然后就可以在 Java 或 XML 文件中访问该资源了。在 Java 代码中，可以通过下面的语法格式访问图片。

```
[<package>.]R.drawable.<文件名>
```

📢 注意：

Android 中不允许图片资源的文件名中出现大写字母，且不能以数字开头。

例如，在 MainActivity 中，通过图片资源为 ImageView 组件设置要显示的图片，可以使用下面的代码：

```
ImageView iv=(ImageView)findViewById(R.id.imageView1);
iv.setImageResource(R.drawable.head);
```

在 XML 文件中，可以通过下面的语法格式访问图片资源。

```
@[<package>:]drawable/文件名
```

例如，在定义 ImageView 组件时，通过图片资源为其指定 android:src 属性，也就是设置要显示的图片。具体代码如下：

```
<ImageView
    android:id="@+id/imageView1"
    android:layout_width="wrap_content"
    android:layout_height="wrap_content"
    android:src="@drawable/head" />
```

✎ 说明：

在 Android 应用中，使用 9-Patch 图片时不需要加扩展名 .9.png。例如，要在 XML 文件中使用一个名称为 mrbiao.9.png 的 9-Patch 图片，可以使用 @drawable/mrbiao。

2. StateListDrawable 资源

StateListDrawable 资源是定义在 XML 文件中的 Drawable 对象，能根据状态呈现不同的图像。例如，一个 Button 组件存在多种不同的状态（pressed、enabled 或 focused 等），使用 StateListDrawable

扫一扫，看视频

资源可以为按钮的每个状态提供不同的按钮图片。

StateListDrawable 资源文件同图片资源一样，也是放在 res\drawable-xxx 目录中。StateListDrawable 资源文件的根元素为<selector></selector>，在该元素中可以包括多个<item></item>元素。每个 item 元素可以设置以下两个属性。

➢ android:color 或 android:drawable：用于指定颜色或 Drawable 资源。
➢ android:state_xxx：用于指定一个特定的状态，常用的状态属性见表 10-3。

表 10-3 StateListDrawable 支持的常用状态属性

状 态 属 性	描 述
android:state_active	表示是否处于激活状态，属性值为 true 或 false
android:state_checked	表示是否处于选中状态，属性值为 true 或 false
android:state_enabled	表示是否处于可用状态，属性值为 true 或 false
android:state_first	表示是否处于开始状态，属性值为 true 或 false
android:state_focused	表示是否处于获得焦点状态，属性值为 true 或 false
android:state_last	表示是否处于结束状态，属性值为 true 或 false
android:state_middle	表示是否处于中间状态，属性值为 true 或 false
android:state_pressed	表示是否处于被按下状态，属性值为 true 或 false
android:state_selected	表示是否处于被选择状态，属性值为 true 或 false
android:state_window_focused	表示窗口是否已经得到焦点状态，属性值为 true 或 false

例如，创建一个根据编辑框是否获得焦点来改变文本框内文字颜色的 StateListDrawable 资源，名称为 edittext_focused.xml，可以使用下面的代码：

```xml
<?xml version="1.0" encoding="utf-8"?>
<selector xmlns:android="http://schemas.android.com/apk/res/android" >
  <item android:color="#f60" android:state_focused="true"/>
    <item android:color="#0a0" android:state_focused="false"/>
</selector>
```

创建一个 StateListDrawable 资源后，可以将该文件放置在 res\drawable-xxx 目录下，然后在相应的组件中使用该资源即可。例如，要在编辑框中使用名称为 edittext_focused.xml 的 StateListDrawable 资源，可以使用下面的代码：

```xml
<EditText
    android:id="@+id/editText"
    android:layout_width="wrap_content"
    android:layout_height="wrap_content"
    android:textColor="@drawable/edittext_focused"
    android:text="请输入文字" />
```

扫一扫，看视频

例 10.3 在 Android Studio 中创建一个 Module，名称为 10.3，实现模拟微信登录应用。要求使用 9-Patch 图片作为按钮的背景，并让按钮背景随状态变化而改变。如图 10.13 所示的登录界面，此界面中尚未输入密码，输入密码后的显示如图 10.14 所示。其中，头像图片采用的是普通 PNG 图片，设置固定尺寸不可拉伸，而登录按钮背景图片采用 StateListDrawable 资源，可以根据按钮的状态自

动改变。（实例位置：资源包\code\10\10.3）

图 10.13　未输入密码时　　　　　　　　图 10.14　输入密码后

（1）打开 Draw 9-patch 工具，将已经准备好的 green_mint.png 和 green.png 图片制作成 9-Patch 图片，并复制到 drawable 目录中。最终完成后的图片如图 10.15 所示。

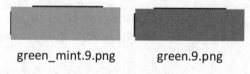

图 10.15　完成后的图片

（2）在 res/drawable 目录中，创建一个名称为 button_enable.xml 的 StateListDrawable 资源文件。在该文件中，分别指定 android:state_enabled 属性为 true 时，使用的背景图片（green.9.png），和 android:state_enabled 属性为 false 时，使用的背景图片（green_mint.9.png）。button_enable.xml 文件的具体代码如下：

```xml
<?xml version="1.0" encoding="utf-8"?>
<selector xmlns:android="http://schemas.android.com/apk/res/android">
    <item android:drawable="@drawable/green" android:state_enabled="true"/>
    <item android:drawable="@drawable/green_mint" android:state_enabled="false"/>
</selector>
```

（3）修改新建项目的 res\layout 目录下的布局文件 activity_main.xml，将默认添加的相对布局管理器修改为垂直线性布局管理器，并且添加一个 ImageView 组件（用于保存头像）、TextView 组件（用于显示账号）、EditText 组件（用于填写密码）、Button 组件（登录按钮）和两个 TextView 组件（用于填写文字信息）。其中，登录按钮的背景需要设置为 StateListDrawable 资源（用于让按钮的背景图片随按钮状态而动态改变），并且让该按钮默认为不可用状态。关键代码如下：

```
<Button
```

```
android:id="@+id/btn_login"
android:layout_width="match_parent"
android:layout_height="@dimen/button_height"
android:background="@drawable/button_enable"
android:text="@string/text_login"
android:enabled="false"
android:textColor="@color/button_text_white"
/>
```

（4）打开默认创建的 MainActivity 类，在 onCreate()方法中，首先获取密码编辑框和登录按钮，并且使用 final 关键字修饰，然后为密码编辑框设置文字改变监听器，用于监视密码编辑框的状态变化。在重写的 onTextChanged()方法中判断密码编辑框是否输入文字，当输入文字时登录按钮设置为可用状态，没有文字输入时登录按钮设置为不可用状态。具体代码如下：

```
        final EditText editText = (EditText) findViewById(R.id.editText);
                                                                //获取密码编辑框
        final Button button = (Button) findViewById(R.id.btn_login);
                                                                //获取登录按钮
    editText.addTextChangedListener(new TextWatcher() { //为编辑框设置监听事件
      @Override
      public void beforeTextChanged(CharSequence s, int start, int count, int after) {
      }
      @Override
      public void onTextChanged(CharSequence s, int start, int before, int count) {
        if (editText.length() > 0) { //判断编辑框内输入文字时
            button.setEnabled(true); //登录按钮为可用状态
        } else { //编辑框内没有文字时
            button.setEnabled(false); //登录按钮为不可用状态
        }
      }
      @Override
      public void afterTextChanged(Editable s) {
      }
    });
```

（5）打开 AndroidManifest.xml 文件，将其中<application>标记的 android:theme 属性值 "@style/AppTheme" 修改为 "@style/Theme.AppCompat.Light.Dark ActionBar"。修改后的 android: theme 属性的代码如下：

```
android:theme="@style/Theme.AppCompat.Light.DarkActionBar"
```

扫一扫，看视频

10.6.2 mipmap 资源

在使用 Android Studio 创建 Android 项目时，res 目录下有一个 mipmap 文件夹，其目录结构如图 10.16 所示。

该文件夹用来存放 mipmap 资源，mipmap 资源通常为 app 的启动图标（应用安装后，显示在桌面上的图标）。把图片存储在 mipmap 中，不但可以提高系统渲染图片的速度，还可以提高

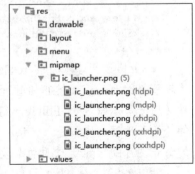

图 10.16 res 目录结构

图片的质量。

> **说明：**
> mipmap 资源实际上是保存在 res\mipmap-mdpi、res\mipmap-hdpi、res\mipmap-xhdpi、res\mipmap-xxhdpi 和 res\mipmap-xxxhdpi 目录下。其中，res\mipmap-mdpi 保存的是中等分辨率的图片；res\drawable-hdpi 保存的是高分辨率的图片，res\mipmap-xhdpi 保存的是更高分辨率的图片，以此类推。

- 在 Java 代码中，可以通过下面的语法格式访问 mipmap 资源：
  `[<package>.]R.mipmap.<文件名>`
- 在 XML 文件中，可以通过下面的语法格式访问 mipmap 资源：
  `@[<package>:]mipmap/文件名`

> **说明：**
> mipmap 文件夹仅仅用于存储应用程序启动图标，这些图标可以根据不同分辨率进行优化。其他的图像资源，需要存储在 drawable 文件夹中。

10.7 主题和样式资源

在 Android 中，提供了用于对 Android 应用进行美化的主题（theme）和样式（style）资源，使用这些资源可以开发出各种风格的 Android 应用。下面对 Android 中提供的样式资源和主题资源进行详细介绍。

10.7.1 主题资源

主题资源的资源文件保存在 res\values 目录中。在使用 Android Studio 创建 Android 项目时，会自动在 values 目录下创建默认的 styles.xml，该文件的基本结构如图 10.17 所示。

```
<resources>

    <!-- Base application theme. -->
    <style name="AppTheme" parent="Theme.AppCompat.Light.DarkActionBar">
        <!-- Customize your theme here. -->
        <item name="colorPrimary">@color/colorPrimary</item>
        <item name="colorPrimaryDark">@color/colorPrimaryDark</item>
        <item name="colorAccent">@color/colorAccent</item>
    </style>

</resources>
```

图 10.17 styles.xml 文件的基本结构

> **说明：**
> styles.xml 中可定义主题资源，也可以定义样式资源，样式资源将在 10.7.2 节进行介绍。

如图 10.17 所示，在 styles.xml 文件中，其根元素是<resource></resource>标记，在该标记中，使用<style></style>标记定义主题。主题资源用于设置所有（或单个）Activity 的整体样式，但不能作用于单个的 View 组件。通常情况下，主题资源中定义的格式都是为改变窗口外观而设置的。

✍ 说明：

主题资源可以定义在默认创建的 styles.xml 中，也可以自行创建。

例如，要定义一个用于改变所有窗口背景的主题，可以使用下面的代码：

```xml
<resources>
    <style name="bgTheme" parent="@style/AppTheme" >
      <item name="android:windowNoTitle">false</item>
      <item name="android:windowBackground">@drawable/background</item>
    </style>
</resources>
```

主题资源定义完成后，就可以使用该主题了。在 Android 中，提供了以下两种使用主题资源的方法。

➥ 在 AndroidManifest.xml 文件中使用主题资源

在 AndroidManifest.xml 文件中使用主题资源比较简单，只需要使用 android:theme 属性指定要使用的主题资源即可。例如，要使用名称为 bgTheme 的主题资源，可以使用下面的代码：

```
android:theme="@style/bgTheme"
```

android:theme 属性是 AndroidManifest.xml 文件中<application></application>标记和<activity></activity>标记的共有属性。如果要使用的主题资源作用于项目中的全部 Activity 上，可以使用<application></application>标记的 android:theme 属性，也就是为<application></application>标记添加 android:theme 属性。关键代码如下：

```
<application android:theme="@style/bgTheme">…</application>
```

如果要使用的主题资源作用于项目中的指定 Activity 上，可以在配置该 Activity 时为其指定 android:theme 属性。关键代码如下：

```
<activity android:theme="@style/bgTheme">…</activity>
```

✍ 说明：

在 Android 应用中，android:theme 属性值还可以使用 Android SDK 提供的一些主题资源，我们只需使用这些资源即可。例如，使用 android:theme="@android:style/Theme.NoTitleBar"后，屏幕上将不显示标题栏。

➥ 在 Java 文件中使用主题资源

在 Java 文件中也可以为当前的 Activity 指定使用的主题资源，这可以在 Activity 的 onCreate()方法中通过 setTheme()方法实现。例如，下面的代码就是指定当前 Activity 使用名称为 bgTheme 的主题资源。

```java
@Override
public void onCreate(Bundle savedInstanceState) {
  super.onCreate(savedInstanceState);
  setTheme(R.style.bgTheme);
  setContentView(R.layout.main);
}
```

🔊 注意：

在 Activity 的 onCreate()方法中设置使用的主题资源时，一定要在为该 Activity 设置布局内容前设置（也就是在

setContentView()方法之前设置），否则将不起作用。

使用 bgTheme 主题资源后，运行默认的 MainActivity 时，屏幕的背景不再是默认的颜色，而是如图 10.18 所示的图片。

10.7.2 样式资源

扫一扫，看视频

有时我们需要为某个类型的组件设置相似的格式，比如字体、颜色、背景色等。如果每次都要为该组件指定这些属性，不但会增加工作量，也不利于项目的后期维护。

在编写 Word 文档的时候，如果为某段文本设置了某个样式，那么该样式下的所有格式都会应用于这段文本中。Android 的样式与此类似，每种样式都会包含一组格式，一旦为某个组件设置了某个样式，该样式下的所有格式都会应用于该组件中。

样式资源主要用于对组件的显示样式进行控制，如改变文本框显示文字的大小和颜色等。样式资源文件位于 res\values 目录下，它的根元素是<resources></resources>标记，在该元素中，使用<style>标记定义样式。其中，name 属性用于指定样式的名称；在<style>和</style>中间添加<item></item>标记来定义格式项，在一个<style></style>标记中，可以包括多个<item></item>标记。

例如，在默认创建的 styles.xml 中，定义一个名称为 title 的样式。在该样式中，定义两个样式：一个是设置文字大小的样式；另一个是设置文字颜色的样式。关键代码如下：

图 10.18　更改主题的 MainActivity 的运行结果

```
<style name="title">
    <item name="android:textSize">30sp</item>
    <item name="android:textColor">#f60</item>
</style>
```

在 Android 中，还有支持继承样式的功能，只需要在<style></style>标记中使用 parent 属性进行设置即可。例如，定义一个名称为 basic 的样式，然后定义一个名称为 title 的样式，并让该样式继承 basic 样式。关键代码如下：

```
<style name="basic">
    <item name="android:textSize">30sp</item>
    <item name="android:textColor">#f60</item>
</style>
<style name="title" parent="basic">
    <item name="android:padding">10dp</item>
    <item name="android:gravity">center</item>
</style>
```

✎ 说明：

当一个样式（子样式）继承自另一个样式（父样式）后，如果在该子样式中出现了与父样式相同的属性，将使用子样式中定义的属性值。

例 10.4　在 Android Studio 中创建一个 Module，名称为 10.4，模拟今日头条的新闻页面，实现使用样式资源设置新闻的样式，如图 10.19 所示。（实例位置：资源包\code\10\10.4）

图 10.19　模拟今日头条的新闻页面

（1）打开 values 目录下的 styles.xml，在该文件中添加名称为 black 的样式资源，设置字体样式为加粗，字体颜色为黑色。具体代码如下：

```xml
<style name="black">
    <item name="android:textStyle">bold</item>
    <item name="android:textColor">@color/black</item>
</style>
```

（2）打开默认创建的布局文件 activity_main.xml，删除内边距，将默认添加的相对布局管理器修改为垂直线性布局管理器，并为其设置背景图片，然后在布局管理器中添加一个 TextView 组件用于显示标题，并且设置其使用名称为 black 的样式资源。关键代码如下：

```xml
<!-- 标题-->
<TextView
    android:id="@+id/title"
    style="@style/black"
    android:layout_width="wrap_content"
    android:layout_height="wrap_content"
    android:layout_marginLeft="@dimen/margin"
    android:layout_marginRight="@dimen/margin"
    android:layout_marginTop="@dimen/margin_top"
    android:text="@string/title"
    android:textSize="@dimen/style_title"
    />
```

📝 **说明：**

加粗的文字为调用样式资源代码。

（3）在 styles.xml 文件中，添加名称为 text_down 的样式，让其继承自 black 样式，然后再添加让组件在布局管理器的水平居中位置显示的样式。具体代码如下：

```xml
<style name="text_dwwn" parent="black">
    <item name="android:layout_gravity">center_horizontal</item>
</style>
```

（4）在标题下面添加一个 TextView 组件（用于显示新闻内容）、一个 ImageView 组件（用于显示图片），以及一个 TextView 组件（用于显示图注），并且让显示图注的文本框使用步骤（3）中编写的名称为 text_down 的样式。其中，图注的文本框的代码如下：

```xml
<!--图注-->
<TextView
    android:id="@+id/text_down"
    style="@style/text_down"
    android:layout_width="wrap_content"
    android:layout_height="wrap_content"
    android:layout_below="@+id/image"
    android:layout_marginTop="@dimen/margin"
    android:text="@string/text_down"
    />
```

10.8 菜单资源

在桌面应用程序中，菜单（menu）的使用十分广泛。但是在 Android 应用中，菜单大大减少。不过 Android 中提供了两种实现菜单的方法，通过 Java 代码创建菜单和使用菜单资源文件创建菜单。Android 推荐使用菜单资源来定义菜单，下面进行详细介绍。

10.8.1 定义菜单资源文件

菜单资源文件通常放置在 res\menu 目录下，在 Android Studio 中创建项目时，默认不自动创建 menu 目录，所以需要手动创建。菜单资源的根元素通常使用<menu></menu>标记，在该标记中可以包含多个<item></item>标记，用于定义菜单项，可以通过表 10-4 中的各属性来为菜单项设置标题等内容。

扫一扫，看视频

表 10-4 <item></item>标记的常用属性

属　　性	描　　述
android:id	用于为菜单项设置 ID，也就是唯一标识
android:title	用于为菜单项设置标题
android:alphabeticShortcut	用于为菜单项指定字符快捷键
android:numericShortcut	用于为菜单项指定数字快捷键

(续表)

属 性	描 述
android:icon	用于为菜单项指定图标
android:enabled	用于指定该菜单项是否可用
android:checkable	用于指定该菜单项是否可选
android:checked	用于指定该菜单项是否已选中
android:visible	用于指定该菜单项是否可见

✎ 说明：

如果某个菜单项中还包括子菜单，可以通过在该菜单项中再包含<menu></menu>标记来实现。

10.8.2 使用菜单资源

在 Android 中，定义的菜单资源可以用来创建选项菜单（Option Menu）和上下文菜单（Context Menu）。使用菜单资源创建这两种类型的菜单的方法是不同的，下面分别进行介绍。

扫一扫，看视频

1．选项菜单

当用户单击菜单按钮时，弹出的菜单就是选项菜单。使用菜单资源创建选项菜单的具体步骤如下。

（1）重写 Activity 中的 onCreateOptionsMenu()方法。在该方法中，首先创建一个用于解析菜单资源文件的 MenuInflater 对象，然后调用该对象的 inflate()方法解析一个菜单资源文件，并把解析后的菜单保存在 menu 中。关键代码如下：

```
@Override
public boolean onCreateOptionsMenu(Menu menu) {
  MenuInflater inflater=new MenuInflater(this);    //实例化一个MenuInflater对象
  inflater.inflate(R.menu.optionmenu, menu);       //解析菜单文件
  return super.onCreateOptionsMenu(menu);
}
```

（2）重写 onOptionsItemSelected()方法，用于当菜单被选择时做出相应的处理。例如，当菜单项被选择时，弹出一个消息提示框，显示被选中菜单项的标题，可以使用下面的代码：

```
@Override
public boolean onOptionsItemSelected(MenuItem item) {
  Toast.makeText(MainActivity.this, item.getTitle(), Toast.LENGTH_SHORT).show();
  return super.onOptionsItemSelected(item);
}
```

例 10.5 在 Android Studio 中创建一个 Module，名称为 10.5，实现明日学院的选项菜单，如图 10.20 所示，单击屏幕右上方的菜单按钮，如图 10.21 所示，单击"关于"菜单项，将跳转到如图 10.22 所示的界面。（实例位置：资源包\code\10\10.5）

第10章 Android应用的资源

图10.20　显示界面

图10.21　显示选项菜单

图10.22　显示关于界面

（1）打开默认创建的布局文件 activity_main.xml，删除内边距，然后为布局管理器添加一张背景图片。

237

（2）在 res 目录上单击鼠标右键，在弹出的快捷菜单中选择 New/Android resource directory 菜单项，在弹出的对话框 Resource type 类型中选择 menu，单击"ok"按钮。创建一个 menu 目录，并在该目录中创建一个名称为 menu.xml 的菜单资源文件。在 menu.xml 文件中，定义两个菜单项分别为设置和关于，显示文字通过字符串资源指定。具体代码如下：

```xml
<?xml version="1.0" encoding="utf-8"?>
<menu xmlns:android="http://schemas.android.com/apk/res/android">
    <item
        android:id="@+id/settings"
        android:title="@string/menu_title_settings"></item>
    <item
        android:id="@+id/regard"
        android:title="@string/menu_title_regard"></item>
</menu>
```

（3）在 MainActivity 中重写 onCreateOptionsMenu()方法。在该方法中，首先创建一个用于解析菜单资源文件的 MenuInflater 对象，然后调用该对象的 inflate()方法解析一个菜单资源文件，并把解析后的菜单保存在 menu 中，最后将菜单返回。关键代码如下：

```java
@Override
public boolean onCreateOptionsMenu(Menu menu) {
    MenuInflater menuInflater = new MenuInflater(this);    //实例化一个MenuInflater对象
    menuInflater.inflate(R.menu.menu, menu);     //解析菜单文件
    return super.onCreateOptionsMenu(menu);
}
```

（4）在 com.mingrisoft 包中创建一个名称为 Settings 的 Activity，用于显示设置界面。再创建一个名称为 Regard 的 Activity，用于显示关于界面。

（5）在 MainActivity 中重写 onOptionsItemSelected()方法，然后通过 switch()语句根据选中的菜单 id 跳转到指定的 Activity。关键代码如下：

```java
@Override
public boolean onOptionsItemSelected(MenuItem item) {
    switch (item.getItemId()) {   //获取选中菜单id
        case R.id.settings:   //通过选中id跳转指定页面
            Intent intent = new Intent(MainActivity.this, Settings.class);
            startActivity(intent);
            break;
        case R.id.regard:   //通过选中id跳转指定页面
            Intent intent1 = new Intent(MainActivity.this, Regard.class);
            startActivity(intent1);
            break;
    }
    return super.onOptionsItemSelected(item);
}
```

2. 上下文菜单

当用户长按组件时，弹出的菜单就是上下文菜单。使用菜单资源创建上下文菜单的具体步骤如下。

扫一扫，看视频

(1)在 Activity 的 onCreate()方法中注册上下文菜单。例如,为文本框组件注册上下文菜单,可以使用下面的代码。也就是在单击该文本框时,才显示上下文菜单。

```
TextView tv=(TextView)findViewById(R.id.show);
registerForContextMenu(tv);                        //为文本框注册上下文菜单
```

(2)重写 Activity 中的 onCreateContextMenu()方法。在该方法中,首先创建一个用于解析菜单资源文件的 MenuInflater 对象,然后调用该对象的 inflate()方法解析一个菜单资源文件,并把解析后的菜单保存在 menu 中,最后为菜单头设置图标和标题。关键代码如下:

```
@Override
public void onCreateContextMenu(ContextMenu menu, View v, ContextMenuInfo menuInfo) {
  MenuInflater inflator=new MenuInflater(this);       //实例化一个 MenuInflater 对象
  inflator.inflate(R.menu.menus, menu);               //解析菜单文件
  menu.setHeaderIcon(R.drawable.ic_launcher);         //为菜单头设置图标
  menu.setHeaderTitle("请选择");                      //为菜单头设置标题
}
```

(3)重写 onContextItemSelected()方法,用于当菜单项被选择时做出相应的处理。例如,当菜单项被选择时,弹出一个消息提示框,显示被选中菜单项的标题,可以使用下面的代码:

```
@Override
public boolean onContextItemSelected(MenuItem item) {
  Toast.makeText(MainActivity.this, item.getTitle(), Toast.LENGTH_SHORT).show();
  return super.onContextItemSelected(item);
}
```

例 10.6 在 Android Studio 中创建一个 Module,名称为 10.6,利用上下文菜单实现一个模拟微信朋友圈消息内容的复制、收藏、翻译和举报菜单,如图 10.23 所示。(**实例位置:资源包\code\10\10.6**)

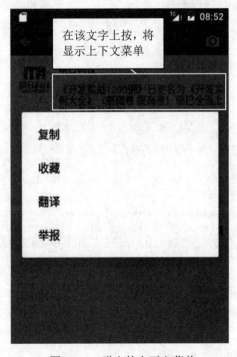

图 10.23 弹出的上下文菜单

（1）在 res 目录下创建一个 menu 目录，并在该目录中创建一个名称为 introduce_menu.xml 的菜单资源文件。在该文件中定义 4 个菜单项，分别是复制、收藏、翻译和举报。具体代码如下：

```xml
<?xml version="1.0" encoding="utf-8"?>
<menu xmlns:android="http://schemas.android.com/apk/res/android">
    <item
        android:id="@+id/menu_copy"
        android:title="@string/introduce_copy"></item>
    <item
        android:id="@+id/menu_collect"
        android:title="@string/introduce_collect"></item>
    <item
        android:id="@+id/menu_translate"
        android:title="@string/introduce_translate"></item>
    <item
        android:id="@+id/menu_report"
        android:title="@string/introduce_report"></item>
</menu>
```

（2）打开默认创建的布局文件 activity_main.xml，在该文件中添加实现类似朋友圈中显示一条消息的各组件。例如，将用于显示消息详细内容的文本框的 id 属性设置为 introduce，可以使用下面的代码：

```xml
<TextView
    android:id="@+id/introduce"
    android:layout_width="wrap_content"
    android:layout_height="wrap_content"
    android:layout_alignLeft="@+id/name"
    android:layout_below="@+id/name"
    android:layout_marginTop="@dimen/margin"
    android:text="@string/introduce"
    />
```

（3）修改默认创建的 MainActivity 类，让 MainActivity 直接继承 Activity。定义 TextView 组件，在 Activity 的 onCreate()方法中，首先获取要添加上下文菜单的 TextView 组件，然后为其注册上下文菜单。关键代码如下：

```java
public class MainActivity extends Activity {
    TextView introduce;   //定义 TextView 组件
    @Override
    protected void onCreate(Bundle savedInstanceState) {
        super.onCreate(savedInstanceState);
        setContentView(R.layout.activity_main);
        introduce = (TextView) findViewById(R.id.introduce);//获取介绍 TextView 组件
        registerForContextMenu(introduce);           //为文本框注册上下文菜单
    }
}
```

（4）在 Activity 中重写 onCreateContextMenu()方法。在该方法中，创建一个用于解析菜单资源文件的 MenuInflater 对象，然后调用该对象的 inflate()方法解析菜单资源文件，并把解析后的菜单保存在 menu 中。关键代码如下：

```
@Override
```

```
    //创建上下文菜单
    public void onCreateContextMenu(ContextMenu menu, View v, ContextMenu.Context-
MenuInfo menuInfo) {
        MenuInflater inflater = new MenuInflater(this); //实例化一个MenuInflater
对象
        inflater.inflate(R.menu.introduce_menu, menu);       //解析菜单文件
    }
```

（5）重写 onContextItemSelected()方法，在该方法中，通过 switch 语句判断用户选择的菜单选项来显示所选择的提示信息。具体代码如下：

```
@Override
    public boolean onContextItemSelected(MenuItem item) {
        switch (item.getItemId()) {
            case R.id.menu_copy: //选中介绍文字菜单中的复制时
                Toast.makeText(MainActivity.this, "已复制", Toast.LENGTH_SHORT).show();
                break;
            case R.id.menu_collect:  //选中介绍文字菜单中的收藏时
                Toast.makeText(MainActivity.this,"已收藏",Toast.LENGTH_SHORT).show();
                break;
        }
        return true;
    }
```

10.9　Android 程序国际化

扫一扫，看视频

国际化的英文单词是 Internationalization，因为该单词较长，有时简称为 I18N，其中，I 是该单词的第一个字母；18 表示中间省略的字母个数；N 是该单词的最后一个字母。Android 程序国际化，是指程序可以根据系统所使用的语言，将界面中的文字翻译成与之对应的语言。这样可以让程序更加通用。Android 可以通过资源文件非常方便地实现程序的国际化。下面将以国际字符串资源为例，介绍如何实现 Android 程序的国际化。

在编写 Android 项目时，通常都是将程序中要使用的字符串资源放置在 res\values 目录下的 strings.xml 文件中。为了实现这些字符串资源的国际化，可以在 Android 项目的 res 目录下创建对应于各个语言的资源文件夹（例如，为了让程序兼容简体中文、繁体中文和美式英文，可以分别创建名称为 values-zh-rCN、values-zh-rTW 和 values-en-rUS 的文件夹，如图 10.24 所示），然后在每个文件夹中创建一个对应的 strings.xml 文件，并在该文件中定义对应语言的字符串即可。当程序运行时，就会自动根据操作系统所使用的语言来显示对应的字符串信息。

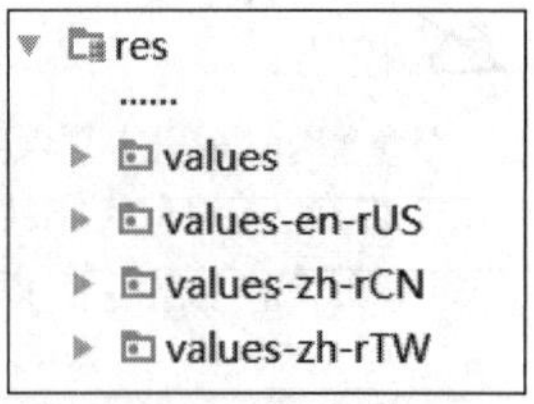

图 10.24　创建对应于各个语言的资源文件夹

下面通过一个具体的实例来说明 Android 程序的国际化。

例 10.7　在 Android Studio 中创建一个 Module，名称为 10.7，将例 10.1 进行国际化，即实现在不同语言的操作系统下显示不同的文字，如图 10.25 所示，显示简体中文，如图 10.26 所示，显示繁体中文，如图 10.27 所示，显示美式英语。（**实例位置：资源包\code\10\10.7**）

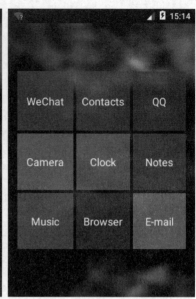

图 10.25　简体中文环境中的运行结果　　图 10.26　繁体中文环境中的运行结果　　图 10.27　美式英语环境中的运行结果

（1）将实例 10.1 中代码全部复制到 Module 10.7 中。

（2）打开新建项目的 res\values 目录，在默认创建的 strings.xml 文件中，将默认添加的字符串变量全部删除，然后将 10.1 中的字符串资源代码全部复制到此实例的字符串资源文件中。

说明：

在 res\values 目录中创建的 strings.xml 文件，为默认使用的字符串资源文件。当在后面创建的资源文件（与各语言对应的资源文件）中没有与系统使用的语言相对应的文件时，将使用该资源文件。

（3）在 res 目录中分别创建名称为 values-zh-rCN（简体中文）、values-zh-rTW（繁体中文）和 values-en-rUS（美式英文）的目录，并将 res\values 目录下的 strings.xml 文件分别复制到这 3 个目录中，如图 10.28 所示（需要切换到 project 项目结构类型）。

技巧：

复制 string.xml 文件的方法为：选中 strings.xml，并按下快捷键〈Ctrl+C〉，然后选中 values 目录，并按下快捷键〈Ctrl+V〉，弹出如图 10.29 所示的对话框，在该对话框中单击 "..." 按钮，弹出如图 10.30 所示的选择目标路径的对话框，在该对话框中选择目标目录，单击 OK 按钮即可。

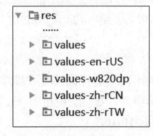

图 10.28　完成后的文件夹

图 10.29　单击选择粘贴目录

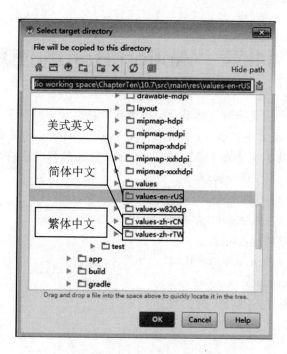

图 10.30 选择粘贴目录

（4）修改 res/values-zh-rTW 目录中的 strings.xml 文件。关键代码如下：

```xml
<resources>
    <string name="app_name">Windows Phone </string>
    <string name="textView1">微信</string>
    <string name="textView2">通訊錄</string>
    <string name="textView3">QQ</string>
    <string name="textView4">相機</string>
    <string name="textView5">時鐘</string>
    <string name="textView6">備忘錄</string>
    <string name="textView7">音樂</string>
    <string name="textView8">互聯網</string>
    <string name="textView9">郵件</string>
</resources>
```

（5）修改 res/values-en-rUS 目录中的 strings.xml 文件。关键代码如下：

```xml
<resources>
    <string name="app_name">Windows Phone</string>
    <string name="textView1">WeChat</string>
    <string name="textView2">Contacts</string>
    <string name="textView3">QQ</string>
    <string name="textView4">Camera</string>
    <string name="textView5">Clock</string>
    <string name="textView6">Notes</string>
    <string name="textView7">Music</string>
    <string name="textView8">Browser</string>
    <string name="textView9">E-mail</string>
</resources>
```

第 11 章 Action Bar 的使用

Action Bar，即动作栏，它是一种窗体特性，用于标识应用和用户位置，并提供用户动作和导航模式。开发人员应该在大多数需要显示用户动作或全局导航的 Activity 中使用 Action Bar。Action Bar 为用户在跨应用程序时提供了连续的界面，Android 系统能让其外观适应不同屏幕的设置。本章将对 Android 中的 Action Bar 进行详细讲解。

通过阅读本章，您可以：

- 了解 Action Bar 的基本概念
- 掌握如何添加、移除 Action Bar
- 掌握如何添加并显示 Action Bar 选项
- 熟悉 Action View 的添加
- 掌握 Action Bar 与 Tab 相结合的使用
- 掌握如何实现层级式导航

11.1 Action Bar 概述

Action Bar 是用来代替显示标题和应用图标的传统标题栏的。图 11.1 就是一个 Action Bar，左侧显示了应用的图标和 Activity 标题，右侧显示了一些主要操作以及 overflow 菜单。

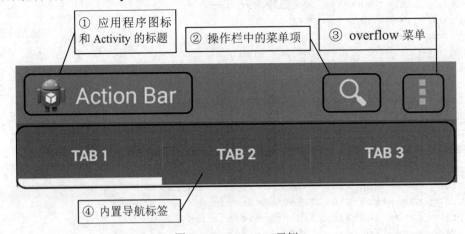

图 11.1 Action Bar 示例

说明：

① 如果当前应用不在顶层界面，那么在应用程序图标的左侧通常会放置一个向左的箭头，表示"向上"按钮，用于返回到上一界面。

② overflow 菜单即溢出菜单，通常位于 Action Bar 的右侧，屏幕的右上角，以三个点来表示，在该菜单中可以定义一些菜单项，这些菜单项是以下拉菜单形式显示的。

Action Bar 的主要用途如下：

- 提供一个用来标识应用程序的图标和标题。

这个空间的左边是应用程序的图标或 Logo，以及 Activity 的标题，如图 11.1 中的第 1 部分所示。

- 显示选项菜单的菜单项。

开发人员通过把菜单项直接放到 Action Bar 中，从而为用户提供直接访问，如图 11.1 中的第 2 部分所示。

- 提供基于下拉的导航方式。

与 Action Item 无关的菜单项可以放到 overflow 菜单中，通过单击设备的菜单键或者 Action Bar 中的 overflow 菜单按钮来访问，如图 11.1 中的第 3 部分所示。

- 提供基于 Tab 的导航方式，可以在多个 Fragment 之间进行切换。

Action Bar 提供了在多个 Fragment 之间切换的内置导航标签，如图 11.1 中的第 4 部分所示。

11.2 Action Bar 基本应用

从 Android 3.0（API 11）开始，Activity 中就默认包含 Action Bar 组件。如果想要使用 Action Bar 的全部特性，必须指定 minSdkVersion 的版本为 11 或更高，即设置 android:minSdkVersion 的值为 11 或更高。例如，在 Android Studio 中，默认创建的 app 将包含如图 11.2 所示的 Action Bar。

图 11.2　Android Studio 中默认创建应用的 Action Bar

> 说明：
>
> 如果不想在 Activity 中包含 Action Bar，可以在 AndroidManifest.xml 中将 android:theme 属性设置为后缀带".NoActionBar"，如 "@style/Theme.AppCompat.NoActionBar"。

11.2.1 显示和隐藏 Action Bar

扫一扫，看视频

在 Java 代码中，可以控制已经添加的 Action Bar 的显示和隐藏。如果希望在某个 Activity 中不使用 Action Bar，则可以在 Java 代码中调用 ActionBar 对象的 hide()方法来隐藏它。另外，如果想要显示已经隐藏的 Action Bar，可以调用 ActionBar 对象的 show()方法来显示它。例如，使用 hide()方法隐藏 Action Bar 可以使用下面的代码。

```
ActionBar actionbar = getActionBar();
actionbar.hide();
```

> 说明：
>
> 在获取 Action Bar 对象时，如果当前的 Activity 继承自 V7 包中的 Activity 时，需要通过 getSupportActionBar()方法来获取 Action Bar 对象。

当隐藏 Action Bar 时，系统会将 Activity 的内容填充至整个空间。

> **说明：**
> 在实际项目中，推荐使用 Java 代码的方式来控制 Action Bar 的显示和隐藏。

例 11.1 在 Android Studio 中创建一个 Module，名称为 11.1，使用 show()方法显示 Action Bar，如图 11.3 所示，使用 hide()方法隐藏 Action Bar，如图 11.4 所示。（**实例位置：资源包\code\11\11.1**）

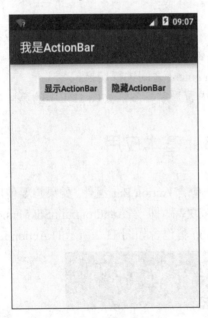 

　　　图 11.3　显示 Action Bar　　　　　　　图 11.4　隐藏 Action Bar

（1）修改/res/layout 包中的 activity_main.xml 文件。首先将默认添加的相对布局管理器修改为水平线性布局管理器，然后删除默认添加的 TextView 组件，最后添加两个按钮组件，分别设置 id 为 actionBar_show 与 actionBar_hide，用于显示与隐藏 Action Bar。

（2）打开默认创建的 MainActivity 类，然后定义显示与隐藏按钮，再定义一个 V7 包下的 ActionBar。

```
Button action_show, action_hide;  //定义显示与隐藏按钮
android.support.v7.app.ActionBar actionBar;  //定义V7包下的ActionBar
```

> **说明：**
> Android 为了保证高版本 SDK 开发时的向下兼容性，提供了 Android Support Library package 系列的包，从而实现在低版本上可以使用高版本的有些特性。其中，V7 包是为了兼容 2.1（API 7）及以上版本而设计的。

（3）重写 onCreate()方法，在该方法中首先获取 Action Bar，然后获得两个按钮组件并为其设置事件监听器，再创建一个新的监听事件，最后通过 id 判断选择了哪个按钮，并设置显示与隐藏 Action Bar。其代码如下：

```
@Override
protected void onCreate(Bundle savedInstanceState) {
    super.onCreate(savedInstanceState);
```

```
        setContentView(R.layout.activity_main);
        actionBar = getSupportActionBar(); //获取 ActionBar
        action_show = (Button) findViewById(R.id.actionBar_show); //获取显示按钮
        action_hide = (Button) findViewById(R.id.actionBar_hide); //获取隐藏按钮
        action_show.setOnClickListener(l); //为显示按钮设置监听事件
        action_hide.setOnClickListener(l); //为隐藏按钮设置监听事件
    }
    View.OnClickListener l = new View.OnClickListener() { //创建一个新的监听事件 l
        @Override
        public void onClick(View v) {
            switch (v.getId()) { //根据选择按钮的 id 判断
                case R.id.actionBar_show:
                    actionBar.show(); //显示 ActionBar
                    break;
                case R.id.actionBar_hide:
                    actionBar.hide(); //隐藏 ActionBar
                    break;
            }
        }
    };
```

11.2.2 添加 Action Item 选项

一个 Action Item（动作项）实际上就是一个直接在 Action Bar 上显示的菜单项，它可以包含图标或文本标题。如果一个菜单项没有作为 Action Item 显示在 Action Bar 上，那么系统会将其放置在 overflow 菜单中。

当 Activity 第一次启动时，系统会通过调用 onCreateOptionsMenu()方法来将菜单项放置于 Action Bar 或者 overflow 菜单中。在该方法中，可以使用 menu 文件夹中定义的资源文件来生成菜单。例如，加载名称为 actions.xml 的菜单文件，可以使用下面的代码。

```
public boolean onCreateOptionsMenu(Menu menu) {
    MenuInflater inflater = getMenuInflater();
    inflater.inflate(R.menu.actions, menu);
    return true;
}
```

在定义菜单资源文件时，同 10.8.1 节介绍的方法类似，也是使用<menu>标记作为根元素，然后通过<item>标记指定菜单项。通常需要为<item>标记指定以下属性。

- android:title 属性

该属性用来设置 Action Item 的标题。

- android:icon 属性

该属性用来设置 Action Item 的图标。它是可选的，但是通常会定义该属性，即为 Action Item 提供图标。

- android:showAsAction 属性

该属性用来设置是否将该菜单项显示在 Action Bar 上。它主要有以下 4 个属性值：

  ▷ ifRoom：当 Action Bar 有可用空间时，就会显示该 Action Item。如果没有足够的空间，

扫一扫，看视频

就会在 overflow 菜单中显示。
- always：总是将该菜单项显示在 Action Bar 上。
- never：不将该菜单项显示在 Action Bar 上。
- withText：将该菜单项显示在 Action Bar 上，并显示该菜单项的文本。

✍ 说明：

> 当设置 android:showAsAction 属性时将出现报错，提示信息如图 11.5 所示，需要我们手动修改为 app:showAsAction，此时需要使用快捷键<Alt+Enter>创建一个 xmlns:app="http://schemas.android.com/apk/res-auto" 命名空间。

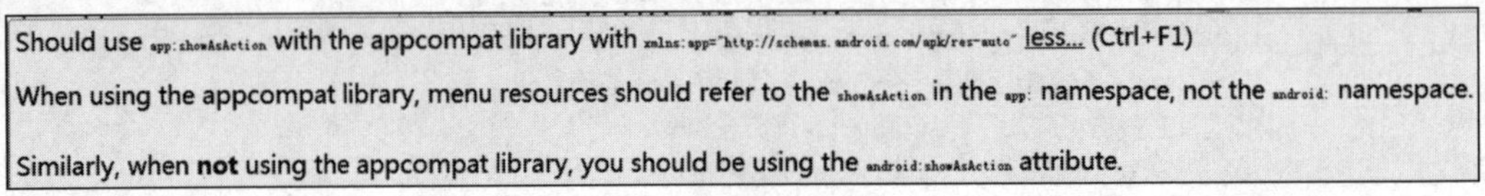

Should use app:showAsAction with the appcompat library with xmlns:app="http://schemas.android.com/apk/res-auto" less... (Ctrl+F1)
When using the appcompat library, menu resources should refer to the showAsAction in the app: namespace, not the android: namespace.
Similarly, when **not** using the appcompat library, you should be using the android:showAsAction attribute.

图 11.5 提示信息

例 11.2 在 Android Studio 中创建一个 Module，名称为 11.2，模拟知乎 APP 应用的 Action Bar，演示如何添加 Action Item 选项，如图 11.6 所示。（实例位置：资源包\code\11\11.2）

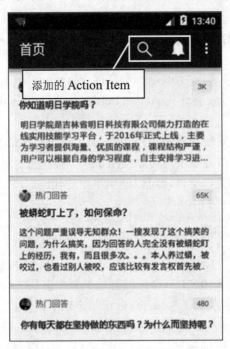

图 11.6 添加 Action Item 选项

（1）修改 res/layout 目录中的 activity_main.xml 文件，删除内边距与默认添加的 TextView 组件，再为布局管理器添加背景图片。

（2）在 res 目录中新建 menu 子文件夹，然后在 menu 文件夹中新建名称为 menu.xml 的菜单资源文件，再在该菜单资源文件中添加 4 个菜单项，并设置前两个显示在 Action Bar 上，后两个只有在 Action Bar 上空间充足时才显示到 Action Bar 上。代码如下：

```
<?xml version="1.0" encoding="utf-8"?>
```

```xml
<menu xmlns:android="http://schemas.android.com/apk/res/android"
    xmlns:app="http://schemas.android.com/apk/res-auto">
    <item
        android:id="@+id/search"
        android:icon="@drawable/search"
        android:title="@string/search"
        app:showAsAction="always"></item>
    <item
        android:id="@+id/bell"
        android:icon="@drawable/bell"
        android:title="@string/bell"
        app:showAsAction="always"></item>
    <item
        android:id="@+id/settings"
        android:title="@string/settings"
        app:showAsAction="ifRoom"></item>
    <item
        android:id="@+id/about"
        android:title="@string/about"
        app:showAsAction="never"></item>
</menu>
```

（3）打开默认创建的 MainActivity 类，然后重写 onCreateOptionsMenu()方法，并且在该方法中解析步骤（2）中创建的菜单文件，实现创建菜单。关键代码如下：

```
@Override
public boolean onCreateOptionsMenu(Menu menu) {
    MenuInflater inflater=getMenuInflater();
//实例化一个 MenuInflater 对象
    inflater.inflate(R.menu.menu,menu);
//解析菜单文件
    return super.onCreateOptionsMenu(menu);
}
```

11.2.3 添加 Action View

Action View（动作视图）是出现在 Action Bar 中用于替换 Action Item 按钮，并显示在 Action Bar 上的一种可视组件。例如，可以在 Action Bar 中添加如图 11.7 所示的"查找"Action Item。

为了在 Action Bar 上添加 Action View，可以使用如下两种方式。

- 定义 Action Item 时使用 android:actionViewClass 属性指定 Action View 的实现类。
- 定义 Action Item 时使用 android:actionLayout 属性指定 Action View 对应的视图资源。

图 11.7 在 Action Bar 中添加"查找"Action Item

下面通过一个例子来演示添加 ActionView 的两种方法。

例 11.3 在 Android Studio 中创建一个 Module，名称为 11.3，模拟支付宝朋友页面的 Action Bar，如图 11.8 所示。（**实例位置：资源包\code\11\11.3**）

（1）修改 res/layout 目录中的 activity_main.xml 文件，删除内边距与默认添加的 TextView 组件，并为布局管理器添加背景图片。

（2）分别创建两个名称为 img_message.xml 和 img_add.xml 的布局文件，用于显示代表通讯录和添加的图标。

（3）在 res 文件夹中新建 menu 子文件夹，然后在 menu 文件夹中新建 menu.xml 文件，再增加三个菜单项，并设置其属性。为第一个设置 actionViewClass 属性为"android.support.v7.widget.Search-View"，用于显示搜索；第二个设置 app:actionLayout 属性为"@layout/img_message"，用于显示通讯录图标；第三个设置 app:actionLayout 属性为"@layout/img_add"，用于显示添加图标。代码如下：

图 11.8 模拟支付宝 APP 的 Action Bar

```xml
<?xml version="1.0" encoding="utf-8"?>
<menu xmlns:android="http://schemas.android.com/apk/res/android"
    xmlns:app="http://schemas.android.com/apk/res-auto">
    <item
        android:id="@+id/search"
        android:title="@string/search"
        app:actionViewClass="android.support.v7.widget.SearchView"
        app:showAsAction="always"
        ></item>
    <item
        android:id="@+id/img1"
        android:title="@string/img1"
        app:actionLayout="@layout/img_message"
        app:showAsAction="always"></item>
    <item
        android:id="@+id/img2"
        android:title="@string/img2"
        app:actionLayout="@layout/img_add"
        app:showAsAction="always"></item>
</menu>
```

（4）修改默认创建的 MainActivity 类。首先在 onCreate()方法中隐藏 ActionBar 中显示的标题，然后重写 onCreateOptionsMenu()方法，并在该方法中解析菜单资源文件，实现创建菜单。关键代码如下：

```java
public class MainActivity extends AppCompatActivity {

    @Override
    protected void onCreate(Bundle savedInstanceState) {
```

```
    super.onCreate(savedInstanceState);
    setContentView(R.layout.activity_main);
    //隐藏ActionBar中显示的标题
    getSupportActionBar().setDisplayShowTitleEnabled(false);
}

@Override
public boolean onCreateOptionsMenu(Menu menu) {
    MenuInflater inflater=getMenuInflater();        //实例化一个MenuInflater对象
    inflater.inflate(R.menu.menu,menu);             //解析菜单文件
    return super.onCreateOptionsMenu(menu);
}
}
```

（5）打开AndroidManifest.xml文件，修改<application>标记的android:theme属性值。修改后的android:theme属性的代码如下：

```
android:theme="@style/Theme.AppCompat.Light.DarkActionBar"
```

11.2.4　Action Bar 与 Tab

Action Bar 提供基于选项卡模式的导航方式。在实际项目中，为了更好地展现 Tab 导航效果，Action Bar 通常会与 Fragment 结合使用。它运行在一个 Activity 中，可以在不同的 Fragment 之间进行切换，如图 11.9 所示。

图 11.9　基于选项卡模式的导航方式

同时，针对用户选择选项卡事件，还专门定义了一个事件监听器。在 ActionBar 类中，定义的与 Tab 相关的常用方法见表 11-1。

表 11-1 ActionBar 类中与 Tab 相关的常用方法

方法名	描述	语法格式
addTab()	为 Action Bar 增加选项卡	public abstract void addTab(ActionBar.Tab tab)
getSelectedTab()	获得当前选择的选项卡	public abstract ActionBar.Tab getSelectedTab()
getTabAt()	获得指定索引位置的选项卡	public abstract ActionBar.Tab getTabAt(int index)
getTabCount()	获得选项卡的个数	public abstract int getTabCount()
newTab()	获得一个选项卡，但是它并没有被添加到 Action Bar，需要调用 addTab 方法添加	public abstract ActionBar.Tab newTab()
removeAllTabs()	移除全部选项卡	public abstract void removeAllTabs()
removeTab()	移除指定选项卡	public abstract void removeTab(ActionBar.Tab tab)
removeTabAt()	移除指定位置的选项卡	public abstract void removeTabAt(int position)
selectTab()	设置选项卡被选中	public abstract void selectTab(ActionBar.Tab tab)
onTabReselected()	处理选项卡再次被选中事件	public abstract void onTabReselected (ActionBar.Tab tab, FragmentTransaction ft)
onTabSelected()	处理选项卡选中事件	public abstract void onTabSelected (ActionBar.Tab tab, FragmentTransaction ft)
onTabUnselected()	处理选项卡退出选中状态	public abstract void onTabUnselected (ActionBar.Tab tab, FragmentTransaction ft)

说明：

上表中介绍的方法有的具有多种重载形式，详细介绍请参考 API 文档。

使用 Action Bar 实现 Tab 导航，大致可以通过以下两个步骤实现。

（1）调用 Action Bar 的 setNavigationMode(ActionBar.NAVIGATION_MODE_TABS)方法设置使用 Tab 导航方式。

（2）调用 Action Bar 的 addTab()方法添加多个 Tab 标签，并为每个 Tab 标签添加事件监听器。

例 11.4 在 Android Studio 中创建一个 Module，名称为 11.4，模拟有道词典 APP 应用的 Action Bar，演示 Tab 在 Action Bar 中的使用，如图 11.10 所示。（实例位置：资源包\code\11\11.4）

（1）在 res/layout 包下创建名称为 fragment1.xml 的布局文件，用于实现第一个标签页界面。代码如下：

```
<?xml version="1.0" encoding="utf-8"?>
```

图 11.10 Tab 在 Action Bar 中的使用

```xml
<LinearLayout xmlns:android="http://schemas.android.com/apk/res/android"
        android:layout_width="match_parent"
        android:layout_height="match_parent"
        android:orientation="vertical">
    <ImageView
        android:layout_width="match_parent"
        android:layout_height="match_parent"
        android:scaleType="fitXY"
        android:src="@drawable/fragment_1"
        />
</LinearLayout>
```

✍ 说明：

按照以上步骤依次创建 5 个布局文件，用于显示 5 个不同页面。

（2）创建 MyTabListener 类，让其实现 android.support.v7.app.ActionBar.TabListener 接口，并在该类中处理标签页相关事件。代码如下：

```java
public class MyTabListener<T extends android.support.v4.app.Fragment> implements
android.support.v7.app.ActionBar.TabListener {
    private android.support.v4.app.Fragment fragment;  //定义 Fragment
    private final Activity activity;  //定义 Activity
    private final Class aClass;  //定义 Class
    public MyTabListener(Activity activity, Class aClass) {  //添加构造函数
        this.activity = activity;
        this.aClass = aClass;
    }
    @Override
    Public void onTabSelected(android.support.v7.app.ActionBar.Tab tab, android.support.v4.app.FragmentTransaction ft) {
        //判断碎片是否初始化
        if (fragment == null) {  //如果没有初始化，将其初始化
            fragment = android.support.v4.app.Fragment.instantiate(activity, aClass.getName());
            ft.add(android.R.id.content, fragment, null);
        }
        ft.attach(fragment);  //显示新画面
    }
    @Override
    public void onTabUnselected(android.support.v7.app.ActionBar.Tab tab, android.support.v4.app.FragmentTransaction ft) {
        if (fragment != null) {
            ft.detach(fragment);  //删除旧画面
        }
    }
    @Override
    public void onTabReselected(android.support.v7.app.ActionBar.Tab tab, android.support.v4.app.FragmentTransaction ft) {
    }
}
```

（3）创建 Fragment1 类，让其继承 Fragment，并且在该类中重写 onCreateView()方法，用于加载布局文件页面。其代码如下：

```java
public class Fragment1 extends Fragment {
    @Nullable
    @Override
    public View onCreateView(LayoutInflater inflater, ViewGroup container, Bundle savedInstanceState) {
        return inflater.inflate(R.layout.fragment_1,null);  //加载布局页面
    }
}
```

📝 **说明：**

按照以上步骤依次创建 5 个 Fragment 类，分别加载 5 个不同布局文件。

（4）打开默认创建的 MainActivity 类，然后在 onCreate()方法中获取 ActionBar，再设置 ActionBar 为 Tab 导航方式，并且隐藏标题栏，最后将标签页添加到 ActionBar 中。代码如下：

```java
public class MainActivity extends AppCompatActivity {
    @Override
    protected void onCreate(Bundle savedInstanceState) {
        super.onCreate(savedInstanceState);
        setContentView(R.layout.activity_main);
        ActionBar actionBar=getSupportActionBar();     //获取 ActionBar
        actionBar.setNavigationMode(ActionBar.NAVIGATION_MODE_TABS);    //设置 ActionBar 为 Tab 导航方式
        actionBar.setDisplayOptions(0, ActionBar.DISPLAY_SHOW_TITLE);   //隐藏标题栏
        actionBar.addTab(actionBar.newTab().setText("词典").     //将标签页添加到 ActionBar 中
                setTabListener(new MyTabListener<Fragment1>(this, Fragment1.class)));
        actionBar.addTab(actionBar.newTab().setText("百科").     //将标签页添加到 ActionBar 中
                setTabListener(new MyTabListener<Fragment2>(this, Fragment2.class)));
        actionBar.addTab(actionBar.newTab().setText("翻译").     //将标签页添加到 ActionBar 中
                setTabListener(new MyTabListener<Fragment3>(this, Fragment3.class)));
        actionBar.addTab(actionBar.newTab().setText("发现").     //将标签页添加到 ActionBar 中
                setTabListener(new MyTabListener<Fragment4>(this, Fragment4.class)));
        actionBar.addTab(actionBar.newTab().setText("我的").     //将标签页添加到 ActionBar 中
                setTabListener(new MyTabListener<Fragment5>(this, Fragment5.class)));
    }
}
```

扫一扫，看视频

11.3 实现层级式导航

在 Android 应用中，可以使用后退键来实现应用内导航功能。这种方式又称为临时性导航，它只能返回到上一次的用户界面。但是，有时需要实现层级式导航，即逐级向上在应用内导航。在 Android 中，利用 Action Bar 上的应用图标可以实现层级式导航。另外，利用应用图标也可以实现直接退至应用的主界面。这一功能，在现在的手机应用中非常实用。下面将详细介绍如何实现层级式导航。

11.3.1 启用程序图标导航

通常情况下，应用程序图标启用向上导航功能时，就会在左侧显示一个向左指向的图标，如图 11.11 所示。

图 11.11 向上导航功能图标

这是通过启用应用图标向上导航按钮的功能实现的。要实现该功能，需要调用以下方法设置 Activity 或 Fragment 的 DisplayHomeAsUpEnabled 属性为 true。

例如，要为 Activity 设置启用应用程序图标向上导航功能，可以在它的 onCreate()方法中获取 ActionBar 对象，并调用其 setDisplayHomeAsUpEnabled()方法实现。具体代码如下：

```java
@Override
protected void onCreate(Bundle savedInstanceState) {
  super.onCreate(savedInstanceState);
  setContentView(R.layout.activity_main);
  getActionBar().setDisplayHomeAsUpEnabled(true);
}
```

11.3.2 配置父 Activity

调用 setDisplayHomeAsUpEnabled()方法只是让应用程序图标转变为按钮，并显示一个向左的图标而已。要实现向上回退的功能，还需要在 AndroidManifest.xml 中使用<activity>标记的子标记<meta-data>配置 Activity 的父 Activity。例如，配置 DetailActivity 的父 Activity 为 MainActivity，可以使用下面的代码。

```xml
<activity
   android:name=".DetailActivity"
   android:label="详细信息" >
   <meta-data android:name="android.support.PARENT_ACTIVITY"
      android:value=".MainActivity"/>
</activity>
```

11.3.3 控制导航图标的显示

添加了启用程序图标导航功能后，还需要控制导航图标是否显示，即当该 Activity 未指定父 Activity 时，无需再显示向左的箭头图标，避免误导用户。要实现该功能，只需要加上以下判断语句即可。

```java
if(NavUtils.getParentActivityName(DetailActivity.this)!= null){
  getSupportActionBar().setDisplayHomeAsUpEnabled(true);      //显示向左的箭头图标
}
```

例 11.5 在 Android Studio 中创建一个 Module，名称为 11.5，实现带向上导航按钮的 Action Bar，如图 11.12 所示，单击朋友圈选项图片，将进入到如图 11.13 所示的子 Activity。（实例位置：资源包\code\11\11.5）

图 11.12　父 Activity　　　　　　图 11.13　子 Activity

（1）修改新建项目的 res/layout 目录下的布局文件 activity_main.xml，然后为布局管理器添加背景图片，再将默认添加 TextView 组件删除，最后添加一个 ImageView 组件，用于显示朋友圈选项。

（2）创建一个 Empty Activity 页面，名称为 Main2Activity。然后在 activity_main2.xml 布局文件中为布局管理器添加背景图片，用于显示朋友圈页面。

（3）在默认创建 MainActivity 的 onCreate()方法中，获取布局文件中添加的朋友圈选项图片，并为其设置单击事件监听器，然后实现启动另一个 Activity 功能。关键代码如下：

```
imageView= (ImageView) findViewById(R.id.imageView);   //获取朋友圈图片
    imageView.setOnClickListener(new View.OnClickListener() {  //为图片设置单击事件
        @Override
        public void onClick(View v) {
            Intent intent=new Intent(MainActivity.this,Main2Activity.class);
                                                                //创建 Intent 对象
            startActivity(intent);   //启动 Activity
        }
    });
```

（4）打开 Main2Activity 类，在重写的 onCreate()方法中判断父 Activity 是否为空，不为空则设置导航图标显示。关键代码如下：

```
if (NavUtils.getParentActivityName(Main2Activity.this) != null) {
        getSupportActionBar().setDisplayHomeAsUpEnabled(true);     //显示向
左的箭头图标
    }
```

（5）在 AndroidManifest.xml 中，使用<activity>标记的子标记<meta-data>配置 Activity 的父 Activity。关键代码如下：

```
<activity
```

```
        android:name=".Main2Activity"
        android:label="@string/friend">
    <meta-data
        android:name="android.support.PARENT_ACTIVITY"
        android:value=".MainActivity"/>
</activity>
```

（6）在 AndroidManifest.xml 文件中修改<application>标记的 android:theme 属性值。修改后的 android:theme 属性的代码如下：

```
android:theme="@style/Theme.AppCompat.Light.DarkActionBar"
```

扫一扫，看视频

第 12 章 消息、通知、广播与闹钟

在图形界面中，对话框和通知是人机交互的两种重要形式。在开发 Android 应用时，经常需要弹出消息提示框、对话框和显示通知等内容。另外，发送和接收广播，以及设置闹钟也是手机中比较常用的功能。为此，本章将对 Android 中如何弹出对话框、显示通知、使用广播和设置闹钟进行详细介绍。

通过阅读本章，您可以：

- 掌握如何通过 Toast 显示消息提示框
- 掌握如何使用 AlertDialog 实现对话框
- 掌握如何使用 Notification 在状态栏上显示通知
- 掌握如何使用 BroadcastReceiver 发送和接收广播
- 掌握如何使用 AlarmManager 设置闹钟

扫一扫，看视频

12.1 通过 Toast 显示消息提示框

在前面各章的实例中，我们已经应用过 Toast 类显示一个简单的消息提示框了。应用 Toast 类通常用于显示一些快速提示信息，应用范围非常广泛。这一节，我们将对 Toast 进行详细介绍。Toast 类用于在屏幕中显示一个消息提示框，该消息提示框具有如下几个特点：

- 没有任何控制按钮。
- 不会获得焦点。
- 经过一段时间后会自动消失。

使用 Toast 显示消息提示框比较简单，只需要经过以下 3 个步骤即可实现。

（1）创建一个 Toast 对象。通常有两种方法：一种是使用构造方法进行创建；另一种是调用 Toast 类的 makeText()方法创建。

使用构造方法创建一个名称为 toast 的 Toast 对象的基本代码如下：

```
Toast toast=new Toast(this);
```

调用 Toast 类的 makeText()方法创建一个名称为 toast 的 Toast 对象的基本代码如下：

```
Toast toast=Toast.makeText(this, "要显示的内容", Toast.LENGTH_SHORT);
```

（2）调用 Toast 类提供的方法设置该消息提示的对齐方式、页边距、显示的内容等。常用的方法见表 12-1。

表 12-1 Toast 类的常用方法

方　　法	描　　述
setDuration(int duration)	用于设置消息提示框持续的时间，通常使用 Toast.LENGTH_LONG 或 Toast.LENGTH_SHORT 参数值
setGravity(int gravity, int xOffset, int yOffset)	用于设置消息提示框的位置，参数 gravity 用于指定对齐方式，xOffset 和 yOffset 用于指定具体的偏移值

(续表)

方　　法	描　　述
setMargin(float horizontalMargin, float verticalMargin)	用于设置消息提示的页边距
setText(CharSequence s)	用于设置要显示的文本内容
setView(View view)	用于设置将要在消息提示框中显示的视图

（3）调用 Toast 类的 show()方法显示消息提示框。需要注意的是，一定要调用该方法，否则设置的消息提示框将不显示。

例如，在手机淘宝的主界面单击返回键时，会在屏幕下方出现一个消息提示框，提示用户"再按一次返回键退出手机淘宝"，如图 12.1 所示。这个就是通过 Toast 显示消息提示框的典型应用。

图 12.1　屏幕下方出现消息提示框

📝 说明：

由于使用 Toast 显示消息提示框在前面的章节中已多次应用，这里不再举例说明。

12.2　使用 AlertDialog 实现对话框

扫一扫，看视频

AlertDialog 类的功能非常强大，它不仅可以生成带按钮的提示对话框，还可以生成带列表的列表对话框。例如，在360手机助手中，单击"全部更新"按钮会弹出提示对话框，提示用户是否要进行全部更新的操作，效果如图12.2所示。

使用AlertDialog生成的对话框通常可分为4个区域，分别是图标区、标题区、内容区和按钮区。例如，图12.2中的提示对话框可分为如图12.3所示的4个区域。

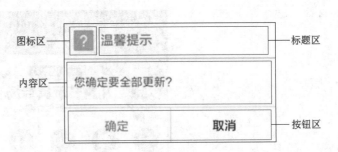

图12.2　弹出提示对话框　　　图12.3　提示对话框的4个区域

使用AlertDialog可以生成的对话框有以下4种。

- 带确定、中立和取消等N个按钮的提示对话框，其中的按钮个数不是固定的，可以根据需要添加。例如，不需要有中立按钮，就可以生成只带有确定和取消按钮的对话框，也可以是只带有一个按钮的对话框。
- 带列表的列表对话框。
- 带多个单选列表项和N个按钮的列表对话框。
- 带多个多选列表项和N个按钮的列表对话框。

在使用AlertDialog类生成对话框时，常用的方法见表12-2。

表12-2　AlertDialog类的常用方法

方　　法	描　　述
setTitle(CharSequence title)	为对话框设置标题
setIcon(Drawable icon)	使用Drawable资源为对话框设置图标
setIcon(int resId)	使用资源ID所指的Drawable资源为对话框设置图标
setMessage(CharSequence message)	为提示对话框设置要显示的内容
setButton()	为提示对话框添加按钮，可以是取消按钮、中立按钮和确定按钮。需要通过为其指定int类型的whichButton参数实现，其参数值可以是DialogInterface.BUTTON_POSITIVE（确定按钮）、BUTTON_NEGATIVE（取消按钮）或者BUTTON_NEUTRAL（中立按钮）

通常情况下，使用 AlertDialog 类只能生成带 N 个按钮的提示对话框，要生成另外 3 种列表对话框，需要使用 AlertDialog.Builder 类。AlertDialog.Builder 类提供的常用方法见表 12-3。

表 12-3　AlertDialog.Builder 类的常用方法

方　　法	描　　述
setTitle(CharSequence title)	用于为对话框设置标题
setIcon(Drawable icon)	使用 Drawable 资源为对话框设置图标
setIcon(int resId)	使用资源 ID 所指的 Drawable 资源为对话框设置图标
setMessage(CharSequence message)	用于为提示对话框设置要显示的内容
setNegativeButton()	用于为对话框添加取消按钮
setPositiveButton()	用于为对话框添加确定按钮
setNeutralButton()	用于为对话框添加中立按钮
setItems()	用于为对话框添加列表项
setSingleChoiceItems()	用于为对话框添加单选列表项
setMultiChoiceItems()	用于为对话框添加多选列表项

下面通过一个具体的实例说明如何应用 AlertDialog 类生成各种提示对话框和列表对话框。

例 12.1　在 Android Studio 中创建一个 Module，名称为 12.1，应用 AlertDialog 类实现 4 种不同类型的对话框：带取消和确定按钮的提示对话框，如图 12.4 所示；带列表的列表对话框，如图 12.5 所示；带多个单选列表项的列表对话框，如图 12.6 所示；带多个多选列表项的列表对话框，如图 12.7 所示。（实例位置：资源包\code\12\12.1）

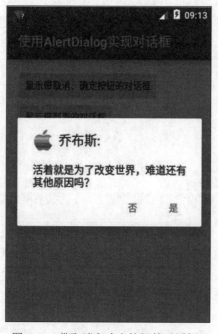

图 12.4　带取消和确定按钮的对话框

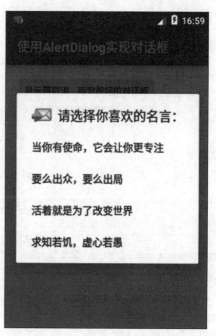

图 12.5　带列表的列表对话框

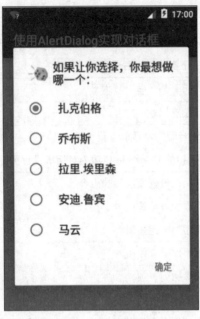
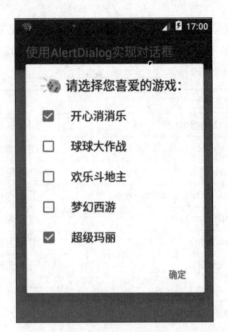

图 12.6　带单选列表的列表对话框　　　图 12.7　带多选列表的列表对话框

（1）修改新建项目的 res/layout 目录下的布局文件 activity_main.xml。首先将默认添加的相对布局管理器修改为垂直线性布局管理器，然后将默认添加的 TextView 组件删除，再添加 4 个用于控制各种对话框显示的按钮。

（2）在 MainActivity 的 onCreate()方法中，首先获取布局文件中添加的第 1 个按钮，也就是"显示带取消和确定按钮的对话框"按钮，并为其添加单击事件监听器，然后在重写的 onClick()方法中应用 AlertDialog 类创建一个带取消和确定按钮的提示对话框。具体代码如下：

```
Button button1 = (Button) findViewById(R.id.button1); // 获取"显示带取消、确定按钮的对话框"按钮
        //为"显示带取消、确定按钮的对话框"按钮添加单击事件监听器
        button1.setOnClickListener(new View.OnClickListener() {
            @Override
            public void onClick(View v) {
                //创建对话框对象
                AlertDialog alertDialog =new AlertDialog.Builder(MainActivity.this).create();
                alertDialog.setIcon(R.drawable.advise);  //设置对话框的图标
                alertDialog.setTitle("系统提示:");             //设置对话框的标题
                alertDialog.setMessage("带取消和确定按钮的对话框！");//设置要显示的内容
                //添加取消按钮
                alertDialog.setButton(DialogInterface.BUTTON_NEGATIVE, "否", new DialogInterface.OnClickListener() {
                    @Override
                    public void onClick(DialogInterface dialog, int which) {
                        Toast.makeText(MainActivity.this,"您单击了否按钮",Toast.LENGTH_SHORT).show();
                    }
                });
```

```
                //添加确定按钮
                alertDialog.setButton(DialogInterface.BUTTON_POSITIVE, "是", new
DialogInterface.OnClickListener() {
                    @Override
                    public void onClick(DialogInterface dialog, int which) {
                        Toast.makeText(MainActivity.this, "您单击了是按钮 ", Toast.LENGTH_
SHORT).show();
                    }
                });
                alertDialog.show();  //显示对话框
            }
        });
```

（3）在MainActivity的onCreate()方法中，首先获取布局文件中添加的第2个按钮，也就是"显示带列表的对话框"按钮，并为其添加单击事件监听器，然后在重写的 onClick()方法中应用AlertDialog类创建一个带5个列表项的列表对话框。具体代码如下：

```
Button button2 = (Button) findViewById(R.id.button2);   // 获取"显示带列表的对话框"按钮
        button2.setOnClickListener(new View.OnClickListener() {
            @Override
            public void onClick(View v) {
                //创建名言字符串数组
                final String[] items = new String[]{"当你有使命，它会让你更专注", "要么出众，要么出局", "活着就是为了改变世界","求知若饥，虚心若愚" };
                //创建列表对话框对象
                AlertDialog.Builder builder = new AlertDialog.Builder(MainActivity.this);
                builder.setIcon(R.drawable.advise1);                //设置对话框的图标
                builder.setTitle("请选择你喜欢的名言：");               //设置对话框的标题
                //添加列表项
                builder.setItems(items, new DialogInterface.OnClickListener() {
                    @Override
                    public void onClick(DialogInterface dialog, int which) {
                        Toast.makeText(MainActivity.this,
                                "您选择了" + items[which], Toast.LENGTH_SHORT).show();
                    }
                });
                builder.create().show();   // 创建对话框并显示
            }
        });
```

注意：

在上面的代码中加粗的代码，一定不要忘记，否则将不能显示生成的对话框。

（4）在MainActivity的onCreate()方法中，首先获取布局文件中添加的第3个按钮，也就是"显示带单选列表项的对话框"按钮，并为其添加单击事件监听器，然后在重写的onClick()方法中应用AlertDialog类创建一个带4个单选列表项和一个确定按钮的列表对话框。具体代码如下：

```
Button button3 = (Button) findViewById(R.id.button3);   // 获取"显示带单选列表项的对话框"按钮
```

```java
button3.setOnClickListener(new View.OnClickListener() {
    @Override
    public void onClick(View v) {
        //创建名字字符串数组
        final String[] items = new String[]{""扎克伯格","乔布斯","拉里.埃里森","安迪.鲁宾","马云"};
        // 显示带单选列表项的对话框
        AlertDialog.Builder builder = new AlertDialog.Builder(MainActivity.this);
        builder.setIcon(R.drawable.advise2);                          //设置对话框的图标
        builder.setTitle("如果让你选择,你最想做哪一个: ");              //设置对话框的标题
        builder.setSingleChoiceItems(items, 0, new DialogInterface.OnClickListener() {
            @Override
            public void onClick(DialogInterface dialog, int which) {
                Toast.makeText(MainActivity.this,
                    "您选择了" + items[which], Toast.LENGTH_SHORT).show();
                                                                       //显示选择结果
            }
        });
        builder.setPositiveButton("确定", null);                       //添加确定按钮
        builder.create().show();                                       //创建对话框并显示
    }
});
```

（5）在主活动中定义一个boolean类型的数组（用于记录各列表项的状态）和一个String类型的数组（用于记录各列表项要显示的内容）。关键代码如下：

```java
private boolean[] checkedItems;        //记录各列表项的状态
private String[] items;                //各列表项要显示的内容
```

（6）在MainActivity的onCreate()方法中，首先获取布局文件中添加的第4个按钮，也就是"显示带多选列表项的对话框"按钮，并为其添加单击事件监听器，然后在重写的onClick()方法中应用AlertDialog类创建一个带5个多选列表项和一个确定按钮的列表对话框。具体代码如下：

```java
Button button4 = (Button) findViewById(R.id.button4);    //获取"显示带多选列表项的对话框"按钮
button4.setOnClickListener(new View.OnClickListener() {
    @Override
    public void onClick(View v) {
        checkedItems = new boolean[]{false, true, false, true, false};
                                                                   //记录各列表项的状态
        //各列表项要显示的内容
        items = new String[]{"开心消消乐","球球大作战","欢乐斗地主","梦幻西游","超级玛丽"};
        // 显示带单选列表项的对话框
        AlertDialog.Builder builder = new AlertDialog.Builder(MainActivity.this);
        builder.setIcon(R.drawable.advise2);                      //设置对话框的图标
        builder.setTitle("请选择您喜爱的游戏: ");                 //设置对话框标题
        builder.setMultiChoiceItems(items, checkedItems, new DialogInterface.OnMultiChoiceClickListener() {
```

```
                @Override
                public void onClick(DialogInterface dialog, int which, boolean isChecked) {
                    checkedItems[which] = isChecked;          //改变被操作列表项的状态
                }
            });
            //为对话框添加"确定"按钮
            builder.setPositiveButton("确定", new DialogInterface.OnClickListener() {
                @Override
                public void onClick(DialogInterface dialog, int which) {
                    String result = "";
                    for (int i = 0; i < checkedItems.length; i++) {
                        if (checkedItems[i]) {          //当选项被选择时
                            result += items[i] + "、";   //将选项的内容添加到result中
                        }
                    }
                    //当result不为空时,通过消息提示框显示选择的结果
                    if (!"".equals(result)) {
                        result = result.substring(0, result.length() - 1);
                                                        //去掉最后面添加的"、"号
                        Toast.makeText(MainActivity.this,
                            "您选择了[ " + result + " ]", Toast.LENGTH_LONG).show();
                    }
                }
            });
            builder.create().show();                    //创建对话框并显示
        }
    });
```

12.3 使用 Notification 在状态栏上显示通知

扫一扫,看视频

　　状态栏位于手机屏幕的最上方,一般显示手机当前的网络状态、系统时间、电池状态等信息。在使用手机时,当有未接来电或是新短消息时,手机会给出相应的提示信息,这些提示信息通常会显示到手机屏幕的状态栏上。例如,手机在接收到短信时,会在状态栏中出现一个短信息的图标,图标右侧的文字会以滚动的形式进行显示,如图 12.8 所示。

　　Android 也提供了用于处理这些信息的类,它们是 Notification 和 NotificationManager。其中Notification 代表的是具有全局效果的通知,而 NotificationManager 则是用来发送 Notification 通知的系统服务。

　　使用 Notification 和 NotificationManager 类发送和显示通知也比较简单,大致可以分为以下 4 个步骤实现。

　　(1) 调用 getSystemService()方法获取系统的 NotificationManager 服务。

　　(2) 创建一个 Notification 对象。

图 12.8 状态栏中的短信提示

（3）为 Notification 对象设置各种属性，其中常用的方法见表 12-4。

表 12-4　Notification 对象中的常用方法

方　　法	描　　述
setDefaults()	设置通知 LED 灯、音乐、振动等
setAutoCancel()	设置点击通知后，状态栏自动删除通知
setContentTitle()	设置通知标题
setContentText()	设置通知内容
setSmallIcon()	为通知设置图标
setLargeIcon()	为通知设置大图标
setContentIntent()	设置点击通知后将要启动的程序组件对应的 PendingIntent

（4）通过 NotificationManager 类的 notify()方法发送 Notification 通知。

说明：

通过 NotificationManager 类的 notify()方法发送 Notification 通知时，需要将 Module 的最小版本设置为 API 16，即 Android4.1 版本。如果低于该版本，将显示如图 12.9 所示的错误提示。

```
//发送通知
notificationManager.notify(NOTIFYID, notification.build());
         Call requires API level 16 (current min is 15): android.app.Notification.Builder#build more... (Ctrl+F1)
```

图 12.9　设置最小版本为 API 16

下面通过一个具体的实例说明如何使用 Notification 在状态栏上显示通知。

例 12.2 在 Android Studio 中创建一个 Module，名称为 12.2，实现类似淘宝 APP 在状态栏上显示活动通知，如图 12.10 所示。按住状态栏并向下滑动，直到出现如图 12.11 所示的通知窗口，单击第一项，如图 12.12 所示，查看后该通知的图标将不在状态栏中显示。（实例位置：资源包\code\12\12.2）

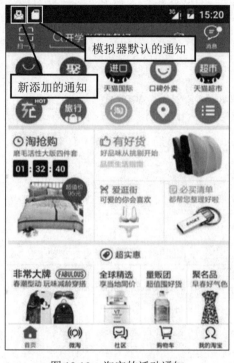

图 12.10 淘宝的活动通知　　　　图 12.11 显示通知列表

（1）修改新建项目的 res/layout 目录下的布局文件 activity_main.xml，将默认添加的 TextView 组件与内边距删除，然后为布局管理器添加背景图片。

（2）在 MainActivity 中创建一个常量，用于保存通知的 ID。关键代码如下：

```
final int NOTIFYID = 0x123;              //通知的 ID
```

（3）在 MainActivity 的 onCreate()方法中，调用 getSystemService()方法获取系统的 NotificationManager 服务。关键代码如下：

```
//获取通知管理器，用于发送通知
    final NotificationManager notificationManager = 
        (NotificationManager) getSystemService
(NOTIFICATION_SERVICE);
```

（4）创建一个 Notification.Builder 对象，并设置其相关属性，然后创建一个启动其他 Activity 的 Intent，再通过 setContentIntent()方法设置通知栏点击跳转，最后通过通知管理器发送通知。具体代码如下：

图 12.12 活动通知的详细内容

```
Notification.Builder notification = new Notification.Builder(this);   // 创建一个
Notification 对象
        // 设置打开该通知，该通知自动消失
        notification.setAutoCancel(true);
        // 设置通知的图标
        notification.setSmallIcon(R.drawable.packet);
        // 设置通知内容的标题
        notification.setContentTitle("奖励百万红包！！！");
        // 设置通知内容
        notification.setContentText("点击查看详情！");
        //设置使用系统默认的声音、默认 LED 灯
        notification.setDefaults(Notification.DEFAULT_SOUND
            | Notification.DEFAULT_VIBRATE);
        //设置发送时间
        notification.setWhen(System.currentTimeMillis());
        // 创建一个启动 DetailActivity 的 Intent
        Intent intent = new Intent(MainActivity.this
            , DetailActivity.class);
        PendingIntent pi = PendingIntent.getActivity(
            MainActivity.this, 0, intent, 0);
        //设置通知栏点击跳转
        notification.setContentIntent(pi);
        //发送通知
        notificationManager.notify(NOTIFYID, notification.build());
```

注意：

上面的代码中加粗的代码，为通知设置使用默认声音、默认振动。也就是说，程序中需要访问系统振动器，这时就需要在 AndroidManifest.xml 中声明使用权限，具体代码如下：

```
<!-- 添加操作振动器的权限 -->
<uses-permission android:name="android.permission.VIBRATE"></uses-permission>
```

（5）在 com.mingrisoft 包中创建一个 Empty Activity，名称为 DetailActivity，用于实现页面跳转。然后在 activity_detail.xml 布局文件中删除设置内边距代码，并且为布局管理器添加背景图片。

12.4 使用 BroadcastReceiver 发送和接收广播

12.4.1 BroadcastReceiver 简介

BroadcastReceiver 是接收广播通知的组件。广播是一种同时通知多个对象的事件通知机制。类似日常生活中的广播，允许多个人同时收听，也允许不收听。通常情况下，广播通知是以消息提示框、对话框或者通知的形式体现的。例如，在接收到一条短信之后，系统会发出一条广播，当广播接收器接收到该广播时，将以通知和对话框两种形式提示，如图 12.13 所示。再如，当更新系统日期时间时，系统也会发出一条广播，当广播接收器接收到该广播时，将以消息提示框的形式提示用户，如图 12.14 所示。

第 12 章 消息、通知、广播与闹钟

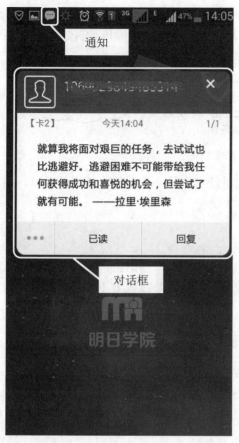

图 12.13　以对话框的形式提示

图 12.14　以消息提示框的形式提示

Android 中的广播来源有两种：一是系统事件，例如，按下拍照键、电池电量低、安装新应用等；二是普通应用程序，例如，启动特定线程、文件下载完毕等。这里主要介绍系统广播，下面列举一些常用的系统事件，当这些事件发生时就会发送系统广播。

- 电池电量低。
- 系统启动完成。
- 系统日期发生改变。
- 系统时间发生改变。
- 系统连接电源。
- 系统被关闭。

BroadcastReceiver 类是所有广播接收器的抽象基类，其实现类用来对发送出来的广播进行筛选并做出响应。广播接收器的生命周期非常简单。当消息到达时，接收器调用 onReceive()方法，在该方法结束后，BroadcastReceiver 实例失效。

✍ 说明：

onReceive()方法是实现 BroadcastReceiver 类时需要重写的方法。

269

当用户需要进行广播时,可以通过 Activity 程序中的 sendBroadcast()方法触发所有的广播组件。而每一个广播组件在进行广播启动之前,也必须判断用户所传递的广播操作是否是指定的 Action 类型,如果是,则进行广播的处理。广播的处理过程如图 12.15 所示。

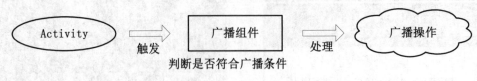

图 12.15 广播处理过程

在 Android 操作系统中,每启动一个广播都需要重新实例化一个新的广播组件对象,并自动调用类中的 onReceive()方法对广播事件进行处理。

用于接收的广播有以下两大类:

➢ 普通广播

使用 Context.sendBroadcast()方法发送,它们完全是异步的。广播的全部接收者以未定义的顺序运行,通常在同一时间。这使得消息传递的效率比较高,但缺点是接收者不能将处理结果传递给下一个接收者,并且无法终止广播的传播。

➢ 有序广播

使用 Context.sendOrderedBroadcast()方法发送,它们每次只发送给优先级较高的接收者,然后由优先级较高的接收者再传播到优先级较低的接收者。由于每个接收者依次运行,它能为下一个接收者生成一个结果,或者它能完全终止广播,以便不传递给其他接收者。有序接收者运行顺序由匹配的 intent-filter 的 android:priority 属性控制,具有相同优先级的接收者运行顺序任意。

综上所述,普通广播和有序广播的特点见表 12-5。

表 12-5 普通广播和有序广播的特点

普 通 广 播	有 序 广 播
可以在同一时刻被所有接收者接收到	相同优先级的接收者接收顺序是随机的,不同优先级的接收者按照优先级由高到低的顺序依次接收
接收者不能将处理结果传递给下一个接收者	接收者可以将处理结果传递给下一个接收者
无法终止广播的传播	可以终止广播的传播

12.4.2 BroadcastReceiver 应用

例 12.3 在 Android Studio 中创建一个 Module,名称为 12.3,实现一个广播接收器的功能,如图 12.16 所示。(**实例位置:资源包\code\12\12.3**)

(1)修改新建项目的 res/layout 目录下的布局文件 activity_main.xml,将默认添加的文本框组件删除,然后添加一个按钮组件并为其设置 id。

(2)打开默认创建的 MainActivity,首先获取布局文件中的发送广播的按钮,并且为按钮添加单击事件,然后创建一个 Intent,并且为 Intent 添加一个动作,最后通过 sendBroadcast()方法发送广播。具体代码如下:

第12章 消息、通知、广播与闹钟

图12.16 接收广播提示界面

```
Button button= (Button) findViewById(R.id.Broadcast);//获取布局文件中的广播按钮
    button.setOnClickListener(new View.OnClickListener() {   //为按钮设置单击事件
        @Override
        public void onClick(View v) {
            Intent intent=new Intent(); //创建 Intent 对象
            intent.setAction("com.mingrisoft");   //为 Intent 添加动作 com.mingrisoft
            sendBroadcast(intent); //发送广播
        }
    });
```

（3）在 java/com.mingrisoft 包下，单击鼠标右键，在弹出的快捷菜单中选择 New/Other/Broadcast Receiver 菜单项，创建一个名称为 MyReceiver.java 的广播接收器。然后在该类中声明两个动作，最后在重写的 onReceive()方法中根据广播发送的动作给出不同的提示。具体代码如下：

```
public class MyReceiver extends BroadcastReceiver {
    private static final String action1="com.mingrisoft";//声明第一个动作
    private static final String action2="mingrisoft";        //声明第二个动作
    public MyReceiver() {
    }
    @Override
    public void onReceive(Context context, Intent intent) {
        if (intent.getAction().equals(action1)){
            Toast.makeText(context, "MyReceiver 收到:com.mingrisoft 的广播",
                    Toast.LENGTH_SHORT).show();       //回复收到广播
        }else if (intent.getAction().equals(action2)){
            Toast.makeText(context, "MyReceiver 收到:mingrisoft 的广播", Toast.LENGTH_SHORT).show();
        }
    }
}
```

（4）在AndroidManifest.xml文件中注册BroadcastReceiver。其代码如下。

```xml
<receiver
        android:name=".MyReceiver"
        android:enabled="true"
        android:exported="true">
    <intent-filter>
        <action android:name="com.mingrisoft"></action>
        <action android:name="mingrisoft"></action>
    </intent-filter>
</receiver>
```

12.5 使用AlarmManager设置闹钟

扫一扫，看视频

AlarmManager类是Android提供的用于在未来的指定时间弹出一个警告信息，或者完成指定操作的类。实际上AlarmManager是一个全局的定时器，使用它可以在指定的时间或指定的周期启动其他的组件（包括Activity、Service和BroadcastReceiver）。使用AlarmManager设置警告后，Android将自动开启目标应用，即使手机处于休眠状态。因此，使用AlarmManager也可以实现关机后仍可以响应的闹钟。

12.5.1 AlarmManager简介

在Android中，要获取AlarmManager对象，类似于获取NotificationManager服务，也需要使用Context类的getSystemService()方法来实现。具体代码如下：

```
Context.getSystemService(Context.ALARM_SERVICE)
```

获取AlarmManager对象后，就可以应用该对象提供的相关方法来设置警告了。AlarmManager对象提供的常用方法见表12-6。

表12-6　AlarmManager对象的常用方法

方法	描述
cancel(PendingIntent operation)	取消AlarmManager的定时服务
set(int type, long triggerAtTime, PendingIntent operation)	设置当到达参数triggerAtTime所指定的时间时，按照type参数所指定的服务类型启动由operation参数指定的组件
setInexactRepeating(int type, long triggerAtTime, long interval, PendingIntent operation)	设置一个非精确的周期性任务。例如，我们设置一个每个小时启动一次的闹钟，但是系统并不一定总在每个小时开始时启动闹钟
setRepeating(int type, long triggerAtTime, long interval, PendingIntent operation)	设置一个周期性执行的定时服务
setTime(long millis)	设置定时的时间
setTimeZone(String timeZone)	设置系统默认的时区

在设置定时服务时，AlarmManager提供了以下4种类型。

❥ ELAPSED_REALTIME

用于设置从现在时间开始过了一定时间后启动提醒功能。当系统进入睡眠状态时，这种类型的定时不会唤醒系统，直到系统下次被唤醒才传递它。该定时所用的时间是相对时间，是从系统启动后开始计时的（包括睡眠时间），可以通过调用 SystemClock.elapsedRealtime()方法获得。

➢ ELAPSED_REALTIME_WAKEUP

用于设置从现在时间开始过了一定时间后启动提醒功能。这种类型的定时能够唤醒系统，即使系统处于休眠状态也会启动提醒功能。使用方法与 ELAPSED_REALTIME 类似，也可以通过调用 SystemClock.elapsedRealtime()方法获得。

➢ RTC

用于设置当系统调用 System.currentTimeMillis()方法的返回值与指定的触发时间相等时启动提醒功能。当系统进入睡眠状态时，这种类型的定时不会唤醒系统，直到系统下次被唤醒才传递它。该定时所用的时间是绝对时间(采用 UTC 时间)，可以通过调用 System.currentTimeMillis()方法获得。

➢ RTC_WAKEUP

用于设置当系统调用 System.currentTimeMillis()方法的返回值与指定的触发时间相等时启动提醒功能。这种类型的定时能够唤醒系统，即使系统处于休眠状态也会启动提醒功能。

12.5.2 设置一个简单的闹钟

在 Android 中，使用 AlarmManager 设置闹钟比较简单。下面我们就通过一个具体的例子来介绍如何实现一个简单的闹钟。

例 12.4　在 Android Studio 中创建一个 Module，名称为 12.4，应用 AlarmManager 类实现一个定时启动的闹钟，如图 12.17 所示，设置闹钟，如图 12.18 所示，显示闹钟。（实例位置：资源包\code\12\12.4）

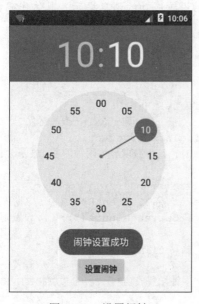

图 12.17　设置闹钟

图 12.18　显示的闹钟

（1）修改新建项目的 res/layout 目录下的布局文件 activity_main.xml，首先将默认添加的

TextView 组件与左、右、顶内边距删除，然后添加一个时间拾取器和一个设置闹钟的按钮。关键代码如下：

```xml
<TimePicker
    android:id="@+id/timePicker1"
    android:layout_width="wrap_content"
    android:layout_height="wrap_content" />
<Button
    android:id="@+id/button1"
    android:layout_width="wrap_content"
    android:layout_height="wrap_content"
    android:layout_alignParentBottom="true"
    android:layout_centerHorizontal="true"
    android:text="设置闹钟" />
```

（2）打开默认创建的 MainActivity，然后在该类中创建两个成员变量，分别是时间拾取器和日历对象。具体代码如下：

```java
TimePicker timepicker;              // 时间拾取器
Calendar c;                         // 日历对象
```

（3）在 MainActivity 的 onCreate()方法中，首先获取日历对象，然后获取时间拾取器组件，并设置其采用 24 小时制。具体代码如下：

```java
c = Calendar.getInstance();                                    //获取日历对象
timepicker = (TimePicker) findViewById(R.id.timePicker1);      //获取时间拾取组件
timepicker.setIs24HourView(true);                              //设置使用 24 小时制
```

（4）获取布局管理器中添加的"设置闹钟"按钮，并为其添加单击事件监听器。在重写的 onClick()方法中，首先创建一个 Intent 对象，并获取显示闹钟的 PendingIntent 对象，然后再获取 AlarmManager 对象，并且用时间拾取器中设置的小时数和分钟数设置日历对象的时间，接下来再调用 AlarmManager 对象的 set()方法设置一个闹钟，最后显示一个提示闹钟设置成功的消息提示。具体代码如下：

```java
Button button1 = (Button) findViewById(R.id.button1); //获取"设置闹钟"按钮
//为"设置闹钟"按钮添加单击事件监听器
button1.setOnClickListener(new OnClickListener() {
  @Override
  public void onClick(View v) {
      Intent intent = new Intent(MainActivity.this,
          AlarmActivity.class);                       //创建一个 Intent 对象
      PendingIntent pendingIntent = PendingIntent.getActivity(
          MainActivity.this, 0, intent, 0);          //获取显示闹钟的 PendingIntent 对象
      //获取 AlarmManager 对象
      AlarmManager alarm = (AlarmManager) getSystemService(Context.ALARM_SERVICE);
      c.set(Calendar.HOUR_OF_DAY, timepicker.getCurrentHour());//设置闹钟的小时数
      c.set(Calendar.MINUTE, timepicker.getCurrentMinute());  //设置闹钟的分钟数
      c.set(Calendar.SECOND,0);                               //设置闹钟的秒数
      alarm.set(AlarmManager.RTC_WAKEUP, c.getTimeInMillis(),
          pendingIntent);                            //设置一个闹钟
      Toast.makeText(MainActivity.this, "闹钟设置成功", Toast.LENGTH_SHORT)
          .show();                                   //显示一个消息提示
  }
});
```

> **说明：**
> 在上面的代码中，TimePicker 对象的 getCurrentHour()和 getCurrentMinute()方法提示已过时，在 Android API 23 时，可以使用 getHour()和 getMinute()方法代替。

（5）创建一个 AlarmActivity，用于显示闹钟提示内容。在该 Activity 中重写 onCreate()方法，在该方法中，创建并显示一个带"确定"按钮的对话框，显示闹钟的提示内容。关键代码如下：

```java
public class AlarmActivity extends Activity {
  @Override
  protected void onCreate(Bundle savedInstanceState) {
      super.onCreate(savedInstanceState);
      AlertDialog alert = new AlertDialog.Builder(this).create();
      alert.setIcon(R.drawable.alarm);                    //设置对话框的图标
      alert.setTitle("传递正能量：");                       //设置对话框的标题
      alert.setMessage("要么出众，要么出局");                //设置要显示的内容
      //添加确定按钮
      alert.setButton(DialogInterface.BUTTON_POSITIVE,"确定", new OnClickListener() {
          @Override
          public void onClick(DialogInterface dialog, int which) {}
      });
      alert.show();                                       //显示对话框
  }
}
```

（6）在 AndroidManifest.xml 文件中配置 AlarmActivity，配置的主要属性有 Activity 使用的实现类和标签。具体代码如下：

```xml
<activity
  android:name=".AlarmActivity"
  android:label="闹钟"/>
```

第 13 章 图形图像处理技术

图形图像处理技术在 Android 中非常重要，特别是在开发益智类游戏或者 2D 游戏时，都离不开图形图像处理技术的支持。本章将对 Android 中的图形图像处理技术进行详细介绍。

通过阅读本章，您可以：

- ➧ 了解常用的绘图类
- ➧ 掌握如何绘制几何图形
- ➧ 掌握如何绘制文本
- ➧ 掌握如何绘制图片
- ➧ 掌握如何绘制路径及绕路径文本
- ➧ 掌握如何实现逐帧动画
- ➧ 掌握如何实现补间动画

13.1 常用绘图类

在 Android 中，绘制图像时最常应用的就是 Paint 类、Canvas 类、Path 类、Bitmap 类和 BitmapFactory 类。有关这几个类的作用描述见表 13-1。

表 13-1 常用绘图类

类	描 述
Paint 类	画笔类，用来描述图形的颜色和风格
Canvas 类	画布类，用于绘制各种图形
Path 类	路径类，用于绘制路径
Bitmap 类	位图类，用于获取图像文件信息，主要对图像进行剪切、旋转、缩放等操作
BitmapFactory 类	位图工厂类，用于从不同的数据源来解析、创建 Bitmap 对象

在现实生活中，有画笔和画布就可以作画了。在 Android 中也是如此，通过 Paint 类和 Canvas 类即可绘制图像。

13.1.1 Paint 类

Paint 类代表画笔，用来描述图形的颜色和风格，如线宽、颜色、透明度和填充效果等信息。使用 Paint 类时，首先需要创建该类的对象，这可以通过该类提供的构造方法来实现。通常情况下，只需要使用无参数的构造方法来创建一个使用默认设置的 Paint 对象。具体代码如下：

```
Paint paint=new Paint();
```

创建 Paint 类的对象后，还可以通过该对象提供的方法来对画笔的默认设置进行改变，例如，改变画笔的颜色、笔触宽度等。用于改变画笔设置的常用方法见表 13-2。

表 13-2　Paint 类的常用方法

方　　法	描　　述
setARGB(int a, int r, int g, int b)	用于设置颜色，各参数值均为 0~255 之间的整数，分别用于表示透明度、红色、绿色和蓝色值
setColor(int color)	用于设置颜色，参数 color 可以通过 Color 类提供的颜色常量指定，也可以通过 Color.rgb(int red,int green,int blue)方法指定
setAlpha(int a)	用于设置透明度，值为 0~255 之间的整数
setAntiAlias(boolean aa)	用于指定是否使用抗锯齿功能，如果使用，会使绘图速度变慢
setPathEffect(PathEffect effect)	用于设置绘制路径时的路径效果，如点划线
setShader(Shader shader)	用于设置渐变，可以使用 LinearGradient（线性渐变）、RadialGradient（径向渐变）或者 SweepGradient（角度渐变）
setShadowLayer(float radius, float dx, float dy, int color)	用于设置阴影，参数 radius 为阴影的角度；dx 和 dy 为阴影在 x 轴和 y 轴上的距离；color 为阴影的颜色。如果参数 radius 的值为 0，那么将没有阴影
setStrokeJoin(Paint.Join join)	用于设置画笔转弯处的连接风格，参数值为 Join.BEVEL、Join.MITER 或 Join.ROUND
setStrokeWidth(float width)	用于设置笔触的宽度
setStyle(Paint.Style style)	用于设置填充风格，参数值为 Style.FILL、Style.FILL_AND_STROKE 或 Style.STROKE
setTextAlign(Paint.Align align)	用于设置绘制文本时的文字对齐方式，参数值为 Align.CENTER、Align.LEFT 或 Align.RIGHT
setTextSize(float textSize)	用于设置绘制文本时的文字的大小

例如，要定义一个画笔，然后在画布上绘制一个以线性渐变颜色填充的矩形，可以使用下面的代码：

```
Paint paint=new Paint();                             //定义一个默认的画笔
//线性渐变
Shader shader=new LinearGradient(0, 0, 100, 100, Color.RED, Color.GREEN, Shader.TileMode.MIRROR);
paint.setShader(shader);                             //为画笔设置渐变器
```

应用该画笔绘制的矩形的效果如图 13.1 所示。

图 13.1　绘制以线性渐变颜色填充的矩形

说明：

关于如何在画布上绘制矩形，将在 13.2.1 节进行介绍。

13.1.2 Canvas 类

Canvas 类代表画布，通过该类提供的方法，可以绘制各种图形（如矩形、圆形和线条等）。通常情况下，要在 Android 中绘图，需要先创建一个继承自 View 类的视图，并且在该类中重写其 onDraw(Canvas canvas)方法，然后在显示绘图的 Activity 中添加该视图。下面将通过一个具体的实例来说明如何创建用于绘图的画布。

例 13.1 在 Android Studio 中创建一个 Module，名称为 13.1，定义一个线性渐变的画笔，并应用这个画笔绘制一个矩形，如图 13.2 所示。（实例位置：资源包\code\13\13.1）

（1）修改新建项目的 res\layout 目录下的布局文件 activity_main.xml，将默认添加的相对布局管理器修改为帧布局管理器，并设置其 id，然后将默认添加的 TextView 组件删除。

（2）打开默认创建的 MainActivity，在该文件中创建一个名称为 MyView 的内部类，该类继承自 android.view.View 类，并添加构造方法和重写 onDraw(Canvas canvas)方法。关键代码如下：

图 13.2 绘制以渐变色填充的矩形

```java
private class MyView extends View {
    public MyView(Context context) {
        super(context);
    }
    @Override
    protected void onDraw(Canvas canvas) {   //重写 onDraw()方法
        super.onDraw(canvas);
    }
}
```

📝 **说明：**

上面加粗的代码为重写 onDraw()方法的代码。在重写的 onDraw()方法中，可以编写绘图代码，参数 canvas 就是要进行绘图的画布。

（3）在 MyView 的 onDraw()方法中，首先定义一个默认的画笔，然后添加一个线性渐变器，再为画笔设置渐变器，最后绘制矩形。关键代码如下：

```java
Paint paint=new Paint();                                        //定义一个默认的画笔
//线性渐变
Shader shader=new LinearGradient(0, 0, 100, 100, Color.RED, Color.GREEN, Shader.TileMode.MIRROR);
paint.setShader(shader);                                        //为画笔设置渐变器
canvas.drawRect(10, 10, 280, 150, paint);                       //绘制矩形
```

（4）在 MainActivity 的 onCreate()方法中，获取布局文件中添加的帧布局管理器，并将步骤（2）中创建的 MyView 视图添加到该帧布局管理器中。关键代码如下：

```java
//获取帧布局管理器
FrameLayout fragment = (FrameLayout) findViewById(R.id.frameLayout);
fragment.addView(new MyView(this));   //将自定义视图的内部类添加到布局管理器中
```

13.1.3 Path 类

Path 类用于绘制路径，该类中包含一组矢量绘图方法，如画圆、矩形、弧、线条等。常用的绘图方法见表 13-3。

表 13-3 Path 类的常用绘图方法

方　　法	描　　述
addArc(RectF oval, float startAngle, float sweepAngle)	添加弧形路径
addCircle(float x, float y, float radius, Path.Direction dir)	添加圆形路径
addOval(RectF oval, Path.Direction dir)	添加椭圆形路径
addRect(RectF rect, Path.Direction dir)	添加矩形路径
addRoundRect(RectF rect, float rx, float ry, Path.Direction dir)	添加圆角矩形路径
moveTo(float x, float y)	设置开始绘制直线的起始点
lineTo(float x, float y)	在 moveTo()方法设置的起始点与该方法指定的结束点之间画一条直线，如果在调用该方法之前没使用 moveTo()方法设置起始点，那么将从（0,0）点开始绘制直线
quadTo(float x1, float y1, float x2, float y2)	用于根据指定的参数绘制一条线段轨迹
close()	闭合路径

📝 说明：

在使用 addCircle()、addOval()、addRect()和 addRoundRect()方法时，需要指定 Path.Direction 类型的常量，可选值为 Path.Direction.CW（顺时针）和 Path.Direction.CCW（逆时针）。

例如，创建一个折线，可以使用下面的代码：
```
Path path=new Path();           //创建并实例化一个path对象
path.moveTo(50,50);             //设置起始点
path.lineTo(100, 10);           //设置第1条边的结束点，也是第2条边的起始点
path.lineTo(150, 50);           //设置第2条边的结束点
```
将该路径绘制到画布上，效果如图 13.3 所示。

如果要绘制一个三角形路径，可以在上面的代码的末尾使用 close()方法闭合路径。代码如下：
```
path.close();                   //闭合路径
```
将该路径绘制到画布上，效果如图 13.4 所示。

图 13.3 绘制两条线组成的折线

图 13.4 绘制一个三角形

13.1.4 Bitmap 类

Bitmap 类代表位图，是 Android 系统中图像处理的一个重要类。使用该类，不仅可以获取图像文件信息，进行图像剪切、旋转、缩放等操作，而且还可以指定格式保存图像文件。对于这些操作，都可以通过 Bitmap 类提供的方法来实现。Bitmap 类提供的常用方法见表 13-4。

表 13-4 Bitmap 类的常用方法

方 法	描 述
compress(Bitmap.CompressFormat format, int quality, OutputStream stream)	用于将 Bitmap 对象压缩为指定格式并保存到指定的文件输出流中，其中 format 参数值可以是 Bitmap.CompressFormat.PNG、Bitmap.CompressFormat. JPEG 和 Bitmap.CompressFormat.WEBP
createBitmap(Bitmap source, int x, int y, int width, int height, Matrix m, boolean filter)	用于从源位图的指定坐标点开始，"挖取"指定宽度和高度的一块图像来创建新的 Bitmap 对象，并按 Matrix 指定规则变换
createBitmap(int width, int height, Bitmap.Config config)	用于创建一个指定宽度和高度的新的 Bitmap 对象
createBitmap(Bitmap source, int x, int y, int width, int height)	用于从源位图的指定坐标点开始，"挖取"指定宽度和高度的一块图像来创建新的 Bitmap 对象
createBitmap(int[] colors, int width, int height, Bitmap.Config config)	使用颜色数组创建一个指定宽度和高度的新的 Bitimap 对象，其中数组元素的个数为 width*height
createBitmap(Bitmap src)	用于使用源位图创建一个新的 Bitmap 对象
createScaledBitmap(Bitmap src, int dstWidth, int dstHeight, boolean filter)	用于将源位图缩放为指定宽度和高度的新的 Bitmap 对象
isRecycled()	用于判断 Bitmap 对象是否被回收
recycle()	强制回收 Bitmap 对象

例如，创建一个包括 4 个像素（每个像素对应一种颜色）的 Bitmap 对象。代码如下：

```
Bitmap bitmap=Bitmap.createBitmap(new int[]{Color.RED,Color.GREEN,Color.BLUE,
Color.MAGENTA}, 4, 1, Config.RGB_565);
```

13.1.5 BitmapFactory 类

在 Android 中，还提供了一个 BitmapFactory 类，该类为一个工具类，用于从不同的数据源来解析、创建 Bitmap 对象。BitmapFactory 类提供的创建 Bitmap 对象的常用方法见表 13-5。

表 13-5 BitmapFactory 类的常用方法

方 法	描 述
decodeFile(String pathName)	用于从给定的路径所指定的文件中解析、创建 Bitmap 对象
decodeFileDescriptor(FileDescriptor fd)	用于从 FileDescriptor 对应的文件中解析、创建 Bitmap 对象
decodeResource(Resources res, int id)	用于根据给定的资源 id，从指定的资源中解析、创建 Bitmap 对象
decodeStream(InputStream is)	用于从指定的输入流中解析、创建 Bitmap 对象

例如，要解析 SD 卡上的图片文件 img01.jpg，并创建对应的 Bitmap 对象，可以使用下面的代码：

```
String path = Environment.getExternalStorageDirectory() + "/img01.jpg";
Bitmap bm=BitmapFactory.decodeFile(path);
```

要解析 Drawable 资源中保存的图片文件 img02.jpg，并创建对应的 Bitmap 对象，可以使用下面的代码：

```
Bitmap bm=BitmapFactory.decodeResource(MainActivity.this.getResources(), R.drawable.img02);
```

13.2 绘制 2D 图像

Android 提供了非常强大的本机二维图形库，用于绘制 2D 图像。在 Android 应用中，比较常用的是绘制几何图形、文本、路径和图片等，下面分别进行介绍。

13.2.1 绘制几何图形

扫一扫，看视频

常见的几何图形包括点、线、弧、圆形、矩形等。在 Android 中，Canvas 类提供了丰富的绘制几何图形的方法，通过这些方法，可以绘制出各种几何图形。常用的绘制几何图形的方法见表 13-6。

表 13-6 Canvas 类提供的绘制几何图形的方法

方 法	描 述	举 例	绘图效果
drawArc(RectF oval, float startAngle, float sweepAngle, boolean useCenter, Paint paint)	绘制弧	RectF rectf=new RectF(10, 20, 100, 110); canvas.drawArc(rectf, 0, 60, true, paint);	
		RectF rectf1=new RectF(10, 20, 100, 110); canvas.drawArc(rectf1, 0, 60, false, paint);	
drawCircle(float cx, float cy, float radius, Paint paint)	绘制圆形	paint.setStyle(Style.STROKE); canvas.drawCircle(50, 50, 15, paint);	
drawLine(float startX, float startY, float stopX, float stopY, Paint paint)	绘制一条线	canvas.drawLine(100, 10, 150, 10, paint);	
drawLines(float[] pts, Paint paint)	绘制多条线	canvas.drawLines(new float[]{10,10, 30,10, 30,10, 15,30, 15,30, 10,10}, paint);	
drawOval(RectF oval, Paint paint)	绘制椭圆	RectF rectf=new RectF(40, 20, 80, 40); canvas.drawOval(rectf,paint);	
drawPoint(float x, float y, Paint paint)	绘制一个点	canvas.drawPoint(10, 10, paint);	
drawPoints(float[] pts, Paint paint)	绘制多个点	canvas.drawPoints(new float[]{10,10, 15,10, 20,15, 25,10, 30,10}, paint);	
drawRect(float left, float top, float right, float bottom, Paint paint)	绘制矩形	canvas.drawRect(10, 10, 40, 30, paint);	
drawRoundRect(RectF rect, float rx, float ry, Paint paint)	绘制圆角矩形	RectF rectf=new RectF(40, 20, 80, 40); canvas.drawRoundRect(rectf, 6, 6, paint);	

 说明：

表 13-6 中给出的绘图效果使用的画笔均为以下代码所定义的画笔。

```
Paint paint=new Paint();              //创建一个采用默认设置的画笔
paint.setAntiAlias(true);             //使用抗锯齿功能
paint.setColor(Color.RED);            //设置颜色为红色
paint.setStrokeWidth(2);              //笔触的宽度为2像素
paint.setStyle(Style.STROKE);         //填充样式为描边
```

例 13.2 在 Android Studio 中创建一个 Module，名称为 13.2，实现在屏幕上绘制 Android 机器人，如图 13.5 所示。（**实例位置：资源包\code\13\13.2**）

（1）修改新建项目的 res\layout 目录下的布局文件 activity_main.xml，将默认添加的相对布局管理器修改为帧布局管理器并设置其 id，然后将默认添加的 TextView 组件删除。

（2）创建一个名称为 MyView 的 Java 类，让其继承自 android.view.View 类，并添加构造方法和重写 onDraw(Canvas canvas)方法。

（3）在 MyView 的 onDraw()方法中，首先创建一个画笔，并设置画笔的相关属性，然后绘制机器人的头、眼睛、天线、身体、胳膊和腿。具体代码如下：

图 13.5 在屏幕上绘制 Android 机器人

```
Paint paint=new Paint();         //默认设置创建一个画笔
paint.setAntiAlias(true);        //使用抗锯齿功能
paint.setColor(0xFFA4C739);      //设置画笔的颜色为绿色
//绘制机器人的头
RectF rectf_head=new RectF(10, 10, 100, 100);
rectf_head.offset(90, 20);
canvas.drawArc(rectf_head, -10, -160, false, paint);    //绘制弧
//绘制眼睛
paint.setColor(Color.WHITE);     //设置画笔的颜色为白色
canvas.drawCircle(125, 53, 4, paint);    //绘制圆
canvas.drawCircle(165, 53, 4, paint);    //绘制圆
paint.setColor(0xFFA4C739);      //设置画笔的颜色为绿色
//绘制天线
paint.setStrokeWidth(2);         //设置笔触的宽度
canvas.drawLine(110, 15, 125, 35, paint);    //绘制线
canvas.drawLine(180, 15, 165, 35, paint);    //绘制线
//绘制身体
canvas.drawRect(100, 75, 190, 150, paint);   //绘制矩形
RectF rectf_body=new RectF(100,140,190,160);
canvas.drawRoundRect(rectf_body, 10, 10, paint);    //绘制圆角矩形
//绘制胳膊
RectF rectf_arm=new RectF(75,75,95,140);
canvas.drawRoundRect(rectf_arm, 10, 10, paint);     //绘制左侧的胳膊
rectf_arm.offset(120, 0);                           //设置在X轴上偏移120像素
canvas.drawRoundRect(rectf_arm, 10, 10, paint);     //绘制右侧的胳膊
//绘制腿
RectF rectf_leg=new RectF(115,150,135,200);
```

```
canvas.drawRoundRect(rectf_leg, 10, 10, paint);     //绘制左侧的腿
rectf_leg.offset(40, 0);                            //设置在 X 轴上偏移 40 像素
canvas.drawRoundRect(rectf_leg, 10, 10, paint);     //绘制右侧的腿
```

（4）在 MainActivity 的 onCreate()方法中获取布局文件中的帧布局管理器，并将 MyView 视图添加到该帧布局管理器中。

13.2.2 绘制文本

在 Android 中，虽然可以通过 TextView 或图片显示文本，但是在开发游戏，特别是开发 RPG（角色）类游戏时，会包含很多文字，使用 TextView 和图片显示文本不太合适。这时，就需要通过绘制文本的方式来实现。例如，图 13.6 和图 13.7 所示的游戏中的对话就是通过绘制文本的方式实现的。

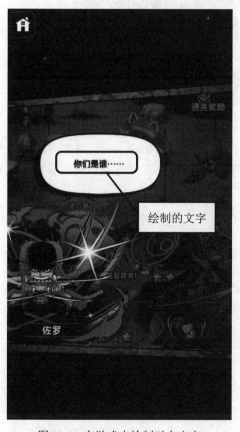

图 13.6　在游戏中绘制对白文字　　　　图 13.7　在游戏中绘制提示文字

Canvas 类提供了 drawText()方法用于在画布的指定位置绘制文字。该方法比较常用的语法格式如下：

```
drawText(String text, float x, float y, Paint paint)
```

在该语法中，参数 text 用于指定要绘制的文字；x 用于指定文字起始位置的 X 坐标；y 用于指定文字起始位置的 Y 坐标；paint 用于指定使用的画笔。

例如，要在画布上输出文字"求知若饥，虚心若愚"，可以使用下面的代码：

```
Paint paintText=new Paint();
paintText.setTextSize(20);
canvas.drawText("求知若饥，虚心若愚", 165,65, paintText);
```

例 13.3 在 Android Studio 中创建一个 Module，名称为 13.3，实现绘制一个游戏对白界面，如图 13.8 所示。（**实例位置：资源包\code\13\13.3**）

图 13.8 在画布上绘制文字

（1）修改新建项目的 res\layout 目录下的布局文件 activity_main.xml。首先将默认添加的相对布局管理器修改为帧布局管理器，然后为帧布局管理器添加背景图片与 id，再删除内边距与默认添加的 TextView 组件。

（2）创建一个名称为 MyView 的 Java 类，让其继承自 android.view.View 类，并添加构造方法和重写 onDraw(Canvas canvas)方法。

（3）在 MyView 的 onDraw()方法中，首先创建一个采用默认设置的画笔，然后设置画笔颜色以及对齐方式、文字大小，使用抗锯齿功能，再通过 drawText()方法绘制文字。具体代码如下：

```
Paint paintText=new Paint();                              //创建一个采用默认设置的画笔
paintText.setColor(Color.BLACK);                          //设置画笔颜色
paintText.setTextAlign(Paint.Align.LEFT);                 //设置文字左对齐
paintText.setTextSize(12);                                //设置文字大小
paintText.setAntiAlias(true);                             //使用抗锯齿功能
canvas.drawText("不,我不想去!", 245, 45, paintText);      //通过drawText()方法绘制文字
canvas.drawText("你想和我一起",175,160,paintText);        //通过drawText()方法绘制文字
canvas.drawText("去探险吗? ",175,175,paintText);          //通过drawText()方法绘制文字
```

（4）在 AndroidManifest.xml 文件的<activity>标记中添加 screenOrientation 属性，设置其横屏显示。关键代码如下：

```
android:screenOrientation="landscape"
```

13.2.3 绘制图片

在 Android 中，Canvas 类不仅可以绘制几何图形、文件和路径，还可用来绘制图片。要想使用 Canvas 类绘制图片，只需要使用 Canvas 类提供的表 13-7 中的方法将 Bitmap 对象中保存的图片绘制

到画布上即可。

表 13-7　Canvas 类提供的绘制图片的常用方法

方　　法	描　　述
drawBitmap（Bitmap bitmap, Rect src, RectF dst, Paint paint）	用于从指定点绘制从源位图中"挖取"的一块
drawBitmap（Bitmap bitmap, float left, float top, Paint paint）	用于在指定点绘制位图
drawBitmap（Bitmap bitmap, Rect src, Rect dst, Paint paint）	用于从指定点绘制从源位图中"挖取"的一块

例如，从源位图上"挖取"从（0,0）点到（500,300）点的一块图像，然后绘制到画布的（50,50）点到（450,350）点所指区域，可以使用下面的代码：

```
Rect src=new Rect(0,0,500,300);           //设置挖取的区域
Rect dst=new Rect(50,50,450,350);         //设置绘制的区域
canvas.drawBitmap(bm, src, dst, paint);   //绘制图片
```

例 13.4　在 Android Studio 中创建一个 Module，名称为 13.4，实现在屏幕上绘制指定位图，以及从该位图上"挖取"一块绘制到屏幕的指定区域，如图 13.9 所示。（**实例位置：资源包\code\13\13.4**）

图 13.9　绘制图片

（1）修改新建项目的 res\layout 目录下的布局文件 activity_main.xml，将默认添加的相对布局管理器修改为帧布局管理器并且为其设置 id，然后将默认添加的 TextView 组件与内边距删除。

（2）打开默认创建的 MainActivity，在该文件中，首先创建一个名称为 MyView 的内部类，该类继承自 android.view.View 类，并添加构造方法和重写 onDraw(Canvas canvas)方法，然后在 onCreate()方法中获取布局文件中添加的帧布局管理器，并将 MyView 视图添加到该帧布局管理器中。

（3）在 DDMS 中，将名称为 img01.jpg 图片导入到模拟器的 sdcard 路径下（具体方法请参见 8.1.2 节的文件管理器的使用）。

（4）在 MyView 的 onDraw()方法中，首先创建一个画笔，并指定要绘制图片的路径，获取要绘制图片所对应的 Bitmap 对象，再在画布的指定位置绘制 Bitmap 对象，从源图片中挖取指定区域并绘制挖取到的图像。具体代码如下：

```
Paint paint = new Paint();   //创建一个采用默认设置的画笔
```

```
String path = Environment.getExternalStorageDirectory() + "/img01.jpg";
                                                    //指定图片文件的路径
        Bitmap bm = BitmapFactory.decodeFile(path);  //获取图片文件对应的Bitmap
                                                      对象
        canvas.drawBitmap(bm, 0, 30, paint);         //将获取的Bitmap对象绘制在画布
                                                      的指定位置
        Rect src = new Rect(105, 70, 220, 170);      //设置挖取的区域
        Rect dst = new Rect(350, 90, 465, 190);      //设置绘制的区域
        canvas.drawBitmap(bm, src, dst, paint);      //绘制挖取到的图像
```

（5）打开 AndroidManifest.xml 文件，在其中设置 SD 卡的读取权限。具体代码如下：

```
<uses-permission android:name="android.permission.READ_EXTERNAL_STORAGE"/>
```

（6）在 AndroidManifest.xml 文件的<activity>标记中添加 screenOrientation 属性，设置其横屏显示。关键代码如下：

```
android:screenOrientation="landscape"
```

说明：

第一次运行本实例将会出现空指针异常，无法获取图片路径。用户可以在模拟器中依次进入"设置/应用/你的 App 应用名称/权限"开启存储空间权限，即可获取图片指定路径。

13.2.4 绘制路径

绘制路径对于 2D 图像或者游戏开发来说都是很重要的。例如，在开发画板涂鸦游戏时就需要应用路径记录绘制路线，如图 13.10 所示。另外，在进行某些游戏开发的时候也会需要沿着路径绘制图形，如图 13.11 所示。

图 13.10　画板涂鸦中应用路径

图 13.11　在游戏中绘制路径

绘制一条路径可以分为创建路径和将定义好的路径绘制在画布上两个步骤。在11.1.3节已经介绍了如何创建路径，下面使用Canvas类提供的drawPath()方法将定义好的路径绘制在画布上。该方法的语法格式如下：

```
drawPath(Path path, Paint paint)
```

在该语法中，path用于指定创建的Path对象实例，paint用于指定使用的画笔。

在Android的Canvas类中，还提供了另一个应用路径的方法drawTextOnPath()，也就是沿着指定的路径绘制字符串。使用该方法可绘制环形文字。该方法的语法格式如下：

```
drawTextOnPath(String text, Path path, float hOffset, float vOffset, Paint paint)
```

在该语法中，参数text用于指定要绘制的文字；path用于指定创建的Path对象实例；hOffset用于指定文字的水平偏移；vOffset用于指定文字的垂直偏移；paint用于指定使用的画笔。

例13.5 在Android Studio中创建一个Module，名称为13.5，实现简易涂鸦板，如图13.12所示。（实例位置：资源包\code\13\13.5）

图13.12　简易涂鸦板

（1）创建一个名称为DrawView的类，该类继承自android.view.View类。在该类中，首先定义程序中所需的属性，然后添加构造方法，并重写onDraw(Canvas canvas)方法。关键代码如下：

```java
public class DrawView extends View {
    private int view_width = 0;      //屏幕的宽度
    private int view_height = 0;     //屏幕的高度
    private float preX;              //起始点的X坐标值
    private float preY;              //起始点的y坐标值
    private Path path;               //路径
    public Paint paint = null;       //画笔
    Bitmap cacheBitmap = null;       //定义一个内存中的图片，该图片将作为缓冲区
    Canvas cacheCanvas = null;       // 定义cacheBitmap上的Canvas对象
    public DrawView(Context context, AttributeSet set) {  //构造方法
        super(context, set);
```

```
    }
    @Override
    protected void onDraw(Canvas canvas) {    //重写onDraw()方法
    super.onDraw(canvas);
    }
}
```

（2）修改新建项目的 res\layout 目录下的布局文件 activity_main.xml。首先将默认添加的相对布局管理器修改为帧布局管理器，然后将内边距与默认添加的 TextView 组件删除，并且在帧布局管理器中添加步骤（1）中创建的自定义视图。最后添加一个 ImageButton 组件，用于清空画板。修改后的代码如下：

```xml
<?xml version="1.0" encoding="utf-8"?>
<FrameLayout
    xmlns:android="http://schemas.android.com/apk/res/android"
    xmlns:tools="http://schemas.android.com/tools"
    android:layout_width="match_parent"
    android:layout_height="match_parent"
    tools:context="com.mingrisoft.MainActivity">
    <!--自定义View-->
    <com.mingrisoft.DrawView
        android:id="@+id/dv"
        android:layout_width="match_parent"
        android:layout_height="match_parent"
        android:layout_gravity="center_horizontal|bottom"/>
    <!--清除按钮-->
    <ImageButton
        android:id="@+id/btn_clear"
        android:layout_width="wrap_content"
        android:layout_height="wrap_content"
        android:src="@drawable/clear"
        android:layout_gravity="right|bottom"
        />
</FrameLayout>
```

（3）在 DrawView 类的构造方法中，首先获取屏幕的宽度和高度，并创建一个与该 View 相同大小的缓存区，然后创建一个新的画布，并实例化一个路径，再将内存中的位图绘制到 cacheCanvas 中，最后实例化一个画笔，并设置画笔的相关属性。关键代码如下：

```
view_width = context.getResources().getDisplayMetrics().widthPixels;
                                                                //获取屏幕的宽度
view_height = context.getResources().getDisplayMetrics().heightPixels;
                                                                //获取屏幕的高度
System.out.println(view_width + "*" + view_height);    //屏幕宽高
//创建一个与该View相同大小的缓存区
cacheBitmap = Bitmap.createBitmap(view_width, view_height, Bitmap.Config.ARGB_8888);
cacheCanvas = new Canvas();    //创建一个新的画布
path = new Path();    //实例化路径
cacheCanvas.setBitmap(cacheBitmap);    //在cacheCanvas上绘制cacheBitmap
paint = new Paint();    //实例化画笔
paint.setColor(Color.RED);    //设置默认的画笔颜色
//设置画笔风格
```

```
paint.setStyle(Paint.Style.STROKE);    //设置填充方式为描边
paint.setStrokeWidth(2);    // 设置默认笔触的宽度为1像素
paint.setAntiAlias(true);    // 使用抗锯齿功能
```

（4）在 DrawView 类的 onDraw()方法中添加以下代码，用于绘制 cacheBitmap、绘制路径。关键代码如下：

```
canvas.drawBitmap(cacheBitmap, 0, 0, null);    //绘制 cacheBitmap
canvas.drawPath(path, paint);    //绘制路径
```

（5）在 DrawView 类中重写 onTouchEvent()方法，为该视图添加触摸事件监听器。在该方法中，首先获取触摸事件发生的位置，然后应用 switch 语句对事件的不同状态添加响应代码，最后调用 invalidate()方法更新视图。具体代码如下：

```
@Override
public boolean onTouchEvent(MotionEvent event) {
    // 获取触摸事件的发生位置
    float x = event.getX();    //获取 x 坐标
    float y = event.getY();    //获取 y 坐标
    switch (event.getAction()) {
        case MotionEvent.ACTION_DOWN:    //当手指按下时
            path.moveTo(x, y);    // 将绘图的起始点移到（x,y）坐标点的位置
            preX = x;
            preY = y;
            break;
        case MotionEvent.ACTION_MOVE:    //根据触摸过程与位置绘制线条
            float dx = Math.abs(x - preX);    //计算 x 值的移动距离
            float dy = Math.abs(y - preY);    //计算 y 值的移动距离
            if (dx >= 5 || dy >= 5) {    //判断是否在允许的范围内
                path.quadTo(preX, preY, (x + preX) / 2, (y + preY) / 2);//贝塞尔曲线
                preX = x;
                preY = y;
            }
            break;
        case MotionEvent.ACTION_UP:    //当手指抬起时
            cacheCanvas.drawPath(path, paint);    //绘制路径
            path.reset();    //重置路径
            break;
    }
    invalidate();    //刷新
    return true;    //返回 true 表明处理方法已经处理该事件
}
```

（6）编写 clear()方法，用于清空画板。具体代码如下：

```
public void clear() {
    if (cacheCanvas != null) {    //如果绘制路径不为空
        path.reset();    //重置路径
        cacheCanvas.drawColor(Color.TRANSPARENT, PorterDuff.Mode.CLEAR);
        invalidate();    //刷新
    }
}
```

（7）在 MainActivity 的 onCreate()方法中，首先获取自定义的视图，然后获取一个清空画板的

图片按钮并为其设置监听事件，最后在 onClick()方法中获取 DrawView 类中的 clear()方法，用于清空画板。关键代码如下：

```java
final DrawView drawView= (DrawView) findViewById(R.id.dv);       //获取自定义的绘图视图
 ImageButton button= (ImageButton) findViewById(R.id.btn_clear);   //获取清空按钮
button.setOnClickListener(new View.OnClickListener() {      //为按钮设置监听事件
    @Override
    public void onClick(View v) {
        drawView.clear();    //调用清除方法
    }
});
```

13.3 Android 中的动画

在应用 Android 进行项目开发时，特别是在进行游戏开发时，经常需要涉及动画。Android 中的动画通常可以分为逐帧动画和补间动画两种。下面将分别介绍如何实现这两种动画。

13.3.1 实现逐帧动画

逐帧（Frame）动画就是顺序播放事先准备好的静态图像，利用人眼的"视觉暂留"原理，给用户造成动画的错觉。实现逐帧动画比较简单，只需要以下两个步骤。

（1）在 Android XML 资源文件中定义一组用于生成动画的图片资源，可以使用包含一系列<item></item>子标记的<animation-list></animation-list>标记来实现。具体语法格式如下：

```xml
<animation-list xmlns:android="http://schemas.android.com/apk/res/android"
 android:oneshot="true|false">
    <item android:drawable="@drawable/图片资源名1" android:duration="integer" />
    …    <!-- 省略了部分<item></item>标记 -->
    <item android:drawable="@drawable/图片资源名n" android:duration="integer" />
</animation-list>
```

在上面的语法中，android:oneshot 属性用于设置是否循环播放，默认值为 true，表示循环播放；android:drawable 属性用于指定要显示的图片资源；android:duration 属性指定图片资源持续的时间。

（2）使用步骤（1）中定义的动画资源。通常情况下，可以将其作为组件的背景使用。例如，可以在布局文件中添加一个线性布局管理器，然后将该布局管理器的 android:background 属性设置为所定义的动画资源。另外，也可以将定义的动画资源作为 ImageView 的背景使用。

📖 说明：

在 Android 中还支持在 Java 代码中创建逐帧动画。具体的步骤是：首先创建 AnimationDrawable 对象，然后调用 addFrame()方法向动画中添加帧，每调用一次 addFrame()方法，将添加一个帧。

例 13.6 在 Android Studio 中创建一个 Module，名称为 13.6，使用逐帧动画实现一个忐忑的精灵动画，单击屏幕播放动画，再次单击停止动画，如图 13.13 所示。（**实例位置：资源包\code\13\13.6**）

图 13.13 忐忑的精灵

（1）在新建项目的 res 目录中，首先创建一个名称为 anim 的目录，并在该目录中添加一个名称为 fairy.xml 的 XML 资源文件，然后在该文件中定义组成动画的图片资源。具体代码如下：

```xml
<?xml version="1.0" encoding="utf-8"?>
<animation-list xmlns:android="http://schemas.android.com/apk/res/android" >
 <item android:drawable="@drawable/img001" android:duration="60"/>
 <item android:drawable="@drawable/img002" android:duration="60"/>
 <item android:drawable="@drawable/img003" android:duration="60"/>
 <item android:drawable="@drawable/img004" android:duration="60"/>
 <item android:drawable="@drawable/img005" android:duration="60"/>
 <item android:drawable="@drawable/img006" android:duration="60"/>
</animation-list>
```

（2）修改新建项目的 res\layout 目录下的布局文件 activity_main.xml，将默认添加的相对布局管理器修改为垂直线性布局管理器，并且在该布局管理器中将默认添加的 TextView 组件与内边距删除，然后为修改后的线性布局管理器设置 android:id 和 android:background 属性。将 android:background 属性设置为步骤（1）中创建的动画资源，修改后的代码如下：

```xml
<LinearLayout
    android:id="@+id/linearLayout"
    xmlns:android="http://schemas.android.com/apk/res/android"
    xmlns:tools="http://schemas.android.com/tools"
    android:layout_width="match_parent"
    android:layout_height="match_parent"
    android:orientation="vertical"
    android:background="@anim/fairy"
    tools:context="com.mingrisoft.MainActivity">
</LinearLayout>
```

（3）打开默认创建的 MainActivity，在该文件中，首先定义一个私有的布尔型 flag=true 用于判断开始和停止动画，然后在 onCreate()方法中获取垂直线性布局管理器与 AnimationDrawable 对象，再为布局管理器添加单击事件，最后在 onClick()方法中判断 flag 来实现动画的开始与停止。具体代码如下：

```java
public class MainActivity extends AppCompatActivity {
```

```
        private boolean flag = true;
        @Override
        protected void onCreate(Bundle savedInstanceState) {
            super.onCreate(savedInstanceState);
            setContentView(R.layout.activity_main);
            LinearLayout linearLayout= (LinearLayout) findViewById(R.id.linearLayout);
//获取布局管理器
            //获取AnimationDrawable对象
            final AnimationDrawable anim= (AnimationDrawable) linearLayout.getBackground();
            linearLayout.setOnClickListener(new View.OnClickListener() {  //为布局管理器
                                                                          添加单击事件

                @Override
                public void onClick(View v) {
                    if(flag){
                        anim.start();  //开始播放动画
                        flag=false;
                    }else {
                        anim.stop();  //停止播放动画
                        flag=true;
                    }
                }
            });
        }
    }
```

（4）在 AndroidManifest.xml 文件的<activity>标记中添加 screenOrientation 属性，设置其横屏显示。关键代码如下：

```
android:screenOrientation="landscape"
```

扫一扫，看视频

13.3.2 实现补间动画

Android 除了支持逐帧动画之外，还支持补间（Tween）动画。在实现补间动画时，只需要定义动画开始和动画结束的关键帧，而动画变化的中间帧由系统自动计算并补齐。对于补间动画而言，开发者只需要指定动画开始、结束的关键帧，并指定动画的持续时间即可。其示意图如图 13.14 所示。

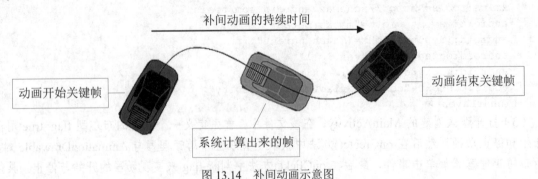

图 13.14　补间动画示意图

在 Android 中，提供了 4 种补间动画。下面分别进行介绍。

1. 透明度渐变动画（AlphaAnimation）

透明度渐变动画就是指通过 View 组件透明度的变化来实现 View 的渐隐渐显效果。它主要通过为动画指定开始时的透明度、结束时的透明度以及持续时间来创建动画。同逐帧动画一样，也可以在 XML 文件中定义透明度渐变动画的资源文件。基本的语法格式如下：

```xml
<set xmlns:android="http://schemas.android.com/apk/res/android"
android:interpolator="@[package:]anim/interpolator_resource">
<alpha
        android:repeatMode="reverse|restart"
        android:repeatCount="次数|infinite"
        android:duration="Integer"
    android:fromAlpha="float"
    android:toAlpha="float" />
</set>
```

在上面的语法中，各属性说明见表 13-8。

表 13-8　定义透明度渐变动画时常用的属性

属　　性	描　　述
android:interpolator	用于控制动画的变化速度，使得动画效果可以匀速、加速、减速或抛物线速度等各种速度变化，其属性值见表 13-9
android:repeatMode	用于设置动画的重复方式，可选值为 reverse（反向）或 restart（重新开始）
android:repeatCount	用于设置动画的重复次数，属性值可以是代表次数的数值，也可以是 infinite（无限循环）
android:duration	用于指定动画持续的时间，单位为毫秒
android:fromAlpha	用于指定动画开始时的透明度，值为 0.0 代表完全透明，值为 1.0 代表完全不透明
android:toAlpha	用于指定动画结束时的透明度，值为 0.0 代表完全透明，值为 1.0 代表完全不透明

表 13-9　android:interpolator 属性的常用属性值

属　性　值	描　　述
@android:anim/linear_interpolator	动画一直在做匀速改变
@android:anim/accelerate_interpolator	动画在开始的地方改变较慢，然后开始加速
@android:anim/decelerate_interpolator	动画在开始的地方改变速度较快，然后开始减速
@android:anim/accelerate_decelerate_interpolator	动画在开始和结束的地方改变速度较慢，在中间的时候加速
@android:anim/cycle_interpolator	动画循环播放特定的次数，变化速度按正弦曲线改变
@android:anim/bounce_interpolator	动画结束的地方采用弹球效果
@android:anim/anticipate_overshoot_interpolator	在动画开始的地方先向后退一小步，再开始动画，到结束的地方再超出一小步，最后回到动画结束的地方
@android:anim/overshoot_interpolator	动画快速到达终点并超出一小步，最后回到动画结束的地方
@android:anim/anticipate_interpolator	在动画开始的地方先向后退一小步，再快速到达动画结束的地方

例如,定义一个让 View 组件从完全透明到完全不透明、持续时间为 2 秒钟的动画,可以使用下面的代码:

```xml
<set xmlns:android="http://schemas.android.com/apk/res/android">
  <alpha android:fromAlpha="0"
      android:toAlpha="1"
      android:duration="2000"/>
</set>
```

2. 旋转动画（RotateAnimation）

旋转动画就是通过为动画指定开始时的旋转角度、结束时的旋转角度以及持续时间来创建动画。在旋转时,还可以通过指定轴心点坐标来改变旋转的中心。同透明度渐变动画一样,也可以在 XML 文件中定义旋转动画资源文件。基本的语法格式如下:

```xml
<set xmlns:android="http://schemas.android.com/apk/res/android"
android:interpolator="@[package:]anim/interpolator_resource">
<rotate
  android:fromDegrees="float"
  android:toDegrees="float"
  android:pivotX="float"
  android:pivotY="float"
      android:repeatMode="reverse|restart"
      android:repeatCount="次数|infinite"
      android:duration="Integer"/>
</set>
```

在上面的语法中,各属性说明见表 13-10。

表 13-10 定义旋转动画时常用的属性

属　　性	描　　述
android:interpolator	用于控制动画的变化速度,使得动画效果可以匀速、加速、减速或抛物线速度等各种速度变化,其属性值见表 13-9
android:fromDegrees	用于指定动画开始时的旋转角度
android:toDegrees	用于指定动画结束时的旋转角度
android:pivotX	用于指定轴心点的 X 坐标
android:pivotY	用于指定轴心点的 Y 坐标
android:repeatMode	用于设置动画的重复方式,可选值为 reverse（反向）或 restart（重新开始）
android:repeatCount	用于设置动画的重复次数,属性可以是代表次数的数值,也可以是 infinite（无限循环）
android:duration	用于指定动画持续的时间,单位为毫秒

例如,定义一个让图片从 0°转到 360°、持续时间为 2 秒钟、中心点在图片的中心的动画,可以使用下面的代码:

```xml
<rotate
    android:fromDegrees="0"
    android:toDegrees="360"
    android:pivotX="50%"
```

```
    android:pivotY="50%"
    android:duration="2000">
</rotate>
```

3. 缩放动画（ScaleAnimation）

缩放动画就是通过为动画指定开始时的缩放系数、结束时的缩放系数以及持续时间来创建动画。在缩放时，还可以通过指定轴心点坐标来改变缩放的中心。同透明度渐变动画一样，也可以在 XML 文件中定义缩放动画资源文件。基本的语法格式如下：

```
<set xmlns:android="http://schemas.android.com/apk/res/android"
android:interpolator="@[package:]anim/interpolator_resource">
<scale
  android:fromXScale="float"
  android:toXScale="float"
  android:fromYScale="float"
  android:toYScale="float"
  android:pivotX="float"
  android:pivotY="float"
      android:repeatMode="reverse|restart"
      android:repeatCount="次数|infinite"
      android:duration="Integer"/>
</set>
```

在上面的语法中，各属性说明见表 13-11。

表 13-11 定义缩放动画时常用的属性

属 性	描 述
android:interpolator	用于控制动画的变化速度，使得动画效果可以匀速、加速、减速或抛物线速度等各种速度变化，其属性值见表 13-9
android:fromXScale	用于指定动画开始时水平方向上的缩放系数，值为 1.0 表示不变化
android:toXScale	用于指定动画结束时水平方向上的缩放系数，值为 1.0 表示不变化
android:fromYScale	用于指定动画开始时垂直方向上的缩放系数，值为 1.0 表示不变化
android:toYScale	用于指定动画结束时垂直方向上的缩放系数，值为 1.0 表示不变化
android:pivotX	用于指定轴心点的 X 坐标
android:pivotY	用于指定轴心点的 Y 坐标
android:repeatMode	用于设置动画的重复方式，可选值为 reverse（反向）或 restart（重新开始）
android:repeatCount	用于设置动画的重复次数，属性值可以是代表次数的数值，也可以是 infinite（无限循环）
android:duration	用于指定动画持续的时间，单位为毫秒

例如，定义一个以图片的中心为轴心点，将图片放大 2 倍、持续时间为 2 秒钟的动画，可以使用下面的代码：

```
<scale android:fromXScale="1"
    android:fromYScale="1"
    android:toXScale="2.0"
```

```
    android:toYScale="2.0"
    android:pivotX="50%"
    android:pivotY="50%"
    android:duration="2000"/>
```

4．平移动画（Translate Animation）

平移动画就是通过为动画指定开始时的位置、结束时的位置以及持续时间来创建动画。同透明度渐变动画一样，也可以在 XML 文件中定义平移动画资源文件。基本的语法格式如下：

```
<set xmlns:android="http://schemas.android.com/apk/res/android"
android:interpolator="@[package:]anim/interpolator_resource">
<translate
    android:fromXDelta="float"
    android:toXDelta="float"
    android:fromYDelta="float"
    android:toYDelta="float"
        android:repeatMode="reverse|restart"
        android:repeatCount="次数|infinite"
        android:duration="Integer"/>
</set>
```

在上面的语法中，各属性说明见表 13-12。

表 13-12　定义平移动画时常用的属性

属　　性	描　　述
android:interpolator	用于控制动画的变化速度，使得动画效果可以匀速、加速、减速或抛物线速度等各种速度变化，其属性值见表 13-9
android:fromXDelta	用于指定动画开始时水平方向上的起始位置
android:toXDelta	用于指定动画结束时水平方向上的起始位置
android:fromYDelta	用于指定动画开始时垂直方向上的起始位置
android:toYDelta	用于指定动画结束时垂直方向上的起始位置
android:repeatMode	用于设置动画的重复方式，可选值为 reverse（反向）或 restart（重新开始）
android:repeatCount	用于设置动画的重复次数，属性可以是代表次数的数值，也可以是 infinite（无限循环）
android:duration	用于指定动画持续的时间，单位为毫秒

例如，定义一个让图片从（0,0）点到（300,300）点、持续时间为 2 秒钟的动画，可以使用下面的代码：

```
<translate
    android:fromXDelta="0"
    android:toXDelta="300"
    android:fromYDelta="0"
    android:toYDelta="300"
    android:duration="2000">
</translate>
```

例 13.7　在 Android Studio 中创建一个 Module，名称为 13.7，滑动屏幕实现淡入、淡出的补间

动画，如图 13.15 所示。（实例位置：资源包\code\13\13.7）

图 13.15 淡入、淡出动画

（1）在新建项目的 res 目录中创建一个名称为 anim 的目录，并在该目录中创建实现淡入、淡出的动画资源文件。

① 创建名称为 anim_alpha_in.xml 的 XML 资源文件，在该文件中定义一个淡入效果的动画。具体代码如下：

```xml
<?xml version="1.0" encoding="utf-8"?>
<set xmlns:android="http://schemas.android.com/apk/res/android">
  <alpha android:fromAlpha="0"
      android:toAlpha="1"
      android:duration="4000"/>
</set>
```

② 创建名称为 anim_alpha_out.xml 的 XML 资源文件，在该文件中定义一个淡出效果的动画。具体代码如下：

```xml
<?xml version="1.0" encoding="utf-8"?>
<set xmlns:android="http://schemas.android.com/apk/res/android">
  <alpha android:fromAlpha="1"
      android:toAlpha="0"
      android:duration="2000"/>
</set>
```

（2）创建一个通过手势滑动查看相片的手机相册，具体方法请参见例 9.5。

（3）定义并初始化动画数组。

① 在 MainActivity 中定义动画数组。代码如下：

```
Animation[] animation = new Animation[2];    //定义动画数组，为 ViewFlipper 指定切换动画
```

② 在 onCreate()方法中初始化该动画数组。代码如下：

```
animation[0] = AnimationUtils.loadAnimation(this, R.anim.anim_alpha_in);  //淡入动画
animation[1] = AnimationUtils.loadAnimation(this, R.anim.anim_alpha_out);//淡出动画
```
（4）在重写的 onFling()方法中，通过判断手指滑动方向指定切换的动画效果。关键代码如下：

```
//为flipper设置切换的动画效果
flipper.setInAnimation(animation[0]);
flipper.setOutAnimation(animation[1]);
//如果第一个触点事件的X坐标到第二个触点事件的X坐标的距离超过distance就是从右向左滑动
if (e1.getX() - e2.getX() > distance) {
    flipper.showPrevious();
    return true;
//如果第二个触点事件的X坐标到第一个触点事件的X坐标的距离超过distance就是从左向右滑动
} else if (e2.getX() - e1.getX() > distance) {
    flipper.showNext();
    return true;
}
return false;
```

第 14 章　多媒体应用开发

扫一扫，看视频

随着 4G 时代的到来，多媒体在手机和平板电脑上广泛应用。Android 作为手机和平板电脑的一个操作系统，对于多媒体应用也提供了良好的支持。它不仅支持音频和视频的播放，而且还支持音频录制和摄像头拍照。本章将对 Android 中的音频、视频以及摄像头拍照等多媒体应用进行详细介绍。

通过阅读本章，您可以：

- 了解 Android 支持的音频和视频格式
- 掌握使用 MediaPlayer 播放音频的方法
- 掌握使用 SoundPool 播放音频的方法
- 掌握如何使用 VideoView 播放视频
- 掌握如何使用 MediaPlayer 和 SurfaceView 播放视频
- 掌握如何控制摄像头拍照

14.1　播放音频与视频

Android 提供了对常用音频和视频格式的支持，它所支持的音频格式有 MP3（.mp3）、3GPP（.3gp）、Ogg（.ogg）和 WAVE（.wav）等，支持的视频格式有 3GPP（.3gp）和 MPEG-4（.mp4）等。通过 Android API 提供的相关方法，在 Android 中可以实现音频与视频的播放。下面将分别介绍播放音频与视频的不同方法。

14.1.1　使用 MediaPlayer 播放音频

扫一扫，看视频

在 Android 中，提供了 MediaPlayer 类来播放音频。使用 MediaPlayer 类播放音频比较简单，只需要创建该类的对象，并为其指定要播放的音频文件，然后调用该类的 start()方法即可。MediaPlayer 类中有许多方法，其中比较常用的方法及其描述见表 14-1。

表 14-1　MediaPlayer 类中的常用方法

方　　法	描　　述
create(Context context, int resid)	根据指定的资源 ID 创建一个 MediaPlayer 对象
create(Context context, Uri uri)	根据指定的 URI 创建一个 MediaPlayer 对象
setDataSource()	指定要装载的资源
prepare()	准备播放（在播放前调用）
start()	开始播放
stop()	停止播放
pause()	暂停播放
reset()	恢复 MediaPlayer 到未初始化状态

下面对如何使用 MediaPlayer 播放音频进行详细介绍。

1. 创建 MediaPlayer 对象，并装载音频文件

创建 MediaPlayer 对象并装载音频文件，可以使用 MediaPayer 类提供的静态方法 create()来实现，也可以通过其无参构造方法来创建并实例化该类的对象来实现。

↘ 使用 create()方法创建 MediaPlayer 对象并装载音频文件

MediaPlayer 类的静态方法 create()常用的语法格式有以下两种。

↳ create(Context context, int resid)

用于从资源 ID 所对应的资源文件中装载音频，并返回新创建的 MediaPlayer 对象。例如，要创建装载音频资源（res/raw/d.wav）的 MediaPlayer 对象，可以使用下面的代码：

```
MediaPlayer player=MediaPlayer.create(this, R.raw.d);
```

↳ create(Context context, Uri uri)

用于根据指定的 URI 来装载音频，并返回新创建的 MediaPlayer 对象。例如，要创建装载了音频文件（URI 地址为 http://www.mingribook.com/sound/bg.mp3）的 MediaPlayer 对象，可以使用下面的代码：

```
MediaPlayer player=MediaPlayer.create(this, Uri.parse("http://www.mingribook.com/sound/bg.mp3"));
```

说明：

在访问网络中的资源时，要在 AndroidManifest.xml 文件中授予该程序访问网络的权限，具体的授权代码如下：
`<uses-permission android:name="android.permission.INTERNET"/>`

↘ 通过无参的构造方法创建 MediaPlayer 对象并装载音频文件

使用无参的构造方法创建 MediaPlayer 对象时，需要单独指定要装载的资源，这可以使用 MediaPlayer 类的 setDataSource()方法实现。

在使用 setDataSource()方法装载音频文件后，实际上 MediaPlayer 并未真正装载该音频文件，还需要调用 MediaPlayer 的 prepare()方法真正装载音频文件。使用无参的构造方法来创建 MediaPlayer 对象并装载指定的音频文件，可以使用下面的代码：

```
MediaPlayer player1=new MediaPlayer();
try {
    player1.setDataSource("/sdcard/music.mp3");      //指定要装载的音频文件
    player1.prepare();                               //预加载音频
} catch (IOException e) {
    e.printStackTrace();
}
```

说明：

通过 MediaPlayer 类的静态方法 create()创建 MediaPlayer 对象时，已经装载了要播放的音频，所以这种方法适用于播放单独的音频文件。而通过无参的构造方法创建 MediaPlayer 对象并装载音频文件时，可以根据需要随时改变要加载的文件，所以这种方法适用于连续播放多个文件。

2. 开始或恢复播放

在获取到 MediaPlayer 对象后，就可以使用 MediaPlayer 类提供的 start()方法开始播放音频或恢复播放已经暂停的音频。例如，已经创建了一个名称为 player 的对象，并且装载了要播放的音频，

可以使用下面的代码播放该音频：
```
player.start();                    //开始播放
```
3．停止播放
使用 MediaPlayer 类提供的 stop()方法可以停止正在播放的音频。例如，已经创建了一个名称为 player 的对象，并且已经开始播放装载的音频，可以使用下面的代码停止播放该音频：
```
player.stop();                     //停止播放
```
4．暂停播放
使用 MediaPlayer 类提供的 pause()方法可以暂停正在播放的音频。例如，已经创建了一个名称为 player 的对象，并且已经开始播放装载的音频，可以使用下面的代码暂停播放该音频：
```
player.pause();                    //暂停播放
```

扫一扫，看视频

例 14.1 在 Android Studio 中创建一个 SDK 最小版本为 21 的 Module，名称为 14.1，实现包括播放、暂停/继续和停止功能的简易音乐播放器，如图 14.1 所示。（**实例位置：资源包 \code\14\14.1**）

（1）将要播放的音频文件上传到 SD 卡的根目录中，这里要播放的音频文件为 music.mp3。

（2）修改新建 Module 的 res\layout 目录下的布局文件 activity_main.xml。首先将默认添加的 TextView 组件与内边距删除，然后为相对布局管理器添加背景图片，最后添加两个 ImageButton 组件，用于播放/暂停与停止，具体代码请参见资源包。

（3）打开 MainActivity 类，该类继承 Activity，然后在该类中定义所需的成员变量。具体代码如下：
```
private MediaPlayer player;        //定义MediaPlayer
                                   对象
private boolean isPause = false;   //定义是否暂停
private File file;                 //定义要播放的音频文件
```

（4）在 MainActivity 类的 onCreate()方法中，获取布局文件中的相关组件与要播放的音频文件。关键代码如下：

图 14.1 简易音乐播放器

```
//设置全屏显示
getWindow().setFlags(WindowManager.LayoutParams.FLAG_FULLSCREEN,
        WindowManager.LayoutParams.FLAG_FULLSCREEN);
final ImageButton btn_play = (ImageButton) findViewById(R.id.btn_play);
                                                  //获取"播放/暂停"按钮
final ImageButton btn_stop = (ImageButton) findViewById(R.id.btn_stop);
                                                  //获取"停止"按钮
file = new File("/sdcard/music.mp3");             //获取要播放的音频文件
```

（5）如果音频文件存在，就创建一个装载该文件的 MediaPlayer 对象，如不存在将做出提示。关键代码如下：
```
if (file.exists()) {    //如果音频文件存在
    //创建MediaPlayer对象,并解析要播放的音频文件
```

```
    player = MediaPlayer.create(this, Uri.parse(file.getAbsolutePath()));
} else {
    //提示音频文件不存在
    Toast.makeText(MainActivity.this,"要播放的音频文件不存在!",Toast.LENGTH_SHORT).show();
    return;
}
```

（6）在 MainActivity 中创建 play()方法，实现重新播放音频的功能。具体代码如下：

```
private void play() {
    try {
        player.reset();                                          //重置 MediaPlayer 对象
        player.setDataSource(file.getAbsolutePath());            //重新设置要播放的音频
        player.prepare();                                        //预加载音频
        player.start();                                          //开始播放
    } catch (Exception e) {
        e.printStackTrace();                                     //输出异常信息
    }
}
```

（7）在 onCreate()方法中，为 MediaPlayer 对象添加完成事件监听器，用于当音频播放完毕后，重新开始播放音频。关键代码如下：

```
player.setOnCompletionListener(new MediaPlayer.OnCompletionListener() {
    @Override
    public void onCompletion(MediaPlayer mp) {
        play();                                 //调用 play()方法，实现播放功能
    }
});
```

（8）单击播放按钮，实现继续播放与暂停播放。关键代码如下：

```
btn_play.setOnClickListener(new View.OnClickListener() {    //实现继续播放与暂停播放
    @Override
    public void onClick(View v) {
        if (player.isPlaying() && !isPause) {           //如果音频处于播放状态
            player.pause();                             //暂停播放
            isPause = true;                             //设置为暂停状态
            //更换为播放图标
            ((ImageButton) v).setImageDrawable(getResources().getDrawable(R.drawable.play, null));
        } else {
            player.start();                             //继续播放
            // 更换为暂停图标
            ((ImageButton)v).setImageDrawable(getResources().getDrawable(R.drawable.pause, null));
            isPause = false;                            //设置为播放状态
        }
    }
});
```

（9）单击停止按钮，实现停止播放音频。关键代码如下：

```
btn_stop.setOnClickListener(new View.OnClickListener() {
```

```
    @Override
    public void onClick(View v) {
        player.stop();                      //停止播放
        //更换为播放图标
        btn_play.setImageDrawable(getResources().getDrawable(R.drawable.play,null));
    }
});
```

（10）重写 Activity 的 onDestroy()方法，用于在当前 Activity 销毁时，停止正在播放的音频，并释放 MediaPlayer 所占用的资源。具体代码如下：

```
@Override
protected void onDestroy() {
    if (player.isPlaying()) {           //如果音频处于播放状态
        player.stop();                  //停止音频的播放
    }
    player.release();                   //释放资源
    super.onDestroy();
}
```

（11）从 Android 4.4.2 开始，如果需要访问 SD 卡的文件，需要在 AndroidManifest.xml 文件中赋予程序访问 SD 卡的权限。关键代码如下：

```
<uses-permission android:name="android.permission.WRITE_EXTERNAL_STORAGE" />
<uses-permission android:name="android.permission.MOUNT_UNMOUNT_FILESYSTEMS" />
```

说明：

本章实例第一次运行将会出现空指针异常，无法获取文件路径。用户可以在模拟器中进入/设置/应用/你的 App 应用名称/权限/开启存储空间权限，即可获取文件指定路径。

14.1.2 使用 SoundPool 播放音频

扫一扫，看视频

由于 MediaPlayer 占用资源较多，且不支持同时播放多个音频，所以 Android 还提供了另一个播放音频的类——SoundPool（即音频池），可以同时播放多个短小的音频，而且占用的资源较少。SoundPool 适合在应用程序中播放按键音或者消息提示音等，以及在游戏中播放密集而短暂的声音（如多个飞机的爆炸声等）。使用 SoundPool 播放音频，首先需要创建 SoundPool 对象，然后加载所要播放的音频，最后调用 play()方法播放音频。下面进行详细介绍。

1. 创建 SoundPool 对象

SoundPool 类提供了一个构造方法，用来创建 SoundPool 对象，该构造方法的语法格式如下：

```
SoundPool (int maxStreams, int streamType, int srcQuality)
```

参数说明如下：

- maxStreams：用于指定可以容纳多少个音频；
- streamType：用于指定声音类型，可以通过 AudioManager 类提供的常量进行指定，通常使用 STREAM_MUSIC；
- srcQuality：用于指定音频的品质，默认值为 0。

例如，创建一个可以容纳 10 个音频的 SoundPool 对象，可以使用下面的代码：

```
SoundPool soundpool = new SoundPool(10,
    AudioManager.STREAM_SYSTEM, 0);//创建一个SoundPool对象,该对象可以容纳10个音频流
```

2. 加载所要播放的音频

创建 SoundPool 对象后,可以调用 load()方法来加载要播放的音频。load()方法的语法格式有以下 4 种。

- public int load (Context context, int resId, int priority):用于通过指定的资源 ID 来加载音频。
- public int load (String path, int priority):用于通过音频文件的路径来加载音频。
- public int load (AssetFileDescriptor afd, int priority):用于从 AssetFileDescriptor 所对应的文件中加载音频。
- public int load (FileDescriptor fd, long offset, long length, int priority):用于加载 FileDescriptor 对象中从 offset 开始、长度为 length 的音频。

例如,要通过资源 ID 来加载音频文件 ding.wav,可以使用下面的代码:

```
soundpool.load(this, R.raw.ding, 1);
```

说明:

为了更好地管理所加载的每个音频,一般使用 HashMap<Integer, Integer>对象来管理这些音频。这时可以先创建一个 HashMap<Integer, Integer>对象,然后应用该对象的 put()方法将加载的音频保存到该对象中。例如,创建一个 HashMap<Integer, Integer>对象,并应用 put()方法添加一个音频,可以使用下面的代码:
```
HashMap<Integer, Integer> soundmap = new HashMap<Integer, Integer>();
                                                           //创建一个HashMap对象
soundmap.put(1, soundpool.load(this, R.raw.chimes, 1));
```

3. 播放音频

调用 SoundPool 对象的 play()方法可播放指定的音频。play()方法的语法格式如下:

```
play (int soundID, float leftVolume, float rightVolume, int priority, int loop, float rate)
```

play()方法各参数的说明见表 14-2。

表 14-2 play()方法的参数说明

参 数	描 述
soundID	指定要播放的音频,该音频为通过 load()方法返回的音频
leftVolume	指定左声道的音量,取值范例为 0.0~1.0
rightVolume	指定右声道的音量,取值范例为 0.0~1.0
priority	指定播放音频的优先级,数值越大,优先级越高
loop	指定循环次数,0 为不循环,-1 为循环
rate	指定速率,正常为 1,最低为 0.5,最高为 2

例如,要播放 raw 资源中保存的音频文件 notify.wav,可以使用下面的代码:

```
soundpool.play(soundpool.load(MainActivity.this, R.raw.notify, 1), 1, 1, 0, 0, 1);
//播放指定的音频
```

例 14.2 在 Android Studio 中创建一个 SDK 最小版本为 21 的 Module，实现通过 SoundPool 模拟手机选择铃声，如图 14.2 所示，单击列表项，将播放相应的铃声。（实例位置：资源包\code\14\14.2）

（1）在 res 目录下创建 raw 资源文件夹，将要播放的音频文件复制到该文件夹中。

（2）修改布局文件 activity_main.xml，将默认添加的 TextView 组件和内边距删除，然后在默认添加的相对布局管理器中添加一个 ListView 组件，用于显示要选择的铃声，具体代码请参见资源包。

（3）在 res\layout 目录下创建一个名称为 main.xml 文件，用于指定 ListView 列表项的布局样式。

（4）打开 MainActivity 类，在 onCreate()方法中通过 for 循环将列表项文字放到 Map 中，并添加到 list 集合中。关键代码如下：

图 14.2 通过 SoundPool 模拟手机选择铃声

```
ListView listview = (ListView) findViewById(R.id.listView);   //获取列表视图

String[] title = new String[]{"布谷鸟叫声", "风铃声", "门铃声", "电话声", "鸟叫声",
        "水流声", "公鸡叫声"};                        //定义并初始化保存列表项文字的数组
List<Map<String, Object>> listItems = new ArrayList<Map<String, Object>>();
                                                   //创建一个 list 集合
for (int i = 0; i < title.length; i++) {     //通过 for 循环将列表项文字放到 Map 中，并
                                                   添加到 list 集合中
Map<String, Object> map = new HashMap<String, Object>();     //实例化 Map 对象
map.put("name", title[i]);
listItems.add(map);                              //将 map 对象添加到 List 集合中
    }
```

（5）创建 AudioAttributes 对象并设置场景与音效的相关属性。关键代码如下：

```
AudioAttributes attr = new AudioAttributes.Builder()
        .setUsage(AudioAttributes.USAGE_GAME)               //设置音效使用场景
        .setContentType(AudioAttributes.CONTENT_TYPE_MUSIC) //设置音效的类型
        .build();
final SoundPool soundpool = new SoundPool.Builder()         //创建 SoundPool 对象
        .setAudioAttributes(attr) // 设置音效池的属性
        .setMaxStreams(10) // 设置最多可容纳 10 个音频流，
        .build();
```

（6）创建一个 HashMap 对象，将要播放的音频流保存到 HashMap 对象中。关键代码如下：

```
final HashMap<Integer, Integer> soundmap = new HashMap<Integer, Integer>();
soundmap.put(0, soundpool.load(this, R.raw.cuckoo, 1));
soundmap.put(1, soundpool.load(this, R.raw.chimes, 1));
soundmap.put(2, soundpool.load(this, R.raw.notify, 1));
soundmap.put(3, soundpool.load(this, R.raw.ringout, 1));
soundmap.put(4, soundpool.load(this, R.raw.bird, 1));
soundmap.put(5, soundpool.load(this, R.raw.water, 1));
```

```
soundmap.put(6, soundpool.load(this, R.raw.cock, 1));
```
（7）创建 SimpleAdapter 适配器并将适配器与 ListView 关联。关键代码如下：
```
SimpleAdapter adapter = new SimpleAdapter(this, listItems,
        R.layout.main, new String[]{"name",}, new int[]{
        R.id.title}); // 创建 SimpleAdapter
listview.setAdapter(adapter); // 将适配器与 ListView 关联
```
（8）为 ListView 设置事件监听器，为每个选项设置所对应要播放的音频。关键代码如下：
```
listview.setOnItemClickListener(new AdapterView.OnItemClickListener() {
    @Override
    public void onItemClick(AdapterView<?> parent, View view, int position, long id) {
        //获取选项的值
        Map<String, Object> map = (Map<String, Object>) parent.getItemAtPosition(position);
        soundpool.play(soundmap.get(position), 1, 1, 0, 0, 1);  //播放所选音频
    }
});
```

14.1.3 使用 VideoView 播放视频

在 Android 中，提供了 VideoView 组件用于播放视频文件。要想使用 VideoView 组件播放视频，首先需要在布局文件中创建该组件，然后在 Activity 中获取该组件，并应用其 setVideoPath()方法或 setVideoURI()方法加载要播放的视频，最后调用 start()方法来播放视频。另外，VideoView 组件还提供了 stop()和 pause()方法，用于停止或暂停视频的播放。

在布局文件中添加 VideoView 组件的基本语法格式如下：
```
<VideoView
    属性列表>
</VideoView>
```
VideoView 组件支持的 XML 属性见表 14-3。

表 14-3　VideoView 组件支持的 XML 属性

XML 属性	描　述
android:id	设置组件的 ID
android:background	设置背景，可以设置背景图片，也可以设置背景颜色
android:layout_gravity	设置对齐方式
android:layout_width	设置宽度
android:layout_height	设置高度

在 Android 中，还提供了一个可以与 VideoView 组件结合使用的 MediaController 组件。MediaController 组件用于通过图形控制界面来控制视频的播放。

下面通过一个具体的实例来说明如何使用 VideoView 和 MediaController 来播放视频。

例 14.3　实现通过 VideoView 和 MediaController 播放视频，如图 14.3 所示，运行本实例，将自动播放视频，单击屏幕显示播放控制条。（**实例位置：资源包\code\14\14.3**）

图14.3 使用 VideoView 和 MediaController 组件播放视频

（1）将要播放的视频文件上传到 SD 卡的根目录中，这里要播放的视频文件为 video.mp4。

（2）修改布局文件 activity_main.xml。首先将默认添加的 TextView 组件与内边距删除，然后在默认的相对布局管理器中添加一个 VideoView 组件，用于播放视频文件。关键代码如下：

```
<VideoView
    android:id="@+id/video"
    android:layout_width="match_parent"
    android:layout_height="match_parent"/>
```

（3）打开 MainActivity 类，该类继承 Activity，在 onCreate()方法中指定模拟器 SD 卡上要播放的视频文件，创建一个 android.widget.MediaController 对象，控制视频的播放。

```
//设置全屏显示
getWindow().setFlags(WindowManager.LayoutParams.FLAG_FULLSCREEN,
            WindowManager.LayoutParams.FLAG_FULLSCREEN);
VideoView video = (VideoView) findViewById(R.id.video);          //获取VideoView组件
//指定模拟器SD卡上要播放的视频文件
File file = new File(Environment.getExternalStorageDirectory() + "/video.mp4");
MediaController mc = new MediaController(MainActivity.this);   //创建
android.widget.MediaController 对象，控制视频的播放
```

（4）实现视频的播放功能。关键代码如下：

```
if (file.exists()) {                              //判断要播放的视频文件是否存在
    video.setVideoPath(file.getAbsolutePath());   //指定要播放的视频
    video.setMediaController(mc);                 //设置VideoView与MediaController相关联
    video.requestFocus();                         //让VideoView获得焦点
    try {
        video.start();                            //开始播放视频
    } catch (Exception e) {
        e.printStackTrace();
    }

    //为VideoView添加完成事件监听器，实现视频播放结束后的提示信息
    video.setOnCompletionListener(new MediaPlayer.OnCompletionListener() {
        @Override
        public void onCompletion(MediaPlayer mp) {
```

```
            //弹出消息提示框显示播放完毕
            Toast.makeText(MainActivity.this, "视频播放完毕!",
Toast.LENGTH_SHORT).show();
        }
    });
} else {
    //弹出消息提示框提示文件不存在
    Toast.makeText(this, "要播放的视频文件不存在", Toast.LENGTH_SHORT).show();
}
```

(5)从 Android 4.4.2 开始,如果需要访问 SD 卡的文件,需要在 AndroidManifest.xml 文件中赋予程序访问 SD 卡的权限。关键代码如下:

```
<uses-permission android:name="android.permission.WRITE_EXTERNAL_STORAGE" />
<uses-permission android:name="android.permission.MOUNT_UNMOUNT_FILESYSTEMS" />
```

(6)在 AndroidManifest.xml 文件的<activity>标记中添加 screenOrientation 属性,设置其横屏显示,关键代码如下:

```
android:screenOrientation="landscape"
```

✍ 说明:

读者需要在模拟器中开启存储空间权限,即可获取 SD 卡指定路径。

扫一扫,看视频

14.1.4 使用 MediaPlayer 和 SurfaceView 播放视频

使用 MediaPlayer 除了可以播放音频外,还可以播放视频文件,只不过使用 MediaPlayer 播放视频时,没有提供图像输出界面。这时,可以使用 SurfaceView 组件来显示视频图像。使用 MediaPlayer 和 SurfaceView 播放视频,可以分为以下 4 个步骤。

(1)定义 SurfaceView 组件。定义 SurfaceView 组件可以在布局管理器中实现,也可以直接在 Java 代码中创建,推荐在布局管理器中定义 SurfaceView 组件。其基本语法格式如下:

```
<SurfaceView
    android:id="@+id/ID 号"
    android:background="背景"
    android:keepScreenOn="true|false"
    android:layout_width="宽度"
    android:layout_height="高度"/>
```

在上面的语法中,android:keepScreenOn 属性用于指定在播放视频时,是否打开屏幕。

例如,在布局管理器中,添加一个 ID 号为 surfaceView1、设置了背景的 SurfaceView 组件,可以使用下面的代码:

```
<SurfaceView
    android:id="@+id/surfaceView1"
    android:background="@drawable/bg"
    android:keepScreenOn="true"
    android:layout_width="320dp"
    android:layout_height="36dp"/>
```

(2)创建 MediaPlayer 对象,并为其加载要播放的视频。与播放音频时创建 MediaPlayer 对象一样,也可以使用 MediaPlayer 类的静态方法 create()和无参的构造方法两种方式创建 MediaPlayer 对象,具体方法请参见 14.1.1 节。

（3）将所播放的视频画面输出到 SurfaceView。使用 MediaPlayer 对象的 setDisplay()方法，可以将所播放的视频画面输出到 SurfaceView。setDisplay()方法的语法格式如下：

```
setDisplay(SurfaceHolder sh)
```

其中，参数 sh 用于指定 SurfaceHolder 对象，可以通过 SurfaceView 对象的 getHolder()方法获得。例如，为 MediaPlayer 对象指定输出视频画面的 SurfaceView，可以使用下面的代码：

```
mediaplayer.setDisplay(surfaceview.getHolder());         //设置将视频画面输出到SurfaceView
```

（4）调用 MediaPlayer 对象的相应方法控制视频的播放。使用 MediaPlayer 对象提供的 play()、pause()和 stop()方法，可以控制视频的播放、暂停和停止。

下面通过一个具体的实例来说明如何使用 MediaPlayer 和 SurfaceView 来播放视频。

例 14.4　实现通过 MeidaPlayer 和 SurfaceView 播放视频，如图 14.4 所示。（实例位置：资源包\code\14\14.4）

图 14.4　使用 MediaPlayer 和 SurfaceView 播放视频

（1）将要播放的视频文件上传到 SD 卡的根目录中，这里要播放的视频文件为 video.mp4。

（2）修改布局文件 activity_main.xml。首先将默认添加的相对布局管理器修改为垂直线性布局管理器，然后将默认添加的 TextView 组件与内边距删除，再添加一个 SurfaceView 组件，用于显示视频图像，并添加一个水平线性布局管理器，最后在水平线性布局管理器中分别添加"播放"按钮、"暂停"按钮和"停止"按钮。具体代码请参见资源包。

（3）打开 MainActivity 类，该类继承 Activity，然后在该类中定义所需的成员变量。具体代码如下：

```
private ImageButton play, pause, stop;      //定义播放、暂停和停止按钮
private MediaPlayer mediaPlayer;             //定义MediaPlayer对象
private SurfaceHolder surfaceHolder;         //定义SurfaceHolder对象
private boolean noPlay = true;               //定义播放状态
```

（4）在 MainActivity 类的 onCreate()方法中，首先获取 SurfaceView 组件与 SurfaceHolder 对象，然后创建 MediaPlayer 对象并设置多媒体类型。关键代码如下：

```
//设置全屏显示
getWindow().setFlags(WindowManager.LayoutParams.FLAG_FULLSCREEN,
    WindowManager.LayoutParams.FLAG_FULLSCREEN);
```

```
play = (ImageButton) findViewById(R.id.play);            //获取播放按钮对象
pause = (ImageButton) findViewById(R.id.pause);          //获取暂停按钮对象
stop = (ImageButton) findViewById(R.id.stop);            //获取停止按钮对象
SurfaceView surfaceView = (SurfaceView) findViewById(R.id.surfaceView);  //获取
SurfaceView组件
surfaceHolder = surfaceView.getHolder();                 //获取SurfaceHolder
pause.setEnabled(false);                                 //设置暂停按钮不可用
stop.setEnabled(false);                                  //设置停止按钮不可用
mediaPlayer = new MediaPlayer();                         //创建MediaPlayer对象
mediaPlayer.setAudioStreamType(AudioManager.STREAM_MUSIC);//设置多媒体的类型
```

（5）在MainActivity中创建play()方法，在该方法中实现视频的播放功能。具体代码如下：

```
public void play() {    //创建play()方法，在该方法中实现视频的播放功能
    mediaPlayer.reset();                                 //重置MediaPlayer
    mediaPlayer.setDisplay(surfaceHolder);   //把视频画面输出到SurfaceView
    try {
        // 模拟器的SD卡上的视频文件
        mediaPlayer.setDataSource(Environment.getExternalStorageDirectory() +
"/video.mp4");
        mediaPlayer.prepare();           //预加载
    } catch (Exception e) {              //输出异常信息
        e.printStackTrace();
    }
    mediaPlayer.start(); //开始播放
    pause.setEnabled(true);      //设置"暂停"按钮可用
    stop.setEnabled(true);       //设置"停止"按钮可用
}
```

（6）在onCreate()方法中单击播放按钮，实现视频的播放与继续播放功能。关键代码如下：

```
play.setOnClickListener(new View.OnClickListener() {     //实现播放与继续播放功能
    @Override
    public void onClick(View v) {
        if (noPlay) {                    //如果没有播放视频
            play();                      //调用play()方法实现播放功能
            noPlay = false;              //设置播放状态为正在播放
        } else {
            mediaPlayer.start();         //继续播放视频
        }
    }
});
```

（7）单击暂停按钮，实现视频的暂停播放功能。关键代码如下：

```
pause.setOnClickListener(new View.OnClickListener() {  //实现暂停功能
    @Override
    public void onClick(View v) {
        if (mediaPlayer.isPlaying()) {   //如果视频处于播放状态
            mediaPlayer.pause();         //暂停视频的播放
        }
    }
});
```

（8）单击停止按钮，实现视频的停止播放功能。关键代码如下：

```java
stop.setOnClickListener(new View.OnClickListener() {    //实现停止功能
    @Override
    public void onClick(View v) {
        if (mediaPlayer.isPlaying()) {      //如果视频处于播放状态
            mediaPlayer.stop();             //停止播放
            noPlay = true;                  //设置播放状态为没有播放
            pause.setEnabled(false);        //设置"暂停"按钮不可用
            stop.setEnabled(false);         //设置"停止"按钮不可用
        }
    }
});
```

（9）为 MediaPlayer 对象添加完成事件监听器，实现当视频播放完毕后给出相应的提示。关键代码如下：

```java
// 为MediaPlayer对象添加完成事件监听器
mediaPlayer.setOnCompletionListener(new MediaPlayer.OnCompletionListener() {
    @Override
    public void onCompletion(MediaPlayer mp) {
        Toast.makeText(MainActivity.this, "视频播放完毕!", Toast.LENGTH_SHORT).show();
    }
});
```

（10）重写 Activity 的 onDestroy()方法，用于在当前 Activity 销毁时停止正在播放的视频，并释放 MediaPlayer 所占用的资源。具体代码如下：

```java
@Override
protected void onDestroy() {
    super.onDestroy();
    if (mediaPlayer != null) {              //如果MediaPlayer不为空
        if (mediaPlayer.isPlaying()) {      //如果处于播放状态
            mediaPlayer.stop();             //停止播放视频
        }
        // Activity销毁时停止播放，释放资源。不做这个操作，即使退出还是能听到视频播放的声音
        mediaPlayer.release();
    }
}
```

（11）从 Android 4.4.2 开始，如果需要访问 SD 卡的文件，需要在 AndroidManifest.xml 文件中赋予程序访问 SD 卡的权限。关键代码如下：

```xml
<uses-permission android:name="android.permission.WRITE_EXTERNAL_STORAGE" />
<uses-permission android:name="android.permission.MOUNT_UNMOUNT_FILESYSTEMS" />
```

（12）在 AndroidManifest.xml 文件的<activity>标记中添加 screenOrientation 属性，设置其横屏显示。关键代码如下：

```xml
android:screenOrientation="landscape"
```

📝 说明：

读者需要在模拟器中开启存储空间权限，即可获取 SD 卡指定路径。

从上面的开发过程可以看出，使用 MediaPlayer 播放视频文件要复杂一些，其优点是灵活性高，用户可以自定义开发控制按钮控制视频播放；而使用 VideoView 播放视频文件相对比较简单，但缺点是灵活性不高。因此，开发人员可以根据自己的需要选择使用哪一种方式播放视频文件。

14.2 控制摄像头

14.2.1 拍照

扫一扫，看视频

现在的智能手机和平板电脑一般都会提供摄像头拍照功能。在 Android 中提供了专门用于处理摄像头相关事件的类，即 android.hardware 包中的 Camera 类。Camera 类没有构造方法，可以通过其提供的 open()方法打开摄像头。打开摄像头后，可以通过 Camera.Parameters 类处理摄像头的拍照参数。拍照参数设置完成后，可以调用 startPreview()方法预览拍照画面，也可以调用 takePicture()方法进行拍照。结束程序时，可以调用 Camera 类的 stopPreview()方法结束预览，并调用 release()方法释放摄像头资源。Camera 类常用的方法见表 14-4。

表 14-4 Camera 类常用的方法

方 法	描 述
getParameters()	用于获取摄像头参数
Camera.open()	用于打开摄像头
release()	用于释放摄像头资源
setParameters(Camera.Parameters params)	用于设置摄像头的拍照参数
setPreviewDisplay(SurfaceHolder holder)	用于为摄像头指定一个用来显示预览画面的 SurfaceView
startPreview()	用于开始预览画面
takePicture(Camera.ShutterCallback shutter, Camera.PictureCallback raw, Camera.PictureCallback jpeg)	用于进行拍照
stopPreview()	用于停止预览

下面通过一个具体的实例来说明控制摄像头拍照的具体过程。

例 14.5 实现控制摄像头拍照功能，如图 14.5 所示，单击预览按钮将显示预览画面，然后单击拍照按钮，即可进行拍照。（**实例位置：资源包\code\14\14.5**）

图 14.5 预览与拍照

（1）修改布局文件 activity_main.xml。首先将默认添加的 TextView 组件与内边距删除，然后将默认添加的相对布局管理器修改为帧布局管理器，再添加一个 SurfaceView 组件（用于显示摄像头预览画面），最后添加一个预览按钮和一个拍照按钮。具体代码请参见资源包。

（2）打开 MainActivity 类，该类继承 Activity，然后在该类中定义所需的成员变量。关键代码如下：

```
private Camera camera;                              //定义android.hardware.Camera对象
private boolean isPreview = false;                  //定义非预览状态
```

（3）在 MainActivity 类的 onCreate()方法中，判断手机是否安装 SD 卡。关键代码如下：

```
//设置全屏显示
getWindow().setFlags(WindowManager.LayoutParams.FLAG_FULLSCREEN,
      WindowManager.LayoutParams.FLAG_FULLSCREEN);
if (!android.os.Environment.getExternalStorageState().equals( //判断手机是否安装SD卡
      android.os.Environment.MEDIA_MOUNTED)) {
   Toast.makeText(this, "请安装SD卡!", Toast.LENGTH_SHORT).show();//提示安装SD卡
}
```

（4）获取 SurfaceView 组件与 SurfaceHolder 对象，用于显示摄像头预览。关键代码如下：

```
//获取SurfaceView组件，用于显示摄像头预览
SurfaceView sv = (SurfaceView) findViewById(R.id.surfaceView);
final SurfaceHolder sh = sv.getHolder();                       //获取SurfaceHolder对象
//设置该SurfaceHolder自己不维护缓冲
sh.setType(SurfaceHolder.SURFACE_TYPE_PUSH_BUFFERS);
ImageButton preview = (ImageButton) findViewById(R.id.preview);     //获取"预览"按钮
ImageButton takePicture = (ImageButton) findViewById(R.id.takephoto);//获取"拍照"按钮
```

（5）单击预览按钮，实现摄像头的预览功能。关键代码如下：

```
preview.setOnClickListener(new View.OnClickListener() {
   @Override
   public void onClick(View v) {
      // 如果摄像头为非预览模式，则打开摄像头
      if (!isPreview) {
         camera=Camera.open();                    //打开摄像头
         isPreview=true;                          //设置为预览状态
      }
      try {
         camera.setPreviewDisplay(sh);            //设置用于显示预览的SurfaceView
         Camera.Parameters parameters = camera.getParameters();//获取摄像头参数
         parameters.setPictureFormat(PixelFormat.JPEG);//指定图片为JPEG图片
         parameters.set("jpeg-quality", 80);      //设置图片的质量
         camera.setParameters(parameters);        //重新设置摄像头参数
         camera.startPreview();                   //开始预览
         camera.autoFocus(null);                  //设置自动对焦
      } catch (IOException e) {                   //输出异常信息
         e.printStackTrace();
      }
   }
});
```

（6）在 MainActivity 中，创建实现重新预览的方法 resetCamera()。在该方法中，当 isPreview 变量的值为真时，调用摄像头的 startPreview()方法开启预览。具体代码如下：

```
private void resetCamera() {
```

```
        if (!isPreview) {              //如果为非预览模式
            camera.startPreview();     //开启预览
            isPreview=true;
        }
    }
```

（7）实现拍照的回调接口。在重写的 onPictureTaken()方法中，首先根据拍照所得的数据创建位图，然后保存所拍摄的图片，再把保存的图片文件插入到系统图库，最后通知图库更新。具体代码如下：

```
final Camera.PictureCallback jpeg = new Camera.PictureCallback() {  //照片回调函数
    @Override
    public void onPictureTaken(byte[] data, Camera camera) {
        //根据拍照所得的数据创建位图
        final Bitmap bm = BitmapFactory.decodeByteArray(data, 0,
                data.length);
        camera.stopPreview();              //停止预览
        isPreview = false;                 //设置为非预览状态
        //获取 sd 卡根目录
        File appDir = new File(Environment.getExternalStorageDirectory(), "/DCIM/Camera/");
        if (!appDir.exists()) {            //如果该目录不存在
            appDir.mkdir();                //就创建该目录
        }
        String fileName = System.currentTimeMillis() + ".jpg"; //将获取当前系统时间设
                                                                   置为照片名称
        File file = new File(appDir, fileName);   //创建文件对象

        try {  //保存拍到的图片
            FileOutputStream fos = new FileOutputStream(file);//创建一个文件输出流对象
            //将图片内容压缩为 JPEG 格式输出到输出流对象中
            bm.compress(Bitmap.CompressFormat.JPEG, 100, fos);
            fos.flush();                          //将缓冲区中的数据全部写出到输出流中
            fos.close();                          //关闭文件输出流对象
        } catch (FileNotFoundException e) {
            e.printStackTrace();
        } catch (IOException e) {
            e.printStackTrace();
        }
        //将照片插入到系统图库
        try {
            MediaStore.Images.Media.insertImage(MainActivity.this.getContentResolver(),
                    file.getAbsolutePath(), fileName, null);
        } catch (FileNotFoundException e) {
            e.printStackTrace();
        }
        //最后通知图库更新
        MainActivity.this.sendBroadcast(new Intent(Intent.ACTION_MEDIA_SCANNER_SCAN_FILE,
                Uri.parse("file://" + "")));
```

```
        Toast.makeText(MainActivity.this, "照片保存至: " + file, Toast.LENGTH_LONG).
show();
        resetCamera();                      //调用重新预览resetCamera()方法
    }
};
```

（8）在onCreate()方法中单击拍照按钮，实现摄像头的拍照功能。关键代码如下：

```
takePicture.setOnClickListener(new View.OnClickListener() {
    @Override
    public void onClick(View v) {
        if (camera != null) {                           //摄像头不为空
            camera.takePicture(null, null, jpeg);       //进行拍照
        }
    }
});
```

（9）重写Activity的onPause()方法，用于当暂停Activity时停止预览并释放摄像头资源。具体代码如下：

```
@Override
protected void onPause() {
    if (camera != null) {           //如果摄像头不为空
        camera.stopPreview();       //停止预览
        camera.release();           //释放资源
    }
    super.onPause();
}
```

（10）由于本程序需要访问SD卡和控制摄像头，所以需要在AndroidManifest.xml文件中赋予程序访问SD卡和控制摄像头的权限。关键代码如下：

```
<!-- 授予程序可以向SD卡中保存文件的权限 -->
<uses-permission android:name="android.permission.MOUNT_UNMOUNT_FILESYSTEMS"/>
<uses-permission android:name="android.permission.WRITE_EXTERNAL_STORAGE"/>
<!-- 授予程序使用摄像头的权限 -->
<uses-permission android:name="android.permission.CAMERA" />
<uses-feature android:name="android.hardware.camera" />
<uses-feature android:name="android.hardware.camera.autofocus" />
```

（11）在AndroidManifest.xml文件的<activity>标记中添加screenOrientation属性，设置其横屏显示。关键代码如下：

```
android:screenOrientation="landscape"
```

说明：

本实例需要摄像头硬件的支持，这里我们使用真机测试。

14.2.2 录制视频

Android系统提供了MediaRecorder类，用于录制音频和视频。使用MediaRecorder类录制视频的过程比较简单，基本步骤如下。

（1）创建 MediaRecorder 对象。
（2）调用 MediaRecorder 对象的 setAudioSource()方法设置声音来源，一般需要传入 MediaRecorder.AudioSource.MIC 参数指定录制来自麦克风的声音。因为在录制视频时不仅需要采集声音，还需要采集图像，所以在调用 setAudioSource()方法时还需要调用 setVideoSource()方法来设置图像来源。
（3）调用 MediaRecorder 对象的 setOutputFormat()方法设置输出文件的格式。
（4）设置所录制的音频和视频的编码格式、编码位率等，常用方法见表 14-5。

表 14-5 音频和视频的常用设置方法

方法	描述
setAudioEncoder(int audio_encoder)	设置声音的编码格式
setAudioEncodingBitRate(int bitRate)	设置声音的编码位率
setAudioSamplingRate(int samplingRate)	设置声音的采样率
setVideoEncoder(int video_encoder)	设置视频的编码格式
setVideoEncodingBitRate(int bitRate)	设置视频的编码位率
setVideoFrameRate(int rate)	设置视频的帧速率
setVideoSize(int width, int height)	设置视频的宽度和高度

说明：

表 14-5 中各个方法的参数可以控制所录制的声音、视频的品质以及文件的大小。一般来说，声音、视频的品质越好，文件越大。

（5）调用 MediaRecorder 对象的 setOutputFile(String path)方法设置所录制视频文件的保存位置。
（6）调用 MediaRecorder 对象的 setPreviewDisplay(Surface sv)方法设置使用哪个 SurfaceView 来显示视频预览。
（7）调用 MediaRecorder 对象的 prepare()方法准备录制视频。
（8）调用 MediaRecorder 对象的 start()方法开始录制视频。
（9）录制完成，调用 MediaRecorder 对象的 stop()方法停止录制，并调用 release()方法释放资源。

注意：

在执行上述步骤的时候，必须在设置视频文件的输出格式之后再设置音频和视频的编码格式，否则程序将会抛出异常。

在录制视频的时候需要使用麦克风录制声音以及使用摄像头采集图像，这些都需要授予相应的权限。而且由于录制视频时视频文件所占用的存储空间不断增大，可能需要使用外部存储器（外部 SD 卡），因此需要授予程序向外部存储设备写入数据的权限。具体方法是在 AndroidManifest.xml 文件中增加如下授权配置：

```
<!-- 授予程序录制声音的权限 -->
<uses-permission android:name="android.permission.RECORD_AUDIO" />
<!-- 授予程序使用摄像头的权限 -->
```

```xml
<uses-permission android:name="android.permission.CAMERA" />
<uses-permission android:name="android.permission.MOUNT_UNMOUNT_FILESYSTEMS" />
<!-- 授予使用外部存储器的权限 -->
<uses-permission android:name="android.permission.WRITE_EXTERNAL_STORAGE" />
```

说明：

Android 官方 API 中指出，目前最新版的 MediaRecorder 不能在模拟器上运行，因此用户需要在真机上进行测试。

下面通过一个具体的实例来说明控制摄像头录制视频的具体过程。

例 14.6 实现摄像头录制视频功能，如图 14.6 所示。（实例位置：资源包\code\14\14.6）

图 14.6　录制视频

（1）修改布局文件 activity_main.xml。首先将默认添加的 TextView 组件与内边距删除，然后添加一个 SurfaceView 组件，用于显示视频图像，再添加一个水平线性布局管理器，最后在水平线性布局管理器中分别添加"播放"按钮、"录制"按钮和"停止"按钮。具体代码请参见资源包。

（2）创建一个 Empty Activity 界面，名称为 PlayVideoActivity。该界面代码与实例 14.4 代码相同，SD 卡上的视频路径不同。该界面用于播放录制的视频文件。

（3）打开 MainActivity 类，该类继承 Activity，然后在该类中定义所需的成员变量。关键代码如下：

```java
private ImageButton play, stop, record;          //定义播放、停止、录制、三种图片按钮
private MediaRecorder mediaRecorder;             //定义用于实现录制视频的 MediaRecorder 类
private SurfaceView surfaceView;                 //定义用于显示图像的 SurfaceView 类
private boolean isRecord = false;                //定义录制状态
private File videoFile;                          //定义录制视频的文件夹
private android.hardware.Camera camera;          //定义摄像头
```

```
private File path;                              //定义录制视频保存的路径
```

（4）在 MainActivity 类的 onCreate()方法中，判断手机是否安装了 SD 卡。关键代码如下：

```
//设置全屏显示
getWindow().setFlags(WindowManager.LayoutParams.FLAG_FULLSCREEN,
        WindowManager.LayoutParams.FLAG_FULLSCREEN);
//判断 SD 卡是否存在，如果不存在给出相应提示
if (!android.os.Environment.getExternalStorageState().equals(
        android.os.Environment.MEDIA_MOUNTED)) {
    //弹出消息提示框显示提示信息
    Toast.makeText(MainActivity.this, "请安装SD卡！", Toast.LENGTH_SHORT).show();
}
```

（5）获取布局文件中的相关组件。关键代码如下：

```
stop = (ImageButton) findViewById(R.id.stop);       //获取停止录制的按钮
record = (ImageButton) findViewById(R.id.record);   //获取录制按钮
play = (ImageButton) findViewById(R.id.play);       //获取播放已经录制好视频的按钮
stop.setEnabled(false);                             //设置停止按钮不可用
play.setEnabled(false);                             //设置播放按钮不可用
surfaceView = (SurfaceView) findViewById(R.id.surfaceView);     //获取显示图像的
SurfaceView 组件
surfaceView.getHolder().setFixedSize(1920, 1080);   //设置 SurfaceView 的分辨率
```

（6）在 MainActivity 中，创建 record()方法，在该方法中实现录制功能。具体代码如下：

```
private void record() {  //创建 record()方法，实现录制功能
    //设置录制视频保存的文件夹
    videoFile = new File(Environment.getExternalStorageDirectory() + "/Myvideo/");
    if (!videoFile.exists()) {                      //如果该目录不存在
        videoFile.mkdir();                          //就创建该目录
    }
    String fileName = "video.mp4";                  //视频文件的名称
    path = new File(videoFile, fileName);           //视频文件的路径
    //创建 MediaRecorder 对象
    mediaRecorder = new MediaRecorder();
    camera.setDisplayOrientation(90);               //调整摄像头角度
    camera.unlock();        //解锁摄像头
    mediaRecorder.setCamera(camera);                //使用摄像头
    mediaRecorder.reset();  //重置 MediaRecorder
    mediaRecorder.setAudioSource(MediaRecorder.AudioSource.MIC);
                                                    //设置麦克风获取声音
    mediaRecorder.setVideoSource(MediaRecorder.VideoSource.CAMERA);
                                                    //设置摄像头获取图像
    mediaRecorder.setOutputFormat(MediaRecorder.OutputFormat.MPEG_4);
                                                    //设置视频输出格式为 MP4
    mediaRecorder.setAudioEncoder(MediaRecorder.AudioEncoder.DEFAULT);
                                                    //设置声音编码格式
    mediaRecorder.setVideoEncoder(MediaRecorder.VideoEncoder.MPEG_4_SP);
                                                    //设置视频编码格式为 MP4
    mediaRecorder.setVideoEncodingBitRate(1920 * 1080);     //设置清晰度
    mediaRecorder.setVideoSize(1920, 1080);         //设置视频的尺寸
    mediaRecorder.setVideoFrameRate(10);            //设置为每秒 10 帧
    mediaRecorder.setOutputFile(path.getAbsolutePath());    //设置视频输出路径
```

```
        mediaRecorder.setPreviewDisplay(surfaceView.getHolder().getSurface());
                                                        //设置使用 SurfaceView 预览视频
        mediaRecorder.setOrientationHint(90);           //调整播放视频角度
        try {
            mediaRecorder.prepare();                    //准备录像
        } catch (Exception e) {
            e.printStackTrace();
        }
        mediaRecorder.start();      //开始录制
        Toast.makeText(MainActivity.this, "开始录像", Toast.LENGTH_SHORT).show();
        record.setEnabled(false);       //设置录制按钮不可用
        stop.setEnabled(true);          //设置停止按钮可用
        play.setEnabled(false);         //设置播放按钮不可用
        isRecord = true;                //设置录像状态为正在录制
}
```

（7）在 onCreate()方法中，单击录制按钮，实现录制功能。关键代码如下：

```
record.setOnClickListener(new View.OnClickListener() {
    @Override
    public void onClick(View v) {
        record();                               //调用 record()方法实现录制功能
    }
});
```

（8）单击停止按钮，实现停止录制并提示视频的保存位置。关键代码如下：

```
stop.setOnClickListener(new View.OnClickListener() {
    @Override
    public void onClick(View v) {
        if (isRecord) {                 //如果是正在录制
            mediaRecorder.stop();       //停止录制
            mediaRecorder.release();    //释放资源
            record.setEnabled(true);    //设置录制按钮可用
            stop.setEnabled(false);     //设置停止按钮不可用
            play.setEnabled(true);      //设置播放按钮可用
            Toast.makeText(MainActivity.this, "录像保存在：" + path, Toast.LENGTH_SHORT).show();
        }
    }
});
```

（9）单击播放按钮，实现播放录制好的视频。关键代码如下：

```
play.setOnClickListener(new View.OnClickListener() {    //为播放按钮设置单击事件，实现
                                                        播放录制好的视频
    @Override
    public void onClick(View v) {
        //通过 Intent 跳转播放视频界面
        Intent intent = new Intent(MainActivity.this, PlayVideoActivity.class);
        startActivity(intent);
    }
});
```

（10）重写 Activity 的 onResume()方法，用于 Activity 获取焦点时，开启摄像头。onPause()方

法,用于 Activity 失去焦点时,停止预览并释放资源。具体代码如下:

```java
@Override
protected void onResume() {
    camera = android.hardware.Camera.open();         //开启摄像头
    super.onResume();
}

@Override
protected void onPause() {
    camera.stopPreview();           //停止预览
    camera.release();               //释放资源
    super.onPause();
}
```

(11)打开 AndroidManifest.xml 文件,在其中设置相关权限。具体代码如下:

```xml
<!-- 授予程序录制声音的权限 -->
<uses-permission android:name="android.permission.RECORD_AUDIO" />
<!-- 授予程序使用摄像头的权限 -->
<uses-permission android:name="android.permission.CAMERA" />
<uses-permission android:name="android.permission.MOUNT_UNMOUNT_FILESYSTEMS" />
<!-- 授予使用外部存储器的权限 -->
<uses-permission android:name="android.permission.WRITE_EXTERNAL_STORAGE" />
```

14.3 本章总结

本章主要介绍了在 Android 中如何播放音频与视频,以及如何控制摄像头拍照和录制视频等内容。需要重点说明的是两种播放音频方法的区别。本章共介绍了两种播放音频的方法:一种是使用 MediaPlayer 播放;另一种是使用 SoundPool 播放。这两种方法的区别是:使用 MediaPlayer 每次只能播放一个音频,适用于播放长音乐或是背景音乐;使用 SoundPool 可以同时播放多个短小的音频,适用于播放按键音或者消息提示音等,希望读者根据实际情况选择合适的方法。

第 15 章 数据存储技术

扫一扫,看视频

Android 系统提供了多种数据存储方法。例如,使用 SharedPreferences 进行简单存储、文件存储、SQLite 数据库存储以及使用 Content Provider 共享数据等。本章将对这几种常用的数据存储方法进行详细介绍。

通过阅读本章,您可以:

- ⇲ 掌握使用 SharedPreferences 存储数据
- ⇲ 掌握文件存储的两种方式
- ⇲ 掌握应用数据库存储数据
- ⇲ 掌握使用 Content Provider 实现数据共享

15.1 SharedPreferences 存储

扫一扫,看视频

Android 系统提供了轻量级的数据存储方式——SharedPreferences 存储。它屏蔽了对底层文件的操作,通过为程序开发人员提供简单的编程接口,实现以最简单的方式永久保存数据。这种方式主要是对少量的数据进行保存,比如对应用程序的配置信息、手机应用的主题、游戏的玩家积分等进行保存。例如,对微信进行通用设置后可以对相关配置信息进行保存,通用设置的界面如图 15.1 所示;再如,对手机微博客户端设置应用主题后就可以对该主题进行保存,设置应用主题的界面如图 15.2 所示。

图 15.1 微信通用设置

图 15.2 设置微博主题

下面将对 SharedPreferences 进行详细地介绍。

15.1.1 获得 SharedPreferences 对象

SharedPreferences 接口位于 android.content 包中，用于使用键值（key-value）对的方式来存储数据。该类主要用于基本类型，例如 boolean、float、int、long 和 String。在应用程序结束后，数据仍旧会保存。数据是以 XML 文件格式保存在 Android 手机系统下的"/data/data/<应用程序包名>/shared_prefs"目录中，该文件被称为 Shared Preference（共享的首选项）文件。

通常情况下，可以通过以下两种方式获得 SharedPreferences 对象。

1. 使用 getSharedPreferences()方法获取

如果需要多个使用名称来区分的 SharedPreferences 文件，则可以使用该方法，该方法的基本语法格式如下：

```
getSharedPreferences(String name, int mode)
```

参数说明如下：

- name：共享文件的名称（不包括扩展名），该文件为 XML 格式。对于使用同一个名称获得的多个 SharedPreferences 引用，其指向同一个对象。
- mode：用于指定访问权限，它的参数值可以是 MODE_PRIVATE（表示只能被本应用程序读和写，其中写入的内容会覆盖原文件的内容）、MODE_MULTI_PROCESS（表示可以跨进程、跨应用读取）。

2. 使用 getPreferences()方法获取

如果 Activity 仅需要一个 SharedPreferences 文件，则可以使用该方法。因为只有一个文件，它并不需要提供名称。它的语法格式如下：

```
getPreferences(int mode)
```

其中，参数 mode 的取值同 getSharedPreferences()方法相同。

15.1.2 向 SharedPreferences 文件存储数据

完成向 SharedPreferences 文件中存储数据的步骤如下：

（1）调用 SharedPreferences 类的 edit()方法获得 SharedPreferences.Editor 对象。例如，可以使用下面的代码获得私有类型的 SharedPreferences.Editor 对象。

```
SharedPreferences.Editor editor=getSharedPreferences("mr",MODE_PRIVATE).edit();
```

（2）向 SharedPreferences.Editor 对象中添加数据。例如，调用 putBoolean()方法添加布尔型数据，调用 putString()方法添加字符串数据，调用 putInt()方法添加整型数据，可以使用下面的代码。

```
editor.putString("username", username);
editor.putBoolean("status", false);
editor.putInt("age", 20);
```

（3）使用 commit()方法提交数据，从而完成数据存储操作。例如，提交步骤（1）获得的 SharedPreferences.Editor 对象，可以使用下面的代码。

```
editor.commit();
```

15.1.3　读取 SharedPreferences 文件中存储的数据

从 SharedPreferences 文件中读取数据时，主要使用 SharedPreferences 类的 getXxx()方法。例如，下面的代码可以实现分别获取 String、Boolean 和 int 类型的值。

```
SharedPreferences sp = getSharedPreferences("mr", MODE_PRIVATE);
String username = sp.getString("username", "mr");        // 获得用户名
Boolean status = sp.getBoolean("status", false);
int age = sp.getInt("age", 18);
```

例 15.1　在 Android Studio 中创建一个 Module，名称为 15.1，模拟手机 QQ 自动登录的功能，实现使用 SharedPreferences 保存输入的账号和密码，如图 15.3 所示，单击"登录"按钮将显示如图 15.4 所示的界面。（**实例位置：资源包\code\15\15.1**）

扫一扫，看视频

图 15.3　输入账号和密码

图 15.4　登录后显示页面

（1）修改新建 Module 的 res/layout 目录下的布局文件 activity_main.xml。首先将默认添加的相对布局管理器修改为垂直线性布局管理器，然后删除内边距与 TextView 组件，再添加两个 EditText 组件，用于填写账号与密码，最后添加一个用于登录的 ImageButton 按钮，具体代码请参见资源包。

（2）创建一个 Empty Activity，名称为 MessageActivity。在 activity_message.xml 布局文件中，首先删除内边距，然后为布局管理器添加背景图片，用于显示登录后页面，最后打开 MessageActivity 类，让 MessageActivity 直接继承 Activity。

（3）打开 MainActivity 类，该类继承 Activity，在该类中定义所需的成员变量。关键代码如下：

```
private String mr = "mr", mrsoft = "mrsoft";     //定义后台账号与密码
private String username, password;               //输入的账号和密码
```

（4）在 onCreate()方法中，获得 SharedPreferences，并指定文件名称为"mrsoft"。关键代码如下：

```
final EditText usernameET = (EditText) findViewById(R.id.username);//获取账号编辑框
final EditText passwordET = (EditText) findViewById(R.id.password);//获取密码编辑框
ImageButton login = (ImageButton) findViewById(R.id.login);        //获取登录按钮
//获得SharedPreferences,并创建文件名称为"mrsoft"
```

```
final SharedPreferences sp = getSharedPreferences("mrsoft", MODE_PRIVATE);
```

（5）判断 SharedPreferences 文件中账号与密码存在时，实现自动登录功能。关键代码如下：

```
if (sp.getString("username", username) != null && sp.getString("password", password) !=
null) {
    //存在就判断账号密码与后台是否相同，相同直接登录
    if (sp.getString("username", username).equals(mr) && sp.getString("password",
password).equals(mrsoft)) {
        Intent intent = new Intent(MainActivity.this, MessageActivity.class);
                                                                //通过 Intent 跳转登录后界面
        startActivity(intent);                                  //启动跳转界面
    }
}
```

（6）当 SharedPreferences 文件中账号与密码不存在时，实现手动登录并存储账号与密码。关键代码如下：

```
else {
    login.setOnClickListener(new View.OnClickListener() {
        @Override
        public void onClick(View v) {
            username = usernameET.getText().toString();         //获得输入的账号
            password = passwordET.getText().toString();         //获得输入的密码
            SharedPreferences.Editor editor = sp.edit();        //获得 Editor 对象，用于存
                                                                  储账号与密码信息
            if (username.equals(mr) && password.equals(mrsoft)) {   //判断输入的账号
                                                                      密码是否正确
                Toast.makeText(MainActivity.this, "帐号、密码正确", Toast.LENGTH_
SHORT).show();
                Intent intent = new Intent(MainActivity.this, MessageActivity.class);
//通过 Intent 跳转登录后界面
                startActivity(intent);                          //启动跳转界面
                editor.putString("username", username);         //存储账号
                editor.putString("password", password);         //存储密码
                editor.commit();                                //提交信息
                Toast.makeText(MainActivity.this, "已保存账号密码", Toast.LENGTH_SHORT).
show();
            }else {
                Toast.makeText(MainActivity.this, "账号或密码错误", Toast.LENGTH_SHORT).
show();
            }
        }
    });
}
```

✎ 说明：

运行本实例，并成功登录后，在 DDMS 视图的 File Explorer 选项卡中打开 data/shared_prefs 文件夹，可以看到如图 15.5 所示的 XML 文件，文件保存成功后，第二次登录时将直接显示如图 15.4 所示的效果。

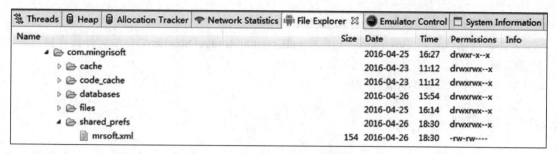

图 15.5 共享的首选项文件保存位置

15.2 文件存储

学习过 Java SE 的读者都知道，在 Java 中提供了一套完整的 IO 流体系，通过这些 IO 流可以很方便地访问磁盘上的文件内容。在 Android 中也同样支持以这种方式来访问手机存储器上的文件。例如，对游戏需要使用的资源文件进行下载，并存储在手机中的指定位置，如图 15.6 所示；再如，将下载的歌曲存储在手机的指定路径下，如图 15.7 所示。

图 15.6　下载并保存资源文件　　　　图 15.7　已下载的歌曲文件

在 Android 中，主要提供了以下两种方式用于访问手机存储器上的文件。

（1）内部存储：使用 FileOutputStream 类提供的 openFileOutput 方法和 FileInputStream 类提供

的 openFileInput()方法访问设备内部存储器上的文件。

（2）外部存储：使用 Environment 类的 getExternalStorageDirectory()方法对外部存储上的文件进行数据读写。

本节将对这两种方式进行详细讲解。

扫一扫，看视频

15.2.1 内部存储

内部存储位于 Android 手机系统下的 data/data/<包名>/files 目录中。使用 Java 提供的 IO 流体系可以很方便地对内部存储的数据进行读写操作。其中，FileOutputStream 类的 openFileOutput()方法用来打开相应的输出流；而 FileInputStream 类的 openFileInput()方法用来打开相应的输入流。默认情况下，使用 IO 流保存的文件仅对当前应用程序可见，而对于其他应用程序（包括用户）是不可见的（即不能访问其中的数据）。

> 说明：
> 如果用户卸载了应用程序，则保存数据的文件也会一起被删除。

1. 写入文件

要实现向内部存储器上写入文件，首先需要获取文件输出流对象 FileOutputStream，这可以使用 FileOutputStream 类的 openFileOutput()方法来实现，然后调用 FileOutputStream 对象的 write()方法写入文件内容，再调用 flush()方法清空缓存，最后调用 close()文件关闭文件输出流对象。

FileOutputStream 类的 openFileOutput()方法的基本语法格式如下：

```
FileOutputStream openFileOutput(String name, int mode) throws FileNotFoundException
```

➢ name：用于指定文件名称，该参数不能包含描述路径的斜杠。
➢ mode：用于指定访问权限，可以使用如下取值：
　◇ MODE_PRIVATE：表示文件只能被创建它的程序访问。
　◇ MODE_APPEND：表示追加模式，如果文件存在，则在文件的结尾处添加新数据，否则创建文件。
　◇ MODE_WORLD_READABLE：表示可以被其他应用程序读，但不能写。
　◇ MODE_WORLD_WRITEABLE：表示可以被其他应用程序读和写。

openFileOutput()方法的返回值为 FileOutputStream 对象。

> 注意：
> openFileOutput()方法需要抛出 FileNotFoundException。

例如，创建一个只能被创建它的程序访问的文件 mr.txt，可以使用下面的代码。

```
try {
    FileOutputStream fos = openFileOutput("mr.txt", MODE_PRIVATE);//获得文件输出流
    fos.write("www.mingrisoft.com".getBytes());                   //保存网址
    fos.flush();                                                  //清空缓存
    fos.close();                                                  //关闭文件输出流
} catch (FileNotFoundException e) {
    e.printStackTrace();
}
```

在上面的代码中，FileOutputStream 对象的 write()方法用于将数据写入文件；flush()方法用于将缓冲中的数据写入文件，清空缓存；close()方法用于关闭 FileOutputStream。

2．读取文件

要实现读取内部存储器上的文件，首先需要获取文件输入流对象 FileInputStream，这可以使用 FileInputStream 类的 openFileInput()方法来实现，然后调用 FileInputStream 对象的 read()方法读取文件内容，最后调用 close()文件关闭文件输入流对象。

FileInputStream 类的 openFileInput()方法的基本语法格式如下：

```
FileInputStream openFileInput(String name) throws FileNotFoundException
```

该方法只有一个参数，用于指定文件名称，同样不可以包含描述路径的斜杠，而且也需要抛出 FileNotFoundException 异常。返回值为 FileInputStream 对象。

例如，读取文件 mr.txt 的内容，可以使用下面的代码。

```
FileInputStream fis = openFileInput("mr.txt");     //获得文件输入流
byte[ ] buffer = new byte[fis.available()];        //定义保存数据的数组
fis.read(buffer);                                  //从输入流中读取数据
```

下面通过一个实例演示如何使用 Java 提供的 IO 流体系对内部存储文件进行操作。

例 15.2 实现使用内部存储保存备忘录信息，如图 15.8 所示。输入备忘录信息，单击"保存"按钮将提示保存成功，第二次开启备忘录时将显示已保存的信息，单击"取消"按钮将退出备忘录。（实例位置：资源包\code\15\15.2）

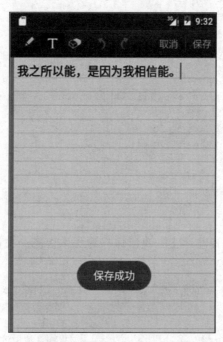

图 15.8　内部存储保存备忘录信息

（1）修改布局文件 activity_main.xml。首先删除内边距与 TextView 组件，然后添加一个 EditText 组件用于填写备忘录信息，最后添加两个图片按钮分别用于保存与取消信息。

（2）打开 MainActivity 类，该类继承 Activity，然后在该类中定义所需的成员变量。关键代码

如下:
```
byte[] buffer = null;    //定义保存数据的数组
```
(3) 在重写的 onCreate() 方法中, 首先获取用于填写备忘录信息的编辑框组件, 然后获取 "保存" 按钮与 "取消" 按钮。关键代码如下:
```
final EditText etext = (EditText) findViewById(R.id.editText);   //获取用于填写记事本
                                                                     信息的编辑框组件
ImageButton btn_save = (ImageButton) findViewById(R.id.btn_save);     //获取保存按钮
ImageButton btn_cancel = (ImageButton) findViewById(R.id.btn_cancel);//获取取消按钮
```
(4) 单击 "保存" 按钮, 实现内部存储填写的备忘信息。关键代码如下:
```
btn_save.setOnClickListener(new View.OnClickListener() {
    @Override
    public void onClick(View v) {
        FileOutputStream fos = null;                    //定义文件输出流
        String text = etext.getText().toString();       //获取文本信息
        try {
            fos = openFileOutput("memo", MODE_PRIVATE); //获得文件输出流, 并指定文件保存
                                                            的位置
            fos.write(text.getBytes());                 //保存文本信息
            fos.flush();                                //清除缓存
        } catch (FileNotFoundException e) {
            e.printStackTrace();
        } catch (IOException e) {
            e.printStackTrace();
        } finally {
            if (fos != null) {                          //输出流不为空时
                try {
                    fos.close();                        //关闭文件输出流
                    Toast.makeText(MainActivity.this, "保存成功", Toast.LENGTH_SHORT).show();
                } catch (IOException e) {
                    e.printStackTrace();
                }
            }
        }
    }
});
```
(5) 实现第二次打开应用时显示上一次所保存的文本信息。关键代码如下:
```
FileInputStream fis = null;                   //定义文件输入流
try {
    fis = openFileInput("memo");              //获得文件输入流
    buffer = new byte[fis.available()];       //保存数据的数组

    fis.read(buffer);                         //从输入流中读取数据
} catch (FileNotFoundException e) {
    e.printStackTrace();
} catch (IOException e) {
    e.printStackTrace();
} finally {
```

```
    if (fis != null) {                          //输入流不为空时
        try {
            fis.close();                        //关闭输入流
            String data = new String(buffer);   //获得数组中保存的数据
            etext.setText(data); //将读取的数据保存到编辑框中
        } catch (IOException e) {
            e.printStackTrace();
        }
    }
}
```

（6）单击"取消"按钮，实现退出应用。关键代码如下：
```
btn_cancel.setOnClickListener(new View.OnClickListener() {
    @Override
    public void onClick(View v) {
        finish();//退出应用
    }
});
```

 说明：

运行本实例保存备忘录信息后，打开 DDMS 视图，在 File Explorer 中的 data/shared_prefs 文件夹，可以看到保存数据的文件位于如图 15.9 所示的位置。

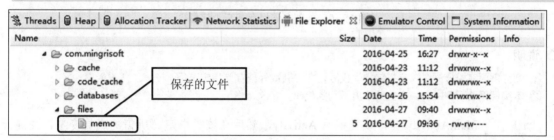

图 15.9　memo 文件保存位置

15.2.2　外部存储

每个 Android 设备都支持共享的外部存储来保存文件，它也是手机中的存储介质。保存在外部存储的文件都是全局可读的，而且在用户使用 USB 连接电脑后，可以修改这些文件。在 Android 程序中，对外部存储的文件进行操作时，需要使用 Environment 类的 getExternalStorageDirectory 方法，该方法用来获取外部存储器的目录。

扫一扫，看视频

 说明：

为了读、写外部存储上的数据，必须在应用程序的清单文件（AndroidManifest.xml）中添加读、写外部存储的权限。配置如下：
```
<!-- 在外部存储中创建与删除文件权限 -->
<uses-permission android:name="android.permission.MOUNT_UNMOUNT_FILESYSTEMS" />
<!-- 向外部存储写入数据权限 -->
<uses-permission android:name="android.permission.WRITE_EXTERNAL_STORAGE" />
```
下面将通过一个具体的实例来演示如何在外部存储上创建文件。

例 15.3　实现在外部存储上保存备忘录信息，如图 15.10 所示。（**实例位置：资源包\code\15\15.3**）

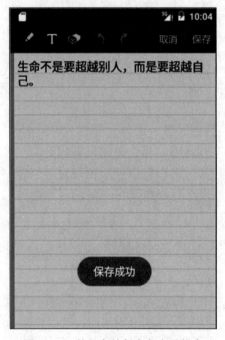

图 15.10　外部存储保存备忘录信息

✎ 说明：

① 读者需要在模拟器中开启存储空间权限，即可获取外部存储指定路径。
② 本实例修改于例 15.2，这里只给出不同的代码。

（1）打开 MainActivity 类，该类继承 Activity，然后在该类中定义所需的成员变量，关键代码如下：

```
private File file;          //定义存储路径
```

（2）在重写的 onCreate() 方法中，首先获取用于填写备忘录信息的编辑框组件，然后获取"保存"按钮与"取消"按钮，并设置在外部存储根目录上创建文件。关键代码如下：

```
file = new File(Environment.getExternalStorageDirectory(), "Text.text");
//在外部存储根目录上创建文件
```

（3）单击"保存"按钮，实现外部存储填写的文本信息。关键代码如下：

```
fos = new FileOutputStream(file);    //获得文件输出流,并指定文件保存的位置
```

（4）定义文件输入流，然后获得文件输入流并将数据保存到数组中，再从输入流中将数组中的数据读取，最后关闭输入流。关键代码如下：

```
fis= new FileInputStream(file);              //获得文件输入流
```

（5）单击"取消"按钮，实现退出应用。

（6）打开 AndroidManifest.xml 文件，在其中设置外部存储的读取与写入权限。具体代码如下：

```
<uses-permission android:name="android.permission.READ_EXTERNAL_STORAGE"/>
<uses-permission android:name="android.permission.WRITE_EXTERNAL_STORAGE"/>
```

说明：

打开 DDMS 视图，在 File Explorer 中的 storage/emulated/XXXX 文件夹，可以看到保存数据的文件位于如图 15.11 所示的位置。

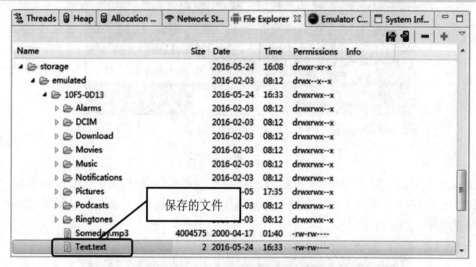

图 15.11　Text.text 文件保存位置

15.3　数据库存储

Android 系统集成了一个轻量级的关系数据库——SQLite。虽然它不如 Oracle、MySQL 和 SQL Server 等专业，但是因为它占用资源少，运行效率高，安全可靠，可移植性强，并且提供零配置运行模式，非常适合于在资源有限的设备（如手机和平板电脑等）上进行数据存取。下面将对 SQLite 的基本操作进行介绍。

15.3.1　sqlite3 工具的使用

扫一扫，看视频

在 Android SDK 的 platform-tools 目录下提供了一个 sqlite3.exe 工具，它是一个简单的 SQLite 数据库管理工具，类似于 MySQL 提供的命令行窗口，可以通过手工输入命令完成数据库的创建和操作。

1．启动和退出 sqlite3

启动 sqlite3 需要先启动模拟器，然后在系统的开始菜单的"运行"框中输入 cmd 命令，进入到 DOS 窗口，切换到 Android SDK 的 platform-tools 目录，再输入 adb shell 命令，进入到 Shell 命令模式，最后在#号右侧输入 sqlite3，并按下〈Enter〉键即可启动 sqlite3。命令执行结果如图 15.12 所示。

技巧：

按下键盘上的 Windows+R 键调出运行对话框，然后在运行对话框中输入 cmd 命令，也可以进入到 DOS 窗口。

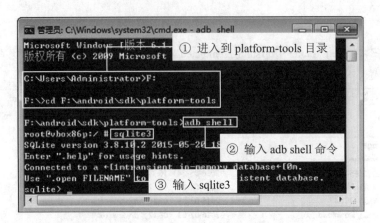

图 15.12 启动 sqlite3

启动 sqlite3 工具后，提示符从"#"变为"sqlite>"，表示已经进入到 SQLite 数据库交互模式，此时可以输入相应命令完成创建、修改或删除数据库的操作。退出 sqlite3 可以使用".exit"命令，命令执行结果如图 15.13 所示。

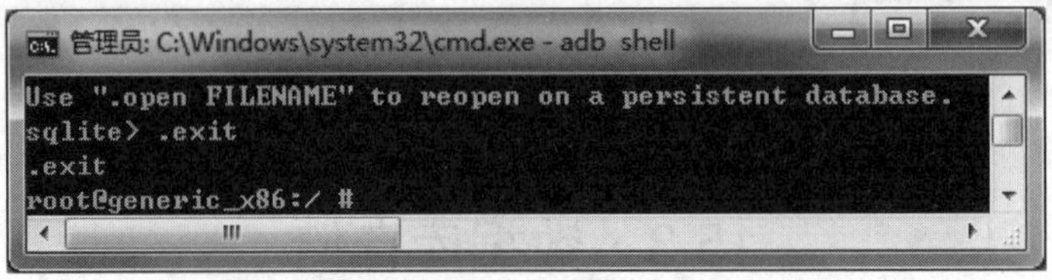

图 15.13 退出 sqlite3

2. 建立数据库目录

通常情况下，每个应用程序的数据库都保存在各自的/data/data/<包名>/databases 目录下。如果我们使用手动创建数据库，则必须先创建数据库目录。创建数据库目录可以在 Shell 命令模式下使用 mkdir 命令完成。例如，在/data/data/com.mingrisoft 目录下创建子目录 databases，可以使用下面的命令：

```
mkdir /data/data/com.mingrisoft/databases
```

命令执行结果如图 15.14 所示。

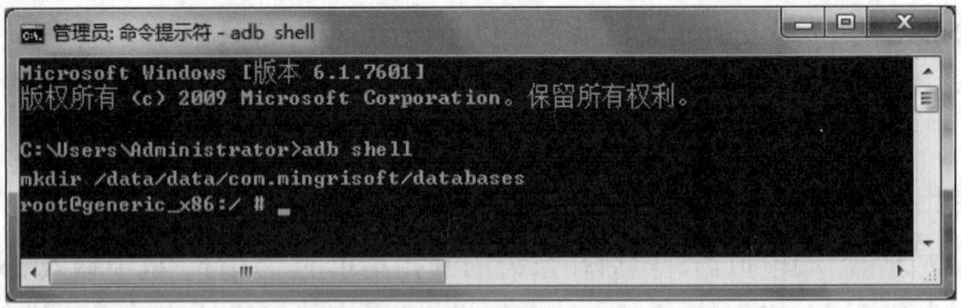

图 15.14 创建 databases 目录

📝 说明：

如果是在模拟器上操作，目录创建完成后，可以在 DDMS 视图的 File Explorer 面板中，/data/data/com.mingrisoft/目录下看到这个目录。

3．创建/打开数据库文件

在 SQLite 数据库中，每个数据库保存在一个单独的文件中。使用"sqlite3+数据库文件名"的方式可以打开数据库文件，如果指定的文件不存在，则自动创建新文件。但是有一点需要注意，如果想要在指定的目录下创建数据库文件，需要先应用 cd 命令进入到该目录下，然后再执行创建/打开数据库的命令。例如，要在已经创建的/data/data/com.mingrisoft/databases 目录下创建一个名称为 mr 的数据库，需要使用下面的两行命令。

```
cd /data/data/com.mingrisoft/databases
sqlite3 mr
```

命令执行结果如图 15.15 所示。

图 15.15　创建 mr 数据库

4．对数据表的常用操作

sqlite3 工具提供了对数据表进行操作的常用命令，见表 15-1。

表 15-1　sqlite3 工具的常用命令

常用操作	命令实现	示　　例
创建数据表	create table	create table user(id integer primary key autoincrement, name text not null, pwd text);
显示全部数据表	.tables	.tables
查看建立表时使用的 SQL 命令	.schema	.schema
添加数据	insert into	insert into user values(null,'mr','111');
查询数据	select	select * from user;
更新数据	update	update user set pwd='mrsoft' where id=2;
删除数据	delete	delete from user where id=1;

 说明：

在使用表 15-1 提示的常用命令时，需要进入到 SQLite 数据库交互模式。

15.3.2　使用代码操作数据库

在开发手机应用时，一般会通过代码来动态创建数据库，即在程序运行时，首先尝试打开数据库，如果数据库不存在，则自动创建该数据库，然后再打开数据库。下面介绍如何通过代码来创建以及操作数据库。

1. 创建数据库

▶ 使用 openOrCreateDatabase 方法创建数据库

Android 提供了 SQLiteDatabase 代表一个数据库，应用程序只要获得了代表数据库的 SQLiteDatabase 对象，就可以通过 SQLiteDatabase 对象来创建数据库。SQLiteDatabase 提供了 openOrCreateDatabase()方法来打开或创建一个数据库，语法如下：

```
static SQLiteDatabase openOrCreateDatabase(String path, SQLiteDatabase.CursorFactory factory)
```

▶ path：用于指定数据库文件。

▶ factory：用于实例化一个游标。

✐ 说明：

游标提供了一种从表中检索数据并进行操作的灵活手段，通过游标可以一次处理查询结果集中的一行，并可以对该行数据执行特定操作。

例如，使用 openOrCreateDatabase()方法创建一个名为 user.db 的数据库的代码如下：

```
SQLiteDatabase db = SQLiteDatabase.openOrCreateDatabase("user.db", null);
```

▶ 通过 SQLiteOpenHelper 类创建数据库。

在 Android 中，提供了一个数据库辅助类 SQLiteOpenHelper。在该类的构造器中，调用 Context 中的方法创建并打开一个指定名称的数据库。我们在应用这个类时，需要编写继承自 SQLiteOpenHelper 类的子类，并且重写 onCreate()和 onUpgrade()方法。

2. 数据操作

最常用的数据操作是指添加、删除、更新和查询。对于这些操作程序，开发人员完全可以通过执行 SQL 语句来完成。但是这里推荐使用 Android 提供的专用类和方法来实现。SQLiteDatabase 类提供了 insert()、update()、delete()和 query()方法，这些方法封装了执行添加、更新、删除和查询操作的 SQL 命令，所以我们可以使用这些方法来完成对应的操作，而不用去编写 SQL 语句。

（1）添加操作

SQLiteDatabase 类提供了 insert()方法用于向表中插入数据。insert()方法的基本语法格式如下：

```
public long insert (String table, String nullColumnHack, ContentValues values)
```

▶ table：用于指定表名。

▶ nullColumnHack：可选的，用于指定当 values 参数为空时，将哪个字段设置为 null，如果 values 不为空，则该参数值可以设置为 null。

▶ values：用于指定具体的字段值。它相当于 Map 集合，也是通过键值对的形式存储值的。

（2）更新操作

SQLiteDatabase 类提供了 update()方法用于更新表中的数据。update()方法的基本语法格式如下：

```
update(String table, ContentValues values, String whereClause, String[] whereArgs)
```

▶ table：用于指定表名。

▶ values：用于指定要更新的字段及对应的字段值。它相当于 Map 集合，也是通过键值对的形式存储值的。

▶ whereClause：用于指定条件语句，可以使用占位符（？）。

➤ whereArgs：当条件表达式中包含占位符（？）时，该参数用于指定各占位参数的值。如果不包括占位符，该参数值可以设置为 null。

（3）删除操作

SQLiteDatabase 类提供了 delete()方法用于从表中删除数据。delete()方法的基本语法格式如下：
`delete(String table, String whereClause, String[] whereArgs)`

➤ table：用于指定表名。
➤ whereClause：用于指定条件语句，可以使用占位符（？）。
➤ whereArgs：当条件表达式中包含占位符（？）时，该参数用于指定各占位参数的值。如果不包括占位符，该参数值可以设置为 null。

（4）查询操作

SQLiteDatabase 类提供了 query()方法用于查询表中的数据。query()方法的基本语法格式如下：
`query(String table, String[] columns, String selection, String[] selectionArgs, String groupBy, String having, String orderBy, String limit)`

➤ table：用于指定表名。
➤ columns：用于指定要查询的列。若为空，则返回所有列。
➤ selection：用于指定 where 子句，即指定查询条件，可以使用占位符（？）。
➤ selectionArgs：where 子句对应的条件值，当条件表达式中包含占位符（？）时，该参数用于指定各占位参数的值。如果不包括占位符，该参数值可以设置为 null。
➤ groupBy：用于指定分组方式。
➤ having：用于指定 having 条件。
➤ orderBy：用于指定排序方式，为空表示采用默认排序方式。
➤ limit：用于限制返回的记录条数，为空表示不限制。

query()方法的返回值为 Cursor 对象。该对象中虽然保存着查询结果，但是这个结果并不是数据集合的完整复制，而是数据集的指针。通过它提供的多种移动方式，我们可以获取数据集合中的数据。Cursor 类提供的常用方法见表 15-2。

表 15-2　Cursor 类提供的常用方法

方　　法	说　　明
moveToFirst()	将指针移动到第一条记录上
moveToNext()	将指针移动到下一条记录上
moveToPrevious()	将指针移动到上一条记录上
getCount()	获取集合的记录数量
getColumnIndexOrThrow()	返回指定字段名称的序号，如果字段不存在，则产生异常
getColumnName()	返回指定序号的字段名称
getColumnNames()	返回字段名称的字符串数组
getColumnIndex()	根据字段名称返回序号
moveToPosition()	将指针移动到指定的记录上
getPosition()	返回当前指针的位置

下面通过一个实例来演示如何通过代码创建以及操作数据库。

例 15.4 模拟中英文词典，实现从数据库中查询数据（如图 15.16 所示）和向数据库中插入数据（如图 15.17 所示）。（**实例位置：资源包\code\15\15.4**）

图 15.16 翻译数据库中单词

图 15.17 添加生词并创建数据库

注意：

首次运行本实例，数据库为空，进入添加生词界面，向数据库中插入数据方可查询。

说明：

在运行本实例时，由于需要输入中文，所以需要为模拟器安装中文输入法。

（1）在 com.mingrisoft 包中，创建一个名称为 DBOpenHelper 的 Java 类，让它继承自 SQLiteOpenHelper 类，并且重写 onCreate()方法、onUpgrade()方法和 DBOpenHelper()构造方法，用于创建一个 sqlite3 数据库。具体代码如下：

```java
public class DBOpenHelper extends SQLiteOpenHelper {
    //定义创建数据表 dict 的 SQL 语句
    final String CREATE_TABLE_SQL =
        "create table dict(_id integer primary " +
            "key autoincrement , word , detail)";
    public DBOpenHelper(Context context, String name, SQLiteDatabase.CursorFactory factory, int version) {
        super(context, name, null, version);  //重写构造方法并设置工厂为 null
    }
    @Override
    public void onCreate(SQLiteDatabase db) {
        db.execSQL(CREATE_TABLE_SQL);  //创建单词信息表
    }
    @Override
```

```java
// 重写基类的onUpgrade()方法,以便数据库版本更新
public void onUpgrade(SQLiteDatabase db, int oldVersion, int newVersion) {
    //提示版本更新并输出旧版本信息与新版本信息
    System.out.println("---版本更新-----" + oldVersion + "--->" + newVersion);
    }
}
```

（2）修改布局文件 activity_main.xml。首先删除内边距与 TextView 组件，然后在该布局管理器中添加一个编辑框组件用于填写要翻译的单词，再添加一个图片按钮用于翻译，最后添加一个 ListView 组件，用于显示翻译结果。

（3）创建一个名称为 result_main.xml 的垂直线性布局文件，在该布局文件中添加四个 TextView 组件，用于显示翻译单词的结果。

（4）打开 MainActivity 类，在该类中定义所需的成员变量。关键代码如下：

```java
private DBOpenHelper dbOpenHelper;   //定义 DBOpenHelper
```

（5）在重写的 onCreate()方法中，创建 DBOpenHelper 对象，指定名称、版本号，并保存在 databases 目录下。关键代码如下：

```java
dbOpenHelper = new DBOpenHelper(MainActivity.this, "dict.db", null, 1);
final ListView listView = (ListView) findViewById(R.id.result_listView);
                                                    //获取显示结果的 ListView
final EditText etSearch = (EditText) findViewById(R.id.search_et);  //获取查询内容
                                                    的编辑框
ImageButton btnSearch = (ImageButton) findViewById(R.id.search_btn);//获取查询按钮
Button btn_add = (Button) findViewById(R.id.btn_add);   //获取跳转添加生词界面的按钮
```

（6）单击"添加生词"按钮，实现跳转到添加生词的界面。关键代码如下：

```java
btn_add.setOnClickListener(new View.OnClickListener() {
    @Override
    public void onClick(View v) {
        Intent intent = new Intent(MainActivity.this, AddActivity.class);
                                                    //通过 Intent 跳转添加生词界面
        startActivity(intent);
    }
});
```

（7）创建一个 Empty Activity 界面，名称为 AddActivity，修改布局文件 activity_add.xml。首先将默认添加的相对布局管理器修改为垂直线性布局管理器，并删除内边距，然后在该布局管理器中添加两个编辑框组件，分别用于填写添加词库中的单词与解释，再添加一个水平线性布局管理器，在该布局管理器中添加两个图片按钮，用于保存与取消。

（8）打开 AddActivity 类，在该类中定义所需的成员变量。关键代码如下：

```java
private DBOpenHelper dbOpenHelper;   //定义 DBOpenHelper,用于与数据库连接
```

（9）在重写的 onCreate()方法中，创建 DBOpenHelper 对象，指定名称、版本号，并保存在 databases 目录下。关键代码如下：

```java
dbOpenHelper = new DBOpenHelper(AddActivity.this, "dict.db", null, 1);
final EditText  etWord=(EditText)findViewById(R.id.add_word);  //获取添加单词的编辑框
final EditText etExplain=(EditText)findViewById(R.id.add_interpret); //获取添加解
                                                    释的编辑框
ImageButton btn_Save= (ImageButton) findViewById(R.id.save_btn);     //获取保存按钮
ImageButton btn_Cancel= (ImageButton) findViewById(R.id.cancel_btn1);//获取取消按钮
```

（10）在 AddActivity 中，创建 insertData()方法，在该方法中实现插入数据功能。具体代码如下：

```java
private void insertData(SQLiteDatabase readableDatabase, String word, String explain) {
    ContentValues values=new ContentValues();
    values.put("word", word);           //保存单词
    values.put("detail", explain);      //保存解释
    readableDatabase.insert("dict",null , values);          //执行插入操作
}
```

（11）在重写的 onCreate()方法中，单击"保存"按钮，实现将添加的单词解释保存在数据库中。关键代码如下：

```java
btn_Save.setOnClickListener(new View.OnClickListener() {
    @Override
    public void onClick(View v) {
        String word = etWord.getText().toString();   //获取填写的生词
        String explain = etExplain.getText().toString(); //获取填写的解释
        if (word.equals("")||explain.equals("")){   //如果填写的单词或者解释为空时
            Toast.makeText(AddActivity.this, "填写的单词或解释为空", Toast.LENGTH_SHORT).show();
        }else {
            //调用 insertData()方法，实现插入生词数据
            insertData(dbOpenHelper.getReadableDatabase(), word, explain);
            //显示提示信息
            Toast.makeText(AddActivity.this, "添加生词成功！", Toast.LENGTH_LONG).show();
        }
    }
});
```

（12）单击"取消"按钮，实现返回查询单词界面。关键代码如下：

```java
btn_Cancel.setOnClickListener(new View.OnClickListener() {
    @Override
    public void onClick(View v) {
        Intent intent=new Intent(AddActivity.this,MainActivity.class);
                                                //通过 Intent 跳转查询单词界面
        startActivity(intent);
    }
});
```

（13）打开 MainActivity 类，在重写的 onCreate()方法中单击"翻译"按钮，实现查询词库中的单词。关键代码如下：

```java
btnSearch.setOnClickListener(new View.OnClickListener() {
@Override
public void onClick(View v) {
    String key = etSearch.getText().toString();  //获取要查询的单词
    //查询单词
    Cursor cursor=dbOpenHelper.getReadableDatabase().query("dict",null
        ,"word = ?",new String[]{key},null,null,null);
    //创建 ArrayList 对象，用于保存查询出的结果
```

```
        ArrayList<Map<String, String>> resultList = new ArrayList<Map<String,
String>>();
           while (cursor.moveToNext()) {    //遍历 Cursor 结果集
              Map<String, String> map = new HashMap<>();// 将结果集中的数据存入ArrayList 中
              //取出查询记录中第 2 列、第 3 列的值
              map.put("word", cursor.getString(1));
              map.put("interpret", cursor.getString(2));
              resultList.add(map);
           }
           if (resultList == null || resultList.size() == 0) {    //如果数据库中没有数据
              //显示提示信息，没有相关记录
              Toast.makeText(MainActivity.this,"很遗憾，没有相关记录!",Toast.LENGTH_LONG).
show();
              } else {
                 //否则将查询的结果显示到 ListView 列表中
                 SimpleAdapter simpleAdapter = new SimpleAdapter(MainActivity.this,
resultList,
                       R.layout.result_main,
                       new String[]{"word", "interpret"}, new int[]{
                       R.id.result_word, R.id.result_interpret});
                 listView.setAdapter(simpleAdapter);
              }
           }
    });
```

（14）重写 Activity 的 onDestroy()方法，实现退出应用时，关闭数据库连接。关键代码如下：

```
@Override
protected void onDestroy() {
    super.onDestroy();
    if (dbOpenHelper != null) {        //如果数据库不为空时
        dbOpenHelper.close();          //关闭数据库连接
    }
}
```

实例运行后，在 DDMS 视图的 File Explorer 面板中，/data/data/com.mingrisoft/databases 目录下可以看到已经创建的数据库 dict.db，如图 15.18 所示。

图 15.18　已经创建的数据库

扫一扫，看视频

15.4 使用 Content Provider 实现数据共享

Content Provider 主要用于在不同的应用程序之间实现数据共享。它提供了一套完整的机制，允许一个程序访问另一个程序中的数据，同时还能保证被访问数据的安全性。

在 Android 程序中，共享数据的实现需要继承自 ContentProvider 基类，该基类为其他应用程序使用和存储数据实现了一套标准方法。然而应用程序并不直接调用这些方法，而是使用一个 ContentResolver 对象去操作指定数据。

15.4.1 Content Provider 概述

Content Provider 内部如何保存数据由其设计者决定，但是所有的 Content Provider 都实现一组通用的方法，用来提供数据的增、删、改、查功能。

客户端通常不会直接使用这些方法，而是通过 ContentResolver 对象实现对 Content Provider 的操作。开发人员可以通过调用 Activity 或者其他应用程序组件的实现类中的 getContentResolver()方法来获得 ContentResolver 对象。例如：

```
ContentResolver cr = getContentResolver();
```

使用 ContentResolver 提供的方法可以获得 Content Provider 中任何想要的数据。

当开始查询时，Android 系统确认查询的目标 Content Provider 并确保它正在运行。系统会初始化所有 ContentProvider 类的对象，开发人员不必完成此类操作，实际上，开发人员根本不会直接使用 ContentProvider 类的对象。通常，每个类型的 ContentProvider 仅有一个单独的实例。但是该实例能与位于不同应用程序和进程的多个 ContentResolver 类对象通信。不同进程之间的通信由 ContentProvider 类和 ContentResolver 类处理。

使用 Content Provider 时，通常会用到以下两个概念。

1．数据模型

Content Provider 使用基于数据库模型的简单表格来提供其中的数据，这里每行代表一条记录，每列代表特定类型和含义的数据。例如，联系人的信息可能以表 15-3 所示的方式提供。

表 15-3 联系方式

_ID	NAME	NUMBER	EMAIL
001	张××	123*****	123**@163.com
002	王××	132*****	132**@google.com
003	李××	312*****	312**@qq.com
004	赵××	321*****	321**@126.com

每条记录包含一个数值型的_ID 字段，用于在表格中唯一标识该记录。_ID 能用于匹配相关表格中的记录。例如，在一个表格中查询联系人的电话，在另一表格中查询其照片。

📢 注意：

_ID 字段前还包含了一条下划线，在编写代码时不要忘记。

查询返回一个 Cursor 对象，它能遍历各行各列来读取各个字段的值。对于各个类型的数据，它都提供了专用的方法。因此，为了读取字段的数据，开发人员必须知道当前字段包含的数据类型。

2．URI

每个 Content Provider 提供公共的 URI（使用 Uri 类包装）唯一标识其数据集。管理多个数据集（多个表格）的 Content Provider 为每个数据集提供了单独的 URI。所有为 provider 提供的 URI 都以"content://"作为前缀，它表示数据由 Content Provider 来管理。

如果自定义 Content Provider，则应该为其 URI 也定义一个常量，以简化客户端代码，并使日后更新更加简洁。Android 为当前平台提供的 Content Provider 定义了 CONTENT_URI 常量。例如，匹配电话号码到联系人表格的 URI 和匹配保存联系人照片表格的 URI 分别如下：

```
android.provider.Contacts.Phones.CONTENT_URI
android.provider.Contacts.Photos.CONTENT_URI
```

URI 常量用于所有与 Content Provider 的交互中。每个 ContentResolver 方法使用 URI 作为其第一个参数。它标识 ContentResolver 应该使用哪个 provider 及其中的哪个表格。

下面是 Content URI 重要部分的总结：

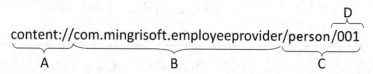

- A：标准的前缀，用于标识该数据由 Content Provider 管理，不需修改。
- B：URI 的权限（authority）部分，用于对不同的应用程序做区分，一般会采用完整的类名（使用小写形式）来保证其唯一性。例如，一个包名为 com.mingrisoft 的应用，对应的权限就可以命名为 com.mingrisoft.provider。
- C：Content Provider 的路径（path）部分，用于指定要操作的数据，可以是数据表、文件、XML 等。例如，要访问数据表 person 中的所有记录，可以使用"/person"；而要访问 person 中的 ID 为 001 的记录的 name 字段，则需要使用"/person/001/name"。
- D：被请求的特定记录的 ID。这是被请求记录的_ID 值。如果请求不仅限于单条记录，该部分及其前面的斜杠应该删除。

15.4.2 创建 Content Provider

程序开发人员可以通过继承 ContentProvider 类创建一个新的数据提供者。通常情况下，需要完成以下操作。

- 继承 ContentProvider 类来提供数据访问方式。
- 在应用程序的 AndroidManifest 文件中声明 Content Provider。

下面分别进行介绍。

1．继承 ContentProvider 类

开发人员定义 ContentProvider 类的子类，以便使用 ContentResolver 和 Cursor 类共享数据。原则上，这意味着需要实现 ContentProvider 类定义的以下 6 个抽象方法：

```
public boolean onCreate()
public Cursor query(Uri uri, String[] projection, String selection, String[]
selectionArgs, String sortOrder)
public Uri insert(Uri uri, ContentValues values)
public int update(Uri uri, ContentValues values, String selection, String[]
selectionArgs)
public int delete(Uri uri, String selection, String[] selectionArgs)
public String getType(Uri uri)
```

各个方法的说明见表 15-4。

表 15-4　ContentProvider 中的抽象方法说明

方　　法	说　　明
onCreate()	用于初始化 provider
query()	返回数据给调用者
insert()	插入新数据到 Content Provider
update()	更新 Content Provider 中已经存在的数据
delete()	从 Content Provider 中删除数据
getType()	返回 Content Provider 数据的 MIME 类型

query()方法必须返回 Cursor 对象，它用于遍历查询结果。Cursor 自身是一个接口，但是 Android 提供了一些该接口的实现类，例如，SQLiteCursor 能遍历存储在 SQLite 数据库中的数据。通过调用 SQLiteDatabase 类的 query()方法可以获得 Cursor 对象。它们都位于 android.database 包中，其继承关系如图 15.19 所示。

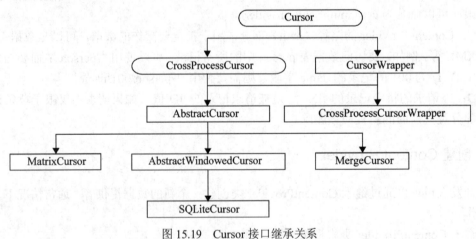

图 15.19　Cursor 接口继承关系

☞ 说明：

圆角矩形表示接口，非圆角矩形表示类。

由于这些 ContentProvider 方法能被不同进程和线程的不同 ContentResolver 对象调用，所以它们必须以线程安全的方式实现。

此外,开发人员可能也想调用 ContentResolver.notifyChange()方法,以便在数据修改时通知监听器。

除了定义子类自身,还应采取下面的措施,以便简化客户端工作,并让类更加易用。

(1)定义 public static final Uri CONTENT_URI 变量(CONTENT_URI 是变量名称)。该字符串表示自定义的 Content Provider 处理的完整 content:URI。开发人员必须为该值定义唯一的字符串。最佳的解决方式是使用 Content Provider 的完整类名(小写)。例如,EmployeeProvider 的 URI 可能按以下格式定义:

```
public static final Uri CONTENT_URI = Uri.parse("content://com.mingrisoft.
employeeprovider");
```

如果 provider 包含子表,也应该为各个子表定义 URI。这些 URI 应该有相同的权限(因为它标识 Content Provider),然后使用路径进行区分。例如:

```
content://com.mingrisoft.employeeprovider/dba
content://com.mingrisoft.employeeprovider/programmer
content://com.mingrisoft.employeeprovider/ceo
```

(2)定义 Content Provider 将返回给客户端的列名。如果开发人员使用底层数据库,这些列名通常与 SQL 数据库列名相同。同样定义 public static String 常量,客户端用它们来指定查询中的列和其他指令。确保包含名为"_ID"的整数列作为记录的 ID 值。无论记录中其他字段是否唯一,例如 URL,开发人员都应该包含该字段。如果打算使用 SQLite 数据库,_ID 字段应该是如下类型:

```
INTEGER PRIMARY KEY AUTOINCREMENT
```

(3)仔细注释每列的数据类型,客户端需要使用这些信息来读取数据。

(4)如果开发人员正在处理新数据类型,则必须定义新的 MIME 类型,以便在 ContentProvider.getType()方法中实现返回。

(5)如果开发人员提供的 byte 数据太大而不能放到表格中,例如 bitmap 文件,提供给客户端的字段应该包含 content:URI 字符串。

2. 声明 Content Provider

为了让 Android 系统知道开发人员编写的 Content Provider,应该在应用程序的 AndroidManifest.xml 文件中定义<provider>元素。没有在配置文件中声明的自定义 Content Provider 对于 Android 系统不可见。

name 属性的值是 ContentProvider 类的子类的完整名称。authorities 属性是 provider 定义的 content:URI 中的 authority 部分。ContentProvider 的子类是 EmployeeProvider,<provider>元素应该如下:

```
<provider android:name="com.mingrisoft.EmployeeProvider"
          android:authorities="com.mingrisoft.employeeprovider"
          .../>
</provider>
```

注意:

authorities 属性删除了 content:URI 中的路径部分。

其他<provider>属性能设置读写数据的权限,提供显示给用户的图标或文本,启用或禁用 provider 等。如果数据不需要在多个运行着的 Content Provider 间同步,则设置 multiprocess 为 true。

这允许在各个客户端进程创建一个 provider 实例，从而避免执行 IPC（进程间通信）。

15.4.3 使用 Content Provider

Android 系统为常用数据类型提供了很多预定义的 Content Provider（声音、视频、图片、联系人等），它们大都位于 android.provider 包中。开发人员可以查询这些 provider，以获得其中包含的信息（尽管有些需要适当的权限来读取数据）。Android 系统提供的常见 Content Provider 见表 15-5。

表 15-5 常见 ContentProvider 说明

名 称	说 明
Browser	用于管理浏览器相关信息（例如，书签、浏览历史或网络搜索）
CallLog	用于管理通话历史信息
Contacts	用于管理联系人信息
LiveFolders	用于管理由 ContentProvider 提供内容的特定文件夹
MediaStore	用于管理多媒体信息（例如，声音、视频和图片等）
Setting	用于管理系统设置和偏好设置（例如，蓝牙设置、铃声和其他设备偏好）
SearchRecentSuggestions	用于为应用程序创建简单的查询建议
SyncStateContract	用于使用数据数组账号关联数据的 ContentProvider 约束
UserDictionary	用于在可预测文本输入时，提供用户定义的单词给输入法使用

1. 查询数据

要查询 Content Provider 中的数据，需要以下 3 个信息：

- 标识该 Content Provider 的 URI。
- 需要查询的数据字段名称。
- 字段中数据的类型。

为了查询 Content Provider 中的数据，开发人员需要使用 ContentResolver.query()方法，该方法返回 Cursor 对象。query()方法的语法格式如下：

```
public final Cursor query (Uri uri, String[] projection, String selection, String[] selectionArgs, String sortOrder)
```

- uri：provider 的 URI，用于标识特定 ContentProvider 和数据集的 CONTENT_URI 常量。如果仅需要返回一条记录，可以在 URI 结尾增加该记录的_ID 值，即将匹配 ID 值的字符串作为 URI 路径部分的结尾片段。
- projection：想要返回的数据列名称。null 值表示返回全部列；否则，仅返回列出的列。全部预定义 Content Provider 为其列都定义了常量。例如，android.provider.Contacts.Phones 类定义了_ID、NUMBER、NUMBER_KEY、NAME 等常量。
- selection：决定哪些行被返回的过滤器，格式类似 SQL 的 WHERE 语句（但是不包含 WHERE 自身）。null 值表示返回全部行（除非 URI 限制查询结果为单行记录）。
- selectionArgs：选择参数。

➤ sortOrder：返回记录的排序器，格式类似 SQL 的 ORDER BY 语句（但是不包含 ORDER BY 自身）。null 值表示以默认顺序返回记录，这可能是无序的。

获得数据使用 Cursor 对象处理，它能向前或向后遍历整个结果集。开发人员可以使用 Cursor 对象来读取数据，而增加、修改和删除数据则必须使用 ContentResolver 对象。

2．增加记录

为了向 Content Provider 中增加新数据，首先需要在 ContentValues 对象中建立键值对映射，这里每个键匹配 Content Provider 中列名，每个值是该列中希望增加的值。然后调用 ContentResolver.insert()方法，并传递给它 provider 的 URI 参数和 ContentValues 映射。该方法返回新记录的完整 URI，即增加了新记录 ID 的 URI。开发人员可以使用该 URI 来查询并获取该记录的 Cursor，以便修改该记录。

insert()方法的语法格式如下：

```
public abstract Uri insert (Uri uri, ContentValues values)
```

➤ uri：provider 的 URI。
➤ values：要插入记录的列名和值组成的键/值对，不能为空。

3．增加新值

一旦记录存在，开发人员可以向其中增加新信息或者修改已经存在的信息。增加记录到 Contacts 数据库的最佳方式是增加保存新数据的表名到代表记录的 URI，然后使用组装好的 URI 来增加新数据。每个 Contacts 表格以 CONTENT_DIRECTORY 常量的方式提供名称。

开发人员可以调用使用 byte 数组作为参数的 ContentValues.put()方法向表格中增加少量二进制数据，这适用于类似小图标的图片、短音频片段等。然而，如果需要增加大量二进制数据，如图片或者完整的歌曲等，则需要保存代表数据的 content:URI 到表格，然后使用文件 URI 调用 ContentResolver.openOutputStream()方法。这导致 Content Provider 保存数据到文件，并在记录的隐藏字段保存文件路径。

4．批量更新记录

要批量更新数据（例如，将全部字段中"NY"替换成"New York"），可使用 ContentResolver.update()方法，并提供需要修改的列名和值。

update()方法的语法格式如下：

```
public final int update (Uri uri, ContentValues values, String where, String[] selectionArgs)
```

➤ uri：provider 的 URI。
➤ values：要修改记录的列名和值对，不能为空。
➤ where：决定哪些行被更新的过滤器，格式类似 SQL 的 WHERE 语句（但是不包含 WHERE 自身）。
➤ selectionArgs：选择参数。

5．删除记录

如果需要删除单条记录，可调用 ContentResolver.delete()方法并提供特定行的 URI。如果需要删除多条记录，可调用 ContentResolver.delete()方法，并提供删除记录类型的 URI（如 android.provider.

Contacts.People.CONTENT_URI）和一个 SQL WHERE 语句，它定义哪些行需要删除。
delete()方法的语法格式如下：
```
public final int delete (Uri url, String where, String[] selectionArgs)
```
- uri：provider 的 URI。
- where：SQL 条件语句，用于定义哪些行要删除。
- selectionArgs：选择参数。

注意：
请确保提供了一个合适的 WHERE 语句，否则可能删除全部数据。

例 15.5 在 Android Studio 中创建一个 Module，名称为 15.5，实现模拟微信电话薄，实现显示联系人功能，如图 15.20 所示。（**实例位置：资源包\code\15\15.5**）

图 15.20　显示联系人

（1）修改布局文件 activity_main.xml 文件。首先删除内边距，然后为默认添加的布局管理器设置背景图片和 TextView 属性。

（2）打开 MainActivity，该类继承 Activity，在该类中定义所需的成员变量。关键代码如下：
```
private String columns = ContactsContract.Contacts.DISPLAY_NAME;  //希望获得姓名
```
（3）创建 getQueryData()方法，在该方法中实现获取通讯录信息。关键代码如下：
```
private CharSequence getQueryData() {
    StringBuilder sb = new StringBuilder();  //用于保存字符串
    ContentResolver resolver = getContentResolver();  //获得 ContentResolver 对象
    //查询记录
    Cursor cursor = resolver.query(ContactsContract.Contacts.CONTENT_URI, null, null, null, null);
    int displayNameIndex = cursor.getColumnIndex(columns);  //获得姓名记录的索引值
    //迭代全部记录
    for (cursor.moveToFirst(); !cursor.isAfterLast(); cursor.moveToNext()) {
```

```
        String displayName = cursor.getString(displayNameIndex);
        sb.append(displayName + "\n");
    }
    cursor.close();              //关闭Cursor
    return sb.toString();        //返回查询结果
}
```

（4）在 onCreate()方法中获得布局文件中用于显示查询联系人姓名的 TextView 组件，然后将获取的通讯录信息显示在界面中。关键代码如下：

```
TextView tv = (TextView) findViewById(R.id.result);   //获得布局文件中的 TextView 组件
tv.setText(getQueryData());   //为 TextView 设置数据
```

（5）在 AndroidManifest 文件中增加读取联系人记录的权限。代码如下：

```
<uses-permission android:name="android.permission.READ_CONTACTS"/>
```

> **说明：**
> 读者需要在模拟器中开启访问通讯录的权限。另外，还需要在通讯录中创建一些联系人信息。

15.5 本章总结

在本章中首先介绍了 Android 系统中提供的最简单的永久性保存数据的方式 SharedPreferences；然后介绍了直接使用文件系统保存数据的几种方法；接着又介绍了使用 SQLite 进行数据库存储；最后介绍了如何使用 Content Provider 实现数据共享。本章介绍的内容在实际项目开发中经常使用，希望大家认真学习，为以后进行实际项目开发打下良好的基础。

第 16 章　Handler 消息处理

在程序开发时，对于一些比较耗时的操作，通常会为其开辟一个单独的线程来执行，以尽可能减少用户的等待时间。在 Android 中，默认情况下，所有的操作都在主线程中进行。主线程负责管理与 UI 相关的事件，而在用户自己创建的子线程中，不能对 UI 组件进行操作。因此，Android 提供了消息处理传递机制来解决这一问题。本章将对 Android 中如何通过 Handler 消息处理机制操作 UI 界面进行详细介绍。

通过阅读本章，您可以：

- 了解 Handler 消息传递机制
- 了解 Handler 与 Looper、MessageQueue 的关系
- 掌握消息类 Message 的应用
- 掌握 Looper 对象的应用

16.1　Handler 消息传递机制

我们知道，在 Java 中，对于一些周期性的或者是耗时操作通常由多线程来实现。在 Android 中，也可以使用 Java 中的多线程技术。例如，在手机淘宝主界面的上方，对广告进行轮换显示（如图 16.1 所示），以及某些游戏中的计时进度条（如图 16.2 所示），都需要应用到多线程。

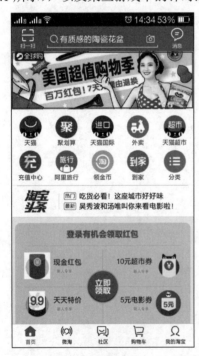

图 16.1　手机淘宝广告轮换

图 16.2　找茬时间进度条

在 Android 中使用多线程，有一点需要注意：不能在子线程中动态改变主线程中的 UI 组件的属性。

> **说明：**
> 当一个程序第一次启动时，Android 会启动一条主线程，用于负责接收用户的输入，以及运行的结果反馈给用户，也称为 UI 线程；而子线程是指为了执行一些可能产生阻塞操作而新启动的线程，也称为 Worker 线程。

例如，实现单击按钮时创建新线程改变文本框的显示文本，代码如下：

```java
public class MainActivity extends AppCompatActivity {
    @Override
    protected void onCreate(Bundle savedInstanceState) {
        super.onCreate(savedInstanceState);
        setContentView(R.layout.activity_main);
        final TextView  textView= (TextView) findViewById(R.id.tv);       //获取文本框组件
        Button button= (Button) findViewById(R.id.button);                //获取按钮组件
        button.setOnClickListener(new View.OnClickListener() {
            @Override
            public void onClick(View v) {
                //创建新线程
                Thread thread = new Thread(new Runnable() {
                    @Override
                    public void run() {
                        //要执行的操作
                        textView.setText("你今天的努力，是幸运的伏笔；当下的付出，是明日的花开");
                    }
                });
                thread.start();        //开启线程
            }
        });
    }
}
```

运行时，将产生"抱歉，×××已停止运行"的对话框，并且在 LogCat 面板中输出如图 16.3 所示的异常信息。

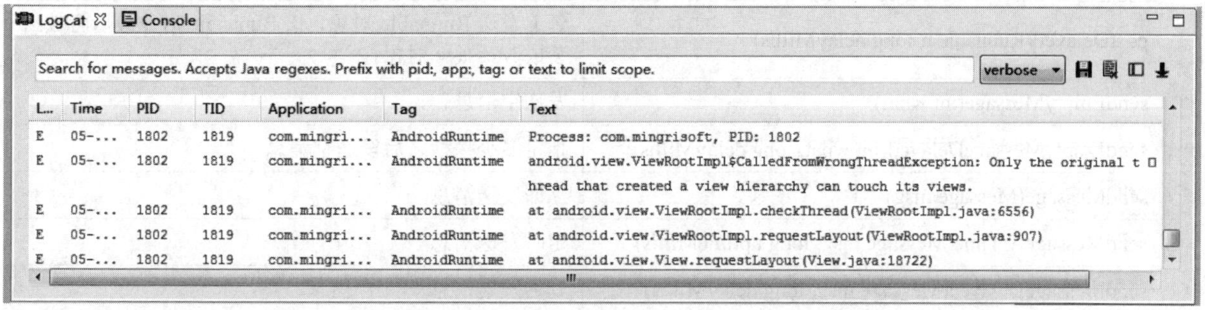

图 16.3　在子线程中更新 UI 组件产生的异常

为此，Android 中引入了 Handler 消息传递机制，来实现在新创建的线程中操作 UI 界面。下面将对 Handler 消息传递机制进行介绍。

16.1.1 Handler 类简介

Handler 是 Android 提供的一个用来更新 UI 的机制，也是一个消息处理的机制。通过 Handler 类（消息处理类）可以发送和处理 Message 对象到其所在线程的 MessageQueue 中。Handler 类主要有以下两个作用。

（1）在任意线程中发送消息

将 Message 应用 sendMessage()方法发送到 MessageQueue 中，在发送时可以指定延迟时间、发送时间及要携带的 Bundle 数据。当 Looper 循环到该 Message 时，调用相应的 Handler 对象的 handlerMessage()方法对其进行处理。

（2）在主线程中获取并处理消息

为了让主线程能在适当的时候处理 Handler 所发送的消息，必须通过回调方法来实现。开发者只需重写 Handler 类中处理消息的方法，当新启动的线程发送消息时，Handler 类中处理消息的方法会被自动回调。

16.1.2 Handler 类中的常用方法

在 Handler 类中包含了一些用于发送和处理消息的常用方法，这些方法见表 16-1。

表 16-1 Handler 类提供的常用方法

方法	描述
handleMessage(Message msg)	处理消息的方法。通常重写该方法来处理消息，在发送消息时，该方法会自动回调
hasMessages(int what)	检查消息队列中是否包含 what 属性为指定值的消息
hasMessages(int what, Object object)	检查消息队列中是否包含 what 属性为指定值且 object 属性为指定对象的消息
post(Runnable r)	立即发送 Runnable 对象，该 Runnable 对象最后将被封装成 Message 对象
postAtTime(Runnable r, long uptimeMillis)	定时发送 Runnable 对象，该 Runnable 对象最后将被封装成 Message 对象
postDelayed(Runnable r, long delayMillis)	延迟发送 Runnable 对象，该 Runnable 对象最后将被封装成 Message 对象
sendEmptyMessage(int what)	发送空消息
sendEmptyMessageDelayed(int what, long delayMillis)	指定多少毫秒之后发送空消息
sendMessage(Message msg)	立即发送消息
sendMessageAtTime(Message msg, long uptimeMillis)	定时发送消息
sendMessageDelayed(Message msg, long delayMillis)	延迟发送消息
obtainMessage()	获取消息

通过这些方法，应用程序就可以方便地使用 Handler 来进行消息传递。

例 16.1 在 Android Studio 中创建一个 Module，名称为 16.1，实现找茬游戏的时间进度条，如图 16.4 所示。（实例位置：资源包\code\16\16.1）

图 16.4　找茬游戏的倒计时进度条

（1）修改新建 Module 的 res\layout 目录下的布局文件 activity_main.xml，将默认添加的内边距与 TextView 组件删除，然后为布局管理器添加背景图片，最后在该布局管理器中添加一个 ProgressBar 组件并设置进度条样式。

（2）打开默认添加的 MainActivity，该类继承 Activity，在该类中定义所需的成员变量。具体代码如下：

```java
final int TIME = 60;                    //定义时间长度
final int TIMER_MSG = 0x001;            //定义时间消息
private ProgressBar timer;              //定义水平进度条
private int mProgressStatus = 0;        //定义完成进度
```

（3）在 MainActivity 中创建 android.os.Handler 对象，并重写 handleMessage()方法。在该方法中判断当前时间进度大于 0 时，更新进度条，然后每隔 1 秒更新一次进度条。关键代码如下：

```java
Handler handler = new Handler() {
    @Override
    public void handleMessage(Message msg) {
        if (TIME - mProgressStatus > 0) {                                    //当前进度大于0
            mProgressStatus++;                                               //进度+1
            timer.setProgress(TIME - mProgressStatus);                       //更新进度
            handler.sendEmptyMessageDelayed(TIMER_MSG, 1000);                //一秒后发送消息
        } else {
            //提示时间已到
            Toast.makeText(MainActivity.this, "时间到!游戏结束!", Toast.LENGTH_SHORT).show();
        }
    }
};
```

（4）在 onCreate()方法中，获取进度条组件，并启动进度条。关键代码如下：

```
timer = (ProgressBar) findViewById(R.id.timer);    //获取进度条组件
handler.sendEmptyMessage(TIMER_MSG);               //启动进度条
```

（5）在 AndroidManifest.xml 文件的<activity>标记中添加 screenOrientation 属性，设置其横屏显示。关键代码如下：

```
android:screenOrientation="landscape"
```

16.2　Handler 与 Looper、MessageQueue 的关系

Handler 并不是单独工作的，与 Handler 共同工作的有几个重要的组件，包括 Message、Looper 和 MessageQueue。

- Message：通过 Handler 发送、接收和处理的消息对象。
- Looper：负责管理 MessageQueue。每个线程只能有一个 Looper，它的 loop()方法负责读取 MessageQueue 中的消息，读取到消息之后就把消息回传给 Handler 进行处理。
- MessageQueue：消息队列，可以看作是一个存储消息的容器。它采用 FIFO（先进先出）的原则来管理消息。在创建 Looper 对象时，会在它的构造器中创建 MessageQueue 对象。

在 Android 中，一个线程对应一个 Looper 对象，而一个 Looper 对象又对应一个 MessageQueue，MessageQueue 用于存放 Message。Handler 发送 Message 给 Looper 管理的 MessageQueue，然后 Looper 又从 MessageQueue 中取出消息，并分配给 Handler 进行处理，如图 16.5 所示。

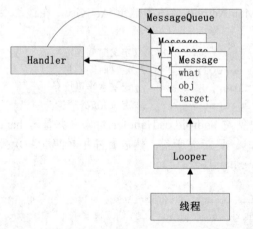

图 16.5　Handler 与 Looper、MessageQueue 的关系图

因此，要在程序中使用 Handler，必须在当前线程中有一个 Looper 对象。线程中的 Looper 对象有以下两种创建方式：

- 在主 UI 线程中，系统已经初始化了一个 Looper 对象，因此在程序中可以直接创建 Handler，然后就可以通过 Handler 发送消息、处理消息。
- 在子线程中，必须手动创建一个 Looper 对象，并通过 loop()方法启动 Looper。

在子线程中使用 Handler 的步骤如下：

（1）调用 Looper 的 prepare()方法为当前的线程创建 Looper 对象，在创建 Looper 对象的构造器中会创建与之配套的 MessageQueue。

(2)创建 Handler 子类的实例,重写 handlerMessage()方法用来处理来自于其他线程的消息。
(3)调用 Looper 的 loop()方法启动 Looper。

> **说明:**
>
> 在一个线程中,只能有一个 Looper 和 MessageQueue,但是可以有多个 Handler,而且这些 Handler 可以共享同一个 Looper 和 MessageQueue。

16.3 消息类(Message)

扫一扫,看视频

消息类(Message)被存放在 MessageQueue 中,一个 MessageQueue 中可以包含多个 Message 对象。每个 Message 对象可以通过 Message.obtain()或 Handler.obtainMessage()方法获得。一个 Message 对象具有表 16-2 中的 5 个属性。

表 16-2 Message 对象的属性

属 性	类 型	描 述
arg1	int	用来存放整型数据
arg2	int	用来存放整型数据
obj	Object	用来存放发送给接收器的 Object 类型的任意对象
replyTo	Messenger	用来指定此 Message 发送到何处的可选 Messenger 对象
what	int	用于指定用户自定义的消息代码,这样接收者可以了解这个消息的信息

> **说明:**
>
> 使用 Message 类的属性可以携带 int 型数据。如果要携带其他类型的数据,可以先将要携带的数据保存到 Bundle 对象中,然后通过 Message 类的 setDate()方法将其添加到 Message 中。

Message 类的使用方法比较简单,在使用时需注意以下 3 点:
- 尽管 Message 有 public 的默认构造方法,但是通常情况下,需要使用 Message.obtain()或 Handler.obtainMessage()方法从消息池中获得空消息对象,以节省资源。
- 如果一个 Message 只需要携带简单的 int 型信息,应优先使用 Message.arg1 和 Message.arg2 属性来传递信息,较之用 Bundle 更节省内存。
- 尽可能使用 Message.what 来标识信息,以便用不同方式处理 Message。

例 16.2 在 Android Studio 中创建一个 Module,名称为 16.2,模拟手机淘宝,实现轮播广告,如图 16.6 所示。(实例位置:资源包\code\16\16.2)

(1)修改布局文件 activity_main.xml,将默认添加的内边距与 TextView 组件删除,然后为布局管理器添加背景图片,最后在该布局管理器中添加一个 ViewFlipper 组件用于切换图片。

(2)在新建 Module 的 res 目录中,创建一个名称为 anim 的目录,并在该目录中创建实现平移从右进入与从左退出的动画资源文件。

扫一扫,看视频

图 16.6 手机淘宝轮播广告

（3）打开默认添加的 MainActivity，该类继承 Activity，在该类中定义所需的成员变量。关键代码如下：

```
final int FLAG_MSG = 0x001;         //定义要发送的消息
private ViewFlipper flipper;         //定义 ViewFlipper
private Message message;             //声明消息对象
//定义图片数组
private int[] images = new int[]{R.drawable.img1, R.drawable.img2, R.drawable.img3,
     R.drawable.img4, R.drawable.img5, R.drawable.img6, R.drawable.img7, R.drawable.img8};
private Animation[] animation = new Animation[2];   //定义动画数组，为ViewFlipper指
                                                    定切换动画
```

（4）在 onCreate()方法中，首先获取用于切换图像的 ViewFlipper 组件，然后获取数组中的图片并加载，再初始化动画数组，并设置采用动画效果。关键代码如下：

```
flipper = (ViewFlipper) findViewById(R.id.viewFlipper);  //获取ViewFlipper
for (int i = 0; i < images.length; i++) {                //遍历图片数组中的图片
    ImageView imageView = new ImageView(this);           //创建 ImageView 对象
    imageView.setImageResource(images[i]);               //将遍历的图片保存在 ImageView 中
    flipper.addView(imageView);                          //加载图片
}
//初始化动画数组
animation[0] = AnimationUtils.loadAnimation(this, R.anim.slide_in_right);
                                                        //右侧平移进入动画
animation[1] = AnimationUtils.loadAnimation(this, R.anim.slide_out_left);
                                                        //左侧平移退出动画
flipper.setInAnimation(animation[0]);   //为 flipper 设置图片进入动画效果
```

```
flipper.setOutAnimation(animation[1]);    //为flipper设置图片退出动画效果
```
（5）在 MainActivity 类中，创建 android.os.Handler 对象，并重写 handleMessage()方法。在重写的 handleMessage()方法中，首先判断是否为发送的标记，如果是，则显示下一个动画和图片，然后再延迟 3 秒发送消息。关键代码如下：
```
Handler handler = new Handler() {  //创建android.os.Handler对象
  @Override
  public void handleMessage(Message msg) {
    if (msg.what == FLAG_MSG) {  //如果接收到的是发送的标记消息
        flipper.showPrevious();                    //显示下一个动画和图片
    }
    message=handler.obtainMessage(FLAG_MSG);    //获取要发送的消息
    handler.sendMessageDelayed(message, 3000);  //延迟3秒发送消息
  }
};
```
（6）在 onCreate()方法中设置发送 handler 消息，用于启动 Handler 对象中的延迟消息。关键代码如下：
```
message=Message.obtain();            //获得消息对象
message.what=FLAG_MSG;               //设置消息代码
handler.sendMessage(message);        //发送消息
```

16.4　循环者（Looper）

扫一扫，看视频

Looper 对象用来为一个线程开启一个消息循环，从而操作 MessageQueue。默认情况下，Android 中子线程是没有开启消息循环的，但是主线程除外。系统自动为主线程创建 Looper 对象，开启消息循环。所以，当在主线程中应用下面的代码创建 Handler 对象时不会出错，而如果在子线程中应用下面的代码创建 Handler 对象，将产生如图 16.7 所示的异常信息。
```
Handler handler = new Handler();
```

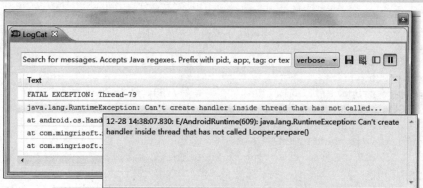

图 16.7　在非主线程中创建 Handler 对象产生的异常信息

如果想要在子线程中创建 Handler 对象，首先需要使用 Looper 类的 prepare()方法来初始化一个 Looper 对象，然后创建该 Handler 对象，最后使用 Looper 类的 loop()方法启动 Looper，从消息队列中获取和处理消息。

Looper 类提供的常用方法见表 16-3。

表 16-3 Looper 类提供的常用方法

方法	描述
prepare()	用于初始化 Looper
loop()	启动 Looper 线程，线程会从消息队列里获取和处理消息
myLooper()	可以获取当前线程的 Looper 对象
getThread()	用于获取 Looper 对象所属的线程
quit()	用于结束 Looper 循环

注意：

写在 Looper.loop()之后的代码不会被执行，该函数内部是一个循环，当调用 Handler.getLooper().quit()方法后，loop()方法才会中止，其后面的代码才能运行。

例 16.3 在 Android Studio 中创建一个 Module，名称为 16.3，实现创建一个继承 Thread 类的 LooperThread，并在重写的 run()方法中创建一个 Handler 对象，发送并处理消息，如图 16.8 所示，在日志面板（LogCat）中输出以下内容。（**实例位置：资源包\code\16\16.3**）

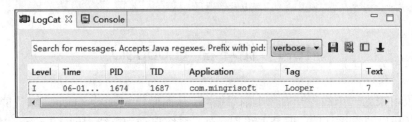

图 16.8 在 LogCat 中输出的内容

（1）创建一个继承了 Thread 类的 LooperThread，并在重写的 run()方法中创建一个 Handler 对象，发送并处理消息。关键代码如下：

```java
public class LooperThread extends Thread {
    public Handler handler;                              //声明一个Handler对象
    @Override
    public void run() {
        super.run();
        Looper.prepare();                                //初始化Looper对象
        //实例化一个Handler对象
        handler = new Handler() {
            public void handleMessage(Message msg) {
                Log.i("Looper",String.valueOf(msg.what));
            }
        };
        Message m=handler.obtainMessage();               //获取一个消息
        m.what=0x7;                                      //设置Message的what属性的值
        handler.sendMessage(m);                          //发送消息
        Looper.loop();                                   //启动Looper
    }
}
```

(2)在 MainActivity 的 onCreate()方法中,创建一个 LooperThread 线程,并开启该线程。关键代码如下:

```
LooperThread thread=new LooperThread();      //创建一个线程
thread.start();                              //开启线程
```

16.5 本章总结

本章主要介绍了 Android 中的 Handler 消息处理。由于在 Android 中,不能在子线程(也称为 Worker 线程)中更新主线程(也称为 UI 线程)中的 UI 组件,因此 Android 引入了消息传递机制,通过使用 Looper、Handler 和 Message 就可以轻松实现多线程中更新 UI 界面的功能。这与 Java 中的多线程不同,希望读者能很好的理解,并能灵活应用。

第 17 章　Service 应用

Service 用于在后台完成用户指定的操作，它可以用于播放音乐、文件下载和检查新消息推送等。用户可以使用其他组件来与 Service 进行通信。本章将介绍 Service 的实现和使用方式。

通过阅读本章，您可以：
- 掌握 Service 的概念和分类
- 掌握 Service 生命周期的管理
- 掌握 Service 的基本用法
- 掌握如何使用 IntentService
- 掌握 Bound Service 的实现方法

17.1　Service 概述

Service（服务）是能够在后台长时间运行，并且不提供用户界面的应用程序组件。其他应用程序组件能启动 Service，并且即便用户切换到另一个应用程序，Service 还可以在后台运行。此外，组件能够绑定到 Service 并与之交互，甚至执行进程间通信（IPC）。例如，Service 能在后台处理网络事务、播放音乐、执行文件操作或者与 Content Provider 通信。

例如，通过 Service 可以实现在手机后台播放音乐，手机锁屏后的播放音乐界面如图 17.1 所示；再如，通过 Service 还可以实现在手机后台监控地理位置的改变，手机地图中记录地理位置的界面如图 17.2 所示。

图 17.1　后台播放音乐

图 17.2　记录地理位置

17.1.1 Service 的分类

Service 按照启动方式可以分为以下两种类型。
- Started Service：当应用程序组件（如 Activity）通过调用 startService()方法启动 Service 时，Service 处于启动状态。一旦启动，Service 能在后台无限期运行。
- Bound Service：当应用程序组件通过调用 bindService()方法绑定到 Service 时，Service 处于绑定状态。多个组件可以一次绑定到一个 Service 上，当它们都解绑定时，Service 被销毁。

Started Service 与 Bound Service 的区别见表 17-1。

表 17-1 Started Service 与 Bound Service 的区别

Started Service	Bound Service
使用 startService()方法启动	调用 bindService()方法绑定
通常只启动，不返回值	发送请求，得到返回值
启动 Service 的组件与 Service 之间没有关联，即使关闭该组件，Service 也会一直运行	启动 Service 的组件与 Service 绑定在一起，如果关闭该组件，Service 就会停止
回调 onStartCommand()方法，允许组件启动 Service	回调 onBind()方法，允许组件绑定 Service

尽管本章将两种类型的 Service 分开讨论，Service 也可以同时属于这两种类型，既可以启动（无限期运行），也能绑定。不管应用程序是否为启动状态、绑定状态，或者两者兼有，都能通过 Intent 使用 Service。开发人员可以在配置文件中将 Service 声明为私有的，从而阻止其他应用程序访问。

17.1.2 Service 的生命周期

Service 的生命周期比 Activity 简单很多，却需要开发人员更加关注 Service 如何创建和销毁，因为 Service 可能在用户不知情的情况下在后台运行。图 17.3 演示了 Service 的生命周期。

由图 17.3 可以看出，Service 的生命周期可以分成两个不同的路径。
- 通过 startService()方法启动 Service

当其他组件调用 startService()方法时，Service 被创建，并且无限期运行，其自身必须调用 stopSelf()方法或者其他组件调用 stopService()方法来停止 Service。当 Service 停止时，系统将其销毁。
- 通过 bindService()方法启动 Service

当其他组件调用 bindService()方法时，Service 被创建。接着客户端通过 IBinder 接口与 Service 通信。客户端通过 unbindService()方法关闭连接。多个客户端能绑定到同一个 Service，并且当它们都解绑定时，系统销毁 Service（Service 不需要被停止）。

这两条路径并非完全独立，即开发人员可以绑定已经使用 startService()方法启动的 Service。例如，后台音乐 Service 能使用包含音乐信息的 Intent 通过调用 startService()方法启动。当用户需要控制播放器或者获取当前音乐信息时，可以调用 bindService()方法绑定 Activity 到 Service。此时，stopService()和 stopSelf()方法全部被客户端解绑定时才能停止 Service。

为了创建 Service，开发人员需要创建 Service 类或其子类的子类。在实现类中，需要重写一些处理 Service 生命周期重要方面的回调方法，并根据需要提供组件绑定到 Service 的机制。需要重写的重要回调方法见表17-2。

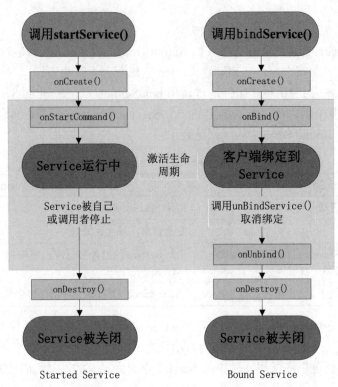

图 17.3　Service 的生命周期

表 17-2　Service 生命周期中的回调方法

方 法 名	描 述
void onCreate()	当 Service 第一次创建时，系统调用该方法执行一次性建立过程（在系统调用 onStartCommand()或 onBind()方法前）。如果 Service 已经运行，该方法不被调用
void onStartCommand(Intent intent, int flags, int startId)	当其他组件（如 Activity）调用 startService()方法请求 Service 启动时，系统调用该方法。一旦该方法执行，Service 启动并在后台无限期运行
IBinder onBind(Intent intent)	该方法是 Service 子类必须实现的方法，该方法返回一个 IBinder 对象，应用程序可以通过该对象与 Service 组件进行通信
void onDestroy()	当 Service 不再使用并即将销毁时，系统调用该方法
boolean onUnbind(Intent intent)	当 Service 绑定的所有客户端都断开连接时，系统调用该方法

扫一扫，看视频

17.2　Service 的基本用法

应用程序组件（如 Activity）能通过调用 startService()方法和传递 Intent 对象来启动 Service，在 Intent 对象中指定了 Service 并且包含 Service 需要使用的全部数据。Service 使用 onStartCommand() 方法接收 Intent。

Android提供了两个类供开发人员继承以创建启动Service。

- Service：这是所有Service的基类。当继承该类时，创建新线程执行Service的全部工作是非常重要的。因为Service默认使用应用程序主线程，这可能降低应用程序Activity的运行性能。
- IntentService：这是Service类的子类，它每次使用一个Worker线程来处理全部启动请求。在不必同时处理多个请求时，这是最佳选择。开发人员仅需要实现onHandleIntent()方法，该方法接收每次启动请求的Intent，以便完成后台任务。

17.2.1 创建与配置Service

使用Android Studio可以很方便地创建并配置Service，方法步骤如下：

（1）在Module的包名（如com.mingrisoft）节点上单击鼠标右键，然后依次选择"New"/"Service"/"Service"菜单项，如图17.4所示。

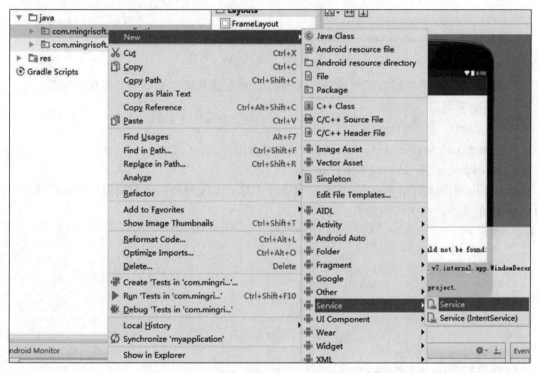

图17.4 选择"Service"选项

✎ 说明：

在图17.4中，选择"New" → "Service" → "Service（IntentService）"菜单项，可以创建继承自IntentService的Service。

（2）弹出对话框，在Class Name文本框中输入Service的名称（如MyService），如图17.5所示。

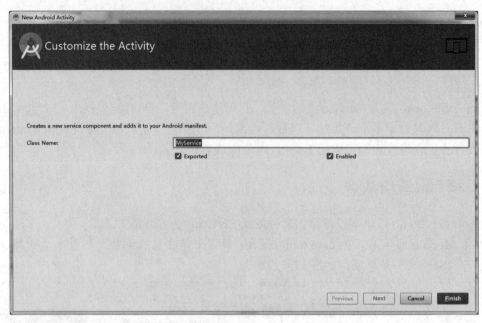

图 17.5 修改创建的 Service 名称

（3）单击"Finish"按钮即可创建一个 Service，然后就可以在类中重写需要的回调方法。通常情况下，经常会重写以下 3 个方法。

- onCreate()：在 Service 创建时调用。
- onStartCommand()：在每次启动 Service 时调用。
- onDestroy()：在 Service 销毁时调用。

例如，在刚刚创建的 MyService 中重写这 3 个方法，实现开启新线程模拟一段耗时操作，同时监控 Service 的状态。关键代码如下：

```java
public class MyService extends Service {
    public MyService() {
    }
    @Override
    public IBinder onBind(Intent intent) {
        throw new UnsupportedOperationException("Not yet implemented");
    }
    @Override
    public void onDestroy() {
        Log.i("Service: ", "Service已停止");
        super.onDestroy();
    }
    @Override
    public void onCreate() {
        Log.i("Service: ", "Service已创建");
        super.onCreate();
    }
    @Override
```

```java
public int onStartCommand(Intent intent, int flags, int startId) {
    new Thread(new Runnable() {
        @Override
        public void run() {
            Log.i("Service: ", "Service已开启");
            //模拟一段耗时任务
            long endTime = System.currentTimeMillis() + 5 * 1000;
            while (System.currentTimeMillis() < endTime) {
                synchronized (this) {
                    try {
                        wait(endTime - System.currentTimeMillis());
                    } catch (Exception e) {
                        e.printStackTrace();
                    }
                }
            }
            stopSelf();        //停止Service
        }
    }).start();
}
```

在创建 Service 之后，系统会自动在 AndroidManifest.xml 文件中配置 Service。配置 Service 使用<service.../>标记，如图 17.6 所示。

```
<service
    android:name=".MyService"
    android:enabled="true"
    android:exported="true"></service>
```

图 17.6　自动配置 Service

其中，enabled、exported 两个属性的说明如下：

▶ android:enabled

用于指定 Service 能否被实例化，true 表示能，false 表示不能，默认值是 true。<application>标记也有自己的 enabled 属性，适用于应用中所有的组件。当 Service 被启用时，只有<application>和<service>标记的 enabled 属性同时设置为 true（两者的默认值都是 true）时，才能让 Service 可用，并且能被实例化。若任何一个是 false，Service 都将被禁用。

▶ android:exported

用于指定其他应用程序组件能否调用 Service 或者与其交互，true 表示能，false 表示不能。当该值是 false 时，只有同一个应用程序的组件或者具有相同用户 ID 的应用程序能启动或者绑定到 Service。

android:exported 属性的默认值依赖于 Service 是否包含 Intent 过滤器。若没有过滤器，说明 Service 仅能通过精确类名调用，这意味着 Service 仅用于应用程序内部（因为其他程序可能不知道类名）。此时，默认值是 false；若至少存在一个过滤器，暗示 Service 可以用于外部，因此默认值是 true。

17.2.2 启动和停止 Service

1. 启动 Service

开发人员可以从 Activity 或者其他应用程序组件通过传递 Intent 对象（指定要启动的 Service）到 startService()方法启动 Service。Android 系统调用 Service 的 onStartCommand()方法，并将 Intent 传递给它。

例如，Activity 能使用显式 Intent 和 startService()方法启动 17.2.1 节创建的 Service（MyService），其代码如下：

```
Intent intent = new Intent(this, MyService.class);
startService(intent);
```

启动 MyService 后，在 LogCat 中会输出如图 17.7 所示的日志信息。

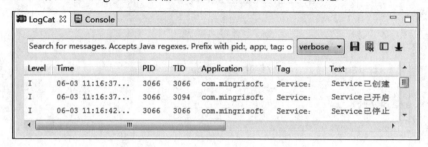

图 17.7　输出的 Service 启动状态的日志信息

在执行 startService()方法后，Android 系统调用 Service 的 onStartCommand()方法。如果 Service 还没有运行，系统首先调用 onCreate()方法，接着调用 onStartCommand()方法。

如果 Service 没有提供绑定，startService()方法发送的 Intent 是应用程序组件和 Service 之间唯一的通信模式。然而，如果开发人员需要 Service 返回结果，则启动该 Service 的客户端能为广播创建 PendingIntent（使用 getBroadcast()方法），并通过启动 Service 的 Intent 发送。Service 接下来便能使用广播发送结果。

多次启动 Service 的请求会导致 Service 的 onStartCommand()方法被调用多次。

2. 停止 Service

已启动的 Service 必须管理自己的生命周期，即系统不会停止或销毁 Service，除非系统必须回收系统内存，而且在 onStartCommand()方法返回后 Service 继续运行。因此，Service 必须调用 stopSelf()方法停止自身，或者其他组件调用 stopService()方法停止 Service。当多次启动 Service 后，仅需要一个停止方法来停止 Service。

当使用 stopSelf()或 stopService()方法请求停止时，系统会尽快销毁 Service。

> 📢 注意：
> 应用程序应该在任务完成后停止 Service，以避免系统资源浪费和电池消耗。即便是绑定 Service，如果调用了 onStartCommand()方法，也必须停止 Service。

例 17.1　使用 Service 控制游戏的背景音乐的播放，如图 17.8 所示。（实例位置：资源包\code\17\17.1）

扫一扫，看视频

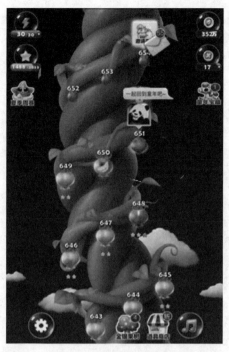

图17.8 控制游戏的背景音乐的播放

（1）在 Android Studio 中创建一个 SDK 最小版本为 21 的 Module，然后在 res 目录下创建 raw 子目录，将音乐文件 music.mp3 复制到 raw 子目录中，用于播放音乐的资源文件。

（2）修改新建 Module 的 res\layout 目录下的布局文件 activity_main.xml。首先将默认添加的 TextView 组件与内边距删除，然后为布局管理器添加背景图片，最后在该布局管理器中添加一个 ImageButton 组件，用于启动 Service 与停止 Service，具体代码请参见资源包。

（3）在 com.mingrisoft 包中创建一个名称为 MusicService 的 Service 类，然后在该类中定义当前播放状态的变量值与 MediaPlayer 对象。具体代码如下：

```
public class MusicService extends Service {
public MusicService() {
  }
  static boolean isplay;    //定义当前播放状态
  MediaPlayer player;       //MediaPlayer 对象
  @Override
  public IBinder onBind(Intent intent) {   //必须实现的绑定方法
      throw new UnsupportedOperationException("Not yet implemented");
  }
}
```

（4）在 MusicService 类中重写 onCreate()方法，创建 MediaPlayer 对象并加载播放的音乐文件。关键代码如下：

```
@Override
  public void onCreate() {
      player = MediaPlayer.create(this, R.raw.music);    //创建 MediaPlayer 对像并加
                                                          载播放的音乐文件
  }
```

(5)重写 onStartCommand()方法,在该方法中实现音乐的播放。关键代码如下:
```java
@Override
public int onStartCommand(Intent intent, int flags, int startId) {
    if (!player.isPlaying()) {              //如果没有播放音乐
        player.start();                     //播放音乐
        isplay = player.isPlaying();        //当前状态正在播放音乐
    }
    return super.onStartCommand(intent, flags, startId);
}
```

(6)重写 onDestroy()方法,在该方法中实现停止音乐的播放。关键代码如下:
```java
@Override
public void onDestroy() {                   //停止音乐的播放
    player.stop();                          //停止音频的播放
    isplay = player.isPlaying();            //当前状态没有播放音乐
    player.release();                       //释放资源
    super.onDestroy();
}
```

(7)打开 MainActivity 类,该类继承 Activity,在 onCreate()方法中单击按钮实现启动 Service 并播放背景音乐,再次单击按钮实现停止 Service 并停止播放背景音乐。关键代码如下:
```java
//设置全屏显示
getWindow().setFlags(WindowManager.LayoutParams.FLAG_FULLSCREEN,
    WindowManager.LayoutParams.FLAG_FULLSCREEN);

ImageButton btn_play = (ImageButton) findViewById(R.id.btn_play);//获取"播放/停止"
                                                                  //按钮

//启动 Service 与停止 Service,实现播放背景音乐与停止播放背景音乐
btn_play.setOnClickListener(new View.OnClickListener() {
    @Override
    public void onClick(View v) {
        if (MusicService.isplay == false) {    //判断音乐播放的状态
            //启动 Service,从而实现播放背景音乐
            startService(new Intent(MainActivity.this, MusicService.class));
            //更换播放背景音乐图标
            ((ImageButton) v).setImageDrawable(getResources().getDrawable(R.drawable.play, null));
        } else {
            //停止 Service,从而实现停止播放背景音乐
            stopService(new Intent(MainActivity.this, MusicService.class));
            //更换停止背景音乐图标
            ((ImageButton) v).setImageDrawable(getResources().getDrawable(R.drawable.stop, null));
        }
    }
});
```

说明:

如果没有停止 Service,关闭当前应用,音乐将继续播放。

（8）重写 onStart()方法，在该方法中实现进入界面时，启动背景音乐 Service。关键代码如下：
```
@Override
    protected void onStart() {    //实现进入界面时，启动背景音乐Service
        startService(new Intent(MainActivity.this, MusicService.class));
                                                       //启动Service,从而实现播放背景音乐
        super.onStart();
    }
```

17.3 Bound Service

扫一扫，看视频

当应用程序组件通过调用 bindService()方法绑定到 Service 时，Service 处于绑定状态。多个组件可以一次绑定到一个 Service 上，当它们都解绑定时，Service 被销毁。

如果 Service 仅用于本地应用程序并且不必跨进程工作，则开发人员可以实现自己的 Binder 类为客户端提供访问 Service 公共方法的方式。

📢 注意：

这仅当客户端与 Service 位于同一个应用程序和进程时才有效，这也是最常见的情况。例如，音乐播放器需要绑定 Activity 到自己的 Service 在后台播放音乐。

应用程序组件（客户端）能调用 bindService()方法绑定到 Service，该方法的语法格式如下：
```
bindService(Intent service, ServiceConnection conn, int flags)
```
参数说明如下：

- service：通过 Intent 指定要启动的 Service。
- conn：一个 ServiceConnection 对象，该对象用于监听访问者与 Service 之间的连接情况。
- flags：指定绑定时是否自动创建 Service。该值设置为 0 时表示不自动创建，设置为 BIND_AUTO_CREATE 时表示自动创建。

接下来 Android 系统调用 Service 的 onBind()方法，返回 IBinder 对象与 Service 通信。

📢 注意：

只有 Activity、Service 和 ContentProvider 能绑定到 Service，BroadcastReceiver 不能绑定到 Service。

例 17.2 模拟双色球彩票的随机选号，如图 17.9 所示。
（实例位置：资源包\code\17\17.2）

（1）修改布局文件 activity_main.xml。首先删除内边距并为布局管理器设置背景图片，然后添加 7 个 TextView 组件用于显示双色球的七组号码，最后添加一个用于选择随机号码的 Button 按钮。

（2）在 com.mingrisoft 包中创建一个名称为 Binder-

图 17.9 双色球随机选号

扫一扫，看视频

Service 的 Service 类，然后在该类中创建一个 MyBinder 内部类，用于获取 Service 对象与 Service 状态。关键代码如下：

```java
public class MyBinder extends Binder {
    public BinderService getService() {    //创建获取 Service 的方法
        return BinderService.this;         //返回当前 Service 类
    }
}
```

（3）在必须实现的 onBind()方法中返回 MyBinder Service 对象。关键代码如下：

```java
@Override
public IBinder onBind(Intent intent) {    //必须实现的绑定方法
    return new MyBinder();                //返回 MyBinder Service 对象
}
```

（4）创建 getRandomNumber()方法，用于获取随机数字，并将其转换为字符串保存在 ArrayList 数组中。关键代码如下：

```java
public List getRandomNumber() {         //创建获取随机号码的方法
    List resArr = new ArrayList();      //创建 ArrayList 数组
    String strNumber="";
    for (int i = 0; i < 7; i++) {        //将随机获取的数字转换为字符串添加到 ArrayList 数组中
        int number = new Random().nextInt(33) + 1;
        //把生成的随机数格式化为两位的字符串
        if (number<10) {                 //在数字 1~9 前加 0
            strNumber = "0" + String.valueOf(number);
        } else {
            strNumber=String.valueOf(number);
        }
        resArr.add(strNumber);
    }
    return resArr;    //将数组返回
}
```

（5）重写 onDestroy()方法，用于销毁该 Service。具体代码如下：

```java
@Override
public void onDestroy() {    //销毁该 Service
    super.onDestroy();
}
```

（6）打开默认添加的 MainActivity 类，该类继承 Activity，在该类中定义 Service 类与文本框组件 ID。关键代码如下：

```java
BinderService binderService;    //定义 Service 类
//文本框组件 ID
int[] tvid = {R.id.textView1, R.id.textView2, R.id.textView3, R.id.textView4,
R.id.textView5,
    R.id.textView6, R.id.textView7};
```

（7）在 onCreate()方法中，实现单击按钮获取随机彩票的号码。关键代码如下：

```java
Button btn_random = (Button) findViewById(R.id.btn);    //获取随机选号按钮
btn_random.setOnClickListener(new View.OnClickListener() {    //单击按钮，获取随机彩票
                                                              //号码
    @Override
    public void onClick(View v) {
```

```
            List number = binderService.getRandomNumber();   //获取 BinderService 类中的
                                                                   随机数数组
            for (int i = 0; i < number.size(); i++) {             //遍历数组并显示
                TextView tv = (TextView) findViewById(tvid[i]);   //获取文本框组件对象
                String strNumber = number.get(i).toString();      //将获取的号码转为
                                                                   String 类型
                tv.setText(strNumber);                            //显示生成的随机号码
            }
        }
    });
```

（8）在 MainActivity 中创建 ServiceConnection 对象并实现相应的方法，然后在重写的 onServiceConnected()方法中获取后台 Service。具体代码如下：

```
private ServiceConnection conn = new ServiceConnection() {
    @Override
    public void onServiceConnected(ComponentName name, IBinder service) {
        binderService = ((BinderService.MyBinder) service).getService();
                                                       //获取后台 Service 信息
    }
    @Override
    public void onServiceDisconnected(ComponentName name) {
    }
};
```

说明：

当 Service 与绑定它的组件连接成功时将回调 ServiceConnection 对象的 onServiceConnected()方法；当 Service 与绑定它的组件断开连接时将回调 ServiceConnection 对象的 onServiceDisconnected()方法。

（9）重写 onStart()与 onStop()方法，分别用于实现启动 Activity 时与后台 Service 进行绑定、关闭 Activity 时解除与后台 Service 的绑定。关键代码如下：

```
@Override
protected void onStart() {
    super.onStart();
    Intent intent = new Intent(this, BinderService.class);  //创建启动 Service 的
                                                             Intent
    bindService(intent, conn, BIND_AUTO_CREATE);            //绑定指定 Service
}
@Override
protected void onStop() {
    super.onStop();
    unbindService(conn);        //解除绑定 Service
}
```

17.4 使用 IntentService

扫一扫，看视频

IntentService 是 Service 的子类。在介绍 IntentService 之前，先来了解使用 Service 时需要注意的两个问题：

- Service 不会专门启动一个线程执行耗时操作，所有的操作都是在主线程中进行的，以至于容易出现 ANR（Application Not Responding）的情况，所以需要手动开启一个子线程。
- Service 不会自动停止，需要调用 stopSelf()方法或者是 stopService()方法停止。

而使用 IntentService，则不会出现这两个问题。因为 IntentService 在开启 Service 时，会自动开启一个新的线程来执行它。另外，当 Service 运行结束后会自动停止。

例如，如果把 17.2.1 节创建的 MyService 修改为继承 IntentService，则可以使用下面的代码来模拟执行一段耗时任务，并测试其开启和停止。

```java
public class MyIntentService extends IntentService {
    public MyIntentService() {
        super("MyIntentService");
    }
    @Override
    protected void onHandleIntent(Intent intent) {
        Log.i("IntentService: ", "Service 已启动");
        //模拟一段耗时任务
        long endTime = System.currentTimeMillis() + 5 * 1000;
        while (System.currentTimeMillis() < endTime) {
            synchronized (this) {
                try {
                    wait(endTime - System.currentTimeMillis());
                } catch (Exception e) {
                    e.printStackTrace();
                }
            }
        }
    }
    @Override
    public void onDestroy() {
        Log.i("IntentService", "Service 已停止");
    }
}
```

启动应用上面代码创建的 IntentService，在 LogCat 面板中将显示如图 17.10 所示的日志信息。

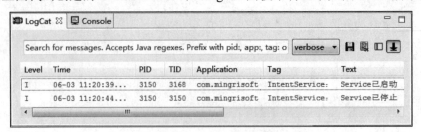

图 17.10 输出 Service 启动状态日志

从上面的代码中可以看出，使用 IntentService 执行耗时操作时不需要手动开启线程和停止 Service。

第 18 章 传感器应用

扫一扫,看视频

现在的 Android 手机中,都会内置一些传感器。通过这些传感器可以监测手机上发生的物理事件,我们只要灵活地运用这些事件,就可以开发出很多方便、实用的 APP。本章将对 Android 中的传感器进行详细介绍。

通过阅读本章,您可以:

- 掌握什么是 Android 传感器
- 掌握磁场传感器的应用
- 掌握加速度传感器的应用
- 掌握方向传感器的应用

18.1 Android 传感器概述

扫一扫,看视频

传感器是一种微型的物理设备,能够探测、感受到外界信号,并按一定规律转换成我们需要的信息。在 Android 系统中,提供了用于接收这些信息并传递给我们的 API。利用这些 API 就可以开发出我们想要的功能。

Android 系统中的传感器可用于监视设备的移动、位置以及周围环境的变化。例如,实现类似微信摇一摇功能时,如图 18.1 所示,可以使用加速度传感器来监听各个方向的加速度值;实现类似神庙逃亡 2 游戏时,如图 18.2 所示,可以使用方向传感器来实现倾斜设备变道功能。

图 18.1 微信摇一摇

图 18.2 神庙逃亡 2

18.1.1 Android 的常用传感器

目前市场上很多 APP 都使用到传感器。比如在一些 APP 中可以自动识别屏幕的横屏或竖屏方向改变屏幕显示布局，这是因为手机硬件支持重力感应、方向判断等功能。实际上 Android 系统对所有类型的传感器的处理都是相同的，只是传感器的类型有所区别。

与传感器硬件进行交互需要使用 Sensor 对象。Sensor 对象描述了它们代表的硬件传感器的属性，其中包括传感器的类型、名称、制造商以及与精确度和范围有关的详细信息。

Sensor 类包含了一组常量，这些常量描述了一个特定的 Sensor 对象所表示的硬件传感器的类型，形式为 Sensor.TYPE_<TYPE>。在 Android 中支持的传感器的类型见表 18-1。

表 18-1 Android 中支持的传感器类型

名 称	传感器类型常量	描 述
重力传感器	Sensor.TYPE_GRAVITY	返回一个三维向量，这个三维向量可显示重力的方向和强度，单位为 m/s²。其坐标系统与加速度传感器的坐标系统相同
加速度传感器	Sensor.TYPE_ACCELEROMETER	用于获取 Android 设备在 X、Y、Z 三个方向上的加速度，单位为 m/s²
线性加速度传感器	Sensor.TYPE_LINEAR_ACCELEROMETER	用于获取 Android 设备在 X、Y、Z 三个方向上不包括重力的加速度，单位为 m/s²。加速度传感器、重力传感器和线性加速度传感器这三者输出值的计算公式如下：加速度 = 重力 + 线性加速度
陀螺仪传感器	Sensor.TYPE_GYROSCOPE	用于获取 Android 设备在 X、Y、Z 这三个方向上的旋转速度，单位是弧度/秒。该值为正值时代表逆时针旋转，该值为负值时代表顺时针旋转
光线传感器	Sensor.TYPE_LIGHT	用于获取 Android 设备所处外界环境的光线强度，单位是勒克斯（Lux 简称 lx）
磁场传感器	Sensor.TYPE_MAGNETIC_FIELD	用于获取 Android 设备在 X、Y、Z 三个方向上的磁场数据，单位是微特斯拉（μT）
方向传感器	Sensor.TYPE_ORIENTATION	返回三个角度，这三个角度可以确定设备的摆放状态
压力传感器	Sensor.TYPE_PRESSURE	用于获取 Android 设备所处环境的压力的大小，单位为毫巴（millibars）
距离传感器	Sensor.TYPE_PROXIMITY	用于检测物体与 Android 设备的距离，单位是厘米。一些距离传感器只能返回"远"和"近"两个状态，"远"表示传感器的最大工作范围，而"近"是指比该范围小的任何值
温度传感器	Sensor.TYPE_AMBIENT_TEMPERATURE	用于获取 Android 设备所处环境的温度，单位是摄氏度。这个传感器是在 Android 4.0 中引入的，用于代替已被弃用的 Sensor.TYPE_TEMPERATURE

(续表)

名　　称	传感器类型常量	描　　述
相对湿度传感器	Sensor.TYPE_RELATIVE_HUMIDITY	用于获取 Android 设备所处环境的相对湿度，以百分比的形式表示。这个传感器是在 Android 4.0 中引入的
旋转矢量传感器	Sensor.TYPE_ROTATION_VECTOR	返回设备的方向，它表示为 X、Y、Z 三个轴的角度的组合，是一个将坐标轴和角度混合计算得到的数据

说明：

虽然 Android 系统中支持多种传感器类型，但并不是每个 Android 设备都完全支持这些传感器。

18.1.2　开发步骤

开发传感器应用大致需要经过以下 3 个步骤：

（1）调用 Context 的 getSystemService(Context.SENSOR_SERVICE)方法来获取 SensorManager 对象。SensorManager 是所有传感器的一个综合管理类，包括了传感器的种类、采样率、精准度等。调用 Context 的 getSystemService()方法的代码如下：

```
SensorManager sensorManager = (SensorManager)getSystemService(Context.SENSOR_
SERVICE);
```

（2）调用 SensorManager 的 getDefaultSensor(int type)方法来获取指定类型的传感器。例如，返回默认的压力传感器的代码如下：

```
Sensor defaultPressure = sensorManager.getDefaultSensor(Sensor.TYPE_PRESSURE);
```

（3）在 Activity 的 onResume()方法中调用 SensorManager 的 registerListener()方法为指定传感器注册监听器。程序通过实现监听器即可获取传感器传回来的数据。调用 registerListener()方法的语法格式如下：

```
sensorManager.registerListener(SensorEventListener listener, Sensor sensor, int rate)
```

参数说明如下：

- listener：监听传感器事件的监听器。该监听器需要实现 SensorEventListener 接口。
- sensor：传感器对象。
- rate：指定获取传感器数据的频率，它支持的频率值见表 18-2。

表 18-2　获取传感器数据的频率值

频　率　值	描　　述
SensorManager.SENSOR_DELAY_FASTEST	尽可能快地获得传感器数据，延迟最小
SensorManager.SENSOR_DELAY_GAME	适合游戏的频率
SensorManager.SENSOR_DELAY_NORMAL	正常频率
SensorManager.SENSOR_DELAY_UI	适合普通用户界面的频率，延迟较大

例如，使用正常频率为默认的压力传感器注册监听器的代码如下：

```
sensorManager.registerListener(this, defaultPressure, SensorManager.SENSOR_DELAY_
NORMAL);
```

SensorEventListener 是使用传感器的核心，其中需要实现的两个方法如下：

- onSensorChanged(SensorEvent event)方法

该方法在传感器的值发生改变时调用。其参数是一个 SensorEvent 对象，通过该对象的 values 属性可以获取传感器的值，该值是一个包含了已检测到的新值的浮点型数组。不同传感器所返回的值的个数及其含义是不同的。不同传感器的返回值的详细信息见表 18-3 所示。

表 18-3 传感器的返回值

传感器名称	值的数量	值的构成	注　　释
重力传感器	3	value[0]: X 轴 value[1]: Y 轴 value[2]: Z 轴	沿着三个坐标轴以 m/s² 为单位的重力
加速度传感器	3	value[0]: X 轴 value[1]: Y 轴 value[2]: Z 轴	沿着三个坐标轴以 m/s² 为单位的加速度
线性加速度传感器	3	value[0]: X 轴 value[1]: Y 轴 value[2]: Z 轴	沿着三个坐标轴以 m/s² 为单位的加速度，不包含重力
陀螺仪传感器	3	value[0]: X 轴 value[1]: Y 轴 value[2]: Z 轴	绕三个坐标轴的旋转速率，单位是弧度/秒
光线传感器	1	value[0]: 照度	以勒克斯（Lux）为单位测量的外界光线强度
磁场传感器	3	value[0]: X 轴 value[1]: Y 轴 value[2]: Z 轴	以微特斯拉为单位表示的环境磁场
方向传感器	3	value[0]: X 轴 value[1]: Y 轴 value[2]: Z 轴	以角度确定设备的摆放状态
压力传感器	1	value[0]: 气压	以毫巴为单位测量的气压
距离传感器	1	value[0]: 距离	以厘米为单位测量的设备与目标的距离
温度传感器	1	value[0]: 温度	以摄氏度为单位测量的环境温度
相对湿度传感器	1	value[0]: 相对湿度	以百分比形式表示的相对湿度
旋转矢量传感器	3（还有一个可选参数）	value[0]: x*sin(θ/2) value[1]: y*sin(θ/2) value[2]: z*sin(θ/2) value[3]: cos(θ/2)（可选）	设备方向，以绕坐标轴的旋转角度表示

传感器的坐标系统和 Android 设备屏幕的坐标系统不同。对于大多数传感器来说，其坐标系统的 X 轴方向沿屏幕向右，Y 轴方向沿屏幕向上，Z 轴方向是垂直屏幕向上。传感器的坐标系统示意

图如图 18.3 所示。

📢 **注意：**
在 Android 设备屏幕的方向发生改变时，传感器坐标系统的各坐标轴不会发生变化，即传感器的坐标系统不会因设备的移动而改变。

➢ onAccuracyChanged(Sensor sensor, int accuracy)方法
该方法在传感器的精度发生改变时调用。参数 sensor 表示传感器对象，参数 accuracy 表示该传感器新的精度值。

以上就是开发传感器的 3 个步骤。除此之外，当应用程序不再需要接收更新时，需要注销其传感器事件监听器，代码如下：

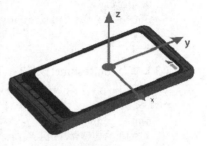

图 18.3　传感器的坐标系统

```
sensorManager.unregisterListener(this);
```

✏️ **说明：**
Android 模拟器本身并没有提供传感器的功能，开发者需要把程序部署到具有传感器的物理设备上运行。

例 18.1　在 Android Studio 中创建一个 Module，名称为 18.1，实现实时输出重力传感器和光线传感器的值，如图 18.4 所示。（**实例位置：资源包\code\18\18.1**）

（1）修改新建 Module 的 res\layout 目录下的布局文件 activity_main.xml。首先将默认添加的相对布局管理器修改为垂直的线性布局管理器，并且将默认添加的内边距删除，然后在布局管理器中添加用于显示传感器名称的文本框组件与用于显示传感器输出信息的编辑框组件，具体代码请参见资源包。

（2）打开默认添加的 MainActivity，然后实现 SensorEventListener 接口，再重写相应的方法，并定义所需的成员变量，最后在 onCreate()方法获取布局管理器中添加的编辑框组件，并获取传感器管理对象。具体代码如下：

图 18.4　获取传感器输出信息

```java
public class MainActivity extends AppCompatActivity implements SensorEventListener{
    EditText textGRAVITY, textLIGHT;           //传感器输出信息的编辑框
    private SensorManager sensorManager;       //定义传感器管理
    @Override
    protected void onCreate(Bundle savedInstanceState) {
        super.onCreate(savedInstanceState);
        setContentView(R.layout.activity_main);
        textGRAVITY= (EditText) findViewById(R.id.textGRAVITY);   //获取重力传感器输出
                                                                  信息的编辑框
        textLIGHT= (EditText) findViewById(R.id.textLIGHT);       //获取光线传感器输出
                                                                  信息的编辑框
        sensorManager= (SensorManager) getSystemService(SENSOR_SERVICE); //获取传感
                                                                          器管理
    }
    @Override
    public void onSensorChanged(SensorEvent event) {
```

```java
    }
    @Override
    public void onAccuracyChanged(Sensor sensor, int accuracy) {
    }
}
```

（3）重写 onResume()方法，实现当界面获取焦点时为传感器注册监听器。具体代码如下：

```java
@Override
protected void onResume() {
    super.onResume();
    //为重力传感器注册监听器
    sensorManager.registerListener(this,
            sensorManager.getDefaultSensor(Sensor.TYPE_GRAVITY),
            SensorManager.SENSOR_DELAY_GAME);
    //为光线传感器注册监听器
    sensorManager.registerListener(this,
            sensorManager.getDefaultSensor(Sensor.TYPE_LIGHT),
            SensorManager.SENSOR_DELAY_GAME);
}
```

（4）重写 onPause()与 onStop()方法，并且在这两个方法中取消注册的监听器。具体代码如下：

```java
@Override
protected void onPause() {    //取消注册监听器
    sensorManager.unregisterListener(this);
    super.onPause();
}
@Override
protected void onStop() {    //取消注册监听器
    sensorManager.unregisterListener(this);
    super.onStop();
}
```

（5）重写 onSensorChanged()方法，在该方法中首先获取传感器 X、Y、Z 三个轴的输出信息，然后获取传感器类型，并输出相应传感器的信息。关键代码如下：

```java
float[] values = event.values;    //获取 X、Y、Z 三轴的输出信息
int sensorType = event.sensor.getType();    //获取传感器类型
switch (sensorType) {
    case Sensor.TYPE_GRAVITY:
        StringBuilder stringBuilder = new StringBuilder();
        stringBuilder.append("X 轴横向重力值:");
        stringBuilder.append(values[0]);
        stringBuilder.append("\nY 轴纵向重力值:");
        stringBuilder.append(values[1]);
        stringBuilder.append("\nZ 轴向上重力值:");
        stringBuilder.append(values[2]);
        textGRAVITY.setText(stringBuilder.toString());
        break;
    case Sensor.TYPE_LIGHT:
        stringBuilder = new StringBuilder();
        stringBuilder.append("光的强度值:");
        stringBuilder.append(values[0]);
```

```
        textLIGHT.setText(stringBuilder.toString());
        break;
}
```

（6）在 AndroidManifest.xml 文件的<activity>标记中添加 screenOrientation 属性，设置其竖屏显示。关键代码如下：

```
android:screenOrientation="portrait"
```

18.2　磁场传感器

磁场传感器简称为 M-sensor，主要用于读取 Android 设备外部的磁场强度。随着 Android 设备位置移动和摆放状态的改变，周围的磁场在设备 X、Y、Z 三个方向上的影响也会发生改变。

磁场传感器会返回 3 个数据，这 3 个数据分别代表 X、Y、Z 三个方向上的磁场数据。该数值的单位是微特斯拉（μT）。

通过使用磁场传感器，应用程序就可以检测到设备周围的磁场强度，因此，借助于磁场传感器可以开发出指南针等应用。

例 18.2　在 Android Studio 中创建一个 Module，名称为 18.2，使用磁场传感器实现指南针的开发，如图 18.5 所示。（实例位置：资源包\code\18\18.2）

图 18.5　指南针

（1）创建一个名称为 PointerView 的类，该类继承自 android.view.View 类，并且实现 SensorEventListener 接口，再重写相应的方法，最后定义所需的成员变量。具体代码如下：

```java
public class PointerView extends View implements SensorEventListener {
    private Bitmap pointer = null;              //定义指针位图
    private float[] allValue;                   //定义传感器三轴的输出信息
    private SensorManager sensorManager;        //定义传感器管理
    public PointerView(Context context, AttributeSet attrs) {
        super(context, attrs);
    }
    @Override
    public void onSensorChanged(SensorEvent event) {
    }
    @Override
    public void onAccuracyChanged(Sensor sensor, int accuracy) {
    }
    @Override
    protected void onDraw(Canvas canvas) {
        super.onDraw(canvas);
    }
}
```

（2）修改布局文件 activity_main.xml。首先将默认添加的相对布局管理器修改为帧布局管理器，然后将内边距与默认添加的 TextView 组件删除。并且在帧布局管理器中添加一个 ImageView 组件，用于显示背景图，最后添加步骤（1）中创建的自定义 View。修改后的代码如下：

```xml
<FrameLayout
    xmlns:android="http://schemas.android.com/apk/res/android"
    xmlns:tools="http://schemas.android.com/tools"
    android:layout_width="match_parent"
    android:layout_height="match_parent"
    android:background="#000000"
    tools:context="com.mingrisoft.MainActivity">
    <ImageView
        android:id="@+id/background"
        android:layout_width="wrap_content"
        android:layout_height="wrap_content"
        android:src="@drawable/background"
        android:layout_gravity="center"
        />
    <com.mingrisoft.PointerView
        android:layout_width="wrap_content"
        android:layout_height="wrap_content"/>
</FrameLayout>
```

（3）打开 PointerView 类，在 PointerView 类的构造方法中，首先获取要绘制的指针位图与传感器管理，然后为磁场传感器注册监听器。关键代码如下：

```java
pointer = BitmapFactory.decodeResource(super.getResources(),
        R.drawable.pointer); //获取要绘制的指针位图
//获取传感器管理
sensorManager = (SensorManager) context
        .getSystemService(Context.SENSOR_SERVICE);
```

```
//为磁场传感器注册监听器
sensorManager.registerListener(this,
        sensorManager.getDefaultSensor(Sensor.TYPE_MAGNETIC_FIELD),
        SensorManager.SENSOR_DELAY_GAME);
```

（4）重写 onSensorChanged()方法，在该方法中首先判断获取到的是否是磁场传感器，然后获取磁场传感器 X、Y、Z 三个轴的输出信息并保存信息，最后通过 super.postInvalidate()方法刷新界面。关键代码如下：

```
if (event.sensor.getType() == Sensor.TYPE_MAGNETIC_FIELD) {  //如果是磁场传感器
    float value[] = event.values;   //获取磁场传感器三轴的输出信息
    allValue = value;                //保存输出信息
    super.postInvalidate();          //刷新界面
}
```

（5）重写 onDraw()方法，在该方法中首先根据磁场传感器的坐标计算指针的角度，然后绘制指针。关键代码如下：

```
Paint p = new Paint(); //创建画笔
if (allValue != null) { //三轴值不为空
    float x = allValue[0] ;  //获取 x 轴磁场强度
    float y = allValue[1] ;  //获取 y 轴磁场强度
    canvas.restore(); // 重置绘图对象
    // 以屏幕中心点作为旋转中心
    canvas.translate(super.getWidth() / 2, super.getHeight() / 2) ;
    // 判断 y 轴为 0 时的旋转角度
    if (y == 0 && x > 0) {
        canvas.rotate(90) ;  // 旋转角度为 90 度
    } else if (y == 0 && x < 0) {
        canvas.rotate(270) ;  // 旋转角度为 270 度
    } else {
        //通过三角函数 tanh()方法计算旋转角度
        if(y >= 0) {
            canvas.rotate((float) Math.tanh(x / y) * 90);
        } else {
            canvas.rotate(180 + (float) Math.tanh(x / y) * 90);
        }
    }
}
//绘制指针
canvas.drawBitmap(this.pointer, -this.pointer.getWidth() / 2, -this.pointer.getHeight() / 2, p);
```

（6）在 AndroidManifest.xml 文件的<activity>标记中添加 screenOrientation 属性，设置其竖屏显示。关键代码如下：

```
android:screenOrientation="portrait"
```

18.3 加速度传感器

加速度传感器是用于检测设备加速度的传感器。对于加速度传感器来说，SensorEvent 对象的

扫一扫，看视频

values 属性将返回 3 个值，分别代表 Android 设备在 X、Y、Z 三个方向上的加速度，单位为 m/s²。当 Android 设备横向左右移动时，可能产生 X 轴上的加速度；当 Android 设备前后移动时，可能产生 Y 轴上的加速度；当 Android 设备垂直上下移动时，可能产生 Z 轴上的加速度。

通过使用加速度传感器，可以开发出类似微信摇一摇以及运动 APP 的计步功能。

例 18.3 在 Android Studio 中创建一个 Module，名称为 18.3，实现摇红包功能，效果如图 18.6 所示，摇动手机后显示如图 18.7 所示的红包。（**实例位置：资源包\code\18\18.3**）

图 18.6 摇一摇界面　　　　　　　　　　图 18.7 显示红包

（1）修改布局文件 activity_main.xml。首先将默认添加的内边距与 TextView 组件删除，然后为布局管理器添加背景。

（2）创建一个名称为 packet.xml 的布局文件，在该布局文件中添加一个 ImageView 组件，用于显示红包图片。

（3）打开默认添加的 MainActivity，让 MainActivity 实现 SensorEventListener 接口，再重写相应的方法，最后在该类中定义所需的成员变量。关键代码如下：

```
private SensorManager sensorManager;   //定义传感器管理
private Vibrator vibrator;   //定义振动器
```

（4）在 onCreate()方法中，获取传感器管理与振动器服务。关键代码如下：

```
sensorManager = (SensorManager) getSystemService(SENSOR_SERVICE);//获取传感器管理
vibrator = (Vibrator) getSystemService(Service.VIBRATOR_SERVICE);//获取振动器服务
```

（5）重写 onResume()方法，并在该方法中为传感器注册监听器。关键代码如下：

```
//为加速度传感器注册监听器
sensorManager.registerListener(this,sensorManager.getDefaultSensor(Sensor.TYPE_
ACCELEROMETER),SensorManager.SENSOR_DELAY_GAME);
```

（6）重写 onSensorChanged()方法，实现摇动手机显示红包的功能。关键代码如下：

```
// 获取传感器类型
int sensorType = event.sensor.getType();
if (sensorType == Sensor.TYPE_ACCELEROMETER) {
    //获取传感器 X、Y、Z 三个轴的输出信息
    float[] values = event.values;
    //X 轴输出信息>15,Y 轴输出信息>15,Z 轴输出信息>20
    if (values[0] > 15 || values[1] > 15 || values[2] > 20) {
        Toast.makeText(MainActivity.this, "摇一摇", Toast.LENGTH_SHORT).show();
        //创建 AlertDialog.Builder 对象
        AlertDialog.Builder alertDialog = new AlertDialog.Builder(this);
        //添加布局文件
        alertDialog.setView(R.layout.packet);
        //显示 alertDialog
        alertDialog.show();
        //设置振动器频率
        vibrator.vibrate(500);
        //取消注册监听器
        sensorManager.unregisterListener(this);
    }
}
```

（7）在 AndroidManifest.xml 文件的<activity>标记中添加 screenOrientation 属性，设置其竖屏显示。关键代码如下：

```
android:screenOrientation="portrait"
```

（8）打开 AndroidManifest.xml 文件，在其中设置振动器的使用权限，具体代码如下：

```
<uses-permission android:name="android.permission.VIBRATE"></uses-permission>
```

扫一扫，看视频

18.4 方向传感器

方向传感器简称为 O-sensor，它用于感应 Android 设备的摆放状态。方向传感器可以返回三个角度：第 1 个代表在 Z 轴上旋转的角度；第 2 个代表在 X 轴上旋转的角度；第 3 个代表在 Y 轴上旋转的角度。

在以前的 Android SDK 中，我们可以通过 SensorManager 对象的 getDefaultSensor(Sensor.TYPE_ORIENTATION) 方法获取到方向传感器。但是在最新版的 SDK 中提示这种方式已过期，不建议使用，因此 Google 建议使用加速度传感器和磁场传感器组合计算出方向和角度值。其步骤如下：

（1）获得加速度传感器和磁场传感器的实例，并为它们注册监听器。

（2）在 onSensorChanged()方法中，分别获取加速度传感器和磁场传感器的值，并传到 getRotationMatrix()方法中，从而得出一个包含旋转矩阵的 R 数组。该数组中保存着磁场和加速度的数据。getRotationMatrix()方法的语法如下：

```
public static boolean getRotationMatrix (float[] R, float[] I, float[] gravity,
float[] geomagnetic)
```
getRotationMatrix()方法的参数见表 18-4。

表 18-4　getRotationMatrix()方法的参数

参　　数	描　　述
R	需要填充的 float 型数组，大小是 9
I	一个转换矩阵，将磁场数据转换进实际的重力坐标中，一般情况下可以设置为 null
gravity	一个大小为 3 的 float 型数组，表示从加速度传感器获取来的数据
geomagnetic	一个大小为 3float 型的数组，表示从磁场传感器获取来的数据

（3）通过 SensorManager.getOrientation()方法获得所需的旋转数据。getOrientation()方法的语法如下：

```
public static float[] getOrientation (float[] R, float[] values)
```

➢ R：步骤（2）得到的旋转矩阵，通过该值求出方位角。
➢ Values：包括 3 个元素的 float 类型的数组，手机在各个方向上的旋转数据都会被保存到这个数组中。每个数组元素代表的值见表 18.5。

表 18-5　values 数组的数组元素描述

数 组 元 素	描　　述
values[0]	手机在 Z 轴上旋转时，手机顶部朝向与正北方的夹角。如果用"磁场+加速度"的方式得到的数据范围是-180～180 度，也就是说，0 度表示正北，90 度表示正东，180/-180 度表示正南，-90 度表示正西；而直接通过方向传感器得到的数据范围是 0～359 度，0 度表示正北，90 度表示正东，180 度表示正南，270 度表示正西
values[1]	手机在 X 轴上旋转时（即手机前后翻转时）手机与水平面形成的夹角，手机顶部向上抬起时，该角度的范围是 0～-90 度，手机尾部向上抬起时，该角度的范围是 0～90 度
values[2]	手机在 Y 轴上旋转时（即手机左右翻转时）手机与水平面形成的夹角，手机左侧抬起时，该角度的范围是 0～90 度，手机右侧抬起时，该角度的范围是 0～-90 度

表 18-5 中的 values[0]、values[1]和 values[2]代表的旋转方向如图 18.8 所示。

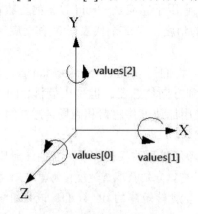

图 18.8　values 数组各元素代表的旋转方向

注意：

通过 getOrientation()方法计算得到的数据是以弧度为单位的，一般情况下，我们都会使用角度为旋转角度的单位，所以需要使用 Math.toDegrees()方法进行转换。例如，将 values[0]转换为角度可以使用下面的代码：
Math.toDegrees(values[0]);

通过使用方向传感器，应用程序就可以检测到设备的摆放状态，比如手机顶部或尾部的朝向、倾斜角度等。因此，借助于方向传感器可以开发出水平仪等应用。

例 18.4 在 Android Studio 中创建一个 Module，名称为 18.4，通过方向传感器实现一个水平仪，如图 18.9 所示。（**实例位置：资源包\code\18\18.4**）

（1）创建一个名称为 SpiritlevelView 的类，该类继承自 android.view.View 类，并且实现 SensorEventListener 接口，再重写相应的方法。

（2）修改布局文件 activity_main.xml。首先将默认添加的相对布局管理器修改为帧布局管理器，然后将内边距与默认添加的 TextView 组件删除并设置背景图片。最后在帧布局管理器中添加步骤(1)中创建的自定义 View。

（3）打开 SpiritlevelView 类，在 SpiritlevelView 类中定义所需的成员变量。关键代码如下：

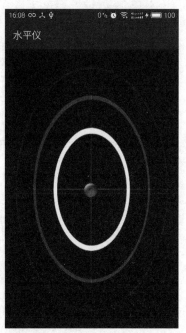

图 18.9　方向传感器的水平仪

```
private Bitmap bubble;              //定义水平仪中的小蓝球位图
private int MAX_ANGLE = 30;         //定义水平仪最大倾斜角，超过该角度，小蓝球将直接位于边界
private int bubbleX, bubbleY;       //定义水平仪中小蓝球的X、Y坐标
```

（4）在 SpiritlevelView 类的构造方法中，首先获取要绘制的小蓝球位图与传感器管理，然后为磁场传感器和加速度传感器注册监听器。关键代码如下：

```
bubble = BitmapFactory          //加载小蓝球图片
        .decodeResource(getResources(), R.drawable.bubble);
SensorManager sensorManager = (SensorManager) context
        .getSystemService(Context.SENSOR_SERVICE);      //获取传感器管理
sensorManager.registerListener(this,    //为磁场传感器注册监听器
        sensorManager.getDefaultSensor(Sensor.TYPE_MAGNETIC_FIELD),
        SensorManager.SENSOR_DELAY_GAME);
sensorManager.registerListener(this,    //为加速度传感器注册监听器
        sensorManager.getDefaultSensor(Sensor.TYPE_ACCELEROMETER),
        SensorManager.SENSOR_DELAY_GAME);
```

（5）在 SpiritlevelView 类中创建传感器的取值数组。关键代码如下：

```
float[] accelerometerValues = new float[3];//创建加速度传感器Z轴、X轴、Y轴取值数组
float[] magneticValues = new float[3];     //创建磁场传感器Z轴、X轴、Y轴取值数组
```

（6）重写 onSensorChanged()方法，在该方法中首先获取方向信息，然后调用 getPosition()方法计算小蓝球的动态位置。关键代码如下：

```
if (event.sensor.getType() == Sensor.TYPE_ACCELEROMETER) {   //如果当前为加速度传感器
    accelerometerValues = event.values.clone();
                                            //将取出的值放到加速度传
                                            感器取值数组中
```

```
    } else if (event.sensor.getType() == Sensor.TYPE_MAGNETIC_FIELD) {    //如果当前为磁
                                                                          场传感器
        magneticValues = event.values.clone();         //将取出的值放到磁场传感器取值数组中
    }
    float[] R = new float[9];                          //创建存放旋转数据的取值数组
    float[] values = new float[3];                     //创建存放方向数据的取值数组
    SensorManager.getRotationMatrix(R, null, accelerometerValues, magneticValues);
    SensorManager.getOrientation(R, values);           //获取方向Z轴、X轴、Y轴信息值
    float xAngle = (float) Math.toDegrees(values[1]);  //获取与X轴的夹角
    float yAngle = (float) Math.toDegrees(values[2]);  //获取与Y轴的夹角
    getPosition(xAngle,yAngle);  //获取小蓝球的位置坐标
    super.postInvalidate();      // 刷新界面
```

（7）编写自定义方法 getPosition()，用于根据 X 轴和 Y 轴的旋转角度确定小蓝球的位置。代码如下：

```
private void getPosition(float xAngle,float yAngle){
    //小蓝球位于中间时（水平仪完全水平），小蓝球的X、Y坐标
    int x = (super.getWidth() - bubble.getWidth()) / 2;
    int y = (super.getHeight() - bubble.getHeight()) / 2;
    /*********控制小球的X轴位置******/
    if (Math.abs(yAngle) <= MAX_ANGLE) {    //如果Y轴的倾斜角度还在最大角度之内
        //根据Y轴的倾斜角度计算X坐标的变化值（倾斜角度越大，X坐标变化越大）
        int deltaX = (int) ((super.getWidth() - bubble.getWidth()) / 2 * yAngle / MAX_ANGLE);
        x -= deltaX;
    } else if (yAngle > MAX_ANGLE) {  //如果Y轴的倾斜角度已经大于MAX_ANGLE，小蓝球
                                        在最左边
        x = 0;
    } else {    //如果与Y轴的倾斜角已经小于负的MAX_ANGLE，小蓝球在最右边
        x = super.getWidth() - bubble.getWidth();
    }
    /*********控制小球的Y轴位置******/
    if (Math.abs(xAngle) <= MAX_ANGLE) {    //如果X轴的倾斜角度还在最大角度之内
        //根据X轴的倾斜角度计算Y坐标的变化值（倾斜角度越大，Y坐标变化越大）
        int deltaY = (int) ((super.getHeight() - bubble.getHeight()) / 2 * xAngle / MAX_ANGLE);
        y += deltaY;
    } else if (xAngle > MAX_ANGLE) {//如果与X轴的倾斜角度已经大于MAX_ANGLE，小蓝球
                                        在最下边
        y = super.getHeight() - bubble.getHeight();
    } else {    //如果X轴的倾斜角已经小于负的MAX_ANGLE，小蓝球在最上边
        y = 0;
    }
    //更新小蓝球的坐标
    bubbleX = x;
    bubbleY = y;
}
```

（8）重写 onDraw()方法，在该方法中首先根据方向传感器的坐标绘制小蓝球的位置。关键代码如下：

```
//根据小蓝球坐标绘制小蓝球
canvas.drawBitmap(bubble, bubbleX, bubbleY, null);
```

（9）在 AndroidManifest.xml 文件的<activity>标记中添加 screenOrientation 属性，设置其竖屏显示。关键代码如下：

```
android:screenOrientation="portrait"
```

18.5 本章总结

传感器的应用是 Android 系统的特色之一，通过传感器可以获得 Android 设备运行的外界信息，包括设备的运行状态、设备的摆放方向以及外界的各种环境条件等。本章主要介绍了开发传感器的几个步骤，如何使用 SensorEventListener 监听传感器数据，另外还讲解了几种常见传感器的功能和用法。通过本章所介绍的内容可以开发出一些有趣的应用，希望读者能很好地理解并掌握。

第 19 章 位置服务与地图应用

由于移动设备比电脑更方便随身携带,所以在移动设备上使用位置服务与地图应用更加实用。本章将对 Android 中的位置服务与百度地图应用进行详细介绍。

通过阅读本章,您可以:
- 掌握如何获取 LocationProvider
- 掌握如何获取定位信息
- 掌握如何申请百度地图 API 密钥
- 掌握在 Android 项目中使用百度地图的方法
- 掌握在地图上标记位置的方法

19.1 位置服务

在开发 Android 位置相关应用时,可以从 GPS(全球定位系统)或者网络获得用户位置。通过 GPS 能获得最精确的信息。例如,在某些外卖软件的"选择收货地址"页面中,不仅定位了当前所在城市,而且附近地址也被列出,界面如图 19.1 所示;再如,某些天气软件能够自动定位当前所在城市,界面如图 19.2 所示。

图 19.1 定位当前位置

图 19.2 自动定位当前所在城市

对于开发 Android 应用的程序员来说，开发 GPS 功能的应用程序非常简单。在 Android 系统中，开发人员需要使用以下类访问定位服务。

➤ LocationManager：该类提供系统定位服务访问功能。

LocationManager 提供的常用方法见表 19-1。

表 19-1　LocationManager 提供的常用方法

方 法 名	描 述
List<String> getAllProviders()	获取所有的 LocationProvider 列表
Location getLastKnownLocation(String provider)	根据 LocationProvider 获取最近一次已知的 Location
LocationProvider getProvider(String name)	根据名称来获取 LocationProvider
void requestLocationUpdates (String provider, long minTime, float minDistance, PendingIntent intent)	通过指定的 LocationProvider 周期性地获取定位信息，并通过 intent 启动相应的组件
void requestLocationUpdates (String provider, long minTime, float minDistance, LocationListener listener)	通过指定的 LocationProvider 周期性地获取定位信息，并触发 listener 所对应的触发器

➤ LocationProvider：定位组件的抽象表示，通过该类可以获取该定位组件的相关信息。

LocationProvider 提供的常用方法见表 19-2。

表 19-2　LocationProvider 提供的常用方法

方 法 名	描 述
int getAccuracy()	返回 LocationProvider 的精度
String getName()	返回 LocationProvider 的名称
int getPowerRequirement()	获取 LocationProvider 的电源需求

➤ Location：该类表示特定时间地理位置信息，位置由经度、纬度、UTC 时间戳以及可选的高度、速度、方向等组成。

Location 提供的常用方法见表 19-3。

表 19-3　Location 提供的常用方法

方 法 名	描 述
float getAccuracy()	获取定位信息的精度
double getAltitude()	获取定位信息的高度
float getBearing()	获取定位信息的方向
double getLatitude()	获取定位信息的纬度
double getLongitude()	获取定位信息的经度
String getProvider()	获取提供该定位信息的 LocationProvider
float getSpeed()	获取定位信息的速度

上面的 3 个 API 就是 GPS 定位支持的 3 个核心 API，使用它们获取 GPS 定位信息的步骤如下：

(1)获取系统的 LocationManager 对象。

(2)使用 LocationManager,通过指定 LocationProvider 来获取定位信息,定位信息由 Location 对象表示。

(3)从 Location 对象中获取定位信息。

19.1.1 获取 LocationProvider

LocationProvider 是位置源的意思,用来提供定位信息。在获取定位信息之前,需要先获得 Location Provider 对象。常用的 LocationProvider 见表 19-4。

表 19-4 常用的 LocationProvider

方法名	描述
passive	被动定位方式,即利用其他应用程序使用定位更新了定位信息,系统会保存下来,该应用接收到消息后直接读取即可
gps	通过手机里的 GPS 芯片利用卫星获取定位信息
network	通过网络获取定位信息。通常利用手机基站和 WIFI 节点的地址来大致定位

下面将介绍如何获得 Location Provider。

1. 获取所有可用的 LocationProvider

在 LocationManager 中,提供了一个 getAllProviders()方法用来获取系统所有可用的 LocationProvider。下面通过一个例子来演示如何获得当前支持的全部 LocationProvider。

例 19.1 在 Android Studio 中创建一个 Module,名称为 19.1,实现获取所有可用的 LocationProvider 名称,如图 19.3 所示。(**实例位置:资源包\code\19\19.1**)

(1)修改新建 Module 的 res\layout 目录下的布局文件 activity_main.xml。首先为布局管理器添加背景图片,然后为默认添加的 TextView 组件设置属性值,最后添加一个 TextView 组件,用于显示获取的 LocationProvider 名称,具体代码请参见资源包。

(2)打开默认添加的 MainActivity 类,继承 Activity,在 onCreate()方法中完成获取及显示 LocationProvider 名称。关键代码如下:

图 19.3 获取所有可用的 LocationProvider 名称

```
//设置全屏显示
getWindow().setFlags(WindowManager.LayoutParams.FLAG_FULLSCREEN,
        WindowManager.LayoutParams.FLAG_FULLSCREEN);
//获取显示LocationProvider名称的TextView组件
TextView textView = (TextView) findViewById(R.id.provider);
//获取location服务
```

```
LocationManager locationManager = (LocationManager) getSystemService(LOCATION_
SERVICE);
//获取系统所有的LocationProvider名称
List<String> providersNames = locationManager.getAllProviders();
StringBuilder stringBuilder = new StringBuilder();    //使用StringBuilder保存数据
//遍历获取到的全部LocationProvider名称
for (Iterator<String> iterator = providersNames.iterator(); iterator.hasNext(); ) {
    stringBuilder.append(iterator.next() + "\n");
}
textView.setText(stringBuilder.toString());    //显示LocationProvider名称
```

2. 通过名称获得 LocationProvider

在通过调用 LocationManager 的 getAllProviders()方法获取所有的 LocationProvider 时返回的是 List<String>集合，集合中的元素为 LocationProvider 的名称。为了获取实际的 LocationProvider 对象，可以通过 LocationManager 的 getProvider()方法。例如，下面的代码可以获取基于 GPS 的 LocationProvider。

```
LocationProvider lp = lm.getProvider(LocationManager.GPS_PROVIDER);
```

3. 通过 Criteria 类获得 LocationProvider

通过 getAllProviders()方法可以获取系统中所有可用的 LocationProvider。但有些时候，应用程序可能希望得到符合指定条件的 LocationProvider，这就需要使用 LocationManager 的 getBestProvider(Criteria criteria, boolean enabledOnly)方法来获取。在该方法中需要借助于 Criteria 类。

对于位置源而言，有两种用户十分关心的属性：精度和耗电量。在 Criteria 类中，保存了关于精度和耗电量的信息，其说明见表 19-5。

表 19-5　Criteria 类定义的精度和耗电信息

常　　量	说　　明
ACCURACY_COARSE	近似的精度
ACCURACY_FINE	更精细的精度
ACCURACY_HIGH	高等精度
ACCURACY_MEDIUM	中等精度
ACCURACY_LOW	低等精度
NO_REQUIREMENT	无要求
POWER_HIGH	高耗电量
POWER_MEDIUM	中耗电量
POWER_LOW	低耗电量

例 19.2　实现通过 Criteria 类获得 LocationProvider 名称，如图 19.4 所示。（实例位置：资源包\code\19\19.2）

图 19.4 通过 Criteria 类获得 LocationProvider 名称

（1）修改布局文件 activity_main.xml。首先为布局管理器添加背景图片，然后为默认添加的 TextView 组件与新添加的 TextView 组件设置属性值，用于显示获取的 LocationProvider 名称。

（2）打开默认添加的 MainActivity 类，该类继承 Activity，在 onCreate()方法中，完成通过 Criteria 类过滤条件来获取及显示 LocationProvider 名称。关键代码如下：

```
//设置全屏显示
getWindow().setFlags(WindowManager.LayoutParams.FLAG_FULLSCREEN,
        WindowManager.LayoutParams.FLAG_FULLSCREEN);
TextView textView = (TextView) findViewById(R.id.provider);//获取显示最佳
LocationProvider 的 TextView 组件
//获取 location 服务
LocationManager locationManager = (LocationManager) getSystemService(LOCATION_SERVICE);
Criteria criteria=new Criteria();      //创建过滤条件
criteria.setCostAllowed(false);        //使用不收费的
criteria.setAccuracy(Criteria.ACCURACY_FINE);    //使用精度最准确的
criteria.setPowerRequirement(Criteria.POWER_LOW);  //使用耗电量最低的
//获取最佳的 LocationProvider 名称
String provider=locationManager.getBestProvider(criteria,true);
textView.setText(provider);   //显示最佳的 LocationProvider 名称
```

（3）打开 AndroidManifest.xml 文件，在其中设置获取最佳的 LocationProvider 权限。具体代码如下：

```
<uses-permission android:name="android.permission.ACCESS_FINE_LOCATION"></uses-permission>
```

19.1.2 获取定位信息

通过手机可以实时地获取定位信息，包括用户所在的经度、纬度、高度、方向等。对于位置发生变化的用户，可以在变化后接收到相关的通知。在 LocationManager 类中，定义了多个 requestLocationUpdates()方法，用来为当前 Activity 注册位置变化通知事件。该方法的声明如下：

```
public void requestLocationUpdates (String provider, long minTime, float minDistance, LocationListener listener)
```

- provider：注册的 provider 的名称，可以是 GPS_PROVIDER 等。
- minTime：通知间隔的最小时间，单位是毫秒。系统可能为了省电而延长该时间。
- minDistance：更新通知的最小变化距离，单位是米。
- listener：用于处理通知的监听器。

在 LocationListener 接口中，定义了 4 个方法，其说明见表 19-6。

表 19-6　LocationListener 接口中方法说明

方　　法	说　　明
onLocationChanged	当位置发生变化时调用该方法
onProviderDisabled	当 provider 禁用时调用该方法
onProviderEnabled	当 provider 启用时调用该方法
onStatusChanged	当状态发生变化时调用该方法

例 19.3　实现获取动态定位信息，如图 19.5 所示。（**实例位置：资源包\code\19\19.3**）

图 19.5　获取动态定位信息

> **说明：**
> 在运行本实例时，需要开启手机的 GPS 功能。

（1）修改布局文件 activity_main.xml。首先为布局管理器添加背景图片，然后为默认添加的 TextView 组件设置属性值，用于显示获取定位的信息。

（2）打开 MainActivity 类，该类继承 Activity，定义所需的成员变量，并在 onCreate()方法中获取系统的 LocationManager 对象。关键代码如下：

```java
public class MainActivity extends Activity {
private TextView text;      //定义用于显示LocationProvider 的TextView组件
    @Override
    public void onCreate(Bundle savedInstanceState) {
        super.onCreate(savedInstanceState);
        setContentView(R.layout.activity_main);
        //设置全屏显示
        getWindow().setFlags(WindowManager.LayoutParams.FLAG_FULLSCREEN,
                WindowManager.LayoutParams.FLAG_FULLSCREEN);
        text = (TextView) findViewById(R.id.location);   //获取显示Location信息的
                                                          TextView 组件
        //获取系统的 LocationManager 对象
        LocationManager locationManager = (LocationManager)
getSystemService(LOCATION_SERVICE);
    }
}
```

（3）在 MainActivity 中创建 locationUpdates()方法，用于获取指定的查询信息并显示。关键代码如下：

```java
public void locationUpdates(Location location) {    //获取指定的查询信息
    //如果 location 不为空时
    if (location != null) {
        //使用 StringBuilder 保存数据
        StringBuilder stringBuilder = new StringBuilder();
        //获取经度、纬度、等属性值
        stringBuilder.append("您的位置信息：\n");
        stringBuilder.append("经度: ");
        stringBuilder.append(location.getLongitude());
        stringBuilder.append("\n 纬度: ");
        stringBuilder.append(location.getLatitude());
        stringBuilder.append("\n 精确度: ");
        stringBuilder.append(location.getAccuracy());
        stringBuilder.append("\n 高度: ");
        stringBuilder.append(location.getAltitude());
        stringBuilder.append("\n 方向: ");
        stringBuilder.append(location.getBearing());
        stringBuilder.append("\n 速度: ");
        stringBuilder.append(location.getSpeed());
        stringBuilder.append("\n 时间: ");
        stringBuilder.append(location.getTime());
        //显示获取的信息
```

```
        text.setText(stringBuilder);
    } else {
        //否则输出空信息
        text.setText("没有获取到 GPS 信息");
    }
}
```

（4）在 onCreate()方法中，通过 locationManager.requestLocationUpdates()方法与位置监听器设置每一秒获取一次 location 信息，并将最新的定位信息传递给创建的 locationUpdates()方法中。关键代码如下：

```
//设置每一秒获取一次 location 信息
locationManager.requestLocationUpdates(
        LocationManager.GPS_PROVIDER,    //指定 GPS 定位提供者
        1000,  //更新数据时间为 1 秒
        1,     //位置间隔为 1 米
        //位置监听器
        new LocationListener() {   //GPS 定位信息发生改变时触发，用于更新位置信息
            @Override
            public void onLocationChanged(Location location) {
                //GPS 信息发生改变时，更新位置
                locationUpdates(location);
            }
            @Override
            //位置状态发生改变时触发
            public void onStatusChanged(String provider, int status, Bundle extras) {
            }
            @Override
            //定位提供者启动时触发
            public void onProviderEnabled(String provider) {
            }
            @Override
            //定位提供者关闭时触发
            public void onProviderDisabled(String provider) {
            }
        });
//从 GPS 获取最新的定位信息
Location location =
locationManager.getLastKnownLocation( LocationManager.GPS_PROVIDER);
locationUpdates(location);         //将最新的定位信息传递给创建的 locationUpdates()方法中
```

✎ 说明：

添加上面的代码后，在代码的下方将出现红色波浪线，按下〈Alt+Enter〉键，然后选择 Add Permission ACCESS_FINE_LOCATION 选项，添加该权限解决红色波浪线问题。此时，Android Studio 将自动添加以下权限检查的代码。

```
if (ActivityCompat.checkSelfPermission(this,
    Manifest.permission.ACCESS_FINE_LOCATION) != PackageManager.PERMISSION_GRANTED
    && ActivityCompat.checkSelfPermission(this,
    Manifest.permission.ACCESS_COARSE_LOCATION) != PackageManager.PERMISSION_
GRANTED) {
```

```
            return;
}
```

（5）在 AndroidManifest.xml 文件中，添加以下代码设置访问 LocationProvider 的相关权限。具体代码如下：

```
<uses-permission android:name="android.permission.ACCESS_COARSE_LOCATION"/>
<uses-permission android:name="android.permission.ACCESS_FINE_LOCATION"/>
```

19.2 百度地图服务

百度地图服务是目前常用的地图服务。为了让 Android 开发者使用百度地图，百度提供了百度地图 Android SDK。它是一套基于 Android 2.1 及以上版本设备的应用程序接口，适用于 Android 系统移动设备的地图应用开发。通过调用地图 SDK 接口，可以轻松访问百度地图服务和数据，构建功能丰富、交互性强的地图类应用程序。

扫一扫，看视频

19.2.1 获得地图 API 密钥

在使用百度地图 Android SDK 时，首先需要申请密钥（API Key）。如果没有 API 密钥，就不会向应用程序返回任何地图图块（map tile）。由于该密钥与百度账户相关联，而且还与创建的过程名称有关，因此，在申请密钥前必须先注册百度账户。获取地图 API 密钥的具体步骤如下：

（1）在浏览器的地址栏中输入密钥的申请地址 http://lbsyun.baidu.com/apiconsole/key，如果未登录百度账号，将会进入百度账号登录页面，如图 19.6 所示。

图 19.6 登录百度账号页面

（2）输入账号和密码，单击"登录"按钮登录后，如果您没有注册为百度开发者，还需要注册为百度开发者。这时，页面将自动跳转到如图 19.7 所示的百度地图开放平台开发者激活页面。

图 19.7　填写注册信息页面

（3）信息填写完毕后，单击"提交"按钮，将会显示如图 19.8 所示的注册成功页面。

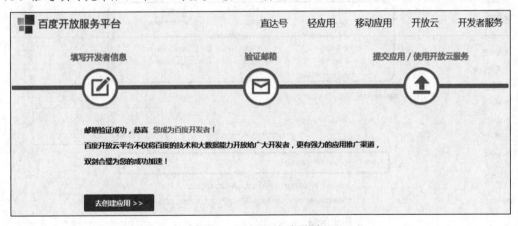

图 19.8　注册成功页面

（4）单击"去创建应用"按钮，将进入到如图 19.9 所示的 API 控制台服务页面。

（5）单击"创建应用"按钮，将进入到如图 19.10 所示的创建应用页面，在该页面中输入应用名称（例如，百度地图应用）；选择应用类型为 Android SDK，然后输入安全码。

安全码的组成规则为：Android 签名证书的 SHA1 值+";"+packagename（即数字签名+英文状态下的分号+包名）。在安全码的组成规则中，主要有以下两部分内容需要获取。

➥　获取 Android 签名证书的 SHA1 值

Android 签名证书的 SHA1 值可以在 Android studio 的 Terminal 中通过 keytool 命令来获取，具体步骤为：

图 19.9　API 控制台服务页面

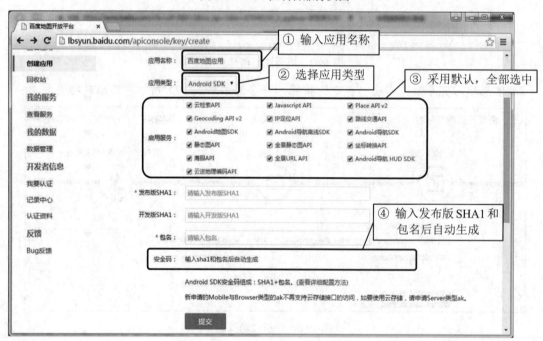

图 19.10　创建应用页面

（1）打开 Android studio 的 Terminal 终端，进入 C:\Users\Administrator\.android 目录，然后输入命令"keytool -list -v -keystore debug.keystore"，单击 Enter 键后会提示输入密钥库口令，如图 19.11 所示。

（2）这里无需输入任何口令，再次单击 Enter 键就会获取证书指纹（SHA1）的值，结果如图 19.12 所示。该值就是 Android 签名证书的 SHA1 值。

说明：

Android 签名证书的 SHA1 值也可以在"命令提示符"下通过 keytool 命令获取。

```
Microsoft Windows [版本 6.1.7601]
版权所有 (c) 2009 Microsoft Corporation。保留所有权利。

D:\Studio working space\Test>C:

C:\>cd Users

C:\Users>cd Administrator

C:\Users\Administrator>cd .android

C:\Users\Administrator\.android>keytool -list -v -keystore debug.keystore
输入密钥库口令：

******************  WARNING WARNING WARNING  *****************
* 存储在您的密钥库中的信息的完整性          *
* 尚未经过验证！ 为了验证其完整性,*
* 必须提供密钥库口令。                      *
******************  WARNING WARNING WARNING  *****************
```

（输入 keytool 命令）

图 19.11　输入 keytool 命令

```
密钥库类型: JKS
密钥库提供方:

您的密钥库包含 1 个条目

别名: androiddebugkey
创建日期: 2016-1-27
条目类型: PrivateKeyEntry
证书链长度: 1
证书[1]:
所有者: CN=Android Debug, O=Android, C=US
发布者: CN=Android Debug, O=Android, C=US
序列号: 443f5eb2
有效期开始日期: Wed Jan 27 09:01:09 CST 2016, 截止日期: Fri Jan 19 09:01:09 CST 2046
证书指纹:
         MD5:  07:C1:C6:13:C4:1E:FF:B7:CF:FD:96:54:CD:AF:3F:BF
         SHA1: 63:83:06:16:99:21:C4:88:18:A7:5A:75:9A:01:23:5A:96:A3:CE:3D
         SHA256: 70:0B:42:9B:24:F9:51:72:E8:00:66:3B:A5:F5:49:BE:D7:B5:18:30:EB:05:5B:E5:BA:E5:2F:E9:D3:D6:07:A6
         签名算法名称: SHA256withRSA
         版本: 3
```

（获取的 SHA1 值）

图 19.12　获取 Android 签名证书的 SHA1 值

➤ 获取包名

包名是在 AndroidManifest.xml 中通过 package 属性定义的名称，如图 19.13 所示。

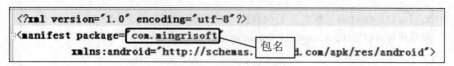

图 19.13 定义的包名

在图 19.13 所示的页面中输入"发布版 SHA1"的值和包名后会自动生成安全码,如图 19.14 所示。

图 19.14 自动生成安全码

(3)单击"提交"按钮,返回到如图 19.15 所示的应用列表页面,在该页面中,将显示刚刚创建的应用。

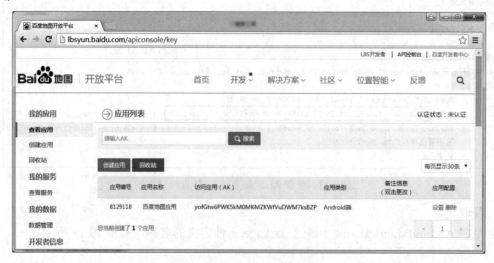

图 19.15 显示申请到的密钥

☞ 说明：

图 19.15 中的 yofGtw6PWK5kM0MKMZKWfVuDWM7ksBZP 就是申请到的密钥。

19.2.2 下载 SDK 开发包

要开发百度地图应用，需要下载百度地图 SDK 开发包，可以到百度地图 API 网站下载，具体下载步骤如下。

（1）在浏览器的地址栏中输入网址"http://lbsyun.baidu.com"，进入到百度地图 API 首页，将鼠标光标移动到"开发"超链接上，将显示对应的子菜单，如图 19.16 所示。

图 19.16 百度地图 SDK 列表

（2）单击"Android 地图 SDK"超链接，进入到"Android 地图 SDK"页面，单击该页面左侧的"相关下载"超链接，进入到如图 19.17 所示的"相关下载"页面。

图 19.17 相关下载页面

（3）单击"自定义下载"按钮进入到如图 19.18 所示的页面，根据项目需要勾选相应的功能，下载对应的 SDK 开发包。

图 19.18　选择要下载的资源

（4）选中如图 19.18 所示的资源，单击"开发包"按钮开始下载。下载完成后，将得到一个名称为 BaiduLBS_AndroidSDK_Lib.zip 的文件。这就是所需要的 SDK 开发包。

19.2.3　新建使用百度地图 API 的 Android 项目

例 19.4　在 Android Studio 中创建一个 Module，名称为 19.4，应用百度地图 API 实现显示百度地图，如图 19.19 所示。（实例位置：资源包\code\19\19.4）

（1）创建一个 Module 包名为 com.mingrisoft，然后将项目结构类型切换为 Project，再解压缩下载的 BaiduLBS_AndroidSDK_Lib.zip 文件，将其中的 libs 目录下三个 jar 文件复制到该 Module 的 libs 文件夹中，如图 19.20 所示。

（2）选中 BaiduLBS_Android.jar、httpmime-4.1.2.jar 和 IndoorscapeAlbumPlugin.jar 文件，单击右键选择 Add As Library…菜单项，添加百度类库，如图 19.21 所示。

图 19.19　显示百度地图

第19章 位置服务与地图应用

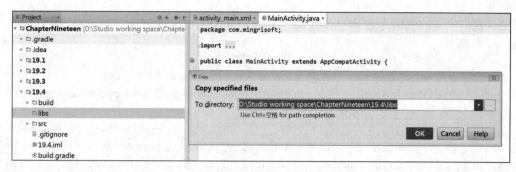

图 19.20　复制 jar 文件

（3）在"src/main"目录中新建目录 JNIlibs，并将 armeabi 整个目录复制到 JNIlibs 目录中。如图 19.22 所示。

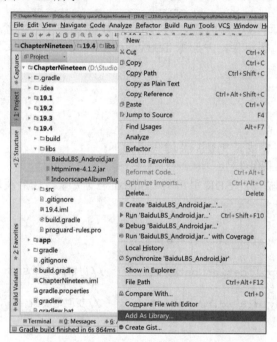

图 19.21　选择 Add As Library 菜单项

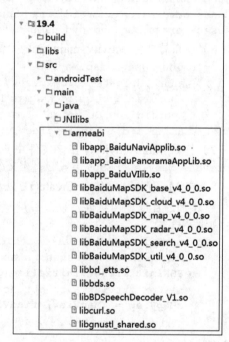

图 19.22　将 armeabi 整个目录复制到 JNIlibs 目录中

（4）在 AndroidManifest.xml 文件的<application>标签中添加子标签<meta-data>，用于指定开发密钥，格式如图 19.23 所示。

```
<application
    android:allowBackup="true"
    android:icon="@mipmap/ic_launcher"
    android:label="@string/app_name"
    android:supportsRtl="true"
    android:theme="@style/AppTheme">
    <meta-data
        android:name="com.baidu.lbsapi.API_KEY"
        android:value="iZwGAubrPBxNGGmNFlhAh3Rr0So6czGA"/>
```

图 19.23　指定开发密钥

401

例如，我们申请的密钥为iZwGAubrPBxNGGmNFlhAh3Rr0So6czGA，就可以使用下面的代码。
```xml
<meta-data
    android:name="com.baidu.lbsapi.API_KEY"
    android:value="iZwGAubrPBxNGGmNFlhAh3Rr0So6czGA"/>
```
（5）在 AndroidManifest.xml 文件的<manifest>标签中添加子标签<uses-permission>，允许所需权限。通常情况下，使用百度 API 需要允许以下权限。
```xml
<uses-permission android:name="android.permission.ACCESS_NETWORK_STATE"/>
<uses-permission android:name="android.permission.INTERNET"/>
<uses-permission android:name="com.android.launcher.permission.READ_SETTINGS" />
<uses-permission android:name="android.permission.WAKE_LOCK"/>
<uses-permission android:name="android.permission.CHANGE_WIFI_STATE" />
<uses-permission android:name="android.permission.ACCESS_WIFI_STATE" />
<uses-permission android:name="android.permission.GET_TASKS" />
<uses-permission android:name="android.permission.WRITE_EXTERNAL_STORAGE"/>
<uses-permission android:name="android.permission.WRITE_SETTINGS" />
```
（6）在布局文件 activity_main.xml 中添加地图组件，并删除 TextView 组件。关键代码如下：
```xml
<com.baidu.mapapi.map.MapView
    android:id="@+id/bmapview"
    android:layout_width="match_parent"
    android:layout_height="match_parent"
    android:clickable="true" />
```
（7）打开 MainActivity，在该文件中声明所需成员变量。关键代码如下：
```java
private MapView mMapView;   // 定义百度地图组件
```
（8）在 MainActivity 的 onCreate()方法中，初始化 SDK 引用的 Context 全局变量，然后获取布局文件中添加的百度地图组件，以及百度地图对象。关键代码如下：
```java
@Override
protected void onCreate(Bundle savedInstanceState) {
    super.onCreate(savedInstanceState);
    SDKInitializer.initialize(getApplicationContext());        //初始化地图SDK
    setContentView(R.layout.activity_main);
    mMapView = (MapView) findViewById(R.id.bmapview);           //获取地图组件
}
```

◀» 注意：

initialize()方法中必须传入 ApplicationContext，如果传入 this 或者 MainActivity.this 都不可以，会报运行时异常，所以百度建议把该方法放到 Application 的初始化方法中。

（9）重写 activity 的生命周期的几个方法，以管理地图的生命周期。关键代码如下：
```java
//实现地图生命周期管理
@Override
protected void onResume() {
    super.onResume();
    mMapView.onResume();
}

@Override
protected void onPause() {
    super.onPause();
```

```
    mMapView.onPause();
}

@Override
protected void onDestroy() {
    mMapView.onDestroy();
    mMapView = null;
    super.onDestroy();
}
```

> **说明：**
>
> 在运行使用百度地图 API 的程序时，需要连接互联网。

19.2.4 定位到"我的位置"

扫一扫，看视频

在地图 APP 上，都需要有定位到"我的位置"的功能。通过百度地图提供的定位 SDK 可以在地图上展示实时的位置信息。

在实现定位到"我的位置"时，首先要开启定位图层，可以使用 com.baidu.mapapi.map.BaiduMap 对象的 setMyLocationEnabled()方法实现。该方法的语法格式如下：

```
Public final void set MyLocationEnabled(boolean enabled)
```

其中，enabled 参数用于指定是否允许定位图层，值为 true 时表示允许，否则为不允许。

开启定位图层的代码如下：

```
mBaiduMap.setMyLocationEnabled(true);
```

然后创建 MyLocationData 对象，用于构造定位数据，包括 GPS 定位时方向角度、纬度坐标、经度坐标、定位精度和时速等。例如，构造定位数据，指定 GPS 定位时方向角度为 100、坐标位置为当前位置，可以使用下面的代码。

```
MyLocationData locData = new MyLocationData.Builder()
    .accuracy(location.getAccuracy())         //设置精度
    .direction(100)                           //设置开发者获取到的方向信息，顺时针0-360
    .latitude(location.getLatitude())         //设置纬度坐标
    .longitude(location.getLongitude())       //设置经度坐标
    .build();
```

再设置定位数据，并配置定位图层的一些信息。代码如下：

```
mBaiduMap.setMyLocationData(locData);
//设置定位图层的配置（定位模式，是否允许方向信息，用户自定义定位图标）
mCurrentMarker = BitmapDescriptorFactory
    .fromResource(R.drawable.icon_geo);
MyLocationConfiguration config = new MyLocationConfiguration(mCurrentMode, true, mCurrentMarker);
mBaiduMap.setMyLocationConfiguration();
```

最后，在不需要定位图层时关闭定位图层。代码如下：

```
mBaiduMap.setMyLocationEnabled(false);
```

下面通过一个具体的实例演示如何在百度地图上定位我的位置。

例 19.5 应用百度地图 API 实现在地图上标记我的位置，如图 19.24 所示。（实例位置：资源包\code\19\19.5）

图 19.24 在百度地图上显示我的位置

📝 说明：

本实例在例 19.4 基础上修改。

（1）打开 MainActivity，在该文件中声明所需成员变量。关键代码如下：
```
private MapView mMapView;    // 百度地图组件
private BaiduMap mBaiduMap;   // 定义百度地图对象
private boolean isFirstLoc = true;  //定义第一次启动
private MyLocationConfiguration.LocationMode mCurrentMode;  //定义当前定位模式
```

（2）在 MainActivity 的 onCreate()方法中，获取系统的 LocationManager 对象。关键代码如下：
```
LocationManager locationManager = (LocationManager) getSystemService(LOCATION_SERVICE);
```

（3）在 onCreate()方法中，通过 locationManager.requestLocationUpdates()方法与位置监听器设置每一秒获取一次 location 信息，并将最新的定位信息传递给创建的 locationUpdates()方法。关键代码如下：

```
//设置每一秒获取一次location信息
locationManager.requestLocationUpdates(
    LocationManager.GPS_PROVIDER,      //指定GPS定位提供者
    1000,  //更新数据时间为1秒
    1,     //位置间隔为1米
    //位置监听器
    new LocationListener() {  //GPS定位信息发生改变时触发，用于更新位置信息
        @Override
        public void onLocationChanged(Location location) {
            //GPS信息发生改变时，更新位置
```

```
                locationUpdates(location);
            }
            @Override
            //位置状态发生改变时触发
            public void onStatusChanged(String provider, int status, Bundle extras) {
            }
            @Override
            //定位提供者启动时触发
            public void onProviderEnabled(String provider) {
            }
            @Override
            //定位提供者关闭时触发
            public void onProviderDisabled(String provider) {
            }
});
//从 GPS 获取最新的定位信息
Location location =
locationManager.getLastKnownLocation( LocationManager.GPS_PROVIDER);
locationUpdates(location);          //将最新的定位信息传递给创建的 locationUpdates()方法中
```

说明：

添加以上的代码后，在代码的下方将出现红色波浪线，按下〈Alt+Enter〉键选择 Add Permission ACCESS_FINE_LOCATION 选项，添加该权限解决红色波浪线问题。此时，Android Studio 将自动添加以下权限检查的代码。

```
if (ActivityCompat.checkSelfPermission(this,
    Manifest.permission.ACCESS_FINE_LOCATION) != PackageManager.PERMISSION_GRANTED
    && ActivityCompat.checkSelfPermission(this,
    Manifest.permission.ACCESS_COARSE_LOCATION) != PackageManager.PERMISSION_GRANTED) {
        return;
}
```

（4）在 MainActivity 中创建 locationUpdates()方法，用于获取当前的经纬度，并设置定位。当获取的信息不为空时，首先设置第一次定位的中心点为当前位置，然后构造和设置定位数据，最后在地图上显示定位图标。关键代码如下：

```
public void locationUpdates(Location location) {   //获取指定的查询信息
    //如果 location 不为空时
    if (location != null) {
        StringBuilder stringBuilder = new StringBuilder();    //使用 StringBuilder
                                                              保存数据
        LatLng ll = new LatLng(location.getLatitude(), location.getLongitude());
//获取用户当前经纬度
        if (isFirstLoc) {   //如果是第一次定位,就定位到以自己为中心
            MapStatusUpdate u = MapStatusUpdateFactory.newLatLng(ll);
                                                              //更新坐标位置
            mBaiduMap.animateMapStatus(u);                    //设置地图位置
            isFirstLoc = false;                               //取消第一次定位
        }
        //构造定位数据
        MyLocationData locData = new MyLocationData.Builder().
```

```
                    accuracy(location.getAccuracy())        //设置精度
                    //此处设置开发者获取到的方向信息，顺时针 0-360
                    .direction(100)              // 此处设置开发者获取到的方向信息，顺时针 0-360
                    .latitude(location.getLatitude())        //设置纬度坐标
                    .longitude(location.getLongitude())      //设置经度坐标
                    .build();
            //设置定位数据
            mBaiduMap.setMyLocationData(locData);
            //设置自定义定位图标
            BitmapDescriptor mCurrentMarker = BitmapDescriptorFactory
                    .fromResource(R.drawable.icon_geo);
            mCurrentMode = MyLocationConfiguration.LocationMode.NORMAL;
                                                           //设置定位模式
            //位置构造方式，将定位模式，定义图标添加其中
            MyLocationConfiguration config = new MyLocationConfiguration(mCurrentMode,
true, mCurrentMarker);
            mBaiduMap.setMyLocationConfigeration(config);    //地图显示定位图标
        } else {
            //否则输出空信息
            Log.i("Location","没有获取到 GPS 信息");
        }
```

（5）重写 Activity 的 onStart()方法和 onStop()方法，在 onStart()方法中启动地图定位，在 onStop()方法中停止地图定位。关键代码如下：

```
@Override
protected void onStart() {   //启动地图定位
    super.onStart();
    mBaiduMap.setMyLocationEnabled(true);   //启动定位图层
}
@Override
protected void onStop() {    //停止地图定位
    super.onStop();
    mBaiduMap.setMyLocationEnabled(false);  //关闭定位图层
}
```

（6）在 AndroidManifest.xml 文件中添加以下代码，设置访问 LocationProvider 的相关权限。具体代码如下：

```
<uses-permission android:name="android.permission.ACCESS_COARSE_LOCATION"/>
<uses-permission android:name="android.permission.ACCESS_FINE_LOCATION"/>
```

19.3 本章总结

在本章中首先介绍了 Android 中提供的位置服务，然后介绍了如何使用百度地图服务。其中，在介绍位置服务时，主要介绍了如何获取 LocationProvider 以及定位信息；在介绍百度地图时，主要介绍了如何在 Android 项目中使用百度地图，以及如何在地图上使用覆盖层。这些内容在开发地图应用时非常重要，需要重点掌握。

第 20 章　网络编程及 Internet 应用

手机的一个主要功能就是可以访问互联网，大多数 APP 都可以通过互联网执行某种网络通信，因此网络支持对于手机应用来说是尤为重要的。Android 平台在网络编程和 Internet 应用上也是非常优秀的。本章将对 Android 中的网络编程和 Internet 应用的相关知识进行详细介绍。

通过阅读本章，您可以：

- 掌握使用 HttpURLConnection 访问网络的方法
- 掌握如何使用 WebView 组件浏览网页
- 掌握在 WebView 组件中加载 HTML 代码的方法
- 掌握让 WebView 组件支持 JavaScript 的方法

20.1　通过 HTTP 访问网络

在 Android 中也可以使用 HTTP 访问网络。例如，在使用应用宝 APP 下载游戏时（如图 20.1 所示），就需要通过 HTTP 访问网络；或者刷新朋友圈时（如图 20.2 所示），也需要通过 HTTP 访问网络。

图 20.1　下载游戏

图 20.2　刷新朋友圈

在 Android 中提供了两个用于 HTTP 通信的 API，HttpURLConnection 和 Apache 的 HttpClient。由于 Android6.0 版本已经基本将 HttpClient 从 SDK 中移除了，因此，这里主要介绍 HttpURLConnection。

HttpURLConnection 类位于 java.net 包中，用于发送 HTTP 请求和获取 HTTP 响应。由于该类是抽象类，不能直接实例化对象，则需要使用 URL 的 openConnection()方法来获得。例如，要创建一个 http://www.mingribook.com 网站对应的 HttpURLConnection 对象，可以使用下面的代码：

```
URL url = new URL("http://www.mingribook.com/");
HttpURLConnection urlConnection = (HttpURLConnection) url.openConnection();
```

HttpURLConnection 是 URLConnection 的一个子类，它在 URLConnection 的基础上提供了表 20-1 中的方法，方便发送和响应 HTTP 请求。

表 20-1　HttpURLConnection 常用的方法

方　　法	描　　述
int getResponseCode()	获取服务器的响应代码
String getResponseMessage()	获取服务器的响应消息
String getRequestMethod()	获取发送请求的方法
void setRequestMethod(String method)	设置发送请求的方法

创建了 HttpURLConnection 对象后，就可以使用该对象发送 HTTP 请求了。HTTP 请求通常分为 GET 和 POST 请求两种，二者之间的主要区别见表 20-2。

表 20-2　GET 与 POST 的区别

GET	POST
能被缓存	不能被缓存
参数保留在浏览器历史中	参数不保留在浏览器历史中
URL 长度受浏览器限制（例如 IE 浏览器限制最大的长度为 2048 个字符）	URL 长度不受限制
数据在 URL 中对所有人可见	数据不会显示在 URL 中
只允许传递 ASCII 字符	没有限制，也允许二进制数据

20.1.1　发送 GET 请求

使用 HttpURLConnection 对象发送请求时，默认发送的是 GET 请求。因此，发送 GET 请求比较简单，只需要在指定连接地址时，先将要传递的参数通过 "?参数名=参数值" 进行传递（多个参数间使用英文半角的逗号分隔。例如，要传递用户名和 E-mail 地址两个参数，可以使用?user=wgh,email= wgh717@sohu.com 实现），然后获取流中的数据，并关闭连接即可。

✎ 说明：

使用 HTTP 访问网络就是客户端与服务器的通信，所以运行本章实例不仅需要创建客户端 APP 实例，还需要创建简单的后台服务器。

第20章 网络编程及Internet应用

注意：
（1）永远不要在主线程上执行网络调用。
（2）在service而不是Activity中执行网络操作。

下面通过一个具体的实例来说明如何使用HttpURLConnection发送GET请求。

例20.1 在Android Studio中创建一个Module，名称为20.1，实现使用GET方式发表并显示微博信息，如图20.3所示。（**实例位置：资源包\code\20\20.1**）

图20.3 使用GET方式发表并显示微博信息

（1）修改新建Module的res\layout目录下的布局文件activity_main.xml。首先将默认添加的相对布局管理器修改为垂直线性布局管理器，并为其设置背景图片，然后删除内边距与默认添加的TextView组件，再添加一个编辑框（用于输入微博内容）以及一个"发表"按钮，并添加一个滚动视图，在该视图中添加一个文本框，用于显示从服务器上读取的微博内容。具体代码请参见资源包。

（2）打开MainActivity类，该类继承Activity，定义所需的成员变量。具体代码如下：

```
private EditText content;               //定义一个输入文本内容的编辑框对象
private Handler handler;                //定义一个android.os.Handler对象
private String result = "";             //定义一个代表显示内容的字符串
```

（3）创建base64()方法，对传递的参数进行Base64编码，用于解决乱码问题。具体代码如下：

```
public String base64(String content){
    try {
        //对字符串进行Base64编码
        content=Base64.encodeToString(content.getBytes("utf-8"), Base64.DEFAULT);
        content=URLEncoder.encode(content, "utf-8");//对字符串进行URL编码
    } catch (UnsupportedEncodingException e) {
        e.printStackTrace();
    }
    return content;
}
```

> **说明：**
> 要解决应用 GET 方法传递中文参数时产生乱码的问题，也可以使用 Java 提供的 URLEncoder 类来实现。

（4）创建 send()方法，用于建立一个 HTTP 连接，并将输入的内容发送到 Web 服务器，再读取服务器的处理结果。具体代码如下：

```java
public void send() {
    String target="";
    target = "http://192.168.1.198:8080/example/get.jsp?content="
            +base64(content.getText().toString().trim());    //要访问的 URL 地址
    URL url;
    try {
        url = new URL(target);
        HttpURLConnection urlConn = (HttpURLConnection) url
                .openConnection();    //创建一个 HTTP 连接
        InputStreamReader in = new InputStreamReader(
                urlConn.getInputStream());    //获得读取的内容
        BufferedReader buffer = new BufferedReader(in);    //获取输入流对象
        String inputLine = null;
        //通过循环逐行读取输入流中的内容
        while ((inputLine = buffer.readLine()) != null) {
            result += inputLine + "\n";
        }
        in.close();    //关闭字符输入流对象
        urlConn.disconnect();    //断开连接
    } catch (MalformedURLException e) {
        e.printStackTrace();
    } catch (IOException e) {
        e.printStackTrace();
    }
}
```

> **说明：**
> 根据当前计算机的 IP 和 Tomcat 服务器端口号设置要访问的 URL 地址。上面代码中的 192.168.1.198 是 IP 地址；8080 是 Tomcat 服务器的端口号。

（5）在 onCreate()方法中，首先在发表按钮的单击事件中判断输入内容是否为空，然后创建 Handler 对象并重写 handleMessage()方法，用于更新 UI 界面，最后创建新的线程，用于从服务器中获取相关数据。关键代码如下：

```java
content = (EditText) findViewById(R.id.content);    //获取输入文本内容的 EditText 组件
final TextView resultTV = (TextView) findViewById(R.id.result);    //获取显示结果的 TextView 组件
Button button = (Button) findViewById(R.id.button);    //获取"发表"按钮组件
button.setOnClickListener(new View.OnClickListener() {    //单击发送按钮，实现读取服务器微博信息
    @Override
    public void onClick(View v) {
        //判断输入内容是否为空，为空给出提示消息，否则访问服务器
        if ("".equals(content.getText().toString())) {
            Toast.makeText(MainActivity.this, "请输入要发表的内容！",
                    Toast.LENGTH_SHORT).show();    //显示消息提示
```

```
            return;
        }
        handler = new Handler() {
            @Override
            public void handleMessage(Message msg) {
                super.handleMessage(msg);
            }
        };
        new Thread(new Runnable() {  //创建一个新线程,用于发送并读取微博信息
            public void run() {
                send();      //调用send()方法,用于发送文本内容到Web服务器
                Message m = handler.obtainMessage();   //获取一个Message
                handler.sendMessage(m);  //发送消息
            }
        }).start();  //开启线程
    }
});
```

（6）重写 Handler 对象中的 handleMessage()方法,在该方法中实现将服务器中的数据显示在 UI 界面中。关键代码如下:

```
if (result != null) {               //如果服务器返回结果不为空
    resultTV.setText(result);       //显示获得的结果
    content.setText("");            //清空文本框
                }
```

（7）由于在本实例中需要访问网络资源,所以还需要在 AndroidManifest.xml 文件中指定允许访问网络资源的权限。具体代码如下:

```
<uses-permission android:name="android.permission.INTERNET"/>
```

（8）创建 Web 服务器,用于接收 Android 客户端发送的请求,并做出响应。这里编写一个名称为 get.jsp 的文件,用于获取参数 content 指定的微博信息,并输出转码后的 content 变量的值。具体代码如下:

```
<%@page contentType="text/html; charset=utf-8" language="java" import="sun.misc.BASE64Decoder"%>
<%
String content=request.getParameter("content");//获取输入的微博信息
 if(content!=null){
    BASE64Decoder decoder=new BASE64Decoder();
    content=new String(decoder.decodeBuffer(content),"utf-8"); //进行base64解码
String date=new java.util.Date().toLocaleString();//获取系统时间
%>
<%="[马 云]于 "+date+" 发表一条微博,内容如下: "%>
<%=content%>
<% }%>
```

📝 **说明:**

在 Tomcat 安装路径下的 webapps 目录下创建 example 子目录,将 get.jsp 文件放到 example 目录中,并启动 Tomcat 服务器,然后运行本实例。

20.1.2 发送 POST 请求

在 Android 中,使用 HttpURLConnection 类发送请求时,默认采用的是 GET 请求。如果要发送

POST 请求，需要通过其 setRequestMethod()方法进行指定。例如，创建一个 HTTP 连接，并为该连接指定请求的发送方式为 POST，可以使用下面的代码：

```
HttpURLConnection urlConn = (HttpURLConnection) url.openConnection();//创建一个
                                                                      HTTP 连接
urlConn.setRequestMethod("POST");                        //指定请求方式为 POST
```

发送 POST 请求要比发送 GET 请求复杂一些，它经常需要通过 HttpURLConnection 类及其父类 URLConnection 提供的方法设置相关内容，常用的方法见表 20-3。

表 20-3 发送 POST 请求时常用的方法

方　法	描　述
setDoInput(boolean newValue)	用于设置是否向连接中写入数据，如果参数值为 true，表示写入数据；否则不写入数据
setDoOutput(boolean newValue)	用于设置是否从连接中读取数据，如果参数值为 true，表示读取数据；否则不读取数据
setUseCaches(boolean newValue)	用于设置是否缓存数据，如果参数值为 true，表示缓存数据；否则表示禁用缓存
setInstanceFollowRedirects(boolean followRedirects)	用于设置是否应该自动执行 HTTP 重定向，参数值为 true 时，表示自动执行；否则不自动执行
setRequestProperty(String field, String newValue)	用于设置一般请求属性，例如，要设置内容类型为表单数据，可以进行以下设置 setRequestProperty("Content-Type","application/x-www-form-urlencoded")

下面通过一个具体的实例来介绍如何使用 HttpURLConnection 类发送 POST 请求。

例 20.2 实现使用 POST 方式登录 QQ。如图 20.4 所示，输入账号 "mr" 与密码 "mrsoft"，单击 "登录" 按钮，通过服务器判断账号、密码正确后，显示登录后界面如图 20.5 所示。（**实例位置：资源包\code\20\20.2**）

图 20.4 使用 POST 方式登录界面

图 20.5 使用 POST 方式登录后界面

第 20 章 网络编程及 Internet 应用

> **说明：**
> 该实例布局代码与实例 15.1 相同。

（1）打开 MainActivity 类，该类继承 Activity，定义所需的成员变量。具体代码如下：

```java
private EditText edit_Username;//定义一个输入用户名的编辑框组件
private EditText edit_Password;//定义一个输入密码的编辑框组件
private Handler handler;        //定义一个 android.os.Handler 对象
private String result = "";//定义一个代表显示内容的字符串
```

（2）创建 send()方法，用于建立一个 HTTP 连接，并将输入的内容发送到 Web 服务器，再读取服务器的处理结果。具体代码如下：

```java
public void send() {
    String target = "http://192.168.1.198:8080/example/post.jsp"; //要提交的服
                                                                    务器地址
    URL url;
    try {
        url = new URL(target);  //创建 URL 对象
        HttpURLConnection urlConn = (HttpURLConnection) url.openConnection();
//创建一个 HTTP 连接
        urlConn.setRequestMethod("POST"); //指定使用 POST 请求方式
        urlConn.setDoInput(true);  //向连接中写入数据
        urlConn.setDoOutput(true); //从连接中读取数据
        urlConn.setUseCaches(false); //禁止缓存
        urlConn.setInstanceFollowRedirects(true);    //自动执行 HTTP 重定向
        urlConn.setRequestProperty("Content-Type",
                "application/x-www-form-urlencoded"); //设置内容类型
        DataOutputStream out = new DataOutputStream(
                urlConn.getOutputStream()); //获取输出流
        String param = "username="
                + URLEncoder.encode(edit_Username.getText().toString(),"utf-8")
                + "&password="
                + URLEncoder.encode(edit_Password.getText().toString(),"utf-8");
//连接要提交的数据
        out.writeBytes(param);//将要传递的数据写入数据输出流
        out.flush();        //输出缓存
        out.close();        //关闭数据输出流
        if (urlConn.getResponseCode() == HttpURLConnection.HTTP_OK) {
                                                    //判断是否响应成功
            InputStreamReader in = new InputStreamReader(
                    urlConn.getInputStream()); //获得读取的内容
            BufferedReader buffer = new BufferedReader(in); //获取输入流对象
            String inputLine = null;
            while ((inputLine = buffer.readLine()) != null) {  //通过循环逐行读取
                                                                输入流中的内容
                result += inputLine;
            }
            in.close();     //关闭字符输入流
        }
```

413

```
            urlConn.disconnect();            //断开连接
    } catch (MalformedURLException e) {
        e.printStackTrace();
    } catch (IOException e) {
        e.printStackTrace();
    }
}
```

（3）在onCreate()方法中，首先在登录按钮的单击事件中判断用户名、密码是否为空，然后创建Handler对象并重写handleMessage()方法，用于更新UI界面，最后创建新的线程，用于从服务器中获取相关数据。关键代码如下：

```
    edit_Username = (EditText) findViewById(R.id.username);//获取用于输入用户名的
                                                           编辑框组件
    edit_Password = (EditText) findViewById(R.id.password);
                                        //获取用于输入密码的编辑框组件
    ImageButton btn_Login = (ImageButton) findViewById(R.id.login);
                                        //获取用于登录的按钮控件
    btn_Login.setOnClickListener(new View.OnClickListener() {
                                        //实现单击登录按钮,发送信息与服务器交互
        @Override
        public void onClick(View v) {
            //当用户名、密码为空时给出相应提示
            if ("".equals(edit_Username.getText().toString())
                    || "".equals(edit_Password.getText().toString())) {
                Toast.makeText(MainActivity.this, "请填写用户名或密码!",
                    Toast.LENGTH_SHORT).show();
                return;
            }
            handler = new Handler() {
                @Override
                public void handleMessage(Message msg) {
                    super.handleMessage(msg);
                }
            };
            new Thread(new Runnable() {   //创建一个新线程,用于从网络上获取文件
                public void run() {
                    send();       //调用并创建send()方法,用于发送用户名、密码到Web服务器
                    Message m = handler.obtainMessage();    //获取一个Message
                    handler.sendMessage(m);       //发送消息
                }
            }).start();       //开启线程
        }
    });
```

（4）重写Handler对象中的handleMessage()方法，在该方法中实现通过服务器中返回的数据判断是否显示登录后界面。关键代码如下：

```
    if ("ok".equals(result)) {    //如果服务器返回值为"ok",证明用户名、密码输入正确
                                 //跳转登录后界面
                    Intent in = new Intent(MainActivity.this, Message-
Activity.class);
```

```
                            startActivity(in);
                        }else {
                            //用户名、密码错误的提示信息
                            Toast.makeText(MainActivity.this,"请填写正确的用户
名和密码!", Toast.LENGTH_SHORT).show();
                        }
```

（5）由于在本实例中需要访问网络资源，所以还需要在 AndroidManifest.xml 文件中指定允许访问网络资源的权限。具体代码如下：

```
<uses-permission android:name="android.permission.INTERNET"/>
```

（6）创建 Web 服务器，用于接收 Android 客户端发送的请求，并做出响应。这里编写一个名称为 post.jsp 的文件。在该文件中首先获取客户端填写的账号与密码，然后判断用户名、密码是否正确，最后判断当账号、密码正确时向客户端传递通过指令"ok"。具体代码如下：

```
<%@ page contentType="text/html; charset=utf-8" language="java" %>
<%String password=request.getParameter("password");    //获取输入的密码
String username=request.getParameter("username");      //获取输入的用户名
if(password!=null && username!=null){
username=new String(username.getBytes("iso-8859-1"),"utf-8"); //对用户名进行转码
password=new String(password.getBytes("iso-8859-1"),"utf-8"); //对密码进行转码
if("mr".equals(username)&&"mrsoft".equals(password)){
%>
<%="ok"%>
<%}%>
<%}%>
```

> **说明：**
>
> 将 post.jsp 文件放到 Tomcat 安装路径下的 webapps\example 目录中，并启动 Tomcat 服务器，然后运行本实例。

20.2 解析 JSON 格式数据

20.2.1 JSON 简介

JSON（JavaScript Object Notation）是一种轻量级的数据交换格式，语法简洁，不仅易于阅读和编写，而且也易于机器的解析和生成。

JSON 通常由两种数据结构组成：一种是对象（"名称/值"形式的映射）；另一种是数组（值的有序列表）。JSON 没有变量或其他控制，只用于数据传输。

➢ 对象

在 JSON 中，可以使用下面的语法格式来定义对象。

{"属性 1":属性值 1,"属性 2":属性值 2……"属性 n":属性值 n}

  ▷ 属性 1~属性 n：用于指定对象拥有的属性名。
  ▷ 属性值 1~属性值 n：用于指定各属性对应的属性值，其值可以是字符串、数字、布尔值（true/false）、null、对象和数组。

例如，定义一个保存名人信息的对象，可以使用下面的代码：

```
{
"name":"扎克伯格",
"address":"United States New York",
"wellknownsying":"当你有使命,它会让你更专注"
}
```

> 数组

在 JSON 中,可以使用下面的语法格式来定义对象。

```
{"数组名":[
    对象1,对象2……,对象 n
]}
```

- 数组名:用于指定当前数组名。
- 对象 1~对象 n:用于指定各数组元素,它的值为合法的 JSON 对象。

例如,定义一个保存名人信息的数组,可以使用下面的代码:

```
{"famousPerson":[
    {"name":"扎克伯格","address":" 美国 "," wellknownsying ":"当你有使命,它会让你更专注"},
    {"name":"马云","address":"中国"," wellknownsying ":"心中无敌者,无敌于天下"}
]}
```

20.2.2 解析 JSON 数据

在 Android 的官网中提供了解析 JSON 数据的 JSONObject 和 JSONArray 对象。其中,JSONObject 用于解析 JSON 对象;JSONArray 用于解析 JSON 数组。下面将通过一个具体的实例说明如何解析 JSON 数据。

例 20.3 实现使用 POST 方式获取 JSON 数据,如图 20.6 所示,显示计步器的个人信息。(**实例位置:资源包\code\20\20.3**)

(1)修改布局文件 activity_main.xml。首先将默认添加的相对布局管理器修改为垂直线性布局管理器并删除内边距,然后添加 8 个 TextView 组件,用于显示计步器的 8 个信息值。

(2)打开 MainActivity 类,该类继承 Activity,定义所需的成员变量。关键代码如下:

图 20.6 显示计步器的个人信息

```
private Handler handler;        //定义一个 android.os.Handler 对象
private String result = "";    //定义一个代表显示内容的字符串
```

(3)创建 send()方法,实现发送请求并获取 JSON 数据。关键代码如下:

```
public void send() {
    String target = "http://192.168.1.198:8080/example/index.json";
                                //要发送请求的服务器地址
    URL url;
    try {
        url = new URL(target);  //创建 URL 对象
        //创建一个 HTTP 连接
        HttpURLConnection urlConn = (HttpURLConnection) url.openConnection();
```

```
            urlConn.setRequestMethod("POST");    //指定使用 POST 请求方式
            urlConn.setDoOutput(true);    //从连接中读取数据
            urlConn.setUseCaches(false);    //禁止缓存
            urlConn.setInstanceFollowRedirects(true);        //自动执行 HTTP 重定向
            InputStreamReader in = new InputStreamReader(
                    urlConn.getInputStream());    //获得读取的内容
            BufferedReader buffer = new BufferedReader(in);    //获取输入流对象
            String inputLine = null;
            while ((inputLine = buffer.readLine()) != null) {    //通过循环逐行读取输入
                                                                 流中的内容

                result += inputLine;
            }
            in.close();                                //关闭输入流
            urlConn.disconnect();        //断开连接
        } catch (MalformedURLException e) {
            e.printStackTrace();
        } catch (IOException e) {
            e.printStackTrace();
        }
    }
```

（4）在 onCreate()方法中，首先创建 Handler 对象并重写 handleMessage()方法，用于更新 UI 界面，然后创建新的线程，用于从服务器中获取 JSON 数据。关键代码如下：

```
        final TextView step = (TextView) findViewById(R.id.text1);
                                                    //获取 TextView 显示单日步数
        final TextView time = (TextView) findViewById(R.id.text2);
                                                    //获取 TextView 显示单日时间
        final TextView heat = (TextView) findViewById(R.id.text3);
                                                    //获取 TextView 显示单日热量
        final TextView km = (TextView) findViewById(R.id.text4);
                                                    //获取 TextView 显示单日公里
        final TextView step1 = (TextView) findViewById(R.id.text5);
                                                    //获取 TextView 显示周步数
        final TextView time1 = (TextView) findViewById(R.id.text6);
                                                    //获取 TextView 显示周时间
        final TextView heat1 = (TextView) findViewById(R.id.text7);
                                                    //获取 TextView 显示周热量
        final TextView km1 = (TextView) findViewById(R.id.text8);
                                                    //获取 TextView 显示周公里

        handler = new Handler() {
            @Override
            public void handleMessage(Message msg) {
                super.handleMessage(msg);
            }
        };
        new Thread(new Runnable() {    //创建一个新线程，用于从服务器中获取 JSON 数据
    public void run() {
        send();        //调用并创建 send()方法，用于发送请求并获取 JSON 数据
        Message m = handler.obtainMessage();        //获取一个 Message
```

```
            handler.sendMessage(m);        //发送消息
        }
}).start();              //开启线程
```

（5）重写 Handler 对象中的 handleMessage()方法，在该方法中实现解析返回的 JSON 串数据并显示。关键代码如下：

```
TextView[][] tv = {{step, time, heat, km}, {step1, time1, heat1, km1}};
                                               //创建 TextView 二维数组
            try {
                JSONArray jsonArray = new JSONArray(result);
                                               //将获取的数据保存在 JSONArray 数组中
                for (int i = 0; i < jsonArray.length(); i++) {
                                               //通过 for 循环遍历 JSON 数据
                    JSONObject jsonObject = jsonArray.getJSONObject(i);
                                               //解析 JSON 数据
                    tv[i][0].setText(jsonObject.getString("step"));
                                               //获取 JSON 中的步数值
                    tv[i][1].setText(jsonObject.getString("time"));
                                               //获取 JSON 中的时间值
                    tv[i][2].setText(jsonObject.getString("heat"));
                                               //获取 JSON 中的热量值
                    tv[i][3].setText(jsonObject.getString("km"));
                                               //获取 JSON 中的公里数
                }
            } catch (JSONException e) {
                e.printStackTrace();
            }
```

（6）由于在本实例中需要访问网络资源，所以还需要在 AndroidManifest.xml 文件中指定允许访问网络资源的权限。具体代码如下：

```
<uses-permission android:name="android.permission.INTERNET"/>
```

（7）创建 Web 服务器，用于接收 Android 客户端发送的请求，并做出响应。这里编写一个名称为 index.json 的文件，在该文件中编写要返回的 JSON 数据。具体代码如下：

```
[{"step":"12,672","time":"1h 58m","heat":"306","km":"8.3"},
{"step":"73,885","time":"11h 41m","heat":"1,771","km":"48.7"}]
```

说明：

将 index.json 文件放到 Tomcat 安装路径下的 webapps\example 目录中，并启动 Tomcat 服务器，然后运行本实例。

20.3 使用 WebView 显示网页

Android 提供了内置的浏览器，该浏览器使用了开源的 WebKit 引擎。WebKit 不仅能够搜索网址、查看电子邮件，而且能够播放视频节目。在 Android 中，要使用内置的浏览器，需要通过 WebView 组件来实现。通过 WebView 组件可以轻松实现显示网页功能。例如，QQ 浏览器可以通过 WebView 来实现上网功能，通过 QQ 浏览器显示明日学院主页，如图 20.7 所示。

第20章 网络编程及Internet应用

图20.7 通过QQ浏览器显示网页

下面将对如何使用WebView组件来显示网页进行详细介绍。

20.3.1 使用WebView组件浏览网页

WebView组件是专门用来浏览网页的，其使用方法与其他组件一样，既可以在XML布局文件中使用<WebView>标记添加，又可以在Java文件中通过new关键字创建。推荐采用<WebView>标记在XML布局文件中添加。在XML布局文件中添加一个WebView组件可以使用下面的代码：

```
<WebView
    android:id="@+id/webView1"
    android:layout_width="match_parent"
    android:layout_height="match_parent" />
```

添加WebView组件后，就可以应用该组件提供的方法来执行浏览器操作了。Web组件提供的常用方法见表20-4。

表 20-4　WebView 组件提供的常用方法

方　　法	描　　述
loadUrl(String url)	用于加载指定 URL 对应的网页
loadData(String data, String mimeType, String encoding)	用于将指定的字符串数据加载到浏览器中
loadDataWithBaseURL(String baseUrl, String data, String mimeType, String encoding, String historyUrl)	用于基于 URL 加载指定的数据
capturePicture()	用于创建当前屏幕的快照
goBack()	执行后退操作，相当于浏览器上的后退按钮的功能
goForward()	执行前进操作，相当于浏览器上的前进按钮的功能
stopLoading()	用于停止加载当前页面
reload()	用于刷新当前页面

下面通过一个具体的实例来说明如何使用 WebView 组件浏览网页。

例 20.4　实现使用 WebView 组件浏览网页，实例运行结果如图 20.8 所示。（实例位置：资源包\code\20\20.4）

图 20.8　使用 WebView 组件浏览网页

（1）修改布局文件 activity_main.xml，将默认添加的 TextView 组件与内边距删除，然后添加一个 WebView 组件。关键代码如下：

```xml
<WebView
    android:id="@+id/webView1"
    android:layout_width="match_parent"
    android:layout_height="match_parent" />
```

（2）打开 MainActivity 类，该类继承 Activity。在 onCreate()方法中，首先获取布局管理器中添加的 WebView 组件，然后为 WebView 指定要加载网页的 URL 地址，最后设置加载内容自适应屏幕。关键代码如下：

```
//设置全屏显示
        getWindow().setFlags(WindowManager.LayoutParams.FLAG_FULLSCREEN,
            WindowManager.LayoutParams.FLAG_FULLSCREEN);
        WebView webView = (WebView) findViewById(R.id. webView1);
                                            //获取布局管理器中添加的WebView组件
        webView.loadUrl("http://study.mingrisoft.com/index.html");    //指定要加载的
                                                                              网页
        webView.getSettings().setUseWideViewPort(true);    //设置此属性，可任意比例缩放
        webView.getSettings().setLoadWithOverviewMode(true); //设置加载内容自适应屏幕
```

（3）由于在本实例中需要访问网络资源，所以还需要在 AndroidManifest.xml 文件中指定允许访问网络资源的权限。具体代码如下：

```xml
<uses-permission android:name="android.permission.INTERNET"/>
```

📝 **说明：**

如果想让 WebView 组件具有放大和缩小网页的功能，则要进行以下设置：
```
webview.getSettings().setSupportZoom(true);
webview.getSettings().setBuiltInZoomControls(true);
```

20.3.2 使用 WebView 加载 HTML 代码

在进行 Android 开发时，对于一些游戏的帮助信息，使用 HTML 代码进行显示比较实用，不仅可以让界面更加美观，而且可以让开发更加简单、快捷。WebView 组件提供了 loadData()和 loadDataWithBaseURL()方法来加载 HTML 代码。loadData()方法一般很少使用，因为使用该方法加载带中文的 HTML 内容时会产生乱码，而使用 loadDataWithBaseURL()方法就不会出现这种情况。loadDataWithBaseURL()方法的基本语法格式如下：

```
loadDataWithBaseURL(String baseUrl, String data, String mimeType, String encoding, String historyUrl)
```

loadDataWithBaseURL()方法各参数的说明见表 20-5。

表 20-5　loadDataWithBaseURL()方法的参数说明

参　　数	描　　述
baseUrl	用于指定当前页使用的基本 URL。如果为 null，则使用默认的 about:blank，即空白页
data	用于指定要显示的字符串数据
mimeType	用于指定要显示内容的 MIME 类型。如果为 null，则默认使用 text/html

（续表）

参　　数	描　　述
encoding	用于指定数据的编码方式
historyUrl	用于指定当前页的历史 URL，也就是进入该页前显示页的 URL。如果为 null，则使用默认的 about:blank

下面通过一个具体的实例来说明如何使用 WebView 组件加载 HTML 代码。

例 20.5　实现使用 WebView 组件加载 HTML 游戏指南界面，游戏初始界面如图 20.9 所示。单击"游戏玩法"按钮，将显示如图 20.10 所示的运行结果。（**实例位置：资源包\code\20\20.5**）

图 20.9　游戏初始界面　　　　　　　　图 20.10　使用 WebView 加载 HTML 界面

（1）修改布局文件 activity_main.xml，将默认添加的 TextView 组件与内边距删除，然后添加一个 Button 组件，用于单击后跳转到游戏指南界面。

（2）创建一个名称为 HelpActivity 的 Activity，修改布局文件 activity_help.xml，将内边距删除，然后添加一个 WebView 组件，用于加载 HTML 代码编写的游戏指南界面。

（3）打开 HelpActivity 类，该类继承 Activity。在 onCreate()方法中，首先获取布局管理器中添加的 WebView 组件，然后创建一个字符串构建器，将要显示的 HTML 内容放置在该构建器中，最后通过 loadDataWithBaseURL()方法加载数据。关键代码如下：

```java
        //设置全屏显示
        getWindow().setFlags(WindowManager.LayoutParams.FLAG_FULLSCREEN,
            WindowManager.LayoutParams.FLAG_FULLSCREEN);
WebView webview = (WebView) findViewById(R.id. webView1);  //获取布局管理器中添加的
                                                            WebView组件
        webview.setBackgroundResource(R.drawable. bg_help);  //设置WebView背景图片
        webview.setBackgroundColor(0);                       //设置WebView背景色为透明
//创建一个字符串构建器，将要显示的HTML内容放置在该构建器中
        StringBuilder sb = new StringBuilder();
        sb.append("<br>");
        sb.append("<br>");
        sb.append("<span style=font-size:20px><div>疯狂动物来找茬操作指南：</div></span>");
        sb.append("<ul>");
        sb.append("<span style=font-size:20px><li>一共三关。</li></span>");
```

```
            sb.append("<br>");
            sb.append("<span style=font-size:20px><li>找出两张图片的 5 处不同点。</li>
</span>");
            sb.append("<br>");
            sb.append("<span style=font-size:20px><li>剩余时间越长，分数越高。</li>
</span>");
            sb.append("<br>");
            sb.append("<span style=font-size:20px><li>每过完一个关卡将询问是否进入</li>
</span>");
            sb.append("<span style=font-size:20px>下一关。</span>");
            sb.append("</ul>");
            webview.loadDataWithBaseURL(null, sb.toString(), "text/html", "utf-8",
null);        //加载数据
```

（4）打开 MainActivity 类，该类继承 Activity。在 onCreate()方法中，实现单击"游戏玩法"按钮后跳转到游戏操作指南页面。关键代码如下：

```
//设置全屏显示
getWindow().setFlags(WindowManager.LayoutParams.FLAG_FULLSCREEN,
        WindowManager.LayoutParams.FLAG_FULLSCREEN);
Button btn= (Button) findViewById(R.id.btn_help);  //获取布局文件中的游戏玩法按钮
//实现单击按钮跳转游戏指南页面
btn.setOnClickListener(new View.OnClickListener() {
    @Override
    public void onClick(View v) {
        //设置通过 Intent 跳转游戏指南页面
        Intent intent = new Intent(MainActivity.this, HelpActivity.class);
        startActivity(intent);
    }
});
```

（5）在 AndroidManifest.xml 文件的<activity>标记中添加 screenOrientation 属性，分别设置 MainActivity 与 HelpActivity 横屏显示。关键代码如下：

```
android:screenOrientation="landscape"
```

20.3.3 让 WebView 支持 JavaScript

在默认的情况下，WebView 组件是不支持 JavaScript 的，但是在运行某些必须使用 JavaScript 代码的网站时，需要让 WebView 支持 JavaScript。例如，在图 20.11 中显示的是明日图书网的登录页面，如果在填写登录信息时只输入昵称，单击"登录"按钮，就会弹出如图 20.12 所示的提示框，该提示框就是网页中通过 JavaScript 代码实现的。

实际上，让 WebView 组件支持 JavaScript 比较简单，只需以下两个步骤就可以实现。

（1）使用 WebView 组件的 WebSettings 对象提供的 setJavaScriptEnabled()方法让 JavaScript 可用。例如，存在一个名称为 webview 的 WebView 组件，要设置在该组件中允许使用 JavaScript，可以使用下面的代码：

```
webview.getSettings().setJavaScriptEnabled(true);       //设置 JavaScript 可用
```

（2）经过以上设置后，网页中的大部分 JavaScript 代码均可用。但是，对于通过 window.alert()方法弹出的对话框并不可用。要想显示弹出的对话框，需要使用 WebView 组件的 setWebChrome-

Client()方法来处理 JavaScript 的对话框,具体代码如下:

```
webview.setWebChromeClient(new WebChromeClient());
```

图 20.11　网站登录页面

图 20.12　弹出 JavaScript 提示框

这样设置后,在使用 WebView 显示带弹出 JavaScript 对话框的网页时,网页中弹出的对话框将不会被屏蔽掉。下面通过一个具体的实例来说明如何让 WebView 支持 JavaScript。

例 20.6　实现通过 WebView 组件加载 QQ 空间中的"写说说"界面,要求支持 JavaScript。如果未输入任何内容,直接单击"发表"按钮后将弹出一个提示对话框,如图 20.13 所示。(**实例位置:资源包\code\20\20.6**)

(1) 修改布局文件 activity_main.xml,将默认添加的 TextView 组件与内边距删除,然后添加一个 WebView 组件,用于加载 JavaScript 页面。

(2) 打开 MainActivity 类,该类继承 Activity。在 onCreate()方法中,首先获取布局管理器中添加的 WebView 组件,然后设置 JavaScript 可用,再设置处理 JavaScript 中的对话框,最后指定要加载的网页。关键代码如下:

图 20.13　让 WebView 支持 JavaScript

```
WebView webView= (WebView) findViewById(R.id.webView1);    //获取布局文件中的WebView
                                                                              组件
        webView.getSettings().setJavaScriptEnabled(true);    //设置 JavaScript 可用
        webView.setWebChromeClient(new WebChromeClient());   //设置处理 JavaScript 中
```

```
                                                        的对话框
        webView.loadUrl("http://192.168.1.198:8080/example/javascript.jsp");
//指定要加载的网页
```

（3）由于在本实例中需要访问网络资源，所以还需要在 AndroidManifest.xml 文件中指定允许访问网络资源的权限。具体代码如下：

```
<uses-permission android:name="android.permission.INTERNET"/>
```

📝 说明：

将 javascript.jsp 文件放到 Tomcat 安装路径下的 webapps\example 目录中，并启动 Tomcat 服务器，然后运行本实例。

20.4 本章总结

本章首先介绍了如何通过 HTTP 访问网络，主要是使用 java.net 包中的 HttpURLConnection 实现。之后介绍了使用 Android 提供的 WebView 组件来显示网页，使用该组件可以很方便地实现基本的网页浏览器功能。

第 21 章　欢乐写数字

让小朋友在手机上看动画演示笔画顺序，然后练习书写 0～9 十个数字是一件非常有趣的事情。本章将使用 Android 技术开发一款书写数字的游戏，让小朋友在玩的过程中学会写数字。欢乐写数字程序集合了页面布局、设置颜色、动画演示、背景音乐、添加功能按钮及对话框等技术。

通过本章学习，你将学到：
- 熟悉软件的开发流程
- 手势判断以及使用方法
- Android 的异步处理信息
- 自定义 ProgressDialog
- 使用 MediaPlayer 播放音乐
- 逐帧动画的实现过程
- 使用计时器 Timer 与 TimerTask
- Handler 与 Message 的消息传递

21.1　开发背景

现代教学的思路是寓教于乐，如何让小朋友在玩中学到知识是众多手机 APP 开发者需要攻克的难题。本章介绍的欢乐写数字游戏的开发初衷是通过漂亮的界面、欢快的音乐和有趣的动画演示吸引小朋友，使其在玩的过程中学会书写 0～9 十个数字。

21.2　系统功能设计

21.2.1　系统功能结构

欢乐写数字 APP 的功能结构如图 21.1 所示。

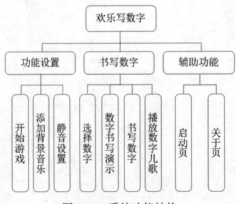

图 21.1　系统功能结构

21.2.2 业务流程图

欢乐写数字 APP 的业务流程如图 21.2 所示。

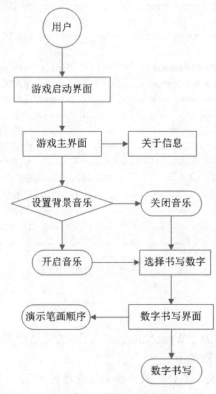

图 21.2　业务流程图

21.3　创 建 项 目

21.3.1　系统开发环境要求

本系统的软件开发及运行环境需满足以下条件：

- 操作系统：Windows 7 及以上版本。
- JDK 环境：Java SE Development KET(JDK) version 7 及以上版本。
- 开发工具：Android Studio 1.5.1 及以上版本。
- 开发语言：Java、XML。
- 运行平台：Android 4.0.3 及以上版本。

21.3.2　系统文件夹组织结构

在编写项目代码之前，需要制定好项目的系统文件夹组织结构，如不同的 Java 包存放不同的窗体、公共类、数据模型、工具类和图片资源等，这样不但可以保证团队开发的一致性，也可以规范系统的整体架构。创建完系统中可能用到的文件夹或 Java 包之后，在开发时，只需将创建的类文件或资源文件保存到相应的文件夹中即可。欢乐写数字游戏的项目组织结构如图 21.3 所示。

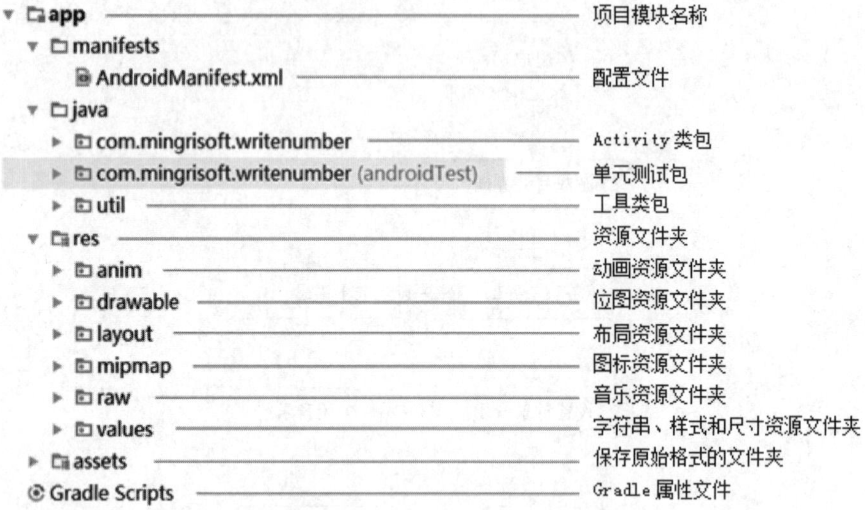
app
项目模块名称
manifests
AndroidManifest.xml
配置文件
java
com.mingrisoft.writenumber
Activity类包
com.mingrisoft.writenumber (androidTest)
单元测试包
util
工具类包
res
资源文件夹
anim
动画资源文件夹
drawable
位图资源文件夹
layout
布局资源文件夹
mipmap
图标资源文件夹
raw
音乐资源文件夹
values
字符串、样式和尺寸资源文件夹
assets
保存原始格式的文件夹
Gradle Scripts
Gradle属性文件

图 21.3　系统文件夹组织结构

21.3.3　创建新项目

欢乐写数字游戏的项目名称为“WriteNumber”，该项目是使用 Android Studio 开发工具所开发的。创建该项目的具体操作步骤如下：

（1）启动 Android Studio 开发工具，在菜单栏中依次选择“File” → “New” → “New Project”选项，如图 21.4 所示。

① 单击该选项
② 选择该选项
File Edit View Navigate Code Analyze Refactor Build Run Tools VCS
New
New Project...
Open...
Import Project...
③ 单击该选项创建项目

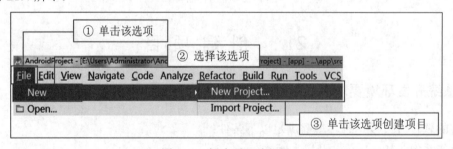

图 21.4　创建项目过程图

（2）进入“Configure your new project”界面，在该界面中填写项目配置信息。首先填写应用程序的名称 “WriteNumber”，然后填写公司域名“mingrisoft.com”，并修改项目保存路径，最后单击“Next”按钮。具体操作步骤如图 21.5 所示。

注意：

为了避免项目名称与源码重名，创建项目保存的路径不能与源码路径相同。并且随着项目的不断增加，尽量不要将项目路径保存在 C 盘下。

（3）进入“Target Android Devices”界面，在该界面中选择最小 SDK 版本为“API 15：Android 4.0.3”。具体操作步骤如图 21.6 所示。

图 21.5　配置项目信息界面

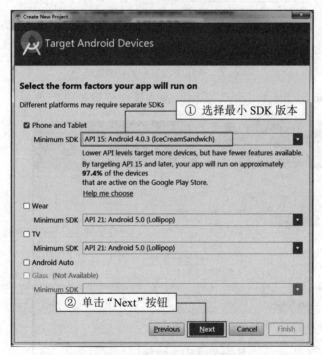

图 21.6　选择最小 SDK 版本

☆ 说明：

最小 SDK 版本就是指该项目不能在低于 4.0.3 的手机系统版本上安装与运行。

（4）弹出"Add an activity to Mobile"窗口，在该窗口中选择添加 Activity 模板，这里选择"Empty Activity"。具体操作步骤如图 21.7 所示。

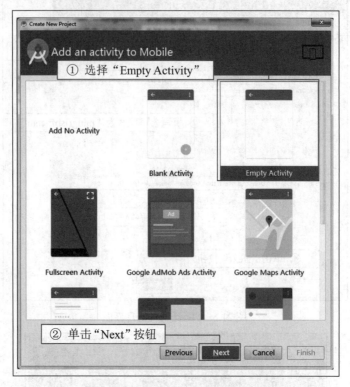

图 21.7　选择添加空的 Activity 模板

（5）进入"Customize the Activity"界面，具体操作步骤如图 21.8 所示。

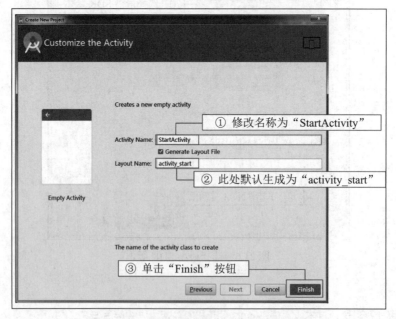

图 21.8　完成项目 WriteNumber 的创建

(6)"WriteNumber"项目创建完成，弹出开发工具主界面，如图21.9所示。

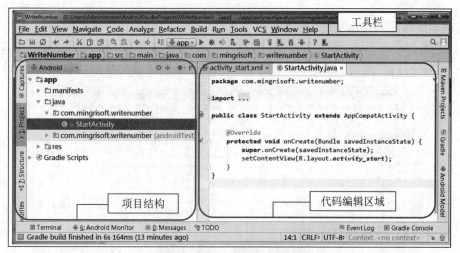

图 21.9 开发工具主界面

21.4 启动界面设计

- 开发时间：30～80 分钟
- 开发难度：★★☆☆☆
- 源码路径：资源包\code\21\Module\001
- 关键词：相对布局　Activity 类　Timer 计时器与 TimerTask　Intent 对象　全屏显示

启动界面主要用于显示项目的 Logo、动画或引导页。在"欢乐写数字"项目中，将启动界面设置为游戏的 Logo 界面，在启动界面显示 2 秒钟后跳转至游戏主界面。启动界面运行效果如图 21.10 所示。

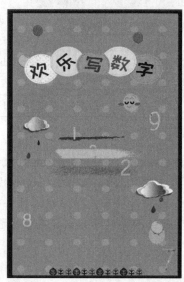

图 21.10 启动界面运行效果图

21.4.1 启动界面布局

设计启动界面布局的具体实现步骤如下：

（1）打开左侧项目结构中的"app\res"目录，鼠标右键单击"res"，在弹出的菜单中选择"New"→"Directory"选项，新建一个用于存储图片资源的目录。操作步骤如图21.11所示。

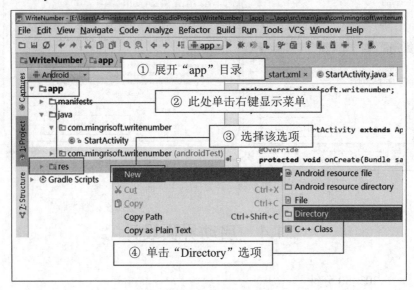

图21.11 新建目录步骤图

（2）单击"Directory"选项将弹出填写目录名称窗口，需要填写的目录名称和操作步骤，如图21.12所示，完成新目录的创建。

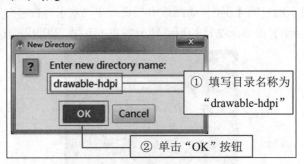

图21.12 填写目录名称

（3）首先打开资源包路径"资源包\code\21\Src\Images\img01 文件夹，然后复制（快捷键<Ctrl+C>）该文件夹中的所有图片，接下来打开左侧项目结构中的"app\res"目录，在"drawable"目录上单击鼠标右键，在菜单中选择"Paste"选项，将图片粘贴在该目录中。操作步骤如图21.13所示。

（4）单击"Paste"选项后弹出选择图片粘贴界面，在该界面中选择图片粘贴位置。操作步骤如图21.14所示。

📢 **注意：**

如果在该步骤中没有"drawable-hdpi"目录，说明在21.4.1小节中步骤（1）至（2）创建目录没有成功。

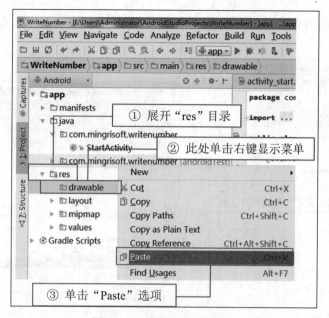

图 21.13　粘贴数字资源图片

图 21.14　选择图片粘贴位置

（5）弹出确认粘贴目录路径界面，如图 21.15 所示，在该界面中单击"OK"按钮。

图 21.15　确认粘贴目标路径

（6）以上步骤中粘贴的图片资源用于显示整个项目的界面背景图片、按钮背景图片、动画图片等。下面将自动展开的"drawable"文件夹收起，如图 21.16 所示。

（7）打开左侧项目结构中"app\res\layout"目录中的 activity_start.xml 布局文件。操作步骤如图 21.17 所示。

图 21.16　收起自动展开的 drawable 目录

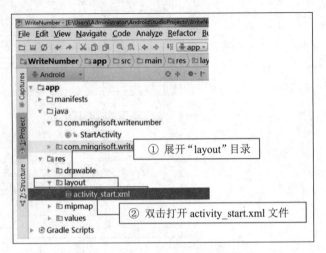

图 21.17　打开 activity_start.xml 文件

（8）打开 activity_start.xml 布局文件后，单击左下角的"Text"选项，从布局设计页面切换到布局代码页面。具体操作方法如图 21.18 所示。

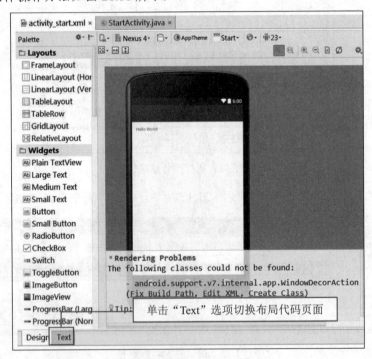

图 21.18　切换布局代码页面

（9）切换到布局代码页面后，需要对自动生成的代码进行修改。首先删除内边距代码，然后删除默认添加的"TextView"控件。代码修改步骤如下：

<代码01　　　代码位置：资源包\code\21\Bits\01.txt>

```xml
<?xml version="1.0" encoding="utf-8"?>
<RelativeLayout xmlns:android="http://schemas.android.com/apk/res/android"
    xmlns:tools="http://schemas.android.com/tools"
    android:layout_width="match_parent"
    android:layout_height="match_parent"
    android:paddingBottom="16dp"
    android:paddingLeft="16dp"
    android:paddingRight="16dp"
    android:paddingTop="16dp"
    tools:context="com.mingrisoft.writenumber.StartActivity">

    <TextView
        android:layout_width="wrap_content"
        android:layout_height="wrap_content"
        android:text="Hello World!" />
</RelativeLayout>
```

① 删除内边距代码，因为启动界面需要全屏显示

② 删除默认添加的"TextView"控件，因为启动界面中没有用到该控件

📝 **说明：**

单击内边距参数"16dp"将显示调用尺寸资源文件所出现的代码，如图21.19所示，开发工具为了方便开发者观看尺寸参数，所以代码显示为"16dp"，两种代码表示一个含义。

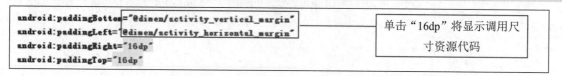

图21.19　显示调用尺寸资源代码

（10）首先在修改后的代码中填写必要的注释，并为布局管理器设置背景图片，在填写代码时除了中文文字以外，其他代码都需要使用英文输入法。代码修改步骤如下：

<代码02　　　代码位置：资源包\code\21\Bits\02.txt>

📢 **注意：**

为了方便查找代码位置，需要在代码中填写"<!--相对布局头部-->"与"<!--相对布局尾部-->"此类注释。

布局代码含义见表21-1。

表 21-1 布局代码含义

对象	属性	值	说明
RelativeLayout（相对布局）	android:layout_width	match_parent	设置布局宽度填充整个屏幕
	android:layout_height	match_parent	设置布局高度填充整个屏幕
	android:background	@drawable/start_bg	设置布局背景图片"/"后面为图片名称

（11）单击工具栏上的运行按钮，如图 21.20 所示，运行"WriteNumber"项目。

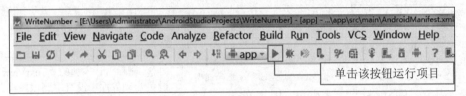

图 21.20 运行的操作方法

（12）显示选择运行设备界面，选择要启动的模拟器，单击"OK"按钮，如图 21.21 所示。

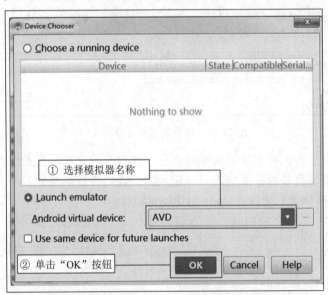

图 21.21 选择运行模块的模拟器

（13）此时需要耐心等待，然后单击屏幕下方任务栏中的模拟器图标，如图 21.22 所示。

图 21.22 找到已经打开的模拟器

（14）在模拟器中将显示启动界面的布局效果，如图 21.23 所示。

第 21 章 欢乐写数字

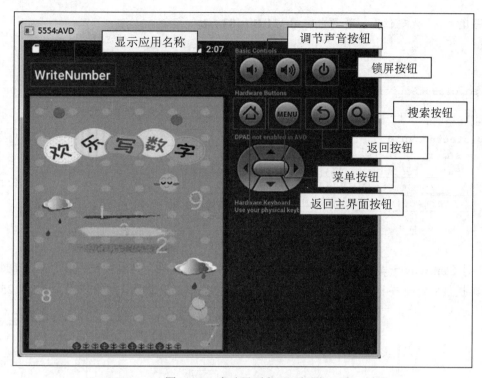

图 21.23　启动界面布局运行图

21.4.2　实现启动界面的全屏显示

由于开发工具在创建启动界面时，应用名称会默认显示在界面当中，这样既占用手机屏幕的空间又影响启动界面的显示效果，所以需要将启动界面设置为全屏显示。具体实现步骤如下：

（1）打开"app\java"目录中的"com.mingrisoft.writenumber"包中的 StartActivity.java 类文件。操作步骤如图 21.24 所示。

图 21.24　打开 StartActivity.java 类文件

（2）打开 StartActivity.java 类文件后，在代码中填写必要的注释。填写此类注释是为了方便后期代码的定位，如果在某个类中插入代码时，可以根据此类注释找到插入位置。代码修改步骤如下：

437

<代码 03   代码位置：资源包\code\21\Bits\03.txt>

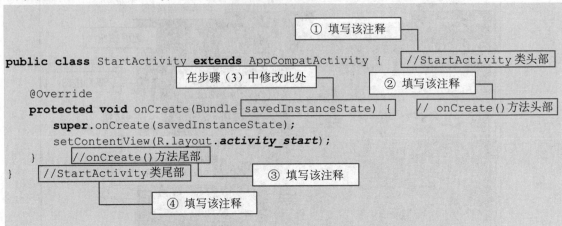

（3）让 StartActivity 类继承 Activity 类包，用于实现全屏效果。在编写代码时，可以通过 Android Studio 工具提供的代码提示来编写代码，这样效率和准确率都会更高。操作步骤如图 21.25 所示。

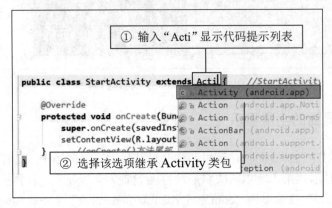

图 21.25　继承 Activity 类包

📢 注意：

如果没有导入类包，将显示如图 21.26 所示的提示，单击红色 Activity 代码，快捷键〈Alt+Enter〉，具体操作步骤如图 21.27 所示。

图 21.26　没有导入 Activity 类包的提示

图 21.27　使用快捷键导入 Activity 类包

（4）打开 "app\manifests" 目录中的 AndroidManifest.xml 文件，操作步骤如图 21.28 所示。

第21章 欢乐写数字

图21.28 打开AndroidManifest.xml文件

（5）打开AndroidManifest.xml文件后，在<activity>标签中代码"android:name=".StartActivity""的下面设置为全屏样式。具体代码如下：

<代码04　　　代码位置：资源包\code\21\Bits\04.txt>

```xml
<?xml version="1.0" encoding="utf-8"?>
<manifest xmlns:android="http://schemas.android.com/apk/res/android"
    package="com.mingrisoft.writenumber">

    <application
        android:allowBackup="true"
        android:icon="@mipmap/ic_launcher"
        android:label="@string/app_name"
        android:supportsRtl="true"
        android:theme="@style/AppTheme">
        <!--启动界面-->
        <activity
            android:name=".StartActivity"
            android:theme="@android:style/Theme.NoTitleBar.Fullscreen">
            <intent-filter>
                <action android:name="android.intent.action.MAIN" />

                <category android:name="android.intent.category.LAUNCHER" />
            </intent-filter>
        </activity>
    </application>

</manifest>
```

此处为该步骤填写的代码

运行一下：

在此步骤结束后，单击工具栏中的运行按钮▶，将显示启动界面的全屏效果，如图21.29所示。

注意：

如果模拟器已经开启，单击工具栏中的运行按钮，在选择运行设备界面中直接单击"OK"按钮即可。等待片刻后，模拟器依然没有运行，可能是模拟器处于超时状态，请关闭模拟器重新运行该程序。

图 21.29 全屏显示启动界面

21.4.3 启动界面向游戏主界面的跳转

从启动界面跳转到游戏主界面，具体实现步骤如下：

（1）在左侧项目结构中的"com.mingrisoft.writenumber"包上，单击鼠标右键，选择"New"→"Activity"→"Empty Activity"，创建游戏主界面。操作步骤如图 21.30 所示。

图 21.30 创建游戏主界面

（2）单击"Empty Activity"选项，将弹出自定义活动界面，在该界面中创建游戏主界面。具体操作步骤如图 21.31 所示。

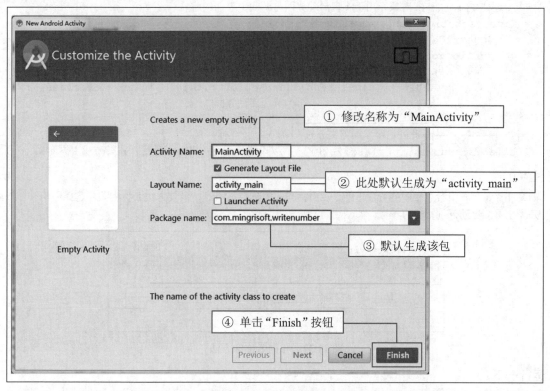

图 21.31　完成创建游戏主界面

（3）打开"app\java"目录下的"com.mingrisoft.writenumber"包中的 StartActivity.java 类文件，在"//onCreate()方法尾部"注释上面创建 Timer 对象，用于设置启动界面显示的时间。具体代码如下：

<代码 05　　代码位置：资源包\code\21\Bits\05.txt>

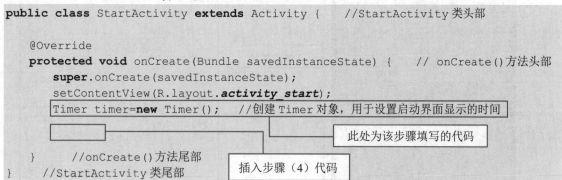

注意：

如果 Timer 代码为红色，可以参考 21.4.2 小节中步骤（3）所示导入 Timer 类包。

（4）在"//onCreate()方法尾部"注释上面创建一个"TimerTask"对象，在该对象的 run()方法中，实现启动界面与游戏主界面的跳转。具体代码如下：

<代码06　　　　代码位置：资源包\code\21\Bits\06.txt>

```
//创建TimerTask对象，用于实现启动界面与游戏主界面的跳转
TimerTask timerTask = new TimerTask() {
    @Override
    public void run() {
        //从启动界面跳转到游戏主界面
        startActivity(new Intent(StartActivity.this,MainActivity.class));
        finish();                    //关闭启动界面
    }
};                    ← 此处记得添加英文分号
timer.schedule(timerTask,2000);    //设置显示启动界面2秒后，跳转游戏主界面
```

📢 注意：

如果在提示列表中看见相同的方法，但是后面括号内的参数不同时，只要方法名称相同，选择任何一个都可，开发工具会自动识别括号内参数，如图21.32所示。

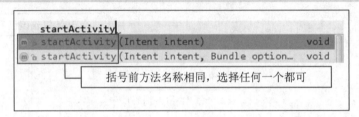

图21.32　相同名称的方法

💻 运行一下：

完成上面的操作后，单击工具栏中的运行按钮，启动界面显示2秒后自动跳转到游戏主界面，如图21.33所示。

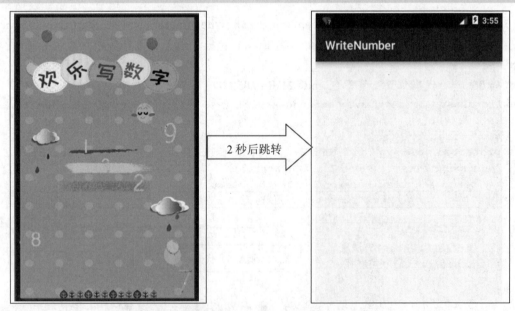

图21.33　启动界面显示2秒后自动跳转到游戏主界面

> **注意：**
> 由于还没有设置游戏主界面的内容，所以游戏主界面当前显示是空白的。

21.5 游戏主界面设计

- 开发时间：30~80 分钟
- 开发难度：★★★☆☆
- 源码路径：资源包\code\21\Module\002
- 关键词：onClick 单击事件　按钮单击效果　MediaPlayer 对象　onStop 方法　onDestroy 方法　onRestart 方法

游戏主界面中主要实现从本界面向"选择数字界面"和"关于"界面的跳转、播放背景音乐、设置背景音乐为静音状态。主界面运行效果如图 21.34 所示。

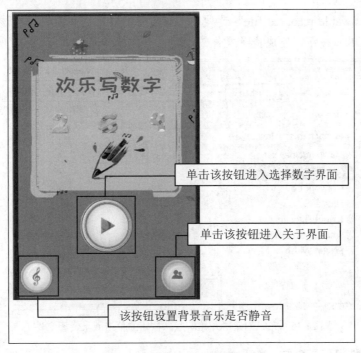

图 21.34　游戏主界面运行效果图

21.5.1　游戏主界面布局

设计游戏主界面布局的具体步骤如下：

（1）在"app\res"目录下的"drawable"文件夹上单击鼠标右键，在弹出的菜单中选择"New"→"Drawable resource file"选项，创建一个名称为"play_btn"的资源文件，用于实现"开始游戏"按钮的单击效果。具体操作步骤如图 21.35 所示。

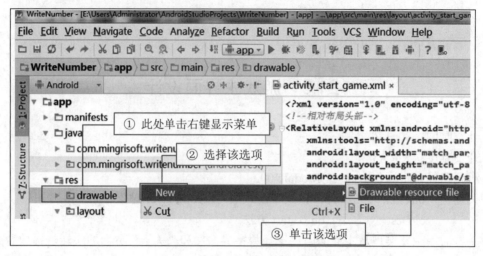

图 21.35 创建 drawable 资源文件

（2）单击"Drawable resource file"选项后，显示新的资源文件窗口，在该窗口中填写资源文件的名称，单击"OK"按钮，完成资源文件的创建。具体操作步骤如图 21.36 所示。

图 21.36 完成创建"开始游戏"按钮的单击效果资源文件

（3）该资源文件创建完成后，将在代码编辑区域自动打开。打开后的资源文件如图 21.37 所示。

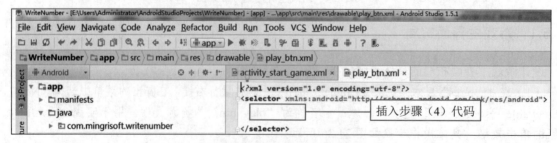

图 21.37 资源文件代码编辑界面

（4）在 play_btn.xml 资源文件中，首先设置"开始游戏"按钮默认显示的图片，然后设置该按钮按下时显示的图片，最后设置该按钮长按时显示的图片。具体代码如下：

<代码 07   代码位置：资源包\code\21\Bits\07.txt>

```xml
<!--设置按钮默认显示的图片-->
<item android:state_pressed="false" android:state_focused="false"
    android:drawable="@drawable/btn_play1" />
<!--设置按钮按下显示的图片-->
<item android:state_pressed="true" android:drawable="@drawable/btn_play2"/>
<!--设置按钮长按时显示的图片-->
<item android:state_focused="true" android:drawable="@drawable/btn_play2"/>
```

（5）参考步骤（1）～（4），再创建一个名称为"about_btn"的资源文件，用于实现"关于"按钮的单击效果。具体代码如下：

<代码 08   代码位置：资源包\code\21\Bits\08.txt>

```xml
<!--设置按钮默认显示的图片-->
<item android:state_pressed="false" android:state_focused="false"
    android:drawable="@drawable/btn_about1"/>
<!--设置按钮按下显示的图片-->
<item android:state_pressed="true" android:drawable="@drawable/btn_about2"/>
<!--设置按钮长按时显示的图片-->
<item android:state_focused="true" android:drawable="@drawable/btn_about2"/>
```

（6）打开左侧项目结构中的"app\res\layout"目录中的 activity_main.xml 布局文件，首先在代码中填写必要的注释，然后删除内边距代码，最后为布局管理器设置背景图片。代码修改步骤如下：

<代码 09   代码位置：资源包\code\21\Bits\09.txt>

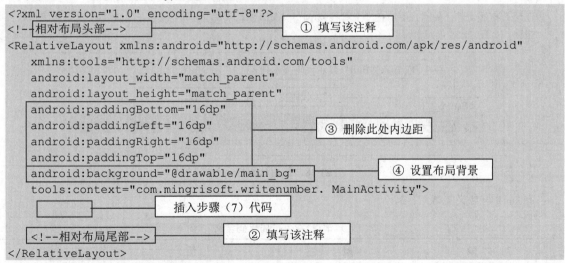

（7）在 activity_main.xml 布局文件中，首先在"<!--相对布局尾部-->"注释上方添加一个"开始游戏"按钮，然后添加一个控制背景音乐的按钮，最后添加一个"关于"按钮。具体代码如下：

<代码 10   代码位置：资源包\code\21\Bits\10.txt>

```xml
<!--开始游戏按钮-->
<Button
    android:layout_width="90dp"
```

```xml
    android:layout_height="90dp"
    android:layout_above="@+id/btn_music"
    android:layout_centerHorizontal="true"
    android:background="@drawable/play_btn"
    android:onClick="OnPlay" />
<!--背景音乐按钮-->
<Button
    android:layout_width="60dp"
    android:layout_height="60dp"
    android:id="@+id/btn_music"
    android:layout_alignParentBottom="true"
    android:layout_margin="10dp"
    android:background="@drawable/btn_music1"
    android:onClick="OnMusic" />
<!--关于按钮-->
<Button
    android:layout_width="60dp"
    android:layout_height="60dp"
    android:layout_alignParentBottom="true"
    android:layout_alignParentRight="true"
    android:layout_margin="10dp"
    android:background="@drawable/about_btn"
    android:onClick="OnAbout" />
```

> **技巧**：
>
> 在填写布局文件代码时，使用开发工具提供的代码提示编写代码，既可以提高开发效率，又可以降低代码输入错误。如图 21.38 所示。

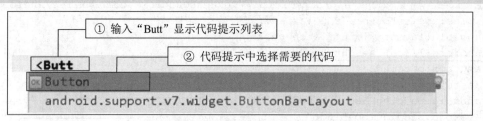

图 21.38 使用代码提示列表

布局代码含义见表 21-2。

表 21-2 布局代码含义

对象	属性	值	说明
RelativeLayout（相对布局）	android:layout_above	@+id/btn_music（指定控件 id）	设置开始按钮在音乐按钮的上面
	android:layout_centerHorizontal	true	设置按钮水平居中
	android:layout_alignParentBottom	true	设置音乐按钮在屏幕的底部
	android:layout_alignParentRight	true	设置关于按钮在屏幕的右侧

(续表)

对象	属性	值	说明
Button（按钮控件）	android:layout_margin	10dp（自定义值）	设置按钮上、下、左、右边距为10dp
	android:id	@+id/自定义名称	设置按钮id名称
	android:onClick	OnPlay（自定义名称）	设置按钮的单击事件，名称为java代码中编写的方法名称
	android:layout_width	90dp	设置开始按钮宽度为90dp
	android:layout_height	90dp	设置开始按钮高度为90dp

📢 注意：

将步骤中代码填写完成后，代码后方若出现黄色方块则表示"警告"；若出现红色方块则表示该行代码书写"错误"，请仔细核对该行代码，改正后错误提示将自动消失，如图21.39所示。

图21.39　区分警告与错误提示标志

💻 运行一下：

完成以上步骤后，单击工具栏中的运行按钮▶，运行游戏主界面。运行效果如图21.40所示。

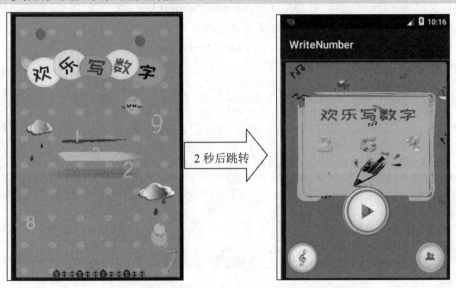

图21.40　启动界面显示2秒后自动跳转到游戏主界面

📢 注意：

虽然按钮设置了单击事件，但是由于没有编写事件代码，所以此时单击主界面上的按钮会关闭当前界面。

21.5.2 实现游戏主界面全屏显示

为了合理地利用屏幕控件并使游戏主界面更美观，需要对该界面进行设置，实现游戏主界面的全屏显示。具体实现步骤如下：

（1）打开"com.mingrisoft.writenumber"包中的 MainActivity.java 类文件，首先让 MainActivity 类继承 Activity 类包，然后在代码中填写必要的注释。代码修改步骤如下：

<代码 11　　代码位置：资源包\code\21\Bits\11.txt>

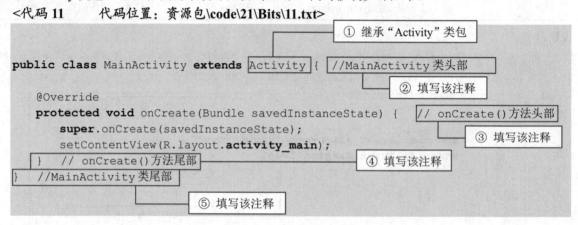

📝 说明：

打开 MainActivity.java 类文件方式与继承 Activity 类包的操作方法，可以参考 21.4.2 小节中步骤（1）至（3）内容。

（2）打开"app\manifests"目录中的 AndroidManifest.xml 文件，在<activity>标签中代码"android:name=".MainActivity""的下面设置游戏主界面的全屏样式。具体代码如下：

<代码 12　　代码位置：资源包\code\21\Bits\12.txt>

```xml
<activity
    android:name=".StartActivity"
    android:theme="@android:style/Theme.NoTitleBar.Fullscreen">
    <intent-filter>
        <action android:name="android.intent.action.MAIN" />

        <category android:name="android.intent.category.LAUNCHER" />
    </intent-filter>
</activity>
<!--注册游戏主界面并设置全屏-->
<activity
    android:name=".MainActivity"
    android:theme="@android:style/Theme.NoTitleBar.Fullscreen"></activity>
```

此处为该步骤填写代码

💻 运行一下：

完成上面的操作后，单击工具栏中的运行按钮，将显示游戏主界面的全屏效果，如图 21.41 所示。

图 21.41　全屏显示游戏主界面

扫一扫，看视频

21.5.3　游戏主界面向选择数字界面的跳转

单击主界面的"开始游戏"按钮，从游戏主界面向选择数字界面的跳转，具体实现步骤如下：

（1）在"com.mingrisoft.writenumber"包上单击鼠标右键，选择"New"→"Activity"→"Empty Activity"，在弹出的自定义活动界面中，创建选择数字界面，如图 21.42 所示。

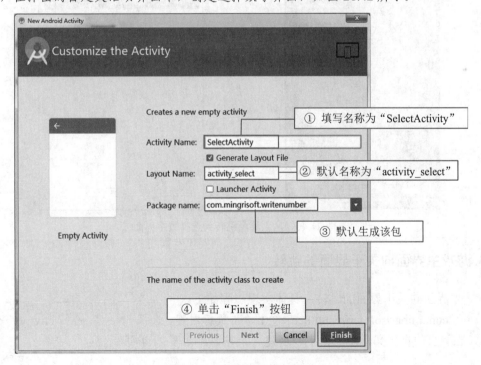

图 21.42　创建选择数字界面

449

（2）打开"com.mingrisoft.writenumber"包中的 MainActivity.java 类文件，在"//MainActivity 类尾部"注释上面创建 OnPlay()方法，在该方法中实现从游戏主界面向选择数字界面的跳转。具体代码如下：

<代码 13　　代码位置：资源包\code\21\Bits\13.txt>

```java
public class MainActivity extends Activity {   //MainActivity类头部

    @Override
    protected void onCreate(Bundle savedInstanceState) {    // onCreate()方法头部
        super.onCreate(savedInstanceState);
        setContentView(R.layout.activity_main);
            }   // onCreate()方法尾部
    public void OnPlay(View v){   //单击事件 进入选择数字界面
        //当前界面跳转至选择数字界面
        startActivity(new Intent(MainActivity.this,SelectActivity.class));
    }

}  //MainActivity类尾部
```

此处为该步骤填写代码

💻 运行一下：

完成上面的操作后，单击工具栏中的运行按钮，即可实现从游戏主界面向选择数字界面的跳转，如图 21.43 所示。因为还没有设置选择数字界面内容，所以当前选择数字界面显示是空白的。

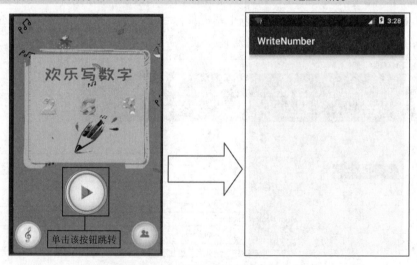

图 21.43　从主界面跳转到选择数字界面

扫一扫，看视频

21.5.4　游戏主界面向关于界面的跳转

从游戏主界面向关于界面的跳转，具体实现步骤如下：

（1）在"com.mingrisoft.writenumber"包上单击鼠标右键，选择"New"→"Activity"→"Empty Activity"，在弹出的自定义活动界面中，创建关于界面，如图 21.44 所示。

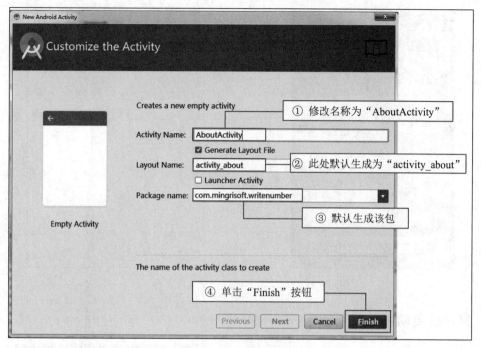

图 21.44　创建关于界面

（2）打开 "com.mingrisoft.writenumber" 包中的 MainActivity.java 类文件，在 "//MainActivity 类尾部" 注释上面创建 OnAbout()方法，在该方法中实现从游戏主界面向关于界面的跳转。具体代码如下：

<代码 14　　　代码位置：资源包\code\21\Bits\14.txt>

```java
public void OnPlay(View v){     //单击事件 进入选择数字界面
    //当前界面跳转至选择数字界面
    startActivity(new Intent(MainActivity.this, SelectActivity.class));
}
public void OnAbout(View v){    //单击事件 进入关于界面
    //当前界面跳转至关于界面
    startActivity(new Intent(MainActivity.this, AboutActivity.class));
}
} //MainActivity 类尾部
```

此处为该步骤填写的代码

🖥 运行一下：

完成上面的操作后，单击工具栏中的运行按钮，即可实现从游戏主界面向关于界面的跳转，如图 21.45 所示。

📣 注意：

因为关于界面为辅助功能，所以关于界面的具体内容将在 21.9 小节 "关于界面设计" 中详细介绍。

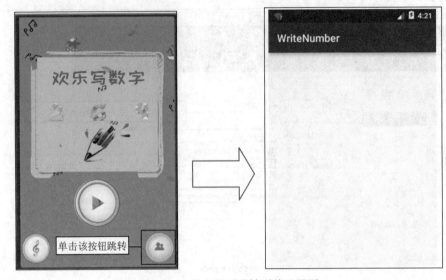

图 21.45　从主界面跳转到关于界面

21.5.5　启动后自动播放背景音乐

扫一扫，看视频

启动游戏主界面的同时自动播放背景音乐，具体实现步骤如下：

（1）首先在左侧项目结构中的"res"目录上单击鼠标右键，在弹出的菜单中选择"New"→"Directory"选项，创建一个"raw"目录，然后打开资源包中的"code\21\Src\Music"文件夹，复制文件夹内的所有音乐资源文件，最后在"raw"目录上单击右键，在菜单中选择"Paste"，将音乐资源文件粘贴在"raw"目录中，如图 21.46 所示。

（2）单击"Paste"选项后将打开确认目标路径的对话框，如图 21.47 所示。采用默认路径，直接单击"OK"按钮即可。

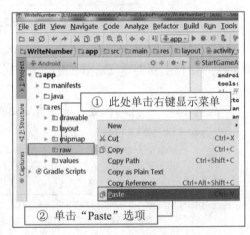

图 21.46　粘贴音乐资源文件

图 21.47　确认粘贴目标路径

（3）打开 MainActivity.java 类文件，在"//MainActivity 类头部"注释的下面填写需要用到的全局对象及变量。如果在该类中填写步骤代码时代码颜色为灰色，说明在该类中没有方法调用全局对象及变量。具体代码如下：

<代码15>　　代码位置：资源包\code\21\Bits\15.txt>
```
public class MainActivity extends Activity {    //MainActivity 类头部
    static boolean isPlay=true;          //设置音乐播放状态变量
    MediaPlayer mediaPlayer;             //定义音乐播放器对象
    Button music_btn;                    //定义控制音乐播放按钮
```
此处为该步骤填写的代码

（4）在"onCreate()方法尾部"注释上面，首先获取布局文件中的音乐按钮，然后调用 PlayMusic()方法，实现进入游戏主界面后自动播放背景音乐。具体代码如下：

<代码16>　　代码位置：资源包\code\21\Bits\16.txt>
```
@Override
protected void onCreate(Bundle savedInstanceState) {    // onCreate()方法头部
    super.onCreate(savedInstanceState);
    setContentView(R.layout. activity_maine);
    //获取布局文件中控制背景音乐按钮
    music_btn= (Button) findViewById(R.id.btn_music);
    PlayMusic();          //调用播放音乐的方法
} // onCreate()方法尾部
```
插入步骤（5）代码　　此处为该步骤填写的代码

注意：

"PlayMusic();"中显示红色代码，是因为没有创建该方法，在下一步骤中创建该方法后，红色代码将显示正常。

（5）在"// onCreate()方法尾部"注释下面创建 PlayMusic()方法，在该方法中实现播放背景音乐功能，并设置音乐为循环播放。具体代码如下：

<代码17>　　代码位置：资源包\code\21\Bits\17.txt>
```
private void PlayMusic() {    //播放背景音乐方法
    //创建音乐播放器对象并加载播放音乐文件
    mediaPlayer=MediaPlayer.create(this,R.raw.main_music);
    mediaPlayer.setLooping(true);         //设置音乐循环播放
    mediaPlayer.start();                  //启动播放音乐
}
```

运行一下：

完成上面的操作后，单击运行按钮，显示游戏主界面的同时，背景音乐也会自动播放。

注意：

因为还没有设置静音按钮的功能，所以此时单击静音按钮，将关闭当前界面，在下一小节中将实现背景音乐的静音与开启。

21.5.6 游戏背景音乐的开启与静音

扫一扫，看视频

单击"背景音乐"按钮，实现游戏背景音乐的开启与静音，具体实现步骤如下：

在"//MainActivity 类尾部"注释上面创建 OnMusic()方法。在该方法中，首先判断如果音乐处于播放状态，单击"音乐背景"按钮将停止音乐的播放，切换为静音状态；相反，如果音乐处于静音状态就调用 PlayMusic()方法，播放背景音乐。具体代码如下：

<代码18   代码位置：资源包\code\21\Bits\18.txt>

```java
//单击事件：音乐播放时单击按钮停止音乐播放，音乐停止时单击按钮播放音乐
public void OnMusic(View v) {
    if (isPlay == true) {                    //如果音乐处于播放状态
        if (mediaPlayer != null) {           //音乐播放器不为空时
            mediaPlayer.stop();              //停止音乐播放
            //设置静音时背景音乐按钮的图标
            music_btn.setBackgroundResource(R.drawable.btn_music2);
            isPlay = false;                  //设置音乐处于停止状态
        }
    } else {                                 //如果音乐处于停止状态
        PlayMusic();                         //调用播放背景音乐方法，播放音乐
        //设置音乐播放时背景音乐按钮的图标
        music_btn.setBackgroundResource(R.drawable.btn_music1);
        isPlay = true;                       //设置音乐处于播放状态
    }
}
//MainActivity 类尾部
```

（此处为该步骤填写的代码）

🖥 **运行一下：**

完成上面的操作后，单击运行按钮，显示主界面时将自动播放音乐。单击背景音乐按钮时，实现背景音乐的静音与开启状态的切换，并显示相应状态的按钮图标，如图21.48和图21.49所示。

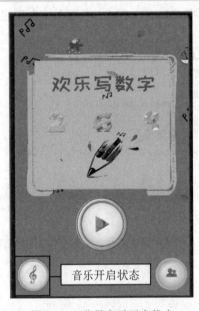
图 21.48　背景音乐开启状态

图 21.49　背景音乐静音状态

扫一扫，看视频

21.5.7　跳转界面时自动停止音乐

在背景音乐处于播放状态时，单击"开始游戏"按钮，将进入选择数字界面，此时背景音乐仍

处于播放状态。本节实现当界面发生跳转时，自动停止播放当前背景音乐。

打开 MainActivity.java 类文件，在"//MainActivity 类尾部"注释上面，首先创建 onStop()方法，用于实现跳转界面时，停止当前背景音乐；然后创建 onDestroy()方法，用于实现当游戏主界面清空所占内存资源时，停止背景音乐，并释放音乐资源所占的内存。具体代码如下：

<代码 19＞　　代码位置：资源包\code\21\Bits\19.txt>

```java
//该方法实现游戏主界面停止时，背景音乐停止
protected void onStop() {
    super.onStop();
    if (mediaPlayer != null) {          //音乐播放器不为空时
        mediaPlayer.stop();             //停止音乐播放
    }
}

// 该方法实现游戏主界面清空所占内存资源时，背景音乐停止并清空音乐资源
protected void onDestroy() {
    super.onDestroy();
    if (mediaPlayer != null) {          //音乐播放器不为空时
        mediaPlayer.stop();             //停止音乐播放
        mediaPlayer.release();          //清空音乐资源
        mediaPlayer = null;             //设置音乐播放器为空
    }
}
```
此处为该步骤填写的代码

} //MainActivity 类尾部

🖥 运行一下：

在此步骤完成后，单击工具栏中的运行按钮，游戏主界面播放背景音乐，单击开始游戏按钮，从主界面跳转到选择数字界面时，游戏主界面的背景音乐停止。

21.5.8　返回游戏主界面时自动播放音乐

在背景音乐处于播放状态时，单击"开始游戏"按钮，进入选择数字界面后，背景音乐自动关闭，但是当返回到游戏主界面时，音乐按钮处于播放状态，却没有播放音乐。本节实现从其他界面返回游戏主界面时，根据之前设置的音乐播放状态判断是否播放音乐。

打开 MainActivity.java 类文件，在"//MainActivity 类尾部"注释上面创建 onRestart()方法，用于实现从其他界面返回游戏主界面时，根据音乐状态播放音乐。具体代码如下：

扫一扫，看视频

<代码 20＞　　代码位置：资源包\code\21\Bits\20.txt>

```java
//该方法实现从其他界面返回游戏主界面时，根据音乐播放状态播放音乐
protected void onRestart() {
    super.onRestart();
    if (isPlay == true) {               //如果音乐处于播放状态
        PlayMusic();                    //调用播放背景音乐方法，播放音乐
    }
}
```
此处为该步骤填写的代码

} //MainActivity 类尾部

📖 运行一下：

完成上面的操作后，单击工具栏中的开始按钮，当从其他界面单击返回按钮，返回到游戏主界面时，系统将根据之前设置的音乐播放状态判断是否播放音乐。

21.6　选择数字界面设计

➥ 开发时间：30～80 分钟
➥ 开发难度：★★★☆☆
➥ 源码路径：资源包\code\21\Module\003
➥ 关键词：表格布局　　TableRow 行标签　　layout_weight 属性

选择数字界面中主要实现显示所有需要选择的数字、播放数字儿歌，以及从本界面向数字书写界面的跳转功能。该界面使用表格布局分为 4 行显示，运行效果如图 21.50 所示。

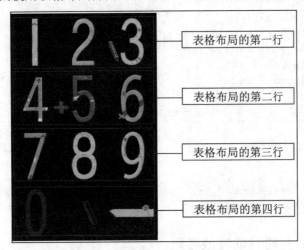

图 21.50　数字选择界面布局设计分析图

扫一扫，看视频

21.6.1　选择数字界面布局

选择数字界面使用表格布局分为 4 行显示，具体实现步骤如下：

（1）打开左侧项目结构中的 activity_select.xml 布局文件，首先在代码中填写必要的注释，然后将默认生成的 "RelativeLayout" 相对布局修改为 "TableLayout" 表格布局，再将内边距代码删除，并设置布局背景图片。代码修改步骤如下：

<代码 21　　代码位置：资源包\code\21\Bits\21.txt>

```
<?xml version="1.0" encoding="utf-8"?>
<!--表格布局头部-->         ① 填写该注释
                                      ② 修改为 "TableLayout"
<RelativeLayout xmlns:android="http://schemas.android.com/apk/res/android"
    xmlns:tools="http://schemas.android.com/tools"
    android:layout_width="match_parent"
    android:layout_height="match_parent"
```

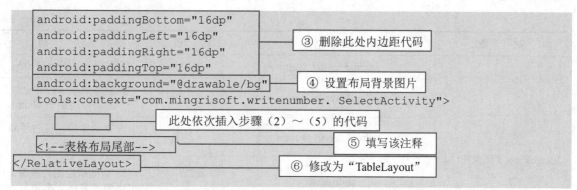

（2）在<!--表格布局尾部-->注释上面，首先添加"TableRow"行标签，然后在该标签中添加3个"ImageView"控件，分别用于显示数字1~3，在设置属性代码时，直接输入红色方框内代码。在开发工具的代码提示中，选择相同的属性代码，这样编写代码速度会更快。具体代码如下：

<代码22　　代码位置：资源包\code\21\Bits\22.txt>

```xml
<!--显示第一行数字-->
<TableRow android:layout_weight="1">
    <!--显示数字1图片-->
    <ImageView
        android:layout_width="0dp"
        android:layout_margin="10dp"
        android:layout_weight="1"
        android:onClick="OnOne"
        android:src="@drawable/on1_24_1"/>
    <!--显示数字2图片-->
    <ImageView
        android:layout_width="0dp"
        android:layout_margin="10dp"
        android:layout_weight="1"
        android:onClick="OnTwo"
        android:src="@drawable/on2_24"/>
    <!--显示数字3图片-->
    <ImageView
        android:layout_width="0dp"
        android:layout_margin="10dp"
        android:layout_weight="1"
        android:onClick="OnThree"
        android:src="@drawable/on3_24"/>
</TableRow>
```

布局代码含义见表21-3。

表21-3　布局代码含义

对　象	属　性	值	说　明
TableLayout（表格布局）	<TableRow android:layout_weight="1">	1	设置表格布局中每行高度占手机屏幕高度的1/4

(续表)

对象	属性	值	说明
ImageView（图像控件）	android:layout_width	0dp	设置显示图片宽度 0dp
	android:layout_margin	10dp	设置布局或者控件上、下、左、右，边距为 10dp
	android:layout_weight	1	设置图像的宽度占手机屏幕宽度的 1/3
	android:src	@drawable/图片名称	"/"后面引用图片资源文件夹中的图片名称
	android:onClick	OnOne（自定义名称）	设置布局或者控件的单击事件，名称为 java 代码中调用该属性的方法名称

💻 **运行一下：**

完成上面的操作后，单击运行按钮，在游戏主界面单击开始按钮，显示选择数字界面布局第一行数字，如图 21.51 所示。

图 21.51　选择数字界面显示第一行数字

📢 **注意：**

虽然图片设置了单击事件，但是由于没有编写事件代码，所以此时单击屏幕图片会关闭当前界面。

（3）在<!--表格布局尾部-->注释上面，首先添加"TableRow"行标签，然后在该标签中添加 3 个"ImageView"控件，分别用于显示数字 4~6。具体代码如下：

<代码 23　　代码位置：资源包\code\21\Bits\23.txt>

```
<!--显示第二行 4 至 6 数字-->
<TableRow android:layout_weight="1">
```

```xml
        <!--显示数字 4 图片-->
        <ImageView
            android:layout_width="0dp"
            android:layout_margin="10dp"
            android:layout_weight="1"
            android:onClick="OnFour"
            android:src="@drawable/on4_24"/>
        <!--显示数字 5 图片-->
        <ImageView
            android:layout_width="0dp"
            android:layout_margin="10dp"
            android:layout_weight="1"
            android:onClick="OnFive"
            android:src="@drawable/on5_24"/>
        <!--显示数字 6 图片-->
        <ImageView
            android:layout_width="0dp"
            android:layout_margin="10dp"
            android:layout_weight="1"
            android:onClick="OnSix"
            android:src="@drawable/on6_24"/>
    </TableRow>
```

💻 **运行一下：**

完成上面的操作后，单击运行按钮，在游戏主界面单击开始按钮，显示选择数字界面布局第一行与第二行数字，如图 21.52 所示。

图 21.52　选择数字界面显示第二行数字

📖 **说明：**

从以上代码可以发现一定的规律，前后代码几乎相同，只是修改了属性参数。因此在编程过程中可以复制代码，但不要忘记修改属性参数。

（4）在<!--表格布局尾部-->注释上面，首先添加"TableRow"行标签，然后在该标签中添加 3

个"ImageView"控件，分别用于显示数字7~9，仔细核对红色方框内的修改代码。具体代码如下：

<代码24　　代码位置：资源包\code\21\Bits\24.txt>

```xml
<!--显示第三行7至9数字-->
<TableRow android:layout_weight="1">
    <!--显示数字7图片-->
    <ImageView
        android:layout_width="0dp"
        android:layout_margin="10dp"
        android:layout_weight="1"
        android:onClick="OnSeven"
        android:src="@drawable/on7_24"/>
    <!--显示数字8图片-->
    <ImageView
        android:layout_width="0dp"
        android:layout_margin="10dp"
        android:layout_weight="1"
        android:onClick="OnEight"
        android:src="@drawable/on8_24"/>
    <!--显示数字9图片-->
    <ImageView
        android:layout_width="0dp"
        android:layout_margin="10dp"
        android:layout_weight="1"
        android:onClick="OnNine"
        android:src="@drawable/on9_24"/>
</TableRow>
```

💻 运行一下：

完成上面的操作后，单击运行按钮，在游戏主界面单击开始按钮，显示选择数字界面布局第一行至第三行数字，如图21.53所示。

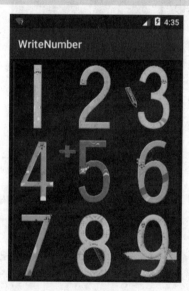

图21.53　选择数字界面显示第三行数字

（5）在<!--表格布局尾部-->注释上面，首先添加"TableRow"行标签，然后在该标签中添加 3 个"ImageView"控件，分别用于显示数字 0 及占位控件，仔细核对红色方框内的修改代码。具体代码如下：

<代码 25　　　代码位置：资源包\code\21\Bits\25.txt>

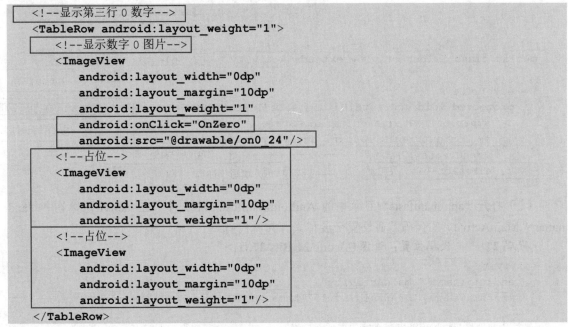

🖥 运行一下：

完成上面的操作后，单击运行按钮，在游戏主界面单击开始按钮，显示选择数字界面布局第一行至第四行数字，如图 21.54 所示。

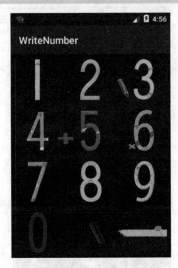

图 21.54　选择数字界面显示第四行数字

21.6.2　实现选择数字界面全屏显示

选择数字界面的全屏显示，具体实现步骤如下：

扫一扫，看视频

（1）打开 "com.mingrisoft.writenumber" 包中的 SelectActivity.java 类文件，首先让 SelectActivity 类继承 Activity 类包，然后在代码中填写必要的注释。代码修改步骤如下：

<代码26   代码位置：资源包\code\21\Bits\26.txt>

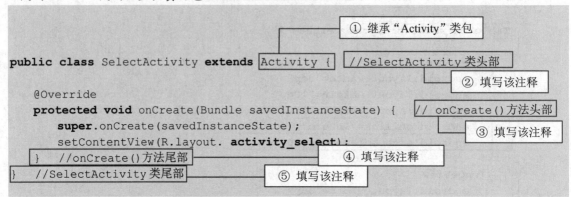

（2）打开 "app\manifests" 目录中的 AndroidManifest.xml 文件，在<activity>标签中 "android:name=".MainActivity"" 代码下面设置全屏样式。具体代码如下：

<代码27   代码位置：资源包\code\21\Bits\27.txt>

```
<activity
    android:name=".MainActivity"
    android:theme="@android:style/Theme.NoTitleBar.Fullscreen"></activity>

<!--注册选择数字界面并设置全屏-->
<activity
    android:name=".SelectActivity"
    android:theme="@android:style/Theme.NoTitleBar.Fullscreen"></activity>
```

此处为该步骤填写的代码

🖥 运行一下：

完成上面的操作后，单击工具栏中的运行按钮，实现了选择数字界面的全屏显示，如图21.55所示。

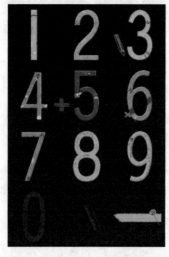

图21.55 全屏显示选择数字界面

21.6.3 设置背景音乐

为选择数字界面设置背景音乐,具体实现步骤如下:

(1)打开 SelectActivity.java 类文件,在 "//SelectActivity 类头部" 注释的下面,定义音乐播放器对象。具体代码如下:

```java
public class SelectActivity extends Activity {    //SelectActivity 类头部
    MediaPlayer mediaPlayer;    //定义音乐播放器对象
```
↑ 此处为该步骤填写的代码

(2)在 "onCreate()方法尾部" 注释上面,首先判断如果游戏主界面设置背景音乐为播放状态,就调用 PlayMusic()方法,实现播放背景音乐。具体代码如下:

<代码 28> 代码位置:资源包\code\21\Bits\28.txt>

```java
    if (MainActivity.isPlay==true){    //如果游戏主界面设置背景音乐为播放音乐状态
        PlayMusic();                   //调用播放音乐的方法
    }
}    //onCreate()方法尾部
```
↑ 此处为该步骤填写的代码

📢 注意:

"PlayMusic();" 中显示红色代码,是因为没有创建该方法,在下一步骤中创建该方法后,红色代码将显示正常。

(3)在 "//SelectActivity 类尾部" 注释上面,首先创建 PlayMusic()方法,用于播放音乐;然后创建 onStop()方法,用于实现选择数字界面停止时,背景音乐停止;再创建 onDestroy()方法,用于实现选择数字界面清空所占内存资源时,背景音乐停止并清空音乐资源所占的内存;最后创建 onRestart()方法,用于实现从其他界面返回选择数字界面时,根据音乐播放状态播放音乐。具体代码如下:

<代码 29> 代码位置:资源包\code\21\Bits\29.txt>

```java
    private void PlayMusic() {                    //播放背景音乐方法
        //创建音乐播放器对象并加载播放音乐文件
        mediaPlayer = MediaPlayer.create(this, R.raw.number_music);
        mediaPlayer.setLooping(true);             //设置音乐循环播放
        mediaPlayer.start();                      //启动播放音乐
    }

    //该方法实现选择数字界面停止时,背景音乐停止
    protected void onStop() {
        super.onStop();
        if (mediaPlayer != null) {                //音乐播放器不为空时
            mediaPlayer.stop();                   //停止音乐播放
        }
    }

    //该方法实现选择数字界面清空所占内存资源时,背景音乐停止并清空音乐资源所占的内存
    protected void onDestroy() {
```
↑ 此处为该步骤填写的代码

```
    super.onDestroy();
    if (mediaPlayer != null) {              //音乐播放器不为空时
        mediaPlayer.stop();                 //停止音乐播放
        mediaPlayer.release();              //清空音乐资源
        mediaPlayer = null;                 //设置音乐播放器为空
    }
}

//该方法实现从其他界面返回选择数字界面时,根据音乐播放状态播放音乐
protected void onRestart() {
    super.onRestart();
    if (MainActivity.isPlay == true) {      //如果音乐处于播放状态
        PlayMusic();                        //调用播放背景音乐方法,播放音乐
    }
}

}  //SelectActivity 类尾部
```

此处为该步骤填写的代码

运行一下:

完成上面的操作后,单击工具栏中的运行按钮,进入数字选择界面,背景音乐将自动播放。

21.7 数字 1 书写界面设计

- 开发时间:30～80 分钟
- 开发难度:★★★★☆
- 源码路径:资源包\code\21\Module\004
- 关键词:嵌套布局   AlertDialog.Builder 对象   View.OnTouchListener 对象
  switch 语句   if 语句   Thread 对象   Handler 对象   Message 对象

本节实现数字书写界面的布局、数字 1 的书写功能、数字书写完成后弹出提示对话框,以及书写未完成时图片倒退显示等内容。界面运行结果如图 21.56 所示。

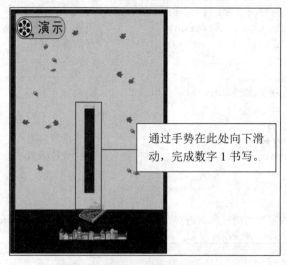

图 21.56 数字书写界面布局效果图

21.7.1 书写界面布局

创建书写界面的布局文件，具体实现步骤如下：

（1）创建一个名称为"demo_btn"的资源文件（创建方法可参考 21.5.1 小节中步骤（1）至（4）的内容），用于实现"演示按钮"单击效果。具体代码如下：

<代码 30>　　代码位置：资源包\code\21\Bits\30.txt>

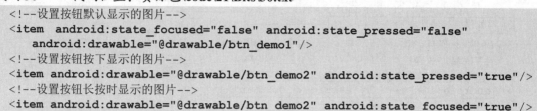

（2）在左侧项目结构中的"layout"目录上单击鼠标右键，选择"New" → "Layout resource file"，创建布局文件。操作步骤如图 21.57 所示。

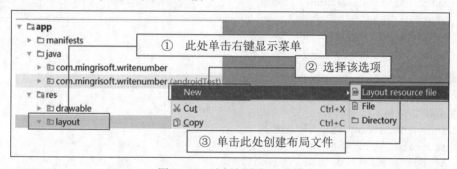

图 21.57　选择创建布局文件

（3）在弹出创建布局文件的窗口，填写布局文件名称，选择排列方式。具体操作步骤如图 21.58 所示。

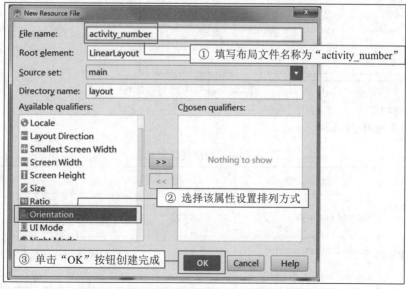

图 21.58　填写布局文件名称

> **注意：**
> 创建布局文件后，记得单击布局窗口左下角"Text"选项，切换布局代码页面。

（4）在 activity_number.xml 文件中，首先在代码中填写必要的注释，然后为布局管理器设置"id"，并添加 1 个演示按钮，最后设置显示数字书写区域。代码修改步骤如下：

<代码 31　　代码位置：资源包\code\21\Bits\31.txt>

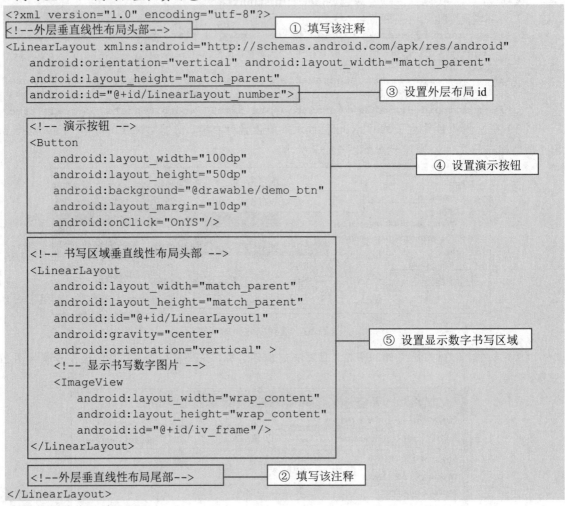

布局代码含义见表 21-4。

表 21-4　布局代码含义

对象	属性	值	说明
LinearLayout（线性布局）	android:gravity	center	设置布局中的控件或者是控件中的内容位置，center（居中）
ImageView（图像控件）	android:layout_width	wrap_content	设置布局或控件根据内容大小更改宽度、高度
	android:layout_height		

技巧：

完成以上布局代码之后，单击代码右侧"Preview"选项，如图 21.59 所示，将显示预览布局效果图，如图 21.60 所示。

图 21.59 单击"Preview"选项

图 21.60 预览布局效果图

21.7.2 打开数字 1 的书写界面

在选择数字界面单击任一数字，将会跳转至该数字书写界面。现以从选择数字界面向数字 1 书写界面的跳转为例，具体实现步骤如下：

（1）在"com.mingrisoft.writenumber"包上单击鼠标右键，选择"New"→"JavaClass"创建数字 1 书写界面的功能实现类。具体创建方法和步骤如图 21.61 所示。

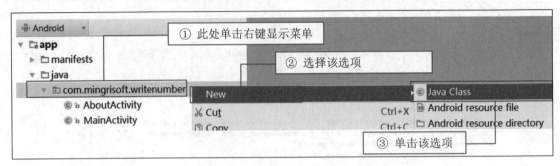

图 21.61 创建 OneActivity.java 类

（2）弹出填写类名窗口，在该窗口中填写类名"OneActivity"。具体操作步骤如图 21.62 所示。

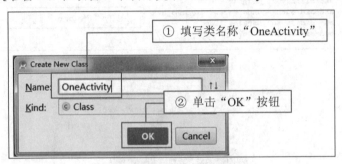

图 21.62 填写 Java 类名

（3）创建 OneActivity.java 类以后，首先让该类继承 Activity 类包（可以参考 21.4.2 小节中步骤（1）至（3）的内容），用于实现全屏显示，然后在代码中填写必要的注释，便于代码的定位。代码修改步骤如下：

（4）在"//OneActivity 类尾部"注释上面，填写需要用到的全局对象及变量，主要用于手势事件中手指按下的坐标、图片的缩放比例、显示写数字的 ImageView 控件。具体代码如下：

<代码 32　　代码位置：资源包\code\21\Bits\32.txt>

```
public class OneActivity extends Activity {    //OneActivity 类头部
    private ImageView iv_frame;  //定义显示写数字的 ImageView 控件
    int i = 1;                   //图片展示到第几张标记
    float x1;                    //屏幕按下时的 x 值
    float y1;                    //屏幕按下时的 y 值
    float x2;                    //屏幕离开时的 x 值
    float y2;                    //屏幕离开时的 y 值
    float x3;                    //移动中的坐标的 x 值
    float y3;                    //移动中的坐标的 y 值
```

此处为该步骤填写的代码

```
    int igvx;                        //图片 x 坐标
    int igvy;                        //图片 y 坐标
    int type = 0;                    //是否可以书写标识 开关 1 开启 0 关闭
    int widthPixels;                 //屏幕宽度
    int heightPixels;                //屏幕高度
    float scaleWidth;                //宽度的缩放比例
    float scaleHeight;               //高度的缩放比例
    Timer touchTimer = null;         //点击在虚拟按钮上后用于连续动作的计时器
    Bitmap arrdown;                  //Bitmap 图像处理
    boolean typedialog = true;       //dialog 对话框状态
    private LinearLayout linearLayout = null;   //LinearLayout 线性布局

           ┌── 此处创建"onCreate()方法"              此处为该步骤填写的代码

}   //OneActivity 类尾部
```

技巧：

在编写代码时尽量使用开发工具的代码提示，如图 21.63 所示。

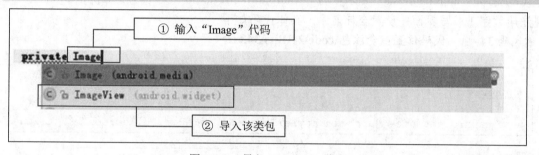

图 21.63　导入 ImageView 类包

（5）在"//OneActivity 类尾部"注释上面，创建 onCreate()方法。具体操作步骤如图 21.64 所示。

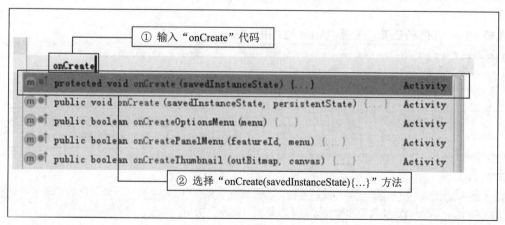

图 21.64　创建 onCreate()方法

（6）选择"onCreate(savedInstanceState){…}"方法后，将自动生成以下代码，然后在代码中填写必要的注释。代码修改步骤如下：

<代码 33>　　　　代码位置：资源包\code\21\Bits\33.txt>

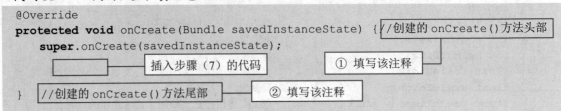

（7）在"//创建的 onCreate()方法尾部"注释上面，设置数字 1 书写界面的布局文件。具体代码如下：

```
setContentView(R.layout.activity_number);    //设置数字1功能界面的布局文件
```

注意：

填写设置布局文件代码时，在 setContentView()括号内输入参数 R 时，需要在开发工具提示列表中选择"R(com.mingrisoft.writenumber)"类包。

（8）打开"app\manifests"目录中的"AndroidManifest.xml"文件，在</application>标记上面，实现注册数字 1 书写界面并设置全屏显示。具体代码如下：

<代码 34>　　　　代码位置：资源包\code\21\Bits\34.txt>

```xml
<activity android:name=".AboutActivity"></activity>
<!--注册数字1书写界面并设置全屏-->
    <activity
        android:name=".OneActivity"
        android:theme="@android:style/Theme.NoTitleBar.Fullscreen"></activity>

</application>
```

（9）打开"com.mingrisoft.writenumber"包中的 SelectActivity.java 类，在"//SelectActivity 类尾部"注释上面创建 OnOne()方法，在该方法中实现从选择数字界面向数字 1 书写界面的跳转。具体代码如下：

<代码 35>　　　　代码位置：资源包\code\21\Bits\35.txt>

```java
public void OnOne(View v){    //单击事件 进入数字1书写界面
    //当前界面跳转至数字1书写界面
    startActivity(new Intent(SelectActivity.this,OneActivity.class));
}
}    //SelectActivity类尾部
```

运行一下：

完成上面的操作后，单击工具栏中的运行按钮，在选择数字界面中，单击数字 1 将跳转到数字 1 书写界面，如图 21.65 所示。因为演示模块还没有完成，所以单击"演示"按钮，将显示错误并返回主界面中。

说明：

因为书写界面布局还没有设置背景图片，所以运行后为黑色背景。

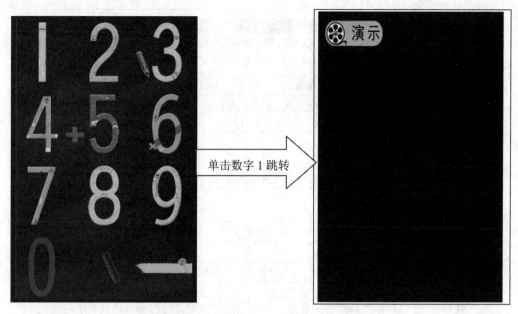

图 21.65　单击数字 1 跳转到书写界面

21.7.3　设置背景及默认图片

设置书写界面背景及书写数字的默认图片，具体实现步骤如下：

（1）在开发工具左上方切换项目结构类型为"Project"，用于复制 0~9 功能界面中显示书写数字的第一张图片。具体操作步骤如图 21.66 所示。

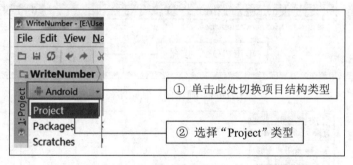

图 21.66　切换项目结构类型"Project"

（2）在"WriteNumber\app\src\main"目录上，单击鼠标右键，菜单中选择"New"→"Directory"选项，创建一个名为"assets"的目录，可参考 21.4.1 小节中步骤（1）~（2）的内容；然后打开资源包中的"code\21\Src\Images\img02"文件夹，复制该文件夹内的所有图片，将其粘贴在刚才创建的"assets"目录中。如图 21.67 所示。

（3）粘贴后，需要确认图片粘贴路径。如图 21.68 所示。

（4）在开发工具左上方，将项目结构类型切换回"Android"。操作步骤如图 21.69 所示。

（5）打开"com.mingrisoft.writenumber"包中的 OneActivity.java 类，在"//创建的 onCreate()方法尾部"注释上面，调用 initView()方法。具体代码如下：

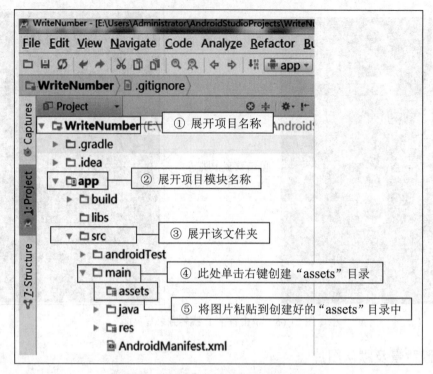

图 21.67　复制显示书写数字的第一张图片

图 21.68　确认图片粘贴路径

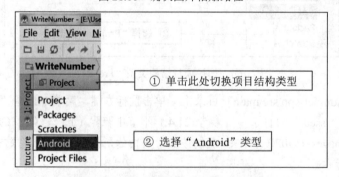

图 21.69　切换项目结构类型 "Android"

<代码 36　　代码位置：资源包\code\21\Bits\36.txt>

```
protected void onCreate(Bundle savedInstanceState) {    //创建的onCreate()方法头部
    super.onCreate(savedInstanceState);
    setContentView(R.layout.activity_number);           //设置数字1功能界面的布局文件
```

```
        initView();                                    //创建并调用 initView()方法
    }   //创建的 onCreate()方法尾部
```
    此处为该步骤填写的代码

📢 注意：

"initView();"中代码红色显示，是因为没有创建该方法，在下一步骤中创建该方法后，红色代码将显示正常。

（6）创建 initView()方法，具体操作步骤如图 21.70 所示。

图 21.70　创建 initView()方法

（7）单击 "Create method 'initView'" 选项后，创建的 initView()方法将显示在 onCreate()方法的下面，在 initView()方法中填写必要的注释。代码修改步骤如下：

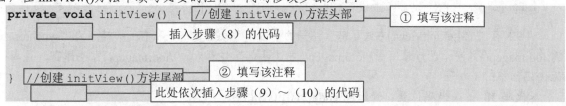

（8）在 initView()方法中主要实现获取布局文件中的相关控件、打开默认显示的书写图片等功能。在该类中获取布局文件或者控件时，括号内填写的 R 文件，在开发工具的提示列表中都选择 "R(com.mingrisoft.writenumber)" 类包。具体代码如下：

<代码 37　　　代码位置：资源包\code\21\Bits\37.txt>

```
    // 获取显示写数字的 ImageView 组件
    iv_frame = (ImageView) findViewById(R.id.iv_frame);
    // 获取写数字区域的布局
    linearLayout = (LinearLayout) findViewById(R.id.LinearLayout1);
    // 获取书写界面布局
    LinearLayout write_layout= (LinearLayout) findViewById(R.id.LinearLayout_number);
    // 设置书写界面布局背景
    write_layout.setBackgroundResource(R.drawable.bg1);
    // 获取屏幕宽度
    widthPixels = this.getResources().getDisplayMetrics().widthPixels;
    // 获取屏幕高度
    heightPixels = this.getResources().getDisplayMetrics().heightPixels;
    // 因为图片等资源是按 1280*720 来准备的，如果是其他分辨率，适应屏幕做准备
    scaleWidth = ((float) widthPixels / 720);
    scaleHeight = ((float) heightPixels / 1280);
    try {
        // 通过输入流打开第一张图片
        InputStream is = getResources().getAssets().open("on1_1.png");
        // 使用 Bitmap 解析第一张图片
```

```
        arrdown = BitmapFactory.decodeStream(is);
    } catch (IOException e) {
        e.printStackTrace();
    }
    // 获取布局的宽高信息
    LinearLayout.LayoutParams layoutParams = (LinearLayout.LayoutParams) iv_frame.getLayoutParams();
        // 获取图片缩放后宽度
    layoutParams.width = (int) (arrdown.getWidth() * scaleHeight);
        // 获取图片缩放后高度
    layoutParams.height = (int) (arrdown.getHeight() * scaleHeight);
        // 根据图片缩放后的宽高，设置iv_frame的宽高
    iv_frame.setLayoutParams(layoutParams);
    lodimagep(1);// 调用lodimagep()方法，进入页面后加载第一个图片
```

引用 "LayoutParams(android.widget. LinearLayout)" 类包

说明：
红色文字对应红框内的代码，是为了提示在写该代码时在开发工具的代码提示列表中引用红色文字的类包。

注意：
lodimagep 显示红色代码，是因为没有创建该方法，在下一步骤中创建该方法后，红色代码将显示正常。

（9）在 "//创建initView()方法尾部" 注释的下面，手动创建一个私有的关键字为 "synchronized" 的lodimagep()方法，然后填写 "//lodimagep()方法头部" 注释和 "//lodimagep()方法尾部" 注释。具体代码如下：

<代码38　　代码位置：资源包\code\21\Bits\38.txt>

```
    private synchronized void lodimagep(int j) {         //lodimagep()方法头部
        i = j;                                           //当前图片位置
        if (i < 25) {                                    //如果当前图片位置小于25
            String name = "on1_" + i;                    //当前图片名称
            // 获取图片资源id
            int imgid = getResources().getIdentifier(name, "drawable", "com.mingrisoft.writenumber");
            iv_frame.setBackgroundResource(imgid);       //设置图片
            i++;
        }
        if (j == 24) {                                   //如果当前图片位置为24
            if (typedialog) {                            //没有对话框的情况下
                dialog();                                //调用书写完成对话框方法
            }
        }
    } //lodimagep()方法尾部
```

说明：
该方法可以用于显示书写数字的第一张图片，也可以用于实现手势移动时加载不同的图片。

技巧：
随着方法的增加，代码中会出现多个大括号，大括号都是成对出现的，快速的查找方法如图21.71所示，查找某个方法也可以通过这种方式。

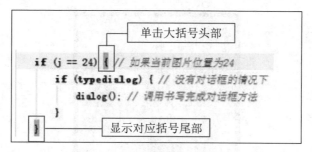

图 21.71　快速查找成对大括号

（10）在"//lodimagep()方法尾部"注释的下面创建一个关键字为"protected"的 dialog()方法，在该方法中首先填写"// 完成后提示对话框头部"注释，然后填写"//完成后提示对话框尾部"注释，最后在该方法中主要实现提示对话框，用于书写完成后提示对话框的处理，具体代码如下：

<代码 39　　　代码位置：资源包\code\21\Bits\39.txt>

```java
protected void dialog() {            // 完成后提示对话框头部
    typedialog = false;              // 修改对话框状态
    // 实例化对话框
    AlertDialog.Builder builder=new AlertDialog.Builder(OneActivity.this);
    builder.setMessage("太棒了！书写完成！");   //设置对话框文本信息
    builder.setTitle("提示");                //设置对话框标题
    //设置对话框完成按钮单击事件头部
    builder.setPositiveButton("完成", new DialogInterface.OnClickListener() {
        public void onClick(DialogInterface dialog, int which) {
            dialog.dismiss();             //dialog 消失
            typedialog = true;            //修改对话框状态
            finish();                     //关闭当前页面
        }
    });       //对话框完成按钮单击事件尾部
    //设置对话框再来一次按钮单击事件头部
    builder.setNegativeButton("再来一次", new DialogInterface.OnClickListener() {
        public void onClick(DialogInterface dialog, int which) {
            dialog.dismiss();             //dialog 消失
            typedialog = true;            //修改对话框状态
            i = 1;
            lodimagep(i);                 //调用加载图片方法中的第一张图片
        }
    });       //对话框再来一次按钮单击事件尾部
    builder.create().show();              //创建并显示对话框
}    //完成后提示对话框尾部
```

运行一下：

完成上面的操作后，单击工具栏中的运行按钮，进入数字选择界面，然后单击数字 1，将显示如图 21.72 所示界面。

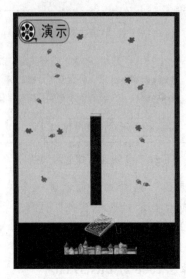

图 21.72 显示数字 1 的默认图片与背景图片

扫一扫，看视频

21.7.4 实现数字 1 的书写功能

实现数字 1 书写功能的具体步骤如下：

（1）打开"com.mingrisoft.writenumber"包中的 OneActivity.java 类，在"//创建 initView()方法尾部"注释上面，为书写数字区域的布局设置手势事件，并将返回值设置为"true"。具体代码如下：

<代码 40　　代码位置：资源包\code\21\Bits\40.txt>

```
lodimagep(1);// 调用 lodimagep()方法，进入页面后加载第一个图片
    linearLayout.setOnTouchListener(new View.OnTouchListener() {//设置手势判断事件
        @Override
        public boolean onTouch(View v, MotionEvent event) {//手势按下判断的 onTouch()方法
            插入步骤（2）的代码
            return true;
        }
    });
} //创建 initView()方法尾部                           此处为该步骤填写的代码
```

（2）在 onTouch()方法中的"return true;"代码上面，通过判断手势按下时获取按下的坐标位置来判断是否可以进行书写。具体代码如下：

<代码 41　　代码位置：资源包\code\21\Bits\41.txt>

```
switch (event.getAction()) {            //获取行动方式头部
    case MotionEvent.ACTION_DOWN:       //手指按下事件
        //获取手指按下时坐标
        x1 = event.getX();              //获取手指按下的 X 坐标
        y1 = event.getY();              //获取手指按下的 Y 坐标
        igvx = iv_frame.getLeft();      //获取手指按下图片的 X 坐标
        igvy = iv_frame.getTop();       //获取手指按下图片的 Y 坐标
        //判断当手指按下的坐标大于图片位置的坐标时，证明手指按住移动，此时开启书写
```

```
            if (x1 >= igvx && x1 <= igvx + (int) (arrdown.getWidth() * scaleWidth)
                    && y1 >= igvy & y1 <= igvy + (int) (arrdown.getWidth() * scaleWidth)
                    ) {
                type = 1;                    //开启书写
            } else {
                type = 0;                    //否则关闭书写
            }
            break;
```
            ┌──────────┐
            │插入步骤(3)的代码│
            └──────────┘
        }   // 获取行动方式尾部

(3)在"//获取行动方式尾部"注释上面,首先获取图片坐标位置与手指在屏幕上的坐标位置,然后根据手指在屏幕上移动时坐标的变化,加载不同的资源图片。具体代码如下:

<代码42   代码位置:资源包\code\21\Bits\42.txt>

```
case MotionEvent.ACTION_MOVE:              //手势移动中判断
    igvx = iv_frame.getLeft();             //获取图片的X坐标
    igvy = iv_frame.getTop();              //获取图片的Y坐标
    x2 = event.getX();                     //获取移动中手指在屏幕X坐标的位置
    y2 = event.getY();                     //获取移动中手指在屏幕Y坐标的位置
    //下面根据手势滑动的位置进行图片的加载处理滑动到不同位置时 加载不同图片
    if (type == 1) {                       //如果书写开启
        // 如果手指按下的X坐标大于等于图片的X坐标,或者小于等于缩放图片的X坐标时
        if (x2 >= igvx && x2 <= igvx + (int) (arrdown.getWidth() * scaleWidth)) {
            //如果当前手指按下的Y坐标小于等于缩放图片的Y坐标,或者大于等于图片的Y坐标时
            if (y2 <= igvy + (int) (arrdown.getHeight() * scaleHeight) / 24 && y2 >= igvy) {
                lodimagep(1);              //调用lodimagep()方法,加载第一张显示图片
            }
            //如果当前手指按下的Y坐标小于等于缩放图片的Y坐标
            else if (y2 <= igvy + (int) (arrdown.getHeight() * scaleHeight) / 24 * 2) {
                lodimagep(2);              //调用lodimagep()方法,加载第二张显示图片
            }
            //如果当前手指按下的Y坐标小于等于缩放图片的Y坐标
            else if (y2 <= igvy + (int) (arrdown.getHeight() * scaleHeight) / 24 * 3) {
                lodimagep(3);              //调用lodimagep()方法,加载第三张显示图片
            }
            else if (y2 <= igvy + (int) (arrdown.getHeight() * scaleHeight) / 24 * 4) {
                lodimagep(4);              //调用lodimagep()方法,加载第四张显示图片
            }
            else if (y2 <= igvy + (int) (arrdown.getHeight() * scaleHeight) / 24 * 5) {
                lodimagep(5);              //调用lodimagep()方法,加载第五张显示图片
            }
            else if (y2 <= igvy + (int) (arrdown.getHeight() * scaleHeight) / 24 * 6) {
                lodimagep(6);              //调用lodimagep()方法,加载第六张显示图片
            }
            else if (y2 <= igvy + (int) (arrdown.getHeight() * scaleHeight) / 24 * 7) {
                lodimagep(7);              //调用lodimagep()方法,加载第七张显示图片
            }
```

```java
    else if (y2 <= igvy + (int) (arrdown.getHeight() * scaleHeight) / 24 * 8) {
        lodimagep(8);            //调用lodimagep()方法,加载第八张显示图片
    }
    else if (y2 <= igvy + (int) (arrdown.getHeight() * scaleHeight) / 24 * 9) {
        lodimagep(9);            //调用lodimagep()方法,加载第九张显示图片
    }
    else if (y2 <= igvy + (int) (arrdown.getHeight() * scaleHeight) / 24 * 10) {
        lodimagep(10);
    }
    else if (y2 <= igvy + (int) (arrdown.getHeight() * scaleHeight) / 24 * 11) {
        lodimagep(11);
    }
    else if (y2 <= igvy + (int) (arrdown.getHeight() * scaleHeight) / 24 * 12) {
        lodimagep(12);
    }
    else if (y2 <= igvy + (int) (arrdown.getHeight() * scaleHeight) / 24 * 13) {
        lodimagep(13);
    }
    else if (y2 <= igvy + (int) (arrdown.getHeight() * scaleHeight) / 24 * 14) {
        lodimagep(14);
    }
    else if (y2 <= igvy + (int) (arrdown.getHeight() * scaleHeight) / 24 * 15) {
        lodimagep(15);
    }
    else if (y2 <= igvy + (int) (arrdown.getHeight() * scaleHeight) / 24 * 16) {
        lodimagep(16);
    }
    else if (y2 <= igvy + (int) (arrdown.getHeight() * scaleHeight) / 24 * 17) {
        lodimagep(17);
    }
    else if (y2 <= igvy + (int) (arrdown.getHeight() * scaleHeight) / 24 * 18) {
        lodimagep(18);
    }
    else if (y2 <= igvy + (int) (arrdown.getHeight() * scaleHeight) / 24 * 19) {
        lodimagep(19);
    }
    else if (y2 <= igvy + (int) (arrdown.getHeight() * scaleHeight) / 24 * 20) {
        lodimagep(20);
    }
    else if (y2 <= igvy + (int) (arrdown.getHeight() * scaleHeight) / 24 * 21) {
        lodimagep(21);
    }
    else if (y2 <= igvy + (int) (arrdown.getHeight() * scaleHeight) / 24 * 22) {
        lodimagep(22);
    }
    else if (y2 <= igvy + (int) (arrdown.getHeight() * scaleHeight) / 24 * 23) {
        lodimagep(23);
    }
    else if (y2 <= igvy + (int) (arrdown.getHeight() * scaleHeight) / 24 * 24) {
        lodimagep(24);  //加载最后一张图片时,将在lodimagep()方法中调用书写完成对话框
```

```
                }
                else {
                    type = 0;             //手指离开  设置书写关闭
                }

            }
        }
    break;
```

🖥 运行一下：

完成上面的操作后，单击工具栏中的运行按钮，在数字 1 书写界面中，通过手势完成书写数字 1，将弹出提示对话框，如图 21.73 所示。

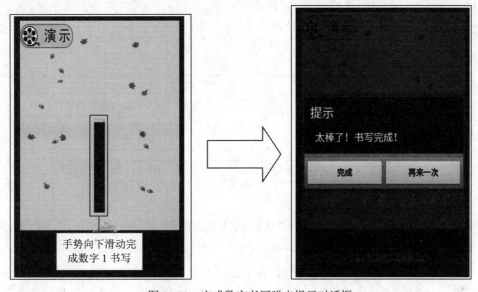

图 21.73　完成数字书写弹出提示对话框

21.7.5　实现书写过程中断时图片倒退显示

书写过程中断时，图片倒退显示，具体实现步骤如下：

（1）在"//获取行动方式尾部"注释上面，判断手势抬起时，子线程每两秒向 Handler 中发送一次消息，用于实现递减显示帧图片。具体代码如下：

<代码 43　　　代码位置：资源包\code\21\Bits\43.txt>

```
            break;
        case MotionEvent.ACTION_UP:                    //手势抬起判断
            type = 0;                                   //手势关闭
            //当手指离开的时候
            if (touchTimer != null) {                   //判断计时器是否为空
                touchTimer.cancel();                    //中断计时器
                touchTimer = null;                      //设置计时器为空
            }
```

此处为该步骤填写代码

扫一扫，看视频

```
            touchTimer = new Timer();              //初始化计时器
            touchTimer.schedule(new TimerTask() {  //开启时间计时器
                @Override
                public void run() {
                    Thread thread = new Thread(new Runnable() {  //创建子线程
                        @Override
                        public void run() {
                            //创建 Message 用于发送消息
                            Message message = new Message();
                            message.what = 2;              // message 消息为2
                            //发送消息给 handler 实现倒退显示图片
                            mHandler.sendMessage(message);
                        }
                    });
                    thread.start();                        //开启线程
                }
            }, 300, 200);
        }   //获取行动方式尾部
        return true;
    }
});
}   //创建 initView()方法尾部
```

此处为该步骤填写代码

此处依次插入步骤（2）～（3）的代码

🔊 **注意：**

"mHandler.sendMessage(message);" 中代码红色显示，是因为没有创建 Handler 对象，在下一步骤中创建该对象后，红色代码将显示正常。

（2）在 "//创建 initView()方法尾部" 注释下面，创建一个关键字为 "public" 的 Handler 实例化对象，并重写 handleMessage()方法，用于接收手势抬起时子线程中传递的消息。具体代码如下：

<代码44　　代码位置：资源包\code\21\Bits\44.txt>

```
//递减显示帧图片的 handler 消息头部
public Handler mHandler=new Handler(){
    public void handleMessage(Message msg){
        switch (msg.what){
            case 2:                     //当接收到手势抬起子线程消息时
                jlodimage();            //调用资源图片倒退显示方法
                break;
            default:
                break;
        }
        super.handleMessage(msg);
    }
};   //递减显示帧图片的 handler 消息尾部
```

引用 "Handler (android.os)" 类包

🔊 **注意：**

"jlodimage();" 中代码红色显示，是因为没有创建用于倒退显示资源图片的方法，在下一步骤中创建该方法，红色代码将显示正常。

（3）在"//递减显示帧图片的 handler 消息尾部"注释下面，创建一个私有的 jlodimage()方法，在该方法中主要实现当手势抬起时数字资源图片倒退显示。具体代码如下：

<代码 45　　　　代码位置：资源包\code\21\Bits\45.txt>

```
private void jlodimage() {            //当手势抬起时数字资源图片倒退显示jlodimage()方法头部
    if (i == 25) {                    //如果当前图片位置等于25
    } else if (i < 25) {              //否则如果当前图片小于25
        if (i > 1) {                  //如果当前图片大于1
            i--;
        } else if (i == 1) {          //否则如果当前图片等于1
            i = 1;
            if (touchTimer != null) { //判断计时器是否为空
                touchTimer.cancel();  //中断计时器
                touchTimer = null;    //设置计时器为空
            }
        }
        String name = "on1_" + i;     //图片的名称
        //获取图片资源
        int imgid = getResources().getIdentifier(name, "drawable",
                "com.mingrisoft.writenumber");
        //给 imageview 设置图片
        iv_frame.setBackgroundResource(imgid);
    }
}                                     //当手势抬起时数字资源图片倒退显示jlodimage()方法尾部
```

运行一下：

完成上面的操作后，单击工具栏中的运行按钮，在数字 1 书写界面中，当书写过程中断，图片倒退，如图 21.74 所示。

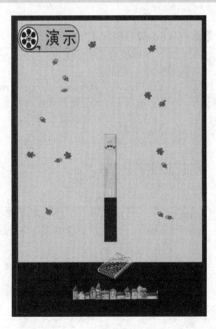

图 21.74　实现图片倒退显示

21.7.6 播放数字儿歌

在数字 1 书写界面中设置背景音乐，具体实现步骤如下：

（1）打开 OneActivity.java 类文件，在"//OneActivity 类头部"注释的下面，定义音乐播放器对象。具体代码如下：

```
public class OneActivity extends Activity {      //OneActivity 类头部
    MediaPlayer mediaPlayer;        //定义音乐播放器对象
```

此处为该步骤填写的代码

（2）在 onCreate()方法中的"//创建并调用 initView()方法"注释上面，首先判断如果游戏主界面设置背景音乐为播放状态，即调用 PlayMusic()方法，实现播放背景音乐。具体代码如下：

<代码 46　　代码位置：资源包\code\21\Bits\46.txt>

```
@Override
protected void onCreate(Bundle savedInstanceState) {      //创建的 onCreate()方法头部
    super.onCreate(savedInstanceState);
    setContentView(R.layout.activity_number);    //设置数字 1 功能界面的布局文件
    //如果游戏主界面设置背景音乐为播放音乐状态
    if (MainActivity.isPlay == true) {
        PlayMusic();                             //调用播放音乐的方法
    }
    initView();                                  //创建并调用 initView()方法
}   //创建的 onCreate()方法尾部
```

此处为该步骤填写的代码

（3）在"//OneActivity 类尾部"注释上面，首先创建 PlayMusic()方法，用于播放音乐，然后创建 onStop()方法，用于实现数字 1 书写界面停止时，背景音乐停止。最后创建 onDestroy()方法，用于实现数字 1 书写界面销毁时（即清空所占内存资源时）背景音乐停止，并清空音乐资源所占的内存。具体代码如下：

<代码 47　　代码位置：资源包\code\21\Bits\47.txt>

```
private void PlayMusic() {      //播放背景音乐方法
    //创建音乐播放器对象并加载播放音乐文件
    mediaPlayer = MediaPlayer.create(this, R.raw.music1);
    mediaPlayer.setLooping(true);        //设置音乐循环播放
    mediaPlayer.start();                 //启动播放音乐
}

//该方法实现数字 1 书写界面停止时，背景音乐停止
protected void onStop() {
    super.onStop();
    if (mediaPlayer != null) {           //音乐播放器不为空时
        mediaPlayer.stop();              //停止音乐播放
    }
}

//该方法实现数字 1 书写界面清空所占内存资源时，背景音乐停止并清空音乐资源所占的内存
protected void onDestroy() {
```

此处为该步骤填写的代码

```
        super.onDestroy();
        if (mediaPlayer != null) {              //音乐播放器不为空时
            mediaPlayer.stop();                 //停止音乐播放
            mediaPlayer.release();              //释放音乐资源
            mediaPlayer = null;                 //设置音乐播放器为空
        }
    }
}   // OneActivity 类尾部
```

此处为该步骤填写的代码

💻 运行一下：

完成上面的操作后，单击工具栏中的运行按钮，在数字 1 书写界面中，将播放数字儿歌。

21.8 演示动画对话框设计

扫一扫，看视频

- 开发时间：30～80 分钟
- 开发难度：★★★☆☆
- 源码路径：资源包\code\21\Module\005
- 关键词：animation-list 标签　ProgressDialog 类　自定义对话框　播放演示动画

该功能主要实现单击数字书写界面中的"演示"按钮，通过对话框显示数字书写笔画顺序的动画。演示对话框界面效果如图 21.75 所示。

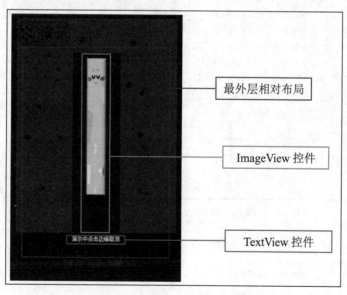

图 21.75　演示对话框界面效果图

21.8.1 创建演示动画布局文件

创建用于演示正确书写数字的布局文件，具体实现步骤如下：

在"layout"目录上单击鼠标右键，选择"New"→"Layout resource file"选项，新建一个名称为 progress_dialog.xml 的布局文件。在该布局文件中，首先填写必要的注释，然后将默认添加的"LinearLayout"线性布局修改为"RelativeLayout"相对布局，将外层布局背景色设置为灰色，再添加一个 ImageView 控件，用于演示书写规范，最后添加一个 TextView 控件，用于显示提示性文字。代码修改步骤如下：

<代码 48 代码位置：资源包\code\21\Bits\48.txt>

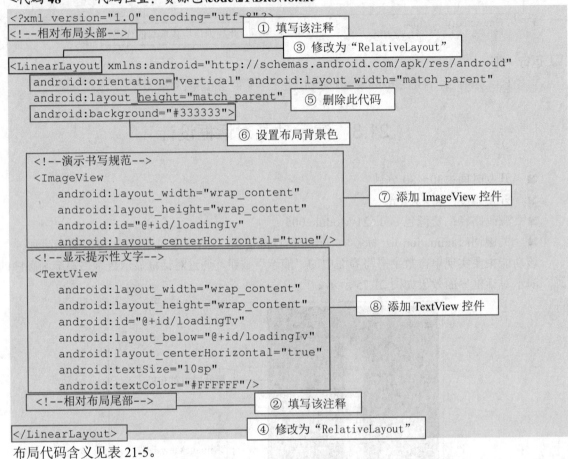

布局代码含义见表 21-5。

表 21-5 布局代码含义

对象	属性	值	说明
RelativeLayout（相对布局）	android:layout_below	@+id/loadingIv	设置该控件在指定控件下方，值为指定控件 id
TextView（文本框控件）	android:textSize	10sp	设置文本框内文字大小为 10sp

21.8.2 创建演示逐帧动画文件

实现创建演示动画文件，具体操作步骤如下：

（1）在左侧项目结构中的"res"目录下创建一个"anim"目录，在该目录上单击鼠标右键，在弹出的快捷菜单中选择"New"→"Animation resource file"选项，创建一个资源文件，名称为

"frame1.xml"，用于实现演示书写数字过程的逐帧动画。具体操作步骤如图21.76所示。

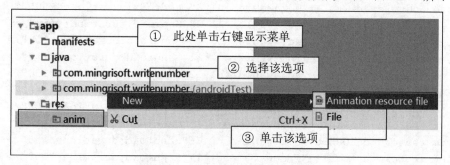

图21.76 创建逐帧动画资源文件

（2）单击"Animation resource file"选项后将显示新的资源文件窗口，在该窗口中填写资源文件的名称。操作步骤如图21.77所示。

图21.77 完成创建逐帧动画资源文件

（3）在frame1.xml文件中，首先填写必要的注释，然后将"set"标签修改为逐帧动画标签，并设置动画循环播放，最后设置动画图片显示的顺序与持续时间。代码修改步骤如下：

<代码49　　　代码位置：资源包\code\21\Bits\49.txt>

```xml
<item android:drawable="@drawable/on1_7" android:duration="150"/>
<item android:drawable="@drawable/on1_8" android:duration="150"/>
<item android:drawable="@drawable/on1_9" android:duration="150"/>
<item android:drawable="@drawable/on1_10" android:duration="150"/>
<item android:drawable="@drawable/on1_11" android:duration="150"/>
<item android:drawable="@drawable/on1_12" android:duration="150"/>
<item android:drawable="@drawable/on1_13" android:duration="150"/>
<item android:drawable="@drawable/on1_14" android:duration="150"/>
<item android:drawable="@drawable/on1_15" android:duration="150"/>
<item android:drawable="@drawable/on1_16" android:duration="150"/>
<item android:drawable="@drawable/on1_17" android:duration="150"/>
<item android:drawable="@drawable/on1_18" android:duration="150"/>
<item android:drawable="@drawable/on1_19" android:duration="150"/>
<item android:drawable="@drawable/on1_20" android:duration="150"/>
<item android:drawable="@drawable/on1_21" android:duration="150"/>
<item android:drawable="@drawable/on1_22" android:duration="150"/>
<item android:drawable="@drawable/on1_23" android:duration="150"/>
<item android:drawable="@drawable/on1_24" android:duration="150"/>
<!-- 逐帧动画尾部 -->
</set>
```

（⑤ 填写该注释）
（⑥ 修改为"animation-list"）

21.8.3 创建自定义对话框

创建自定义对话框，具体实现步骤如下：

（1）在左侧项目结构中的"java"目录上单击鼠标右键，选择"New"→"Package"，创建包，如图21.78所示。

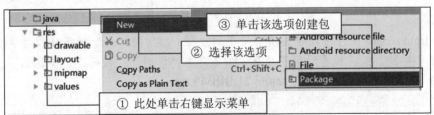

图 21.78 选择创建包

（2）选择创建包的位置，单击"OK"按钮，如图21.79所示。

（3）填写包名，如图21.80所示。

（4）util 包创建完成之后，在该包中创建一个 mCustomProgressDialog.java 类，.该类继承 ProgressDialog 类（可参考21.7.2小节中步骤（1）至（2）内容）。具体代码如下：

```java
public class mCustomProgressDialog extends ProgressDialog{

}
```

（继承"ProgressDialog"类包）

第 21 章 欢乐写数字

图 21.79 选择创建位置

图 21.80 完成 util 包的创建

> **注意:**
> mCustomProgressDialog.java 类继承 ProgressDialog 类包后,代码下面会出现红色波浪线,是因为没有创建自定义构造方法,在下一步骤中创建构造方法后,红色波浪线将消失。

(5) 在 mCustomProgressDialog.java 类中,首先填写必要的注释,然后在该类中创建需要用到的全局对象及变量,再创建构造方法,在该构造方法中设置需要传递的 "id" 与文字,最后设置对话框单击事件,实现单击对话框周边时关闭当前对话框。代码修改步骤如下:

<代码 50　　代码位置:资源包\code\21\Bits\50.txt>

487

} //自定义对话框类尾部   ④ 填写该注释

（6）创建 onCreate()方法（可参考 21.7.2 小节中步骤（5）内容），然后在该方法中获取布局文件和用于显示动画的相关控件，最后为自定义对话框设置动画与消息文字参数。具体代码如下：

<代码 51   代码位置：资源包\code\21\Bits\51.txt>

```java
@Override
protected void onCreate(Bundle savedInstanceState) {     //创建的 onCreate 方法头
    super.onCreate(savedInstanceState);
    setContentView(R.layout.progress_dialog);       //设置自定义对话框布局
    //获取布局文件中 TextView 组件
    mLoadingTv = (TextView) findViewById(R.id.loadingTv);
    //获取布局文件中 ImageView 组件
    mImageView = (ImageView) findViewById(R.id.loadingIv);
    if (mResid == 0) {          //当动画资源 id 为 0 时
        mImageView.setBackgroundDrawable(null);      //设置背景为空
    } else {
        mImageView.setBackgroundResource(mResid);    //否则设置指定动画资源 id
    }
    //通过 ImageView 对象拿到背景显示的动画资源文件
    mAnimation = (AnimationDrawable) mImageView.getBackground();
    //为了防止在 onCreate 方法中只显示第一帧的解决方案之一
    mImageView.post(new Runnable() {
        @Override
        public void run() {
            //动画开始
            mAnimation.start();
        }
    });
    //设置显示文字
    mLoadingTv.setText(mLoadingTip);
}  //创建的 onCreate 方法尾部
```

21.8.4 播放演示动画

实现播放演示动画的具体步骤如下：

（1）打开 OneActivity.java 类，在 "//OneActivity 类头部" 注释的下面，创建自定义对话框的全局对象。具体代码如下：

<代码 52   代码位置：资源包\code\21\Bits\52.txt>

```java
public class OneActivity extends Activity {     //此处为 OneActivity 类头部
                                                //此处为该步骤填写的代码
    public mCustomProgressDialog mdialog;       //定义自定义对话框对象
    MediaPlayer mediaPlayer;                    //定义音乐播放器对象
```

（2）导入 util.mCustomProgressDialog 类包。具体步骤如图 21.81 所示。

第21章 欢乐写数字

图 21.81　导入类包

（3）在"//创建的 onCreate()方法尾部"注释下面，创建演示按钮单击事件方法，并在该方法中使用自定义对话框，实现演示动画。具体代码如下：

<代码 53　　　　代码位置：资源包\code\21\Bits\53.txt>

```
}   //创建的 onCreate()方法尾部

public void OnYS(View v) {   //创建演示按钮，单击事件方法头部
    if (mdialog == null) {   //如果自定义对话框为空
        // 实例化自定义对话框，设置显示文字和动画文件
        mdialog = new mCustomProgressDialog(this, "演示中点击边缘取消演示动画", R.anim.frame1);
    }
    mdialog.show();          //显示对话框
}   //创建演示按钮，单击事件方法尾部

private void initView() {    //创建 initView()方法头部
```

此处为该步骤填写的代码

💻 运行一下：

完成上面的操作后，单击工具栏中的运行按钮，在数字 1 功能界面中单击演示按钮，将动画演示数字 1 书写过程，如图 21.82 所示。

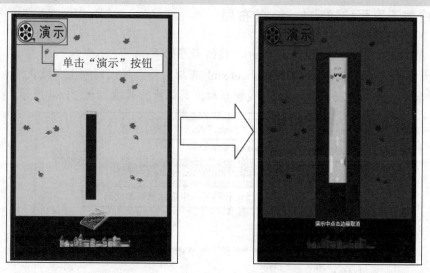

图 21.82　单击演示按钮播放演示动画

21.9 关于界面设计

- 开发时间：30~80 分钟
- 开发难度：★★★☆☆
- 源码路径：资源包\code\21\Module\006
- 关键词：嵌套布局　全屏显示　onClick 单击事件　finish 方法

关于界面中主要显示开发公司的 Logo 图标、联系方式、版权信息，以及如何从关于界面中返回上一级界面。界面效果如图 21.83 所示。

图 21.83　关于界面运行效果图

21.9.1 完成关于界面按钮和 Logo 的布局

实现关于界面显示返回按钮和公司 Logo，具体步骤如下：

（1）打开左侧项目结构中的 activity_about.xml 布局文件，将代码左上角默认添加的"RelativeLayout"相对布局修改为"LinearLayout"线性布局。具体操作步骤如图 21.84 所示。

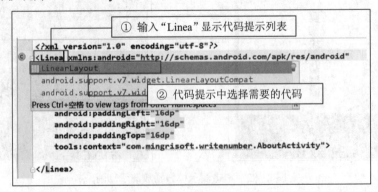

图 21.84　修改线性布局

（2）在 activity_about.xml 布局文件中，首先在代码中填写必要的注释，然后将内边距代码删除，并设置布局背景图片，最后设置布局内控件为垂直排列方式。代码修改步骤如下：

<代码54　　代码位置：资源包\code\21\Bits\54.txt>

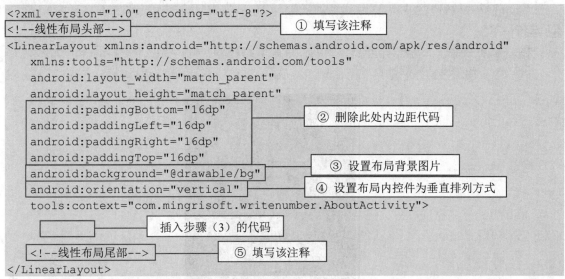

（3）在<!--线性布局尾部-->注释上面，首先添加一个相对布局，然后在该布局中添加一个用于返回上一界面的返回按钮，并添加一个用于显示标题的文本框，最后在文本框的下面添加一个 Logo 图标。具体代码如下：

<代码55　　代码位置：资源包\code\21\Bits\55.txt>

```xml
<!--显示按钮，标题，Logo图标的相对布局-->
<RelativeLayout
    android:layout_width="match_parent"
    android:layout_height="0dp"
    android:layout_weight="1">
    <!--返回上一界面的按钮-->
    <Button
        android:layout_width="35dp"
        android:layout_height="35dp"
        android:background="@drawable/back_bg"
        android:layout_margin="5dp"
        android:onClick="OnBack"/>
    <!--显示标题-->
    <TextView
        android:layout_width="wrap_content"
        android:layout_height="35dp"
        android:id="@+id/title"
        android:layout_centerHorizontal="true"
        android:layout_marginTop="20dp"
        android:text="关于我们"
        android:textColor="#FFFFFF" />
    <!--显示LOGO图标-->
    <ImageView
        android:layout_width="90dp"
        android:layout_height="90dp"
```

```
            android:layout_centerHorizontal="true"
            android:layout_below="@+id/title"
            android:layout_marginTop="20dp"
            android:background="@drawable/mingri_icon"/>
</RelativeLayout>
```

💻 运行一下：

完成上面的操作后，单击工具栏中的运行按钮，在游戏主界面单击关于按钮，将显示关于界面布局中的返回按钮与公司 Logo 图标，如图 21.85 所示。

图 21.85　关于界面布局效果

21.9.2　布局联系方式和版权

实现关于界面添加联系方式和版权信息，具体步骤如下：

打开左侧项目结构中的 activity_about.xml 布局文件，在"<!--线性布局尾部-->"注释上面，首先添加一个垂直线性布局，然后在该布局中添加 4 个"TextView"控件，分别用于显示 QQ、电话、邮箱以及版权。具体代码如下：

<代码 56　　　代码位置：资源包\code\21\Bits\56.txt>

```
<!--显示QQ、电话、邮箱、版权的垂直线性布局-->
<LinearLayout
    android:layout_width="match_parent"
    android:layout_height="0dp"
    android:layout_weight="1"
    android:orientation="vertical">
    <TextView
        android:layout_width="wrap_content"
        android:layout_height="wrap_content"
        android:text="QQ  4006751066"
```

此处为该步骤填写的代码

```xml
        android:layout_marginLeft="55dp"
        android:textColor="#FFFFFF"/>
    <TextView
        android:layout_width="wrap_content"
        android:layout_height="wrap_content"
        android:text="电话  0431-84978981"
        android:layout_marginLeft="55dp"
        android:layout_marginTop="20dp"
        android:textColor="#FFFFFF"/>
    <TextView
        android:layout_width="wrap_content"
        android:layout_height="wrap_content"
        android:text="邮箱  mingrisoft@mingrisoft.com"
        android:layout_marginLeft="55dp"
        android:layout_marginTop="20dp"
        android:textColor="#FFFFFF"/>
    <TextView
        android:layout_width="wrap_content"
        android:layout_height="wrap_content"
        android:layout_gravity="center_horizontal"
        android:text="copyright 吉林省明日科技有限公司版权所有"
        android:layout_marginTop="20dp"
        android:textColor="#FFFFFF" />
</LinearLayout>
```
（此处为该步骤填写的代码）

```xml
<!--线性布局尾部-->
</LinearLayout>
```

布局代码含义见表 21-6。

表 21-6 布局代码含义

对　象	属　性	值	说　明
RelativeLayout（相对布局）	android:layout_weight	1	设置显示 Logo 的相对布局高度占手机屏幕宽度的 1/2
LinearLayout（线性布局）	android:layout_weight	1	设置显示联系方式的垂直线性布局高度占手机屏幕宽度的 1/2
	android:orientation	vertical	设置该布局内控件垂直排列
TextView（文本框控件）	android:layout_marginLeft	55dp	设置该控件与屏幕错侧距离为"55dp"
	android:layout_width	wrap_content	设置布局或控件根据内容大小更改宽度
	android:layout_marginTop	20dp	设置该控件与上面控件之间距离为"20dp"
	android:text	关于我们	设置文本框显示文字为"关于我们"
	android:textColor	#FFFFFF	设置文本框字体颜色为"白色"
ImageView（图像控件）	android:layout_below	@+id/title	设置图像控件在文本框控件的下面

🖥 运行一下：

完成上面的操作后，单击工具栏中的按钮，在开始游戏界面单击关于按钮，将显示完整的关于界面布局，如图 21.86 所示，此时关于界面还未设置全屏显示。

图 21.86　关于界面布局效果

21.9.3　实现关于界面全屏显示

实现关于界面的全屏显示，具体步骤如下：

（1）打开"com.mingrisoft.writenumber"包中的 AboutActivity.java 类文件，首先让 AboutActivity 类继承 Activity 类，然后在代码中填写必要的注释。代码修改步骤如下：

<代码 57　　　代码位置：资源包\code\21\Bits\57.txt>

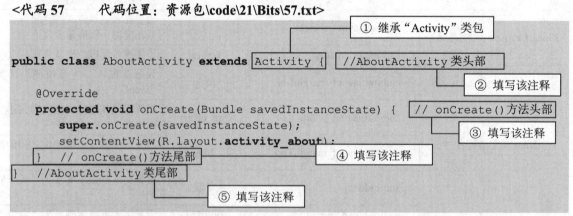

（2）打开"app\manifests"目录中的 AndroidManifest.xml 文件，在<activity>标签中"android:name=".AboutActivity""代码下面设置全屏样式。具体代码如下：

<代码58　　　代码位置：资源包\code\21\Bits\58.txt>

```xml
<!--注册关于界面并设置全屏-->
<activity
    android:name=".AboutActivity"
    android:theme="@android:style/Theme.NoTitleBar.Fullscreen"></activity>
```

此处为该步骤填写的代码

▣ 运行一下：

完成上面的操作后，单击工具栏中的运行按钮，在游戏主界面单击关于按钮，关于界面将全屏显示，如图21.87所示。

图21.87　全屏显示关于界面

21.9.4　返回上一级界面

单击返回按钮，实现从关于界面向上一级界面的跳转，具体步骤如下：

打开"com.mingrisoft.writenumber"包中的AboutActivity.java类文件，在"//AboutActivity类尾部"注释上面创建 OnBack ()方法，在该方法中实现单击返回按钮，将关闭关于界面并返回上一界面。具体代码如下：

<代码59　　　代码位置：资源包\code\21\Bits\59.txt>

```java
public void OnBack(View v){           //实现关闭关于界面返回上一界面
    AboutActivity.this.finish();      //关闭关于界面
}
}    //AboutActivity类尾部
```

此处为该步骤填写的代码

▣ 运行一下：

完成上面的操作后，单击工具栏中的运行按钮，在关于界面中单击返回按钮，关闭关于界面，返回上一界面，如图21.88所示。

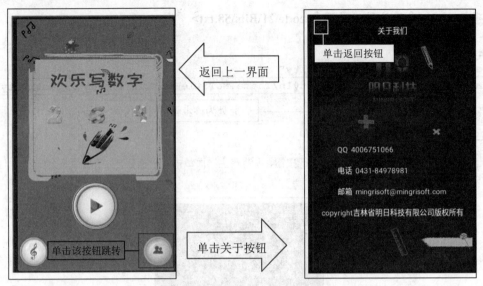

图 21.88　关于界面返回主界面

21.10　本章总结

本章在实现书写界面和演示界面时均以数字 1 为例，若要实现其他数字的书写界面，请参照源码与本章内容自行完成。

下面通过一个思维导图对本章所讲模块及知识点进行总结，如图 21.89 所示。

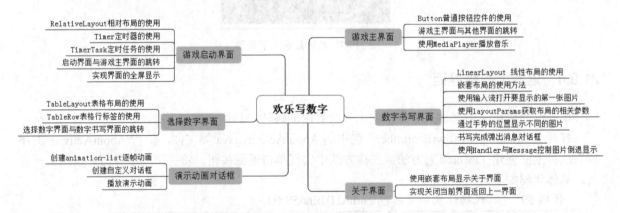

图 21.89　本章总结

第 22 章　锁屏背单词

扫一扫，看视频

锁屏背单词是一款有趣的英语学习应用软件。在使用此软件进行手机锁屏时，屏幕就会显示英语单词、音标及词义选项。该软件具有播放单词发音、选择单词难度、自动统计学习词汇量及记录学习情况等多种功能。

通过本章学习，你将学到：
- 自定义开关按钮的使用
- 如何调用系统锁屏及系统解锁
- SharedPreferences 轻量级数据库的使用
- 手势滑动监听事件
- Spinner 下拉列表框
- BroadcastReceiver 的使用
- 如何读取 assets 文件夹下的文件
- 如何销毁指定的 Activity

22.1　开发背景

根据网上调查，中国的年轻人平均每天解锁手机屏幕 35 次，若在单纯的手机屏幕解锁中增加英语单词的学习，那么每天将能够学习至少 30 个单词。日复一日，用户的英语词汇量将会猛涨。"锁屏背单词"，让手机屏幕解锁变得更加有意义。本章介绍如何实现"锁屏背单词"这款 APP 的开发。

22.2　系统功能设计

扫一扫，看视频

22.2.1　系统功能结构

锁屏背单词的主要功能分为 4 个部分，包括：手机锁屏、单词复习、系统设置、错题获取。具体功能如图 22.1 所示。

22.2.2　业务流程图

锁屏背单词 APP 的业务流程如图 22.2 所示。

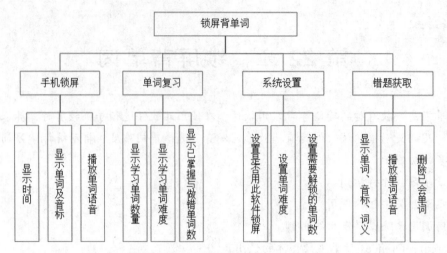

图 22.1 系统功能结构图

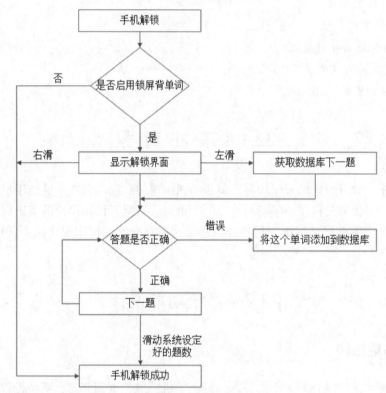

图 22.2 锁屏背单词 APP 操作流程图

22.3 创建项目

22.3.1 开发环境需求

本系统的软件开发及运行环境需满足以下条件：

➢ 操作系统：Windows 7 及以上版本。
➢ JDK 环境：Java SE Development Kit(JDK) version 7 及以上版本。
➢ 开发工具：Android Studio1.5.1 及以上版本。
➢ 开发语言：Java、XML。
➢ 运行平台：Android 4.0.3 及以上版本。
➢ APP 执行平台：一部 Android 手机。

22.3.2 创建新项目

扫一扫，看视频

创建该项目的步骤如下：

（1）启动 Android Studio 工具，在菜单栏中依次选择"File"→"New"→"New Project"选项，进入"New Project"界面，如图 22.3 所示。填写 Application name（项目名称）为"SockWord"，填写公司域名为"mingrisoft.com"，Package name（包名）默认为"com.mingrisoft.sockword"，选择 Project location（项目保存路径）。之后将项目保存在电脑桌面上，单击"Next"按钮进入下一步。

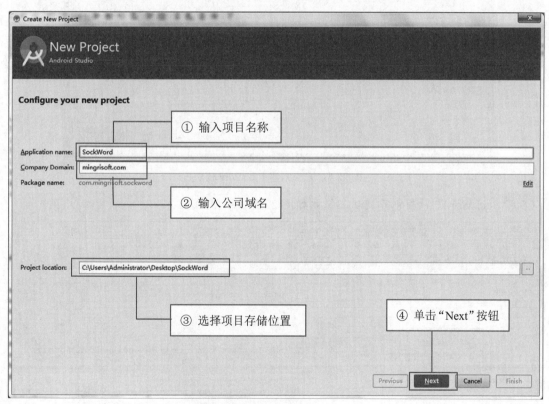

图 22.3　配置项目界面

（2）进入"Target Android Devices"界面，在该界面中默认选择最小 SDK 版本为"API 15: Android 4.0.3"，不需要修改，单击"Next"按钮进入下一步。

（3）进入"Add an activity to Mobile"界面，选择"Empty Activity"模板，单击"Next"按钮进入下一步。

（4）进入"Customize the Activity"界面，如图 22.4 所示，系统默认"Activity Name"和"Layout Name"，不需要修改，单击"Finish"按钮，完成项目的创建。

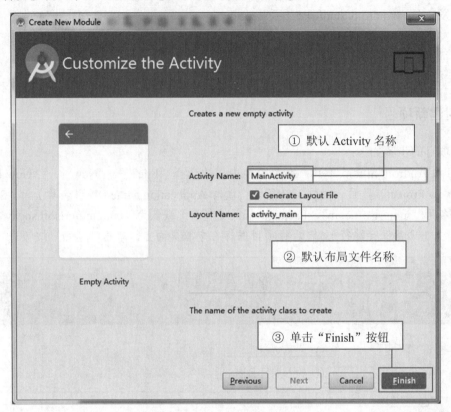

图 22.4　完成创建主 activity 模块

（5）"SockWord"项目创建成功，显示如图 22.5 所示界面。

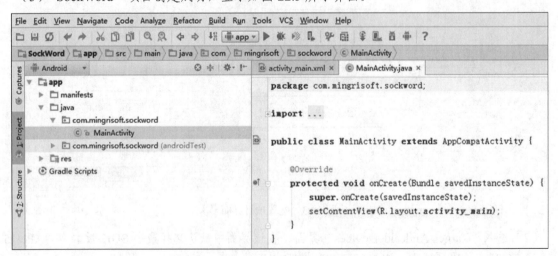

图 22.5　项目创建完成后显示界面

22.3.3 导入图片资源

在进行锁屏背单词项目界面设计前,需要准备程序设计用到的锁屏界面背景、播放单词语音的喇叭图片及开关按钮的打开与闭合图片等图片资源。

打开资源包,选择"资源包\code\22\Src\mipmap"文件夹内的所有图片,按快捷键<Ctrl + C>进行复制,然后在 Android Studio 中"app\res\mipmap"的目录下按<Ctrl + V>执行粘贴,弹出选择图片目录界面,如图 22.6 所示,选择"app\src\main\res\mipmap-xhdpi"目录,最后单击"OK"按钮完成图片资源的导入。

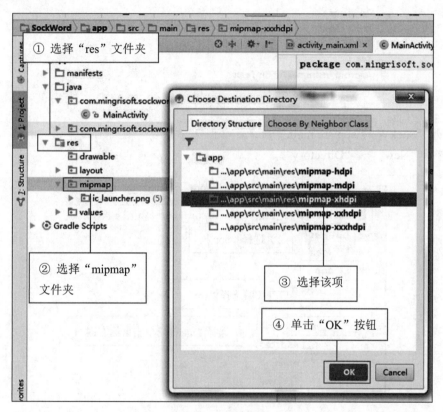

图 22.6　导入图片资源

22.3.4　导入数据库与语音资源

项目在播放单词语音时所需的语音资源及锁屏界面中显示单词、词义所需的数据库资源,需要预先导入,本节将对以上两种资源的导入方法进行介绍。语音资源即 SO 库文件,SO 库文件是一个 C++的函数库,位于 Android 中的"jniLibs"文件夹下。将相应的 C 语言打包成 SO 库导入到 lib 文件夹中进行调用。

具体操作步骤如下:

(1)如图 22.7 所示,单击"Android"下拉选择框,选择"Project"选项,切换项目目录结构。

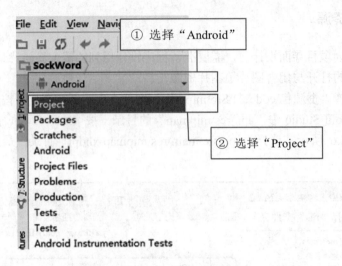

图 22.7 切换目录

（2）打开 "SockWord\app\src\main" 目录，如图 22.8 所示，鼠标右键单击 "main"，在弹出的快捷菜单中选择 "New" → "Directory"。

图 22.8 创建新目录

（3）弹出 "New Directory" 对话框，输入目录名 "assets"，单击 "OK" 按钮，目录创建成功，如图 22.9 所示。

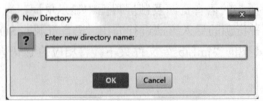

图 22.9 创建资源文件夹

（4）继续创建新目录，目录名为 "jniLibs"，创建方法参考步骤（2）和（3），目录创建成功后，目录结构如图22.10所示。

（5）将"资源包\code\22\Src\assets"文件夹中的"wisdom.db"和"word.db"文件复制到已创建的"assets"目录中。将"资源包\code\22\Src\jniLibs"文件夹中的"armeabi"和"armeabi-v7a"文件夹复制到已创建的"jniLibs"目录中。复制成功后效果如图22.11所示。

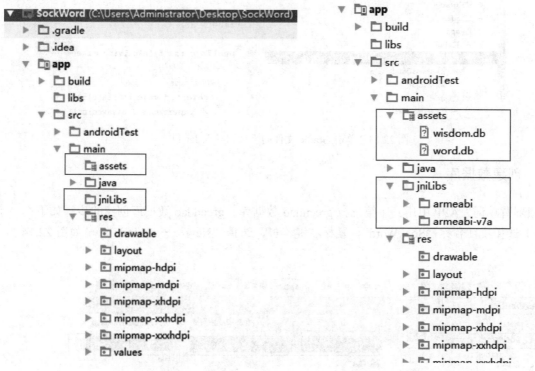

图22.10　新目录创建后显示的目录结构　　　图22.11　数据库文件导入后的目录结构

其中，"assets"目录中存储的是单词、词义、名言名句等数据库文件；"jniLibs"目录中存储的是播放语音需要的SO库文件。

（6）Jar包的导入。将"资源包\code\22\Src\libs"文件夹中用来播放单词声音与解析assets下数据的两个Jar包文件，复制到如图22.12所示的"app\libs"目录中。

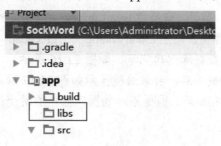

图22.12　导入Jar包的位置

（7）单击工具栏中的Gradle文件同步按钮，如图22.13所示，Jar包导入成功。

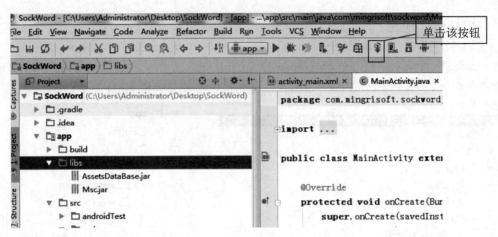

图 22.13　单击 Gradle 文件同步按钮导入 Jar 包

22.3.5　创建数据库

"锁屏背单词" APP 中用到了第三方 greendao 数据库。greendao 数据库创建的步骤如下：

（1）选择项目名称 "SockWord"，鼠标右键单击，选择 "New" → "Module"，如图 22.14 所示。

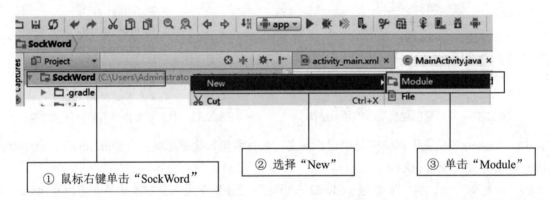

图 22.14　单击 Module 选项

（2）弹出 "New Module" 界面，选择 "Java Library"，单击 "Next" 按钮，如图 22.15 所示。

（3）弹出 "Java Library" 界面，设置 Library name 为 "greendao"，Java class name 为 "MyClass"，单击 "Finish" 按钮，greendao 数据库创建完毕，如图 22.16 所示。

（4）greendao 数据库创建成功后，目录结构显示如图 22.17 所示。

（5）greendao 数据库创建完成后，需要添加数据库操作的两个依赖包。注意，添加依赖包需要联网才能完成。

说明：

大部分依赖包都是一些库文件。在程序安装过程中，若未安装该程序的依赖包，则该程序无法使用。例如，对于某程序 A 来说，它需要依赖一些程序，这些程序本身有些功能可以完成程序 A 的部分操作，因为这些依赖程序已经写好了功能，不需要程序 A 再单独写一遍相应的功能，于是就可以借用这些依赖程序。

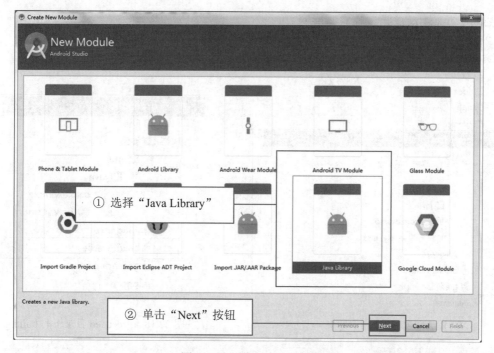

图 22.15　选择 Java Library

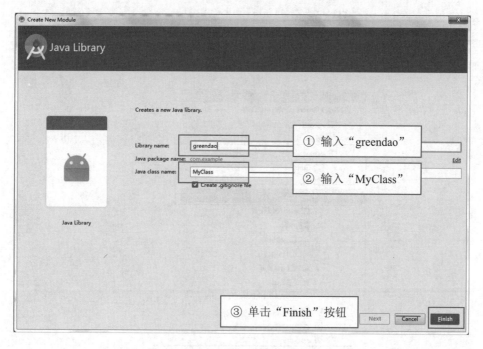

图 22.16　创建名为 greendao 的文件夹

添加依赖包的步骤如下：

①添加第一个依赖包，打开如图 22.18 所示 "greendao" 目录下的 build.gradle 文件。

②添加如下红色框内的代码，然后单击工具栏上的 （Gradle 文件同步按钮），greendao 数据库

操作包依赖成功（注意，此步骤需要联网）。

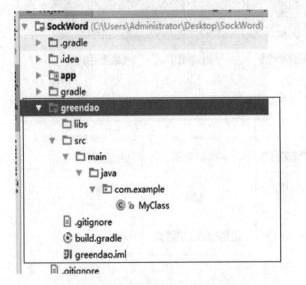

图 22.17　创建后的效果　　　　　图 22.18　greendao 目录下的 build.gradle

```
apply plugin: 'java'
dependencies {
compile fileTree(dir: 'libs', include: ['*.jar'])
    compile 'de.greenrobot:greendao-generator:2.0.0'
}
```

③添加第二个依赖包，打开如图 22.19 所示"app\src"目录下的 build.gradle 文件。

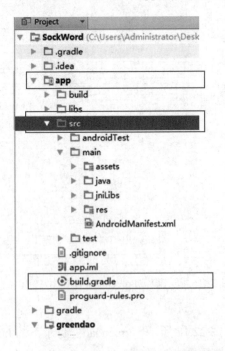

图 22.19　src 目录下的 build.gradle

④在如图 22.20 所示红色框区域，添加如下一行代码，然后单击工具栏上 按钮，greendao 数据库操作包依赖成功。（注意，此步骤需要联网。）

```
compile 'de.greenrobot:greendao:2.0.0'
```

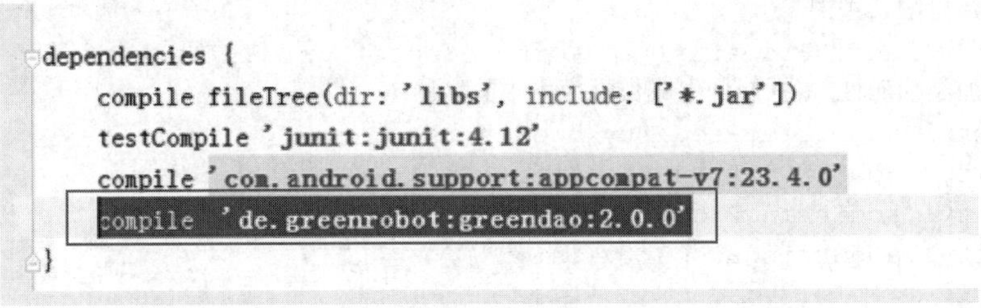

图 22.20　src 文件夹下的 build.gradle 里添加依赖包

22.3.6　创建数据库解析单词的工具类

创建数据库解析单词的工具类，步骤如下：

（1）双击打开 "greendao\src\main\java\com.example" 目录下的 MyClass 文件，增加代码，用于实现解析单词、名言名句、词义、音标的数据库工具类，创建数据库表的实体类，生成对应的字段属性。（注意：在本节中输入以下代码时，按<Alt+Enter>快捷键处理报错代码时，在弹出的提示框中优先选择带有 "greendao" 字样的选项）具体代码如下：

<代码 01　　　代码位置：资源包\code\22\Bits\01.txt>

```java
public class MyClass {
    public static void main(String[] args) {
        //创建 Schema 对象，构造方法第一个参数为数据库版本号
        //第二个参数为自动生成的实体类将要存放的位置
        Schema schema = new Schema(1000, "com.mingrisoft.greendao.entity.greendao");
        //添加需要创建的实体类信息
        addNote(schema);
        try {
        //创建实体类，第二个参数填 Android Module 的路径
            new DaoGenerator().generateAll(schema, "./app/src/main/java");
        } catch (Exception e) {
            e.printStackTrace();
        }
    }
    /**
     *添加将要创建的实体类的信息,会根据类名生成数据库的表,属性名生成数据库的字段<p>
     *如果建多张表,可以创建多个 Entity 对象
     *@param schema
     */
    private static void addNote(Schema schema) {
        //指定需要生成实体类的类名,表名根据类名自动命名
        Entity entity = schema.addEntity("WisdomEntity");
        //指定自增长主键
        entity.addIdProperty().autoincrement().primaryKey();
        //添加类的属性,根据属性生成数据库表中的字段
```

```
        entity.addStringProperty("english");
        entity.addStringProperty("china");
        //指定需要生成实体类的类名，表名根据类名自动命名
        Entity entity1 = schema.addEntity("CET4Entity");
        //指定自增长主键
        entity1.addIdProperty().autoincrement().primaryKey();
        //添加类的属性,根据属性生成数据库表中的字段
        entity1.addStringProperty("word");
        entity1.addStringProperty("english");
        entity1.addStringProperty("china");
        entity1.addStringProperty("sign");
    }
```

✎ 说明：

在开发中用到最多的快捷键为<Alt + Enter>，此快捷键可实现排错、导包、生成方法等功能。使用方法是将鼠标光标点到报错的位置，然后按<Alt+Enter>快捷键，弹出提示框，本章优先选择带有"import class"字样的选项。但是在本节中报错处理时优先选择带有"greendao"字样的选项。

（2）如图 22.21 所示，鼠标右键单击"MyClass"，在弹出的菜单中选择"Run 'MyClass.main()'"，运行 MyClass 类。

（3）运行后，系统根据代码中创建的实体数据库表，在"app\main\java\greendao.entity.greendao"目录下自动生成对应的数据库表文件，如图 22.22 所示。

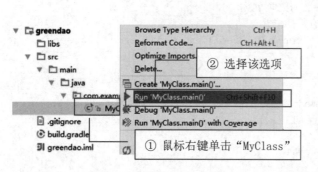

图 22.21 运行 MyClass 类

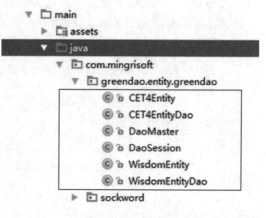

图 22.22 运行结果

22.4 锁屏界面设计

扫一扫，看视频

▶ 开发时间：30～80 分钟
▶ 开发难度：★★☆☆☆
▶ 源码路径：资源包\code\22\Module\002
▶ 关键词：onTouchEvent   Calendar   Random   RadioGroup

锁屏界面包括显示系统日期和时间，显示单词、音标与词义，朗读单词以及显示所选的词义等功能。在锁屏界面用手指向不同的方向滑动将执行不同的操作。在选择词义选项时，该选项显示绿色则表示选择正确，显示红色则表示选择错误。

22.4.1 绘制锁屏界面

1. 去掉锁屏界面的 ActionBar

在绘制布局文件前，需要把标题栏"SockWord"（也叫 ActionBar）去掉，如图 22.23 所示。

双击打开"res\values"目录下的样式资源文件 styles.xml，如图 22.24 所示，将"DarkActionBar"修改为"NoActionBar"，便可去掉标题栏，使界面全屏显示。

2. 打开锁屏界面的布局文件

（1）双击打开"res\layout"目录下的布局文件 activity_main.xml，绘制锁屏界面的布局，如图 22.25 所示。

（2）文件打开后显示代码编辑界面，如图 22.26 所示。如果显示效果不同，按照图 22.26 所示步骤，单击"Text"和"Preview"标签页进行页面切换，即可预览布局效果。

图 22.23　去掉 ActionBar

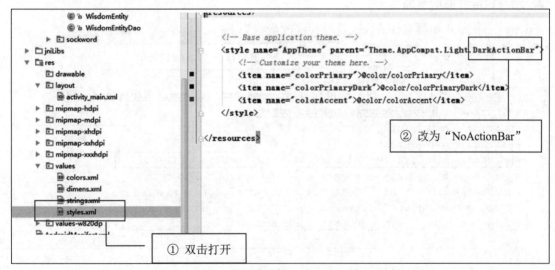

图 22.24　去掉 ActionBar 代码

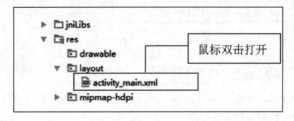

图 22.25　打开 activity_main.xml 布局文件

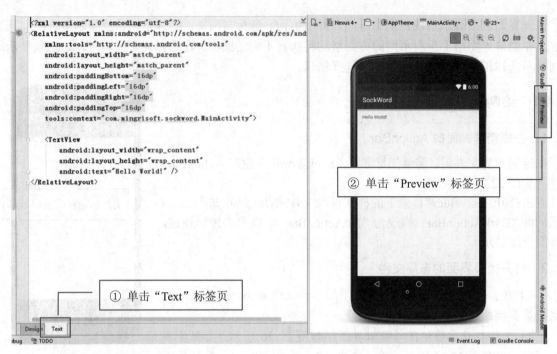

图 22.26　activity_main.xml 布局效果

3．绘制锁屏界面的布局

activity_main.xml 布局文件的代码及对其修改步骤如下：

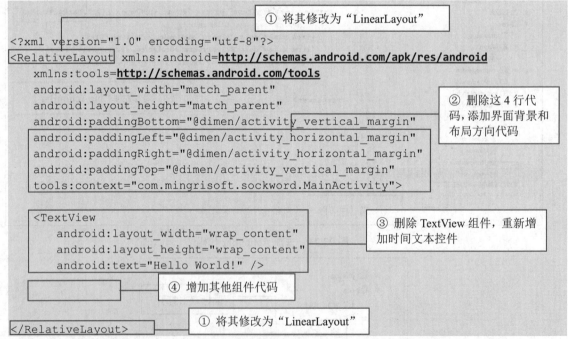

①将相对布局"RelativeLayout"修改为线性布局"LinearLayout"；对应的"</RelativeLayout>"标签系统会自动修改为"</LinearLayout>"。

②删除4行系统自动生成的代码，重新添加界面背景与布局方向的代码。代码如下：

```
android:background="@mipmap/background"
android:orientation="vertical"
```

③删除原TextView组件代码，重新添加用于显示时间的文本控件代码。具体代码如下：

<代码02　　　代码位置：资源包\code\22\Bits\02.txt>

```
<!--用于显示时间的文本控件-->
<TextView
        android:id="@+id/time_text"
        android:layout_width="match_parent"
        android:layout_height="wrap_content"
        android:layout_marginTop="40dp"
        android:gravity="center_horizontal"
        android:text="09:42"
        android:textColor="@android:color/white"
        android:textSize="50dp" />
```

代码修改完成后，在预览视图中显示的如图22.27所示的效果，显示时间控件内容。

图22.27　时间控件预览

✎ 技巧：

若输入android:background="@mipmap/ic_launcher"这段代码，只需要输入back就能看见提示，用键盘中的上、下方向键选中想要输入的代码，然后按<Enter>键会自动生成代码。

④增加显示日期、单词、音标和词义的控件，具体代码如下：

<代码03　　　代码位置：资源包\code\22\Bits\03.txt>

```
<!--用于显示日期的文本控件-->
<TextView
        android:id="@+id/date_text"
        android:layout_width="match_parent"
        android:layout_height="wrap_content"
        android:layout_marginTop="15dp"
        android:gravity="center_horizontal"
        android:text="7月20日　星期三"
        android:textColor="@android:color/white"
        android:textSize="17dp" />
    <!--这是一个相对布局，用来包裹单词与播放声音的"喇叭"-->
<RelativeLayout
        android:layout_width="match_parent"
        android:layout_height="85dp"
        android:layout_marginTop="40dp">

    <!--这是用于显示单词的文本-->
    <TextView
        android:id="@+id/word_text"
        android:layout_width="wrap_content"
        android:layout_height="wrap_content"
        android:layout_centerHorizontal="true"
        android:text="parent"
```

```xml
            android:textColor="@android:color/white"
            android:textSize="50dp" />
        <!--图片控件,用于显示播放语言的喇叭-->
        <ImageView
            android:id="@+id/play_vioce"
            android:layout_width="27dp"
            android:layout_height="27dp"
            android:layout_alignParentBottom="true"
            android:layout_alignParentRight="true"
            android:layout_marginRight="60dp"
            android:background="@mipmap/vioce" />
    </RelativeLayout>
    <!--文本控件,用于显示单词的音标-->
    <TextView
        android:id="@+id/english_text"
        android:layout_width="match_parent"
        android:layout_height="wrap_content"
        android:layout_marginTop="5dp"
        android:gravity="center_horizontal"
        android:text="[perent]"
        android:textColor="@android:color/white"
        android:textSize="20dp" />
    <!--存放选项的父布局-->
    <RadioGroup
        android:id="@+id/choose_group"
        android:layout_width="wrap_content"
        android:layout_height="wrap_content"
        android:layout_gravity="center_horizontal"
        android:layout_marginTop="40dp"
        android:orientation="vertical">
        <!--用于加载选项A -->
        <RadioButton
            android:id="@+id/choose_btn_one"
            android:layout_width="wrap_content"
            android:layout_height="wrap_content"
            android:text="A: 兄弟"
            android:button="@null"
            android:textColor="@android:color/white"
            android:textSize="20sp" />
        <!--用于加载选项B -->
        <RadioButton
            android:id="@+id/choose_btn_two"
            android:layout_width="wrap_content"
            android:layout_height="wrap_content"
            android:layout_marginTop="20dp"
            android:text="B: 姐妹"
            android:button="@null"
            android:textColor="@android:color/white"
            android:textSize="20sp" />
        <!--用于加载选项C -->
```

```xml
<RadioButton
    android:id="@+id/choose_btn_three"
    android:layout_width="wrap_content"
    android:layout_height="wrap_content"
    android:layout_marginTop="20dp"
    android:text="C：父母"
    android:button="@null"
    android:textColor="@android:color/white"
    android:textSize="20sp" />
</RadioGroup>
```

锁屏界面布局预览效果如图 22.28 所示。

图 22.28　锁屏界面布局预览图

22.4.2　声明控件

打开"app\src\main\java\sockword"目录下的 MainActivity 类，在如图 22.29 所示的红框区域添加声明控件的代码。

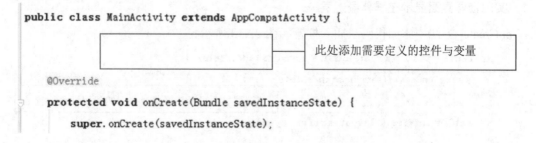

图 22.29　添加控件与变量代码位置

此处声明的控件有播放语音的喇叭，显示日期、时间、单词的文本控件，单词的选项，手指在屏幕上进行操作的起始位置坐标与终止位置坐标，读取 assets 文件夹中数据库的管理者。具体代码

如下:

<代码04   代码位置:资源包\code\22\Bits\04.txt>

```java
//用来显示单词和音标的
private TextView timeText, dateText, wordText, englishText;
private ImageView playVioce;                              //播放声音
private String mMonth, mDay, mWay, mHours, mMinute;       //用来显示时间
private SpeechSynthesizer speechSynthesizer;              //合成对象
//锁屏
private KeyguardManager km;
private KeyguardManager.KeyguardLock kl;
private RadioGroup radioGroup;                            //加载单词的三个选项
private RadioButton radioOne, radioTwo, radioThree;       //单词意思的三个选项
private SharedPreferences sharedPreferences;              //定义轻量级数据库
SharedPreferences.Editor editor = null;                   //编辑数据库
    int j = 0;                                            //用于记录答了几道题
    List<Integer> list;                                   //判断题的数目
    List<CET4Entity> datas;                               //用于从数据库读取相应的词库
    int k;
/**
 *手指按下时位置坐标为(x1,y1)
 *手指离开屏幕时坐标为(x2,y2)
 */
float x1 = 0;
float y1 = 0;
float x2 = 0;
float y2 = 0;

private SQLiteDatabase db;                                //创建数据库
private DaoMaster mDaoMaster, dbMaster;                   //管理者
private DaoSession mDaoSession, dbSession;                //和数据库进行会话
//对应的表,由java代码生成的,对数据库内相应的表操作使用此对象
private CET4EntityDao questionDao, dbDao;
```

22.4.3 初始化控件

1. 实现锁屏界面显示在屏幕最上层

在 onCreate() 方法中添加代码,插入位置如图 22.30 所示。

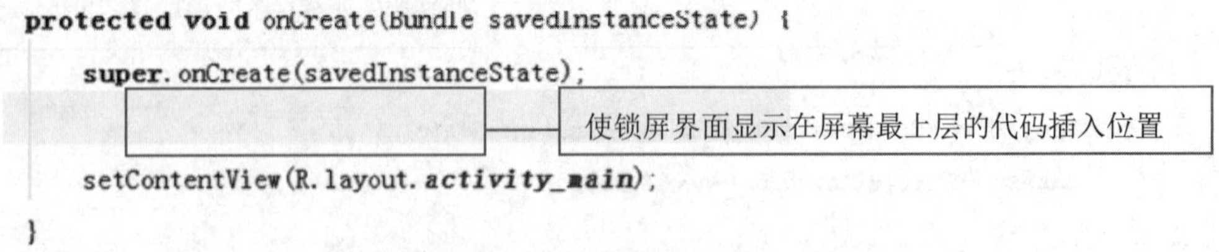

```java
protected void onCreate(Bundle savedInstanceState) {
    super.onCreate(savedInstanceState);
                                    ——使锁屏界面显示在屏幕最上层的代码插入位置
    setContentView(R.layout.activity_main);
}
```

图 22.30 使锁屏界面显示在屏幕最上层的代码添加位置

用于将锁屏界面的内容显示在手机屏幕的最上层,代码如下:

```
//将锁屏页面显示到手机屏幕的最上层
getWindow().addFlags(WindowManager.LayoutParams.FLAG_SHOW_WHEN_LOCKED
                    | WindowManager.LayoutParams.FLAG_TURN_SCREEN_ON);
```

2. 初始化控件

声明控件后需要对控件进行初始化,初始化的代码添加位置如图 22.31 所示。

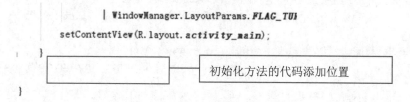

图 22.31 初始化方法代码添加位置

为时间、日期、单词、音标以及播放声音的喇叭控件绑定 id。如不进行初始化,程序将会报空指针异常。此处初始化控件有键盘锁管理对象、轻量级数据库、随机数等。具体实现代码如下:

<代码 05　　　代码位置:资源包\code\22\Bits\05.txt>

```java
/**
 *初始化控件
 */
public void init() {
    //初始化轻量级数据库
    sharedPreferences = getSharedPreferences("share", Context.MODE_PRIVATE);
    editor = sharedPreferences.edit();          //初始化轻量级数据库编辑器
    //给播放单词语音的设置个 appid(这个是要到讯飞平台申请的,详情请参考讯飞官网)
    list = new ArrayList<Integer>();            //初始化 list
    /**
     *添加一个 10 个 10 以内随机数
     **/
    Random r = new Random();
    int i;
    while (list.size() < 10) {
        i = r.nextInt(20);
        if (!list.contains(i)) {
            list.add(i);
        }
    }
    /**
     *得到键盘锁管理对象
     **/
    km = (KeyguardManager) getSystemService(Context.KEYGUARD_SERVICE);
    kl = km.newKeyguardLock("unLock");
    //初始化,只需要调用一次
    AssetsDatabaseManager.initManager(this);
    //获取管理对象,因为数据库需要通过管理对象才能够获取
    AssetsDatabaseManager mg = AssetsDatabaseManager.getManager();
```

```java
//通过管理对象获取数据库
SQLiteDatabase db1 = mg.getDatabase("word.db");
//对数据库进行操作
mDaoMaster = new DaoMaster(db1);
mDaoSession = mDaoMaster.newSession();
questionDao = mDaoSession.getCET4EntityDao();
/**此 DevOpenHelper 类继承自 SQLiteOpenHelper,
 *第一个参数 Context,第二个参数数据库名字,第三个参数 CursorFactory
 */
DaoMaster.DevOpenHelper helper = new DaoMaster.
                    DevOpenHelper(this, "wrong.db", null);
/**
 *初始化数据库
 **/
db = helper.getWritableDatabase();
dbMaster = new DaoMaster(db);
dbSession = dbMaster.newSession();
dbDao = dbSession.getCET4EntityDao();
/**
 *控件初始化
 **/
//用于显示分钟绑定 id
timeText = (TextView) findViewById(R.id.time_text);
//用于显示日期绑定 id
dateText = (TextView) findViewById(R.id.date_text);
//用于显示单词绑定 id
wordText = (TextView) findViewById(R.id.word_text);
//用于显示音标绑定 id
englishText = (TextView) findViewById(R.id.english_text);
//用于播放单词的按钮绑定 id
playVioce = (ImageView) findViewById(R.id.play_vioce);
//给播放单词按钮进行监听
playVioce.setOnClickListener(this);
//给加载单词三个选项绑定 id
radioGroup = (RadioGroup) findViewById(R.id.choose_group);
//给第一个选项绑定 id
radioOne = (RadioButton) findViewById(R.id.choose_btn_one);
//给第二个选项绑定 id
radioTwo = (RadioButton) findViewById(R.id.choose_btn_two);
//给第三个选项绑定 id
radioThree = (RadioButton) findViewById(R.id.choose_btn_three);
//给加载单词三个选项设置监听事件
radioGroup.setOnCheckedChangeListener(this);
}
```

初始化控件后，需要在 onCreate()方法中调用初始化 init()方法，插入位置如图 22.32 所示。具体代码如下：

```java
init();
```

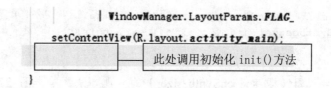

图 22.32 调用 init()方法

3．给播放语音的按钮设置点击事件

添加初始化方法后，需要给代码"playVioce.setClickListener(this)"设置监听事件，即为播放语音的按钮设置点击监听事件。

（1）单击图 22.33 所示的有红色波浪线报错标志的"this"，按<Alt + Enter>快捷键，在弹出的提示框中选择"Make 'MainActivity' implement……"选项。

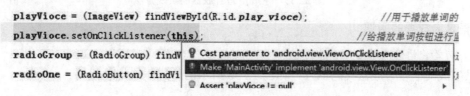

图 22.33 设置播放语音按钮的监听

（2）再弹出一个对话框，直接单击"OK"按钮，系统会自动增加两段代码：一是在类的头部增加了"implement View.OnClickListener"，实现单击事件监听代码；二是增加了"onClick()"单击事件空方法，在此方法中实现编写单击播放语音按钮时进行的操作。

📢 注意：

实现接口的方法：
方法 1：在类的头部手工加入代码，例如：在 MainActivity 类的头部加入有底色的代码"**public class MainActivity implements** View.OnClickListener"，然后使用快捷键<Alt+Enter>增加空的方法。这种方法插入代码比较复杂。
方法 2：单击监听方法中的"this"，使用快捷键<Alt+Enter>，系统自动添加类的头部代码和空的方法。这种方法代码都是自动添加，比较方便。

为便于初学者学习，本章采用第 2 种方法。

（3）在图 22.34 所示的位置添加代码，用于播放单词的语音，并将获取到的单词字符串传到云端处理，然后返回字符串的语音。

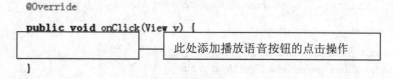

图 22.34 播放语音按钮点击操作的代码添加位置

添加的具体代码如下：

<代码 06   代码位置：资源包\code\22\Bits\06.txt>

```
switch (v.getId()) {
    case R.id.play_vioce:                                   //播放单词声音
```

```
            String text = wordText.getText().toString();    //把单词提取出来
            speechSynthesizer.startSpeaking(text, this);    //播放声音
            break;
}
```

（4）生成语音合成器（即 speechSynthesizer）的实现方法。单击图 22.35 所示的"this"，按 <Alt+Enter>快捷键，在弹出的提示框中选择"Make 'MainActivity' implement……"选项，再弹出一个对话框，单击"OK"按钮，此时会生成语音合成器的实现方法及操作的代码。

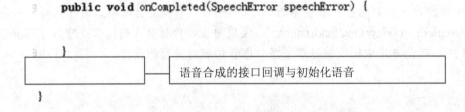

图 22.35　生成语音合成器的实现方法

4．语音合成器的回调

（1）初始化语音并设置回调。

在已生成的语音合成器代码下方，如图 22.36 所示的位置添加如下代码。

图 22.36　添加语音合成相关代码

添加接口回调，包含消息回调、数据回调、结束时回调。用来播放单词的声音，并为语音合成器初始化，否则程序将报空指针异常。具体代码如下：

<代码07　　代码位置：资源包\code\22\Bits\07.txt>

```
/**
 *通用回调接口
 */
private SpeechListener listener = new SpeechListener() {
    //消息回调
    @Override
    public void onEvent(int arg0, Bundle arg1) {
        // TODO Auto-generated method stub
    }
    //数据回调
    @Override
    public void onData(byte[] arg0) {
        // TODO Auto-generated method stub
    }
```

```
    //结束回调（没有错误）
    @Override
    public void onCompleted(SpeechError arg0) {
        // TODO Auto-generated method stub
    }
};
/**
*初始化语音播报
*/
public void setParam() {
    speechSynthesizer = SpeechSynthesizer.createSynthesizer(this);
    speechSynthesizer.setParameter(SpeechConstant.VOICE_NAME, "xiaoyan");
    speechSynthesizer.setParameter(SpeechConstant.SPEED, "50");
    speechSynthesizer.setParameter(SpeechConstant.VOLUME, "50");
    speechSynthesizer.setParameter(SpeechConstant.PITCH, "50");
}
```

（2）在 init()方法中绑定语音合成器的 id，在如图 22.37 所示的位置添加相关代码。

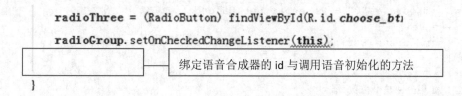

图 22.37　绑定语音合成器的 id 与初始化

若不为语音合成器绑定 id，则语音不能正常播放。所以需要绑定语音合成器的 id，调用初始化语音的方法，具体代码如下：

```
setParam();                                                    //初始化播放语音
//appid换成自己申请的，播放语音
SpeechUser.getUser().login(MainActivity.this, null, null,
                                       "appid=573a7bf0", listener);
```

22.4.4　同步手机系统时间

本节实现布局中绘制的时间和日期与手机系统的同步。首先获取手机系统的时间和日期，然后将其显示到文本控件上。代码添加位置如图 22.38 所示。

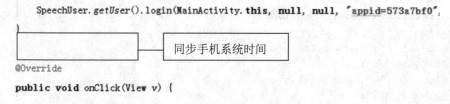

图 22.38　同步手机系统时间的代码添加位置

在 Activity 生命周期中的 onStart()方法里调用系统的 Calendar 控件，此控件中包含系统的时间、日期、星期。注意从 Calendar 中获取的月份是从"0"开始的,所以需要在获取的月份基础上加 1 后显示;得到的星期是数字,需进行判断后显示。顺序添加如下代码:

<代码 08　　　代码位置:资源包\code\22\Bits\08.txt>

```java
protected void onStart() {
    super.onStart();
    /**
     *获取系统日期,并设置将其显示出来
     **/
    Calendar calendar = Calendar.getInstance();
    mMonth = String.valueOf(calendar.get(Calendar.MONTH) + 1);   //获取日期的月
    mDay = String.valueOf(calendar.get(Calendar.DAY_OF_MONTH));  //获取日期的日
    mWay = String.valueOf(calendar.get(Calendar.DAY_OF_WEEK));   //获取日期的星期
    /**
     *如果小时是个位数
     *则在前面加一个"0"
     **/
    if (calendar.get(Calendar.HOUR) < 10) {
        mHours = "0" + calendar.get(Calendar.HOUR);
    } else {
        mHours = String.valueOf(calendar.get(Calendar.HOUR));
    }
    /**
     *如果分钟是个位数
     *
     *则在前面加一个"0"
     **/
    if (calendar.get(Calendar.MINUTE) < 10) {
        mMinute = "0" + calendar.get(Calendar.MINUTE);
    } else {
        mMinute = String.valueOf(calendar.get(Calendar.MINUTE));
    }
    /**
     *获取星期
     *并设置出来
     **/
    if ("1".equals(mWay)) {
        mWay = "天";
    } else if ("2".equals(mWay)) {
        mWay = "一";
    } else if ("3".equals(mWay)) {
        mWay = "二";
    } else if ("4".equals(mWay)) {
        mWay = "三";
    } else if ("5".equals(mWay)) {
        mWay = "四";
    } else if ("6".equals(mWay)) {
        mWay = "五";
    } else if ("7".equals(mWay)) {
        mWay = "六";
```

```
        }
        timeText.setText(mHours + ":" + mMinute);
        dateText.setText(mMonth + "月" + mDay + "日" + "    " + "星期" + mWay);
}
```

💻 运行一下：

此时，同步手机系统时间的功能已经完成。把手机连接到电脑上，在手机上执行 APP 程序，单击运行按钮，手机上锁屏界面显示的时间与手机系统时间相同。效果如图 22.39 所示。

图 22.39　同步系统时间

扫一扫，看视频

22.4.5　选择词义时的操作

界面出现单词与词义时，选择与单词对应的词义。当选择正确时，单词、音标、词义均绿色显示；选择错误时，单词、音标、词义均红色显示，并把当前的单词与相应的词义存入到错题库。其操作步骤如下，代码插入位置如图 22.40 所示。

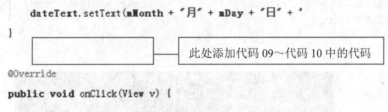

图 22.40　插入答题时操作代码位置

（1）创建一个名为"saveWrongData()"的方法，此方法用于获取答错的单词、音标、词义，并将其添加到数据库，以便跳转到错题界面时直接从数据库里面读取并显示。代码如下：

<代码 09　　　代码位置：资源包\code\22\Bits\09.txt>

```java
/**
*将错题存到数据库
**/
private void saveWrongData() {
    String word = datas.get(k).getWord();          //获取答错这道题的单词
    String english = datas.get(k).getEnglish();    //获取答错这道题的音标
    String china = datas.get(k).getChina();        //获取答错这道题的汉语意思
    String sign = datas.get(k).getSign();          //获取答错这道题的标记
    CET4Entity data = new CET4Entity(Long.valueOf(dbDao.count()),
                                     word, english, china, sign);
    dbDao.insertOrReplace(data);                   //把这些字段存到数据库
}
```

（2）创建名为"btnGetText()"的方法，方法内部添加的代码，实现当用户选择单词词义时，判断选择是否正确。如果选项变成绿色则表示选择正确，如果选项变成红色则表示选择错误。在选错词义的同时将选择错的单词、音标及正确的词义自动添加到错题库中，并将错题数加1。效果如图22.41所示。具体代码如下：

<代码10　　代码位置：资源包\code\22\Bits\10.txt>

```java
/**
 *设置选项的不同颜色
 */
private void btnGetText(String msg, RadioButton btn) {
    /**
     *答对设置绿色，答错设置红色
     **/
    if (msg.equals(datas.get(k).getChina())) {
        wordText.setTextColor(Color.GREEN);              //设置单词为绿色
        englishText.setTextColor(Color.GREEN);           //设置音标为绿色
        btn.setTextColor(Color.GREEN);                   //设置选项为绿色
    } else {
        wordText.setTextColor(Color.RED);                //设置单词为红色
        englishText.setTextColor(Color.RED);             //设置音标为红色
        btn.setTextColor(Color.RED);                     //设置选项为红色
        saveWrongData();                                 //执行存入错题的方法
        //保存到数据库
        int wrong = sharedPreferences.getInt("wrong", 0);    //从数据库里面取出数据
        editor.putInt("wrong", wrong + 1);                   //写入数据库
        editor.putString("wrongId", "," + datas.get(j).getId());  //写入数据库
        editor.commit();                                     //保存
    }
}
```

图22.41　选错与选对词义的效果对比图

（3）找到 init()初始化方法，给方法中的 radioGroup 实现点击监听事件，即为包含 3 个词义选项的父类实现监听事件。鼠标左键单击如图 22.42 所示的"this"，按<Alt+Enter>快捷键，在弹出的提示框中选择"Make 'MainActivity' implement......."选项，系统会自动生成 RadioGroup 监听的方法。

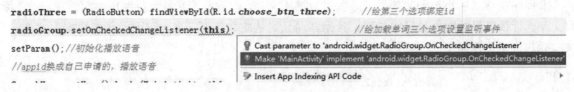

图 22.42　实现词义选项的监听事件方法

在系统生成的监听方法"onCheckedChanged()"中添加词义选项的点击事件，添加的位置如图 22.43 所示。其方法中的两个参数分别为 group（包含子类的父布局）与 checkerId（子类的 id，用于绑定对应子类的 radioButton）。

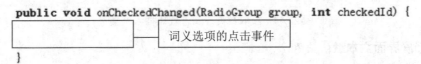

图 22.43　词义选项点击事件的代码添加位置

实现词义选项的点击事件，默认父类的 radioGroup 不被选中。锁屏界面每个单词伴随着 3 个选项同时出现，将用户选择的词义与数据库的词义对比，对比正确则显示绿色，否则显示红色（注：此处词义颜色的变化调用了步骤（2）中颜色设置的方法）。具体代码如下：

<代码 11　　　代码位置：资源包\code\22\Bits\11.txt>

```
/**
*选项的点击事件
*/
    radioGroup.setClickable(false);              //默认选项未被选中
    switch (checkedId) {                         //选项的点击事件
        case R.id.choose_btn_one:                //点击"A"选项
            //截取字符串
            String msg = radioOne.getText().toString().substring(3);
            btnGetText(msg, radioOne);           //将参数传入到对应的方法里
            break;
        case R.id.choose_btn_two:                //点击"B"选项
            //截取字符串
            String msg1 = radioTwo.getText().toString().substring(3);
            btnGetText(msg1, radioTwo);          //将参数传入到对应的方法里
            break;
        case R.id.choose_btn_three:              //点击"C"选项
            //截取字符串
            String msg2 = radioThree.getText().toString().substring(3);
            btnGetText(msg2, radioThree);        //将参数传入到对应的方法里
```

```
            break;
    }
```

22.4.6 获取数据库文件

扫一扫，看视频

本程序在 22.3.3 小节创建项目时导入了数据库文件，此数据库文件包括锁屏界面的单词、音标、词义。执行锁屏界面时所显示的单词、音标、词义均从此数据库获取。以下为获取数据库文件的方法，插入代码位置如图 22.44 所示。

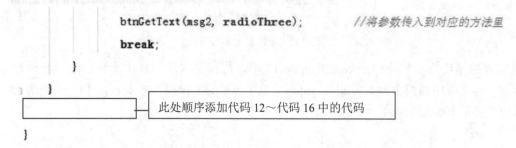

图 22.44　获取数据库文件代码插入位置

1. 设置锁屏界面文本默认颜色

设置每次从数据库获得的数据（包含单词、音标、词义）字体颜色默认显示白色，如图 22.45 所示。

图 22.45　显示默认白色

在开启锁屏界面和手势判断获取下一题时，单词、音标、词义的字体颜色默认显示白色。具体代码如下：

<代码 12　　代码位置：资源包\code\22\Bits\12.txt>

```
/**
 *还原单词与选项的颜色
 */
private void setTextColor() {
    //还原单词选项的颜色
```

```
radioOne.setChecked(false);          //默认不被点击
radioTwo.setChecked(false);          //默认不被点击
radioThree.setChecked(false);        //默认不被点击
/**将选项的按钮设置为白色*/
radioOne.setTextColor(Color.parseColor("#FFFFFF"));
radioTwo.setTextColor(Color.parseColor("#FFFFFF"));
radioThree.setTextColor(Color.parseColor("#FFFFFF"));
wordText.setTextColor(Color.parseColor("#FFFFFF"));     //将单词设置为白色
englishText.setTextColor(Color.parseColor("#FFFFFF"));//将音标设置为白色
}
```

2. 解锁方法

创建名为"unlocked()"的方法，该方法在屏幕右滑或达到设置的答题数量时执行，实现从锁屏界面跳转到手机桌面的功能。代码如下：

<代码13   代码位置：资源包\code\22\Bits\13.txt>

```
/**
*解锁
*/
private void unlocked() {
    Intent intent1 = new Intent(Intent.ACTION_MAIN);     //界面跳转
    intent1.setFlags(Intent.FLAG_ACTIVITY_NEW_TASK);
    intent1.addCategory(Intent.CATEGORY_HOME);           //进入到手机桌面
    startActivity(intent1);                              //启动
    kl.disableKeyguard();                                //解锁
    finish();                                            //销毁当前activity
}
```

3. 读取数据库

读取数据库的实现步骤如下：

（1）随机生成几个数，因为录数据库时只录入20条数据，所以随机数是20以内的。每次显示的单词都是随机的。单词下方的词义，即A、B、C三个选项的文字分别为数据库中正确的词义、正确的前一个单词词义与正确的后一个单词词义。具体实现代码如下：

<代码14   代码位置：资源包\code\22\Bits\14.txt>

```
/**
*设置选项
*/
private void setChina(List<CET4Entity> datas, int j) {
    /**
    *随机产生几个随机数，这里面产生几个随机数，是用于解锁单词
    *因为此demo输入数据库里面20个单词，所以产生的随机数是20以内的
    **/
    Random r = new Random();
    List<Integer> listInt = new ArrayList<>();
    int i;
    while (listInt.size() < 4) {
        i = r.nextInt(20);
        if (!listInt.contains(i)) {
```

```java
            listInt.add(i);
        }
    }
    /**
     *以下的判断是给这个单词设置三个选项,设置单词选项是有规律的
     *三个选项,分别是正确的、正确的前一个、正确的后一个
     *将这三个解释设置到单词的选项上,以下为实现逻辑
     **/
    if (listInt.get(0) < 7) {
        radioOne.setText("A: " + datas.get(k).getChina());
        if (k - 1 >= 0) {
            radioTwo.setText("B: " + datas.get(k - 1).getChina());
        } else {
            radioTwo.setText("B: " + datas.get(k + 2).getChina());
        }
        if (k + 1 < 20) {
            radioThree.setText("C: " + datas.get(k + 1).getChina());
        } else {
            radioThree.setText("C: " + datas.get(k - 1).getChina());
        }
    } else if (listInt.get(0) < 14) {
        radioTwo.setText("B: " + datas.get(k).getChina());
        if (k - 1 >= 0) {
            radioOne.setText("A: " + datas.get(k - 1).getChina());
        } else {
            radioOne.setText("A: " + datas.get(k + 2).getChina());
        }
        if (k + 1 < 20) {
            radioThree.setText("C: " + datas.get(k + 1).getChina());
        } else {
            radioThree.setText("C: " + datas.get(k - 1).getChina());
        }
    } else {
        radioThree.setText("C: " + datas.get(k).getChina());
        if (k - 1 >= 0) {
            radioTwo.setText("B: " + datas.get(k - 1).getChina());
        } else {
            radioTwo.setText("B: " + datas.get(k + 2).getChina());
        }
        if (k + 1 < 20) {
            radioOne.setText("A: " + datas.get(k + 1).getChina());
        } else {
            radioOne.setText("A: " + datas.get(k - 1).getChina());
        }
    }
}
```

(2)从数据库中随机获取单词及音标数据,并将其显示到相应的文本控件上。此方法中调用了步骤(1)设置选项的方法,显示单词3个词义选项。实现代码如下:

<代码15>　　代码位置：资源包\code\22\Bits\15.txt>

```java
/**
*获取数据库数据
*/
private void getDBData() {
    datas = questionDao.queryBuilder().list();          //把词库里面的单词读出来
    k = list.get(j);
    wordText.setText(datas.get(k).getWord());           //设置单词
    englishText.setText(datas.get(k).getEnglish());     //设置音标
    setChina(datas, k);                                  //设置单词的三个选项
}
```

（3）在 22.4.7 小节手势滑动中，手指左滑时调用此方法获取下一个单词，并使单词、音标及词义显示默认的白色。此步骤调用步骤（2）中显示单词词义的方法。实现代码如下：

<代码16>　　代码位置：资源包\code\22\Bits\16.txt>

```java
/**
*获取下一题
*/
private void getNextData() {
    j++;                                                 //当前已做题的数目
    int i = sharedPreferences.getInt("allNum", 2);       //默认解锁题数目为2道
    if (i > j) {                                         //判断设定的解锁题数目与当前已做题的数目大小关系
        getDBData();                                     //获取数据
        setTextColor();                                  //设置颜色
        //已经学习的单词数量加1
        int num = sharedPreferences.getInt("alreadyStudy", 0) + 1;
            editor.putInt("alreadyStudy", num);
            editor.commit();                             //存到数据库里面
    } else {
        unlocked();                                      //解锁
    }
}
```

22.4.7　手势滑动事件

手势滑动事件是指手指在屏幕上向不同的方向滑动，代表执行不同的操作，可达到需求所提出的功能。手势滑动事件代码添加位置如图 22.46 所示。

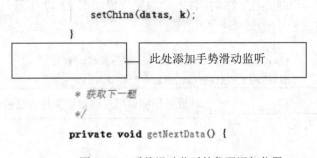

图 22.46　手势滑动监听的代码添加位置

实现原理是当手指点到屏幕上时,获取手指此时的坐标点;当手指离开屏幕时,再获取离开时手指的坐标点,两个坐标点相减,从而判断手势滑动的方向。具体代码如下:

<代码17　　　代码位置:资源包\code\22\Bits\17.txt>

```java
/**
 *复写activity的onTouch方法
 *监听滑动事件
 */
@Override
public boolean onTouchEvent(MotionEvent event) {
    if (event.getAction() == MotionEvent.ACTION_DOWN) {
        //当手指按下时坐标(x, y)
        x1 = event.getX();
        y1 = event.getY();
    }
    if (event.getAction() == MotionEvent.ACTION_UP) {
        //当手指离开时坐标(x, y)
        x2 = event.getX();
        y2 = event.getY();
        if (y1 - y2 > 200) {                                    //向上滑

            // 已掌握单词数量加1
            int num = sharedPreferences.getInt("alreadyMastered", 0) + 1;
            editor.putInt("alreadyMastered", num);              //输入到数据库
            editor.commit();                                     //保存
            Toast.makeText(this, "已掌握", Toast.LENGTH_SHORT).show(); //弹出提示
            getNextData();                                       //获取下一条数据
        } else if (y2 - y1 > 200) {                             //向下滑
            Toast.makeText(this, "待加功能......", Toast.LENGTH_SHORT).show();
        } else if (x1 - x2 > 200) {                             //向左滑
            getNextData();                                       //获取下一条数据
        } else if (x2 - x1 > 200) {                             //向右滑
            unlocked();                                          //解锁
        }
    }
    return super.onTouchEvent(event);
}
```

方法实现后,需在Activity的"onStart()"的生命周期中调用,即在锁屏界面显示同步系统时间时从数据库获取文件,并显示在相应的文本控件上。添加位置如图22.47所示。代码如下:

```
getDBData();           //获取数据文件方法
```

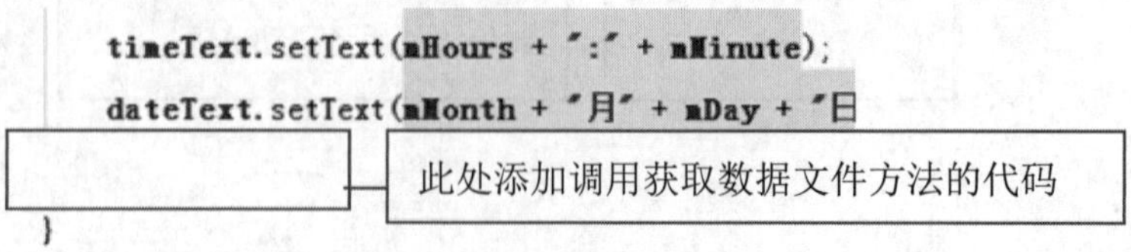

```
timeText.setText(mHours + ":" + mMinute);
dateText.setText(mMonth + "月" + mDay + "日
```

此处添加调用获取数据文件方法的代码

图22.47　插入getDBData()方法位置

22.4.8 配置 Manifest 权限

权限是一种安全机制，防止软件未经用户同意就随意去执行一些操作。在使用 APP 时，经常会向用户申请某些访问权限，例如调用手机话筒、获取手机的定位、获取通讯录等权限。只有用户同意，APP 才可执行相关操作，这就是每个 APP 都需要添加权限的原因。配置 AndroidManifest 文件的步骤如下：

（1）找到"app\src\main"目录下的 AndroidManifest.xml 文件，如图 22.48 所示。

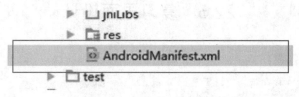

图 22.48　AndroidManifest 文件

（2）打开 AndroidManifest.xml 文件，文件中的代码及其修改步骤如图 22.49 所示。

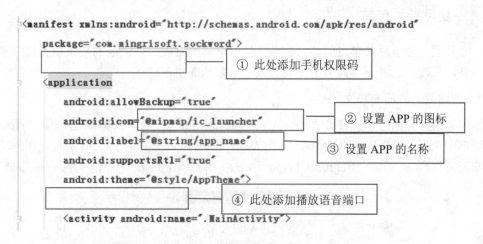

图 22.49　配置 AndroidManifest 文件

①在图 22.49 中步骤①所示位置添加手机权限，代码如下：

<代码 18　　代码位置：资源包\code\22\Bits\18.txt>

```
<!--允许解锁的权限-->
<uses-permission android:name="android.permission.DISABLE_KEYGUARD"/>
<!--允许网路权限-->
<uses-permission android:name="android.permission.INTERNET"/>
<!--允许程序访问有关 GSM 网络信息 -->
<uses-permission android:name="android.permission.ACCESS_NETWORK_STATE" />
```

②将图 22.49 中步骤②框出的代码"@mipmap/ic_launcher"改为"@mipmap/icon"。

③将图 22.49 中步骤③框出的代码"@string/app_name"改为"锁屏背单词"。

④在图 22.49 中步骤④所示位置添加播放语音端口，代码如下：

<代码 19　　代码位置：资源包\code\22\Bits\19.txt>

```
<meta-data
```

```
android:name="com.google.android.gms.version"
android:value="8115000" />
```

扫一扫,看视频

> **运行一下:**
> 此时,锁屏界面的代码编写完毕。运行一下程序,看看显示的时间与手机的时间是否一致;单击小喇叭(在必须有网络的情况下),是否播放单词发音;手指在屏幕上滑动,看看有什么效果;单击选项按钮,选项颜色是否发生变化。

22.5 复习界面设计

- 开发时间:30~80 分钟
- 开发难度:★★★☆☆
- 源码路径:资源包\code\22\Module\003
- 关键词:SharedPreferences   DaoMaster   DaoSession

22.5.1 复习界面布局

复习界面上显示总共学习的单词数量、学习单词的难度、做错题的数量以及已经掌握的单词数量。另外,每次进入复习界面的中英文名人名句都是随机出现的。

1. 创建复习界面布局文件

创建布局文件的方法:打开"app\src\main\res\layout"目录,鼠标右键单击"layout",在弹出快捷菜单中选择"New"→"XML"→"Layout XML File",如图 22.50 所示。在弹出的对话框中输入布局文件名称"study_fragment_layout",然后单击"Finish"按钮,即可完成布局文件的创建。

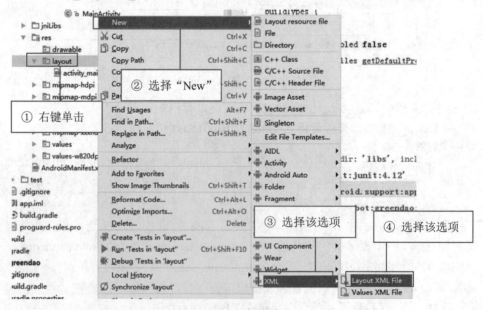

图 22.50 创建复习界面的布局

复习界面布局文件创建完毕，显示效果如图 22.51 所示。

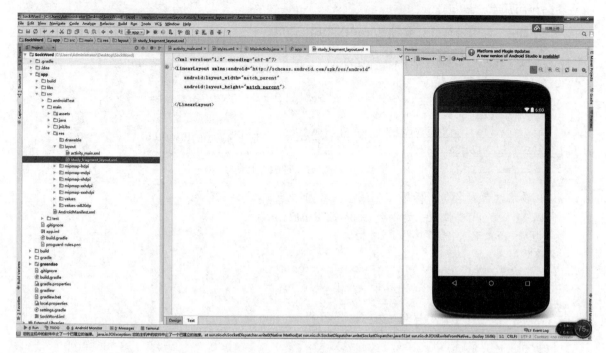

图 22.51　复习界面创建后界面

2．绘制复习界面

在复习界面中显示的内容，如图 22.52 所示，接下来将其分成三部分来实现。

图 22.52　复习界面

在刚刚创建的复习界面布局文件里,添加线性布局代码用于绘制复习界面,并修改布局文件。修改后的代码如下:

<代码 20　　代码位置:资源包\code\22\Bits\20.txt>

```xml
<?xml version="1.0" encoding="utf-8"?>
<!--此界面最外层的父布局(这个是线性布局)-->
<LinearLayout
 xmlns:android ="http://schemas.android.com/apk/res/android"
    android:layout_width="match_parent"
    android:layout_height="match_parent"
    android:orientation="vertical">

</LinearLayout>
```

此处为添加的代码

此处顺序添加代码 21~代码 23 中的代码

(1)显示"名人名句"标题。在红框区域内顺序添加以下代码:

<代码 21　　代码位置:资源包\code\22\Bits\21.txt>

```xml
<!--用于显示"名人名句"标题的文本控件-->
<TextView
    android:layout_width="wrap_content"
    android:layout_height="wrap_content"
    android:layout_gravity="center_horizontal"
    android:layout_marginTop="40dp"
    android:text="名人名句"
    android:textSize="27sp" />
```

(2)用两个文本控件分别显示中英文的名人名句的解释。顺序添加以下代码:

<代码 22　　代码位置:资源包\code\22\Bits\22.txt>

```xml
<!--用于显示英文名人名句的文本控件-->
    <TextView
        android:layout_marginLeft="15dp"
        android:layout_marginRight="15dp"
        android:id="@+id/wisdom_english"
        android:layout_marginTop="10dp"
        android:layout_width="wrap_content"
        android:layout_height="wrap_content"
        android:layout_gravity="center_horizontal"
        android:text="A watched pot never boils"
        android:textColor="@android:color/holo_blue_light"
        android:textSize="17sp" />
<!--用于显示中文名人名句的文本控件-->
<TextView
        android:id="@+id/wisdom_china"
        android:layout_marginTop="10dp"
        android:layout_width="wrap_content"
        android:layout_height="wrap_content"
        android:layout_alignParentRight="true"
        android:layout_alignParentBottom="true"
        android:layout_gravity="center_horizontal"
        android:text="心急喝不了热粥"
        android:textColor="@android:color/holo_blue_light"
        android:textSize="17sp" />
```

（3）在一个相对布局里绘制出十字框，显示答题题数、掌握单词、学习难度、总共学习的文本。顺序添加以下代码：

<代码 23   代码位置：资源包\code\22\Bits\23.txt>

```xml
<!--画十字网格的父布局（相对布局）-->
<RelativeLayout
        android:layout_gravity="center_horizontal"
        android:layout_marginTop="50dp"
        android:layout_width="250dp"
        android:layout_height="250dp">
<!--此文本用来绘制十字的竖-->
    <TextView
        android:layout_width="1dp"
        android:layout_height="match_parent"
        android:layout_centerHorizontal="true"
        android:background="@android:color/black"
        />
<!--此文本用来绘制十字的横-->
    <TextView
        android:layout_width="match_parent"
        android:layout_height="1dp"
        android:layout_centerVertical="true"
        android:background="@android:color/black"
        />
<!--用于显示"答错题数"的文本控件-->
    <TextView
        android:layout_width="wrap_content"
        android:layout_height="wrap_content"
        android:text="答错题数"
        android:textSize="20sp"
        android:layout_marginLeft="20dp"
        />
<!--用于显示"掌握单词"的文本控件-->
    <TextView
        android:layout_width="wrap_content"
        android:layout_height="wrap_content"
        android:text="掌握单词"
        android:textSize="20sp"
        android:layout_alignParentRight="true"
        android:layout_marginRight="20dp"
        />
<!--用于显示英文名人名句的文本控件-->
    <TextView
        android:layout_width="wrap_content"
        android:layout_height="wrap_content"
        android:text="学习难度"
        android:textSize="20sp"
        android:layout_marginTop="140dp"
```

```xml
            android:layout_marginLeft="20dp"
            />
<!--用于显示"总共学习"的文本控件-->
        <TextView
            android:layout_width="wrap_content"
            android:layout_height="wrap_content"
            android:text="总共学习"
            android:textSize="20sp"
            android:layout_marginTop="140dp"
            android:layout_alignParentRight="true"
            android:layout_marginRight="20dp"
            />
<!--用于显示答错题数的文本控件-->
        <TextView
            android:id="@+id/wrong_text"
            android:layout_width="wrap_content"
            android:layout_height="wrap_content"
            android:layout_marginTop="60dp"
            android:layout_marginLeft="25dp"
            android:text="10"
            android:textColor="@android:color/holo_blue_light"
            android:textSize="27sp" />
<!--用于显示"词"的文本控件-->
        <TextView
            android:layout_width="wrap_content"
            android:layout_height="wrap_content"
            android:layout_marginTop="65dp"
            android:layout_marginLeft="70dp"
            android:layout_gravity="center_horizontal"
            android:text="词"
            android:textSize="20sp" />
<!--用于显示"四级英语"的文本控件-->
        <TextView
            android:id="@+id/difficulty_text"
            android:layout_width="wrap_content"
            android:layout_height="wrap_content"
            android:text="四级英语"
            android:textSize="20sp"
            android:layout_marginTop="200dp"
            android:layout_marginLeft="20dp"
            android:textColor="@android:color/holo_blue_light"
            />
<!--用于显示总共学习数量的文本控件-->
        <TextView
            android:id="@+id/already_study"
            android:layout_width="wrap_content"
            android:layout_height="wrap_content"
            android:text="70
```

```xml
            android:textSize="27sp"
            android:layout_marginTop="200dp"
            android:layout_alignParentRight="true"
            android:layout_marginRight="60dp"
            android:textColor="@android:color/holo_blue_light"
            />
<!--用于显示"词"的文本控件-->
        <TextView
            android:layout_width="wrap_content"
            android:layout_height="wrap_content"
            android:text="词"
            android:textSize="20sp"
            android:layout_marginTop="205dp"
            android:layout_alignParentRight="true"
            android:layout_marginRight="25dp"
            />
<!--用于显示掌握单词数量的文本控件-->
        <TextView
            android:id="@+id/already_mastered"
            android:layout_width="wrap_content"
            android:layout_height="wrap_content"
            android:text="40"
            android:textSize="27sp"
            android:layout_alignParentRight="true"
            android:layout_marginRight="60dp"
            android:layout_marginTop="60dp"
            android:textColor="@android:color/holo_blue_light"
            />
<!--用于显示"词"的文本控件-->
        <TextView
            android:layout_width="wrap_content"
            android:layout_height="wrap_content"
            android:layout_marginTop="65dp"
            android:layout_marginRight="25dp"
            android:layout_alignParentRight="true"
            android:text="词"
            android:textSize="20sp" />
</RelativeLayout>
```

22.5.2 实现复习界面功能

1. 创建复习界面的类文件

创建类文件的方法：打开"app\src\main\java\sockword"目录，鼠标右键单击"sockword"，在弹出的快捷菜单中选择"New"→"Java Class"菜单项，如图22.53所示，在弹出的对话框中填写类的名称"StudyFragment"，单击"OK"按钮，StudyFragment类文件创建成功。

扫一扫，看视频

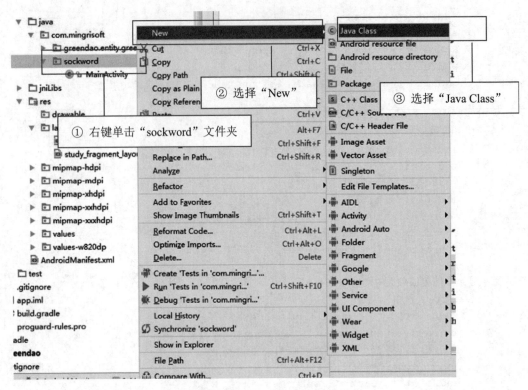

图 22.53 创建 StudyFragment 类文件

2. 复习界面功能完善

实现复习界面显示名人名句、学习难度、掌握单词的数量等功能，需在绑定 id 与初始化数据库后，从数据库里面读取出相应的数据，显示到布局的相应位置。此类继承 APP 包下的 Fragment，具体代码如下：

<代码 24　　代码位置：资源包\code\22\Bits\24.txt>

```java
public class StudyFragment extends Fragment {
private TextView difficultyTv,                     //学习的难度
            wisdomEnglish,                         //名人名句的英语意思
            wisdomChina,                           //名人名句的汉语意思
            alreadyStudyText,                      //已经学习题数
            alreadyMasteredText,                   //已经掌握题数
            wrongText;                             //答错题数
    private SharedPreferences sharedPreferences;   //定义轻量级数据库
    private DaoMaster mDaoMaster;                  //数据库管理者
    private DaoSession mDaoSession;                //与数据库进行会话
//对应的表,由Java代码生成的,对数据库内相应的表操作使用此对象
private WisdomEntityDao questionDao;
public View onCreateView(LayoutInflater inflater, ViewGroup container, Bundle
                                            savedInstanceState) {
View view = inflater.
            inflate(R.layout.study_fragment_layout,null);   //绑定布局文件
sharedPreferences = getActivity().getSharedPreferences("share",
```

```java
                                    Context.MODE_PRIVATE);  //初始化数据库
difficultyTv = (TextView)
            view.findViewById(R.id.difficulty_text);   //学习难度绑定 id
wisdomEnglish = (TextView)
            view.findViewById(R.id.wisdom_english);    //名人名句的英语绑定 id
wisdomChina = (TextView)
            view.findViewById(R.id.wisdom_china);      //名人名句的汉语绑定 id
alreadyMasteredText = (TextView)
            view.findViewById(R.id.already_mastered);//已经掌握题数绑定 id
alreadyStudyText = (TextView)
            view.findViewById(R.id.already_study);     //已经学习题数绑定 id
wrongText = (TextView) view.findViewById(R.id.wrong_text);//答错错数绑定 id

 AssetsDatabaseManager.initManager(getActivity());    //初始化,只需要调用一次

//获取管理对象,因为数据库需要通过管理对象才能够获取
 AssetsDatabaseManager mg = AssetsDatabaseManager.getManager();
 SQLiteDatabase db1 = mg.getDatabase("wisdom.db");           //通过管理对象获取数据库
      mDaoMaster = new DaoMaster(db1);                 //初始化管理者
      mDaoSession = mDaoMaster.newSession();           //初始化会话对象
      questionDao = mDaoSession.getWisdomEntityDao();  //获取数据
      return view;
}
    public void onStart() {
      super.onStart();
      difficultyTv.setText(sharedPreferences.
            getString("difficulty", "四级") + "英语");    //默认设置难度为四级
    List<WisdomEntity> datas = questionDao.queryBuilder().list();   //获取数据集合
      Random random = new Random();                   //产生随机数
      int i = random.nextInt(10);                     //随机10 以内的一个随机数
   //从数据库里面获取到这条数据的英语
wisdomEnglish.setText(datas.get(i).getEnglish());
wisdomChina.setText(datas.get(i).getChina());       //从数据库里面获取到这条数据的汉语
    setText();                                          //设置文字
    }
    private void setText() {
    alreadyMasteredText.setText(sharedPreferences.
          getInt("alreadyMastered",0)+"");             //设置已经复习的题数(数据库读取)
    alreadyStudyText.setText(sharedPreferences.
          getInt("alreadyStudy",0)+"");                //设置已经学习的题数(数据库读取)

    //设置错题题数(数据库读取)
    wrongText.setText(sharedPreferences.getInt("wrong",0)+"");
    }
}
```

22.6　设置界面设计

> 开发时间：30～80 分钟
> 开发难度：★★★☆☆
> 源码路径：资源包\code\22\Module\004
> 关键词：　SwitchButton　Spinner　SharedPreferences

在设置界面可以设置每次解锁手机时是否应用此软件实现解锁功能，也可设置每次的解锁题数、单词的难度等。其运行效果如图 22.54 所示。

图 22.54　设置界面运行效果图

22.6.1　绘制开关按钮

1. 绘制开关按钮布局

创建设置界面中开关按钮的布局文件（创建方法可参考图 22.50），名称为"switch_button"。在 switch_button.xml 布局文件里面添加代码，具体代码如下：

<代码 25　　代码位置：资源包\code\22\Bits\25.txt>

```
<?xml version="1.0" encoding="utf-8"?>
<!--用于来加载开关按钮控件-->
<FrameLayout
    xmlns:android="http://schemas.android.com/apk/res/android"
    android:layout_width="wrap_content"
    android:layout_height="wrap_content" >
```

```xml
<!--用于显示开关按钮打开的图片控件-->
<ImageView
    android:id="@+id/iv_switch_open"
    android:layout_width="wrap_content"
    android:layout_height="wrap_content"
    android:background="@mipmap/ease_open_icon"
    android:visibility="visible" />
<!--用于显示开关按钮关闭的图片控件-->
<ImageView
    android:id="@+id/iv_switch_close"
    android:layout_width="wrap_content"
    android:layout_height="wrap_content"
    android:background="@mipmap/ease_close_icon"
    android:visibility="invisible" />
</FrameLayout>
```

开关按钮绘制完成后的效果如图22.55所示。

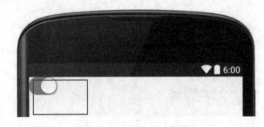

图22.55　开关按钮绘制后的效果图

2．设置开关按钮动画

打开"app\src\main\res\values"目录，鼠标右键单击"values"，如图22.56所示，在弹出的快捷菜单中选择"New"→"Values resource file"，在打开的对话框中输入名为"attrs"，单击"OK"按钮，完成文件的创建。

在该文件中添加代码，用于实现开关按钮的打开与关闭的动画效果。代码如下：

<代码26　　　代码位置：资源包\code\22\Bits\26.txt>

```xml
<?xml version="1.0" encoding="utf-8"?>
<resources>
    <declare-styleable name="SwitchButton">
        <attr name="switchOpenImage" format="reference"/>
        <attr name="switchCloseImage" format="reference"/>
        <attr name="switchStatus">
            <enum name="open" value="0"/>
            <enum name="close" value="1"/>
        </attr>
    </declare-styleable>
</resources>
```

在上面的代码中，"attrs"标签定义组件的属性；"name"对应的是属性名；"format"是属性的类型。

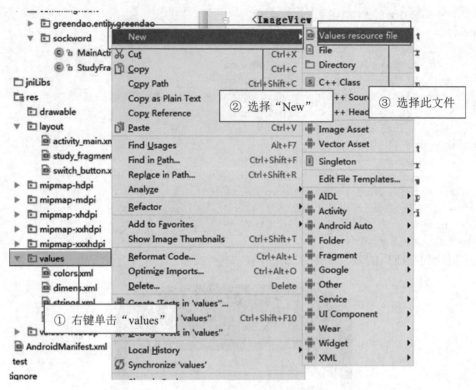

图 22.56 创建 attrs 文件

22.6.2 实现开关按钮的功能

创建一个名为 SwitchButton 的类（创建方法可参考图 22.53），此类用于判断开关按钮的状态与开关按钮的点击事件。当按钮显示打开时，隐藏按钮关闭的图片，显示按钮打开的图片；当按钮显示关闭时，隐藏按钮打开的图片，显示按钮关闭的图片。具体代码如下：

<代码 27 　　　代码位置：资源包\code\22\Bits\27.txt>

```
public class SwitchButton extends FrameLayout {
    private ImageView openImage;                    //打开按钮的图片图片
    private ImageView closeImage;                   //关闭按钮的图片
    public SwitchButton(Context context) {          //联系上下文
        this(context, null);
    }
    /**
     *构造方法
     **/
    public SwitchButton(Context context, AttributeSet attrs, int defStyleAttr) {
        this(context, attrs);
    }
    public SwitchButton(Context context, AttributeSet attrs) {
        super(context, attrs);
    /**
    *context 通过调用 obtainStyledAttributes 方法获取一个 TypeArray，然后由 TypeArray
```

```java
*对属性进行设置
*/
TypedArray typedArray = context.obtainStyledAttributes(attrs, R.styleable.
                                            SwitchButton);
        //画出开关为打开的状态
Drawable openDrawable = typedArray.getDrawable(R.styleable.
                                            SwitchButton_switchOpenImage);
        //画出开关为关闭的状态
Drawable closeDrawable = typedArray.getDrawable(R.styleable.
                                            SwitchButton_switchCloseImage);
int switchStatus = typedArray.getInt(R.styleable.
                                            SwitchButton_switchStatus, 0);
//调用结束后务必调用 recycle()方法，否则这次的设定会对下次的使用造成影响
    typedArray.recycle();
 LayoutInflater.from(context).inflate(
                    R.layout.switch_button, this);              //绑定布局文件
openImage = (ImageView) findViewById(R.id.iv_switch_open);      //绑定 id
closeImage = (ImageView) findViewById(R.id.iv_switch_close);    //绑定 id
        if (openDrawable != null) {                             //如果是打开状态
            openImage.setImageDrawable(openDrawable);           //设置显示图片
        }
        if (closeDrawable != null) {                            //如果是关闭状态
            closeImage.setImageDrawable(closeDrawable);         //设置关闭图片
        }
        if (switchStatus == 1) {                                //判断开关的状态
            closeSwitch();                                      //执行关闭的方法
        }
    }

    public boolean isSwitchOpen() {                             //判断开关的状态
        return openImage.getVisibility() == View.VISIBLE;
    }

    public void openSwitch() {                                  //打开开关
        openImage.setVisibility(View.VISIBLE);                  //显示打开图片
        closeImage.setVisibility(View.INVISIBLE);               //隐藏关闭图片
    }

    public void closeSwitch() {                                 //关闭开关
        openImage.setVisibility(View.INVISIBLE);                //隐藏打开图片
        closeImage.setVisibility(View.VISIBLE);                 //显示关闭图片
    }
}
```

22.6.3 设置界面布局

创建设置界面的布局文件（创建方法可参考图 22.50），名称为"set_fragment_layout"，在该

文件中设置一个开关按钮与 4 个下拉菜单。开关按钮的作用为判断是否启用此软件进行解锁；4 个下拉菜单的作用分别为选择单词的难度、解锁题的个数、每日新题的个数、每日复习题的个数。设置界面如图 22.57 所示，接下来将其分成五部分来实现。

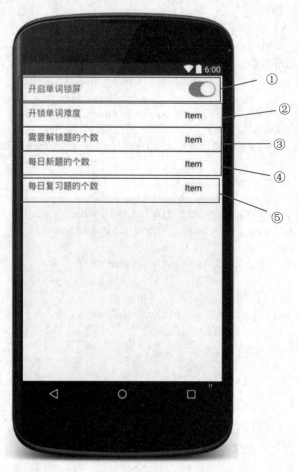

图 22.57　设置界面

在布局文件中，增加线性布局属性代码，用于设置界面布局。修改后的代码如下：

<代码 28　　　代码位置：资源包\code\22\Bits\28.txt>

```
<?xml version="1.0" encoding="utf-8"?>
<!--此界面最外层的父布局（这个是线性布局）-->
<LinearLayout
    xmlns:android="http://schemas.android.com/apk/res/android"
    android:layout_width="match_parent"
    android:layout_height="match_parent"
    android:orientation="vertical">     此处为添加的代码
                                        此处顺序添加代码 29～代码 33 中的代码
</LinearLayout>
```

（1）添加"开启单词锁屏"的线性布局及其中的显示开关等组件。在红框区域内顺序添加如下代码：

<代码29　　　代码位置：资源包\code\22\Bits\29.txt>

```xml
<!--显示开关按钮和文字的布局-->
<LinearLayout
    android:layout_width="match_parent"
    android:layout_height="40dp"
    android:layout_marginTop="5dp"
    android:background="@android:color/white"
    android:orientation="horizontal">
    <!--显示"开启单词锁屏"文本控件-->
    <TextView
        android:layout_width="wrap_content"
        android:layout_height="wrap_content"
        android:layout_weight="1"
        android:padding="10dp"
        android:text="开启单词锁屏"
        android:textSize="17sp" />
<!--开关控件（只需要打出"SwitchButton"第一个提示就是）-->
    <com.mingrisoft.sockword.SwitchButton
        android:id="@+id/switch_btn"
        android:layout_width="wrap_content"
        android:layout_height="28dp"
        android:layout_gravity="center_vertical"
        android:layout_marginRight="15dp">
    </com.mingrisoft.sockword.SwitchButton>
</LinearLayout>
```

（2）添加"开锁单词难度"的线性布局和文本控件。顺序添加如下代码：

<代码30　　　代码位置：资源包\code\22\Bits\30.txt>

```xml
<!--显示下拉框和文字的布局-->
<LinearLayout
    android:layout_width="match_parent"
    android:layout_height="40dp"
    android:layout_marginTop="5dp"
    android:background="@android:color/white"
    android:orientation="horizontal">
    <!--显示"开锁单词难度"文本控件-->
    <TextView
        android:layout_width="0dp"
        android:layout_height="wrap_content"
        android:layout_weight="8"
        android:padding="10dp"
        android:text="开锁单词难度"
        android:textSize="17sp" />
    <!--显示下拉选项框的Spinner控件-->
    <Spinner
        android:id="@+id/spinner_difficulty"
        android:layout_width="0dp"
        android:layout_height="28dp"
        android:layout_gravity="center_vertical"
        android:layout_marginRight="15dp"
```

```xml
        android:layout_weight="2"
        android:background="@null">
    </Spinner>
</LinearLayout>
```

（3）添加"需要解锁单词个数"的线性布局和文本组件。顺序添加如下代码：

<代码 31　　代码位置：资源包\code\22\Bits\31.txt>

```xml
<!--显示下拉框和文字的布局-->
 <LinearLayout
     android:layout_width="match_parent"
     android:layout_height="40dp"
     android:layout_marginTop="5dp"
     android:background="@android:color/white"
     android:orientation="horizontal">
<!--显示"需要解锁单词个数"文本控件-->
     <TextView
         android:layout_width="0dp"
         android:layout_height="wrap_content"
         android:layout_weight="8"
         android:padding="10dp"
         android:text="需要解锁题的个数"
         android:textSize="17sp" />
<!--显示下拉选项框的 Spinner 控件-->
     <Spinner
         android:id="@+id/spinner_all_number"
         android:layout_width="0dp"
         android:layout_height="28dp"
         android:layout_gravity="center_vertical"
         android:layout_marginRight="15dp"
         android:layout_weight="2"
         android:background="@null">
     </Spinner>
 </LinearLayout>
```

（4）添加"每日新题个数"的线性布局及文本组件。顺序添加如下代码：

<代码 32　　代码位置：资源包\code\22\Bits\32.txt>

```xml
<!--显示下拉框和文字的布局-->
 <LinearLayout
     android:layout_width="match_parent"
     android:layout_height="40dp"
     android:layout_marginTop="5dp"
     android:background="@android:color/white"
     android:orientation="horizontal">
<!--显示"每日新题个数"文本控件-->
     <TextView
         android:layout_width="0dp"
         android:layout_height="wrap_content"
         android:layout_weight="8"
         android:padding="10dp"
         android:text="每日新题的个数"
```

```xml
            android:textSize="17sp" />
<!--显示下拉选项框的Spinner控件-->
        <Spinner
            android:id="@+id/spinner_new_number"
            android:layout_width="0dp"
            android:layout_height="28dp"
            android:layout_gravity="center_vertical"
            android:layout_marginRight="15dp"
            android:layout_weight="2"
            android:background="@null">
        </Spinner>
    </LinearLayout>
```

（5）添加"每日复习题个数"的线性布局及文本组件。顺序添加如下代码：

<代码 33　　代码位置：资源包\code\22\Bits\33.txt>

```xml
<!--显示下拉框和文字的布局-->
  <LinearLayout
        android:layout_width="match_parent"
        android:layout_height="40dp"
        android:layout_marginTop="5dp"
        android:background="@android:color/white"
        android:orientation="horizontal">
<!--显示"每日复习题个数"文本控件-->
        <TextView
            android:layout_width="0dp"
            android:layout_height="wrap_content"
            android:layout_weight="8"
            android:padding="10dp"
            android:text="每日复习题的个数"
            android:textSize="17sp" />
<!--显示下拉选项框的Spinner控件-->
        <Spinner
            android:id="@+id/spinner_revise_number"
            android:layout_width="0dp"
            android:layout_height="28dp"
            android:layout_gravity="center_vertical"
            android:layout_marginRight="15dp"
            android:layout_weight="2"
            android:background="@null">
        </Spinner>
    </LinearLayout>
```

22.6.4　实现设置界面功能

扫一扫，看视频

创建一个名为"SetFragment"的类文件（创建方法可参考图 22.53）。此界面绑定了开关按钮，实现下拉菜单里的选择内容以及选择事件。SetFragment 类继承 app 包下的 Fragment，如图 22.58 所示。

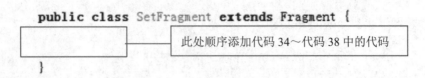

图 22.58 声明控件的代码添加位置

声明设置界面控件的具体步骤如下：

（1）声明下拉选项框、数据库、下拉选项框的适配器以及下拉选项框里的选项内容。在图 22.58 所示的红色框区域添加如下代码：

<代码 34　　代码位置：资源包\code\22\Bits\34.txt>

```
private SharedPreferences sharedPreferences;          //定义一个轻量级数据库
private SwitchButton switchButton;                    //开关按钮
private Spinner spinnerDifficulty;                    //定义选择难度的下拉框
private Spinner spinnerAllNum;                        //定义解锁题目的下拉框
private Spinner spinnerNewNum;                        //定义新题目的下拉框
private Spinner spinnerReviewNum;                     //定义复习题的下拉框
private ArrayAdapter<String> adapterDifficulty,adapterAllNum,
            adapterNewNum,adapterReviewNUm;   //定义下拉框的适配器
//选择难度下拉框里面的选项内容
String [] difficulty = new String[]{"小学","初中","高中","四级","六级"};
//解锁题目下拉框的选项内容
String [] allNum = new String[]{"2 道","4 道","6 道","8 道"};
//新题目下拉框的选项内容
String [] newNum = new String[]{"10","30","50","100"};
//复习题目下拉框的选项内容
String [] revicwNum = new String[]{"10","30","50","100"};
SharedPreferences.Editor editor = null;               //定义数据库的编辑器
```

（2）绑定设置界面的布局。由于设置界面为 Fragment，与 Activity 绑定布局的方式不同，请注意区分。顺序添加代码，绑定设置界面布局的代码如下：

<代码 35　　代码位置：资源包\code\22\Bits\35.txt>

```
public View onCreateView(LayoutInflater inflater, ViewGroup container,
                         Bundle savedInstanceState) {
    //绑定布局文件
    View view = inflater.inflate(R.layout.set_fragment_layout,null);
    init(view);
    return view;
}
```

（3）初始化控件，包括下拉选项框、选项框的适配器、选项框的选项以及开关按钮初始化。顺序添加如下代码：

<代码 36　　代码位置：资源包\code\22\Bits\36.txt>

```
/**
 *初始化控件
 */
private void init(View view) {
    sharedPreferences = getActivity().getSharedPreferences("share",
```

```java
                            Context.MODE_PRIVATE);        //初始化数据库器
editor = sharedPreferences.edit();                        //初始化编辑器
//开关按钮绑定id
switchButton = (SwitchButton) view.findViewById(R.id.switch_btn);
switchButton.setOnClickListener(this);                    //开关按钮设置监听事件
//选择难度下拉框绑定id
spinnerDifficulty = (Spinner) view.findViewById(R.id.spinner_difficulty);
//解锁题目下拉框绑定id
spinnerAllNum = (Spinner) view.findViewById(R.id.spinner_all_number);
//新题目下拉框绑定id
spinnerNewNum = (Spinner) view.findViewById(R.id.spinner_new_number);
//复习题下拉框绑定id
spinnerReviewNum = (Spinner) view.findViewById(R.id.spinner_revise_number);
//初始化选择难度下拉框的适配器
adapterDifficulty = new ArrayAdapter<String>(getActivity(),
            android.R.layout.simple_selectable_list_item, difficulty);
//给选择难度下拉框设置适配器
spinnerDifficulty.setAdapter(adapterDifficulty);
//定义选择难度下拉框的默认选项
setSpinnerItemSelectedByValue(spinnerDifficulty,
                    sharedPreferences.getString("difficulty", "四级"));
//设置选择难度的下拉框的监听事件
this.spinnerDifficulty.setOnItemSelectedListener(new AdapterView.
                                    OnItemSelectedListener() {
    @Override
    public void onItemSelected(AdapterView<?> parent, View view,
                                    int position, long id) {
        //获取到选择的内容
        String msg = parent.getItemAtPosition(position).toString();
        editor.putString("difficulty",msg);              //写到数据库里面
        editor.commit();                                  //保存
    }
    @Override
    public void onNothingSelected(AdapterView<?> parent) {

    }
});
/**
 *同上面的选择难度的选项框的原理一样
 **/
adapterAllNum = new ArrayAdapter<String>(getActivity(),
            android.R.layout.simple_selectable_list_item, allNum);
spinnerAllNum.setAdapter(adapterAllNum);
setSpinnerItemSelectedByValue(spinnerAllNum,
                    sharedPreferences.getInt("allNum", 2) + "道");
this.spinnerAllNum.setOnItemSelectedListener(new AdapterView.
                                    OnItemSelectedListener() {
    @Override
    public void onItemSelected(AdapterView<?> parent,
                        View view, int position, long id) {
```

```java
            String msg = parent.getItemAtPosition(position).toString();
            int i = Integer.parseInt(msg.substring(0, 1));
            editor.putInt("allNum", i);
            editor.commit();
        }
        @Override
        public void onNothingSelected(AdapterView<?> parent) {

        }
    });
    /**
     *同上面的选择难度的选项框的原理一样
     **/
    adapterNewNum = new ArrayAdapter<String>(getActivity(),
                    android.R.layout.simple_selectable_list_item, newNum);
    spinnerNewNum.setAdapter(adapterNewNum);
    setSpinnerItemSelectedByValue(spinnerNewNum,
                        sharedPreferences.getString("newNum", "10"));
    this.spinnerNewNum.setOnItemSelectedListener(new AdapterView.
                                            OnItemSelectedListener() {
        @Override
        public void onItemSelected(AdapterView<?> parent,
                                    View view, int position, long id) {
            String msg = parent.getItemAtPosition(position).toString();
            editor.putString("newNum", msg);
            editor.commit();
        }

        @Override
        public void onNothingSelected(AdapterView<?> parent) {

        }
    });
    /**
     *同上面的选择难度的选项框的原理一样
     **/
    adapterReviewNUm = new ArrayAdapter<String>(getActivity(),
                    android.R.layout.simple_selectable_list_item, revicwNum);
    spinnerReviewNum.setAdapter(adapterReviewNUm);
    setSpinnerItemSelectedByValue(spinnerReviewNum,
                    sharedPreferences.getString("reviewNum", "10"));
    this.spinnerReviewNum.setOnItemSelectedListener(new AdapterView.
                                            OnItemSelectedListener() {
        @Override
        public void onItemSelected(AdapterView<?> parent,
                                    View view, int position, long id) {
            String msg = parent.getItemAtPosition(position).toString();
            editor.putString("reviewNum", msg);
            editor.commit();
        }
```

```
            @Override
            public void onNothingSelected(AdapterView<?> parent) {

            }
        });
}
```

（4）在每次进入设置界面时，下拉选项框显示之前已设定的选项，如不进行此设置，将显示选项框的第一个选项。顺序添加如下代码：

<代码 37   代码位置：资源包\code\22\Bits\37.txt>

```
/**
 *设置下拉框默认选项的方法
 */
public void setSpinnerItemSelectedByValue(Spinner spinner, String value) {
    SpinnerAdapter apsAdapter = spinner.getAdapter();  //得到SpinnerAdapter对象
    int k = apsAdapter.getCount();
    for (int i = 0; i < k; i++) {
        if (value.equals(apsAdapter.getItem(i).toString())) {
            spinner.setSelection(i, true);              // 默认选中项
        }
    }
}
```

（5）在每次加载设置界面的开关按钮时，从数据库中读取开关按钮的状态，判断是否启用此APP解锁。顺序添加如下代码：

<代码 38   代码位置：资源包\code\22\Bits\38.txt>

```
@Override
public void onStart() {
    super.onStart();
    /**
     *从数据库获取开关按钮的状态
     **/
    if (sharedPreferences.getBoolean("btnTf", false)) {
        switchButton.openSwitch();
    } else {
        switchButton.closeSwitch();
    }
}
```

（6）为开关按钮设置点击事件。鼠标左键单击图22.59所示的"this"，按<Alt+Enter>快捷键，在弹出的提示框中选择"Make 'SetFragment' implement..."选项，如图22.59所示。

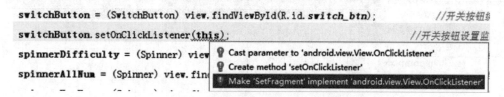

图 22.59　为开关按钮设置监听事件

在弹出的对话框中单击"OK"按钮，自动生成代码。在自动生成的代码里（即两个"{}"之间）

编写开关按钮的点击事件。点击开关按钮时，如果按钮是打开状态，则执行关闭操作；如果开关按钮是关闭状态，则执行打开操作。实现代码如下：

<代码39　　代码位置：资源包\code\22\Bits\39.txt>

```
switch (v.getId()) {
    case R.id.switch_btn:                           //点击开关按钮
        if (switchButton.isSwitchOpen()) {          //如果开关按钮为打开状态
            switchButton.closeSwitch();             //则关闭按钮
            editor.putBoolean("btnTf", false);      //写入数据库开关按钮状态
        } else {                                    //否则为关闭状态
            switchButton.openSwitch();              //打开开关按钮
            editor.putBoolean("btnTf", true);       //写入数据库状态
        }
        editor.commit();                            //进行保存
        break;
}
```

22.7 主界面设计

- 开发时间：30～80 分钟
- 开发难度：★★★☆☆
- 源码路径：资源包\code\22\Module\005
- 关键词：ScreenListener　HashMap　FragmentTransaction

22.7.1 自定义按钮样式

主界面中有一个"错词本"按钮，是自定义按钮，效果如图 22.60 所示。

实现步骤如下：

（1）创建 Drawable 资源文件，在"app\src\main\res\drawable"目录上单击鼠标右键，在弹出的菜单中选择"New"→"Drawable resource file"，如图 22.61 所示。

图 22.60　错词本按钮

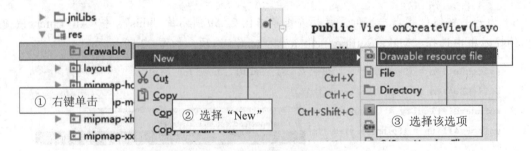

图 22.61　创建 resource 文件

弹出如图 22.62 所示的对话框，填写文件名为"btn_kuang"，单击"OK"按钮。

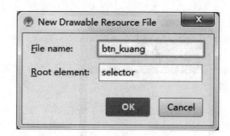

图 22.62 弹出的对话框

（2）在刚刚创建的文件里添加代码，按照自定义的样式，绘制按钮。具体代码及详解如下：

<代码 40　　　代码位置：资源包\code\22\Bits\40.txt>

```xml
<?xml version="1.0" encoding="utf-8"?>
<layer-list xmlns:android="http://schemas.android.com/apk/res/android">
<item>
    <shape
        xmlns:android="http://schemas.android.com/apk/res/android"
        android:shape="rectangle">
        <solid
            android:color="@android:color/holo_blue_light"/>   背景颜色
        <corners
            android:bottomRightRadius="10dp"
            android:bottomLeftRadius="10dp"
            android:topLeftRadius="10dp"
            android:topRightRadius="10dp"/>                    矩形4个角的弧度
        <stroke
            android:width="1dp"                                边框线的宽度
            android:color="#C0C0C0"                            边框线的颜色
            />
    </shape>
</item>
</layer-list>
```

22.7.2　绘制主界面布局

主界面为程序打开时的界面，复习界面与设置界面都是在此界面中加载的。创建主界面的布局文件（创建方法可参考图 22.51），名称为"home_layout"。主界面效果如图 22.63 所示，分成三部分来绘制。

在 home_layout.xml 布局文件中，采用相对布局管理器。代码如下：

<代码 41　　　代码位置：资源包\code\22\Bits\41.txt>

```xml
<?xml version="1.0" encoding="utf-8"?>
<!--最外层的父布局（此界面为相对布局）-->
<RelativeLayout
xmlns:android="http://schemas.android.com/apk/res/android"
    android:layout_width="match_parent"
    android:layout_height="match_parent">
                                此处顺序添加代码42～代码44中的代码
</RelativeLayout>
```

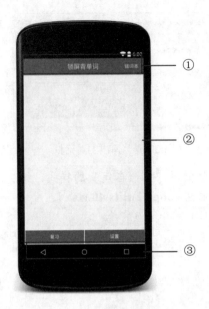

图22.63 主界面绘制后的效果图

（1）绘制一个"锁屏背单词"的标题栏，在标题栏的右侧显示一个"错词本"的按钮。代码如下：

<代码42　　　代码位置：资源包\code\22\Bits\42.txt>

```xml
<!--用于显示标题栏的父布局-->
<RelativeLayout
    android:layout_width="match_parent"
    android:layout_height="50dp"
    android:background="@android:color/holo_blue_light">
<!--用于显示标题栏中的"锁屏背单词"的文本控件-->
    <TextView
        android:layout_width="wrap_content"
        android:layout_height="wrap_content"
        android:layout_centerHorizontal="true"
        android:layout_centerVertical="true"
        android:text="锁屏背单词"
        android:textColor="@android:color/white"
        android:textSize="20sp" />

<!--用于显示标题栏中的"错词本"的按钮控件-->
    <Button
        android:id="@+id/wrong_btn"
        android:layout_width="60dp"
        android:layout_height="30dp"
        android:layout_alignParentRight="true"
        android:layout_centerVertical="true"
        android:layout_marginRight="10dp"
        android:padding="3dp"
        android:text="错词本"
        android:textColor="@android:color/white"
```

```xml
        android:textSize="15sp"
        android:background="@drawable/btn_kuang"/>
</RelativeLayout>
```

（2）复习界面与设置界面在主界面中加载的父类布局为 Fragment，代码如下：

<代码 43   代码位置：资源包\code\22\Bits\43.txt>

```xml
<!--用于加载复习界面和设置界面的 fragment 控件-->
<FrameLayout
    android:id="@+id/frame_layout"
    android:layout_width="match_parent"
    android:layout_height="match_parent"
    android:layout_marginBottom="40dp"
    android:layout_marginTop="50dp"></FrameLayout>
```

（3）复习界面与设置界面切换的按钮，代码如下：

<代码 44   代码位置：资源包\code\22\Bits\44.txt>

```xml
<!--用于加载复习与设置按钮的父布局-->
<LinearLayout
    android:layout_width="match_parent"
    android:layout_height="40dp"
    android:layout_alignParentBottom="true"
    android:layout_marginBottom="3dp"
    android:orientation="horizontal">
<!-- "复习"按钮控件-->
    <Button
        android:layout_width="0dp"
        android:layout_height="match_parent"
        android:layout_marginLeft="3dp"
        android:layout_weight="1"
        android:background="@android:color/holo_blue_light"
        android:onClick="study"
        android:text="复习"
        android:textColor="#FFFFFF" />
<!-- "设置"按钮控件-->
    <Button
        android:layout_width="0dp"
        android:layout_height="match_parent"
        android:layout_marginLeft="3dp"
        android:layout_marginRight="3dp"
        android:layout_weight="1"
        android:background="@android:color/holo_blue_light"
        android:onClick="set"
        android:text="设置"
        android:textColor="#FFFFFF" />
</LinearLayout>
```

⊃ **试一试：**

① 在绘制"复习"与"设置"两个按钮时，所占父布局的比重是"1"。把其中的一个"1"改成"2"，看一看效果。
② 还是这两个按钮，其宽度都是"0"，把宽度设置上值之后，看看有没有变化。

22.7.3 创建 BaseApplication 对象

创建一个名为 BaseApplication 的类。BaseApplication 类是在开发过程中常用到的类，它贯穿整个 APP 的生命周期。由于程序的需求不同，所以需在此类中编写的代码也不相同。在锁屏背单词 APP 中，BaseApplication 类主要是用来添加一个 Activity 到列队中，必要时销毁这个 Activity。具体代码如下：

<代码 45　　　代码位置：资源包\code\22\Bits\45.txt>

```java
public class BaseApplication extends Application {
    //创建一个Map集合，把activity加到这个Map集合里
    private static Map<String, Activity> destroyMap = new HashMap<>();
    /**
     *添加到销毁的列队
     *<p/>
     *要销毁的activity
     */
    public static void addDestroyActiivty(Activity activity, String activityName) {
        destroyMap.put(activityName, activity);
    }
    /**
     *销毁指定的activity
     */
    public static void destroyActivity(String activityName) {
        Set<String> keySet = destroyMap.keySet();
        for (String key : keySet) {
            destroyMap.get(key).finish();
        }
    }
}
```

返回到 MainActivity 文件，在初始化控件的方法中找到如图 22.64 所示的位置，将指定的 Activity 添加到销毁的列队中。

```
timeText.setText(mHours + ":" + mMinute);
dateText.setText(mMonth + "月" + mDay + "日" + "  " + "星期" + mWay);
```
　　　　　　　　　　　　　　　　　将指定的 Activity 添加到销毁的列队中

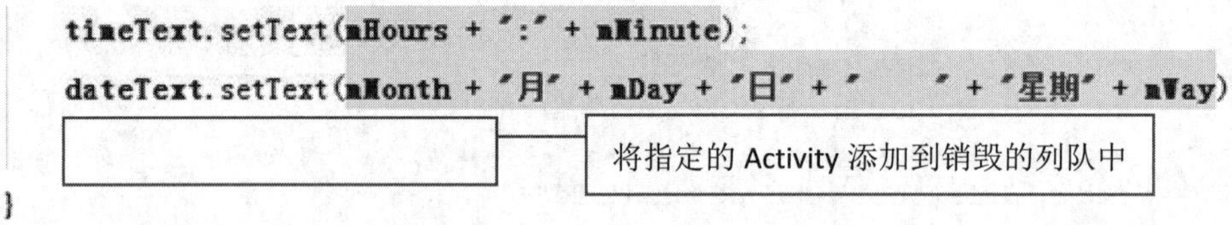

图 22.64　销毁 MainActivity 的代码添加位置

添加代码如下：

```java
//把mainActivity添加到销毁集合里
BaseApplication.addDestroyActiivty(this, "mainActivity");
```

22.7.4 声明 BaseApplication

打开 AndroidManifest.xml 文件，在如图 22.65 所示的位置添加声明 BaseApplication 的代码。代

码如下：

```
android:name=".BaseApplication"
```

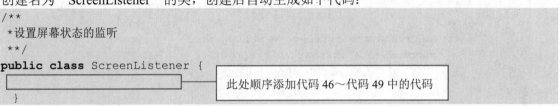

图 22.65　声明 BaseApplication

扫一扫，看视频

22.7.5　锁屏状态监听

创建名为"ScreenListener"的类，创建后自动生成如下代码：

```
/**
*设置屏幕状态的监听
**/
public class ScreenListener {
    此处顺序添加代码46～代码49中的代码
}
```

1．初始化广播和接口

初始化广播和内部接口，用于其他界面调用该广播。在红色方框区域添加代码如下：

<代码46　　代码位置：资源包\code\22\Bits\46.txt>

```
private Context context;                                    //联系上下文
    private ScreenBroadcastReceiver mScreenReceiver;        //定义一个广播
    private ScreenStateListener mScreenStateListener;       //定义内部接口
    /**
     *初始化
     **/
    public ScreenListener(Context context) {
        this.context = context;
        mScreenReceiver =new ScreenBroadcastReceiver();     //初始化广播
    }
```

2．自定义接口

自定义接口，用于监听屏幕亮起、关闭、解锁时的状态。顺序添加如下代码：

<代码47　　代码位置：资源包\code\22\Bits\47.txt>

```
/**
 *自定义接口
 **/
public interface ScreenStateListener{
    void onScreenOn();           //手机屏幕点亮
    void onScreenOff();          //手机屏幕关闭
    void onUserPresent();        //手机屏幕解锁
}
```

3. 获取屏幕状态

通过系统的服务获取到手机的屏幕状态，顺序添加如下代码：

<代码 48　　代码位置：资源包\code\22\Bits\48.txt>

```java
/**
 *获取 screen 的状态
 **/
private void getScreenState() {
    //初始化 powerManager
    PowerManager manager = (PowerManager) context.
                            getSystemService(Context.POWER_SERVICE);
    if (manager.isScreenOn()){                      //如果监听已经开启
        if (mScreenStateListener != null){
            mScreenStateListener.onScreenOn();
        }
    }else {                                         //如果监听没开启
        if (mScreenStateListener != null){
            mScreenStateListener.onScreenOff();
        }
    }
}
```

4. 屏幕监听广播

编写一个内部广播，用于监听屏幕亮起、关闭、解锁时的状态，在不同状态下发出不同的广播。顺序添加如下代码：

<代码 49　　代码位置：资源包\code\22\Bits\49.txt>

```java
/**
 *写一个内部的广播
 **/
private class ScreenBroadcastReceiver extends BroadcastReceiver{
    private String action = null;
    @Override
    public void onReceive(Context context, Intent intent) {
        action = intent.getAction();
        if (Intent.ACTION_SCREEN_ON.equals(action)){           //屏幕亮时操作
            mScreenStateListener.onScreenOn();
        }else if (Intent.ACTION_SCREEN_OFF.equals(action)){    //屏幕关闭时操作
            mScreenStateListener.onScreenOff();
        }else if (Intent.ACTION_USER_PRESENT.equals(action)) { //解锁时操作
            mScreenStateListener.onUserPresent();
        }
    }
}
/**
 *开始监听广播状态
 **/
public void begin(ScreenStateListener listener){
    mScreenStateListener = listener;
    registerListener();                                        //注册监听
```

```
            getScreenState();                                    //获取监听
    }
    /**
     *启动广播接收器
     **/
    private void registerListener() {
        IntentFilter filter = new IntentFilter();
        filter.addAction(Intent.ACTION_SCREEN_ON);                //屏幕亮起时开启的广播
        filter.addAction(Intent.ACTION_SCREEN_OFF);               //屏幕关闭时开启的广播
        filter.addAction(Intent.ACTION_USER_PRESENT);             //屏幕解锁时开启的广播
        context.registerReceiver(mScreenReceiver, filter);        //发送广播
}


    /**
     *解除广播
     **/
 public void unregisterListener(){
     context.unregisterReceiver(mScreenReceiver);                 //注销广播
  }
```

22.7.6 实现主界面功能

扫一扫，看视频

实现主界面功能的步骤如下：

（1）创建一个名为"HomeActivity"的类。主界面用于显示复习界面和设置界面，以及这两个界面之间的切换。主界面的 Activity 继承 AppCompatActivity，代码如下：

```
public class HomeActivity extends AppCompatActivity {

                                  此处顺序添加代码 50～代码 54 中的代码

}
```

① 把 HomeActivity 类作为定义数据库、屏幕状态的监听以及复习与设置界面的 Fragment。具体代码如下：

<代码 50   代码位置：资源包\code\22\Bits\50.txt>

```
private ScreenListener screenListener;                //绑定此页面与手机屏幕状态的监听
    private SharedPreferences sharedPreferences;      //定义一个轻量级数据库
    private FragmentTransaction transaction;          //定义用于加载复习与设置的界面
    private StudyFragment studyFragment;              //绑定复习界面
    private SetFragment setFragment;                  //绑定设置界面
    private Button wrongBtn;                          //定义错词本按钮
```

② 绑定布局文件，初始化数据库、错词本按钮以及手机屏幕状态的监听，当手机屏幕亮起时将锁屏界面显示在手机的最上方的操作。代码如下：

<代码 51   代码位置：资源包\code\22\Bits\51.txt>

```
    @Override
    protected void onCreate(Bundle savedInstanceState) {
        super.onCreate(savedInstanceState);
        getWindow().addFlags(WindowManager.LayoutParams.FLAG_FULLSCREEN);
        setContentView(R.layout.home_layout);             //绑定布局文件
        init();                                           //初始化控件
```

```java
    }
    /**
     *初始化控件的方法
     **/
    private void init() {
        sharedPreferences = getSharedPreferences("share",
                        Context.MODE_PRIVATE);              //初始化数据库
        wrongBtn = (Button) findViewById(R.id.wrong_btn);   //绑定id
        wrongBtn.setOnClickListener(this);                  //对按钮设置监听事件
        //设置 editer 用于网数据库里面添加数据和修改数据
        final SharedPreferences.Editor editor = sharedPreferences.edit();
        screenListener = new ScreenListener(this);          //屏幕状态进行监听
        screenListener.begin(new ScreenListener.ScreenStateListener() {
            @Override
            public void onScreenOn() {                      //手机已点亮屏幕的操作
                //判断是否在设置界面开启了锁屏按钮
                if (sharedPreferences.getBoolean("btnTf",false)){
                    //判断屏幕是否解锁
                    if (sharedPreferences.getBoolean("tf", false)) {
                        Intent intent = new Intent(HomeActivity.this,
                        MainActivity.class);                //启动锁屏页面
                        startActivity(intent);              //开始跳转
                    }
                }
            }

            @Override
            public void onScreenOff() {                     //手机已锁屏的操作
                /**
                 *如果手机已经锁了
                 *就把数据库面的 tf 字段改成 true
                 **/
                editor.putBoolean("tf", true);
                editor.commit();
            //销毁锁屏界面
                BaseApplication.destroyActivity("mainActivity");

            }

            @Override
            public void onUserPresent() {                   //手机已解锁的操作
                /**
                 *如果手机已经解锁了
                 *就把数据库面的 tf 字段改成 false
                 **/
                editor.putBoolean("tf", false);
                editor.commit();
            }
        });
        //当此页面加载时，显示复习界面的 fragment
```

```
        studyFragment = new StudyFragment();
        setFragment(studyFragment);                //设置不同的fragment
    }
```

③执行"复习"、"设置"按钮的点击事件,实现跳转到相应的页面。具体代码如下:

<代码52   代码位置:资源包\code\22\Bits\52.txt>

```
/**
 *单击不同的按钮显示不同的fragment
 **/
public void setFragment(Fragment fragment) {
    transaction = getFragmentManager().beginTransaction();
//初始化transaction
    transaction.replace(R.id.frame_layout, fragment);
    //绑定id
    transaction.commit();
}

//单击进入复习页面
public void study(View v) {
    if (studyFragment == null) {
        studyFragment = new StudyFragment();
    }
    setFragment(studyFragment);
}

//单击进入设置界面
public void set(View v) {
    if (setFragment == null) {
        setFragment = new SetFragment();
    }
    setFragment(setFragment);
}
```

④单击"错词本"按钮时,将会弹出一个提示,提示内容为"待加错题本功能"。为错题本按钮设置监听事件,鼠标左键单击"this",按<Alt + Enter>快捷键,在弹出的提示框中选择"Make 'HomeActivity' implement……"选项,弹出对话框,单击"OK"按钮。在自动生成的代码中(即生成的两个{})添加如下代码:

<代码53   代码位置:资源包\code\22\Bits\53.txt>

```
switch (v.getId()){
    /**
     *跳转到错题页面
     **/
    case R.id.wrong_btn:
        Toast.makeText(this, "跳转到错题界面", Toast.LENGTH_SHORT).show();
        //详情请参考源码
        break;
}
```

⑤在开发过程中，开启广播后，都需在程序结束时解除广播，如不解除广播程序将会报错。上文中已经绑定监听屏幕状态的广播，所以在程序执行 onDestroy()方法时，需将监听锁屏状态的广播解除。代码如下：

<代码 54　代码位置：资源包\code\22\Bits\54.txt>

```
/**
 *解除广播监听
 */
@Override
protected void onDestroy() {
    super.onDestroy();
    screenListener.unregisterListener();
}
```

（2）打开 AndroidManifest.xml 文件，修改文件中的代码，如图 22.66 所示。修改之后启动的 activity 是 HomeActivity，跳转页面为 MainActivity。

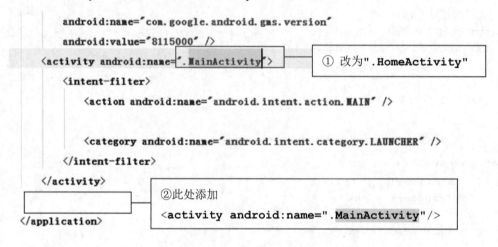

图 22.66　需要修改的两处代码

①将".MainActivity"修改为".HomeActivity"。
②插入代码"<activity android:name=".MainActivity"/>"。

（3）现在就可以运行程序了工具栏中的运行按钮（即工具栏中的三角形），如图 22.67 所示。

图 22.67　运行项目

22.8 本章总结

本章通过开发一个完整的锁屏背单词 APP 程序，有助于帮助用户熟悉一些编程所必需的控件，掌握开发应用程序的基本思路和技巧。本章主要的内容和知识点总结如图 22.68 所示。

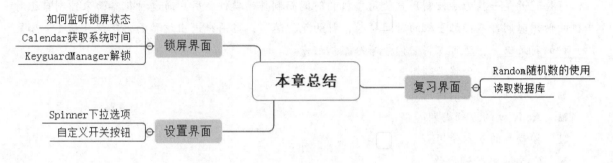

图 22.68　本章总结

第 23 章 静 待 花 开

静待花开是一款为了控制用户使用手机的时间而制作的软件。用户通过种花界面来控制自己对手机的使用时间，不接触手机的时间越长，种的花就越多，当用户退出该界面，花就会枯萎。如果用户种的花足够多，还可以将它们分享给微信好友。

通过本章学习，你将学到：
- 属性动画的基本使用
- Activity 的生命周期
- 帧动画的基本使用
- Canvas 的绘制操作
- Handler 传值
- 自定义控件的创建和使用
- SurfaceView 绘制动画

23.1 开发背景

随着智能手机的普及，手机硬件性能也随之不断提高，越来越多的功能都可以在手机中得以实现。人们的生活也更加离不开手机，因此，手机 APP 得到了快速发展。当人们将更多的时间消耗在玩手机时，却忽视了身体上的疲劳以及与家人的情感交流。制作该项目的目的就是为了控制用户使用手机的时间。

23.2 系统功能设计

23.2.1 系统功能结构

静待花开主要分为四个部分：名人名言、关于我们、花圃和种花界面，其主要功能如图 23.1 所示。

23.2.2 业务流程

静待花开 APP 的业务流程如图 23.2 所示。

第 23 章 静待花开

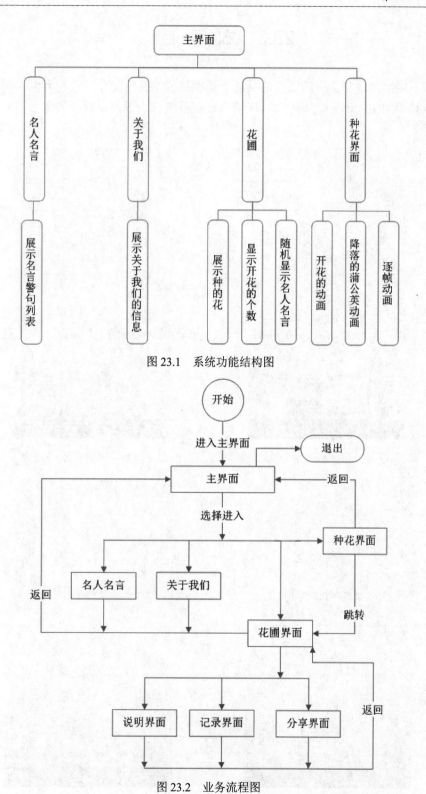

图 23.1 系统功能结构图

图 23.2 业务流程图

23.3 本章目标

由于篇幅有限,本章将会讲解主要的功能。该项目的主要功能在"种花界面"都有所体现,所以接下来将以该界面中的部分效果作为实现的目标。首先看一下种花界面的运行效果,如图23.3～图23.6所示。

图 23.3 进入界面后开始5秒倒计时

图 23.4 种花动画开始-种子落下

图 23.5 花即将开放

图 23.6 开花

将以上 4 幅图组成一组动画过程，对比可以发现以下 4 个效果：（1）从播种到开花。进入种花界面开始倒计时，5 秒后开始播种，种子种下，逐渐开花。（2）大雁飞翔。白色的大雁从屏幕左侧飞进，从右侧飞出。（3）蒲公英飘落。白色的蒲公英从屏幕上方降落。（4）界面的背景颜色在不断变化。

本章的目标就是完成该界面中的这 4 个动画效果。由于源码中的代码比较多，不适合在文本中讲解，所以本章将每个功能效果拆分讲解（如果基础比较好，直接看源代码效果会更好）。因此，本章讲解的不是整个界面，而是该界面中的主要功能。

23.4 开 发 准 备

23.4.1 导入工具类等资源文件

首先创建新项目，项目创建完成后，将资源包（路径为"资源包\code\23\Src"）中的文件夹下的 utils 包复制到该项目中。utils 包中的工具类包括文件读取、获取时间和 Log 日志等功能。

23.4.2 创建 MyDataHelper 数据帮助类

使用 MyDataHelper 类设置一些将会频繁用到的数据。因为在项目中将会频繁地调用花的名称和花的图片（23.7 小节中将会用到这个类），为了防止频繁地创建对象，这里使用了单例模式。关键代码如下：

<代码 01   代码位置：资源包\code\23\Bits\01.txt>

```java
public class MyDataHelper {
    private DatasDao datasDao;              //数据库操作类
    private int[] bimmapID;                 //花的图片资源 ID
    private Bitmap[] flowers;               //花的图片
    private String[] flowerName;            //花的名称
    private ArrayList<Quotes> quotesList;   //名言警句集合
    private static class SingletonHolder {
        private static final MyDataHelper INSTANCE = new MyDataHelper();//创建对象
    }
    private MyDataHelper (){}               //私有的构造方法，防止外部调用该方法创建新的对象
    public static final MyDataHelper getInstance() {    //获取对象
        return SingletonHolder.INSTANCE;                //返回对象
    }
    /**
     *返回图片资源 ID 数组
     *@return
     */
    public int[] getBitmapID(){
        if (bimmapID == null){              //当该数组为空时创建对象，否则直接返回
            bimmapID = new int[]{R.mipmap.mrkj_flower_01, R.mipmap.mrkj_flower_02
                ,R.mipmap.mrkj_flower_03,R.mipmap.mrkj_flower_04,R.mipmap.mrkj_flower_05
```

```java
                ,R.mipmap.mrkj_flower_06,R.mipmap.mrkj_flower_07,R.mipmap.mrkj_flower_08
                ,R.mipmap.mrkj_flower_09,R.mipmap.mrkj_flower_10};
    }
    return bimmapID;                        //返回图片资源的数组
}
/**
 * 花朵bitmap数组
 * @param context
 * @return
 */
public Bitmap[] getBitmapArray(Context context){
    int[] resID = getBitmapID();    //获取图片的资源数组
    flowers = new Bitmap[10];       //实例化数组并指定数组的长度为10
    for (int i = 0 ;i < flowers.length;i++){//将资源文件转换成Bitmmap存到数组中
        flowers[i] = BitmapFactory.decodeResource(context.getResources(),resID[i]);
    }
    return flowers;                 //返回图片的数组
}
/**
 * 花的名称
 */
public String[] getFlowerNames(){
    if (flowerName == null){        //当对象为空时创建String类型的数组来存放花的名字
        flowerName = new String[]{"勿忘我","三色堇","金盏菊"
                ,"雏菊","桔梗花","鸡蛋花","石竹","莺萝","荷兰菊","百合"};
    }
    return flowerName;              //返回花的名称的数组
}
```

这里以获取图片资源数组为例。当要调用 MyDataHelper 类中图片资源时，只需要使用 MyDataHepler.getInstance()方法获取 MyDataHelper 对象，再使用该对象调用 getBitmapArray()方法，用于获取图片数组。示例代码如下：

```java
Bitmap[] bitmaps = MyDataHelper.getInstance().getBitmapArray(this);
```

注意：

将图片资源复制到项目中。同样res下values文件夹中的style.xml、color.xml、dimen.xml资源也需要复制到项目中，避免因为找不到资源文件而报错。

23.5 实现大雁飞翔的效果

所谓"大雁飞翔"，指大雁在拍打翅膀，并从屏幕的左侧向右侧移动，从视觉上看，就是大雁飞翔的效果。其实实现这种效果很简单，主要是使用逐帧动画实现拍打翅膀的效果，同时配合属性动画实现横向位移，即可实现大雁飞翔的效果。

23.5.1 设置大雁的逐帧动画

设置逐帧动画是大雁拍打翅膀的关键。在 drawable 文件夹中创建名为 bird.xml 的资源文件，然后设置逐帧动画，每一帧的间隔时间为 500ms，并且循环播放，实现大雁拍打翅膀的效果。这样设置后，当运行动画时大雁不断拍打翅膀的动画效果就会展示出来。设置逐帧动画的代码如下：

<代码 02　　代码位置：资源包\code\23\Bits\02.txt >

```xml
<?xml version="1.0" encoding="utf-8"?>
<animation-list xmlns:android="http://schemas.android.com/apk/res/android"
    android:oneshot="false">
    <item android:drawable="@mipmap/mrkj_plant_bird_01" android:duration="500"/>
    <item android:drawable="@mipmap/mrkj_plant_bird_02" android:duration="500"/>
</animation-list>
```

在 bird.xml 的资源文件中设置完逐帧动画后，即可呈现图 23.7 所示的预览界面。此时在预览里看不到动画效果，接下来实现如何在布局文件中使用 bird.xml 文件，然后实现动画效果。

图 23.7　逐帧动画的预览效果

23.5.2 实现大雁飞翔的效果

创建名为"FlyActivity"的类，并创建名为"activity_fly.xml"的布局文件，在布局文件中添加一个 ImageView 组件，用于展示 bird.xml 的效果。这里通过使用 ImageView 的"android: src="@drawable/bird""属性将 bird.xml 放入 ImageView 中。具体实现 activity_fly.xml 布局的代码如下：

<代码 03　　代码位置：资源包\code\23\Bits\03.txt >

```xml
<?xml version="1.0" encoding="utf-8"?>
<RelativeLayout
    xmlns:android="http://schemas.android.com/apk/res/android"
    android:layout_width="match_parent"
    android:layout_height="match_parent"
```

```
    android:background="#00ffff">
    <ImageView
        android:id="@+id/bird"
        android:layout_centerVertical="true"
        android:layout_width="wrap_content"
        android:layout_height="wrap_content"
        android:src="@drawable/bird"
        />
</RelativeLayout>
```

当 activity_fly.xml 布局文件完成后，实现了如图 23.8 所示的布局效果。接下来在 FlyActivity 类中添加实现动画功能的代码。

图 23.8　界面预览

在 FlyActivity 类中，使用逐帧动画与属性动画的组合，逐帧动画用于显示拍打翅膀，属性动画用于实现控件的平移的动画，通过两种动画的结合使用来实现大雁飞翔的效果。为了让大雁飞翔有飞进飞出的效果，这里在属性动画开始之前先对控件向左进行了一个屏幕长度的平移，当动画执行时就会有大雁从左侧飞进屏幕，再从屏幕右侧飞出的效果了。实现大雁飞翔的动态效果，具体代码如下：

<代码 04　　代码位置：资源包\code\23\Bits\04.txt >

```java
/**
 *让大雁飞翔
 */
public class FlyActivity extends AppCompatActivity {
    private int screenWidth;                        //获取屏幕宽度
    private ImageView bird;                         //代表大雁的控件
    private AnimationDrawable birdAnimation;        //帧动画
    private AnimatorSet birdAnimatorset;            //属性动画
    @Override
    protected void onCreate(Bundle savedInstanceState) {
        super.onCreate(savedInstanceState);
        setContentView(R.layout.activity_fly);
```

```
        getWindowWidth();                                    //获取屏幕宽
        bird = (ImageView) findViewById(R.id.bird);   //实例化控件
        bird.setTranslationX(-screenWidth);          //设置大雁摆放位置向左平移一个屏幕的宽
        birdAnimation = (AnimationDrawable) bird.getDrawable();//获取帧动画
        //设置bird的动画
        birdAnimatorset = new AnimatorSet();         //设置逐帧动画
        ObjectAnimator birdAnimatorR =
                ObjectAnimator.ofFloat(bird,"translationX",screenWidth);//设置位移
                                                                           动画
        birdAnimatorR.setDuration(30*1000);          //设置运行时间
        birdAnimatorR.setInterpolator(new LinearInterpolator());//设置插值器
        birdAnimatorR.setRepeatCount(-1);            //设置从头开始循环
        birdAnimatorset.play(birdAnimatorR);         //播放逐帧动画
        birdAnimation.start();                        //开启逐帧动画
        birdAnimatorset.start();                      //开启属性动画
    }
    /**
     *获取屏幕的宽度和高度
     */
    private void getWindowWidth(){
        DisplayMetrics dm = new DisplayMetrics();//通过它来获取屏幕的宽度与高度
        getWindowManager().getDefaultDisplay().getMetrics(dm);
        screenWidth = dm.widthPixels;                //获取屏幕的宽度
    }
}
```

运行时请将 FlyActivity 设为启动页。当程序运行成功后，屏幕上开始显示的只有背景色，间隔几秒后，会从屏幕的左侧逐渐地飞出拍打着翅膀的大雁，如图 23.9 所示。当大雁飞到屏幕的右侧时，会逐渐地飞出屏幕，如图 23.10 所示。

图 23.9　飞进的效果　　　　　　　图 23.10　飞出的效果

23.6 实现蒲公英飘落的效果

实现蒲公英动态飘落的原理，就是在运行界面时屏幕中随机出现蒲公英，然后每隔 150ms 更改绘制图片的位置，并刷新画布，从而产生蒲公英飘落的动画效果。

23.6.1 创建数据模型 DandelionModel 类

DandelionModel 类用于存放每一个绘制蒲公英图片的相应属性。当调用该类时，只需要通过 setXXX()方法就可以将新的数据赋值给对应的属性，以达到数据更新的目的；同样，当获取属性时，只需要通过 getXXX()方法就可以获取对应的属性值。创建 DandelionModel 类的实现代码如下：

<代码 05　　　代码位置：资源包\code\23\Bits\05.txt >

```java
/**
 *数据模型
 *@author Administrator
 *
 */
public class DandelionModel {

    private int pointX;                              //绘制图片的横坐标
    private int pointY;                              //绘制图片的纵坐标

    private int portOffset;                          //降落的偏移量
    private int landOffset;                          //水平的偏移量
    /**
     *构造方法
     */

    public DandelionModel(int pointX, int pointY, int portOffset, int landOffset) {
        super();
        this.pointX = pointX;                        //给声明的pointX属性赋值
        this.pointY = pointY;                        //给声明的pointY属性赋值
        this.portOffset = portOffset;                //给声明的portOffset属性赋值
        this.landOffset = landOffset;                //给声明的landOffset属性赋值
    }
    public int getPointX() {                         //获取pointX值
        return pointX;                               //返回pointX值
    }
    public void setPointX(int pointX) {              //设置pointX值
        this.pointX = pointX;
    }
    public int getPointY() {                         //获取pointY值
        return pointY;                               //返回pointY值
    }
    public void setPointY(int pointY) {              //设置pointY值
        this.pointY = pointY;
    }
```

```
    public int getPortOffset() {                        //获取portOffset值
        return portOffset;                              //返回portOffset值
    }
    public void setPortOffset(int portOffset) {        //设置portOffset值
        this.portOffset = portOffset;
    }
    public int getLandOffset() {                        //获取landOffset值
        return landOffset;                              //返回landOffset值
    }
    public void setLandOffset(int landOffset) {        //设置landOffset值
        this.landOffset = landOffset;
    }
}
```

23.6.2 创建 DandelionView 类

创建 DandelionView 类，并让其继承 SurfaceView 类，同时实现 SurfaceHolder.Callback、Runnable 两个接口。蒲公英飘落的动画效果，就是在 DandelionView 类中实现的。在该类中声明与绘制有关的变量，代码如下：

<代码 06　　代码位置：资源包\code\23\Bits\06.txt >

```java
public class DandelionView extends SurfaceView
        implements SurfaceHolder.Callback, Runnable {
    private SurfaceHolder mHolder;                      //纹理控制器
    private Thread mThread;                             //线程
    private Canvas mCanvas;                             //画布
    private boolean isRunning;                          //线程开关
    private Bitmap[] bitmaps = new Bitmap[5];           //图片数组
    private Random random = new Random();               //用于获取随机数
    private int drawCounts = 3;                         //绘制的个数
    //以下 5 个集合用于存放想要绘制图片的相关参数，如绘制的 X 坐标与 Y 坐标
    private ArrayList<DandelionModel> dandelionModels_S = new ArrayList<DandelionModel>();
    private ArrayList<DandelionModel> dandelionModels_M = new ArrayList<DandelionModel>();
    private ArrayList<DandelionModel> dandelionModels_L = new ArrayList<DandelionModel>();
    private ArrayList<DandelionModel> dandelionModels_X = new ArrayList<DandelionModel>();
    private ArrayList<DandelionModel> dandelionModels_XX = new ArrayList<DandelionModel>();
    private int screenWidth, screenHeight;              //屏幕宽高
```

23.6.3 初始化绘制数据

在 init() 初始化方法中主要对图片初始化，并将图片存储到 DandelionModel 类型的集合中，作为之后用于绘制图片的准备工作。具体实现代码如下：

<代码07   代码位置：资源包\code\23\Bits\07.txt >

```java
/**
 *构造
 *
 *@param context
 *@param attrs
 *@param defStyleAttr
 */
public DandelionView(Context context, AttributeSet attrs, int defStyleAttr) {
    super(context, attrs, defStyleAttr);
    init();             //初始化
}

public DandelionView(Context context, AttributeSet attrs) {
    super(context, attrs);
    init();             //初始化
}

public DandelionView(Context context) {
    super(context);
    init();             //初始化
}

/**
 * 初始化
 */
private void init() {
    screenWidth = getResources().getDisplayMetrics().widthPixels;//获取屏幕的宽度
    screenHeight = getResources().getDisplayMetrics().heightPixels;//获取屏幕的高度
    mHolder = this.getHolder();                         //获取纹理控制器
    mHolder.addCallback(this);                          //添加接口回调
    setZOrderOnTop(true);                               //设置该控件显示在屏幕的最上方
    mHolder.setFormat(PixelFormat.TRANSPARENT);         //设置背景透明
    // 获取bitmap位图
    bitmaps[0] = BitmapFactory.decodeResource(getResources(), R.mipmap.mrkj_dandelion_30);
    bitmaps[1] = BitmapFactory.decodeResource(getResources(), R.mipmap.mrkj_dandelion_40);
    bitmaps[2] = BitmapFactory.decodeResource(getResources(), R.mipmap.mrkj_dandelion_50);
    bitmaps[3] = BitmapFactory.decodeResource(getResources(), R.mipmap.mrkj_dandelion_60);
    bitmaps[4] = BitmapFactory.decodeResource(getResources(), R.mipmap.mrkj_dandelion_70);
    //添加模型
    for (int i = 0; i < drawCounts; i++) {              //添加想要绘制的图片
        //向图片集合中添加图片
        dandelionModels_S.add(new DandelionModel(
            random.nextInt(screenWidth) + (bitmaps[0].getWidth() >> 1),
```

```
            random.nextInt(screenHeight) + (bitmaps[0].getHeight() >> 1), 2, 4));
    //向图片集合中添加图片
    dandelionModels_M.add(new DandelionModel(
            random.nextInt(screenWidth) + (bitmaps[1].getWidth() >> 1),
            random.nextInt(screenHeight) + (bitmaps[1].getHeight() >> 1), 4, 4));
    //向图片集合中添加图片
    dandelionModels_L.add(new DandelionModel(
            random.nextInt(screenWidth) + (bitmaps[2].getWidth() >> 1),
            random.nextInt(screenHeight) + (bitmaps[2].getHeight() >> 1), 6, 4));
    //向图片集合中添加图片
    dandelionModels_X.add(new DandelionModel(
            random.nextInt(screenWidth) + (bitmaps[3].getWidth() >> 1),
            random.nextInt(screenHeight) + (bitmaps[3].getHeight() >> 1), 8, 4));
    //向图片集合中添加图片
    dandelionModels_XX.add(new DandelionModel(
            random.nextInt(screenWidth) + (bitmaps[4].getWidth() >> 1),
            random.nextInt(screenHeight) + (bitmaps[4].getHeight() >> 1), 10, 4));
    }
}
```

23.6.4 重写 SurfaceHolder 的回调方法

重写 SurfaceHolder.CallBack 接口的方法，在 surfaceCreated()方法中将会开启线程，而在线程中将会实现蒲公英飘落的功能。同时通过 onVisibilityChanged()方法控制线程开启和关闭。代码如下所示：

<代码 08　　代码位置：资源包\code\23\Bits\08.txt >

```
/**
 *纹理
 */
@Override
public void surfaceCreated(SurfaceHolder holder) {    //创建纹理
    mThread = new Thread(this);                       //实例化线程对象
    mThread.start();                                  //开启线程，该线程将会执行绘制图像
}

@Override
public void surfaceChanged(SurfaceHolder holder, int format,
        int width, int height) {                      //改变纹理

}

@Override
public void surfaceDestroyed(SurfaceHolder holder) {  //销毁纹理

}

//显示发生改变
@Override
```

```
protected void onVisibilityChanged(View changedView, int visibility) {
    super.onVisibilityChanged(changedView, visibility);
    isRunning = (visibility == VISIBLE);                    //通过判断来开启或关闭线程
}
```

23.6.5 绘制降落的蒲公英

在 Runnable 接口的重写 run()方法中获取画布,通过设置"Thread.sleep(150)"实现每隔 150ms 循环刷新画布,从而达到刷新控件显示的效果。使用 offsetXY()方法更新绘制蒲公英图片的位置。代码如下:

<代码 09　　代码位置:资源包\code\23\Bits\09.txt >

```java
/**
 *线程
 */
@Override
public void run() {
    while (isRunning) {
        try {
            mCanvas = mHolder.lockCanvas();                 //锁定画布
            if (mCanvas != null) {
                mCanvas.drawColor(Color.TRANSPARENT, Mode.CLEAR); //绘制时清空画布
                //绘制图形
                for (int i = 0; i < drawCounts; i++) {
                    //绘制图片
                    mCanvas.drawBitmap(bitmaps[0], dandelionModels_S.get(i).getPointX(),
                        dandelionModels_S.get(i).getPointY(), null);
                    //绘制图片
                    mCanvas.drawBitmap(bitmaps[1], dandelionModels_M.get(i).getPointX(),
                        dandelionModels_M.get(i).getPointY(), null);
                    //绘制图片
                    mCanvas.drawBitmap(bitmaps[2], dandelionModels_L.get(i).getPointX(),
                        dandelionModels_L.get(i).getPointY(), null);
                    //绘制图片
                    mCanvas.drawBitmap(bitmaps[3], dandelionModels_X.get(i).getPointX(),
                        dandelionModels_X.get(i).getPointY(), null);
                    //绘制图片
                    mCanvas.drawBitmap(bitmaps[4], dandelionModels_XX.get(i).getPointX(),
                        dandelionModels_XX.get(i).getPointY(), null);
                }
                //改变位置
                for (int i = 0; i < drawCounts;i++){
                    offsetXY(dandelionModels_S.get(i),bitmaps[0]);  //更新图片的绘制中心
                    offsetXY(dandelionModels_M.get(i),bitmaps[1]);  //更新图片的绘制中心
                    offsetXY(dandelionModels_L.get(i),bitmaps[2]);  //更新图片的绘制中心
                    offsetXY(dandelionModels_X.get(i),bitmaps[3]);  //更新图片的绘制中心
                    offsetXY(dandelionModels_XX.get(i),bitmaps[4]); //更新图片的绘制中心
                }
```

```java
            Thread.sleep(150);                              //让线程睡 150ms
        }
        if (mCanvas != null) {
            mHolder.unlockCanvasAndPost(mCanvas);           //解除锁定画布
        }
    } catch (InterruptedException e) {
        e.printStackTrace();
    }
}
/**
 *偏移
 *@param dandelionModel
 *@param bitmap
 */
private void offsetXY(DandelionModel dandelionModel, Bitmap bitmap) {
    //降落
    if (dandelionModel.getPointY() > screenHeight){         //判断是否到屏幕的底部
        dandelionModel.setPointY(bitmap.getHeight() >> 1);  //如果到底部则绘制位置从
                                                            //  头开始
    }
    dandelionModel.setPointY(dandelionModel.getPointY()
        + dandelionModel.getPortOffset());                  //设置新的纵坐标位置
    //左右偏移,判断左右偏移是否超出屏幕
    if (dandelionModel.getPointX() > screenWidth || dandelionModel.getPointX() < 0) {
        dandelionModel.setPointX(bitmap.getWidth() >> 1);   //如果超出屏幕则绘制位置从头
                                                            //  开始
    }
    dandelionModel.setPointX(dandelionModel.getPointX() +
        ((random.nextInt(2)<<1) - 1)*dandelionModel.getLandOffset());
                                                            //设置新的横坐标位置
}
```

23.6.6 实现飘落的效果

自定义控件 DandelionView 在前面已经创建,接下来测试自定义控件 DandelionView 的效果。首先创建一个名为 DownActivity 的类,然后创建 activity_down.xml 布局文件。布局代码如下:

<代码 10　　　代码位置:资源包\code\23\Bits\10.txt >

```xml
<?xml version="1.0" encoding="utf-8"?>
<RelativeLayout
    xmlns:android="http://schemas.android.com/apk/res/android"
    android:layout_width="match_parent"
    android:background="#2e90e1"
    android:layout_height="match_parent">
```

```xml
<!-- 自定义控件 DandelionView -->
<mrkj.flowersdemo.view.DandelionView
    android:layout_width="match_parent"
    android:layout_height="match_parent" />
</RelativeLayout>
```

activity_down.xml 布局效果如图 23.11 所示。

将 DownActivity 设置为启动页，之后运行程序。程序运行后，屏幕中的蒲公英将会出现不断飘落的效果，如图 23.12 和图 23.13 所示，图中圈出的为相同的蒲公英。因为在 DandelionView 控件中绘制的蒲公英图片的位置不断地下降，所以呈现蒲公英飘落的效果，这也正是使用 SurfaceView 绘制的动画效果。

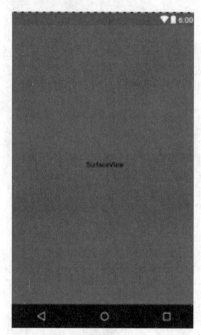

图 23.11　DandelionView 布局的预览效果

图 23.12　蒲公英动画开始

图 23.13　蒲公英位置发生变化

注意：

使用自定义控件的正确方式是类的包名加类名。例如本项目的类包名为"mrkj.flowersdemo.view"，自定义控件的类名为"DandelionView"，则在布局文件中应该使用"mrkj.flowersdemo.view.DandelionView"。

23.7　实现花开的效果

从种子的降落到花开，是一组动画效果，通过对不同的控件设置动画并将其组合，从而实现动画效果。为了方便设置动画的显示效果，这里将创建 Plant 类，用来存放各个控件，然后再给各个控件设置动画，最后将它们组合到一起，从而实现静待花开的效果。本节将会讲解自定义 ViewGroup 的创建和属性动画的组合使用。

23.7.1 创建 Plant 类

在 Plant 类中将会摆放 "花开" 用到的控件，所以 Plant 类就相当于一个容器，为了实现效果，让其继承 FrameLayout（继承 LinearLayout、RelativeLayout 和 ViewGroup 都可，没有什么区别，因为都需要重新测量和重新摆放子控件）。创建 Plant 类并声明相关属性，代码如下：

<代码 11　　代码位置：资源包\code\23\Bits\11.txt >

```java
public class Plant extends FrameLayout{

    //常量
    private final int DEFAULT_HEIGHT = DensityUtil.dip2px(getContext(),200);
                                                                //设置默认的高
    private final int DEFAULT_WIDTH = DensityUtil.dip2px(getContext(),100);
                                                                //设置默认的宽
    private final int WIDTH = 1;                        //宽
    private final int HEIGHT = 2;                       //高
    private Map<String,Integer> childViewValues = null; //存储一些宽度、高度值
    //变量
    private int parentWidth = 0;                        //控件的宽
    private int parentHeight = 0;                       //控件的高
    private int flowers_count;                          //种出的花的个数
    //控件
    private ImageView seedImg = null;                   //该控件代表种子
    private ImageView leftLeafImg = null;               //该控件代表左侧叶子
    private ImageView rightLeafImg = null;              //该控件代表右侧叶子
    private ImageView budImg = null;                    //该控件代表花朵
    private ImageView branchImg = null;                 //该控件代表根茎
    private ImageView gapImg = null;                    //该控件代表地缝
    //动画
    private AnimatorSet animatorSetGroup;               //动画集合
    private boolean isCirculation;                      //是否循环
    private ArrayList<Integer> flower_list;             //花朵的集合
    private int plant_flower_index;                     //种的花的标记
    private boolean getIndex = true;                    //获取标记
```

23.7.2 添加子控件

添加的子控件相当于花的一部分，包括根、茎、叶（所谓的根茎叶都是使用 ImageView 实现的），通过在 Plant 这个容器中摆放几个子控件产生 "花" 的效果。在添加控件的同时，还需要设置每个 ImageView 显示的图片。实现代码如下：

<代码 12　　代码位置：资源包\code\23\Bits\12.txt >

```java
/**
 *构造方法
 *@ram context
 */
public Plant(Context context) {
    this(context,null);
```

```java
    }
    public Plant(Context context, AttributeSet attrs) {
        super(context, attrs);
        //添加控件
        addPlantChildView(context);          //向Plant中添加子控件, Plant相当于控件的容器
        //默认
        onlyShowGapImg();                    //设置Plant最开始显示的效果
    }

    /**
     *添加控件
     */
    private void addPlantChildView(Context context) {
        //种子-->ImageView
        seedImg = new ImageView(context);                      //创建代表种子的ImageView
        seedImg.setImageResource(R.mipmap.mrkj_grow_seed);     //向控件中添加图片
        //左侧叶子-->ImageView
        leftLeafImg = new ImageView(context);                  //创建代表左侧叶子的ImageView
        leftLeafImg.setImageResource(R.mipmap.mrkj_plantflower_leaf_01);  //向控件中
                                                                          添加图片
        //右侧叶子-->ImageView
        rightLeafImg = new ImageView(context);                 //创建代表右侧叶子的ImageView
        rightLeafImg.setImageResource(R.mipmap.mrkj_plantflower_leaf_02);//向控件中添
                                                                          加图片
        //花朵-->ImageView
        budImg = new ImageView(context);                       //创建代表花朵的ImageView
        budImg.setImageResource(R.mipmap.mrkj_grow_bud_1);     //向控件中添加图片
        //根茎-->ImageView
        branchImg = new ImageView(context);                    //创建代表根茎的ImageView
        branchImg.setScaleType(ImageView.ScaleType.FIT_XY);    //设置图片的显示样式
        branchImg.setImageResource(R.mipmap.mrkj_plantflower_branch);    //向控件中添加
                                                                          图片
        //地缝-->ImageView
        gapImg = new ImageView(context);                       //创建代表地缝的
ImageView
        gapImg.setImageResource(R.mipmap.mrkj_flowerplant_gap);//向控件中添加图片
        //添加子控件
        addView(gapImg);                                       //地缝在容器中的索引值为0
        addView(branchImg);                                    //根茎在容器中的索引值为1
        addView(leftLeafImg);                                  //左侧叶子在容器中的索引值为2
        addView(rightLeafImg);                                 //右侧叶子在容器中的索引值为3
        addView(budImg);                                       //花朵在容器中的索引值为4
        addView(seedImg);                                      //种子在容器中的索引值为5
    }
    /**
     *初始化后的显示效果
     *默认只显示地缝
```

```java
    */
    private void onlyShowGapImg(){
        branchImg.setVisibility(INVISIBLE);                          //隐藏代表根茎的控件
        leftLeafImg.setVisibility(INVISIBLE);                        //隐藏代表左侧叶子的控件
        rightLeafImg.setVisibility(INVISIBLE);                       //隐藏代表右侧叶子的控件
        budImg.setVisibility(INVISIBLE);                             //隐藏代表花朵的控件
        seedImg.setVisibility(INVISIBLE);                            //隐藏代表种子的控件
        budImg.setImageResource(R.mipmap.mrkj_grow_bud_1);           //设置初始显示的图片
        leftLeafImg.setImageResource(R.mipmap.mrkj_plantflower_leaf_01);
                                                                     //设置初始显示的图片
        rightLeafImg.setImageResource(R.mipmap.mrkj_plantflower_leaf_02);
                                                                     //设置初始显示的图片
    }
```

23.7.3 测量控件并设置宽高

Plant 控件作为容器并没有固定宽度和高度，它的宽高跟随子控件宽高而变化。所以为了测量 Plant 控件的宽高，这里重写了 onMeasure()方法设置 Plant 控件的宽度和高度。具体实现代码如下：

<代码 13   代码位置：资源包\code\23\Bits\13.txt >

```java
/**
 *测量-->设置大小
 *@param widthMeasureSpec
 *@param heightMeasureSpec
 */
@Override
protected void onMeasure(int widthMeasureSpec, int heightMeasureSpec) {
    super.onMeasure(widthMeasureSpec, heightMeasureSpec);
    //获取测量模式
    int width_mode = MeasureSpec.getMode(widthMeasureSpec);      //宽度的测量模式
    int height_mode = MeasureSpec.getMode(heightMeasureSpec);    //高度的测量模式
    //获取测量值
    int width_size = MeasureSpec.getSize(widthMeasureSpec);      //宽度的测量值
    int height_size = MeasureSpec.getSize(heightMeasureSpec);    //高度的测量值
    //根据测量结果设置最终的宽度和高度
    parentWidth = opinionWidthOrHeight(width_mode,width_size,WIDTH);
                                                                 //宽度的最终结果
    parentHeight =opinionWidthOrHeight(height_mode,height_size,HEIGHT);
                                                                 //高度的最终结果
    //设置子控件大小
    setChildLayoutParams();
    setMeasuredDimension(parentWidth,parentHeight);              //设置该控件的大小
}

/**
 *返回当前的测量值（宽）
 *@return
 */
public int plantWidth(){
```

```java
        return parentWidth;                                  //返回该控件的宽度
    }

    /**
     *返回当前的测量值(高)
     *@return
     */
    public int plantHeight(){
        return parentHeight;                                 //返回该控件的高度
    }
    /**
     *设置子控件的大小
     */
    private void setChildLayoutParams() {
        //获取子控件的个数
        int childCounts = getChildCount();                   //获取子控件的个数
        //遍历所有子控件
        for (int i = 0;i < childCounts; i++){
            View childView = getChildAt(i);                  //根据索引获取对应的子控件
            FrameLayout.LayoutParams params;                 //用于设置子控件的大小
            if (i == 1){            //当i=1时代表的是根茎,此处需要该子控件的高度填充父布局
                params= new LayoutParams(
                        ViewGroup.LayoutParams.WRAP_CONTENT,
                        ViewGroup.LayoutParams.MATCH_PARENT); //设置子控件的大小
            }else {                                           //除去i=1都这样去设置
                params= new LayoutParams(
                        ViewGroup.LayoutParams.WRAP_CONTENT,
                        ViewGroup.LayoutParams.WRAP_CONTENT); //设置子控件的大小
            }
            childView.setLayoutParams(params);                //向对应的子控件设置参数
        }
    }

    /**
     *根据模式判断宽度或者高度
     *@param mMode
     *@param mSize
     *@param what
     *@return
     */
    private int opinionWidthOrHeight(int mMode, int mSize , int what) {
        int result = 0;                                       //初始化返回值
        if (mMode == MeasureSpec.EXACTLY) {                   //根据测量模式来设置最终的控件宽度或高度
            result = mSize;                                   //返回测量的结果
        } else {
            //设置默认宽度
            int size = what == WIDTH ? DEFAULT_WIDTH : DEFAULT_HEIGHT;
            if (mMode == MeasureSpec.AT_MOST) {
                result = Math.min(mSize, size);//获取默认的值与测量的值中的最小值作为返回值
            }
```

```
            }
        return result;                                      //返回最终的值
}
```

23.7.4 摆放 Plant 中的子控件

前面已经向 Plant 中添加了子控件，接下来需要对添加的子控件进行摆放。为什么要摆放 Plant 中的子控件呢？先来看一个效果图，如图 23.14 所示。

图 23.14 未摆放子控件的效果

从图 23.14 中可以看出，子控件未摆放之前，全部叠放在一起，完全看不出是一朵花的样子，所以要对子控件进行摆放。接下来对 Plant 中的子控件进行摆放，代码如下：

<代码 14   代码位置：资源包\code\23\Bits\14.txt >

```
/**
*布局-->摆放位置
*@param changed
*@param left
*@param top
*@param right
*@param bottom
*/
@Override
protected void onLayout(boolean changed, int left, int top, int right, int bottom) {
    super.onLayout(changed, left, top, right, bottom);
    //储存子控件的宽度和高度信息
    childViewValues = new HashMap<>();          //通过键值对去存储和获取想要的参数
    //设置子控件的摆放位置
```

```java
        setGapImgPlace();                        //设置代表地缝的控件的摆放位置
        setBranchPlace();                        //设置代表根茎的控件的摆放位置
        setLeftLeafPlace();                      //设置代表左侧叶子的控件的摆放位置
        setRightLeafPlace();                     //设置代表右侧叶子的控件的摆放位置
        setBudOrSeedPlace(4);                    //设置代表花朵的控件的摆放位置
        setBudOrSeedPlace(5);                    //设置代表种子的控件的摆放位置
        startShowPlantFlower();                  //该方法是用来设置组合动画的,此处可以先忽略
    }
    /**
     *获取子控件的宽高属性
     *@param child
     *@return
     */
    private List<Integer> getChildValues(View child){
        List<Integer> list = new ArrayList<>();//此处用于存放对应的子控件的高度和宽度
        list.add(child.getWidth());              //宽度在集合中的索引值为0
        list.add(child.getHeight());             //高度在集合中的索引值为1
        return list;                             //返回包含子控件宽度和高度集合
    }
    /**
     *地缝
     */
    private void setGapImgPlace() {
        View child = getChildAt(0);              //获取在Plant中索引值为0的子控件
        List<Integer> childValues = getChildValues(child);  //获取该子控件对应的宽度和高
度的集合
        //设置子控件的摆放位置
        int l = parentWidth/2 - childValues.get(0)/2;   //设置该子控件的左侧边距的位置
        int r = parentWidth/2 + childValues.get(0)/2;   //设置该子控件的右侧边距的位置
        int t = parentHeight - childValues.get(1);      //设置该子控件的顶部边距的位置
        int b = parentHeight;                           //设置该子控件的底部边距的位置
        child.layout(l,t,r,b);                          //设置该子控件最新的摆放位置
        //存放地缝的高度
        childViewValues.put("GapHeight",childValues.get(1));//存放该子控件高度
    }

    /**
     *根茎
     */
    private void setBranchPlace() {
        View child = getChildAt(1);                     //获取在Plant中索引值为1的子控件
        List<Integer> childValues = getChildValues(child);  //获取该子控件对应的宽度和高
                                                            度的集合
        //设置子控件的摆放位置
        int l = parentWidth/2 - childValues.get(0)/2;   //设置该子控件的左侧边距的位置
        int r = parentWidth/2 + childValues.get(0)/2;   //设置该子控件的右侧边距的位置
        int t = parentHeight/3;                         //设置该子控件的顶部边距的位置
        int b = parentHeight - childViewValues.get("GapHeight")/2; //设置该子控件的底部
                                                                   边距的位置
        child.layout(l,t,r,b);                          //设置该子控件最新的摆放位置
```

```java
    //存放根茎的高度
    childViewValues.put("BranchTopY",t);                          //距离顶部的高度
    childViewValues.put("BranchWidth",childValues.get(0));        //代表根茎控件的宽度
    childViewValues.put("BranchHeight",Math.abs(t - b));          //代表根茎控件的高度
    childViewValues.put("BranchHeightHalf",Math.abs(t - b)/2);    //存放该子控件高度的
                                                                  //一半
}

/**
 *叶子(左)
 */
private void setLeftLeafPlace() {
    View child = getChildAt(2);                              //获取在Plant中索引值为2的子控件
    List<Integer> childValues = getChildValues(child);       //获取该子控件对应的宽度和高
                                                             //度的集合
    //设置子控件的摆放位置
    int l = parentWidth/2 - childValues.get(0)- childViewValues.get("BranchWidth");
    int r = parentWidth/2 - childViewValues.get("BranchWidth");
    int t = parentHeight - (childValues.get(1) + childViewValues.get("GapHeight")/2);
    int b = parentHeight - childViewValues.get("GapHeight")/2;
    child.layout(l,t,r,b);                                   //设置该子控件最新的摆放位置
    childViewValues.put("LeftLeafWidth" ,childValues.get(0));  //存放该子控件的宽度
    childViewValues.put("LeftLeafHeight" ,childValues.get(1)); //存放该子控件的高度
}

/**
 *叶子(右)
 */
private void setRightLeafPlace() {
    View child = getChildAt(3);                              //获取在Plant中索引值为3的子控件
    List<Integer> childValues = getChildValues(child);       //获取该子控件对应的宽度和高
                                                             //度的集合
    //设置子控件的摆放位置
    int l = parentWidth/2 + childViewValues.get("BranchWidth");
    int r = parentWidth/2 + childValues.get(0) + childViewValues.get("BranchWidth");
    int t = parentHeight - (childValues.get(1) + childViewValues.get("GapHeight")/2);
    int b = parentHeight - childViewValues.get("GapHeight")/2;
    child.layout(l,t,r,b);                                   //设置该子控件最新的摆放位置
}

/**
 *花朵或种子
 */
private void setBudOrSeedPlace(int index) {
    View child = getChildAt(index);
    List<Integer> childValues = getChildValues(child);
    //设置子控件的摆放位置
    int l = parentWidth/2 - childValues.get(0)/2;    //设置该子控件的左侧边距的位置
    int r = parentWidth/2 + childValues.get(0)/2;    //设置该子控件的右侧边距的位置
    int t = childViewValues.get("BranchTopY") - childValues.get(1)/2;//顶部边距的位置
```

```
        int b = childViewValues.get("BranchTopY") + childValues.get(1)/2;//底部边距的位置
        child.layout(l,t,r,b);                     //设置该子控件最新的摆放位置
        switch (index){
            case 4:                 //花朵不任何处理
                break;
            case 5:                 //种子获取控件高度
                childViewValues.put("seedMoveLength",
                    Math.abs(parentHeight - t - childViewValues.get("GapHeight")));
                break;
            default:
                break;
        }
    }
```

在 onLayout 方法中摆放完子控件，摆放后的效果如图 23.15 所示，已经能明显地看出花朵的轮廓了。

图 23.15　摆放子控件之后的效果

23.7.5　设置组合动画

之前都是在为设置动画进行准备，到这里将会对每个子控件设置属性动画，以达到开花的效果。这里先说明一下实现组合动画的思路。

种子的降落将会使用位移动画，当种子位移到容器的底部时，种子消失，花的茎、左叶和右叶将会显示出来；随后显示放大动画，当茎放大到容器的顶部时，茎、左叶和右叶停止放大动画，同时花苞出现，花苞继续显示放大动画，在花苞放大到指定比例后，代表花苞的控件隐藏，同时代表花朵的控件显示，然后显示花的放大动画，当开花动画执行完毕后，再重新开始这个组合动画的过程。组合动画的具体实现代码如下：

<代码 15   代码位置：资源包\code\23\Bits\15.txt >

```java
/**
 *设置动画
 */
private void startShowPlantFlower(){
    final Bitmap[] bitmaps = MyDataHelper.getInstance().getBitmapArray(getContext());
    animatorSetGroup = new AnimatorSet();                    //动画集合
    //1.种子平移动画
    ObjectAnimator seedTranslation = ObjectAnimator.ofFloat(seedImg,"translationY",
            0,childViewValues.get("seedMoveLength"));    //设置位移动画
    seedTranslation.setDuration(5*1000);                     //设置动画的时长
    seedTranslation.addListener(new AnimatorListenerAdapter() {//添加动画的接口回调
        @Override
        public void onAnimationEnd(Animator animation) {//当动画运行结束后调用该方法
            super.onAnimationEnd(animation);
            otherView();                                //显示代表根茎叶的控件
            seedImg.setVisibility(INVISIBLE);           //隐藏代表种子的控件
        }
    });
    seedTranslation.addUpdateListener(new ValueAnimator.AnimatorUpdateListener() {
        @Override
        public void onAnimationUpdate(ValueAnimator animation) {
            seedImg.setVisibility(VISIBLE);             //显示代表种子的控件
            seedImg.setPivotY(0);                       //设置它的旋转中心Y坐标
            seedImg.invalidate();                       //重新绘制该子控件
        }
    });
    //2.根茎缩放动画
    ObjectAnimator branchAnimator = ObjectAnimator.ofFloat(branchImg,"scaleY",0f,
1.0f);
    branchAnimator.setDuration(10*1000);                    //设置动画的持续时间为10s
    branchImg.setPivotY(childViewValues.get("BranchHeight"));  //设置缩放中心
    branchImg.invalidate();                                 //重新绘制该控件
    //3.叶子缩放和位移动画
    //3.1 左叶
    //设置缩放动画
    PropertyValuesHolder leftLeafScaleX = PropertyValuesHolder.ofFloat("scaleX",
0f,0.5f);
    PropertyValuesHolder leftLeafScaleY = PropertyValuesHolder.ofFloat("scaleY",
0f,0.5f);
    //设置平移动画
    leftLeafImg.setPivotX(childViewValues.get("LeftLeafWidth"));
                                                        //设置该子控件的中心X坐标
    leftLeafImg.setPivotY(childViewValues.get("LeftLeafHeight"));
                                                        //设置该子控件的中心Y坐标
    PropertyValuesHolder leftLeafTranslation =
PropertyValuesHolder.ofFloat("translationY",
```

```java
        0,- childViewValues.get("BranchHeightHalf")*2/3);
ObjectAnimator leftAnimator =
ObjectAnimator.ofPropertyValuesHolder(leftLeafImg,
        leftLeafScaleX,leftLeafScaleY,leftLeafTranslation);   //设置同步动画
leftAnimator.setDuration(8*1000);                             //设置动画的持续时间为8s
//3.2 右叶
PropertyValuesHolder rightLeafScaleX = PropertyValuesHolder.ofFloat("scaleX",
0f,0.5f);
PropertyValuesHolder rightLeafScaleY = PropertyValuesHolder.ofFloat("scaleY",
0f,0.5f);
//设置平移动画
rightLeafImg.setPivotX(0);                                    //设置动画中心
rightLeafImg.setPivotY(childViewValues.get("LeftLeafHeight")); //设置动画中心
PropertyValuesHolder rightLeafTranslation = PropertyValuesHolder.ofFloat
("translationY",
        0,- childViewValues.get("BranchHeightHalf")*2/3);
ObjectAnimator rightAnimator = ObjectAnimator.ofPropertyValuesHolder(rightLeafImg,
        rightLeafScaleX,rightLeafScaleY,rightLeafTranslation);   //设置同步动画
rightAnimator.setDuration(8*1000);                            //设置动画的持续时间为8s
//4.花朵的显示缩放动画
PropertyValuesHolder budAnimatorScaleX =
                    PropertyValuesHolder.ofFloat("scaleX",0.1f,1.0f);
PropertyValuesHolder budAnimatorScaleY =
                    PropertyValuesHolder.ofFloat("scaleY",0.1f,1.0f);
ObjectAnimator budAnimator = ObjectAnimator.ofPropertyValuesHolder(budImg,
        budAnimatorScaleX,budAnimatorScaleY);                 //设置同步动画
budAnimator.setDuration(5*1000);                              //设置动画的持续时间为5s
budAnimator.addUpdateListener(new ValueAnimator.AnimatorUpdateListener() {
    @Override
    public void onAnimationUpdate(ValueAnimator animation) {
        budImg.setVisibility(VISIBLE);                        //显示控件
    }
});
//5.叶子继续放大
PropertyValuesHolder leftLeafScaleXMore =
                    PropertyValuesHolder.ofFloat("scaleX",0.5f,1.0f);
PropertyValuesHolder leftLeafScaleYMore =
                    PropertyValuesHolder.ofFloat("scaleY",0.5f,1.0f);
ObjectAnimator leftLeafAnimatorMore = ObjectAnimator.ofPropertyValuesHolder
(leftLeafImg,
        leftLeafScaleXMore,leftLeafScaleYMore);               //设置同步动画
leftLeafAnimatorMore.setDuration(5*1000);                     //设置动画的持续时间为5s
leftLeafAnimatorMore.addUpdateListener(new ValueAnimator.AnimatorUpdateLis-
tener() {
    @Override
    public void onAnimationUpdate(ValueAnimator animation) {
        leftLeafImg.setImageResource(R.mipmap.mrkj_grow_leaf_2);//更新显示的图片
```

```
        }
    });
    PropertyValuesHolder rightLeafScaleXMore =
                    PropertyValuesHolder.ofFloat("scaleX",0.5f,1.0f);
    PropertyValuesHolder rightLeafScaleYMore =
                    PropertyValuesHolder.ofFloat("scaleY",0.5f,1.0f);
    ObjectAnimator rightLeafAnimatorMore =
                    ObjectAnimator.ofPropertyValuesHolder(rightLeafImg,
        rightLeafScaleXMore,rightLeafScaleYMore);    //设置同步缩放动画
    rightLeafAnimatorMore.setDuration(5*1000);         //设置动画的持续时间为5s
    rightLeafAnimatorMore.addUpdateListener(new ValueAnimator.AnimatorUpdateListener() {
        @Override
        public void onAnimationUpdate(ValueAnimator animation) {
            rightLeafImg.setImageResource(R.mipmap.mrkj_grow_leaf_1);//更新显示的图片
        }
    });
    //开始长花缩放动画
    PropertyValuesHolder budGroupToFlowerX = PropertyValuesHolder.ofFloat(
        "scaleX",0.5f,1.0f);
    PropertyValuesHolder budGroupToFlowerY = PropertyValuesHolder.ofFloat(
        "scaleY",0.5f,1.0f);
    ObjectAnimator budGroupAnimator = ObjectAnimator.ofPropertyValuesHolder(budImg,
        budGroupToFlowerX,budGroupToFlowerY );        //设置同步动画
    budGroupAnimator.setDuration(5*1000);             //设置动画的持续时间为5s
    budGroupAnimator.addUpdateListener(new ValueAnimator.AnimatorUpdateListener()
{
        @Override
        public void onAnimationUpdate(ValueAnimator animation) {
            budImg.setImageResource(R.mipmap.mrkj_grow_bud_2);   //更新显示的图片
        }
    });
    //最后开花
    PropertyValuesHolder budGroupToFlowerXMore = PropertyValuesHolder.ofFloat(
        "scaleX",0.5f,1.0f);
    PropertyValuesHolder budGroupToFlowerYMore = PropertyValuesHolder.ofFloat(
        "scaleY",0.5f,1.0f);
    ObjectAnimator openFlowerAnimator = ObjectAnimator.ofPropertyValuesHolder(budImg,
        budGroupToFlowerXMore,budGroupToFlowerYMore );
    openFlowerAnimator.setDuration(5*1000);            //设置动画的持续时间为5s
    openFlowerAnimator.addUpdateListener(new ValueAnimator.AnimatorUpdateListener() {
        @Override
        public void onAnimationUpdate(ValueAnimator animation) {
            if (getIndex){
                if (flower_list != null){
                    L.e("length",flower_list.size()+"");
                    int length = flower_list.size();             //获取数据的长度
```

```
                plant_flower_index = flower_list.get(getIndex(length));//获取索引值
                budImg.setImageBitmap(bitmaps[plant_flower_index]); //根据索引值
                                                                    设置图片
            }else {
                plant_flower_index = 0;                              //默认索引值
                budImg.setImageResource(R.mipmap.mrkj_flower_01); //设置默认图片
            }
            getIndex = false;
        }
    }
});
//播放动画集合
animatorSetGroup.play(branchAnimator).with(leftAnimator)
            .with(rightAnimator).after(seedTranslation);           //播放动画
animatorSetGroup.play(rightLeafAnimatorMore)
            .with(leftLeafAnimatorMore).after(leftAnimator);       //播放动画
animatorSetGroup.play(budAnimator).after(branchAnimator);          //播放动画
animatorSetGroup.play(budGroupAnimator).after(budAnimator);        //播放动画
animatorSetGroup.play(openFlowerAnimator).after(budGroupAnimator); //播放动画
animatorSetGroup.addListener(new AnimatorListenerAdapter() { //动画结束后的监听
    @Override
    public void onAnimationEnd(Animator animation) {
        super.onAnimationEnd(animation);
        if (isCirculation){                              //是否开启循环动画
            onlyShowGapImg();                            //初始化子控件
            getIndex = true;                             //开启获取索引值
            animatorSetGroup.start();                    //开启动画
            flowers_count++;                             //计数增加
            bloomFlowers();
        }
    }
});
}

/**
 *获取随机数
 *@param length
 *@return
 */
private int getIndex(int length){
    Random random = new Random();                        //用于获取随机数
    plant_flower_index = random.nextInt(length);         //获取随机数
    return plant_flower_index;                           //返回随机数
}
```

定义一个 otherView 方法,用于设置一些子控件的显示。因为在初始化时将这几个控件隐藏了,所以在调用该方法的动画中需要将其显示出来。由于这三个子控件的设置都是相同的,所以在这个方法中进行集体设置。关键代码如下:

<代码 16>　　代码位置：资源包\code\23\Bits\16.txt >

```java
/**
*显示代表茎、叶的控件
*/
private void otherView(){
    branchImg.setVisibility(VISIBLE);              //显示代表茎的控件
    leftLeafImg.setVisibility(VISIBLE);            //显示代表左叶的控件
    rightLeafImg.setVisibility(VISIBLE);           //显示代表右叶的控件
}
```

23.7.6　设置接口回调

设置接口回调，通过接口回调即可及时获取控件中变化的数据。在类外可以通过调用接口并重写方法，获取所种花的数量和种类。具体代码如下：

<代码 17>　　代码位置：资源包\code\23\Bits\17.txt >

```java
/**
*回调函数
*/
private onPlantFlowerCountsListener onPlantFlowerCountsListener;
public interface onPlantFlowerCountsListener{
    void thePlantFlowerCounts(int counts);             //花的个数
    void theFlowerIndex(int index ,int count);         //开出的花在数组中的索引值
}
public void setonPlantFlowerCountsListener(onPlantFlowerCountsListener listener){
    this.onPlantFlowerCountsListener = listener;
}
/**
*回调
*/
private void bloomFlowers(){
    if (onPlantFlowerCountsListener != null){
        //返回计数
        onPlantFlowerCountsListener.thePlantFlowerCounts(flowers_count);
        //返回图片索引
        onPlantFlowerCountsListener.theFlowerIndex(plant_flower_index,1);
    }
}
```

23.7.7　设置用于控制动画效果的方法

创建使用 public 修饰的方法，用于在类外调用。这些方法用来控制动画的播放类型、开启动画、暂停动画、取消动画。具体代码如下：

<代码 18>　　代码位置：资源包\code\23\Bits\18.txt >

```java
/**
*设置是否循环
*@param isCirculation
*/
```

```java
public void setCirculation(boolean isCirculation){
    this.isCirculation = isCirculation;
}

/**
 *设置花朵的集合
 */
public void setFlowersList(ArrayList<Integer> list){
    this.flower_list = list;
}
/**
 *设置动画的播放,暂停,运行,取消
 */
/**
 *播放
 */
public void plantAnimatorStart(){
    animatorSetGroup.start();
}

/**
 *运行
 */
@TargetApi(Build.VERSION_CODES.KITKAT)
public void plantAnimatorResume(){
    animatorSetGroup.resume();
}

/**
 *暂停
 */
@TargetApi(Build.VERSION_CODES.KITKAT)
public void plantAnimatorPause(){
    animatorSetGroup.pause();
}

/**
 *取消
 */
public void plantAnimatorCancel(){
    animatorSetGroup.cancel();
    onlyShowGapImg();
}
```

23.7.8 静待花开

创建完 Plant 控件，需要测试是否达到了想要的效果。首先创建 TestActivity 类，并创建名称为 activity_test.xml 的布局文件，布局效果如图 23.16 所示。布局代码如下：

<代码19   代码位置：资源包\code\23\Bits\19.txt>

```xml
<?xml version="1.0" encoding="utf-8"?>
<RelativeLayout
    xmlns:android="http://schemas.android.com/apk/res/android"
    android:layout_width="match_parent"
    android:layout_height="match_parent">
    <!-- 自定义控件，用于实现花开的动画效果 -->
    <mrkj.flowersdemo.view.Plant
        android:id="@+id/plant2"
        android:layout_width="wrap_content"
        android:layout_height="wrap_content"
        android:layout_centerInParent="true">
    </mrkj.flowersdemo.view.Plant>
    <!-- 按钮点击后开始动画 -->
    <Button
        android:layout_width="wrap_content"
        android:layout_height="wrap_content"
        android:onClick="test2"
        android:text="开始"/>
</RelativeLayout>
```

图 23.16   Plant 的布局预览

设置 TestActivity 为启动页，并向 TestActivity 中添加测试代码，实例化 Plant 类，并设置 test2() 按钮的点击事件。具体测试代码如下：

<代码20   代码位置：资源包\code\23\Bits\20.txt >

```java
public class TestActivity extends AppCompatActivity {

private Plant plant;                                        //控件
    @Override
    protected void onCreate(Bundle savedInstanceState) {
        super.onCreate(savedInstanceState);
        setContentView(R.layout.activity_test);
        plant = (Plant) findViewById(R.id.plant2);   //初始化控件
        plant.setCirculation(true);                  //设置循环
    }
    /**
    *按钮点击事件
    *@param view
    */
    public void test2(View view){
        plant.plantAnimatorStart();                         //开启动画
    }
}
```

至此，实现花开的动画效果已经完成，运行程序后，将会呈现图23.17～图23.20所示的运行效果。

图23.17　种子落下

图23.18　茎叶长出

图 23.19　花苞出现　　　　　图 23.20　开花

23.8　实现背景颜色渐变的效果

目前，虽然已经实现了花开的效果，但效果显示有些单调。本节为背景颜色增加渐变的动画，让界面更丰富、美观。

23.8.1　创建属性动画 xml 文件

创建属性动画 xml 文件之前，先要在 res 文件夹下创建名为 animator 的资源文件夹。在 animator 文件夹创建成功之后，再在 animator 文件夹中创建名为 background.xml 的文件。在 background.xml 文件中，设置属性动画的代码如下：

<代码 21　　代码位置：资源包\code\23\Bits\21.txt >

```xml
<?xml version="1.0" encoding="utf-8"?>
<objectAnimator xmlns:android="http://schemas.android.com/apk/res/android"
    android:propertyName="backgroundColor"
    android:duration="10000"
    android:valueFrom="#25ffb300"
    android:valueTo="#2500ff48"
    android:repeatCount="infinite"
    android:repeatMode="reverse"
    android:valueType="intType">
</objectAnimator>
```

23.8.2 设置背景渐变动画

创建完动画之后，向 TestActivity 中添加背景渐变动画代码。布局不变，因为在设置布局时已经将对应控件的 id 设置完成。此处重点是在 setParentViewAnimation()方法中创建了背景颜色渐变的动画。更改之后的代码如下：

<代码22 代码位置：资源包\code\23\Bits\22.txt >

```java
public class TestActivity extends AppCompatActivity {

    private Plant plant;                                    //控件
    private View background;                                //界面
    private ObjectAnimator parentAnimator;                  //父布局动画
    @Override
    protected void onCreate(Bundle savedInstanceState) {
        super.onCreate(savedInstanceState);
        background = getLayoutInflater().inflate(R.layout.activity_test,null);
        setContentView(background);
        plant = (Plant) findViewById(R.id.plant2);          //初始化控件
        plant.setCirculation(true);                         //设置循环
        setParentViewAnimation();                           //设置背景颜色渐变的动画
    }
    /**
     *设置背景颜色渐变动画
     */
    private void setParentViewAnimation() {
        parentAnimator= (ObjectAnimator) AnimatorInflater.
            loadAnimator(this, R.animator.background);      //创建属性动画
        parentAnimator.setEvaluator(new ArgbEvaluator());   //颜色渐变
        parentAnimator.setTarget(background);               //添加要实现动画的控件
    }
    /**
     *按钮
     *@param view
     */
    public void test2(View view){
        plant.plantAnimatorStart();                         //播放开花的动画
        parentAnimator.start();                             //播放背景颜色渐变动画
    }
}
```

背景颜色渐变功能已经实现，运行效果如图 23.21 和图 23.22 所示。开花的同时，背景颜色也在随之渐变。从图 23.21 所示的背景颜色渐变到图 23.22 的背景颜色后，再从图 23.22 的背景颜色渐变到图 23.21 的背景颜色。

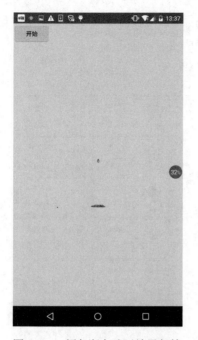

图 23.21　颜色渐变动画效果起始　　　图 23.22　颜色渐变动画效果结束

23.9　其他主要功能的展示

除了上面详细讲解的功能模块之外，静待花开 APP 中还有一些其他的功能，由于篇幅限制，本节将主要展示本项目中其他主要功能的界面效果，具体实现代码请参考随书资源包中的源码文件。

23.9.1　名人名言列表

名人名言列表界面主要用于显示名人名言的列表，用户在该界面可以查看一些名人名言。该界面的实现方式非常简单，使用 ListView 控件即可。界面效果如图 23.23 所示。

23.9.2　说明界面

说明界面主要用于显示用户连续使用该程序的天数，当连续登录天数≥5 天时解锁一朵花，随着连续使用天数的增加，进度条也会随之变化。界面的效果如图 23.24 所示。

23.9.3　选择要分享的花

在该界面可选择想要分享花的个数，以及花的种类。只可选择

图 23.23　名人名言

花朵数不为 0 的花，如果选择错了则会提示选择错误；当正确选择花的数量后单击"确定"按钮，则会跳转到分享界面。选择分享花的界面如图 23.25 所示。

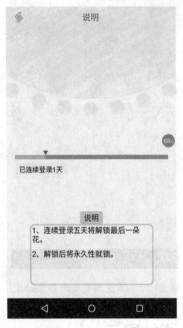

图 23.24 说明界面

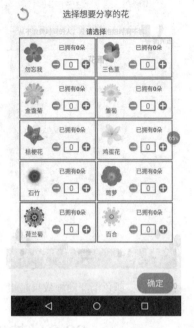

图 23.25 选择要分享的花

23.9.4 种花界面花枯萎的效果

种花界面中还有个效果，即花枯萎的效果。当按锁屏键或按<Home>键后重新回到界面时，计时将会停止，未长成的花将会枯萎，并提示花儿枯萎了，如图 23.26 所示。具体实现代码如下：

<代码 23　　代码位置：资源包\code\23\Bits\23.txt >

```
@Override
protected void onRestart() {
    super.onRestart();
    if (isStart){
        openBack = true;          //退出该界面的开关
        mChronometer.stop();      //停止计时器
        plant.setVisibility(View.INVISIBLE);
//隐藏长花的控件
        Toast.makeText(this,"花儿枯萎了，点击返回键返回主界面！",Toast.LENGTH_SHORT).show();
    }
}
```

图 23.26 提示花儿枯萎

23.10 本章总结

本章主要讲解了属性动画的使用、SurfaceView 的使用和一些自定义控件的创建。本章所涉及的功能及主要知识点的总结，如图 23.27 所示。

图 23.27　本章总结

第 24 章 悦步运动

健康计步器是一个简易计步器的增强版,在计步功能的基础上添加了健康计划、定时提醒,并增加了一些界面的展示等功能。其用于帮助人们有计划地进行运动,从而增强体质。该项目中主要用到对数据库的增删改查和Sharepreferehce读写操作等技术。

通过本章学习,你将学到:

- SQLite 的操作
- 文件读写操作
- SharePreference 的使用
- Service 和 Receiver 的基本使用
- AlarmManager 的使用
- Notifacation 的使用
- 百度定位
- 第三方图表引擎
- Camera 的基本使用

24.1 开发背景

随着生活成本的提高和工作压力的增大,很多人都处于高强度的工作中,加之缺乏运动,导致长期处于亚健康的身体状态。于是越来越多的人意识到了运动的重要性,开始通过运动来增强体质,改善身体状态。随着科技的高速发展,很多与健康、运动有关的APP陆续被开发出来。其中,计步器功能已经成为了智能手机必有的功能,帮助人们制定运动计划,实现运动目标,从而增强体质。在本章将会讲解如何开发一个计步器APP。

24.2 系统功能设计

24.2.1 系统功能结构

健康计步器 APP 分为 4 个界面,分别为运动界面、发现界面、心率界面和我的界面。运动界面主要是显示天气信息和运动信息;发现界面是用来设置定时任务;心率界面是用来测试心率;我的界面用于更改个人信息、查看运动计划、运动历史等内容。具体功能结构如图 24.1 所示。

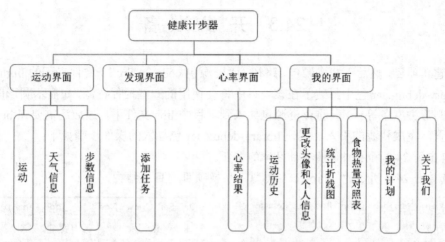

图 24.1 计步器系统功能结构图

24.2.2 业务流程图

健康计步器 APP 的业务流程如图 24.2 所示。

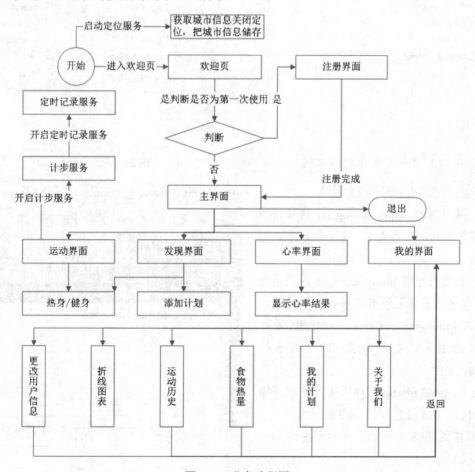

图 24.2 业务流程图

24.3 开发准备

首先创建新项目,然后下载资源包(路径为"资源包\code\24\Src")文件夹下的 library-debug.aar 资源包(library-debug.aar 包中封装了在该项目中将会使用的一些控件资源,如显示圆形图片的控件、日历控件和圆形进度条等。),将该资源包导入到项目中 libs 文件下,最后还需要在 build.gradle 文件中进行配置,完成资源的引入。实现 library-debug.aar 包导入的操作步骤如下:

(1)单击图 24.3 所示的切换项目目录的按钮。

(2)选择图 24.4 所示的"Project"类型,切换项目的目录结构。

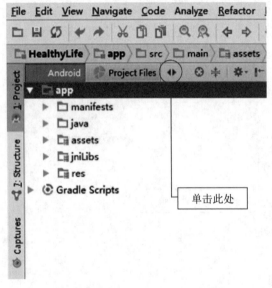

图 24.3　单击切换项目目录按钮

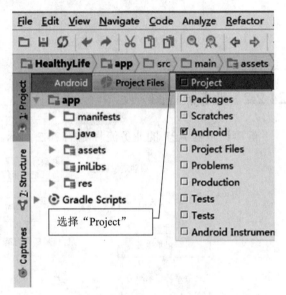

图 24.4　选中"Project"

(3)打开图 24.5 所示的文件夹。

(4)将复制的 library-debug.aar 粘贴到如图 24.6 所示的 libs 文件夹中,将资源包导入到文件夹中。

(5)虽然已经将 library.aar 包导入到了项目中,但包中的资源还没有与项目进行关联,所以需要在 build.gradle 文件中进行配置,最终完成资源的引入。打开如图 24.7 所示的 build.gradle 文件。

(6)在 build.gradle 文件中配置资源,操作步骤和代码添加位置如图 24.8 所示。

(7)在图 24.8 中步骤①所示位置添加代码,具体代码如下:

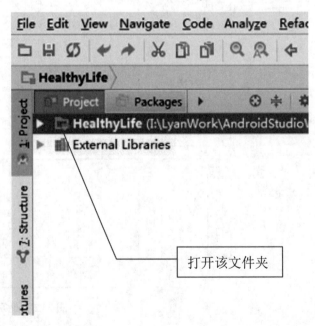

第24章 悦步运动

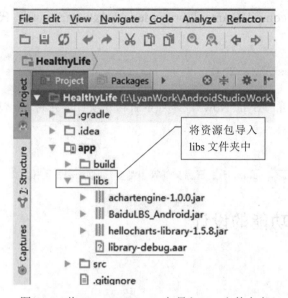

图 24.6　将 library-debug.aar 包导入 libs 文件夹中 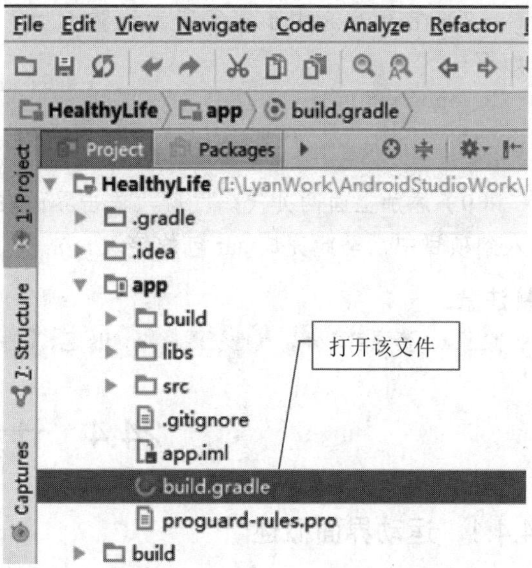　　图 24.7　build.gradle 文件所在位置

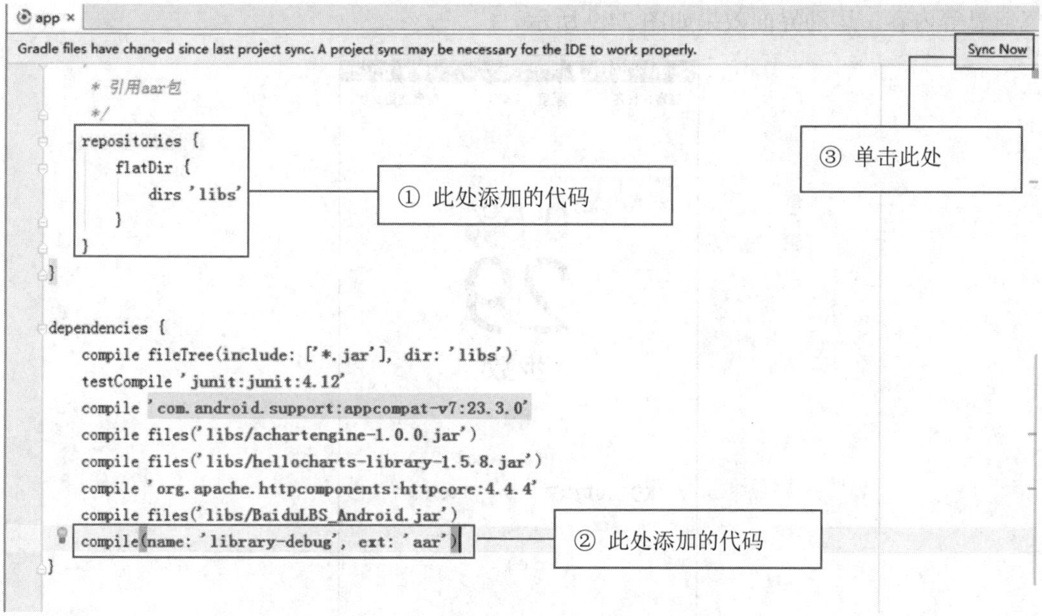

图 24.8　导入 aar 资源包

```
android {
    /**
    *引用aar包
    */
    repositories {
        flatDir {
            dirs 'libs'
        }
    }
}
```

601

（8）在图 24.8 中步骤②所示位置添加依赖 compile(name: 'library-debug', ext: 'aar')，具体代码如下：

```
dependencies {
        compile(name: 'library-debug', ext: 'aar')
}
```

（9）添加上面两处代码之后，单击界面右上角"Sync Now"，即可重新构建项目，并将 aar 包导入到项目中，至此完成 aar 包的导入。

> 注意：
> 除了 aar 资源包之外，其他资源，如 utils 包、图片资源，values 下的资源文件等也都要复制到该项目中。

24.4 计步功能的设计

24.4.1 运动界面概述

运动界面的主要功能是进行数据显示，包括用户走过的步数、行程、消耗的热量以及一些城市的天气信息等内容。运动界面效果如图 24.9 所示。

图 24.9 运动界面的效果

24.4.2 运动界面布局

1．界面的设计

运动界面的布局分成三个部分：第一部分显示城市名称、城市天气等内容；第二部分显示步数、里程和热量等内容；第三部分显示一个按钮，用于跳转界面。接下来将会按照这个思路进行布局。

2．界面的布局

在 res 中的 layout 文件夹下创建一个名为 fragment_sport.xml 的文件，这里采用的是线性布局。布局代码如下：

<代码 01　　　代码位置：资源包\code\24\Bits\01.txt>

```xml
<?xml version="1.0" encoding="utf-8"?>
<LinearLayout xmlns:android="http://schemas.android.com/apk/res/android"
    android:orientation="vertical"
    android:layout_width="match_parent"
    android:gravity="center_horizontal"
    android:layout_height="match_parent">
    <!-- 显示城市气温等相关信息 -->
    <LinearLayout
        android:layout_width="match_parent"
        android:layout_height="wrap_content"
        android:orientation="horizontal"
        android:gravity="center_vertical"
        android:padding="@dimen/width_size_5">
        <TextView
            android:id="@+id/city_name"
            android:layout_width="wrap_content"
            android:layout_height="wrap_content"
            android:layout_marginLeft="@dimen/width_size_10"
            android:text="@string/city_name"
            android:gravity="left"
            android:textColor="@color/black"
            android:textSize="@dimen/font_size_16"/>
        <TextView
            android:id="@+id/temperature"
            android:layout_width="@dimen/width_size_0"
            android:layout_weight="1"
            android:gravity="center"
            android:layout_height="wrap_content"
            android:text="@string/temperature"
            android:textColor="@color/black"
            android:textSize="@dimen/font_size_18"/>
        <TextView
            android:id="@+id/air_quality"
            android:layout_width="wrap_content"
            android:layout_height="wrap_content"
            android:layout_marginRight="@dimen/width_size_10"
            android:text="@string/air_quality"
            android:gravity="right"
            android:textColor="@color/black"
            android:textSize="@dimen/font_size_16"
            android:background="@drawable/text_gray_background"/>
    </LinearLayout>
    <!-- 进度条 -->
```

```xml
<mrkj.library.wheelview.circlebar.CircleBar
    android:id="@+id/show_progress"
    android:layout_width="match_parent"
    android:layout_height="@dimen/width_size_0"
    android:layout_weight="1"/>
<TextView
    android:id="@+id/want_steps"
    android:layout_width="match_parent"
    android:layout_margin="@dimen/width_size_3"
    android:layout_height="wrap_content"
    android:gravity="center"
    android:textColor="@color/theme_blue_two"
    android:textSize="@dimen/font_size_18"
    android:text="目标步数"/>
<!-- 显示里程和消耗的热量 -->
<LinearLayout
    android:layout_width="match_parent"
    android:layout_height="wrap_content"
    android:orientation="horizontal"
    android:layout_marginTop="@dimen/width_size_10"
    android:layout_marginBottom="@dimen/width_size_10"
    android:paddingLeft="@dimen/width_size_30"
    android:paddingRight="@dimen/width_size_30">
    <TextView
        android:id="@+id/mileage_txt"
        android:layout_width="@dimen/width_size_0"
        android:layout_marginLeft="@dimen/font_size_20"
        android:layout_weight="1"
        android:layout_height="wrap_content"
        android:textSize="@dimen/font_size_18"
        android:drawableLeft="@mipmap/mrkj_mileage"
        android:text="@string/mileage"
        android:gravity="center"
        android:textColor="@color/black"/>
    <TextView
        android:id="@+id/heat_txt"
        android:layout_width="@dimen/width_size_0"
        android:layout_weight="1"
        android:layout_height="wrap_content"
        android:layout_marginRight="@dimen/font_size_20"
        android:textSize="@dimen/font_size_18"
        android:drawableLeft="@mipmap/mrkj_heat"
        android:text="@string/heat"
        android:gravity="center"
        android:textColor="@color/black"/>
</LinearLayout>
<RelativeLayout
    android:layout_width="match_parent"
    android:layout_height="wrap_content"
    android:background="@color/watm_background_gray"
```

```xml
    >
    <!-- 图片按钮 -->
    <ImageButton
        android:id="@+id/warm_up"
        android:background="@null"
        android:layout_marginTop="@dimen/width_size_20"
        android:layout_width="@dimen/width_size_100"
        android:layout_height="@dimen/width_size_100"
        android:scaleType="fitXY"
        android:layout_centerInParent="true"
        android:src="@drawable/warm_up_selector"
        />
</RelativeLayout>
</LinearLayout>
```

运动界面布局完成后的布局效果如图 24.10 所示，接下来将实现该界面中的具体功能。

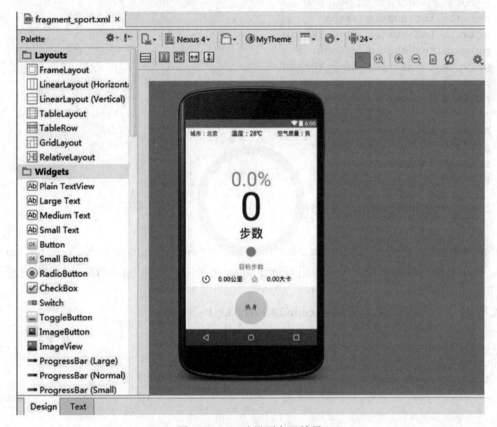

图 24.10　运动界面布局效果

24.4.3　创建 SportFragment 类

在 fragment 包下创建 SportFragment 类并继承 Fragment 类，然后声明用于显示数据的控件和用于保存显示数据的变量。这些变量是显示界面效果的关键。具体代码如下：

<代码02> 代码位置：资源包\code\24\Bits\02.txt>

```java
public class SportFragment extends BaseFragment{                //此处直接继承Fragment即可
    private static final int WEATHER_MESSAGE = 1;               //显示天气信息
    private static final int STEP_PROGRESS = 2;                 //显示步数信息
    private View view;                                          //界面的布局
    private TextView city_name,city_temperature,city_air_quality;//展示天气相关控件
    //显示精度的圆形进度条
    private CircleBar circleBar;                                //进度条
    private TextView show_mileage,show_heat,want_steps;         //显示里程和热量
    private ImageButton warm_btn;                               //跳转按钮
    //下载天气预报的相关信息
    private TodayInfo todayInfo;                                //今日的天气
    private PMInfo pmInfo;                                      //今日空气质量
    private String weather_url;                                 //天气接口
    private String query_city_name;                             //城市名称
    //展示进度、里程、热量的相关参数
    private int custom_steps;                                   //用户的步数
    private int custom_step_length;                             //用户的步长
    private int custom_weight;                                  //用户的体重
    private Thread get_step_thread;                             //定义线程对象
    private Intent step_service;                                //计步服务
    private boolean isStop;                                     //是否运行子线程
    private Double distance_values;                             //路程：米
    private int steps_values;                                   //步数
    private Double heat_values;                                 //热量
    private int duration;                                       //动画时间
    private Context context;
```

24.4.4 创建 SportFragment 的视图

在 SportFragment 类中通过重写 onCreateView() 来创建 SportFragment 的视图。在 onCreateView() 方法中，将布局填充器将布局文件添加进 SportFragment 类中。创建 SportFragment 类的视图的具体方法如下：

<代码03> 代码位置：资源包\code\24\Bits\03.txt>

```java
@Override
public void onAttach(Context context) {
    super.onAttach(context);
    this.context = context;                                     //获取上下文
}

/**
 *创建视图
 *@param inflater
 *@param container
 *@param savedInstanceState
 *@return
 */
@Nullable
```

```java
@Override
public View onCreateView(LayoutInflater inflater,
                ViewGroup container,
                Bundle savedInstanceState) {
    view = inflater.inflate(R.layout.fragment_sport, null);
    initView();                                         //初始化控件
    initValues();                                       //初始化数据
    setNature();                                        //设置功能
    //提示
    if (StepDetector.CURRENT_SETP > custom_steps){
        Toast.makeText(getContext(),"您已达到目标步数,请适量运动!"
                ,Toast.LENGTH_LONG).show();
    }
    //提示弹窗
    if (SaveKeyValues.getIntValues("do_hint",0) == 1
            && (System.currentTimeMillis() > (SaveKeyValues.
            getLongValues("show_hint",0)+Constant.DAY_FOR_24_HOURS))){
        AlertDialog.Builder alertDialog = new AlertDialog.Builder(getContext());
        alertDialog.setTitle("提示");                   //设置弹窗的标题
        alertDialog.setMessage("你有计划没有完成!");      //设置弹窗的内容
        alertDialog.setPositiveButton("点击确定不再提示!",  //设置弹窗的按钮
                new DialogInterface.OnClickListener() {
            @Override
            public void onClick(DialogInterface dialog, int which) {
                SaveKeyValues.putIntValues("do_hint" , 0);  //点击后存值
            }
        });
        alertDialog.create();                           //创建弹窗
        alertDialog.show();                             //显示弹窗
    }
    return view;
}
```

24.4.5 初始化数据

initValues()方法主要用于初始化数据并开启计步服务(服务的具体实现将会在 24.5 小节中讲解)。在 24.4.3 小节中仅仅是声明了变量,并没有对它们进行赋值。在 initValues()方法中对变量进行初始化数据,代码如下:

<代码 04   代码位置:资源包\code\24\Bits\04.txt>

```java
/**
 *初始化相关的属性
 */
private void initValues(){
    //1、获取所在城市并获取该城市的天气信息
    query_city_name = SaveKeyValues.getStringValues("city", "北京");//获取城市信息
    try {
        //使用 URLEncoder 方法
        //请在 gradle 中依赖
```

```java
            //compile 'org.apache.httpcomponents:httpcore:4.4.4'
            weather_url = String.format(Constant.GET_DATA,
                    URLEncoder.encode(query_city_name, "utf-8"));  //获取网络连接的URL
            downLoadDataFromNet();                                  //下载网络数据
        } catch (UnsupportedEncodingException e) {
            e.printStackTrace();
        }
        //2、获取计算里程和热量的相关参数（默认步数1000步；步长70cm；体重50kg）
        isStop = false;                          //设置初始值默认为false
        duration = 800;                          //设置执行动画的初始时间长度为800ms
        //获取默认值用于计算公里数和消耗的热量
        custom_steps = SaveKeyValues.getIntValues("step_plan",6000);//用户的步数
        custom_step_length = SaveKeyValues.getIntValues("length",70);//用户的步长
        custom_weight = SaveKeyValues.getIntValues("weight", 50);   //用户的体重
        //开启计步服务
        int history_values = SaveKeyValues.getIntValues("sport_steps", 0);
                                                                //获取历史记录
        int service_values = StepDetector.CURRENT_SETP;         //获取步数
        boolean isLaunch = getArguments().getBoolean("is_launch",false);
//用于数据处理
        if (isLaunch){
            StepDetector.CURRENT_SETP = history_values + service_values;
        }
        //开启计步服务
        step_service = new Intent(getContext(),StepCounterService.class);
        getContext().startService(step_service);
    }
```

24.4.6 初始化控件和设置控件

初始化控件并设置控件默认显示的数据，在使用控件时一定要对控件进行实例化，否则当程序运行时会报空指针异常错误。所以在调用initView()方法之后，再调用setNature()方法，用来对控件进行设置。代码如下：

<代码05   代码位置：资源包\code\24\Bits\05.txt>

```java
    /**
     *初始化控件
     */
    private void initView() {
        circleBar = (CircleBar) view.findViewById(R.id.show_progress);
        city_name = (TextView) view.findViewById(R.id.city_name);
        city_temperature = (TextView) view.findViewById(R.id.temperature);
        city_air_quality = (TextView) view.findViewById(R.id.air_quality);
        warm_btn = (ImageButton) view.findViewById(R.id.warm_up);
        show_mileage = (TextView) view.findViewById(R.id.mileage_txt);
        show_heat = (TextView) view.findViewById(R.id.heat_txt);
        want_steps = (TextView) view.findViewById(R.id.want_steps);
    }
    /**
```

```java
 *设置相关属性
 */
private void setNature() {
    //设置初始的进度
    circleBar.setcolor(R.color.theme_blue_two);            //设置进度条的颜色
    circleBar.setMaxstepnumber(custom_steps);              //设置进度条的最大值
    getServiceValue();
    //跳转界面的按钮
    warm_btn.setOnClickListener(new View.OnClickListener() { //设置按钮的点击事件
        @Override
        public void onClick(View v) {
            Toast.makeText(context, "跳转热身界面！", Toast.LENGTH_SHORT).show();
            startActivity(new Intent(getContext(), PlayActivity.class)
                    .putExtra("play_type", 0).putExtra("what",0));  //设置跳转界面
        }
    });
    want_steps.setText("今日目标："+custom_steps+"步");
}
```

24.4.7 获取天气预报网络资源

定义一个 downLoadDataFromNet()方法，用于获取网络数据，该网络数据用于获取城市天气信息。因为网络下载属于耗时操作，而主线程中不能进行耗时操作，所以在子线程中进行网络数据的下载。在主线程中将使用 handler 传值获取子线程中下载的网络数据。代码如下：

<代码 06　　代码位置：资源包\code\24\Bits\06.txt>

```java
/**
 *下载数据
 */
private void downLoadDataFromNet() {
    new Thread(new Runnable() {
        @Override
        public void run() {
            //下载天气预报
            String str = HttpUtils.getJsonStr(weather_url);
            Message message = Message.obtain();
            message.obj = str;
            message.what = WEATHER_MESSAGE;
            //handler 传值
            handler.sendMessage(message);
        }
    }).start();
}
```

24.4.8 获取计步步数

定义一个 getSeviceValue()方法，用于获取步数信息，通过 isStop 变量控制线程的开启和关闭。当子线程开启时，会每隔 1000ms 向主线程发送一条信息，让主线程更新界面，也就是更新主界面

中对应控件中的数据内容，如步数、里程和消耗的热量等数据。代码如下：

<代码07   代码位置：资源包\code\24\Bits\07.txt>

```java
/**
*获取计步服务的信息
*/
private void getServiceValue() {
    if (get_step_thread == null) {
        get_step_thread = new Thread() {            //子线程用于监听当前步数的变化
            @Override
            public void run() {
                super.run();
                while (!isStop) {                    //线程未关闭
                    try {
                        Thread.sleep(1000);          //每隔一秒发送一条信息给UI线程
                        if (StepCounterService.FLAG) {   //如果服务开启
                            handler.sendEmptyMessage(STEP_PROGRESS);//通知主线程
                        }
                    } catch (InterruptedException e) {
                        e.printStackTrace();
                    }
                }
            }
        };
        get_step_thread.start();                     //开启线程
    }
}
```

24.4.9 显示数据

声明并创建 Handle 对象，用于接收消息。在 handleMessage()方法中通过 Switch 语句来判断消息的标记，区分接收的消息是计步数据，还是城市天气数据。代码如下：

<代码08   代码位置：资源包\code\24\Bits\08.txt>

```java
private Handler handler = new Handler(new Handler.Callback() {
    @Override
    public boolean handleMessage(Message msg) {
        switch (msg.what){
            case WEATHER_MESSAGE:                    //天气信息网络请求结束后会跳到这里
                String jsonStr = (String) msg.obj;
                //获取Json数据
                if (jsonStr != null){
                    //获取下载的Json数据并进行相应的设置
                    setDownLoadMessageToView(jsonStr);
                }
                break;
            case STEP_PROGRESS:                       //步数更新后会跳到这里
                //获取计步的步数
                steps_values = StepDetector.CURRENT_SETP;
                //把步数的进度显示在进度条上
```

```java
            circleBar.update(steps_values,duration);
            duration = 0;
            //存储当前的步数
            SaveKeyValues.putIntValues("sport_steps", steps_values);
            //计算里程
            distance_values = steps_values *
                    custom_step_length * 0.01 *0.001;        //里程单位为km
            show_mileage.setText(formatDouble(distance_values)
                    + context.getString(R.string.km));       //显示里程数据
            //存值
            SaveKeyValues.putStringValues("sport_distance",
                    formatDouble(distance_values));
            //消耗热量:跑步热量(kcal)=体重(kg)×距离(km)×1.036
            heat_values = custom_weight * distance_values * 1.036;
            //显示信息
            show_heat.setText(formatDouble(heat_values)
                    + context.getString(R.string.cal));
            //存值
            SaveKeyValues.putStringValues("sport_heat",
                    formatDouble(heat_values));
            break;
        }
        return false;
    }
});
```

将获取的网络数据解析并设置到控件上显示出来,显示的数据包括城市名称、气温及大气污染指数。网络数据的下载和 JSON 解析都封装在 HttpUtils 中,因为设置是静态方法,所以在这里直接调用即可获取想要的结果。实现代码如下:

<代码 09   代码位置:资源包\code\24\Bits\09.txt>

```java
/**
 *把下载的数值解析后赋值给相关的控件
 *@param resultStr
 */
private void setDownLoadMessageToView(String resultStr){
    todayInfo = HttpUtils.parseNowJson(resultStr);       //获取当日的天气信息
    pmInfo = HttpUtils.parsePMInfoJson(resultStr);       //获取PM2.5的数据
    if (isAdded()){
        city_name.setText(context.getString(R.string.city)+query_city_name);
        city_temperature.setText(context.getString(R.string.temperature_hint)
            + todayInfo.getTemperature() + getString(R.string.temperature_unit));
        city_air_quality.setText(context.getString(R.string.quality) + pmInfo.getQuality());
    }
}
```

使用 formatDouble()方法格式化 Double 类型的数据,使传入 Double 类型的数据保留两位小数,并返回 String 类型的字符串。当 SportFragment 执行到 onDestory()方法时重置一些变量。具体实现代码如下:

<代码 10>　　　代码位置：资源包\code\24\Bits\10.txt>

```java
/**
 *计算并格式化doubles数值，保留两位有效数字
 *
 *@param doubles
 *@return 返回当前路程
 */
private String formatDouble(Double doubles) {
    DecimalFormat format = new DecimalFormat("####.##");
    String distanceStr = format.format(doubles);
    return distanceStr.equals("0") ? "0.00" : distanceStr;//格式化返回String类型
}
/**
 *在当前Fragment结束之前，销毁一些不需要的变量
 */
@Override
public void onDestroy() {
    super.onDestroy();
    handler.removeCallbacks(get_step_thread);    //移除监听
    isStop = true;                               //设置线程开关可以关闭
    get_step_thread = null;                      //清空线程对象
    steps_values = 0;                            //设置初始步数为0
    duration = 800;                              //设置初始值动画时间800ms
}
```

至此，该界面中的功能代码已经添加完毕。目前界面上只显示程序给出的默认数据，还没有实现计步功能，计步功能的具体实现是由计步服务来完成的，接下来将介绍如何实现计步服务的功能。

24.5　计步服务功能的设计

计步服务用于开启传感器的监听，达到获取用户步数的目的。运动界面中开启的服务就是计步服务。该程序需要在后台中继续执行计步的功能，而Activity达不到这样的目的，所以这时就会用到四大组件之一的Service。

创建StepCounterService类并继承Service类。StepCounterService就是计步服务，通过它开启对传感器的监听，从而达到计步的功能。以下介绍如何实现计步服务的功能。

24.5.1　声明变量

首先在StepCounterService类中声明计步服务中的变量。变量又称成员属性，用来描述对象，是类的重要组成部分。在使用一个类中的某些成员变量之前，需要在这个类中声明这些成员变量。代码如下：

<代码 11>　　　代码位置：资源包\code\24\Bits\11.txt>

```java
/**
 *计步服务
 *@author Administrator
```

```java
 *
 */
public class StepCounterService extends Service {
    public static final String alarmSaveService = "mrkj.healthylife.SETALARM";
    private static final String TAG = "StepCounterService";
    public static Boolean FLAG = false;                //服务运行标志

    private SensorManager mSensorManager;              //传感器服务
    public StepDetector detector;                      //传感器监听对象

    private PowerManager mPowerManager;                //电源管理服务
    private WakeLock mWakeLock;                        //唤醒
    private AlarmManager alarmManager;                 //闹钟管理器
    private PendingIntent pendingIntent;               //延迟意图
    private Calendar calendar;                         //日期
    private Intent intent;                             //意图
```

24.5.2 初始化计步服务

重写 StepCounterService 类中的 onCreate()方法。在 onCreate()方法中，初始化定时器的对象，用于设置提示保存信息，并初始化传感器管理器对象，用于开启对传感器的监听等。关键代码如下：

<代码 12　　代码位置：资源包\code\24\Bits\12.txt>

```java
@Override
public IBinder onBind(Intent intent) {
    return null;
}

@Override
public void onCreate() {
    super.onCreate();
    Log.e(TAG, "后台服务开始");
    FLAG = true;                                       //标记为服务正在运行
    //创建监听器类，实例化监听对象
    detector = new StepDetector(this);                 //实例化传感器对象
    detector.walk = 1;                                 //设置步数从一开始
    //获取传感器的服务，初始化传感器
    mSensorManager = (SensorManager) this.getSystemService(SENSOR_SERVICE);
    //注册传感器，注册监听器
    mSensorManager.registerListener(detector,
            mSensorManager.getDefaultSensor(Sensor.TYPE_ACCELEROMETER),
            SensorManager.SENSOR_DELAY_NORMAL);

    //电源管理服务
    mPowerManager = (PowerManager) this
            .getSystemService(Context.POWER_SERVICE);
    mWakeLock = mPowerManager.newWakeLock(PowerManager.SCREEN_DIM_WAKE_LOCK
            | PowerManager.ACQUIRE_CAUSES_WAKEUP, "S");
    //保持设备状态
    mWakeLock.acquire();
```

```java
//设置一个定时服务
alarmManager = (AlarmManager) getSystemService(ALARM_SERVICE);
calendar = Calendar.getInstance();
calendar.setTimeZone(TimeZone.getTimeZone("GMT+8"));
calendar.setTimeInMillis(System.currentTimeMillis());
calendar.set(Calendar.HOUR_OF_DAY, 23);              //设置时
calendar.set(Calendar.MINUTE, 59);                    //设置分
calendar.set(Calendar.SECOND, 0);                     //设置秒
calendar.set(Calendar.MILLISECOND, 0);                //设置毫秒
intent = new Intent(this,FunctionBroadcastReceiver.class);//发送广播的意图
intent.setAction(alarmSaveService);                   //设置Action
pendingIntent = PendingIntent.getBroadcast(this, 1, intent,
    PendingIntent.FLAG_UPDATE_CURRENT);
//设置定时器
alarmManager.setInexactRepeating(AlarmManager.RTC_WAKEUP,
    calendar.getTimeInMillis(), AlarmManager.INTERVAL_DAY, pendingIntent);
}
```

24.5.3 管理服务的生命周期

在计步服务被停止后，需要将 mSensorManager 解除注册，否则手机电池的电量会被很快耗光。在 StepCounterService 服务执行到 onDestroy()方法时，释放资源。代码如下：

<代码 13   代码位置：资源包\code\24\Bits\13.txt>

```java
@Override
public int onStartCommand(Intent intent, int flags, int startId) {
    return START_STICKY;                    //当内存空间足够时重启服务
}

@Override
public void onDestroy() {
    super.onDestroy();
    FLAG = false;                           //服务停止
    Log.e(TAG, "后台服务停止");

    if (detector != null) {                 //当detector不为空时
        mSensorManager.unregisterListener(detector);//取消对所有传感器的监听
    }

    if (mWakeLock != null) {                //当mWakeLock不为空时
        mWakeLock.release();                //释放唤醒资源
    }
}
```

📝 说明：

服务创建完后需要在 manifest 配置文件中注册该服务，一般情况下，四大组件都需要注册才能使用，StepDetector 类在 utils 包下。

24.6 测试计步功能的设计

24.6.1 测试界面的创建和布局的设置

创建 TestActivity 界面用于测试功能。创建 TestActivity 的方法如图 24.11 所示。在创建 TestActivity 的同时，布局文件也会自动被创建，并且不需要手动去配置文件中注册 TestActivity。

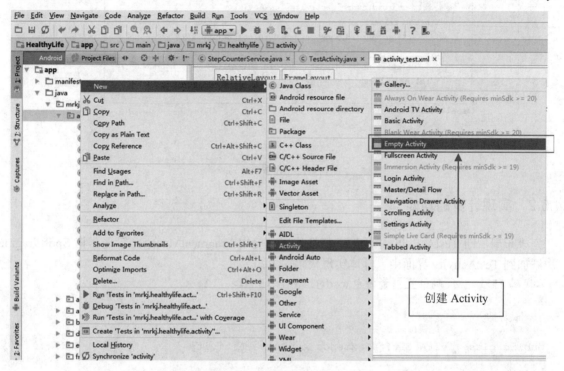

图 24.11　创建 Activity

测试计步器功能，在 activity 包下创建名为 TestActivity 的类，并在配置文件中设置它为启动页。该 activity 的布局在 activity_test.xml 文件中，布局文件中的代码如下：

<代码 14　　　代码位置：资源包\code\24\Bits\14.txt>

```xml
<?xml version="1.0" encoding="utf-8"?>
<RelativeLayout xmlns:android="http://schemas.android.com/apk/res/android"
    xmlns:tools="http://schemas.android.com/tools"
    android:layout_width="match_parent"
    android:layout_height="match_parent"
    tools:context="mrkj.healthylife.activity.TestActivity">
    <FrameLayout
        android:id="@+id/frag"
        android:layout_width="match_parent"
        android:layout_height="match_parent">
    </FrameLayout>
</RelativeLayout>
```

将创建的 TestActivity 类设置为启动页，这样设置会使程序在运行时直接显示 TestActivity 界面。设置方法如图 24.12 所示。

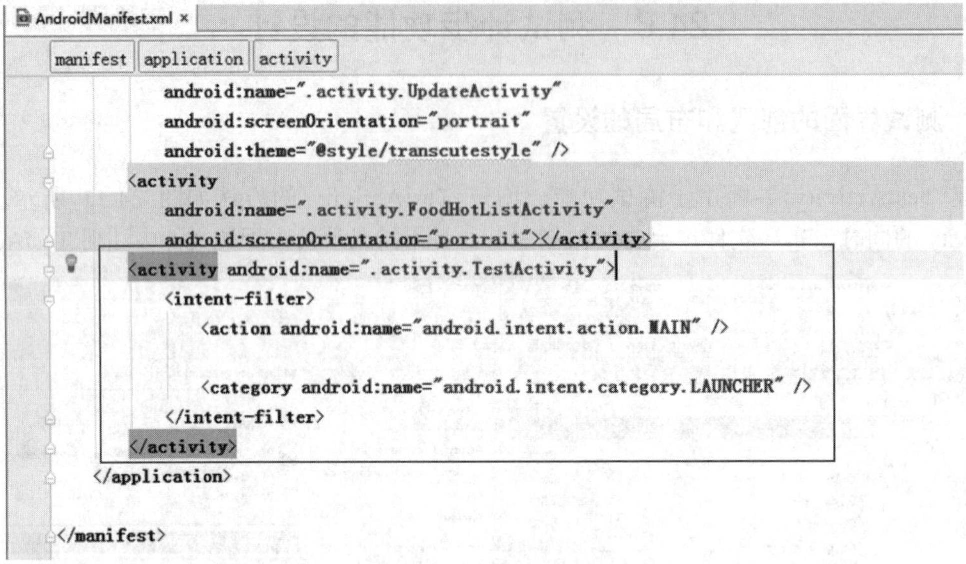

```
AndroidManifest.xml
manifest  application  activity
              android:name=".activity.UpdateActivity"
              android:screenOrientation="portrait"
              android:theme="@style/transcutestyle" />
          <activity
              android:name=".activity.FoodHotListActivity"
              android:screenOrientation="portrait"></activity>
          <activity android:name=".activity.TestActivity">
              <intent-filter>
                  <action android:name="android.intent.action.MAIN" />

                  <category android:name="android.intent.category.LAUNCHER" />
              </intent-filter>
          </activity>
      </application>

  </manifest>
```

图 24.12　设置启动项

24.6.2　实现计步的功能

完成布局后向 TestActivity 中添加功能性代码，使用 FragmentManager 管理器将 SportFragment 碎片添加到 TestActivity 界面中。具体实现代码如下：

<代码 15　　　代码位置：资源包\code\24\Bits\15.txt>

```java
/**
 *测试界面
 */
public class TestActivity extends AppCompatActivity {

    @Override
    protected void onCreate(Bundle savedInstanceState) {
        super.onCreate(savedInstanceState);
        setContentView(R.layout.activity_test);
        //添加 SportFragment
        Bundle bundle = new Bundle();                          //创建 Bundle 对象
        bundle.putBoolean("is_launch", false);                 //向 Bundle 中插入要传的值
        SportFragment sportFragment = new SportFragment();//创建 SportFragment 对象
        sportFragment.setArguments(bundle);                    //对 SportFragment 设置参数
        getSupportFragmentManager().
                beginTransaction().
                add(R.id.frag,sportFragment).
                commit();              //提交事务，通过事务去向 TestActivity 中加载 SportFragment
    }
}
```

运行项目，将会显示图 24.13 所示的测试效果。城市天气相关信息，计步相关信息，如步数、里程和热量等都已显示了出来。

图 24.13 运动界面测试效果

24.7 食物热量对照表设计

24.7.1 食物热量对照表概述

食物热量对照表如图 24.14 和图 24.15 所示。图 24.14 为默认的食物热量对照表的界面效果，图 24.15 为单击食物类别后展开的界面，显示不同食物的具体热量。

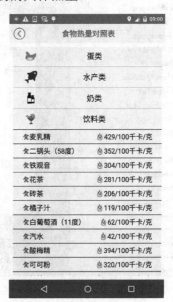

图 24.14 对照表未展开　　图 24.15 对照表展开

24.7.2 界面布局

首先设置该界面的布局文件（include 标签代表的是标题栏），代码如下：

<代码 16   代码位置：资源包\code\24\Bits\16.txt>

```xml
<?xml version="1.0" encoding="utf-8"?>
<LinearLayout xmlns:android="http://schemas.android.com/apk/res/android"
    xmlns:tools="http://schemas.android.com/tools"
    android:layout_width="match_parent"
    android:layout_height="match_parent"
    android:orientation="vertical"
    tools:context="mrkj.healthylife.activity.FoodHotListActivity">
    <include layout="@layout/title_layout"/>
    <ExpandableListView
        android:id="@+id/food_list"
        android:layout_margin="@dimen/width_size_10"
        android:layout_width="match_parent"
        android:layout_height="match_parent"
        android:groupIndicator="@null"
        android:childDivider="@color/theme_blue_two"
        android:dividerHeight="@dimen/width_size_2"
        android:background="@color/watm_background_gray">
    </ExpandableListView>
</LinearLayout>
```

布局代码完成后的效果如图 24.16 所示。

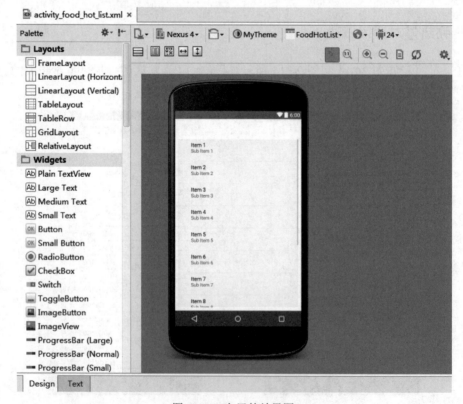

图 24.16 布局的效果图

24.7.3 显示数据

创建 FoodHotListActivity 类并继承 BaseActivity 类，在 FoodHotListActivity 中声明控件变量和存储数据的变量。在 setActivityTitle()中设置界面中标题栏的样式，在 getLayoutToView()方法中获取界面的布局。关键代码如下：

<代码 17　　代码位置：资源包\code\24\Bits\17.txt>

```java
public class FoodHotListActivity extends BaseActivity {
    private int sign= - 1 ;                        //控制列表的展开
    private String[] food_type_array;              //食物类型数组
    private List<FoodType> food_list;              //数据集合
    private ExpandableListView data_list;          //折叠 listview
    private Bitmap[] bitmaps;                      //图片资源
    private int[] ids;                             //图片资源 ID 数组

    /**
     *设置标题栏
     */
    @Override
    protected void setActivityTitle() {
        initTitle();
        setTitle("食物热量对照表", this);
        setMyBackGround(R.color.watm_background_gray);
        setTitleTextColor(R.color.theme_blue_two);
        setTitleLeftImage(R.mipmap.mrkj_back_blue);
    }

    /**
     *设置界面布局
     */
    @Override
    protected void getLayoutToView() {
        setContentView(R.layout.activity_food_hot_list);
    }
}
```

初始化食物热量信息数据，将这些数据在界面中显示出来。初始化的实质就是准备数据资源，然后将数据绑定到适配器中，再让 ExpandableListView 控件绑定适配器，即可实现在界面中显示食物热量信息数据。初始化数据资源的代码如下：

<代码 18　　代码位置：资源包\code\24\Bits\18.txt>

```java
/**
 *初始化数据资源
 */
@Override
protected void initValues() {
    ids = new int[]{R.mipmap.mrkj_gu, R.mipmap.mrkj_cai,
            R.mipmap.mrkj_guo, R.mipmap.mrkj_rou, R.mipmap.mrkj_dan,
            R.mipmap.mrkj_yv, R.mipmap.mrkj_nai, R.mipmap.mrkj_he,
            R.mipmap.mrkj_jun, R.mipmap.you};       //准备图片的资源 ID 数组
    bitmaps = new Bitmap[ids.length];
```

```
        for (int i = 0;i < ids.length ; i++){
            bitmaps[i] = BitmapFactory.decodeResource(getResources(),ids[i]);
        }
        food_type_array = new String[]{"五谷类",
                "蔬菜类", "水果类", "肉类",
                "蛋类", "水产类", "奶类",
                "饮料类", "菌藻类", "油脂类"};            //准备显示名称的数组
        food_list = new ArrayList<>();                   //创建食物集合
        //构造数据源
        DBHelper dbHelper = new DBHelper();
        Cursor cursor = dbHelper.selectAllDataOfTable("hot");    //查询数据库中的数据
        for (int i = 0; i < 10; i++) {                   //循环
            FoodType foodType = null;                    //创建食物类型对象
            List<FoodMessage> foods = null;              //创建对应类型的食物集合
            int counts = 1;                              //用于计数
            while (cursor.moveToNext()) {                //循环查询
                String name = cursor.getString(cursor.getColumnIndex("name"));
                String hot = cursor.getString(cursor.getColumnIndex("hot"));
                String type_name = cursor.getString(cursor.getColumnIndex("type_
name"));
                if (counts == 1) {
                    foodType = new FoodType();           //实例化对象
                    foods = new ArrayList<>();           //实例化对象
                    foodType.setFood_type(type_name);    //实例化对象
                }
                FoodMessage foodMessage = new FoodMessage();
                foodMessage.setFood_name(name);          //存入食物名称
                foodMessage.setHot(hot);                 //存入食物热量
                foods.add(foodMessage);                  //添加到对应类型的集合中
                foodType.setFood_list(foods);
                if (counts == 20) {
                    food_list.add(foodType);             //向集合中添加数据
                    break;
                }
                counts++;
            }
        }
        cursor.close();                                  //关闭游标
    }
```

在initViews()方法中实例化控件,然后在setViewsFunction()方法中创建适配器。当创建完适配器之后,再将创建好的适配器绑定到 ExpandableListView 控件中。这里做了一个处理,就是单击 ExpandableListView 控件中的父布局会收起其他展开的子布局,在 setViewsListener()方法中实现。关键代码如下:

<代码 19　　代码位置:资源包\code\24\Bits\19.txt>

```
@Override
protected void initViews() {
    data_list = (ExpandableListView) findViewById(R.id.food_list);//实例化控件
}
```

```java
/**
 *绑定适配器
 */
@Override
protected void setViewsFunction() {
    MyFoodAdapter adapter = new MyFoodAdapter();        //创建适配器
    data_list.setAdapter(adapter);                      //绑定适配器
}
/**
 *设置点击事件,展开一个,其余的都收起
 */
@Override
protected void setViewsListener() {
    data_list.setOnGroupClickListener( new ExpandableListView.OnGroupClickListener() {

        @Override
        public  boolean  onGroupClick(ExpandableListView parent, View v,
                       int groupPosition, long id) {
            if (sign== - 1 ) {
                //展开被选的group
                data_list.expandGroup(groupPosition);
                //设置被选中的group置于顶端
                data_list.setSelectedGroup(groupPosition);
                sign= groupPosition;
            } else  if (sign== groupPosition) {
                data_list.collapseGroup(sign);
                sign= - 1 ;
            } else {
                data_list.collapseGroup(sign);
                //展开被选的group
                data_list.expandGroup(groupPosition);
                //设置被选中的group置于顶端
                data_list.setSelectedGroup(groupPosition);
                sign= groupPosition;
            }
            return  true ;
        }
    });
}
```

ExpandableListView 的适配器看似复杂,其实功能结构非常清晰。仔细观察一下会发现,它的实现方式跟 BaseAdapter 的实现方式并没有太大的区别。ExpandableListView 的适配器代码如下(注意:该类是 FoodHotListActivity 的内部类):

<代码 20   代码位置:资源包\code\24\Bits\20.txt>

```java
/**
 *适配器
 */



class MyFoodAdapter extends BaseExpandableListAdapter{
```

```java
//Group 的数量
@Override
public int getGroupCount() {
    return food_list.size();
}
//每个 Group 中的 Child 的数量
@Override
public int getChildrenCount(int groupPosition) {
    return food_list.get(groupPosition).getFood_list().size();
}
//获取对应位置的 Group
@Override
public Object getGroup(int groupPosition) {
    return food_list.get(groupPosition);
}
//获取对应位置中的 Child
@Override
public Object getChild(int groupPosition, int childPosition) {
    return food_list.get(groupPosition).getFood_list().get(childPosition);
}
//获取对应位置的 Group 的 ID
@Override
public long getGroupId(int groupPosition) {
    return groupPosition;
}
//获取对应位置的 Child 的 ID
@Override
public long getChildId(int groupPosition, int childPosition) {
    return childPosition;
}
//判断同一个 ID 是否指向同一个对象
@Override
public boolean hasStableIds() {
    return true;
}
//获取 Group 的视图
@Override
public View getGroupView(int groupPosition, boolean isExpanded,
  View convertView, ViewGroup parent) {
    GroupViewHolder holder;
    if (convertView == null){
        holder = new GroupViewHolder();
        convertView = getLayoutInflater().inflate(R.layout.group_item , null);
        holder.image = (ImageView) convertView.findViewById(R.id.group_image);
        holder.title = (TextView) convertView.findViewById(R.id.group_title);
        convertView.setTag(holder);
    }else {
        holder = (GroupViewHolder) convertView.getTag();
```

```java
        }
        holder.image.setImageBitmap(bitmaps[groupPosition]);      //设置显示的图片
        holder.title.setText(food_type_array[groupPosition]);     //设置显示的汉字
        return convertView;
    }
    //获取child的视图
    @Override
    public View getChildView(int groupPosition, int childPosition, boolean isLastChild,
        View convertView, ViewGroup parent) {
        ChildViewHolder holder;
        if (convertView == null){
            holder = new ChildViewHolder();
            convertView = getLayoutInflater().inflate(R.layout.child_item,null);
            holder.name = (TextView) convertView.findViewById(R.id.food_name);
            holder.hot = (TextView) convertView.findViewById(R.id.food_hot);
            convertView.setTag(holder);
        }else {
            holder = (ChildViewHolder) convertView.getTag();
        }
        FoodMessage food = food_list.get(groupPosition).getFood_list().get
(childPosition);
        holder.name.setText(food.getFood_name());         //设置食物名称
        holder.hot.setText(food.getHot()+"千卡/克");        //设置食物热量
        return convertView;
    }
    //判断child是否可以被选择
    @Override
    public boolean isChildSelectable(int groupPosition, int childPosition) {
        return true;
    }
}
class GroupViewHolder{
    ImageView image;
    TextView title;
}
class ChildViewHolder{
    TextView name,hot;
}
```

运行项目，食物热量对照表就显示出来了。至此，运动界面的主要功能都实现了。

24.8　其他主要功能的展示

除了上面详细讲解的功能模块之外，本项目中还有一些其他的功能，由于篇幅限制，本节将主要展示其他主要功能的效果，具体实现代码请参考随书资源包中的源码文件。

24.8.1 更改个人信息

更改个人信息的主要功能是更改头像。更改头像可以使用图库里的图片或调用摄像头照相来获取头像。除了更改头像外,都是通过更改 SharePreference 中存储的数据将新的数据进行保存。更改个人信息界面的运行效果如图 24.17 所示。

24.8.2 播放热身动画

在运动界面中,单击"热身"按钮后,跳转界面。在跳转的界面中播放热身的逐帧动画。播放热身动画的界面效果如图 24.18 所示。

24.8.3 设置"我的计划"

在"我的计划"界面中可以查看、更改和删除计划。只有设置了计划,才会在该界面中显示内容,否则该界面中不会显示任何数据。当设置计划后,会将设置计划的相应数据存储到数据库中,而该界面就是读取数据库中对应的数据表中的内容并显示出来。在该界面中,还可以对数据进行更改和删除。"我的计划"界面的运行效果如图 24.19 所示。

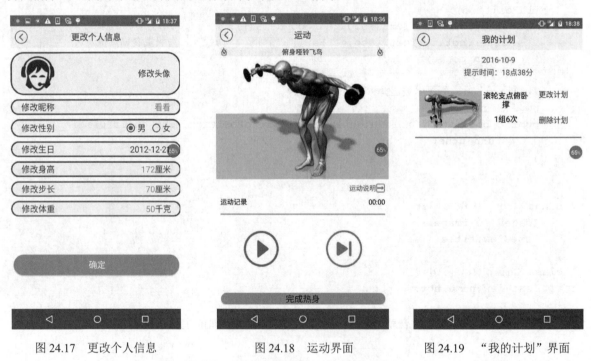

图 24.17 更改个人信息　　图 24.18 运动界面　　图 24.19 "我的计划"界面

24.8.4 心率测试功能

图 24.20 所示的是心率界面的默认效果,点击"开始"按钮就可以进行心率的测试。只需要将手指放在手机的后置摄像头处,即可显示心率的测试结果,如图 24.21 所示。

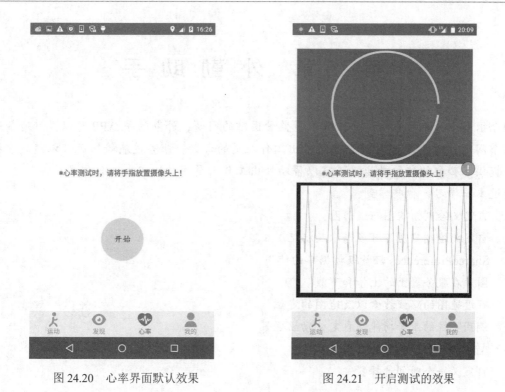

图 24.20　心率界面默认效果　　　　图 24.21　开启测试的效果

24.9　本章总结

本章主要介绍了如何实现一个计步功能及 ExpandableListView 的使用。通过本章的学习，能更好地了解 Activity、Service 和 Receiver 的使用。由于篇幅有限，本章只选取重点功能进行讲解，其他功能的实现请参考并运行源码进行学习。本章总结如图 24.22 所示。

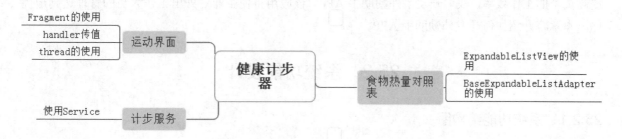

图 24.22　本章总结

第 25 章 外勤助手

如今很多企业都存在对外出工作人员监管困难的问题，外勤助手 APP 可以很好地帮助企业解决这个问题。通过该 APP，企业对外出工作人员的考勤、业务进展等情况可以随时掌控。既为公司提供了必要的监管功能，又可以帮助外出工作人员高效地完成工作任务。

通过本章学习，你将学到：
- 自定义绘制饼状图与线形图
- 自定义绘制日历（可多选以及标记）
- SharedPreferences 轻量级数据库的使用
- 图片在服务器上的上传和下载
- 百度地图的路线搜索以及地图的定位
- 调用系统的录音功能及自定义动画磁带
- App 与后台服务器的数据交互
- 自定义一个时间选择器

25.1 开发背景

为了拓展业务，很多企业需要安排人员长期外出工作，因此，对外出工作人员的管理、工作情况的监督、外出开销的上报等情况的及时掌握就成为公司急切想解决的问题。所以，为了帮助公司解决对外出工作人员的管理，及时掌握外出工作人员的工作进展及相关事项，改善公司管理机制，提高员工的工作效率，我们开发了外勤助手 APP。该应用将使企业对外出工作人员的管理达到最优化。本章将介绍如何开发外勤助手 APP。

25.2 系统功能设计

25.2.1 系统功能结构图

外勤助手的功能结构共分为 11 个部分，其中在主界面设置了 9 个部分，为九宫格样式。另外两个部分在主界面底部，以按钮形式体现。功能模块包括：考勤、任务上报、工作计划、损耗报表、导航、消息、录音、客户管理、业务分析、系统设置、跟单设置等。具体功能如图 25.1 所示。

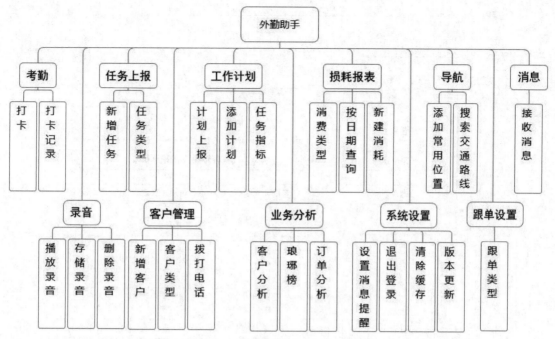

图 25.1　外勤助手系统功能结构图

25.2.2　业务流程图

外勤助手 APP 的业务流程如图 25.2 所示。

25.3　系统开发必备

25.3.1　开发环境要求

本系统的软件开发及运行环境需满足以下条件：
- 操作系统：Windows 7 及以上版本。
- JDK 环境：Java SE Development Kit（JDK）version 7 及以上版本。
- 开发工具：Android Studio 1.5.1 及以上版本。
- 开发语言：Java、XML。
- 运行平台：Android 4.0.3 及以上版本。

25.3.2　后台服务器要求

本系统后台 Java 开发服务器要求具体如下：
- 操作系统：Windows 7（SP1）64 位版本。
- 开发语言：Java 7 版本。
- 运行服务器：Tomcat 8 版本。

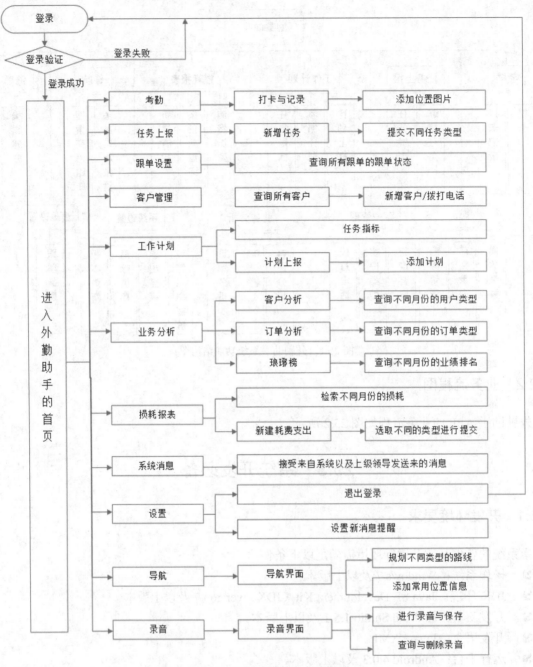

图 25.2 外勤助手的业务流程图

25.3.3 与后台 Java 服务器交互的主要接口

本系统包含"外勤助手"APP 客户端和后台 PC 端的 Java 服务器程序两部分。APP 主要完成数据的录入与数据的查询、展示,使用 Java 开发的后台服务器主要完成对 APP 传入的数据进行逻辑、业务处理并保存在数据库中。APP 与后台需要制定规范的接口进行数据交换,主要接口如下:

1．签到签退接口

（1）APP 调用方法

http://(服务器 IP 地址):(服务器端口号，默认 8080)/outHelp/phone/tfAttence_on

（2）后台接口方法（tfAttence_on）

参数：id 表示用户的 id；data 表示打卡日期；attencePlace 表示打开时的位置信息。

返回值：t 表示打卡成功；f 表示打卡失败。

2．业务上报接口

（1）APP 调用方法

http://(服务器 IP 地址):(服务器端口号，默认 8080)/outHelp/phone/tfBusinessList_on

（2）后台接口方法（tfBusinessList_on）

参数：id 表示用户的 id；brName 表示业务主题；brContent 表示业务内容；brPlace 表示上报任务时地点。

返回值：t 表示上报成功；f 表示上报失败。

3．业务分析接口

（1）App 调用方法

http://(服务器 IP 地址):(服务器端口号，默认 8080)/outHelp/phone/count_on

（2）后台接口方法（count_on）:

参数：id 表示用户的 id；did 表示用户部门 id。

返回值：busPer 表示个人数据；busAll 表示全部门数据。

4．订单分析接口

（1）App 调用方法

http://(服务器 IP 地址):(服务器端口号，默认 8080)/outHelp/phone/count_No2

（2）后台接口方法（count_No2）

参数：id 表示用户的 id；did 表示用户部门 id；yearMonth 表示年月。

返回值：num1 表示拜访订单数；num2 表示赢单数；num3 表示失败订单数；num4 表示进行中订单数；num5 表示赢单率。

25.4　导航的定位与路线规划设计

外勤助手 APP 使用百度地图对外出工作人员进行定位，将用户打卡和任务上报时的位置信息上传至服务器；在用户使用地图搜索目的地时可为用户提供路线规划。接下来将介绍使用百度地图实现定位和路线规划功能。

25.4.1　申请密钥

密钥是指每个 APP 调用地图时所固有的 AppKey。在项目中使用百度地图，都需要申请一个秘钥。申请秘钥的方法如下：

（1）登录百度地图官网，在百度地图 API 官网上申请密钥。申请秘钥的界面如图 25.3 所示。

图 25.3 申请密钥

（2）在应用类型中选择"Android SDK"时，需要填写"发布版 SHA1"。查看 SHA1 值的方法：

①打开"开始"菜单，如图 25.4 所示，输入 cmd，按<Enter>键，弹出（DOS）命令提示符窗口，如图 25.5 所示。

②在提示符窗口输入"cd .android"，按<Enter>键，再输入"keytool -list -v -keystore debug.keystore"，再按<Enter>键，即可获取到 SHA1 值。

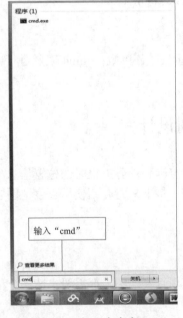

图 25.4 打开命令窗口

图 25.5 （DOS）命令提示符窗口

（3）输入相应的 SHA1 值和包名后，单击"提交"按钮。在"查看应用"页面，如图 25.6 所示，即可查看申请的密钥。

图 25.6　查看生成的密钥

25.4.2　下载 Android 地图 SDK

登录百度地图官网，在百度地图官网中选择"Android 地图 SDK"→"相关下载"，进入下载 SDK 页面，如图 25.7 所示。在该页面可以选择"自定义下载"，下载个人需要的功能；也可以选择"一键下载"，下载所有百度地图的功能。请根据自身需求，下载 SDK。

图 25.7　下载 Android 地图 SDK

25.4.3 导入 Jar 包

根据项目所应用到的不同功能，导入不同的 Jar 包。将"资源包\code\25\Src\libs"中的 Jar 包导入项目 libs 文件夹下，然后打开 Rebuild Project，当每个 Jar 包前面都有一个三角形时，则表示 Jar 包导入成功，如图 25.8 所示，导入的 Jar 包中包含了定位、地图、搜索等功能。

25.4.4 绘制地图

在"activity_routeplan"布局文件中添加代码，用于加载百度地图，之后对地图的所有操作都是在此布局地图上完成的。

<代码 01　　代码位置：资源包\code\25\Bits\01.txt>

```
<com.baidu.mapapi.map.MapView
android:id="@+id/map"
android:layout_width="fill_parent"
android:layout_height="fill_parent"
android:clickable="true" />
```

绘制后的布局效果如图 25.9 所示。

图 25.8　导入 Jar 包　　　　　　图 25.9　绘制后的效果图

25.4.5 实现定位服务

定位服务是使用百度地图的基础，百度地图的所有功能都会用到定位服务。定位服务类 LocationService 的代码无需开发人员手动输入，在已下载的 SDK 中包含此代码，开发人员只需要将代码复制过来使用即可。代码如下：

<代码 02　　代码位置：资源包\code\25\Bits\02.txt>

```java
public class LocationService {
private LocationClient client = null;               //定位服务监听
```

```java
private LocationClientOption mOption,DIYoption;        //定位地点
private Object objLock = new Object();
/**
*初始化服务
*/
public LocationService(Context locationContext){
   synchronized (objLock) {
      if(client == null){
         client = new LocationClient(locationContext);
         client.setLocOption(getDefaultLocationClientOption());
      }
   }
}
/**
*设置监听
*/
public boolean registerListener(BDLocationListener listener){
   boolean isSuccess = false;
   if(listener != null){
       client.registerLocationListener(listener);
       isSuccess = true;
   }
   return isSuccess;
}
public void unregisterListener(BDLocationListener listener){
    if(listener != null){
       client.unRegisterLocationListener(listener);
    }
}
/**
*是否成功设置选项
*/
public boolean setLocationOption(LocationClientOption option){
    boolean isSuccess = false;
     if(option != null){
        if(client.isStarted())
        client.stop();
        DIYoption = option;
        client.setLocOption(option);
        isSuccess = true;
     }
return isSuccess;
}
/**
*返回获取到的定位地点
*/
public LocationClientOption getOption(){
    return DIYoption;
}
/**
```

```java
 *默认位置客户端选项
 */
public LocationClientOption getDefaultLocationClientOption(){
    if(mOption == null){
        mOption = new LocationClientOption();
        //可选，默认高精度，设置定位模式，高精度，低功耗，仅设备
        mOption.setLocationMode(LocationMode.Hight_Accuracy);
        //可选，默认gcj02，设置返回的定位结果坐标系，如果配合百度地图使用，建议设置为bd0911;
        mOption.setCoorType("bd0911");
        //可选，默认0，即仅定位一次，设置发起定位请求的间隔需要大于等于5000ms才有效
        mOption.setScanSpan(5000);
        mOption.setIsNeedAddress(true);//可选，设置是否需要地址信息，默认不需要
        mOption.setIsNeedLocationDescribe(true);//可选，设置是否需要地址描述
        mOption.setNeedDeviceDirect(false);//可选，设置是否需要设备方向结果
        //可选，默认false，设置是否当gps有效时按照1S1次频率输出GPS结果
        mOption.setLocationNotify(false);
         //可选，默认true，定位SDK内部是一个SERVICE，并放到了独立进程，设置是否在stop时
         //杀死这个进程，默认不杀死
        mOption.setIgnoreKillProcess(true);
        //可选，默认false，设置是否需要位置语义化结果，可以在BDLocation.getLocationDescribe里得到
        mOption.setIsNeedLocationDescribe(true);
        //可选，默认false，设置是否需要POI结果，可以在BDLocation.getPoiList里得到
        mOption.setIsNeedLocationPoiList(true);
        //可选，默认false，设置是否收集CRASH信息，默认收集
        mOption.SetIgnoreCacheException(false);}
        return mOption;
    }
/**
*activity执行到开始的生命周期时打开监听
*/
public void start(){
    synchronized (objLock) {
        if(client != null && !client.isStarted()){
            client.start();
        }
    }
}
/**
*activity执行到停止的生命周期时关闭监听
*/
public void stop(){
    synchronized (objLock) {
        if(client != null &&client.isStarted()){
            client.stop();
        }
    }
}
```

25.4.6 实现用户定位及路线规划

1. 用户定位

在"外勤助手"APP 的考勤与任务上报等多个界面中用到了定位服务功能,需要把定位信息的详细数据预先添加到数据库中,在用到时便可直接从数据库中读取。用户定位界面如图 25.10 所示。

图 25.10 百度地图的用户定位

实现用户定位的步骤如下:

(1)定义所需的百度地图定位服务、定位的坐标信息、存储位置信息的轻量级数据库等变量。代码如下:

<代码 03　　代码位置:资源包\code\25\Bits\03.txt>

```
private LocationService locationService;              //百度地图的定位服务
private SharedPreferences sharedPreferences;          //创建一个用于存放定位的位置信息
private Poi poi;                                      //百度地图定位到的位置
```

(2)初始化定位服务的轻量级数据库,在获取 locationservice 定位服务实例时,建议在应用中只初始化一个 location 实例。代码如下:

<代码 04　　代码位置:资源包\code\25\Bits\04.txt>

```
locationService = ((BaseApplication) getApplication()).locationService;//初始化定
                                                                          位服务
//获取 locationservice 实例,建议应用中只初始化一个 location 实例
locationService.registerListener(mListener);                          //注册监听
/*****
 *定位结果回调,重写 onReceiveLocation 方法
```

```java
    */
    private BDLocationListener mListener = new BDLocationListener() {
        @Override
        public void onReceiveLocation(final BDLocation location) {
            if (null != location && location.getLocType() != BDLocation.TypeServerError) {
                StringBuffer buffer = new StringBuffer(256);
                buffer.append("time : ");
                /**
                *时间也可以使用 systemClock.elapsedRealtime()方法,获取的是自从开机以来,每次回调的
时间;
                *location.getTime() 是指服务端出本次结果的时间,如果位置不发生变化,则时间不变
                */
                buffer.append("\nlatitude : ");
                buffer.append(location.getLatitude());
                buffer.append("\nlontitude : ");
                buffer.append(location.getLongitude());
                buffer.append("\ncity : ");
                buffer.append(location.getAddress());
                if (location.getPoiList() != null && !location.getPoiList().isEmpty()) {
                    for (int i = 0; i < location.getPoiList().size(); i++) {
                        poi = (Poi) location.getPoiList().get(0);
                        buffer.append(poi.getName() + ";");
                    }
                }
                if (location.getLocType() == BDLocation.TypeGpsLocation) {  //GPS 定位结果
                    buffer.append("gps 定位成功");
                                                                            //网络定位结果
```

(3) 将获取到的城市信息、定位的位置信息、经度与纬度等数据,保存到数据库中。代码如下:

<代码 05 　　　代码位置:资源包\code\25\Bits\05.txt>

```java
/**
*把从百度地图定位获取到的数据存放到数据库里面
***/
SharedPreferences.Editor editor = sharedPreferences.edit();
editor.putString("city", location.getCity());                           //存储定位到的城市
editor.putString("location", poi.getName());                            //存储定位到的位置
//将城市与位置信息结合起来存储到数据库里面
editor.putString("alllocation",location.getCity()+location.getDistrict()+poi.getName());
editor.putString("latitude", location.getLatitude()+"");     //存储定位经度
editor.putString("longitude", location.getLongitude()+"");   //存储定位维度
editor.commit();                                             //保存
locationService.unregisterListener(mListener);               //为百度地图的服务设置监听
locationService.stop();
```

2. 路线规划

外出人员可使用导航功能,输入起点、终点,进行路线规划,如图 25.11 所示。

图 25.11　路线规划

实现路线规划的步骤如下：

（1）实现路线规划功能前，先定义 MapView 地图、LocationClient 定位、RoutePlanSearch 路线搜索等变量。代码如下：

<代码 06　　　代码位置：资源包\code\25\Bits\06.txt>

```
/**
 *地图相关，使用继承 MapView 的 MyRouteMapView，目的是重写 touch 事件
 *如果不处理 touch 事件，则无需继承，直接使用 MapView 即可
 */
MapView mMapView = null;              //地图 View
BaiduMap mBaidumap = null;
//搜索相关
RoutePlanSearch mSearch = null;       //搜索模块，也可去掉地图模块独立使用
//定位相关
LocationClient mLocClient;
```

（2）判断网络情况及 SDK 的密钥（Appkey）是否正确，代码如下：

<代码 07　　　代码位置：资源包\code\25\Bits\07.txt>

```
/**
 *构造广播监听类，监听 SDK 密钥验证以及网络异常广播
 */
public class SDKReceiver extends BroadcastReceiver {
    public void onReceive(Context context, Intent intent) {
        TextView text = (TextView) findViewById(R.id.text_Info);
        text.setTextColor(Color.RED);
```

```
            if (s.equals(SDKInitializer.SDK_BROADCAST_ACTION_STRING_NETWORK_ERROR)) {
                text.setText("网络出错");
            }
        }
    }
```

（3）使用 PlanNode 定义起点与终点对象，通过 mSearch.drivingSearch()方法，进行路线搜索，分别判断开车、走路、自行车的路线。代码如下：

<代码 08   代码位置：资源包\code\25\Bits\08.txt>

```
//设置起终点信息，对于 transfer search 来说，城市名无意义
    String city = sharedPreferences.getString("city", "长春");
    PlanNode stNode = PlanNode.withCityNameAndPlaceName(city, editSt.getText().toString());
    PlanNode enNode = PlanNode.withCityNameAndPlaceName(city, editEn.getText().toString());
//实际使用中请对起点终点城市进行正确的设定
    if (v.getId() == R.id.drive) {
        mSearch.drivingSearch((new DrivingRoutePlanOption()).from(stNode).to(enNode));
    } else if (v.getId() == R.id.transit) {
        mSearch.transitSearch((newTransitRoutePlanOption()).from(stNode)
                            city(city).to(enNode));
    } else if (v.getId() == R.id.walk) {
        mSearch.walkingSearch((new WalkingRoutePlanOption()).from(stNode).to(enNode));
    } else if (v.getId() == R.id.bike) {
        mSearch.bikingSearch((new BikingRoutePlanOption()).from(stNode).to(enNode));
    }
}
```

25.5 考勤签到模块设计

用户在打卡前，需先拍照，系统会自动获取位置信息，并将数据上传至服务器。如服务器返回"t"，则弹出"打卡成功"的提示框，否则弹出"打卡失败"的提示框。

25.5.1 自定义签到日历控件

1．绘制日历网格

通常情况下，日历中的日期都是在网格中实现的，"外勤助手"中的日历也采用这种格式。通过嵌套的线性布局和相对布局实现，日期设置在每个格子的中心位置，字体颜色设置为固定值。代码如下：

<代码 09   代码位置：资源包\code\25\Bits\09.txt>

```
private void drawFrame(LinearLayout oneCalendar) {
//添加周末线性布局
    LinearLayout title = new LinearLayout(getContext());
    title.setBackgroundColor(COLOR_BG_WEEK);                        //设置背景颜色
```

```java
        title.setOrientation(LinearLayout.HORIZONTAL);          //设置布局方向
        LinearLayout.LayoutParams layout = new LinearLayout.LayoutParams(-1, 0,0.5f);
        Resources res = getResources();
        fLOAT_TB = res.getDimension(R.dimen.historyscore_tb);
        layout.setMargins(0, 0, 0, (int) (fLOAT_TB * 1.2));
        title.setLayoutParams(layout);                          //给标题设置布局
        oneCalendar.addView(title);                             //将标题添加进来
        //添加周末 TextView
        for (int i = 0; i <COLS_CALENDAR; i++) {
            TextView view = new TextView(getContext());         //初始化 TextView 的控件
            view.setGravity(Gravity.CENTER);                    //设置居中
            view.setText(weekday[i]);                           //将星期添加进来
            view.setTextColor(COLOR_TX_WEEK);                   //设置颜色
            view.setLayoutParams(new LinearLayout.LayoutParams(0, -1, 1));
            title.addView(view);
        }

        //添加日期布局
        LinearLayout content = new LinearLayout(getContext());
        content.setOrientation(LinearLayout.VERTICAL);          //设置布局方向
        content.setLayoutParams(new LinearLayout.LayoutParams(-1, 0, 7f));
        oneCalendar.addView(content);

        //添加日期 TextView
        for (int i = 0; i <ROWS_CALENDAR; i++) {                //绘制日历上的行
            LinearLayout row = new LinearLayout(getContext());
            row.setOrientation(LinearLayout.HORIZONTAL);        //行布局方向
            row.setLayoutParams(new LinearLayout.LayoutParams(LayoutParams.MATCH_PARENT, 0, 1));
            content.addView(row);
            //绘制日历上的列
            for (int j = 0; j <COLS_CALENDAR; j++) {
                RelativeLayout col = new RelativeLayout(getContext());//定义一个相对布局
                col.setLayoutParams(new LinearLayout.LayoutParams(0, LayoutParams.MATCH_PARENT, 1));
                col.setBackgroundResource(R.drawable.datak);    //给日历设置背景
                row.addView(col);
        //给每一天加上监听
        col.setOnClickListener(new OnClickListener() {
@Override
public void onClick(View v) {
            ViewGroup parent = (ViewGroup) v.getParent();       //获取父类布局
    int row = 0, col = 0;

    //循环获取列坐标
    for (int i = 0; i < parent.getChildCount(); i++) {
            if (v.equals(parent.getChildAt(i))) {
                col = i;
                break;
            }
        }
```

```
        //循环获取行坐标
        ViewGroup pparent = (ViewGroup) parent.getParent();
        for (int i = 0; i < pparent.getChildCount(); i++) {
            if (parent.equals(pparent.getChildAt(i))) {
                row = i;
                break;
            }
        }
        if (onCalendarClickListener != null) {        //判断监听是否为空
            onCalendarClickListener.onCalendarClick(row, col,
dates[row][col]);
        }
    });
   }
  }
}
```

考勤界面的日历网格绘制成功，效果如图 25.12 所示。

图 25.12　绘制网格后的效果图

2．填充日历的日期

网格绘制完成后，需在网格中显示日期，添加实现日期显示的代码。为了区分当天与其他日期，还需要对当天的日期做一个特殊标记。如果某个月份第一天不是星期日，则需将当月第一天前的网格填充上个月末相应的日期。如果显示当前月是一月，或是十二月，当手指左滑或右滑时，需要对显示的年份进行减 1 或者加 1 操作。关键代码如下：

<代码 10　　代码位置：资源包\code\25\Bits\10.txt>

```
//填充日历(包含日期、标记、背景)
private void setCalendarDate() {
//根据日历的日子获取这一天是星期几
int weekday = calendarday.getDay();
//每个月第一天
```

```java
int firstDay = 1;
//每个月中间号,根据循环会自动++
int day = firstDay;
//每个月的最后一天
int lastDay = getDateNum(calendarday.getYear(), calendarday.getMonth());
//下个月第一天
int nextMonthDay = 1;
int lastMonthDay = 1;

    //填充每一个空格
for (int i = 0; i <ROWS_CALENDAR; i++) {
for (int j = 0; j <COLS_CALENDAR; j++) {
    //这个月第一天不是周日,则需要绘制上个月的剩余几天
if (i == 0 && j == 0 && weekday != 0) {
int year = 0;
int month = 0;
int lastMonthDays = 0;
//如果这个月是1月,上一个月就是去年的12月
if (calendarday.getMonth() == 0) {
                year = calendarday.getYear() - 1;           //年份减1
                month = Calendar.DECEMBER;                  //设置月份
            } else {
                year = calendarday.getYear();               //设置年份
                month = calendarday.getMonth() - 1;         //月份减1
            }
lastMonthDays = getDateNum(year, month);                    //上个月的最后一天是几号
int firstShowDay = lastMonthDays - weekday + 1;             //第一个格子展示的是几号
//上月
for (int k = 0; k < weekday; k++) {
                lastMonthDay = firstShowDay + k;
                RelativeLayout group = getDateView(0, k);
                group.setGravity(Gravity.CENTER);           //设置布局居中
                TextView view = null;
if (group.getChildCount() >0) {
                    view = (TextView) group.getChildAt(0);
                } else {
                    LinearLayout.LayoutParams params = new LinearLayout.LayoutParams
(-1, -1);
                    view = new TextView(getContext());
                    view.setLayoutParams(params);           //设置布局
                    view.setGravity(Gravity.CENTER);        //居中
                    group.addView(view);
                }
                view.setText(Integer.toString(lastMonthDay));
                view.setTextColor(COLOR_TX_OTHER_MONTH_DAY); //设置文字颜色
        dates[0][k] = format(new Date(year, month, lastMonthDay));
 //设置日期背景色
if (dayBgColorMap.get(dates[0][k]) == null) {
                view.setBackgroundColor(Color.TRANSPARENT); //设置背景颜色
                }
setMarker(group, 0, k);                                     //设置标记
```

```java
            }
            j = weekday - 1;
    // 这个月第一天是礼拜天,不用绘制上个月的日期,直接绘制这个月的日期
} else {
            RelativeLayout group = getDateView(i, j);
            group.setGravity(Gravity.CENTER);                    //布局居中
            TextView view = null;
if (group.getChildCount() >0) {
                view = (TextView) group.getChildAt(0);           //获取子布局
            } else {
                LinearLayout.LayoutParams params = new LinearLayout.LayoutParams(-1, -1);
                view = new TextView(getContext());
                view.setLayoutParams(params);                    //动态添加布局
                view.setGravity(Gravity.CENTER);                 //布局居中
                group.addView(view);
            }

    //本月
if (day <= lastDay) {
dates[i][j] = format(new Date(calendarday.getYear(),
                    calendarday.getMonth(), day));
                view.setText(Integer.toString(day));
//当天
if (thisday.getDate() == day
            &&thisday.getMonth() == calendarday.getMonth()
              &&thisday.getYear() == calendarday.getYear()) {
                view.setText("今天");                             //将文字设置为今天
                view.setTextColor(COLOR_TX_WEEK);                 //设置文字的颜色
                view.setBackgroundColor(Color.TRANSPARENT);       //设置背景颜色
            } else {
                view.setTextColor(COLOR_TX_THIS_MONTH_DAY);       //设置文字颜色
                view.setBackgroundColor(Color.TRANSPARENT);       //设置背景颜色
            }
    //上面首先设置了默认的"当天"背景色,当有特殊需求时,才给当日填充背景色
            // 设置日期背景色
if (dayBgColorMap.get(dates[i][j]) != null) {
                view.setTextColor(Color.WHITE);                   //文字设置为白色
                view.setBackgroundResource(dayBgColorMap.get(dates[i][j]));
            }
    //设置标记
setMarker(group, i, j);
            day++;
        //下个月
} else {
if (calendarday.getMonth() == Calendar.DECEMBER) {
dates[i][j] = format(new Date(calendarday.getYear() + 1,
      Calendar.JANUARY, nextMonthDay));
            } else {
dates[i][j] = format(new Date(
calendarday.getYear(),
```

```
calendarday.getMonth() + 1, nextMonthDay));
                    }
                    view.setText(Integer.toString(nextMonthDay));    //设置日期
                    view.setTextColor(COLOR_TX_OTHER_MONTH_DAY);      //设置日期的颜色
    //设置日期背景色
    if (dayBgColorMap.get(dates[i][j]) = = null) {
                        view.setBackgroundColor(Color.TRANSPARENT);   //设置背景颜色
                    }
    //设置标记
    setMarker(group, i, j);
                    nextMonthDay++;
                }
            }
        }
    }
}
```

考勤界面填充日历后的效果如图 25.13 所示。

图 25.13　填充日期后的效果图

25.5.2　初始化签到数据

实现签到功能需使用自定义的日历控件（用于显示考勤界面的日历信息）、数据接口（用于将数据上传到该接口）、上传服务器的参数（将需要上传的参数上传到服务器）、考勤界面的实体类（用于解析数据时使用）、String 类型的数据（用于查询某天的考勤情况及打开时上传当天日期）等。因此，需要先声明对应的变量，变量声明代码如下：

<代码 11　　　　代码位置：资源包\code\25\Bits\11.txt>

```
private String date = null;                                //设置默认选中的日期格式为标准日期格式
private TextView popupwindow_calendar_month, prompt;       //显示日历的日期与下方红色的提示
private KCalendar calendar;                                //定义日历控件
```

```java
private List<String> list = new ArrayList<String>();      //设置标记列表
private RequestParams params;                              //上传服务器的参数
private HttpUtils httpUitil;                               //http 请求协议
private String url = BaseApplication.getUrl();             //数据接口
private SignedEntity signedEntity;                         //考勤界面的实体类
private ImageButton backBtn;                               //返回按钮
String today;                                              //用于上传服务器的日期（今天）
String year;                                               //用于上传服务器的日期（年）
String month;                                              //用于上传服务器的日期（月）
String day;                                                //用于上传服务器的日期（日）
```

25.5.3 实现签到功能

因为签到功能涉及前端 APP 与后台使用 Java 开发的服务器程序进行数据交换，所以需要定义接口进行数据传输。定义接口传输数据需要使用 xUtils 框架和 Gson 工具进行接口解析，完成前后台程序数据交互。

1．xUtils 框架简介

xUtils 框架最初源于 Afinal 框架，在 Afinal 框架基础上进行了大量的重构，从而使 xUtils 支持文件上传，并支持更全面的 HTTP 请求协议、更多的时间注解支持，且不受混淆影响。xUtils 主要有 4 大模块：DbUtils 模块、ViewUtils 模块、HttpUtils 模块和 BitmapUtils 模块。

2．Gson 工具简介

Gson 是一个 Java 类库，用于将 Java 对象转换为它们所代表的 JSON 数据，也可以用于将一个 JSON 字符串转换为对应的 Java 类。"外勤助手" APP 中 Gson 主要用于对服务器返回的数据进行解析。

Gson 的目标为：

（1）提供像 toString()和构造方法（工厂方法）一样简单的使用机制将 Java 对象转换为 JSON，或者反过来将 JSON 转换为 Java 对象。

（2）允许将已经存在并且不可修改的对象转换为 JSON，或者反过来。

（3）允许为对象自定义映射关系。

（4）支持任意复杂的对象。

（5）生成紧凑又易读的 JSON 输出。

3．上传签到数据

使用 xUtils 框架的 HttpUtils 模块实现上传签到数据，其中 HttpUtils 请求需要上传三个主要参数：第一个是网址（url）；第二个是要上传数据的参数（params）；第三个是请求的方法 POST 请求。

url 是将数据传到服务器的接口。params 为参数的集合，可以把需上传给服务器的参数全部添加到 params 中，一并上传。而 POST 请求则为一种请求形式。请求形式有两种，一种是 POST 请求，另一种是 GET 请求，两者的主要区别是 POST 请求需要上传参数，而 GET 请求不需要上传参数。

将需要上传的数据提取出来，注意提取出来的参数（params）要与服务器的参数一致（注：大小写也需要相同，否则无法上传数据）。上传完成后，后台将返回响应信息，返回值不同代表响应

的结果也不同。如返回"t"则表示打卡成功,返回的不是"t"则表示打卡失败。关键代码如下:
<代码12　　　代码位置:资源包\code\25\Bits\12.txt>

```java
/**
*单击打卡按钮后向服务器上传数据
**/
private void upFileUseXUtills(final String num, final String location) {
    String ul = url + "tfAttence_on.do";                        //打卡界面的接口
    File fl = new File(BaseApplication.getTempFile().getPath()); //读取图片的路径
    params.addBodyParameter("filename", fl);                   //将图片添加到上传数据的参数中
    //将用户的ID添加到上传数据的参数中
    params.addBodyParameter("id", sharedPreferences.getString("userid", ""));
    //将当天的日期添加到上传数据的参数中
    params.addBodyParameter("date", sharedPreferences.getString("clickdaty",
today));
    params.addBodyParameter("attenceStatus", num);  //将签到或是签退的类型添加到上传的
                                                      参数中
    params.addBodyParameter("attencePlace", location); //将定位地点添加到上传数据的
                                                        参数中
    uploadMethod(num, params, ul);                    //执行上传数据的方法
}
//将数据上传到服务器方法
public void uploadMethod(final String num, final RequestParams params,
                         final String uploadHost) {
    httpUitil.send(HttpMethod.POST, uploadHost, params, new RequestCallBack<String>
() {
        //单击打卡按钮时页面弹出一个progressbar的动画
        private boolean progressShow = true;
        //初始化progressbar
        final ProgressDialog pd = new ProgressDialog(SignedActivity.this);
        @Override
        public void onStart() {
            //数据上传开始
        }
        @Override
        public void onLoading(long total, long current, boolean isUploading) {
            //运行到数据上传中时开始显示等待的progressbar
            pd.setCanceledOnTouchOutside(false);
            pd.setOnCancelListener(new DialogInterface.OnCancelListener() {
                @Override
                public void onCancel(DialogInterface dialog) {
                    progressShow = false;
                }
            });
            pd.setMessage("正在打卡....");         //显示进度文字
            pd.show();                              //界面开始显示进度条
        }
        // onSuccess()方法为上传成功的回调方法。成功时所要进行的操作在此方法里编写
        @Override
        public void onSuccess(ResponseInfo<String> responseInfo) {
            //上传成功,返回值就是服务器返回的数据
```

```
            String result = responseInfo.result.toString().substring(1, 2);
            pd.dismiss();                              //数据成功返回后进度条消失
            if (result.equals("t")) {                  //如果返回的是"t"则说明打卡成功
                Toast.makeText(SignedActivity.this, "打卡成功", Toast.LENGTH_SHORT).show();
                showTF(num);
                BaseApplication.getTempFile().delete();  //删除拍的照片
            } else {                                   //如果返回的不是"t"则说明打卡失败
                Toast.makeText(SignedActivity.this, "打卡失败", Toast.LENGTH_SHORT).show();
            }
        }
        //onFailure()方法为上传失败的回调方法。失败时所要进行的操作在此方法里编写
        @Override
        public void onFailure(HttpException error, String msg) {
            //数据上传失败时弹出"网络错误"的提示
            Toast.makeText(SignedActivity.this, "网络错误", Toast.LENGTH_SHORT).show();
            pd.dismiss();                              //数据上传失败时进度条消失
        }
    });
}
```

打卡成功,界面显示效果如图 25.14 所示。打卡失败,界面显示效果如图 25.15 所示。

图 25.14 打卡成功　　　　　　　　图 25.15 打卡失败

> **说明：**
> 本 APP 在"外勤助手"项目中只是一个前端手机展示功能，大部分的业务逻辑处理都是在后台 PC 服务器上使用 Java 语言开发的程序中完成的。外勤助手 APP 使用 xUtils 框架和 Gson 解析工具，在"任务上报"、"工作计划"、"损耗报表"、"客户管理"和"业务分析"等功能中数据上传和获取，与"签到"功能的数据上传和获取实现方法一致，这里不再讲解。

25.5.4 查询签到记录

在查询签到记录时，采用 Volley 框架对网络数据进行获取（注：Volley 是 Google 推出的 Android 异步网络请求和图片加载框架。Volley 适合小而快的数据传输，其简化了网络通信的一些开发，特别是针对 JSON 对象与图片加载）。在查询打卡记录时，需要给服务器上传用户的 id 以及要查询的日期，上传成功后服务器将返回一个 JSON 数据，利用 Gson 将获取到的 JSON 数据解析并显示出来。Gson 解析数据时需提前定义好解析数据的实体类，实体类的参数与 JSON 中的参数相同。

使用 Volley 框架从服务器获取数据的代码如下：

<代码 13　　代码位置：资源包\code\25\Bits\13.txt>

```java
//访问的接口后面加上需要上传的参数
String path = url + "tfAttence_view.do?" + "id=" +
                        sharedPreferences.getString("userid", "")+ "&date=" +
date;
StringRequest request = new StringRequest(path, new Response.Listener<String>() {
    //获取成功后的操作在此方法里编写
    @Override
    public void onResponse(String response) {
        //初始化 Gson 数据
        Gson gson = new Gson();
        //从服务器获取出来的数据用 Gson 进行解析
        ChooseDateEntity chooseDateEntity = gson.fromJson(response, ChooseDateEntity.class);
        //把解析的数据显示出来
        if (chooseDateEntity.getTfAttenceMain() != null
                        && chooseDateEntity.getTfAttenceMain().size() > 0) {
            setOtherData(chooseDateEntity);
        } else {
        /**如果数据为空，设置相应的文本显示空*/
            otherUpText.setText("");
            otherDownText.setText("");
            upTextArd.setText("");
            downTextArd.setText("");
            upImageArd.setImageUrl(null, null);
            downImageArd.setImageUrl(null, null);
        }
    }
}, new Response.ErrorListener() {
//获取失败后的操作在此方法里编写
    @Override
    public void onErrorResponse(VolleyError error) {
        //弹出"网络错误"的提示
```

```
         Toast.makeText(SignedActivity.this, "网络错误", Toast.LENGTH_SHORT).show();
        }
});
```

查询签到记录时，考勤界面如图 25.16 所示。

图 25.16　查询某天的签到记录

25.6　任务上报模块设计

25.6.1　任务上报模块概述

任务上报模块是外勤助手 APP 的核心功能模块，包括"新建任务"、"任务上传"、"任务查看"等功能。其中"新建任务"可根据不同类型的任务进行上报，还可根据任务的类别查看对应分类中的任务详情。

25.6.2　任务上报功能的实现

实现"任务上报"功能使用的是 xUtils 框架与 Gson 解析工具，与 25.5.3 小节考勤签到模块的数据上传的实现方法一致，只是使用接口的参数不同而已。关键代码如下：

<代码 14　　　代码位置：资源包\code\25\Bits\14.txt>

```
/**向服务器上传数据*/
private void upFileUseXUtills(String tp, String them, String location, String connect) {
    String url = BaseApplication.getUrl() + "tfBusinessReport_add.do";//上传数据的
                                                                      接口
    File fl = new File(BaseApplication.getTempFile().getPath());  //读取文件的路径
```

```java
        params.addBodyParameter("filename", fl);                   //将图片添加到参数里
        params.addBodyParameter("id", sharedPreferences.getString("userid", ""));
                                                                    //用户id
        params.addBodyParameter("brName", them);                   //任务上报的主题
        params.addBodyParameter("brContent", connect);             //任务上报的内容
        params.addBodyParameter("brPlace", location);              //上报任务时的位置信息
        params.addBodyParameter("brStatus", tp);                   //任务上报的类型
        uploadMethod(params, url);                                 //执行上传数据的方法
    }
    //将数据上传到服务器方法
    public void uploadMethod(final RequestParams params, final String uploadHost) {
        httpUitl.send(HttpMethod.POST, uploadHost, params, new RequestCallBack<String>() {
            // 单击打卡按钮时页面弹出一个进度条的动画
            private boolean progressShow = true;
            //初始化进度条
            final ProgressDialog pd = new ProgressDialog(TaskEditeActivity.this);
            @Override
            public void onStart() {
                //上传开始
            }
            @Override
            public void onLoading(long total, long current, boolean isUploading) {
                //上传中
                pd.setCanceledOnTouchOutside(false);
                pd.setOnCancelListener(new DialogInterface.OnCancelListener() {
                    @Override
                    public void onCancel(DialogInterface dialog) {
                        progressShow = false;
                    }
                });
                pd.setMessage("正在提交....");                      //显示进度文字
                pd.show();                                          //界面开始显示进度
            }
            @Override
            public void onSuccess(ResponseInfo<String> responseInfo) {
                //上传成功,返回值就是服务器返回的数据
                String result = responseInfo.result.toString().substring(1, 2);
                if (result.equals("t")) {
                    pd.dismiss();                                   //进度消失
                    //弹出"提交成功"的提示
                    Toast.makeText(TaskEditeActivity.this, "提交成功",Toast.LENGTH_SHORT).show();
                    finish();
                } else {
                    pd.dismiss();                                   //进度消失
                    //弹出"提交失败"的提示
                    Toast.makeText(TaskEditeActivity.this, "提交失败",Toast.LENGTH_SHORT).show();
                }
            }
            @Override
            public void onFailure(HttpException error, String msg) {
                //上传失败
```

```
            pd.dismiss();                                         //进度消失
            //弹出"网络错误"的提示
            Toast.makeText(TaskEditeActivity.this, "网络错误", Toast.LENGTH_SHORT).
show();
        }
    });
}
```

在任务提交的界面中,选择不同的任务类型,显示不同的内容,如图 25.17 和图 25.18 所示。

图 25.17 "业务拜访"类型　　　　　　图 25.18 "订单业绩"类型

25.6.3　查询历史数据

在"任务上报"模块中除了查看签到记录使用 Volley 框架外,其他的模块从服务器获取数据均采用 xUtils 框架完成。"任务上报"需要给出服务器上传用户的 id 以及查看任务的类型。将用户的 id 和任务类型添加到上传的参数(params)中,通过调用 httpUtilsConnection(ul, params, HttpMethod.POST) 方法获取服务器的数据,利用 Gson 将获取到的服务器数据解析并显示出来。关键代码如下:

<代码 15　　代码位置:资源包\code\25\Bits\15.txt>

```
//从服务器上获取数据
private void getData(String msg) {
//获取服务器数据的接口
String ul = BaseApplication.getUrl() + "tfBusinessReport_list.do";
//上传用户的 id(因为每个用户的数据不同)
params.addBodyParameter("id", sharedPreferences.getString("userid", ""));
//默认加载全部记录
if (msg.equals("全部记录")) {
    params.addBodyParameter("brStatus", "");    //加载"全部记录"时此参数上传空
} else {
    params.addBodyParameter("brStatus", msg);   //不是加载"全部记录"则需要把加载类型传
                                                //给后台
}
```

```java
    //执行该方法获取服务器数据
httpUtilsConnection(ul, params, HttpMethod.POST);
    }
//从服务器获取数据的方法
private void httpUtilsConnection(String url, RequestParams params, HttpMethod method) {
httpUitil.send(method, url, params, new RequestCallBack<String>() {

@Override
public void onSuccess(ResponseInfo<String> responseInfo) {

    //responseInfo.result是从服务器返回来的数据，只需要用Gson解析一下即可
TaskGetEntity find = new Gson().fromJson(responseInfo.result, TaskGetEntity.class);
    adapter.addData(find.getTfBusinessReport());    //将数据设置到adapter里显示出来
//详情请参考源码
    }
@Override
public void onFailure(HttpException error, String msg) {
        //从数据库获取数据失败的操作写在这里
}
    });
    }
```

> 📝 **说明：**
>
> 使用 xUtils 框架的方法都是相同的，只有参数（params）不同，根据不同的需求传递不同的参数，详情请参考"外勤助手" APP 的源码。

每次进入"任务上报"界面时，都需要获取服务器端数据，即查询历史数据。任务上报界面如图 25.19 所示。

图 25.19　查看历史数据

25.7 业务分析模块设计

在业务分析模块中,分析数据所使用的线形图与饼状图均来源于图 25.20 所示的 Jar 包。在集成此 Jar 包后,便可在程序中绘制柱状图、线形图、饼状图等图形,此 Jar 包中包含的图形样式众多,详情请参考"外勤助手"APP 的源码。

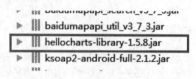

图 25.20　hellocharts 的 Jar 包

25.7.1 使用饼状图分析订单数据

本程序采用饼状图分析并显示订单状态数据,饼状图对应的订单状态分别为拜访单、赢单、失败单、进行单。其中,拜访单为总订单量,由赢单、失败单、进行单共同组成。通过 PieChartView 分析后台返回的数据,绘制出与之对应的饼状图。实现用饼状图分析订单数量的关键代码如下:

<代码 16　　　　代码位置:资源包\code\25\Bits\16.txt>

```java
/**
 *绘制显示饼状图的方法
 **/
private void generateData(AnalysisCustomerEntity find) {
    /**
     *将数据提取出来设置到饼状图上
     **/
    int numValues = 4;
    int one = Integer.parseInt(find.getNum1());
    int two = Integer.parseInt(find.getNum2());
    int three = Integer.parseInt(find.getNum3());
    int four = Integer.parseInt(find.getNum4());
    int [] num ={one,two,three,four};          //定义一个数组,把从服务器上获取到的数据加进来
    List<SliceValue> values = new ArrayList<SliceValue>();   //定义一个list,用于显示
                                                              订单的状态
    String [] name = {"拜访单","赢单","失败单","进行单"};
    /**
     *通过循环方式把订单状态和数据联系起来
     **/
    for (int i = 0; i < numValues; ++i) {
        SliceValue sliceValue = new SliceValue(num[i], ChartUtils.pickColor());
        sliceValue.setLabel(name[i]);
        values.add(sliceValue);
    }
    data = new PieChartData(values);           //将处理好的数据添加到饼状图上
    data.setHasLabels(true);                   //是否在饼状图上显示标签
    chart.setPieChartData(data);               //绘制饼状图
}
```

通过 PieChartView 绘制出的饼状图的效果如图 25.21 所示。

图 25.21　订单分析界面的饼状图

25.7.2　使用线形图分析业绩排名

在"业务分析"模块中使用线形图对部门人员业务业绩进行分析，并对业绩进行排名，如图 25.22 所示。

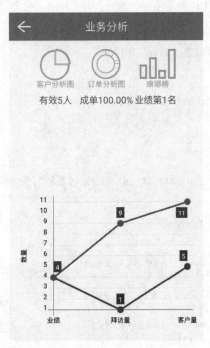

图 25.22　业务分析界面的线形图

在图 25.22 中,红色代表个人,蓝色代表部门,各拐点分别代表业绩、拜访量、客户量。此处将个人业务量与部门业务量放在一个线形图中进行对比,可使对比效果更加显著。LineChartView 可以在一个坐标轴上绘制多条线。绘制线形图的代码如下:

<代码 17　　　代码位置:资源包\code\25\Bits\17.txt>

```java
/**
 *  此方法是绘制线形图的方法
 **/
private void getDateTest(AnalysisAllEntity entity) {
    /**
     *将数据提取出来
     **/
    int one = Integer.parseInt(entity.getBusAll());
    int two = Integer.parseInt(entity.getViAll());
    int three = Integer.parseInt(entity.getCusAll());
    int [] points = {one,two,three};         //定义一个数组 把从服务器上获取到的数据加进来
    String [] name={"业绩","拜访量","客户量"}; //定义一个list,用于显示设置线形图的横坐标
    List<AxisValue> axisValues = new ArrayList<>();
    /**
     *通过循环的方式把网络上获取到的信息与横坐标联系起来
     **/
    for (int i = 0; i < points.length; i++) {
        AxisValue axisValue = new AxisValue(i);
        axisValue.setLabel(name[i]);
        axisValues.add(axisValue);
    }
    Axis axisx = new Axis();            //定义坐标轴的 X 轴
    Axis axisy = new Axis();            //定义坐标轴的 Y 轴
    /**
     *设置横坐标的变量
     *把上面定义的 String 数组里面的数据加进来
     *以及字体的颜色
     **/
    axisx.setTextColor(Color.BLACK).setName("").setValues(axisValues);
    /**
     *设置纵坐标的单位
     *以及字体的颜色
     **/
    axisy.setTextColor(Color.BLACK).setName("数量").setHasLines(true).setMaxLabel-Chars(5);
    /**
     *把定义好的点加到横坐标上
     **/
    List<PointValue> values = new ArrayList<>();
    for (int i = 0; i < 3; i++) {
        values.add(new PointValue(i, points[i]));
    }
    List<Line> lines = new ArrayList<>();           //绘制的第一条线
    Line line = new Line(values)
            .setColor(Color.parseColor("#4592F3"))  //设置线的颜色
```

```java
        .setCubic(false)
        .setHasPoints(false);
/**
*设置线形图的一些属性
**/
line.setHasLines(true);                        //设置线
line.setHasLabels(true);                       //设置标签
line.setHasPoints(true);                       //设置点
List<PointValue> values2 = new ArrayList<>();
int oneP = Integer.parseInt(entity.getBusPer());
int twoP = Integer.parseInt(entity.getViPer());
int threeP = Integer.parseInt(entity.getCusPer());
int [] pointsP = {oneP,twoP,threeP};
for (int i = 0; i < 3; i++) {
    values2.add(new PointValue(i, pointsP[i]));
}
Line line2 = new Line(values2)                 //绘制的第二条线
        .setColor(Color.parseColor("#ff0000")) //设置线的颜色
        .setCubic(false)
        .setHasPoints(false);
/**
*设置线形图的一些属性
**/
line2.setHasLines(true);
line2.setHasLabels(true);
line2.setHasPoints(true);
/**
*把这两个线形图放到一起显示出来
**/
lines.add(line2);
lines.add(line);
data = new LineChartData();                    //初始化线形图
data.setLines(lines);                          //把数据加进去
data.setAxisYLeft(axisy);                      //绘制纵坐标
data.setAxisXBottom(axisx);                    //绘制横坐标
chart.setLineChartData(data);                  //绘制出线形图
}
```

25.8 其他功能展示

25.8.1 客户界面拨打电话功能

获取后台用户信息并在界面列表中展示客户姓名、数据存储时间以及备注,如图 25.23 所示。当单击列表中电话图标时,可直接给指定的用户拨打电话,如图 25.24 所示。

图 25.23　客户界面

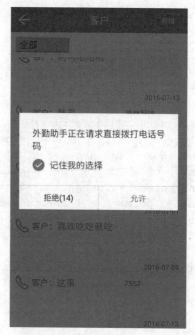

图 25.24　拨打电话功能

25.8.2　添加计划功能

根据工作要求提交工作计划，在工作计划界面显示计划的主题、提交任务的日期，选择计划的开始时间和结束时间，要求在计划时间段内完成指定的目标，有利于督促员工，提高工作效率。界面展示如图 25.25 和图 25.26 所示。

图 25.25　工作计划

图 25.26　计划上报

25.8.3 录音功能

为了方便外出工作人员与客户交谈后整理资料，系统提供了录音功能。每次录音可输入文件名称，方便以后查找。界面展示如图 25.27 与图 25.28 所示。

图 25.27　录音界面　　　　　图 25.28　开始录音

25.8.4 记录损耗费用支出明细

工作人员外出办公时会产生多项开销，例如出租车费、招待费、礼品赠送费用等，只需要将具体金额添加到费用支出并提交，在损耗报表即可看到支出的明细。界面展示如图 25.29 所示。

图 25.29　添加费用支出

25.9 本章总结

本章涉及了与后台数据的交互,介绍了如何使用 Volley 和 xUtils 框架与后台数据的交互。此软件的后台使用 Java 语言编写,用不同语言编写后台,与后台数据交互的方法是不同的。本章主要涉及的知识点如图 25.30 所示。

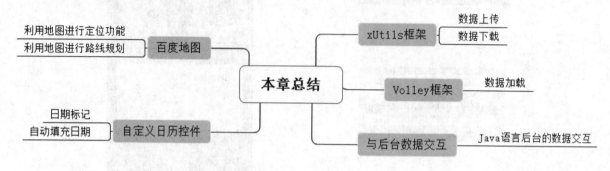

图 25.30　本章总结

开发资源库使用说明

Android 使用 Java 作为主要程序开发语言，所以学习 Android 开发必须掌握一定的 Java 语言基础知识。为了使读者更好地学习 Android，快速提升编程水平和 Android 开发能力，《Android 开发从入门到精通（项目案例版）》还赠送了 Java 开发资源库（需下载后使用，具体下载方法详见前言中"本书学习资源列表及获取方式"）。

打开下载的资源包中的 Java 开发资源库文件夹，双击 Java 开发资源库.exe 文件，即可进入 Java 开发资源库系统，其主界面如图 1 所示。Java 开发资源库内容很多，本书赠送了其中实例资源库中的"Java 范例库"（包括 1093 个完整实例的分析过程）、模块资源库中的 16 个典型模块、项目资源库中的 15 个项目开发的全过程，以及能力测试题库和编程人生（包括面试资源库）。

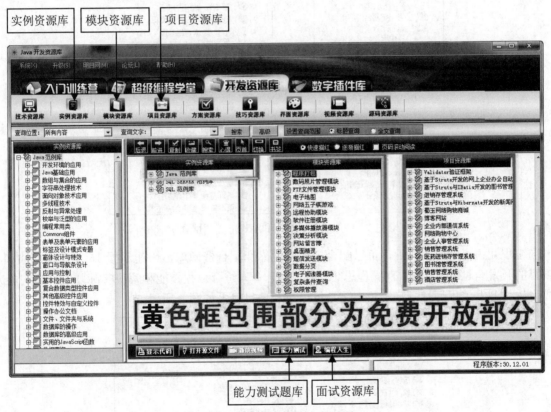

图 1　Java 开发资源库主界面

优秀的程序员通常都具有良好的逻辑思维能力和英语读写能力，所以在学习编程前，可以对数学及逻辑思维能力和英语基础能力进行测试，对自己的相关能力进行了解，并根据测试结果进行有针对的训练，以为后期能够顺利学好编程打好基础。本书附赠的开发资源库提供了相关的测试，如图 2 所示。

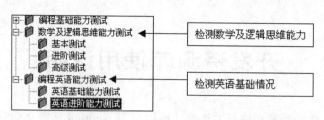

图 2　数学及逻辑思维能力测试和编程英语能力测试目录

在学习编程过程中,可以配合实例资源库,利用其中提供的大量典型实例,巩固所学编程技能,提高编程兴趣和自信心。同时,也可以配合能力测试题库的对应章节进行测试,以检测学习效果。实例资源库和编程能力测试题库目录如图 3 所示。

图 3　使用实例资源库和编程能力测试题库

当编程知识点学习完成后,可以配合模块资源库和项目资源库,快速掌握 16 个典型模块和 15 个项目的开发全过程,了解软件编程思想,全面提升个人综合编程技能和解决实际开发问题的能力,为成为软件开发工程师打下坚实基础。具体模块和项目目录如图 4 所示。

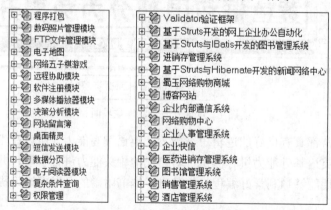

图 4　模块资源库和项目资源库目录

学以致用，学完以上内容后，就可以到程序开发的主战场上真正检测学习成果了。为祝您一臂之力，编程人生的面试资源库中提供了大量国内外软件企业的常见面试真题，同时还提供了程序员职业规划、程序员面试技巧、企业面试真题汇编和虚拟面试系统等精彩内容，是程序员求职面试的宝贵资料。面试资源库的具体内容如图 5 所示。

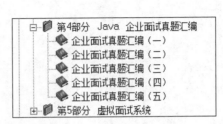

图 5 面试资源库目录

如果您在使用 Java 开发资源库时遇到问题，可查看前言中"本书学习资源列表及获取方式"，与我们联系，我们将竭诚为您服务。

明日学院
www.mingrisoft.com
专注编程教育十八年！

课程 ▼ | 请输入内容 | 🔍 | 明日图书 | 淘宝店铺 | 登录 | 注册

首页 | 课程 | 读书 | 社区 | 服务中心 | VIP会员

🖥 实战课程 更多>>

命令方式修改数据库
Oracle | 实例 免费
12分9秒 221人学习

实现手机QQ农场的进入游戏界面
Android | 实例 免费
12分19秒 313人学习

第1讲 企业门户网站-功能概述
Java | 模块 免费
1分34秒 329人学习

第1讲 酒店管理系统-概述
Java | 项目 免费
1分32秒 440人学习

编写一个考试的小程序
Java | 实例 免费
3分57秒 878人学习

画桃花游戏
C# | 实例 免费
12分48秒 236人学习

三天打鱼两天晒网
C++ | 实例 免费
29分26秒 336人学习

统计学生成绩
C++ | 实例 免费
9分51秒 161人学习

📚 体系课程 更多>>

Java入门第一季

C#入门第一季

Oracle入门第一季

Java入门第二季

C++入门第一季

Android入门第一季

Php入门第一季

JavaScript入门第一季

🔍 发现课程 选择我的偏好 📢 最新动态

三天打鱼两天晒网

命令方式修改数据库

编写一个考试的小程序

1. 1.7 集成Android开发环境的安装
2. 10.8 调用存储过程
3. 10.7 动态查询
4. 10.6 批处理
5. 10.5 添加、修改和删除数据
6. 10.4 数据库查询
7. 10.3 链接数据库
8. 10.2 JDBC简介

📞 客服热线(每日9:00-21:00)
400 675 1066

关注学习交流群

专注编程
专业用户，专注编程
提高能力，经验分享

成长自己成就他人
不断学习、成长自己
授人以渔、助人成长

体系课程　实战课程

Java入门第一季　Java入门第二季　Java入门第三季
　　　　　　　　　　　　　　　　　　　课时：7小时15分　开始学习

课程提纲
- 第一章 初识Java
- 第二章 Java编码规范
- 第三章 变量和常量
- 第四章 运算符
- 第五章 选择结构
- 第六章 循环结构
- 第七章 数组的使用
- 第八章 数组排序
- 第九章 String字符串基础
- 第十章 字符串操作

提纲展开
第三章 变量和常量
- 3.1 标识符与关键字　免费
- 3.2 变量　开始学习
- 3.3 常量
- 3.4 整数类型
- 3.5 浮点类型
- 3.6 字符类型
- 3.7 布尔类型
- 3.8 数据类型转换
- 3.9 练习——输出字符画
- 3.10 练习——打印汇款单
- 3.11 练习——模拟移动充值
- 3.12 练习——输出天气预报
- 3.13 练习——输出象棋口诀
- 3.14 练习——模拟儿童购票
- 3.15 练习——输出列车时刻表

视频展示

实例视频——核对用户注册信息

项目视频——明日彩票预测系统

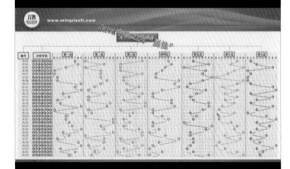
模块视频——企业门户网站

体系课程　实战课程　　　　　难-中-易

实例　　　　　　　　　　　更多
- 编写一个考试的小程序　易　Java|实例　免费　3分57秒　878人学习
- 核对用户注册信息　适中　Java|实例　免费　28分8秒　64人学习
- 猴子吃桃问题　易　Java|实例　免费　3分33秒　42人学习

项目　　　　　　　　　　　更多
- 明日彩票预测系统　难　Java|项目　免费　2小时7分49秒　28人学习
- 通讯录系统　适中　Java|项目　免费　1小时49分53秒　9人学习
- 一起来画画　易　Java|项目　免费　1小时52分48秒　29人学习

模块　　　　　　　　　　　更多
- BBS系统　适中　Java|模块　免费　1小时46分钟　38人学习
- 企业门户网站　适中　Java|模块　免费　1小时9分钟　368人学习
- 医药管理系统　难　Java|模块　VIP　2小时15分钟　221人学习